SPRINGER NATURE

FLASH-
CARDS
INSIDE

SN Flashcards Microlearning

Schnelles und effizientes Lernen mit digitalen Karteikarten –
für Arbeit oder Studium!

Diese Möglichkeiten bieten Ihnen die SN Flashcards:

- Jederzeit und überall auf Ihrem Smartphone, Tablet oder Computer **lernen**
- Den Inhalt des Buches lernen und Ihr Wissen **testen**
- Sich durch verschiedene, mit multimedialen Komponenten angereicherte
  Fragetypen **motivieren lassen** und zwischen drei Lernalgorithmen
  (Langzeitgedächtnis-, Kurzzeitgedächtnis- oder Prüfungs-Modus) **wählen**
- Ihre eigenen Fragen-Sets **erstellen**, um Ihre Lernerfahrung zu **personalisieren**

So greifen Sie auf Ihre SN Flashcards zu:

1. Gehen Sie auf die **1. Seite des 1. Kapitels** dieses Buches und folgen Sie den
   Anweisungen in der Box, um sich für einen SN Flashcards-Account anzumelden
   und auf die Flashcards-Inhalte für dieses Buch zuzugreifen.
2. Laden Sie die SN Flashcards Mobile App aus dem Apple App Store oder
   Google Play Store herunter, öffnen Sie die App und folgen Sie den Anweisungen
   in der App.
3. Wählen Sie in der mobilen App oder der Web-App die Lernkarten für dieses Buch
   aus und beginnen Sie zu lernen!

Sollten Sie Schwierigkeiten haben, auf die SN Flashcards zuzugreifen, schreiben
Sie bitte eine E-Mail an **customerservice@springernature.com** und geben Sie in der
Betreffzeile **SN Flashcards** und den Buchtitel an.

Brückenkurs Chemie

Sylvia Feil · Philipp Engelmann · Timm Wilke · Kai Wolf

Brückenkurs Chemie

Kompaktes Wissen für den Studienstart

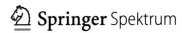

Sylvia Feil
ZQS/elsa
Leibniz Universität Hannover
Hannover, Deutschland

Philipp Engelmann
Studienkolleg Mittelhessen
Philipps-Universität Marburg
Marburg, Deutschland

Timm Wilke
Didaktik der Chemie
Carl von Ossietzky Universität Oldenburg
Oldenburg, Deutschland

Kai Wolf
Northeim, Deutschland

ISBN 978-3-662-69350-6   ISBN 978-3-662-69351-3   (eBook)
https://doi.org/10.1007/978-3-662-69351-3

Die Deutsche Nationalbibliothek verzeichnet diese Publikation in der Deutschen Nationalbibliografie; detaillierte bibliografische Daten sind im Internet über https://portal.dnb.de abrufbar.

Planung/Lektorat: Sinem Toksabay
Springer Spektrum ist ein Imprint der eingetragenen Gesellschaft Springer-Verlag GmbH, DE und ist ein Teil von Springer Nature.
Die Anschrift der Gesellschaft ist: Heidelberger Platz 3, 14197 Berlin, Germany

Wenn Sie dieses Produkt entsorgen, geben Sie das Papier bitte zum Recycling.

Vorwort

Das Studienfach Chemie ist oft eng verbunden mit anderen Studiengängen, die schnell zeigen, wie grundlegend diese Naturwissenschaft ist. Von Life Science über Biologie hin zur Medizin – sehr viele andere Fächer benötigen sie als Grundlage. Sie ist eng verwoben mit der Physik und auch Mathematik, Materialwissenschaften und damit auch Maschinenbau benötigen Grundlagen der Chemie. Sie ist die Wissenschaft der Stoffe und damit stets Teil unseres Alltags – ob unbewusst oder ganz offensichtlich. Eine Zukunft ohne Chemie ist gar nicht vorstellbar, weil sie sich damit befasst, wie Atome miteinander verknüpft sind und welche Eigenschaften daraus hervorgehen. Wie langlebig viele Verbindungen sind, ist in den letzten Jahrzehnten stärker in den Blick gerückt – so finden sich einige Flammschutzmittel oder auch Pestizide mittlerweile überall auf der Erde, auch im Polareis. Das wirft Probleme auf, denn jeder Ersatz droht sich als problematisch zu entpuppen. Doch es gibt auch Erfolgsgeschichten, wie die Verringerung des Ozonlochs durch den Ersatz früherer Treibgase in Spraydosen oder auch einfache Kohlenwasserstoffe in Wärmepumpen. Auch die Batterieforschung ist ein Beispiel für angewandtes Wissen aus der Chemie: von den Elektroden über das Medium, durch das die Ladung fließt, bis zur Bauweise.

Gut also, dass immer wieder neue Köpfe sich der Chemie annehmen! Und dazu zählst nun auch du. Für einen guten Start ins Studium bieten viele Hochschulen einen Vorkurs an. So ist auch dieses Buch gedacht, als Einstiegshilfe. Du profitierst davon, dass wir hier kompakt die Brücke zwischen Schulwissen und dem jeweiligen Start der drei großen Teilbereiche anorganische, organische und physikalische Chemie schlagen. Als Schreibteam haben wir immer wieder diskutiert, welche Hilfestellungen und Grundlagen dafür gute Bausteine sind.

Wenn du dir im Laufe des Studiums aktuelle Fachliteratur ansiehst, etwa um für eine Facharbeit zu recherchieren, dann siehst du meist viele Namen – statt eines Autors oder einer Autorin ein ganzes Team. Du wirst es schon im Praktikum erleben – Arbeitsgruppen oder -kreise bearbeiten zusammen speziellere Fragestellungen. Daher schau auch gern in die Teile IV und V dieses Buchs, wo du mehr zur Arbeit im Labor und Ideen fürs Lernen und zu Lerngruppen findest.

Unser Schreibteam stellt sich gleich noch vor. Innerhalb unseres Teams gilt unser besonderer Dank Timm Wilke für die Abbildungen, die er anfertigte, und Kai Wolf, der die Flashcards für uns umsetzte. Die Idee zu diesem Band kam von Desiré Claus und wurde von Sinem Toksabay weiter begleitet. An dieser Stelle möchten wir besonders Carola Lerch vom Springer-Verlag danken, die all unsere Fragen rund um die Erstellung von Buch und Abbildungen beantwortete. Und wenn der letzte Buchstabe eingetippt ist, übernimmt wie stets ein Team vom Verlag, das Buch druckreif zu machen und in die Regale oder Apps zu bringen.

Sylvia Feil
Philipp Engelmann
Timm Wilke
Kai Wolf
Mai 2024

Einführung

Bevor du dich nach dem Kauf dieses Lehrbuchs auf die einzelnen Kapitel stürzt, um dich optimal auf dein Chemiestudium vorzubereiten oder Grundlagen zu wiederholen, wird dir in diesem Kapitel zunächst die grundlegende Struktur der Chemie hinsichtlich der Basiskonzepte vorgestellt. Anschließend erhältst du einen Überblick über die typische Unterteilung des Fachs Chemie in die Bereiche Anorganik, Organik und physikalische Chemie.

Struktur der Chemie: Die Basiskonzepte

Die Kultusministerkonferenz (KMK) hat bundesweite Bildungsstandards für alle Unterrichtsfächer hinsichtlich des Abiturs festgelegt (aktuellste Version: KMK 2020). Nach diesen Standards wurdest du in der Schule unterrichtet, sodass dir der Begriff „Basiskonzept" im Zusammenhang mit Chemie sicherlich nicht völlig fremd ist.

Die Basiskonzepte beschreiben die fachspezifischen Gemeinsamkeiten in der Chemie. Auch die Inhalte dieses Lehrwerks lassen sich diesen Konzepten zuordnen. Es gibt insgesamt drei: das Konzept vom Aufbau und von den Eigenschaften der Stoffe und ihrer Teilchen, das Konzept der chemischen Reaktion und das Energiekonzept.

Das Konzept vom Aufbau und von den Eigenschaften der Stoffe und ihrer Teilchen bezeichnet zwei grundlegende Ideen: (1) Alle Materie besteht aus Teilchen und (2) die Struktur und die Bindungen/Wechselwirkungen zwischen diesen Teilchen bestimmen die Eigenschaften von Stoffen. Metalle sind beispielsweise leitfähig, weil sie (1) aus Metall-Atomen bestehen und (2) diese Atome durch die metallische Bindung zusammengehalten werden. Ethanol ist wasserlöslich, weil es (1) aus Ethanol-Molekülen mit Hydroxy-Gruppen besteht und (2) dadurch Wasserstoffbrücken gebildet werden können usw. Es lassen sich dabei verschiedene Arten von Teilchen sowie Gruppen innerhalb der Teilchen (etwa funktionelle Gruppen in der organischen Chemie) und verschiedene Arten von Bindungen und Wechselwirkungen zur Erklärung von Phänomenen nutzen.

Das Konzept der chemischen Reaktion meint ebenfalls zwei Ideen: (1) Neue Stoffe entstehen durch das Donator-Akzeptor-Prinzip, also die Abgabe und Aufnahme von Elektronen oder Protonen auf der Teilchenebene, und (2) es stellt sich bei manchen Reaktionen ein chemisches Gleichgewicht aus Hin- und Rückreaktion ein. So lassen sich Reaktionstypen und ihre Mechanismen (also ihre Schritte auf der Teilchenebene) beschreiben und Fragen nach der Steuerung chemischer Reaktionen stellen.

Schließlich geht es beim *Energiekonzept* um die Frage, welche Arten von Energie bei Bewegungen und Umgruppierungen auf der Teilchenebene (also auch bei chemischen Reaktionen) umgesetzt werden.

Die Basiskonzepte der Chemie helfen, chemische Fachinhalte zu systematisieren und so einfacher zugänglich zu machen. Wir können sie uns wie Brillen vorstellen, durch die wir ein chemisches Phänomen betrachten. Soll die Farbigkeit von Stoffen beschrieben werden, ist dafür oftmals der molekulare Aufbau entscheidend. Die Veränderung der Farbe eines Indikators diskutieren wir dann mit dem Erklärungsmuster

„Die Struktur bestimmt die Eigenschaft." Um die Ausbeute einer in der Industrie herzustellenden Substanz wie Ammoniak zu erhöhen, greifen wir auf die Vorstellung zurück, dass chemische Reaktionen durch ein dynamisches Gleichgewicht beschrieben werden, dessen Lage wir beeinflussen können. Die Anwendung der Basiskonzepte hilft deswegen auch dir, dein chemisches Wissen zu sortieren, und strukturiert damit deinen Lernprozess.

Teilbereiche der Chemie: Anorganik, Organik und physikalische Chemie

Die Anorganik, auch **anorganische Chemie** genannt, befasst sich mit den Eigenschaften und den Reaktionen von allen Elementen und Verbindungen, die nicht ausschließlich aus Ketten von Kohlenstoff-Atomen bestehen. Dazu zählen Metalle und Nichtmetalle, Mineralsäuren und ihre Salze sowie anorganische Komplexverbindungen. Dabei untersucht die aktuelle Forschung Strukturbildungen von Molekülen und von Festkörpern, etwa um neue Werkstoffe sowie Lösungen mit bestimmten Eigenschaften herzustellen.

Kohlenstoff selbst (und seine Erscheinungsformen wie Graphit und Diamant), die Oxide des Kohlenstoffs, Kohlensäure und ihre Salze, Blausäure und ihre Salze sowie Carbide zählen dabei ebenfalls zur Anorganik.

Überschneidungen mit anderen Fachbereichen bilden die Organometallchemie, welche Verbindungen mit Kohlenstoff-Ketten und Metall-Atomen bzw. -Ionen untersucht, sowie die Bioanorganik, welche anorganische Verbindungen in Lebewesen betrachtet.

So vielfältig die Chemie in ihren Verbindungen, Reaktionen und Anwendungen ist, liegen ihr doch stets physikalische Gesetze zugrunde. Atommodelle greifen Vorstellungen der Quantenphysik auf. Chemische Bindungen lassen sich mit den Gesetzen der Elektrodynamik interpretieren. Das Wesen chemischer Reaktionen wird durch die Thermodynamik geprägt. Und auch, wenn die Physik als Fundament der Chemie verstanden werden kann, geht die Chemie doch weit über die Physik hinaus und bildet ihrerseits wichtige Grundlagen für die Biologie ab.

An der Schnittstelle zwischen Chemie und Physik befindet sich die **physikalische Chemie**. Diese Teildisziplin versucht, chemische Phänomene mit physikalischen Sichtweisen zu beschreiben. Ob eine chemische Reaktion ablaufen kann oder nicht, wird durch Größen wie Enthalpie und Entropie bestimmt. Diese in chemischen Kontexten zu definieren, ist Bestandteil der chemischen Thermodynamik. Die Wege dahin gehen die Physik und Chemie meist gemeinsam, indem das Verhalten insbesondere von Gasen bei der Veränderung von Druck oder Temperatur beschrieben wird.

Eine oft der Physik zugeschriebene Vorgehensweise ist die Mathematisierung – oder anders gesagt der Versuch, naturwissenschaftliche Zusammenhänge durch mathematische Gesetze auszudrücken. Doch auch die Chemie greift dieses Vorgehen auf, um die Geschwindigkeit von chemischen Reaktionen im Teilgebiet der Kinetik zu berechnen. Das chemische Gleichgewicht als gleichzeitige Hin- und Rückreaktion einer chemischen Reaktion stellt hier einen bedeutenden Anwendungsfall dar, der nicht nur für technische Prozesse bedeutsam, sondern auch für biologische Systeme elementar ist.

Die räumliche Trennung von Oxidations- und Reduktionsprozessen führt zur Elektrochemie, die die Basis für sämtliche Batterie- und Elektrolyseprozesse ist. Hier finden wir mit dem elektrochemischen Potenzial einen abstrakten Begriff, von dem wir uns nicht abschrecken lassen, liefert er uns doch die Basis für edle und unedle Stoffe aus der Anorganik und führt damit zurück zur Chemie der Elemente.

Wer sich unter Chemie vorstellt, dass alles so aufgeräumt und systematisch ist wie das Periodensystem der Elemente, rauft sich bei der **organischen Chemie** eventuell die Haare. Denn hier ist die Anordnung der Moleküle zueinander, ja selbst die Anordnung benachbarter Atome, Molekülteile und Seitenketten im Molekül, entscheidend dafür, wie eine Reaktion abläuft. Die organische Chemie dreht sich um die Bindungen eines Kohlenstoff-Atoms zu benachbarten Atomen. Die Kohlenstoff-Atome können zu Ketten verknüpft sein, Seitenketten abzweigen lassen oder sich zu Ringen oder Netzen verknüpfen.

Nun besteht die organische Chemie nicht nur aus Kohlenstoffbindungen, auch Atome anderer Elemente sind vertreten, und so hilft es, sich auch mit deren Eigenschaften auszukennen. So gibt es typische Verknüpfungen, die als funktionelle Gruppen bezeichnet werden. Die Atome anderer Elemente und der elektrochemische Status einer Bindung beeinflussen, ob diese polar oder unpolar ist – organische Verbindungen können elektrisch leitend sein, sonst gäbe es gar keine Signalweiterleitung in Nervenzellen oder die Photosynthese.

Je mehr du dein Wissen um Chemie vertiefst, desto deutlicher wird, wofür sie die Wissensgrundlage darstellt. Ohne Aminosäuren zu kennen, könnten wir nicht im Weltall nach Spuren des Lebens suchen. Sämtliche Stoffwechselprozesse beruhen auf chemischen Reaktionen. Im Labor finden gerade die Reaktionen der organischen Chemie oft in Lösungsmitteln statt. Hier nachhaltig zu werden, ist eines der technischen Ziele, neben anderen, wie neue Wirkstoffe zu entwickeln oder innovative Materialien. Aus Sicht der organischen Chemie ist dies leicht geschrieben: Benjamin List erhielt im Jahr 2021 den Nobelpreis für die Organokatalyse und Emmanuelle Charpentier, zusammen mit Jennifer Doudna, im Jahr 2020 für das CRISPR/Cas9-Verfahren (die „Genschere"). Die Chemie dahinter kannst du im Studium näher erkunden. Diese beiden Forschenden arbeiten aktuell in Mühlheim an der Ruhr bzw. in Berlin und wurden für Ideen geehrt, die sie am Anfang ihrer wissenschaftlichen Laufbahn entwickelten. Im Team mit anderen und beide auch zeitgleich mit anderen – einige Ideen liegen in der Luft, aber es ist das Glück der jeweils Ersten, die gelingende Synthese zu haben.

Arbeiten im Labor

In der Chemie wird sehr empirisch geforscht, und ein Studium ohne Praktika ist kaum denkbar. Deswegen kannst du im vierten Abschnitt auffrischen, welche Regeln für sicheres Arbeiten im Labor gelten. Zu den Protokollen zählen immer auch Fehlerdiskussionen, die sich oft auf Abweichungen vom Ideal beim Abwiegen, Eichen oder Ablesen beziehen oder systematisch im experimentellen Aufbau selbst begründet sind. Von den Labortechniken konntest du an deiner Schule vielleicht nicht alle üben, und daher sind hier einige der häufigsten Grundlagentechniken beschrieben.

Lernen lernen

Wer frisch aus dem Abitur kommt, weiß, wie Lernen geht? Erinnerst du dich noch an den Wechsel in die Sekundarstufe II? So manche Aufgabe wurde umfangreicher, und die Zeit für die Bearbeitung stieg an. Du musstest dir die Zeit gut einteilen und recherchieren. Im Studium entscheidest du selbst, wie du lernst – ob allein oder mit anderen zusammen. Ein paar Anregungen zum Einstieg ins selbstregulierte Lernen und Methoden wie das wissenschaftliche Schreiben findest du im letzten Abschnitt des Buches. Und auch, wenn du an der Schule schon Erfahrung mit dem Arbeiten mit KI-gestützten Tools gesammelt hast, gelten an der Universität, wo sich Forschung und Lehre begegnen, hohe Anforderungen an die Sicherheit von Tools und Apps. Was nicht heißt, dass du KI nicht nutzen kannst, sondern dir nur ein wenig Einblick geben soll, weshalb die Regeln von Lehrveranstaltung zu Lehrveranstaltung andere sein können.

Arbeit mit dem Buch und Ausblick

Du findest in den Kapiteln grundsätzlich immer wiederkehrende Elemente. Am Anfang geben die Lernziele einen Überblick der Themen, die bearbeitet werden. Begleitend zum Buch gibt es Lernaufgaben, und zwar zum einen als „Top-Ten-Test" am Ende jedes Kapitels der drei Abschnitte zu Anorganik, physikalischer Chemie und Organik. Zum anderen gibt es Übungen und manchmal vertiefende Aufgaben digital als sogenannte Flashcard. Darauf weisen wir unter der Überschrift „Überprüfe dein Wissen" hin. Die Lösungen zu den „Top-Ten-Tests" jedoch findest du im Zusatzmaterial – wie auch noch ein paar zusätzliche Übungen. Durch selbstständiges Üben sicherst du deinen Lernerfolg, deshalb haben wir versucht, möglichst viele und abwechslungsreiche Übungen für dich - insbesondere in digitaler Form - begleitend zum Buch anzubieten.

In den Kapiteln findest du darüber hinaus eine Fülle von Hinweisen, wichtige Konzepte und Hintergrundwissen, die in einem Kasten hervorgehoben sind.

Beim Schreiben hatten wir Spaß, aber genau wie beim Lernen ist es manchmal einfach Arbeit. Wir hoffen, für dich ist ein hilfreiches Buch entstanden, das du im ersten Semester wie auch später beim Start der neuen Themenblöcke nochmal in die Hand nimmst. Viel Erfolg im Studium!

Inhaltsverzeichnis

III   Organische Chemie

V   Lernen lernen

        Serviceteil

Das Schreibteam

Sylvia Feil

schlägt gern die Brücke zwischen chemischer Fachwelt und Interessierten. Nach ihrem Studium an der Leibniz Universität in Hannover schrieb sie für verschiedene Medien und betreute redaktionell Bücher und Materialien für den Chemie-Unterricht an Gymnasien. Die Lehrpläne der verschiedenen Bundesländer spiegeln mehrere Facetten des Wissenserwerbs wider, weshalb sie immer wieder auch sprachlich auf verschiedene Fachtermini eingeht, um so die Tür zur Wissenschaftssprache zu öffnen.

Dieses Buch füllt nun die Lücke zwischen diesen Welten – der Wissenschaft voller spannender Forschungsfragen, wohin das Studium führen soll, und dem Einstieg in selbiges, das mit sehr unterschiedlichen Voraussetzungen beginnen kann. Ihr Einstieg in die organische Chemie soll den Weg hin zu der Fülle an Mechanismen ebnen und löst sich vom Vorgehen in Schullehrplänen. Der neue Blick hilft, eigenes Vorwissen mit der Gedankenwelt im Studium zu verbinden.

Schließlich liegt ihr als mediendidaktischer Beraterin sehr am Herzen, dass das Lernen gut gelingt. Könnte sie noch einmal studieren, würde sie die Fülle der Angebote testen!

Philipp Engelmann

liebt es, die Welt aus verschiedenen Blickwinkeln zu betrachten. So entschied er sich, die Fächer Chemie und Physik auf Lehramt an der Friedrich-Schiller-Universität Jena zu studieren. Nicht, weil die Kombination dieser Fächer im Schulalltag besonders praktisch wäre, sondern weil es einfach spannend ist, die physikalischen Grundlagen chemischer Vorgänge zu ergründen.

Auch deswegen entschied er sich, das Fächerübergreifende zum Thema seiner Promotion zu machen: „Wie können Lehrkräfte auf den integrierten Naturwissenschaftsunterricht vorbereitet werden?", „Welche Lernzugänge bieten sich für Schüler:innen in diesem Unterricht an?" waren nur zwei von zahlreichen Fragestellungen. Mittlerweile gibt er seine Begeisterung für das Chemische in der Physik und das Physikalische in der Chemie an ausländische Studierende am Studienkolleg der Philipps-Universität Marburg weiter – mit besonderem Blick auf Experimente, die jeder in der eigenen Küche durchführen kann.

Mit den Kapiteln zur physikalischen Chemie versucht er, allen, die sich für ein chemisches Studium entscheiden, die Brille der Physik aufzusetzen. Schließlich ist die Physik der Boden, auf dem die Naturwissenschaften stehen. Und die Chemie auch mal mithilfe physikalischer Konzepte zu betrachten, ist nicht nur erhellend für einen selbst, sondern auch elementar für das Verständnis der Chemie.

Timm Wilke

hat seine Leidenschaft für die Chemie mit seinem ersten Kristallzucht-kasten entdeckt. Nach dem Abi musste er sich entscheiden, ob er Che-miker oder Chemielehrer werden möchte. Am Ende gewann die Freude am Vermitteln, und er entschied sich für das Lehramtsstudium in Göt-tingen. Im Studienverlauf hat er herausgefunden, dass die Schnittstelle zwischen Forschung und Wissensvermittlung „Chemiedidaktik" ge-nannt wird und dass man in diesem Fachbereich auch forschen kann. Nach vier Jahren Promotion zwischen Schule und Hochschule musste er sich erneut zwischen beiden entscheiden und blieb in der Forschung. Seitdem hat er Professuren in Braunschweig, Graz, Jena und Oldenburg erhalten und wurde unter der Schirmherrschaft von Dr. Angela Merkel zum MINT-Botschafter des Jahres ausgezeichnet.

In seiner Forschung untersucht er, wie man komplexe Inhalte und Themenfelder aus der aktuellen Forschung für die Schule erschließen und anschaulich im Unterricht vermitteln kann. Hierzu hat er zahl-reiche Experimente entwickelt. Auch in der Lehre hat er neben der Theorie zahlreiche Laborpraktika betreut, da ihm eine experimentell fundierte Ausbildung sehr am Herzen liegt. Er hofft, dass seine Kapitel einen guten Einstieg in die spannende Arbeit im Labor bieten!

Kai Wolf

wusste seit der 12. Klasse, dass er Lehrer für Chemie und Deutsch wer-den will. Ein Studium an der Uni Göttingen, eine Promotion in der Chemiedidaktik und ein Referendariat später war es dann endlich so-weit! „Chemie zwischen Schule und Hochschule" war das Thema seiner Promotion – das passte perfekt für das Vorhaben dieses Lehrbuchs, so-dass er nicht lange überlegen musste, ob er mitwirken möchte. Es ist schon ziemlich verrückt, was Wissenschaftler in den letzten Jahr-hunderten über die kleinsten Bausteine unserer Welt herausfinden konn-ten – kein Wunder, dass so viele in die Welt der Atome eintauchen wol-len. Er wünscht sich sehr, dass dieses Buch allen Leser:innen den Ein-stieg in das Chemiestudium erleichtert!

Für dieses Buch hat er die Kapitel zur anorganischen Chemie ge-schrieben, weil ihm diese im Rahmen seines Schuldienstes am ver-trautesten erschienen.

Anorganik

Die anorganische Chemie ist ein Teilgebiet, das sich mit der Untersuchung von Elementen und Verbindungen, die keine Kohlenstoff-Wasserstoff-Bindungen enthalten, sowie mit einigen Grenzfällen zwischen Organik und Anorganik befasst, wie zum Beispiel der Blausäure (HCN). Sie beinhaltet die Erforschung von Metallen, Nichtmetallen, Salzen, Oxiden, Säuren und Basen sowie Koordinationsverbindungen. Dabei werden ihre Eigenschaften, Strukturen, Reaktionen und Anwendungen in verschiedenen Bereichen wie Materialwissenschaften, Katalyse und Umweltchemie untersucht.

In ▶ Kap. 1 geht es um den Bau der Materie – vom einfachen Teilchenmodell bis zum quantenmechanischen Orbital-Modell werden dir wichtige Vorstellungen über die submikroskopische Ebene vermittelt, die für ein Verständnis der Chemie als Lehre des Aufbaus und der Umwandlung von Materie essenziell sind. Zudem wird das Periodensystem der Elemente als Ordnungssystem eingeführt.

▶ Kap. 2 behandelt die chemische Bindung, wobei zwischen Ionen- und Elektronenpaarbindung sowie metallischer Bindung unterschieden wird. Wird und diese Konzepte an typischen, anorganischen Verbindungen erläutert werden. Mit diesen Konzepten lassen sich viele Struktur-Eigenschafts-Beziehungen der Materie verstehen. Außerdem werden Bindungen von Wechselwirkungen abgegrenzt.

Schließlich führt ▶ Kap. 3 in das Konzept der chemischen Reaktion ein, wobei die qualitativen und quantitativen Aussagen von Reaktionsgleichungen beleuchtet sowie grundlegende Berechnungen von Stoffumsätzen vorgenommen werden und zwischen Redox- und Säure-Base-Reaktionen sowie der Komplexchemie unterschieden wird. Es wird gezeigt, dass diese drei Reaktionstypen für die Anorganik wesentlich sind.

Mit diesen drei Kapiteln erarbeitest du dir also die Basis für deine Auseinandersetzung mit all den spannenden Erkenntnissen, welche die Chemie für dich bereithält.

Inhaltsverzeichnis

Der Bau der Materie

Inhaltsverzeichnis

Ergänzende Information Die elektronische Version dieses Kapitels enthält Zusatzmaterial, auf das über folgenden Link zugegriffen werden kann [https://doi.org/10.1007/978-3-662-69351-3_1].

Tipp

Als Käufer:in dieses Buches kannst du kostenlos die Flashcard-App „SN Flashcards" mit Aufgaben zur Wissensüberprüfung und zum Lernen von Buchinhalten nutzen.

Folge dazu bitte den Anweisungen für die Nutzung:

1. Geh auf ▶ https://flashcards.springernature.com/login.
2. Erstelle ein Benutzerkonto, indem du deine Mailadresse und ein Passwort eingibst.
3. Verwende den folgenden Link, um Zugang zu deinem SN-Flashcards-Set zu erhalten: ▶ https://sn.pub/gulgbv

Sollte der Link fehlen oder nicht funktionieren, sende bitte eine E-Mail mit dem Betreff „SN Flashcards" und dem Buchtitel an customerservice@springernature.com.

1.1 Vom Teilchenmodell zum Bohr'schen Atommodell

Menschen haben sich schon immer gefragt, woraus sich die Welt zusammensetzt, von der sie umgeben sind, und woraus sie selbst gemacht sind. Von der Antike bis ins Mittelalter hinein hielt sich eine Elementenlehre, die besagt, dass alles Materielle aus den Elementen Feuer, Wasser, Luft und Erde in je spezifischer Zusammensetzung aufgebaut ist. Letztere ist dabei maßgeblich für die Vielfalt der Materie in verschiedenen Formen und Farben (siehe ◘ Abb. 1.1).

Im Kontrast dazu stellte Demokrit (ein griechischer Philosoph) bereits im 4. Jahrhundert vor Christus die Theorie auf, dass Materie aus *Atomen* (gr. *atomoi*) besteht, den kleinsten unteilbaren Bausteinen mit je spezifischer Form (Kugel, Quader, Pyramide usw.) und Oberfläche (rund, glatt, krumm usw.). Diese Überlegungen bilden die Grundlage für modernere Atommodelle, mit denen wir eine Vielzahl naturwissenschaftlicher Phänomene erklären. So können mit ihnen chemische Bindungen und ihre Folgen für Stoffeigenschaften (▶ Kap. 2) sowie chemische Reaktionen bzw. die Reaktivität einzelner Stoffe (▶ Kap. 3) verstanden werden.

◘ **Abb. 1.1** Vielfalt der Materie

1

In der Schule hast du vermutlich in den Jahrgangsstufen 5 und 6 das *Teilchenmodell* kennengelernt. In Klasse 7 und 8 kam dann das *Atommodell* von John Dalton bzw. das einfache Atommodell dazu und wurde in Klasse 9 und 10 zum differenzierten Atommodell nach Ernest Rutherford erweitert. Schließlich hast du bestimmt auch etwas vom *Schalen-Modell* in Anlehnung an Niels Bohr gehört und möglicherweise sogar Grundlagen des *Orbital-Modells* kennengelernt. Wir erläutern in diesem Kapitel zunächst das Teilchenmodell sowie das einfache und die differenzierten Atommodelle, bevor wir in den weiteren Kapiteln zum Orbital-Modell (▶ Abschn. 1.2) und schließlich zur Verknüpfung zum Periodensystem der Elemente (▶ Abschn. 1.3) kommen.

Vorab ist dabei eines wichtig: Keines der Modelle für den Bau der Materie kann endgültig bewiesen werden. Anders als wir beispielsweise analysieren können, ob das Spielzeugmodell eines VW Golf VII für Kinder dem echten VW Golf VII entspricht oder ob es Abweichungen davon gibt, können wir dies bei einem Atommodell nicht, da wir Atome nicht sehen oder erfahren können und deshalb keinen Vergleich haben. Selbst mit einem modernen Rastertunnelmikroskop erhalten wir kein echtes Bild von Atomen und Molekülen; wir messen einen sog. Tunnelstrom, der auf eine bestimmte Oberflächenstruktur rückführbar ist, ohne dass wir diese Struktur mit unseren Sinnen wahrnehmen. Das bedeutet jedoch nicht, dass die Modelle nicht hilfreich sind: Wir können mit ihnen bestimmte Phänomene erklären, die wir dann tatsächlich in der Realität erleben, und auch Vorhersagen treffen. Fangen wir also an!

Lernziele

Nach der Bearbeitung dieses Abschnitts wirst du Folgendes können:
- Diffusion, Aggregatzustände und Druck mit Hilfe des Teilchenmodells erläutern,
- Elemente, Verbindungen, Reinstoffe und Stoffgemische mit Hilfe des Atommodells von Dalton zuordnen,
- Summen- und Verhältnisformeln mit Hilfe des Atommodells von Dalton unterscheiden,
- das Schalen-Modell für ein Atom eines Hauptgruppenelements darstellen,
- den Zusammenhang zwischen dem Rutherford'schen Atommodell, dem Bohr'schen Atommodell und dem Schalen-Modell erklären.

1.1.1 Das Teilchenmodell

Das Teilchenmodell ist das einfachste Modell der submikroskopischen (d. h. nicht sicht- und erfahrbaren) Ebene. Es trifft folgende Aussagen:

■ **1) Materie ist aus unsichtbar kleinen Teilchen aufgebaut.**

Das erlebt man jedes Mal, wenn man eine Deosprühdose benutzt. Wenn man diese kurz betätigt, riecht die Luft nach dem gewünschten Duftstoff. Dass man allerdings nur einen Teil des insgesamt in der Dose vorhandenen Duftstoffs versprüht hat, merkt man dann, wenn man die Dose schüttelt (es sei denn, man hat tatsächlich den letzten Rest versprüht).

Es muss also kleinste Teile des Duftstoffes geben, die bis an die eigene Nase gelangen – eben Duftstoff-Teilchen (siehe ◘ Abb. 1.2).

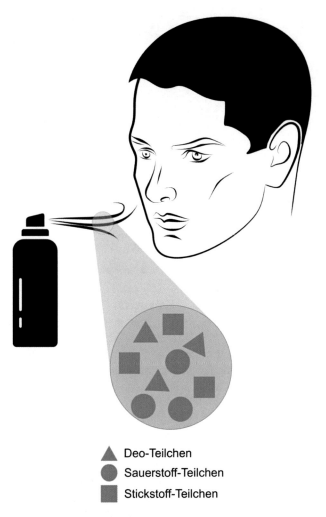

▲ Deo-Teilchen
● Sauerstoff-Teilchen
■ Stickstoff-Teilchen

◘ **Abb. 1.2** Duftstoff-Teilchen auf dem Weg von der Deodose zur Nase (Stoff- und Teilchenebene getrennt; andere Teilchen der Luft: nur Sauerstoff und Stickstoff)

■ **2) Teilchen sind in Bewegung.**

Wenn man einen Tropfen Milch in Schwarztee oder Kaffee gibt und kurze Zeit wartet, verteilt sich der Tropfen zunehmend. Auch mit Milch aus dem Kühlschrank und abgestandenem, kalten Kaffee tritt dieser Effekt ein; es dauert nur länger. Dieses Verteilen durch zufällige, ungerichtete Bewegung (d. h. ohne Umrühren etc.) nennt man Diffusion.

Das liegt daran, dass sowohl die Teilchen im Kaffee (Wasser-Teilchen, Koffein-Teilchen usw.) als auch die Teilchen in der Milch (Wasser-Teilchen, Milchzucker-Teilchen, Fett-Teilchen usw.) ständig in Bewegung sind und sich daher von selbst vermischen (siehe ◘ Abb. 1.3). Das Umrühren mit einem Löffel beschleunigt lediglich diesen Vorgang.

1

◨ **Abb. 1.3**   Milchtropfen in Kaffee (Stoffebene und Teilchenebene zum Zeitpunkt t_0, t_1, t_2)

- **3) Teilchen verschiedener Stoffe sind unterschiedlich groß.**

Mischt man Wasser und Ethanol, beobachtet man eine *Volumenkontraktion*, also eine Verringerung des Gesamtvolumens. 50 mL Wasser und 50 mL Ethanol ergeben zusammen ca. 96 mL Lösung (bei 22 °C und normalem Luftdruck).

Dies ist u. a. darauf zurückzuführen, dass die Teilchen der Stoffe eine unterschiedliche Größe haben. Wasser-Teilchen sind kleiner als Ethanol-Teilchen und passen daher in die Lücken zwischen letzteren.

Dies ist allerdings nicht die einzige Erklärung: Zwischen Teilchen gibt es *Wechselwirkungen* (▶ Kap. 2). Wenn diese stark sind, so liegen die Teilchen in der Flüssigkeit eng aneinander; wenn sie schwach sind, haben die Teilchen einen größeren Abstand.

Die Wechselwirkungen zwischen den Teilchen eines Stoffes können sogar durch die Zugabe von Teilchen eines anderen Stoffes geschwächt werden, sodass sie mehr Abstand zueinander einnehmen. Deshalb tritt eine *Volumendilatation*, also eine Vergrößerung des Gesamtvolumens, auf, wenn man Methylcyclohexan und 2-Pentanol mischt.

- **4) Zwischen Teilchen ist nichts.**

Bereits 1657 belegte Otto von Guericke sehr eindrucksvoll, dass es das „Nichts" geben muss; d. h. ein *Vakuum* ohne Materie und daher auch ohne Teilchen. Er setzte zwei kupferne Halbkugeln zusammen und evakuierte den Hohlraum im Inneren. Dies führte dazu, dass nicht einmal 30 Pferde (15 auf jeder Seite) die beiden Halbkugeln auseinanderziehen konnten!

Begründen lässt sich dies damit, dass es innerhalb der Kugel keinen Gegendruck zum von außen herrschenden Luftdruck gibt, wenn die Kugel evakuiert ist (siehe ◨ Abb. 1.4). Dadurch lassen die die Halbkugeln nur sehr schwer voneinander trennen.

Als *Druck* bezeichnet man die Kraft F, die auf eine bestimmte Fläche A wirkt (▶ Kap. 3 und Abschn. 4.1). Diese Kraft wird dadurch erzeugt, dass Teilchen in der Gasphase bspw. gegen die Kugelwände schlagen, da sie permanent in Bewegung sind.

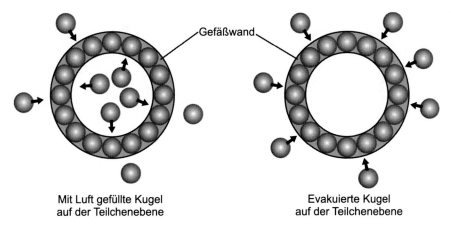

**Mit Luft gefüllte Kugel
auf der Teilchenebene**

**Evakuierte Kugel
auf der Teilchenebene**

◘ Abb. 1.4 Kugel mit Innendruck und ohne Innendruck

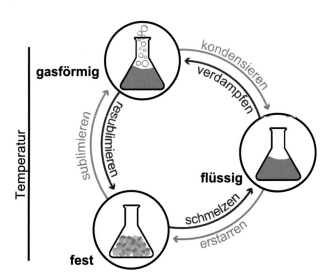

◘ Abb. 1.5 Aggregatzustände des Wassers (Stoff- und Teilchenebene) inklusive Begriffe für den Aggregatzustandswechsel

Mit Hilfe dieser vier Aussagen lassen sich zudem die *Aggregatzustände* eines Stoffes erklären – beispielsweise die von Wasser. Es gibt die Aggregatzustände fest, flüssig und gasförmig (siehe ◘ Abb. 1.5).

Im festen Zustand liegen die Teilchen eng beieinander. Sie schwingen auf der Stelle, bewegen sich jedoch kaum vom Platz und haben eine feste Ordnung.

Im flüssigen Zustand ist die starke Ordnung der Teilchen z. T. aufgebrochen. Die Teilchen haben nun einen größeren Abstand zueinander und mehr Bewegungsfreiheit. Daher sind Flüssigkeiten auch leichter verformbar als Feststoffe.

Schließlich ist der Grad der Ordnung der Teilchen im gasförmigen Zustand am geringsten, und sie haben den größtmöglichen Abstand zueinander sowie die höchste Bewegungsfreiheit.

1

Für den Übergang von einem der Aggregatzustände in einen anderen gibt es einige Fachbegriffe, die jeder Chemiker kennt. Sie werden in ◨ Abb. 1.5 ebenfalls dargestellt.

❯ **Achtung:** Chemiker sind oft unsauber bei der Verwendung des Begriffs „Teilchen". Mit dem Begriff können (1) ein Teilchen im Sinne des Teilchenmodells, (2) ein Atom, Ion oder Molekül oder (3) Bestandteile eines Atoms (Protonen, Neutronen oder Elektronen – also eigentlich Kernbau-Teilchen) gemeint sein. Der Begriff Teilchen sollte allerdings nur im Sinne von (1) genutzt werden, damit keine Verwirrung auftritt – achte darauf und kläre genau, was gemeint ist!

Tipp

Überprüfe dein Wissen

Zur Anwendung des Teilchenmodells auf den Vorgang der Sublimation und der Diffusion sowie auf Fachbegriffe der Aggregatszustandswechsel findest du Flashcards online.

Zusammenfassung

[Das Teilchenmodell]

Zusammenfassend lässt sich also sagen: Die Vorstellung, dass jeder Stoff aus kleinsten, sich ständig bewegenden Teilchen besteht und die Teilchen der Stoffe unterschiedlich groß sind, erklärt nicht nur eine Reihe von Alltagsbeobachtungen (wie die Diffusion von Milch in Kaffee) sowie Forschungsergebnissen (wie die Volumenkontraktion oder das Halbkugelexperiment), sondern auch die physikalische Größe Druck sowie die Stoffeigenschaft des Aggregatzustands.

1.1.2 Das Atommodell von Dalton

John Dalton entwickelte im 18. Jahrhundert ein *Atommodell*, dass auf seinen eigenen Experimenten sowie denjenigen weiterer Forscher zu seiner Zeit (bspw. Joseph-Louis Proust) beruhte und ebendiese erklären kann. Die dabei gefundenen Gesetzmäßigkeiten nennt man *chemische Grundgesetze*; sie werden in ▶ Kap. 3 dargestellt. Folgende Aussagen können auf Basis des Modells getroffen werden:

- **1) Atome sind sehr kleine Kugeln. *Elementare Stoffe* bestehen nur aus einer Sorte von *Atomen*.**

So besteht Natrium (Na) beispielsweise aus einzelnen Natrium-Atomen (siehe ◨ Abb. 1.6).

- **2) Manche elementaren Stoffe kommen molekular vor. Ein *Molekül* ist eine Gruppe von mindestens zwei Atomen.**

Chlor (Cl_2) besteht beispielsweise aus zweiatomigen Chlor-Molekülen (siehe ◨ Abb. 1.7).

■ **Abb. 1.6**   Ein Stück Natrium – Teilchenebene: Natrium-Atome

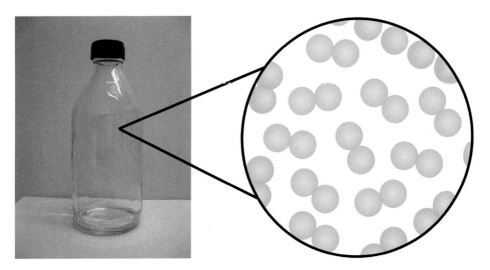

■ **Abb. 1.7**   Chlor auf Stoff- und Teilchenebene, Foto von W. Oelen, CC BY-SA 3.0 DEED

■ **3) Die Atome verschiedener elementarer Stoffe unterscheiden sich in ihrer Größe.**
Wasserstoff (H_2) besteht aus Wasserstoff-Molekülen mit jeweils zwei Wasserstoff-Atomen und Sauerstoff (O_2) aus Sauerstoff-Molekülen mit jeweils zwei Sauerstoff-Atomen. Dabei ist ein Wasserstoff-Atom sehr viel kleiner als ein Sauerstoff-Atom, was man auch gut an der Verbindung Wasser (H_2O) erkennen kann. (siehe ■ Abb. 1.8).

■ **4) *Verbindungen* bestehen aus mehreren Atomsorten.**
So sind Natrium (Na) und Chlor (Cl_2) elementare Stoffe, während Natriumchlorid (NaCl) eine Verbindung ist (siehe ■ Abb. 1.9).
    Für Stoffbezeichnungen gibt es also die Begriffe elementarer Stoff (eine Atomsorte) und Verbindung (mehrere Atomsorten). Außerdem unterscheidet man *Rein-*

1

Sauerstoff	Wasserstoff	Wasser

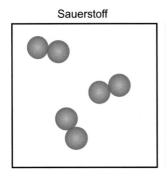 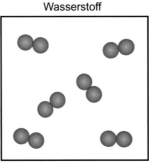 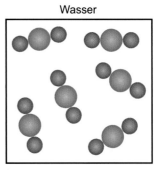

☐ **Abb. 1.8**   Sauerstoff, Wasserstoff und Wasser auf der Teilchenebene

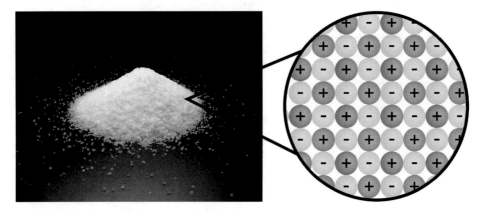

☐ **Abb. 1.9**   Natriumchlorid auf Stoff- und Teilchenebene: Natriumchlorid-Einheiten, Foto von C. Thiele, CC BY-SA 3.0 DEED

☐ **Tab. 1.1** Bezeichnungen für homogene Stoffgemische			
Stoffgemisch	**… mit Feststoff**	**… mit Flüssigkeit**	**… mit Gas**
Feststoff	Legierung (z. B. Messing aus Kupfer und Zink)	Lösung (z. B. Zuckerlösung)	-
Flüssigkeit	-	Lösung (z. B. Wodka)	-
Gas	-	Lösung (z. B. Mineralwasser)	Gasgemisch (z. B. Luft)

stoffe (z. B. reines Eisen) und *Stoffgemische* (z. B. ein Gemisch aus Eisenpulver und Schwefelpulver).

Je nach Aggregatzustand der Stoffe in einem Gemisch gibt es zudem eine Reihe weiterer Begriffe, die in den folgenden Tabellen zusammengefasst werden. Dabei verzeichnet ☐ Tab. 1.1 alle sog. *homogenen Gemische* (d. h. Gemische, die man mit bloßem Auge nicht als solche erkennt) und ☐ Tab. 1.2 die *heterogenen Gemische* (also Gemische, bei denen man die einzelnen Bestandteile sehen kann).

◘ Tab. 1.2   Bezeichnungen für heterogene Stoffgemische

Stoffgemisch	... mit Feststoff	... mit Flüssigkeit	... mit Gas
Feststoff	Gemenge (z. B. Kräutersalz)	Suspension (z. B. Hefe-Wasser-Gemisch)	Rauch (z. B. Zigarettenrauch)
Flüssigkeit	Paste (z. B. Zahnpasta)	Emulsion (z. B. Milch)	Nebel (z. B. Wassernebel)
Gas	Poröses Material (z. B. Styropor)	Schaum (z. B. Seifenschaum)	-

◘ Tab. 1.3   Gängige Trennverfahren

Trennverfahren	Eigenschaft, nach der getrennt wird	Beispiele für trennbare Gemische
Sieben/Filtrieren	Korngröße	Nudel-Wasser-Gemisch, Kaffeepulver-Wasser-Gemisch
Magnetisches Sortieren	Magnetisierbarkeit	Eisen-Plastik-Gemisch im Haushaltsmüll
Destillation	Siedepunkt	Ethanol-Wasser-Gemisch, Fuselöl-Wasser-Gemisch in einer Spirituosenbrennerei
Sedimentieren (Absetzen lassen) und Dekantieren (Abgießen)	Dichte	Sand-Wasser-Gemisch, Öl-Wasser-Gemisch (z. B. in einem Ölscheider in einer Abflussanlage)
Extraktion	Löslichkeit	Koffein-Kaffeepulver-Gemisch (mit Hilfe von Kohlenstoffdioxid im sog. überkritischen Zustand)
Adsorption (Binden von Flüssigkeiten, Gasen und Ionen an Feststoffe)	Polarität und Größe	Gemisch aus Wasser und Calcium- sowie Magnesium-Ionen (Ionenadsorption zur Wasserenthärtung mit Hilfe von sog. Zeolithen)
Absorption (Binden von Gasen in Flüssigkeiten)	Polarität und Größe	Kohlenstoffdioxid-Luft-Gemisch (sog. Kalkwasserprobe mit Hilfe von Calciumhydroxid-Lösung zum Nachweis von Kohlenstoffdioxid)
Chromatografie	Polarität und Größe	Farbstoffe eines Filzstiftes, Gasgemische (z. B. Feuerzeuggas)

Schließlich gibt es eine Reihe an *Trennverfahren*, mit denen man ein Stoffgemisch in seine Reinstoffe auftrennen kann. Dabei ist das Trennprinzip jeweils, dass man eine spezifische Eigenschaft nutzt, hinsichtlich derer sich die zu trennenden Stoffe unterscheiden. ◘ Tab. 1.3 fasst die Namen gängiger Trennverfahren, der entsprechenden Eigenschaften, nach denen getrennt wird, sowie Beispielgemische, die sich trennen lassen, zusammen.

1

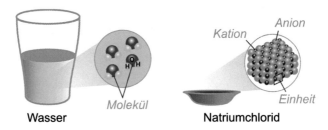

Wasser   Natriumchlorid

◩ **Abb. 1.10**   Wasser vs. Natriumchlorid – Teilchenebene und Begriffe Molekül, Einheit und Kation/Anion

■ **5) Verbindungen können aus Nichtmetallen bestehen oder eine Kombination aus Metall und Nichtmetall sein.**

Verbindungen aus Nichtmetallen (z. B. Wasser – H_2O) bestehen dabei aus Molekülen. Man nennt sie deshalb auch *Molekülverbindungen*. Verbindungen aus Metallen und Nichtmetallen (z. B. Natriumchlorid – NaCl) bestehen hingegen aus Einheiten (d. h. Gruppen von geladenen Atomen (sog. *Ionen*)) in einer Gitterstruktur (siehe ◩ Abb. 1.10). Daher spricht man auch von *Ionenverbindungen* bzw. *Salzen*. Dabei unterscheidet man positive Ionen (*Kationen*) und negative Ionen (*Anionen*).

■ **6) Für Nichtmetallverbindungen gibt es *Summenformeln* und für Metall-Nichtmetall-Verbindungen gibt es *Verhältnisformeln*.**

Die Formel „H_2O" gibt also die Summe der Atome pro Molekül an (in diesem Fall zwei Wasserstoff- und ein Sauerstoff-Atom). Die Formel „NaCl" gibt hingegen das Verhältnis an Natrium-Kationen und Chlorid-Anionen im Salzgitter an (in diesem Fall 1:1). Dabei ist unerheblich, wie viele Ionen insgesamt am Ionengitter beteiligt sind; theoretisch kann dieses unendlich groß sein. ◩ Tab. 1.4 verdeutlicht diesen Zusammenhang.

◘ Tab. 1.4 Formelschreibweisen und ihre Bedeutung

Art der Formel	Verbindungstyp und Beispiel	Darstellung auf der Teilchenebene	Beschreibung der Teilchenebene
Summenformel	Nichtmetallverbindung (Bsp. H_2O)	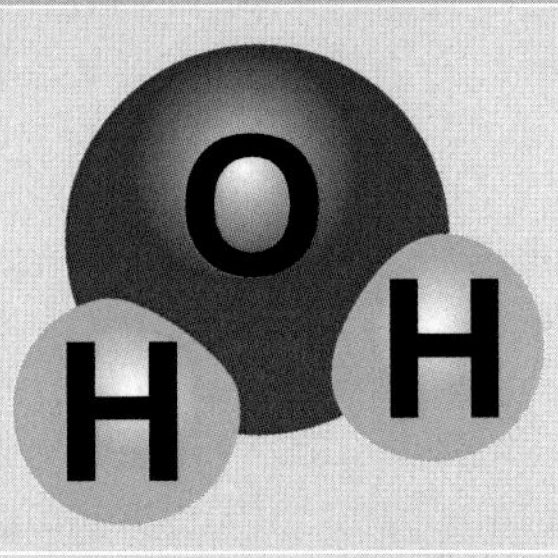	Einzelne Moleküle bestehend aus zwei H- und einem O-Atom
Verhältnisformel	Ionenverbindung (Bsp. NaCl)	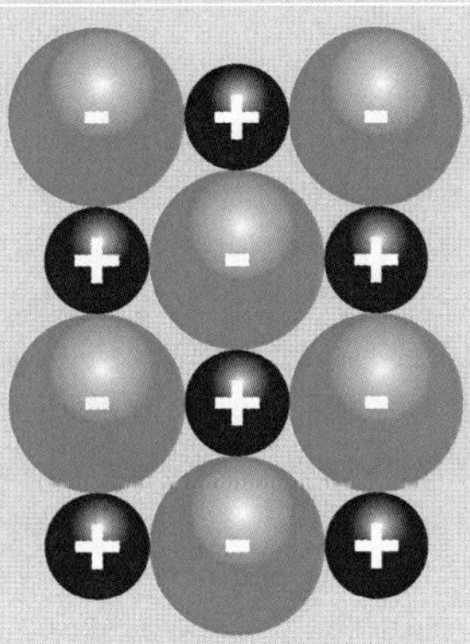	Ionengitter mit Na^+ und Cl^- im Verhältnis 1:1

Tipp

Überprüfe dein Wissen

Zur Anwendung des Atommodells von Dalton auf die Unterscheidung von Gemischtypen, Elementen und Verbindungen sowie Summen- und Verhältnisformeln findest du Flashcards online.

Zusammenfassung
[Das Atommodell von Dalton]

Mit dem Atommodell von Dalton (Atome als kleine Kugeln einer Sorte mit einer bestimmten Masse) kann man also elementare Stoffe, Verbindungen, Reinstoffe und Stoffgemische sowie Summen- und Verhältnisformeln unterscheiden!

1

1.1.3 Das Atommodell von Rutherford

Ernest Rutherford führte 1911 ein Experiment durch, dessen Ergebnisse die Vorstellung von Atomen drastisch veränderten.

Einige Jahre zuvor (1893) gelang dem Physiker Joseph John Thomson der Nachweis, dass Atome Elektronen enthalten, d. h. kleine, negativ geladene Kugeln, die sich in einem elektrischen Feld zu einem Strahl bündeln lassen. Diese Kathodenstrahlung (Kathode: Pluspol in einem elektrischen Feld) fand bspw. in Röhrenfernsehern Anwendung: Trifft ein so erzeugter Elektronenstrahl auf einen Leuchtschirm, so lässt sich von der anderen Seite ein heller Fleck erkennen. Lenkt man den Strahl sehr schnell über dem Leuchtschirm ab und moduliert seine Helligkeit entsprechend, ergibt sich das Schwarz-Weiß-Bild eines Röhrenfernsehers; Farbbilder lassen sich auf ähnliche Weise mit drei Strahlen und einem entsprechend gestalteten Leuchtschirm erzeugen.

Atome enthalten also negativ geladene Elektronen. Diese sind nach Thomson in eine positiv geladene, massenlose Hülle des Atoms eingelassen und gleichmäßig verteilt, wie Rosinen in einem Kuchenteig, wodurch Elektroneutralität und Stabilität erzeugt wird. Rutherford missfiel die aus seiner Sicht ungenaue und unbefriedigende Vorstellung eines positiv geladenen, massenlosen Kuchenteigs. Er wollte die positive und negative Ladung in einem Atom genauer lokalisieren und baute daher das folgende Experiment auf, welches ihm zu Ehren als *Rutherford'scher Streuversuch* in die Wissenschaftsgeschichte eingegangen ist (siehe ◘ Abb. 1.11).

1) In einem Block findet eine radioaktive Zerfallsreaktion statt, bei der eine Strahlung entsteht.
2) Die erzeugte Strahlung nennt man α-Strahlung. Rutherford stellte sich vor, dass sie aus kleinen, positiv geladenen α-Teilchen besteht; heute weiß man, dass es sich um He^{2+}-Ionen handelt. Er ging davon aus, dass α-Teilchen sehr viel kleiner und leichter als Gold-Atome, aber deutlich größer und schwerer als Elektronen sind (siehe ◘ Abb. 1.12).

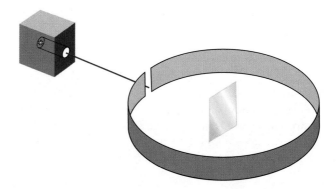

◘ **Abb. 1.11** Skizze zum Versuchsaufbau des Rutherford'schen Streuversuches

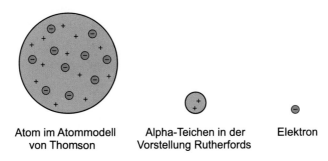

| Atom im Atommodell von Thomson | Alpha-Teichen in der Vorstellung Rutherfords | Elektron |

◘ Abb. 1.12   Gold-Atom, α-Teilchen, Elektron im Größenvergleich

3) Durch eine Öffnung tritt die Strahlung in das Innere eines Leuchtschirms und trifft senkrecht auf eine sehr dünne Goldfolie (ca. 2000 Atomschichten und weniger als 1 μm dick). Durch den Leuchtschirm kann man die Ablenkung der Strahlung bestimmen: Leuchtpunkte auf dem Schirm zeigen an, wo sie auftrifft.

Rutherford konnte folgende Vermutungen über die Beobachtungen des Experiments aufstellen:

– Wenn Atome kleine Billardkugeln sind (Atommodell von Dalton), dann prallt die α-Strahlung frontal gegen die Goldfolie und hinterlässt je nach Impuls der positiven α-Teilchen ggf. ein Loch. Außerdem sollte es zahlreiche Leuchtpunkte auf dem Schirm *vor* der Goldfolie geben, da ein Großteil der α-Strahlung die 2000 Atomschichten nicht durchdringt und nach dem Aufprall und dem Aneinanderstoßen mit anderen positiven Teilchen vor dem Schirm zerstreut wird.

– Wenn Atome eine positive, materielose Hülle haben und die Elektronen, welche die Masse des Atoms ausmachen, gleichmäßig in der Hülle verteilt sind (Atommodell von Thomson), dann sollte die α-Strahlung zu einem großen Teil ungehindert durch die Goldfolie hindurchgelangen: Die positiven α-Teilchen der α-Strahlung sind sehr viel kleiner als die Gold-Atome. Vereinzelt sollten Lichtpunkte abgelenkter Strahlen *hinter* der Goldfolie auftreten, was mit dem Aufprallen der α-Strahlung auf die Elektronen in der Goldfolie erklärt werden könnte.

Gespannt wertete Rutherford die Ergebnisse des Experiments aus – sie übertrafen alle Erwartungen (siehe ◘ Abb. 1.13):

Einerseits gelangte tatsächlich ein Großteil der Strahlung ungehindert durch die Folie, und einzelne Ablenkungen hinter dem Schirm waren ebenfalls zu sehen – so, wie nach dem Atommodell von Thomson zu erwarten war.

Andererseits gab es jedoch einzelne Leuchtpunkte auf dem Schirm, die auf eine sehr starke Ablenkung oder sogar einen Rückprall der Strahlung schließen ließen.

Dieses Ergebnis war weder mit Daltons Modell (→ fast alles wird vor dem Schirm abgelenkt) noch mit Thomsons Modell zu erklären: Einzelne Elektronen konnten aufgrund ihrer Größe und Masse im Vergleich zu α-Teilchen ebendiese unmöglich so stark ablenken. „Dies ist so unwahrscheinlich, als ob man mit einer Pistole auf einen Wattebausch schießt, und die Kugel zurückprallt": Mit diesen Worten schloss Rutherford ebendiese Erklärung aus.

1

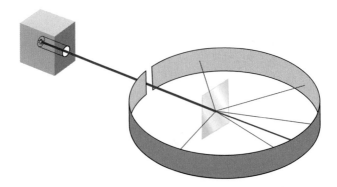

◘ **Abb. 1.13**   Darstellung des Ergebnisses des Rutherford'schen Streuversuches

Rutherford benötigte also ein neues Modell, das die zentralen Ergebnisse des Experiments erklärt:
- Ein Großteil der α-Strahlung gelangt ungehindert durch die Folie.
- Ein Tausendstel der Strahlung wird deutlich abgelenkt.
- Ein Zehntausendstel der Strahlung wird zurückgeworfen.

Daher erschuf er das *Kern-Hülle-Modell* des Atoms, hier am Beispiel für ein Natrium-Atom dargestellt (siehe ◘ Abb. 1.14).
Das Modell lässt sich wie folgt beschreiben:
- Ein Atom besteht aus einem *Atomkern* (im Zentrum) und einer *Atomhülle*.
- Der Atomkern besteht aus *Protonen*, d. h. positiv geladenen Bausteinen. Er trägt fast die gesamte Masse des Atoms, hat jedoch einen ca. Hunderttausend Mal kleineren Durchmesser. Das ist in etwa das Verhältnis der Höhe eines Kieselsteins auf dem Erdboden zur Höhe, in der Flugzeuge fliegen.
- Die Atomhülle ist der Bereich um den Atomkern, in dem sich die negativ geladenen *Elektronen* aufhalten. Die Elektronen haben fast keine Masse.
- Außer den Elektronen befindet sich nichts in der Atomhülle.
- Es gibt in einem elektrisch neutralen Atom genauso viele Protonen im Kern wie Elektronen in der Hülle.

Mit diesem Modell lassen sich alle zentralen Ergebnisse des Streuversuchs erklären:
- Ein Großteil der α-Strahlung gelangt ungehindert durch die Goldfolie, da die Atome der Goldfolie zu einem Großteil leer sind.
- Ein Tausendstel der Strahlung wird deutlich abgelenkt, da nur jedes tausendste α-Teilchen seitlich gegen einen oder mehrere Atomkerne prallt, welche den Großteil der Masse der Atome tragen und nur im Zentrum der Atome sind.
- Ein Zehntausendstel der Strahlung wird zurückgeworfen, da nur jedes zehntausenste α-Teilchen frontal gegen einen Atomkern prallt.

Nicht nur *zwischen* Atomen ist nichts, was wir seit Dalton wissen, sondern auch *in* Atomen ist zum Großteil nichts – das wirkt sehr befremdlich auf uns, da die uns umgebende Welt sehr wohl materiell greifbar ist. Dennoch können wir als Naturwissenschaftler das Kern-Hülle-Modell als plausible Erklärungsgrundlage für Rutherfords Streuversuch betrachten.

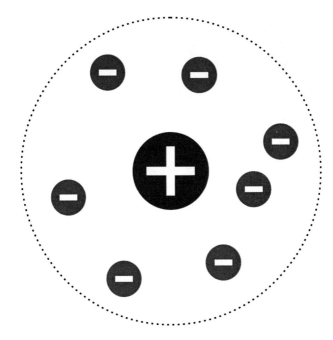

⬛ **Abb. 1.14**   Kern-Hülle-Modell

1.1.4   Das Atommodell von Bohr und das Schalen-Modell

Durch das Kern-Hülle-Modell von Rutherford wissen wir nun, dass Atome ein Innenleben haben: Sie bestehen aus einem Atomkern und einer Atomhülle, wobei der Kern positiv geladene Protonen und die Hülle negativ geladene Elektronen enthält. Damit haben wir bereits ein sog. differenziertes Atommodell.

Mit Hilfe der Berechnungen des Physikers Niels Bohr von 1913 (also nur zwei Jahre nach Rutherfords Streuversuch) lässt sich das Kern-Hülle-Modell erweitern – insbesondere hinsichtlich der Frage, wo genau sich die Elektronen in der Atomhülle aufhalten. Bohrs Berechnungen gelten dabei exakt nur für das einfachste aller Atome, nämlich das Wasserstoff-Atom. Trotzdem kann man es zum Schalen-Modell erweitern, das für alle Atome gilt und das du sicherlich aus dem Mittelstufenunterricht kennst.

Seit Mitte des 19. Jahrhunderts sind zwei Erkenntnisse über sichtbares Licht bekannt:

Aufzählung
- Weißes Sonnenlicht lässt sich mit einem Prisma in ein Spektrum an farbigem Licht auftrennen. Das Gleiche passiert, wenn Sonnenlicht durch Regentropfen gebrochen wird und ein Regenbogen am Himmel zu sehen ist. Man spricht dabei von sog. *Spektralfarben*. Jede Spektralfarbe wird dabei durch eine Lichtwelle mit einer bestimmten Wellenlänge im Nanometerbereich erzeugt (siehe ⬛ Abb. 1.15).
- Lichtwellen können wir uns vorstellen wie Wasserwellen im Meer – nur mit einer sehr viel kleineren *Wellenlänge* (also dem Abstand zwischen zwei Wellenbergen bzw. zwischen dem Startpunkt einer Wellenbewegung und einer Berg- und Talfahrt, siehe ⬛ Abb. 1.16).

1

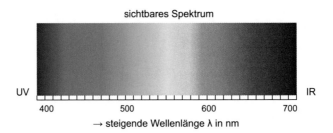

sichtbares Spektrum

UV

IR

400   500   600   700

→ steigende Wellenlänge λ in nm

■ **Abb. 1.15** Lichtspektrum und Wellenlängen des sichtbaren Lichtes. „UV" meint „Ultra-Violett" und „IR" meint „Infra-Rot". Diese Wellenlängenbereiche gehen über das sichtbare Licht hinaus. Nach Jarvisa, CC BY-SA 3.0 DE

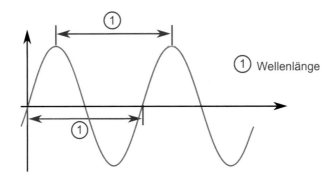

① Wellenlänge

■ **Abb. 1.16** Wellenlänge im Koordinatensystem

Die Atome elementarer Stoffe emittieren (d. h. senden) nach Anregung durch Energie Licht mit bestimmten Wellenlängen aus. So hat jedes Element ein spezifisches Emissionsspektrum mit entsprechenden Spektrallinien. An Sylvester erfreuen wir uns beispielsweise an der Emission von gelbem Licht durch Natrium-Atome, rotem Licht durch Lithium-Atome, blauem Licht durch Kupfer-Atome usw. durch explodierende Feuerwerkskörper am Nachthimmel; man spricht auch von verschiedenen Flammenfärbungen.

Mit dem Kern-Hülle-Modell können wir weder erklären, warum Atome überhaupt Licht aussenden, noch erklären, warum die Atome eines Elements stets Licht ganz spezifischer Wellenlängen (und nicht etwa Licht beliebiger Farbe) aussenden. Johannes Rydberg, ein schwedischer Physiker, konnte das 1888 auch nicht erklären. Allerdings war es ihm nach mühevoller Arbeit gelungen, eine mathematische Formel aufzustellen, mit der man die Wellenlängen des *Emissionsspektrums* von Wasserstoff (■ Abb. 1.17) berechnen kann.

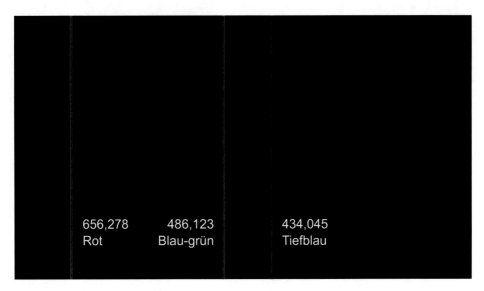

656,278   486,123   434,045
Rot   Blau-grün   Tiefblau

◘ Abb. 1.17 Emissionsspektrum des Wasserstoffs (in nm)

Diese Formel wird *Rydberg-Formel* genannt:

$$\frac{1}{\lambda} = R \cdot \left(\frac{1}{n_1^2} - \frac{1}{n_2^2} \right) \tag{1.1}$$

λ – Wellenlänge der Spektrallinie
R – Rydberg-Konstante ($\approx 1{,}097 \cdot 10^{-7}\,\frac{1}{\text{m}}$)
n_1 – Variable 1
n_2 – Variable 2

Wenn man für die Variablen n_1 und n_2 ganze Zahlen einsetzt, die größer als 0 sind, und dabei beachtet, dass n_1 kleiner ist als n_2, so kann man mit dieser Formel die Wellenlängen der Spektrallinien des Wasserstoffspektrums berechnen. Rydberg konnte sogar Wellenlängen vorhersagen, die erst viel später tatsächlich experimentell bestätigt wurden – warum nun gerade seine Formel dazu in der Lage war, konnte er jedoch nicht erklären.

25 Jahre sollte es dauern, bis Niels Bohr dazu in der Lage war, Rydbergs Formel mit einem Atommodell zu untermauern. Er ging vom Kern-Hülle-Modell Rutherfords aus, konzentrierte sich auf das Wasserstoff-Atom (mit einem Proton im Kern

und einem Elektron in der Hülle) und stellte im Wesentlichen zwei Postulate (d. h. Behauptungen) auf:

— Das Elektron im Wasserstoff-Atom bewegt sich nicht beliebig durch die Atomhülle, sondern nur auf bestimmten Kreisbahnen, ohne dabei Strahlung auszusenden. Die Kreisbahnen werden mit dem Buchstaben n bezeichnet und nummeriert.

— Das Elektron kann sich von Kreisbahn zu Kreisbahn bewegen. Dabei muss Energie in Form von Strahlung aufgenommen (absorbiert) werden, wenn die Ziel-Kreisbahn weiter entfernt vom Kern ist, und es wird Energie in Form von Strahlung abgegeben (emittiert), wenn die Ziel-Kreisbahn näher am Kern liegt.

Das Elektron ist also nicht mehr irgendwo in der Atomhülle (so wie bei Rutherford), sondern hält sich auf einer Kreisbahn auf. ◨ Abb. 1.18 zeigt das Atommodell von Bohr. Die Darstellung ist vereinfacht, weil die Kreisbahnen mit zunehmendem Abstand näher aneinanderrücken.

Im Grundzustand hält sich das Elektron im Wasserstoff-Atom auf der Kreisbahn $n = 1$ auf. Im angeregten Zustand kann es dann auf die Kreisbahn $n = 2,3,4$ usw. springen. Fällt es dann spontan wieder zurück auf eine tiefer liegende Kreisbahn, wird Energie einer ganz bestimmten Menge (und damit Lichtstrahlung mit einer ganz bestimmten Wellenlänge) ausgesendet; man spricht von einem diskreten Übergang. Über die Gleichsetzung der Kraft, die das Elektron auf der Kreisbahn hält (der sog. Zentripetalkraft) mit der Kraft, die zwischen Atomkern und Elektron herrscht (die sog. Coloumb-Kraft), hat Bohr Formeln hergeleitet, mit denen er zu den gleichen Ergebnissen für die Wellenlängen des Emissionsspektrums von Wasserstoff kommt wie Rydberg. Damit sind die Rydberg-Formel sowie das Emissionsspektrum des Wasserstoff-Atoms grundlegend erklärt: Rydbergs Variablen bezeichnen Kreisbahnen des Wasserstoff-Atoms mit verschiedenen Energieniveaus.

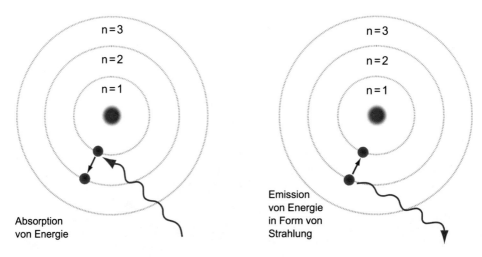

◨ **Abb. 1.18**   Atommodell von Bohr. Das Elektron im Wasserstoff-Atom bewegt sich nur auf Kreisbahnen in der Atomhülle, ohne dabei Energie auszustrahlen. Im Übergang verschiedener Bahnen wird Energie in Form von Strahlung emittiert oder absorbiert. Basierend auf Shiro D. Neko, CC BY-SA 3.0 DEED

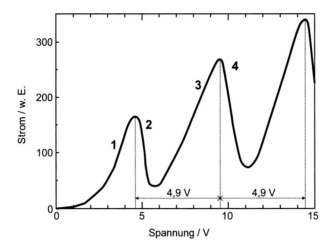

◘ Abb. 1.19 Stromstärke-Spannungs-Diagramm des Franck-Hertz-Versuchs. „w. E." bedeutet „willkürliche Einheit"

Ein weiteres Experiment, welches mit dem Atommodell von Bohr erklärt werden kann, ist der 1914 durchgeführte *Franck-Hertz-Versuch*, für den die beiden Physiker James Franck und Gustav Hertz 1925 den Nobelpreis für Physik erhielten. Bei dem Versuch wurden Elektronen in einem Glaskolben beschleunigt, welcher mit Quecksilberdampf gefüllt ist. Gemessen wurde die Stromstärke (d. h. ein Maß für die Anzahl an Elektronen, die pro Zeit durch den Glaskolben fliegen) zwischen Glühkathode, aus welcher die Elektronen austreten, und Auffanganode, bei der die Elektronen ankommen. Dabei wurde die Spannung (d. h. die Energie, die jedes Elektron hat,) kontinuierlich erhöht. Erwarten würde man dabei, dass die Stromstärke mit der Spannung steigt. Das hat man auch beobachtet – allerdings ergab sich alle 4,9 V Spannung ein deutlicher Abfall an Stromstärke (siehe ◘ Abb. 1.19).

Dies lässt sich so erklären, dass ein Elektron bei einem Zusammenstoß mit einem Quecksilber-Atom genau die Energie abgeben kann, die es bei einer Spannung von 4,9 V hat – nicht mehr und nicht weniger. Die abgegebene Energie des Elektrons wird dann dazu genutzt, dass ein Elektron im Quecksilber-Atom auf die nächsthöhere Schale (und damit das nächsthöhere Energieniveau) springen kann. Daher stützt der Franck-Herz-Versuch das Bohr'sche Atommodell.

Für die Atome aller anderen Elemente außer Wasserstoff gelten weder Bohrs noch Rydbergs Formeln exakt. Trotzdem können wir uns die Emissionen der anderen Atome bzw. die Flammenfärbungen, die durch sie auftreten, mit dem gleichen Prinzip erklären: Elektronen werden auf Kreisbahnen mit höheren Energieniveaus angehoben, fallen spontan wieder herab und senden dabei Strahlung einer bestimmten Wellenlänge aus. Dabei sind die Abstände der Kreisbahnen zueinander spezifisch für ein Atom eines Elements, sodass sich jeweils spezifische Emissionsspektren ergeben. Allgemein lassen sich Bohrs Überlegungen also zum *Schalen-Modell* erweitern, welches dann für alle Atome gilt.

Ähnlich wie im Bohr'schen Atommodell halten sich die Elektronen im Schalen-Modell auf Schalen mit einem festen Abstand zum Atomkern auf, während im Atomkern die Protonen gebündelt sind. Es gibt in einem ungeladenen Atom immer

so viele Protonen im Kern wie Elektronen in der Hülle. Die Anzahl der Protonen im Kern für ein bestimmtes Atom kann man im *Periodensystem der Elemente* ablesen. Sie entspricht der Ordnungszahl. So hat ein Wasserstoff-Atom (H) zum Beispiel ein Proton, ein Helium-Atom (He) zwei Protonen, ein Lithium-Atom (Li) drei Protonen usw. Die Elektronen werden dann von innen nach außen gemäß eines bestimmten Aufteilungsschlüssels auf die Schalen verteilt, der in der Tabelle gezeigt wird:

Name der Schale	Maximale Anzahl an Elektronen
K	2
L	8
M	18
N	32
O	50

In ◘ Abb. 1.20 siehst als Beispiel das Schalen-Modell für ein Sauerstoff-Atom.

Tipp

Das Schalen-Modell ist für Chemiker:innen interessant, weil sich mit ihm die Bildung der Ionen der Elemente der Hauptgruppen erklären lässt, welche in *Redox-Reaktionen* (siehe ► Kap. 3) entstehen, die wir später noch besprechen, und in *Ionenverbindungen* (bzw. Salzen) vorliegen. Dabei handelt es sich um wichtiges Grundlagenwissen der Chemie – es ist also wichtig, dass du das Schalen-Modell für ein Atom eines Hauptgruppenelements aufstellen kannst.

Somit haben wir die historische Entwicklung der Modelle der Teilchenebene vom Teilchenmodell bis zum Schalen-Modell nachvollzogen. Es gibt ein weiteres Atommodell, welches unser Verständnis von Atomen zu Beginn der 20er-Jahre des 20. Jahrhunderts

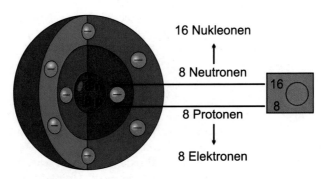

◘ **Abb. 1.20**   Schalen-Modell für ein Sauerstoff-Atom

sehr grundlegend verändert hat: Das *Orbital-Modell*, welches auf den Erkenntnissen der *Quantenmechanik* beruht. Inwiefern das Orbital-Modell das Atommodell von Bohr und das Schalen-Modell erweitert, klären wir in ▶ Abschn. 1.2.

1.2 Das Orbital-Modell

Anfang des 20. Jahrhunderts wurde ein Atommodell entwickelt, das unsere bisherige Vorstellung von Atomen als Kugeln mit einem Innenleben aus einem Kern und kleinen, negativ geladenen Teilchen (den Elektroden) auf Kreisbahnen sehr grundlegend verändern wird: das Orbital-Modell. Grundlage für dieses Modell sind die Erkenntnisse der *Quantenmechanik*, mit denen wir uns deshalb zunächst befassen werden. Der Ausdruck „Quantenmechanik" vermag es, Respekt einzuflößen, da er komplex und weltfremd klingt. Tatsächlich hat die Welt der Quanten ihre sehr eigentümlichen, aber auch spannenden Gesetze. Relevant ist für uns in diesem Zusammenhang, warum Elektronen als Quantenobjekte verstanden werden können und welche Experimente darauf schließen lassen. Aus diesen Grundlagen leiten wir schließlich das *Orbital-Modell* ab und wenden es für die Atome der Hauptgruppenelemente an.

Selbstverständlich sind die Erkenntnisse der Quantenmechanik sehr viel umfassender, als sie im Rahmen dieses Brückenkurses zur Plausibilisierung des Orbital-Modells eingesetzt werden – so umfassend, dass es einführende Lehrbücher allein zu diesem Thema gibt. Dies sei an dieser Stelle für interessierte Lesende erwähnt.

Lernziele
Am Ende des Abschnitts wirst du Folgendes können:
- Elektronen als Quantenobjekte beschreiben,
- den Zusammenhang von Wellenfunktion und Aufenthaltswahrscheinlichkeit eines Elektrons beschreiben,
- die Verknüpfung der Quantenzahlen und ihren Einfluss auf ein Orbital anwenden,
- den Aufbau eines Termschemas mit Hilfe des Orbital-Modells beschreiben.

1.2.1 Grundlagen der Quantenmechanik

Mit dem Bohr'schen Atommodell aus ▶ Abschn. 1.1.4 kennst du bereits ein quantenmechanisches Atommodell. Zur Erinnerung: Bohr ging davon aus, dass sich Elektronen nur auf Kreisbahnen mit bestimmten (und nicht beliebigen) Energieniveaus be-

wegen können und dass sie sich auf diesen Kreisbahnen strahlungsfrei bewegen. Beides widerspricht den Regeln der klassischen Physik. Wenn die Elektronen nach Bohr bspw. Autos wären, würde das bedeuten, dass Autos nur bestimmte Geschwindigkeiten annehmen können und man bspw. von 30 km/h direkt auf 50 km/h oder 80 km/h springen könnte, ohne die Zwischenzustände einzunehmen. Eine Quantelung der Energie (d. h. eine Einteilung in Zustände mit fest definierten Energieniveaus) ist für Autos undenkbar, für Elektronen nach Bohr jedoch grundlegend. Genauso wenig wird bspw. eine Kugel in einer Kreisschiene unendlich lang im Kreis rollen, wenn man sie einmal mit Schwung anschiebt – sie gibt Energie in Form von Wärme oder Reibung ab und bleibt irgendwann stehen. Das weiß jede und jeder, die oder der mal ein ähnliches Spielzeug für Kleinkinder oder Katzen gesehen hat. Elektronen auf Kreisbahnen sollen dagegen ein Perpetuum mobile bilden, also eine sich unendlich lange selbst erhaltende Bewegung ohne Energieverlust. Daher gehört Bohrs Modell in den Bereich der frühen Quantentheorien.

Für die weitere Entwicklung der Quantenmechanik waren zwei Stationen maßgeblich, die nun kurz vorgestellt werden: Albert Einsteins Deutung des *photoelektrischen Effekts* und Louis De Broglies Postulat (d. h. theoretische Annahme) von *Materiewellen*.

1.2.2 Der photoelektrische Effekt – Quantelung des Lichts

Einstein formulierte 1905 eine Deutung für den zu dieser Zeit bereits einige Jahre bekannten photoelektrischen Effekt, die ihm 1921 den Nobelpreis für Physik einbrachte. Der Effekt kann mit der Apparatur von ◘ Abb. 1.21 beobachtet werden.

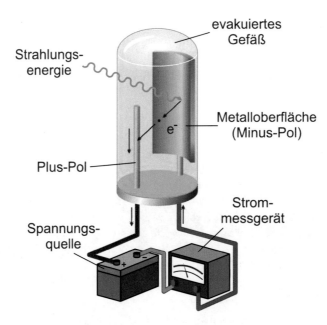

◘ **Abb. 1.21**   Skizze des Versuchsaufbaus des photoelektrischen Effekts

Zu sehen ist eine Metallplatte in einem evakuierten Glasgefäß. Die Platte ist negativ geladen und leitend mit einem Pluspol verbunden. Strahlt man nun Licht einer bestimmten Wellenlänge (in anderen Lehrbüchern auch „monochromatisches Licht" genannt) auf die Metalloberfläche, so kann man eine Stromstärke messen, was ein Indiz für fließende Elektronen ist. Bei der Untersuchung der Einflussgrößen auf diese Stromstärke fallen zwei Dinge auf:

- Wenn die Intensität der Strahlung zunimmt – und damit die Energie, die pro Zeit und Fläche auf die Platte trifft – ist *keine* Veränderung der Stromstärke zu sehen.
- Wenn die Frequenz des einstrahlenden Lichtes (die Anzahl der Schwingungen der Lichtwellen) erhöht wird, ist eine *Erhöhung* der Stromstärke zu sehen.

Dass überhaupt ein Strom fließt, muss daran liegen, dass Elektronen durch die Strahlungsenergie aus der Metallplatte austreten und zur Gegenelektrode beschleunigt werden. Wenn wir uns nun Licht als Wellen vorstellen, dann müsste eine Erhöhung der Intensität dazu führen, dass mehr Elektronen aus der Metallplatte herausgelöst werden. Da dies nicht der Fall ist, benötigen wir eine andere Vorstellung des Lichts. Einsteins mutige Deutung lautete: Licht besteht aus einzelnen Energieportionen, die er *Photonen* nannte. Licht liegt also gequantelt vor. Wenn ein Photon auf ein Elektron trifft und ausreichend Energie besitzt, so wird das Elektron herausgelöst. Gemäß einer Formel von Max Planck ist die Energie der Photonen lediglich von der Frequenz abhängig:

$$E = h \cdot f = \frac{h\,c}{\lambda} \qquad\qquad (1.2)$$

E – Energie eines Photons

h – Konstante, sog. Planck'sches Wirkungsquantum

f – Frequenz des Lichts

c – Lichtgeschwindigkeit

λ – Wellenlänge des Lichtes

Besteht Licht also *ausschließlich* aus kleinen Energiekugeln und nicht aus elektromagnetischen Wellen? Diese Vorstellung ist aus zwei Gründen unangemessen:

- Experimente in den 1990er-Jahren haben gezeigt, dass sich die austretenden Elektronen nicht in die Ausbreitungsrichtung des Lichtes fortbewegen. Dies wäre aber zu erwarten, wenn man sich Photonen als Kugeln vorstellt, die gegen andere Kugeln (Elektronen) prallen. Stattdessen ist das Maximum der ausgesendeten Elektronen senkrecht zur Ausbreitungsrichtung zu finden. Dies ist wiederum damit erklärbar, dass sich Licht als Welle fortbewegt, und zwar als *elektromagnetische Welle* mit einem elektrischen Feldanteil und einem magnetischen Feldanteil, welche senkrecht zueinanderstehen und innerhalb einer Wellenperiode die Feldrichtung ändern (siehe ◘ Abb. 1.22). Die austretenden Elektronen werden dann entlang des elektrischen Feldanteils beschleunigt.
- Die Aufspaltung von weißem Licht in die Spektralfarben an einem Doppelspalt kann nur mit der Interferenz (d. h. Überlagerung) von Lichtwellen verstanden werden, die entweder zur Verstärkung (konstruktive Interferenz) oder zur Abschwächung (destruktive Interferenz) führen (siehe ◘ Abb. 1.23). Dies wurde bereits 1802 durch Thomas Young gezeigt.

1

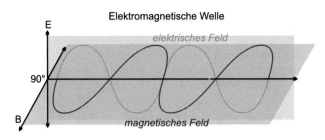

■ **Abb. 1.22**   Eine sich ausbreitende elektromagnetische Welle

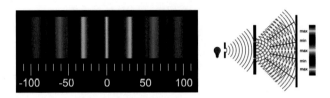

■ **Abb. 1.23**   Interferenz am Doppelspalt. Links: Aufspaltung von weißem Licht in die Spektral-farben. Rechts: Erklärung von Interferenzmaxima und -minima am Beispiel der Farbe rot

1.2.3 De Broglies Postulat von Materiewellen und Jönssons experimentelle Bestätigung

Licht, klassischerweise eine Überlagerung von elektromagnetischen Wellen, ist also auch als Summe einzelner Energieportionen denkbar. Gilt das auch umgekehrt? Kann man sich Materieportionen mit geringer Masse (z. B. Elektronen) als elektromagnetische Wellen vorstellen? Der französische Physiker Louis de Broglie ging dieser Überlegung in seiner Doktorarbeit nach, welche 1924 erschien. Dazu drehte er Einsteins Formel für den Impuls von Photonen um:

Einstein: $p = \dfrac{h}{\lambda}$

de Broglie: $\lambda = h \cdot p$

p – Impuls

h – Konstante, sog. Planck'sches Wirkungsquantum

λ – Wellenlänge

Mit Einsteins Formel wird jedem Photon des Lichts ein Impuls zugeordnet, welcher abhängig von der Wellenlänge des Lichts ist. Mit de Broglies Gleichung wird dazu analog jedem beliebigen Körper (also auch einem Elektron) eine Wellenlänge zugeordnet, die abhängig vom Impuls des Körpers ist. Man spricht in diesem Fall von einer *Materiewelle*. Dabei ist der Impuls p eine physikalische Größe für bewegte Körper und entspricht dem Produkt aus der Masse m und der Geschwindigkeit v des Körpers:

$p = m \cdot v$

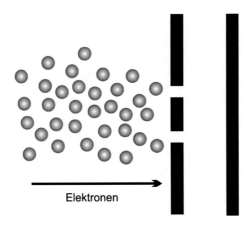

Elektronen

◘ **Abb. 1.24** Skizze des Versuchsaufbaus „Interferenz am Doppelspalt mit Elektronen"

Elektronen als Materiewellen – eine interessante Theorie, aber kann man mit ihr auch etwas erklären? Was passiert zum Beispiel, wenn man den Doppelspaltversuch von Thomas Young nicht mit weißem Licht, sondern mit einem Elektronenstrahl durchführt? Dies wurde 1961 von Claus Jönsson realisiert.

Im Versuch wurden Elektronen aus einem Glühdraht im Vakuum gelöst und auf eine Wand beschleunigt, die einen Doppelspalt aufweist. Hinter der Wand treffen die Elektronen auf einen Leuchtschirm (siehe ◘ Abb. 1.24).

Abb. ◘ 1.25 zeigt das Bild des Leuchtschirms, nachdem acht (a), 270 (b), 2000 (c) und 160.000 (d) Elektronen am Leuchtschirm angelangt sind.

Siehe da: Mit zunehmender Anzahl an Elektronen ergibt sich ein Interferenzmuster mit Maxima und Minima, wie man es beim Doppelspaltversuch mit Licht erwarten würde! De Broglies Postulat der Materiewellen kann für Elektronen also experimentell bestätigt werden.

Ist damit die Vorstellung eines Elektrons als kleines, negativ geladenes Kügelchen mit geringer Masse aufgehoben? Nein, denn wenn Elektronen ausschließlich Materiewellen wären, müsste es bereits bei einem einzelnen Elektron ein Interferenzmuster auf dem Leuchtschirm geben. ◘ Abb. 1.25 zeigt jedoch deutlich, dass einzelne Elektronen auf dem Leuchtschirm lediglich einen Punkt hinterlassen, welchen wir als Signal eines aufgetroffenen Kügelchens deuten können. Dies wird umso deutlicher, je genauer man durch die Spaltgrößen festlegt, wo sich das Elektron befindet – je genauer man es also lokalisiert, umso eher verliert es seinen Wellencharakter.

Damit lässt sich sowohl für Licht als auch für Elektronen sagen, dass sie je nach beobachteten Phänomen Wellen- oder Paketcharakter haben. Das *Orbital-Modell*, welches im nächsten Kapitel erläutert wird, basiert dabei auf der Grundannahme, dass sich Elektronen mathematisch wie Wellen beschreiben lassen.

1

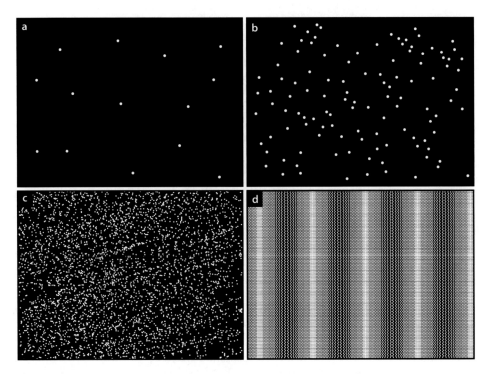

□ Abb. 1.25 Ergebnisse des Versuches „Interferenz am Doppelspalt mit Elektronen" **a)** nach 8, **b)** nach 270, **c)** nach 2000 und **d)** nach 160000 Elektronen

> **Zusammenfassung**
> **[Der Charakter des Lichts]**
> Je nach zu erklärendem Phänomen muss man sich Licht also entweder als ein Haufen von Energieportionen (Photonen) oder als elektromagnetische Wellen vorstellen. Dies bezeichnet man als Welle-Teilchen-Dualismus.

1.2.4 Grundlagen des Orbital-Modells

Die Physiker und Mathematiker des 20. Jahrhunderts haben einigen Aufwand betrieben, um aus de Broglies Postulat der Materiewellen ein Theoriegebäude der *Quantenmechanik* zu entwerfen, in dessen Zentrum die *Schrödinger-Gleichung* nach Erwin Schrödinger steht. Aus dieser Formel lassen sich mit Hilfe mathematischer Operationen *Wellenfunktionen* ableiten, die für Quantenobjekte (und somit auch für Elektronen) gültig sind.

Diese Lösungen der Schrödinger-Gleichungen sind exakt nur für das eine Elektron im Wasserstoff-Atom möglich. Sobald es im Atom mehr als ein Elektron und ein Proton gibt, müssen Näherungsverfahren für die Lösungen angewendet werden. Die Lösungen sind dann ggf. hinreichend genau, aber nicht mehr exakt. Dennoch geht

man im Grundstudium davon aus, dass sich die Lösungen des Wasserstoff-Atoms grundlegend auf alle anderen Atome übertragen lassen. Phänomene wie Magnetisierbarkeit, Reaktivitäten, Fluoreszenz und Phosphoreszenz, die dir im Studium sicherlich begegnen werden, lassen sich damit hinreichend erklären.

Begeben wir uns also auf die Suche nach *Wellenfunktionen* für das Elektron im Wasserstoff-Atom, bevor wir mit *Termschemata* das Orbital-Modell auf andere Atome anwenden.

1.2.5 Wellenfunktionen für Elektronen

Wir betrachten als Modell ein Seil, das in einer Box gespannt ist und zum Schwingen gebracht wird. Dieses Seil kann auf unendlich verschiedenen Arten schwingen, je nachdem, wie viele Knotenpunkte man ansetzt; drei Fälle werden in ◘ Abb. 1.26 gezeigt. Die Momentaufnahme einer Schwingung kann man auch als „stehende Welle“ bezeichnen.

Mathematisch lassen sich die stehenden Wellen mit Hilfe der drei *Wellenfunktionen* Ψ (gesprochen: „Psi“) beschreiben.

$$\psi_1 = A \cdot \sin\left(1 \cdot \frac{\lambda}{2}\right)$$

$$\psi_2 = A \cdot \sin\left(2 \cdot \frac{\lambda}{2}\right)$$

$$\psi_3 = A \cdot \sin\left(3 \cdot \frac{\lambda}{2}\right)$$

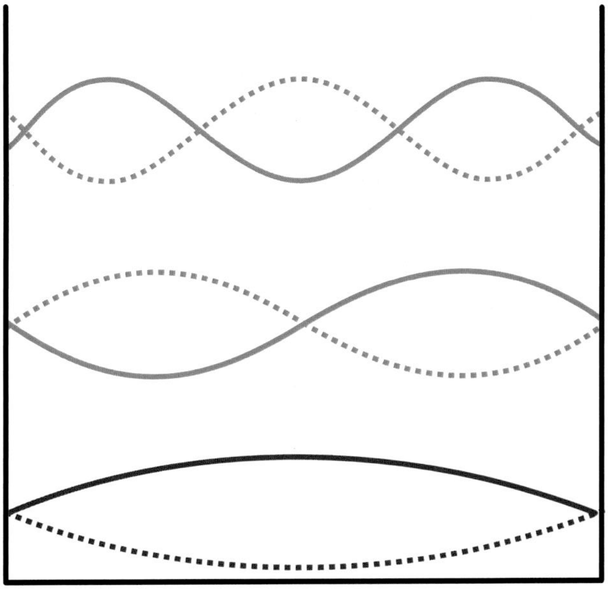

◘ **Abb. 1.26** Stehende Wellen eines schwingendes Seils in einer Box

1

Diese Funktionen schreiben den stehenden Wellen Werte für die Auslenkung ψ_1 bis ψ_3 am rechten Knotenpunkt zu. Dabei ist A die sog. Amplitude (d. h. die maximale Auslenkung der Welle) und λ ist die Wellenlänge (d. h. der Abstand zwischen zwei Wellenbergen und/oder -tälern). Dass es sich um sog. Sinusfunktionen handelt, wird dadurch deutlich, dass sie periodisch sind – nach einer Bergfahrt bis zum Maximum erfolgt eine Talfahrt bis zum Minimum usw.

Es fällt auf, dass sich die drei Wellenfunktionen lediglich in ihrem Faktor vor $\lambda/2$ unterscheiden: Die rote Wellenfunktion hat vom linken bis zum rechten Knotenpunkt eine halbe Wellenlänge zurückgelegt, die gelbe Funktion zwei halbe (oder eine ganze) Wellenlänge und die dritte drei halbe. Wenn man diesen Faktor allgemein als „k" bezeichnet, so ergibt sich die allgemeine Wellenfunktion ψ_k:

$$\psi_k = A \cdot sin\left(k \cdot \frac{\lambda}{2}\right)$$

Für k können alle natürlichen Zahlen eingesetzt werden, d. h. k kann die Werte 1, 2, 3 usw. annehmen. Damit sind alle möglichen stehenden Wellen mit dieser allgemeinen Formel beschrieben.

Die Wellenfunktionen für das Elektron im Wasserstoff-Atom sehen zwar deutlich komplizierter aus als die obigen Funktionen, beschreiben jedoch ebenfalls mathematisch das Verhalten einer Welle und haben ebenfalls Faktoren wie k. Man kann sie aus der Schrödinger-Gleichung erhalten, wenn man mathematische Operationen zur Lösung von *Differenzialgleichungen* einsetzt. Wie das genau funktioniert, erfährst du in deinem weiterführenden Studium.

Man benötigt vier verschiedene Faktoren, um Wellenfunktionen für das Elektron im Wasserstoff-Atom aufstellen zu können. Diese Faktoren nennen wir *Quantenzahlen*. Sie sind Ausdruck dessen, dass die zugehörigen Größen gequantelt und nicht kontinuierlich auftreten – so wie die Energieniveaus im Bohr'schen Atommodell (▶ Abschn. 1.1.4). Es gibt

— die Hauptquantenzahl n für die Energie des Elektrons,
— die Nebenquantenzahl l für den Bahndrehimpuls des Elektrons (d. h. den Impuls, den es durch das Umkreisen des Kerns hat),
— die Magnetquantenzahl m für die räumliche Ausrichtung des Bahndrehimpulses und
— die Spinquantenzahl s für den Eigendrehimpuls des Elektrons (d. h. den Impuls, den es durch das Drehen um die eigene Achse hat).

Alle Wellenfunktionen für das Elektron im Wasserstoff-Atom unterscheiden sich in mindestens einer dieser Quantenzahlen.

▪ **Kombination von Quantenzahlen**
Für die *Quantenzahlen* einer Wellenfunktion gibt es vier Regeln.
1. Zunächst können für die Hauptquantenzahl alle natürlichen Zahlen eingesetzt werden, also $n = 1,2,3$ usw.
2. Die Werte für die Nebenquantenzahl l hängen vom Wert der Hauptquantenzahl ab. So können für l Werte zwischen 0 und $n − 1$ eingesetzt werden.

Wenn also beispielsweise $n = 1$ ist, so kann l nur den Wert 0 annehmen. Ist $n = 2$, dann
kann l die Werte 0 und 1 annehmen usw.

3. Die Werte für die magnetische Quantenzahl m hängen wiederrum von der Nebenquantenzahl ab und können alle ganzen Zahlen zwischen $-l$ und $+l$ einnehmen.
Wenn also $l = 0$ ist, kann m auch nur den Wert 0 annehmen. Wenn $l = 2$ ist, kann m
die Werte $-2, -1, 0, 1$ und 2 annehmen usw.

4. Schließlich kann die Spinquantenzahl s die Werte $-0{,}5$ und $+0{,}5$ annehmen.

1.2.6 Anschauliche Bedeutung: Wellenfunktion, Betragsquadrat, Orbital

Man erhält nun also für jede mögliche Kombination an Quantenzahlen n, l, m und s
eine Wellenfunktion Ψ_{nlm}, die ein Elektron beschreibt. Die Quantenzahl s wird im
Index der Wellenfunktion nicht erwähnt, da n keinen Einfluss auf s hat. Zudem gibt
es für das gleiche Elektron theoretisch unendlich viele Wellenfunktionen.

Was bedeutet das für unsere Vorstellung von der Elektronenkonfiguration in
einem Atom? Zunächst einmal gar nichts: Die Wellenfunktionen haben keinerlei anschauliche Bedeutung. Sie sind nicht mehr und nicht weniger als reine Mathematik.

Um eine anschauliche Bedeutung zu erhalten, können wir jedoch auf die statistische Interpretation der Quantenmechanik von Max Born zurückgreifen, welche 1926
von ihm veröffentlicht wurde. Demnach gibt es eine anschauliche Bedeutung des
„*Betragsquadrates der Wellenfunktion*" $|\Psi_{nlm}|^2$. Bildet man dieses Betragsquadrat, so
erhält man eine Wahrscheinlichkeitsverteilung dafür, dass sich das zugehörige Elektron an einem bestimmten Ort aufhält. Diese Wahrscheinlichkeit ist in der Nähe des
Atomkerns sehr hoch und wird immer geringer, je weiter das Elektron von Atomkern
entfernt ist – sie ist jedoch niemals null.

Es ist nach dieser Deutung zum Beispiel möglich, dass ein Elektron aus einem
Kohlenstoff-Atom auf der Haut deines Körpers einmal die Erde umrundet, während
du das hier liest. Sehr, sehr, sehr unwahrscheinlich, aber möglich.

Somit können wir das „*Betragsquadrates der Wellenfunktion*" $|\Psi_{nlm}|^2$ als Bereich
deuten, in dem sich das Elektron befindet. Man begrenzt diesen Raum üblicherweise
auf eine Wahrscheinlichkeit von 90 %; würde man ihn nicht begrenzen, wäre er unendlich groß und man könnte keine zufriedenstellenden Aussagen über den Aufenthalt von einzelnen Elektronen treffen.

1.2.7 Zusammenhang zwischen Quantenzahlen und Orbitalen

Da die Wellenfunktionen für Elektronen von den Quantenzahlen abhängig sind, gilt
Selbiges auch für Orbitale als Betragsquadrate der Wellenfunktionen.

Die Hauptquantenzahl n bestimmt den grundlegenden Abstand des Elektrons
vom Kern. Je größer n, desto größer ist die Wahrscheinlichkeit, dass das Elektron
vom Kern entfernt ist. Die Hauptquantenzahl n hat für das Orbital-Modell demnach
die gleiche Bedeutung wie die Quantenzahl n im Bohr'schen Atommodell.

1

Die Nebenquantenzahl *l* bestimmt die Form des Orbitals. Es gelten die Zusammenhänge in ◘ Tab. 1.5.

◘ **Tab. 1.5**	Zusammenhang zwischen der Nebenquantenzahl *l* und der Orbitalform		
Wert für *l*	**Name des Orbitals**	**Form des Orbitals**	**Grafische Darstellung der Form**
0	s-Orbital (*sharp*)	kugelförmig	
1	p-Orbital (*principal*)	gekreuzt doppel-hantelförmig	
2	d-Orbital (*diffuse*)	rosettenförmig	

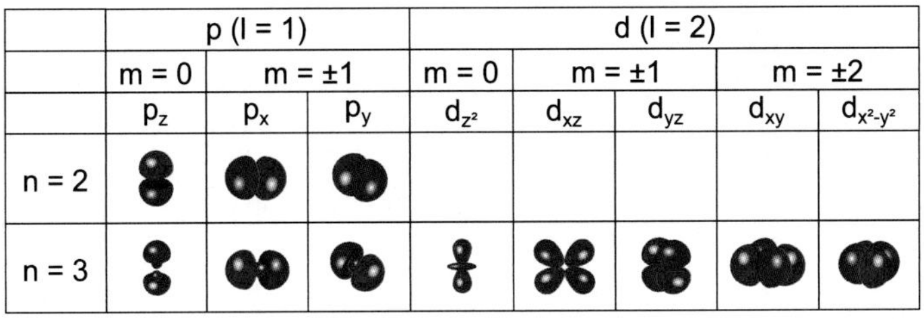

	p (l = 1)			d (l = 2)				
	m = 0	m = ±1		m = 0	m = ±1		m = ±2	
	p_z	p_x	p_y	d_{z^2}	d_{xz}	d_{yz}	d_{xy}	$d_{x^2-y^2}$
n = 2								
n = 3								

Abb. 1.27 Räumliche Ausrichtung der p- und d-Orbitale in Abhängigkeit der Magnetquantenzahl m

Für l = 3,4 und 5 gibt es zudem noch rosettenförmige f-, g- und h-Orbitale, die dir jedoch erst im fortgeschrittenen Studium begegnen werden.

Die Magnetquantenzahl m bestimmt die räumliche Ausrichtung der Orbitalform. Für s-Orbitale gibt es keine Magnetquantenzahl, da eine Kugel keine räumliche Ausrichtung hat. Für p-Orbitale gibt es hingegen drei verschiedene Ausrichtungen: Eine Hantel entlang der x-Achse (p_x-Orbital), y-Achse (p_y-Orbital) oder z-Achse (p_z-Orbital). Für d-Orbitale gibt es insgesamt fünf verschiedene räumliche Ausrichtungen. ❏ Abb. 1.27 zeigt die räumlichen Ausrichtungen der p- und d-Orbitale in Abhängigkeit von der Magnetquantenzahl m.

Schließlich hat die Spinquantenzahl s Auswirkungen auf den Spin eines Elektrons. Der Spin kann die Werte +1/2 und −1/2 einnehmen. Dadurch kann jedes Orbital die Aufenthaltswahrscheinlichkeit zweier Elektronen beschreiben.

1.2.8 Termschemata

Termschemata sind Energiediagramme, in die man *Orbitale* gemäß ihrem Energieniveau und ihrer Besetzung durch Elektronen einträgt. Sie dienen der Beschreibung der *Elektronenkonfiguration* von Atomen und Molekülen und werden bereits in deinem grundlegenden Chemiestudium auftauchen.

Für n = 1 lässt sich das folgende Termschema für das Wasserstoff-Atom (siehe ❏ Abb. 1.28) darstellen:

Auf der linken Seite ist die Hauptquantenzahl n gegeben, die das grundlegende Energieniveau eines Orbitals bezeichnet. Rechts sind die einzelnen Orbitale als Quadrate dargestellt. Für n = 1 gibt es lediglich das 1s-Orbital. Im Grundzustand ist das Wasserstoff-Atom mit einem Elektron besetzt. Dieses Elektron ist als Pfeil nach oben dargestellt.

Für n = 2 gilt dann Folgendes (siehe ❏ Abb. 1.29):

Es sind sowohl das 2s-Orbital als auch die 2p-Orbitale dargestellt. p-Orbitale sind grundsätzlich energiereicher als die s-Orbitale und erscheinen daher über diesen. Streng genommen gilt diese Aussage nur für alle Atome *außer* dem Wasserstoff-

1

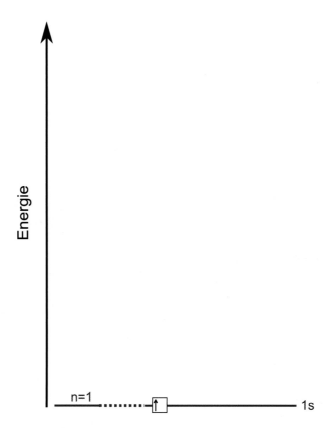

● **Abb. 1.28**   Termschema für $n = 1$

Atom; vereinfacht kann sie jedoch für alle Atome gelten. Die drei 2p-Orbitale haben die gleiche Energie; sie sind entartet. Sie unterscheiden sich lediglich in ihrer Ausrichtung im Raum. Die Orbitale für $n = 2$ sind im Wasserstoff-Atom im Grundzustand unbesetzt und daher als leere Quadrate dargestellt.

Nimmt man die Orbitale für $n = 3$ hinzu, ergibt sich das folgende Termschema (siehe ● Abb. 1.30):

Für für $n = 3$ sind das 3s-, die 3p- und die 3d-Orbitale dargestellt. Die d-Orbitale sind für alle Hauptquantenzahlen energiereicher als die s- und p-Orbitale. Logischerweise sind im Wasserstoff-Atom auch diese Orbitale im Grundzustand unbesetzt.

Stellt man schließlich die Orbitale für $n = 4$ und für $n = 5$ ebenfalls im gleichen Termschema dar (siehe ● Abb. 1.31), so wird eine weitere, allgemeingültige Regel deutlich: Das s-Orbital einer Hauptquantenzahl n ist energetisch tiefer liegend als die d-Orbitale der Hauptquantenzahl $n - 1$. So liegt das 4s-Orbital energetisch unter den 3d-Orbitalen und das 5s-Orbital energetisch und den 4d-Orbitalen. Leider gilt diese Regel jedoch nicht für die Nebengruppenelemente.

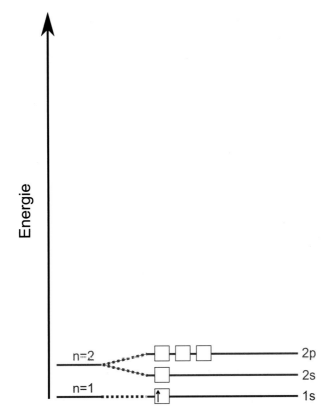

□ **Abb. 1.29**   Termschema für $n = 1, 2$

Schließlich ist zu beachten, dass die energetischen Abstände der Orbitale im Termschema nur halbquantitativ zu verstehen sind: 2p liegt bspw. über 2s und 3p liegt über 3s; allerdings sind die Energiedifferenzen zwischen 2p und 2s sowie 3p und 3s nicht identisch, sondern für jedes Atom empirisch zu ermitteln.

Somit hast du dich mit den Grundlagen des Orbital-Modells auseinandergesetzt und dabei auch die Darstellungsform des Termschemas kennengelernt. Dies wird dir im nächsten Abschnitt dabei helfen, den Aufbau des Periodensystems der Elemente zu verstehen und damit einen weiteren Baustein der chemischen Grundlagen zu erschließen. Viel Erfolg dabei!

1

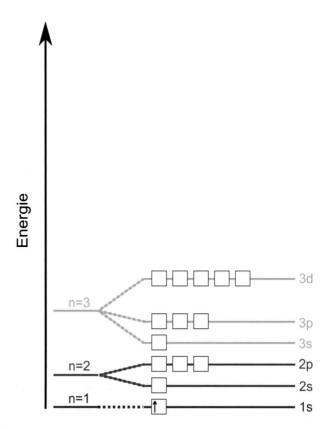

⬤ **Abb. 1.30**   Termschema für n = 1, 2, 3

Tipp

Überprüfe dein Wissen
    Zur Anwendung des Orbital-Modells hinsichtlich der Kombinationsmöglich-
keiten von Quantenzahlen sowie zum Energieniveau von Orbitalen findest du Flashcards online.

Zusammenfassung
[Das Orbital]
    Den auf 90 % begrenzten Bereich bezeichnet man auch als *Orbital* (daher auch der
Begriff „Orbital-Modell"). Streng genommen wird die Wellenfunktion für ein Elektron bereits als Orbital bezeichnet; allerdings werden in den meisten Lehrbüchern Orbitale im Sinne der auf 90 % Wahrscheinlichkeit begrenzten Wahrscheinlichkeitsräume
für Elektronen beschrieben, die man durch das Betragsquadrat einer Wellenfunktion
$|\Psi_{nlm}|^2$ erhält.

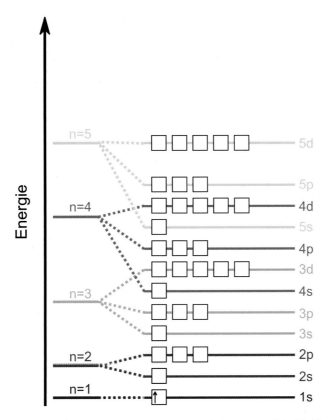

◘ Abb. 1.31   Termschema für $n = 1, 2, 3, 4, 5$. Für $n = 4, 5$ existieren zusätzlich f-Orbitale, die zur Vereinfachung nicht dargestellt wurden

1.3   Von den Atommodellen zum Periodensystem der Elemente

Wie in ▶ Abschn. 1.1.2 beschrieben, können wir bereits mit dem einfachsten aller Atommodelle (dem Atommodell von Dalton) zwischen Elementen und Verbindungen unterscheiden: Elemente bestehen nur aus einer Atomsorte, während Verbindungen aus mehreren Atomsorten bestehen. Daher können Elemente bzw. elementare Stoffe (z. B. Natrium) auch nicht weiter zerlegt werden; Verbindungen dagegen schon (z. B. kann Natriumchlorid in Natrium und Chlor zerlegt werden).

Im *Periodensystem der Elemente* (PSE) sind nun alle bekannten Elemente mit ihrem Elementsymbol sowie ausgewählten Stoff- und Atomeigenschaften dargestellt (siehe ◘ Abb. 1.32). Jede bekannte Materie im Universum, die aus Atomen besteht, setzt sich aus diesen Elementen in einem bestimmten Verhältnis zusammen.

Aus dem Chemieunterricht ist dir vielleicht noch bekannt, dass die Elemente im Periodensystem nicht beliebig, sondern gemäß ihrer *Ordnungszahl* und ihrer Zugehörigkeit zu einer *(Haupt)gruppe* angeordnet sind. Möglicherweise ist dir auch der Aufbau des Periodensystems mit Hilfe des *Schalen-Modells* (▶ Abschn. 1.1.4) erklärt worden.

1

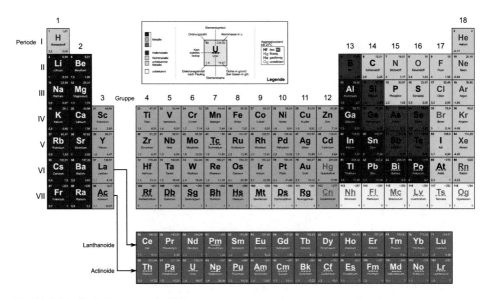

◘ **Abb. 1.32**   Periodensystem der Elemente

Wir werden nun nach einer Wiederholung der Bausteine von Atomen und ihrer Eigenschaften den Aufbau des Periodensystems mit Hilfe des Orbital-Modells unter Verwendung von *Termschemata* erläutern. Diese Herangehensweise wird als *Aufbauprinzip* bezeichnet und ist für das chemische Grundverständnis so wichtig, dass der Begriff sogar im Englischen als Germanismus (*aufbau principle*) verwendet wird. Dabei gehen wir auf Gemeinsamkeiten und Unterschiede zur Darstellung im Schalen-Modell ein.

Das Periodensystem wurde schon einige Zeit vor dem Orbital-Modell entwickelt. 1869 erschufen Dimitri Mendelejew und Lothar Meyer unabhängig voneinander ein System mit allen damals bekannten Elementen. Dabei setzten sie alle Elemente mit ähnlichen chemischen Eigenschaften (im Wesentlichen Reaktivität und Verbindungsarten) untereinander, wobei die Tendenz der Atommasse von oben nach unten steigend sein sollte. Wir werden jedoch zeigen, dass die Elektronenkonfiguration im Sinne des Aufbauprinzips ein besseres Ordnungsprinzip als die Atommasse liefert, da sie die Gruppenzugehörigkeit sowie die chemischen Eigenschaften erklären kann.

Schließlich werden wir zeigen, welche Schlüsse wir mit Hilfe des Periodensystems auf die Stoff- und Atomeigenschaften der zugehörigen Elemente ziehen können. Hierbei wird das sog. Stoff-Teilchen-Prinzip deutlich: Weil die Atome eines Elements eine bestimmte Elektronenkonfiguration haben, zeigt der Stoff bestimmte Eigenschaften (z. B. ein bestimmtes Reaktionsverhalten).

Lernziele
Nach Bearbeitung dieses Abschnitts wirst du Folgendes können:
- Elementsymbole für Atome anwenden,
- die Anzahl an Protonen, Neutronen und Elektronen für ein Atom bestimmen,
- die Massenzahl für Atome und Moleküle bestimmen,

- die Struktur des Periodensystems der Elemente (PSE) mit dem Orbital-Modell beschreiben („Aufbauprinzip"),
- Elemente den Hauptgruppen zuordnen,
- das Schalen-Modell anwenden (Besetzung der Schalen),
- Tendenzen der Atomeigenschaften (Atommasse, Atomradius, Ionisierungsenergie, Elektronenaffinität) erläutern,
- Elemente den Metallen, Nichtmetalle und Halbmetallen zuordnen.

1.3.1 Bausteine von Atomen

Jedes *Atom* besteht aus einem Atomkern und einer Atomhülle. Im Kern befinden sich gemäß des Atommodells von Rutherford die *Protonen* und Neutronen des Atoms. Protonen sind positiv geladen, *Neutronen* sind (gemäß ihres Namens) neutral geladen. Beide haben etwa die gleiche Masse von $1\,u$ ($u = unit$), was etwa $1,66 \cdot 10^{-27}\,kg$ entspricht. Zum Vergleich: Ein Marienkäfer ist etwa 25 Trilliarden (10^{21}) Mal schwerer. In der Atomhülle befinden sich die negativ geladenen *Elektronen* auf verschiedenen Energiestufen (siehe Schalen- und Orbital-Modell). Elektronen haben im Vergleich zu Protonen und Neutronen praktisch keine Masse; sie sind etwa 1800 Mal leichter. Die Tabelle fasst diese Grundlagen zu den Bausteinen von Atomen zusammen:

Baustein des Atoms	Aufenthaltsort	Masse	Ladung
Proton	Atomkern	ca. 1 u	Positiv (+)
Neutron	Atomkern	ca. 1 u	Neutral
Elektron	Atomhülle	ca. 0 u	Negativ (−)

1.3.2 Gruppen und Perioden, Elementsymbol, Ordnungszahl und Kernladungszahl

Das Periodensystem ist wie eine Tabelle aufgebaut. Die Spalten der Tabelle nennt man *Gruppen* und die Zeilen der Tabelle nennt man *Perioden*. Hinsichtlich der Gruppen wird zwischen *Hauptgruppen* und *Nebengruppen* unterschieden, wobei gemäß der IUPAC-Vorgaben (IUPAC: International Union of Pure and Applied Chemistry) die Gruppen von links nach rechts nummeriert werden. ☐ Tab. 1.6 fasst die Begriffe zur Bezeichnung der Gruppen zusammen; die IUPAC-Gruppen 3–12 werden als Nebengruppen bezeichnet.

Die Namen der Elemente des Periodensystems werden mit *Elementsymbolen* abgekürzt. So steht „H" beispielsweise für Wasserstoff, „Na" für Natrium usw. Dabei besteht ein Elementsymbol maximal aus zwei Buchstaben, wobei der erste Buchstabe groß und der zweite klein geschrieben wird. Wichtig ist dabei: „H" meint nicht nur das Element Wasserstoff, sondern auch ein einzelnes Wasserstoff-Atom.

1

◘ Tab. 1.6   Bezeichnungen für Gruppen im Periodensystem

IUPAC-Gruppe	Hauptgruppe	Name der Elementfamilie
1	I	Alkalimetalle
2	II	Erdalkalimetalle
13	III	Bor-Gruppe
14	IV	Kohlenstoff-Silicium-Gruppe
15	V	Stickstoff-Phosphor-Gruppe
16	VI	Chalkogene
17	VII	Halogene
18	VIII	Edelgase

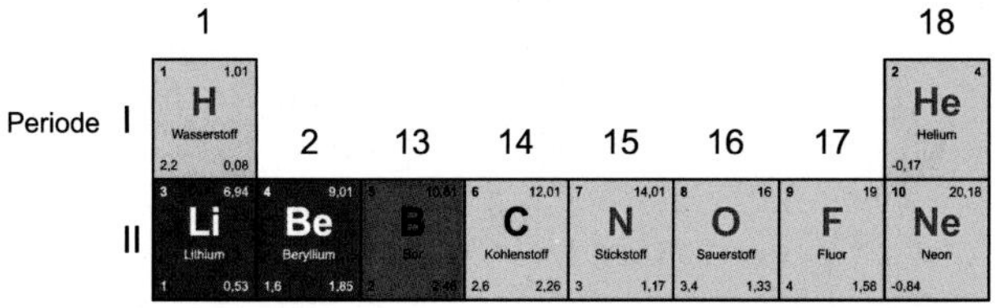

◘ Abb. 1.33   Periodensystem der Elemente; Ordnungszahlen der ersten beiden Perioden

Die Elemente sind gemäß der *Ordnungszahl* angeordnet. Oben links steht das Element Wasserstoff (H) mit der Ordnungszahl 1, rechts daneben steht Helium (He) mit der Ordnungszahl 2, die nächste Zeile (bzw. Periode) beginnt mit Lithium mit der Ordnungszahl 3 usw. (siehe ◘ Abb. 1.33).

Die Ordnungszahl entspricht gleichzeitig der Anzahl an Protonen, die ein Atom des Elements im Kern hat: der *Kernladungszahl*. Da ein neutrales Atom genauso viele Protonen im Kern wie Elektronen in der Hülle hat, ist somit ebenfalls die Anzahl an Elektronen bekannt.

1.3.3 Massenzahl, Atommasse, Isotope und Molekülmasse

Zudem gibt es noch die *Massenzahl*. Diese gibt die Masse eines Atoms in u und gleichzeitig die Masse eines Mols des elementaren Stoffes in g/mol an. Da Protonen und Neutronen etwa die gleiche Masse und Elektronen im Vergleich dazu praktisch keine Masse haben, erhält man die Anzahl an Neutronen, wenn man die Ordnungszahl von der Massenzahl subtrahiert:

Anzahl der Neutronen = Massenzahl − Ordnungszahl

Hierbei rundet man die Massenzahl aus dem Periodensystem auf eine ganze Zahl.

▶ **Beispiel**

Beispielsweise hat ein Eisen-Atom (Fe) laut Periodensystem eine Masse von 55,845 u. Für die Berechnung der Anzahl an Neutronen geht man daher von 56 u aus. Mit der Kernladungszahl 26 ergibt sich folgende Rechnung:

Anzahl der Neutronen = Massenzahl – Ordnungszahl = 56 – 26 = 30

◀

Wieso kommt es überhaupt zu Nachkommastellen bei den Massenzahlen? Schließlich haben Atome keine halben Protonen und Neutronen. Dies hat mehrere Gründe; der entscheidende Grund ist jedoch: Fast alle elementaren Stoffe haben natürlich vorkommende *Isotope*.

Isotope sind Atome mit der gleichen Ordnungszahl, jedoch verschiedenen Massenzahlen. Beispielsweise gibt es in der Natur das Element Kohlenstoff mit den Isotopen ^{12}C, ^{13}C und ^{14}C; das bedeutet mit sechs, sieben oder acht Neutronen im Kern. Etwa 1 % des natürlichen Kohlenstoffs liegt in der ^{13}C-Form vor; ein Bruchteil von einem Prozent sogar in der ^{14}C-Form. Im Periodensystem wird in der Regel der Mittelwert der Massenzahlen der natürlich vorkommenden Isotope eines Elements angegeben – daher also die Nachkommastellen.

Übrigens: ^{14}C ist in der Archäologie sehr hilfreich, weil mit der *Radiocarbonmethode* das Alter einer organischen Probe bestimmt werden kann. Je nach Intensität der Strahlung einer Probe lässt sich feststellen, wie viel ^{14}C enthalten ist. Weil man die *Halbwertszeit* kennt (die Zeit, bei der nur noch 50 % der ursprünglich vorhandenen und nun zerfallenen Masse an ^{14}C vorhanden ist), lässt sich die Probe in einem Zeitraum von 300 bis 50.000 Jahren mit einer Genauigkeit von etwa 40 Jahren rückdatieren. Man könnte beispielsweise sicher feststellen, dass Tierknochen aus der Barockzeit (17. Jhd.) und nicht aus der Jungsteinzeit (ca. 9500 v. Chr.) stammen.

Weitere Gründe dafür, dass im Periodensystem Massenzahlen mit Nachkommastellen angegeben werden, sind die folgenden:
- Protonen und Neutronen haben nur *etwa* die Masse von 1 u. 1 u ist definiert als die Masse von einem Zwölftel eines ^{12}C-Atoms: 1 u ≙ $m(1/12 \, ^{12}C)$. Sowohl Protonen als auch Neutronen sind etwas schwerer als 1 u und Neutronen noch etwas schwerer als Protonen, was bei zunehmender Atomgröße zunehmend ins Gewicht fällt.
- Auch Elektronen haben eine Masse, die zur Gesamtmasse des Atoms beiträgt.
- Bei sehr großen Atomen spielt noch ein weiterer Massendefekt eine Rolle, der hier zu sehr ins Detail führen würde.

Mit Hilfe der *Atommasse*, die man dem Periodensystem über die Massenzahl entnehmen kann, lässt sich schließlich auch eine *Molekülmasse* berechnen, wenn man die Summenformel eines Moleküls (bspw. H_2O) kennt. Moleküle sind Einheiten, die aus mehreren Atomen bestehen, zwischen denen *Elektronenpaarbindungen* vorliegen; dazu in ▶ Kap. 2 mehr.

1

Um die Molekülmasse zu bestimmen, muss man lediglich die Atommassen addieren. Für H_2O ergibt sich:

$$m_{H_2O} = 2m_H + m_O = 2 \cdot 1\,u + 16\,u = 18\,u$$

Die Massenzahlen werden auch hierbei in der Regel auf ganze Zahlen gerundet. ◀

Tipp

Überprüfe dein Wissen

Für Basisinformationen aus dem Periodensystem sowie zur Berechnung von Molekülmassen findest du Flashcards online.

1.3.4 Aufbauprinzip

Du kannst nun bereits ein Ordnungsprinzip im Periodensystem benennen: Von links nach rechts nimmt jeweils die *Ordnungszahl* um eins zu. Damit können wir jedoch nicht erklären, warum man bei den jeweiligen *Hauptgruppen* von *Elementfamilien* spricht: Warum zeigen alle *Alkalimetalle* (1. Hauptgruppe) ein ähnliches Reaktionsverhalten mit Wasser sowie vergleichbare Formeln in Verbindung mit *Halogenen* (jeweils XY, wobei X ein Alkalimetall und Y ein Halogen ist)? Warum sind alle *Edelgase* (8. Hauptgruppe) ihrem Namen nach bei Raumtemperatur gasförmig und praktisch nicht reaktiv?

Hierauf gibt die *Elektronenkonfiguration* der Atome eine Antwort. Wir betrachten die Besetzung der *Orbitale* mit Elektronen mit Hilfe der Termschemata bis $n = 4$. Dieses *Aufbauprinzip* wurde 1921 von Niels Bohr entwickelt (▶ Abschn. 1.1.4).

Hauptquantenzahl n = 1

Für $n = 1$ gibt es lediglich ein Orbital, nämlich 1 s. Ein Wasserstoff-Atom (H) hat lediglich ein Elektron; deshalb ist im Grundzustand das 1s-Orbital einfach besetzt (siehe ◘ Abb. 1.34).

Helium-Atome haben zwei Elektronen. Diese sind beide im 1s-Orbital, da jedes Orbital den Aufenthalt von bis zu zwei Elektronen beschreiben kann (siehe ◘ Abb. 1.35).

Die Pfeilrichtung der Elektronen in ◘ Abb. 1.34 und 1.35 gibt den Spin der Elektronen an. Für $s = +1/2$ gilt, dass der Pfeil nach oben zeigt, und für $s = -1/2$ gilt, dass der Pfeil nach unten zeigt.

Damit gehorchen beide Elektronen eines Helium-Atoms dem *Pauli-Prinzip* (benannt nach Wolfgang Pauli). Dieses besagt, dass sich alle Elektronen eines Atoms in mindestens einer Quantenzahl unterscheiden müssen. In diesem Fall unterscheiden sich die beiden Elektronen in ihrer Spinquantenzahl s.

Mehr Orbitale für $n = 1$ gibt es nicht – daher gibt es in der ersten Periode auch nur die beiden Elemente Wasserstoff und Helium.

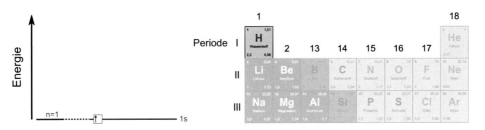

Abb. 1.34 Termschema des Wasserstoff-Atoms, rechts Ausschnitt aus dem PSE

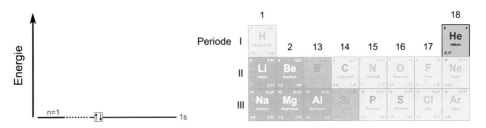

Abb. 1.35 Termschema des Helium-Atoms, rechts Ausschnitt aus dem PSE

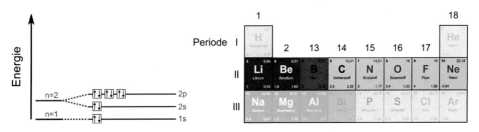

Abb. 1.36 Termschemata von Lithium- bis Neon-Atom mit Ausschnitt aus dem PSE

Hauptquantenzahl n = 2

Für $n = 2$ gibt es ein 2s-Orbital und insgesamt drei 2p-Orbitale. Alle vier Orbitale können zweifach besetzt werden – daher gibt es in der 2. Periode auch insgesamt acht Elemente (von Li bis Ne). ◻ Abb. 1.36 zeigt die Termschemata für diese Elemente.

Bei der Besetzung der Orbitale mit Elektronen fällt Folgendes auf:

Aufzählung

— 2s wird vor 2p besetzt. Dies entspricht dem *Energieprinzip*: Energetisch tiefer liegende Orbitale werden zuerst besetzt.

— Elektronen im gleichen Orbital unterscheiden sich jeweils in ihrem Spin; das *Pauli-Prinzip* (siehe oben) gilt also erneut.

— Außerdem werden die 2p-Orbitale von Bor (B) bis Stickstoff (N) zunächst einfach besetzt, bevor sie dann ab Sauerstoff (O) doppelt besetzt werden. Dies entspricht der *Hund'schen Regel* (benannt nach Friedrich Hund): Auf entartete (also energetisch gleichwertige) Orbitale verteilen sich die Elektronen im Grundzustand so, dass die maximale Anzahl gleicher Spins resultiert.

1

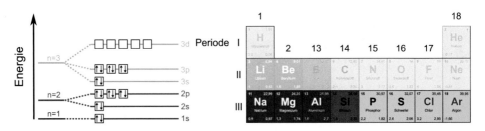

□ **Abb. 1.37**   Termschemata für die Elemente Natrium (Na) bis Argon (Ar)

Hauptquantenzahl n = 3

Für n = 3 kommen ein 3s-, drei 3p- und fünf 3d-Orbitale hinzu. Allerdings werden die 3d-Orbitale erst nach dem 4s-Orbital besetzt; daher gibt es auch in der 3. Periode nur acht Elemente. □ Abb. 1.37 zeigt die Termschemata für die Elemente Natrium (Na) bis Argon (Ar).

Hauptquantenzahl n = 4

Für n = 4 gibt es das 4s-Orbital, drei 4p-Orbitale, fünf 4d-Orbitale und sieben 4f-Orbitale; letztere lassen wir im Rahmen dieser Einführung jedoch außen vor.

Zunächst wird das 4s-Orbital besetzt, da es (wie bereits erwähnt) energetisch unter den 3d-Orbitalen liegt (siehe *Energieprinzip*).

Nun folgt die Besetzung der fünf 3d-Orbitale. Dadurch ergeben sich die Elektronenkonfigurationen der zehn Nebengruppenelemente. Hierbei gibt es zwei Besonderheiten, die aus Gründen der fachlichen Korrektheit erwähnt werden müssen:

Aufzählung

— Die Elemente Chrom (Cr) und Kupfer (Cu) haben nur ein halb besetztes 4s-Orbital. Dies können wir phänomenologisch wie folgt verstehen: Zwei halb besetzte Orbitale (3d und 4s) sind für ein Chrom-Atom (Cr) energetisch günstiger als ein voll besetztes 4s-Orbital, und für ein Kupfer-Atom (Cu) ist ein voll besetzter 3d-Block energetisch günstiger als ein voll besetztes 4s-Orbital.

— Für Nebengruppenelemente gilt, dass die 3d-Orbitale energetisch etwas niedriger liegen als die 4s-Orbitale. Trotzdem ist das 4s-Orbital bei einem Scandium-Atom (Sc) voll besetzt: Es wäre durch die Abstoßung der Elektronen untereinander energetisch insgesamt ungünstiger, die d-Orbitale jeweils einfach zu besetzten.

Schließlich erfolgt analog zu n = 2 und n = 3 die Besetzung der p-Orbitale von Gallium (Ga) bis Krypton (Kr).

▪ **Kurzschreibweise für die Elektronenkonfiguration im Orbital-Modell**

Damit nicht immer ein Termschema aufgestellt werden muss, um die Elektronenkonfiguration von Atomen im Orbital-Modell anzugeben, wurde eine Kurzschreibweise eingeführt.

▶ Beispiel

Für Lithium (Li) wird sie bspw. wie folgt formuliert:
$[He]2s^1$
Dies bedeutet, dass die Elektronenfiguration von Helium vorliegt ([He]) und zusätzlich ein Elektron (hochgestellte 1) im 2s-Orbital vorliegt.
Für Bor (B) würde dann gelten:
$[He]2s^22p^1$
Dies bedeutet: Die Konfiguration von Helium wird um zwei Elektronen im 2s-Orbital und um ein Elektron im 2p-Orbital ergänzt. ◀

Zu beachten ist dabei, dass s-Orbitale vor d-Orbitalen geschrieben werden. Scandium (Sc) hat also die Schreibweise $[Ar]4s^23d^1$, und nicht $[Ar]3d^14s^2$.

Tipp

Überprüfe dein Wissen
Zum Aufstellen von Termschemata sowie zur Kurzschreibweise für die Elektronenkonfiguration findest du Flashcards online.

1.3.5 Gemeinsamkeiten der Elementfamilien

Nachdem wir das *Aufbauprinzip* für die Elemente bis $n = 4$ gezeigt haben, können wir für die *Elementfamilien* der Hauptgruppenelemente Folgendes festhalten:
Die Nummer der Hauptgruppe entspricht der Anzahl an *Außenelektronen* oder *Valenzelektronen*; also den Elektronen, welche die höchsten Orbitale besetzen.
Wir werden in den Kapiteln zur chemischen Bindung (▶ Kap. 2) und zur chemischen Reaktion (▶ Kap. 3) sehen, dass die Valenzelektronen das Reaktionsverhalten eines elementaren Stoffes und die dabei entstehenden Arten von Verbindungen (Ionenverbindungen, Molekülverbindungen etc.) maßgeblich bestimmen, weshalb man aufgrund der Anzahl an Valenzelektronen von Elementfamilien sprechen kann.

Tipp

Du solltest die Elemente der Alkalimetalle (1. Hauptgruppe), Erdalkalimetalle (2. Hauptgruppe), Chalkogene (6. Hauptgruppe), Halogene (7. Hauptgruppe) sowie der Edelgase (8. Hauptgruppe) sicher zuordnen und ihre Anzahl an Valenzelektronen angeben können. Wenn du zu diesem Zweck immer in das Periodensystem schauen musst, verlierst du bei Übungen und Klausuren wertvolle Zeit.

1.3.6 Aufbau des Periodensystems im Schalen-Modell

In der Schule hast du den Aufbau des Periodensystems sicherlich auf Basis des Schalen-Modells gelernt. Das Schalen-Modell ist die Erweiterung des Atommodells von Bohr, welches nur für das Wasserstoff-Atom gilt, auf alle Atome, so wie das Aufbauprinzip das Orbital-Modell auf alle Atome erweitert.

Genauso wie im Atommodell von Bohr umkreisen die Elektronen im Schalen-Modell den Atomkern auf Umlaufbahnen. Diese Schalen werden nun von innen nach außen besetzt (ähnlich wie bei den Orbitalen). Dabei hat jede Schale ein Maximum an Elektronen, das sie aufnehmen kann:

- Die erste Schale (K-Schale) kann mit höchstens zwei Elektronen besetzt werden. Sie entspricht damit im Orbital-Modell der Hauptquantenzahl $n = 1$.
- Die zweite Schale (L-Schale) kann mit höchstens acht Elektronen besetzt werden. Sie entspricht damit der Hauptquantenzahl $n = 2$.
- Die dritte Schale (M-Schale) kann mit 18 Elektronen besetzt werden. Sie entspricht damit der Hauptquantenzahl $n = 3$.
- Die vierte Schale (N-Schale) kann mit 32 Elektronen besetzt werden. Sie entspricht damit der Hauptquantenzahl $n = 4$.

Bei der Besetzungsregel „Von-Innen-nach-Außen" gibt es hierbei die gleichen Ausnahmen wie beim Aufbauprinzip; bspw. werden die zehn Elektronen der Nebengruppenelemente in der 4. Periode erst dann auf die M-Schale gesetzt, wenn bereits zwei Elektronen auf der N-Schale sind (analog zur Besetzung des 4s-Orbitals vor den 3d-Orbitalen).

Da das Modell schnell unübersichtlich wird, wird es in der Schule in der Regel nur für Atome der Elemente bis zu Argon genutzt. Letzteres kann wie folgt dargestellt werden (siehe ◘ Abb. 1.38):

Zu sehen ist der Atomkern in der Mitte, welcher 18 Protonen enthält, und die Verteilung der 18 Elektronen auf die drei Schalen (zwei auf der K-Schale, acht auf der L-Schale und acht auf der M-Schale).

Auch im Schalen-Modell (Protonen im Kern, Elektronen auf Schalen mit Besetzungsmaximum in der Hülle) wird also schnell deutlich, wie viele Valenzelektronen ein Atom hat und zu welcher Elementfamilie es gehört. Allerdings kann es im Vergleich zum Orbital-Modell bestimmte Ausnahmen in der Tendenz der Eigenschaften innerhalb einer Elementfamilie nicht erklären – dazu kommen wir im folgenden Abschnitt.

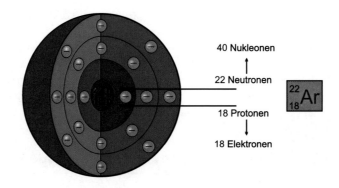

3 Schalen ≙ 3. Periode

◘ **Abb. 1.38**   Argon-Atom im Schalen-Modell

1.3.7 Tendenzen von Atom- und Stoffeigenschaften im Periodensystem

Mit Hilfe des Periodensystems lassen sich die Tendenzen der Atom- und Stoffeigenschaften innerhalb einer Periode und einer Gruppe erklären.

Tendenzen der Atommassen

Die *Atommasse* nimmt innerhalb einer Periode von links nach rechts und innerhalb einer Gruppe von oben nach unten zu.

Das verstehen wir bereits mit Hilfe des Kern-Hülle-Modells: Da die Ordnungszahl von links nach rechts und von oben nach unten steigt, steigt auch die Kernladungszahl und damit die Protonen- und die Massezahl. Zudem steigt mit der Protonenzahl auch die Neutronenzahl überproportional an: Je mehr Protonen im Kern vorliegen, desto mehr Neutronen müssen zur Stabilität zwischen diese gelagert werden, damit der Kern noch stabil bleibt. So hat ein Helium-Kern zwei Protonen und zwei Neutronen, während bspw. in einem Iod-Kern 53 Protonen und 70 bis 78 Neutronen vorliegen.

Grundsätzlich gilt auch der Zusammenhang: Je geringer die Atommasse, desto niedriger der *Siede-* und *Schmelzpunkt* des Stoffes. So ist Wasserstoff (H_2) als Stoff mit den leichtesten Atomen bei Raumtemperatur gasförmig. Allerdings reicht die Atommasse allein nicht aus, um Siede- und Schmelzpunkte zu erklären: Ein Lithium-Atom ist kaum schwerer als ein Wasserstoff-Atom, und trotzdem ist Lithium bei Raumtemperatur fest. Um dies angemessen erklären zu können, muss man sich mit den Konzepten der chemischen Bindung befassen – dazu mehr in ▶ Kap. 2.

Tendenzen der Atomradien

Für die *Atomradien* gelten folgende Tendenzen: Sie nehmen von links nach rechts ab und von oben nach unten zu.

Dies lässt sich am besten mit dem Schalen-Modell begreifen. Innerhalb einer Gruppe wird mit jeder neuen Periode eine neue Schale besetzt; somit muss auch der Atomradius zunehmen.

Innerhalb einer Periode müssen zunehmend mehr Elektronen im etwa gleichen Abstand zum Kern untergebracht werden, die sich gegenseitig abstoßen. Folglich könnte man annehmen, dass der Atomradius steigt. Allerdings steigt mit der Anzahl an Elektronen in der Hülle auch die Anzahl an Protonen im Kern. Bei gleichbleibendem Abstand zum Kern werden die äußeren Elektronen also immer stärker angezogen – der Atomradius sinkt.

Dabei ist zu beachten, dass nicht alle Elektronen gleichermaßen vom Kern angezogen werden: Die äußeren Elektronen erfahren eine geringere Anziehung als die Inneren, da letztere die positive Ladung des Atomkerns abschirmen. Man spricht dann von einer *effektiven Kernladung* für ein Elektron.

Schließlich gilt: Die Zunahme des Radius von oben nach unten überwiegt die Abnahme von links nach rechts. So hat ein Bor-Atom einen deutlich kleineren Radius als ein Silicium-Atom, obwohl Bor weiter links im Periodensystem steht.

1

Tendenzen der Elektronegativität

Die *Elektronegativität* ist eine Atomeigenschaft. Ihre Stärke ist ein Maß dafür, wie gut ein Atom in der Lage ist, Bindungselektronen anzuziehen. Diese Fähigkeit wird in Abschn. 2.2.4 relevant werden, wenn wir die Elektronenpaarbindung erläutern.

Tendenziell nimmt die Elektronegativität innerhalb einer Gruppe von oben nach unten ab: Da der Atomradius immer größer wird, wird es für den Atomkern zunehmend schwerer, die Bindungselektronen anzuziehen.

Innerhalb einer Periode nimmt die Elektronegativität von links nach rechts zu: Bei gleichem Abstand der Bindungselektronen von Atomkern nimmt dessen Ladung stets zu.

Leider gibt es hier keine allgemeine Regel darüber, welche Tendenz die andere schlägt. Sind zwei Elemente nicht in der gleichen Hauptgruppe und nicht in der gleichen Periode, muss man im Einzelfall die Elektronegativitätswerte vergleichen.

Tendenzen der Ionisierungsenergie

Als *Ionisierungsenergie* bezeichnet man die Energie, die zum Entfernen eines Elektrons aus der Atomhülle aufgebracht werden muss. Dadurch, dass die Elektronen vom Kern angezogen werden, muss die Energie stets aufgewendet werden.

Innerhalb einer Periode nimmt diese Energie von links nach rechts zu, innerhalb einer Gruppe von oben nach unten ab.

Ersteres verstehen wir erneut mit Hilfe des Kern-Hülle-Modells: Da innerhalb der Periode die Kernladung von links nach rechts steigt, werden die Elektronen bei etwa gleichbleibendem Abstand auch jeweils stärker angezogen. Deswegen braucht man zunehmend mehr Energie, um ein Elektron aus der Hülle zu entfernen.

Allerdings gibt es hierbei Ausnahmen. Beispielsweise sinkt die Ionisierungsenergie von Beryllium (Be) zu Bor (B) und von Stickstoff (N) zu Sauerstoff (O).

Zur Erklärung dieser Ausnahmen können wir nun endlich das *Orbital-Modell* verwenden, das du dir mühsam erarbeitet hast: Vollbesetzte und halbbesetze Orbitale sind energetisch besonders günstig. Im Übergang von Be zu B muss das 2p-Orbital besetzt werden, welches energetisch über dem voll besetzten 2s-Orbital liegt (siehe ◻ Abb. 1.39 links). Im Übergang von N zu O muss eines der p-Orbitale doppelt be-

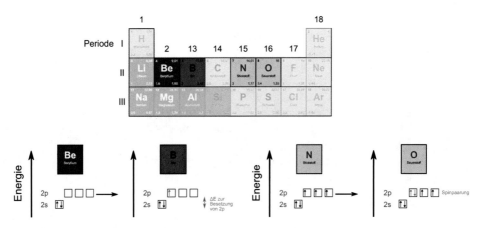

◻ **Abb. 1.39** Ausnahmen der Tendenzen der Ionisierungsenergie mit Ausschnitt aus dem PSE; links: Übergang 2. und 3. Hauptgruppe; rechts: Übergang 5. und 6. Hauptgruppe

setzt werden. Deshalb kommt es zu einer Spinpaarung, wodurch der energetisch günstige Zustand des halb besetztes 3p-Orbitals aufgeben wird (siehe ◘ Abb. 1.39 rechts). Beides führt dazu, dass es jeweils leichter ist, das im Periodensystem weiter rechts stehende Atom zu ionisieren und das energetisch ungünstige Elektron zu entfernen.

Diese Ausnahmen gelten für alle Elemente der 2. und 3. sowie der 5. und 6. Hauptgruppe.

Die abnehmende Tendenz der Ionisierungsenergie innerhalb einer Gruppe ist dabei wieder regelmäßig: Mit jeder Periode steigt der Abstand der Außenelektronen vom Kern, weshalb es immer leichter wird, ein Elektron aus der Hülle zu entfernen.

Praktische Relevanz hat die Ionisierungsenergie bei Atomen der Elemente der 1. und 2. Hauptgruppe. Bei diesen Elementen ist die Ionisierungsenergie verhältnismäßig *gering* (d. h. sie geben bevorzugt Elektronen *ab*), da ihre Atome nur ein oder zwei Elektronen abgeben müssen, um die sehr günstige Elektronenkonfiguration des entsprechenden Edelgas-Atoms der Periode zu erreichen. Alle Atome haben das Bestreben, diese *Edelgaskonfiguration* anzunehmen. Mit zunehmender Tendenz innerhalb der Hauptgruppen von oben nach unten lässt sich auch von einer zunehmenden Reaktivität sprechen: So reagiert Natrium (Na) heftiger mit Wasser als Lithium (Li) und Barium (Ba) heftiger in Chlorgasatmosphäre als Magnesium (Mg).

Tendenzen der Elektronenaffinität

Als *Elektronenaffinität* bezeichnet man die Energie, die frei wird oder aufgewendet werden muss, wenn einer Atomhülle ein weiteres Elektron hinzufügt wird. Durch das neu hinzukommende Elektron wirken stärkere Abstoßungskräfte in der Hülle, und alle Elektronen müssen Bewegungsenergie abgeben, damit sie vom Atomkern auf ihren Positionen gehalten werden können – die Elektronenaffinität wird also meistens frei.

Innerhalb einer Periode nimmt diese Energie von links nach rechts zu, innerhalb einer Gruppe von oben nach unten ab.

Ersteres erklärt sich erneut mit Hilfe des Kern-Hülle-Modells: Je mehr Protonen im Kern vorliegen, umso stärker werden die Elektronen bei gleichem Abstand zusammengezogen und umso mehr Bewegungsenergie muss abgegeben werden, um ein weiteres Elektron in der Hülle unterzubringen.

Es kommt hier zu ähnlichen Ausnahmen wie bei der Ionisierungsenergie: Zwischen Elementen der 1. und 2. sowie der 4. und 5. Hauptgruppe gibt es jeweils eine Abnahme anstatt einer Zunahme der frei werdenden Elektronenaffinität. Grund hierfür ist erneut die volle Besetzung des entsprechenden s-Orbitals bzw. die halbe Besetzung des entsprechenden p-Orbitals.

Zudem kommt es vor, dass bei dem Hinzufügen eines weiteren Elektrons zur Hülle sogar Energie aufgewendet werden muss. Dieser Fall tritt ein, wenn ein neues, energetisch höher liegendes p-Orbital (im Fall der Erdalkalimetalle und der Metalle der Zinkgruppe) oder s-Orbital (im Fall der Edelgase) besetzt werden muss (siehe ◘ Abb. 1.40).

Innerhalb einer Gruppe nimmt die Elektronenaffinität von oben nach unten ab, da die Elektronen in eine immer größere Atomhülle hinzugefügt werden, sodass immer weniger kinetische Energie der Elektronen an die Umgebung abgegeben werden muss. Eine Ausnahme bildet der Übergang von der zweiten in die dritte Periode:

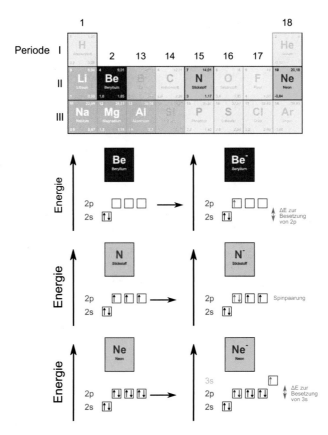

□ **Abb. 1.40** Ausnahmen der Tendenzen der Elektronenaffinität mit Ausschnitt aus dem PSE; oben: Ausnahme der 2. Hauptgruppe; Mitte: Ausnahme der 5. Hauptgruppe; unten: Ausnahme der 8. Hauptgruppe

Die Atome der zweiten Periode sind so klein, dass die Anziehungskraft der Atomkerne die zusätzlichen Abstoßungskräfte durch ein weiteres Elektron deutlich überkompensiert. Die frei werdende Elektronenaffinität ist also sowohl bei sehr kleinen als auch bei sehr großen Atomen verhältnismäßig gering.

Sofern die Elektronenaffinität in einer Gruppe aufgewendet werden muss, lässt sich allerdings keine klare Tendenz von oben nach unten feststellen. Nur bei den Edelgasen erkennt man eine konstante Zunahme, da jeweils ein energetisch deutlich höher liegendes s-Orbital besetzt werden muss.

Praktische Relevanz hat die Elektronenaffinität bei Atomen der Elemente der 6. und 7. Hauptgruppe. Bei diesen Elementen wird (analog zur Ionisierungsenergie bei Elementen der 1. und 2. Hauptgruppe) verhältnismäßig viel Elektronenaffinität *frei* (d. h. sie nehmen bevorzugt Elektronen *auf*), da ihre Atome nur ein bzw. zwei Elektronen aufnehmen müssen, um die Edelgaskonfiguration zu erreichen; dazu mehr in ▶ Kap. 2. Mit zunehmender Tendenz innerhalb der Hauptgruppen von oben nach unten lässt sich auch von einer zunehmenden Reaktivität sprechen: So reagiert Natrium (Na) bspw. heftiger mit Chlor (Cl) als mit Brom (Br).

Tendenzen des Metallcharakters

- Unter dem *Metallcharakter* eines Elements versteht man vier Eigenschaften:
- Hohe Wärmeleitfähigkeit
- Hohe elektrische Leitfähigkeit
- Verformbarkeit
- Metallischer Glanz

Der Metallcharakter nimmt im Periodensystem tendenziell von links nach rechts ab und von oben nach unten zu.

Die Abnahme von links nach rechts lässt sich damit begründen, dass mit zunehmender Kernladung die Anziehung auf die Elektronen in der Hülle steigt. Da die hohe Wärmeleitfähigkeit sowie elektrische Leitfähigkeit auf frei bewegliche Elektronen rückführbar sind und sich die Elektronen schlechter bewegen können, wenn sie stärker angezogen werden, nimmt die Tendenz des Metallcharakters also mit steigender Kernladung ab.

Innerhalb einer Gruppe nimmt er aus dem gleichen Grund zu: Je größer das Atom, desto freier beweglich die Elektronen. Daher zählt Bor (B) beispielsweise nur zu den Halbmetallen (d. h. den Elementen, die nur z. T. metallische Eigenschaften haben), Aluminium (Al) dagegen zu den Metallen.

◘ Abb. 1.41 fasst die Tendenzen des Metallcharakters im Periodensystem zusammen und unterteilt die elementaren Stoffe in Metalle, Nichtmetalle und Halbmetalle, welche teilweise metallische Eigenschaften haben. Wasserstoff bildet als leichtestes Element innerhalb der 1. Hauptgruppe eine Ausnahme, wobei es bspw. bei 25 °C unter 2,7 Megabar Druck (d. h. ca. 2,7 Mio. Mal der Atmosphärendruck) auch metallischen Wasserstoff gibt.

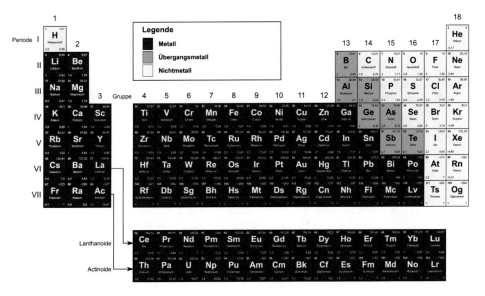

◘ **Abb. 1.41**   Tendenzen des Metallcharakters im PSE und PSE mit Angabe des Metallcharakters

1

Somit sind wir am Ende des Kapitels 1 „Der Bau der Materie" angelangt. Du hast verschiedene Modelle für die submikroskopische Ebene kennen und anwenden gelernt und dich mit dem Informationsgehalt des Periodensystems auseinandergesetzt. Beides bildet die Grundlage für die Kapitel 2 „Die chemische Bindung" und 3 „Die chemische Reaktion". Zuvor kannst du mit dem abschließenden Test ermitteln, ob du die zehn wichtigsten Lernziele in Rahmen dieses Kapitels erreicht hast – viel Erfolg!

Tipp

Überprüfe dein Wissen

Zur Zuordnung von Atomen zu Elementfamilien, Beschreibungen von Hauptgruppen und zu Tendenzen von Atomeigenschaften im PSE gibt es Flashcards online.

1.4 Top-Ten-Test zum Bau der Materie

Am Ende jedes Kapitels erwartet dich ein Top-Ten-Test, mit dem du dir selbst beweisen kannst, dass du die zehn wichtigsten Lernziele des Kapitels erreicht hast. Die Lösungen zu den Top-Ten-Tests findest du beim Zusatzmaterial.

- **1) Übung zu Stoffen und Stoffgemischen**

Gib jeweils an, ob sich um einen elementaren Stoff oder eine Verbindung handelt:
a) Stickstoff (N_2)
b) Wasser (H_2O)
c) Kohlenstoff (C)
d) Kohlenmonoxid (CO)
e) Ozon (O_3)

- **2) Übung zu Summen- und Verhältnisformeln**

Ergänze die folgende Tabelle „Summen- und Verhältnisformeln":

Art der Formel	Beispielformel	Beschreibung der Teilchenebene
	KBr	
		Einzelne Moleküle bestehend aus 3 H-Atomen und einem N-Atom
	K_2SO_4	

- **3) Übung zum Schalen-Modell**

Stelle das Schalen-Modell für ein Natrium-Atom (Na), ein Brom-Atom (Br) und ein Magnesium-Atom (Mg) auf.

- **4) Übung zum Zusammenhang zwischen Quantenzahlen und Orbitalen**

Stelle alle möglichen Orbitale für $n = 1$, $n = 2$ und $n = 3$ grafisch dar und benenne sie.

- **5) Übungen zu Grundbegriffen des Periodensystems**

Ergänze die folgenden Tabellen:

◘ Übung zu Grundbegriffen des Periodensystems (1)

Name des Elements	Elementsymbol	IUPAC-Gruppennummer	Hauptgruppe	Name der Elementfamilie
Kalium				
	He			
Sauerstoff				
Argon				
Kupfer				

◘ Übung zu Grundbegriffen des Periodensystems (2)

Symbol	Ordnungszahl	Kernladungszahl	Anzahl der Protonen	Anzahl der Elektronen
Na				
Ne				
N^{3-}				
Mg^{2+}				

- **6) Übung zur Anzahl der Neutronen und zur Berechnung von Molekülmassen**
  1) Berechne die Anzahl der Neutronen der folgenden Atome:
     - a) Mangan (Mn)
     - b) Barium (Ba)
     - c) Argon (Ar)

  2) Berechne die Molekülmassen der folgenden Moleküle:
     - a) Schwefelwasserstoff (H_2S)
     - b) Kohlenstoffdioxid (CO_2)
     - c) Harnstoff ((NH_2)$_2CO$)

1

■   **7) Übung zum Aufbauprinzip**

Im Folgenden sind fehlerhafte Termschemata gegeben. Erkläre jeweils, welcher Fehler gemacht wurde.

a. Termschema für Lithium (Li)

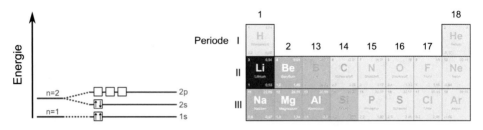

b. Termschema für Sauerstoff (O)

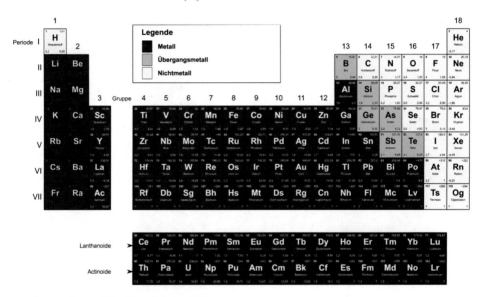

c. Termschema für Aluminium (Al)

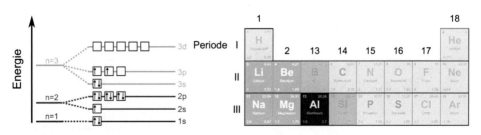

■ **8) Übung zur Orbital-Kurzschreibweise**

Gib die Kurzschreibweise der Elektronenkonfiguration für die folgenden Atome an:

Be

Ti

F

P

Sr

■ **9) Übung zu den Tendenzen der Ionisierungsenergie im Periodensystem**

Begründe jeweils, welches der beiden Atome die höhere Ionisierungsenergie hat.

a. Li oder Na
b. P oder S
c. C oder N

■ **10) Übung zum Reaktionsverhalten der Hauptgruppenelemente**

Ordne den Hauptgruppen die entsprechenden Beschreibungen zu:

Hauptgruppen	Beschreibungen
1. und 2. Hauptgruppe	Atome nehmen gern Elektronen auf
6. und 7. Hauptgruppe	Atome geben gern Elektronen ab
	Hohe Elektronenaffinität
	Geringe Ionisierungsenergie

Die chemische Bindung

Inhaltsverzeichnis

Ergänzende Information Die elektronische Version dieses Kapitels enthält Zusatzmaterial, auf das über folgenden Link zugegriffen werden kann [https://doi.org/10.1007/978-3-662-69351-3_2].

S. Feil et al., *Brückenkurs Chemie*, https://doi.org/10.1007/978-3-662-69351-3_2

2.1 Die Ionenbindung

Johann Wolfgang von Goethe lässt seinen „Faust", den Universalgelehrten und Protagonisten des gleichnamigen Dramas, bereits in der ersten Szene allein in seinem dunklen Studierzimmer den folgenden Wunsch äußern: „Daß ich erkenne, was die Welt [i]m Innersten zusammenhält!"[1] Anders als Faust wirst du im Folgenden keine Erdgeister beschwören und einen Pakt mit dem Teufel eingehen, um dieser Frage nachzukommen. Stattdessen widmen wir uns den verschiedenen Konzepten der chemischen Bindung und beginnen mit der *Ionenbindung*.

Wir alle verwenden den Begriff „Salz" im Alltag. Damit meinen wir in den meisten Fällen Speisesalz, welches wir zum Würzen von Suppen, Spiegeleiern, Grillfleisch oder anderen Gerichten verwenden. Im Winter kommt zusätzlich Streusalz hinzu, welches dafür sorgt, dass Straßen und Fußgängerwege nicht vereisen. Zudem wissen wir, dass sowohl Koch- als auch Streusalz aus kleinen Kristallen aufgebaut sind, welche sich gut in Wasser lösen.

Fachlich betrachtet bilden *Salze* eine eigene Stoffklasse mit Tausenden verschiedenen Verbindungen, die man auch *Ionenverbindungen* nennt. Diese werden durch die *Ionenbindung* (bzw. ionische Bindung) zusammengehalten. Durch diesen Aufbau lassen sich die gemeinsamen Stoffeigenschaften der Salze erklären.

Wir werden im Folgenden die Ionenbindung definieren, die Bildung von Ionen aus Atomen sowie Struktur-Eigenschafts-Prinzipien von Salzen erläutern sowie die *Verhältnisformel* für Salze erarbeiten.

Lernziele

Am Ende des Abschnitts wirst du Folgendes können:

- die Ionenbindung beschreiben,
- die Bildung von Ionen mit Hilfe verschiedener Modelle darstellen,
- den Aufbau von Salzen beschreiben und Salze benennen,

---

1 Goethe, Johann Wolfgang von (1808): Faust. Eine Tragödie. ▶ https://www.projekt-gutenberg.org/goethe/faust1/chap004.html (Stand: 05.07.2024).

2

— Verhältnisformeln von Salzen aufstellen,
— die Eigenschaften von Salzen (kristalline Struktur, hohe Schmelzpunkte, Wasserlöslichkeit usw.) auf Basis der Struktur erläutern.

2.1.1 Ionenbindung

Charles Augustine de Coulomb ermittelte 1785 eine Formel für die nach ihm benannte *Coulomb-Kraft*. Diese Kraft wirkt zwischen zwei Körpern mit den Ladungen q_1 und q_2:

$$F_C = k \cdot \frac{q_1 \cdot q_2}{r^2} \tag{2.1}$$

F_C – Coulomb-Kraft

k – Konstante (abhängig vom umgebenden Medium)

q_1 – Ladung des Körpers 1

q_2 – Ladung des Körpers 2

r – Abstand zwischen den beiden Körpern

Die Kraft wirkt anziehend, wenn die Körper verschieden geladen sind, und abstoßend, wenn die Körper gleich geladen sind (siehe ◘ Abb. 2.1) – so weit der Physikunterricht zur Elektrizitätslehre in der Mittelstufe.

In der Chemie betrachten wir als geladene Körper *Ionen*. Sie können aus einem Atom oder auch aus mehreren Atomen bestehen (Molekül-Ionen, dazu in ▶ Abschn. 2.2.6 mehr). Positive Ionen nennen wir *Kationen* (gesprochen: Kat-Ionen), negative Ionen nennen wir *Anionen*. Aus der Formel von Coulomb lässt sich Folgendes ableiten:
— Die Anziehungskraft zwischen Kationen und Anionen ist stark, wenn sie nah beieinander sind, also der Abstand r klein ist.
— Die Anziehungskraft zwischen Kationen und Anionen ist stark, wenn ihr Ladungsprodukt $q_1 \cdot q_2$ groß ist; d. h., wenn beide Ionen möglichst stark geladen sind.

Als *Ionenbindung* verstehen wir nun die gegenseitige Anziehung von Kationen und Anionen, die den Zusammenhalt der Ionen in Salzen (oder auch Ionenverbindungen) bewirkt. Sie ist die Ursache dafür, dass sich Salzkristalle abwechselnd (man sagt auch alternierend) aus Kationen und Anionen zusammensetzen (siehe ◘ Abb. 2.2) und ein *Ionengitter* bilden, welches dreidimensional ist.

Die Kristallografie befasst sich mit den verschiedenen Strukturen, die solche Ionengitter einnehmen können, sowie mit der Entstehung oder Herstellung von Kris-

◘ **Abb. 2.1**   Wechselwirkung zweier Körper; links: Körper mit gleichem Ladungsvorzeichen; rechts: Körper mit verschiedenen Ladungsvorzeichen. Die Kräfte wirken stets auf den Mittelpunkt des jeweiligen Körpers

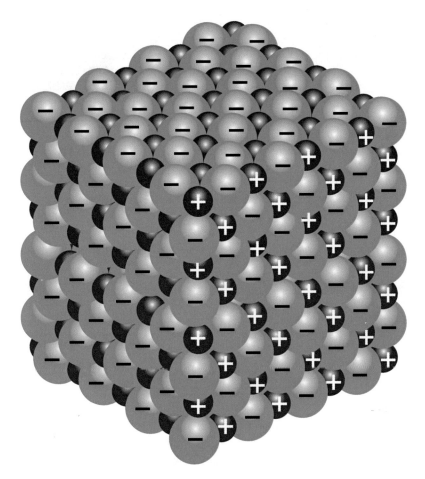

Abb. 2.2 Ionengitter

tallen. Fast alle Edelsteine, die du kennst (Smaragde, Safire usw.) bestehen genauso aus Ionengittern wie Kochsalz; Diamant bildet dabei eine Ausnahme, die wir in ▶ Abschn. 2.2 betrachten.

Folgende Faktoren begünstigen die Bildung eines Ionengitters und sorgen für hohe Stabilität, Schmelz- und Siedetemperaturen der Salze sowie eine hohe *Gitterenergie*, welche aufgewendet werden muss, um das Ionengitter in einzelne Ionen zu trennen:

■ **Ladung der Ionen**

Je höher die Ladung der Ionen ist, desto günstiger die Bildung des Ionengitters. Deswegen hat bspw. Aluminiumnitrid (AlN mit Aluminium-Kation (Al^{3+}) und Nitrid-Anionen (N^{3-})) eine Schmelztemperatur von rund 2400 °C, während Natriumchlorid (NaCl mit Natrium-Kationen (Na^+)und Chlorid-Anionen (Cl^-)) eine Schmelztemperatur von rund 801 °C hat.

Die Ladung der Ionen ist mit Abstand die wichtigste Einflussgröße auf die Stabilität des Ionengitters.

2

- **Größe der Ionen**

Je kleiner die Ionen sind, desto günstiger ist die Bildung des Ionengitters: Kleine Ionen haben einen geringeren Abstand zueinander und ziehen sich deshalb stärker an. Daher sind die Bindungsverhältnisse bei Natriumchlorid (NaCl) energetisch günstiger als bei Natriumbromid (NaBr), denn das Bromid-Anion (Br^-) ist größer als das Chlorid-Anion (Cl^-) ($r = 196$ pm *vs.* 181 pm).

- **Größenverhältnis der Ionen**

Je kleiner das Größenverhältnis von Kationen und Anionen im Ionengitter ist, desto günstiger ist energetisch betrachtet dessen Bildung. Das Verhältnis ist in Aluminiumchlorid ($AlCl_3$) bspw. etwa 1 : 6: Auf ein Aluminium-Kation (Al^{3+}) mit einem Radius 54 pm treffen drei Chlorid-Anionen (Cl^-) mit einem Radius von insgesamt 297 pm. Günstiger ist das Verhältnis bei Aluminiumnitrid (AlN): Auf ein Aluminium-Kation (Al^{3+}) trifft ein Nitrid-AnionN^{3-}) mit einem Radius von 171 pm. Somit ist das Größenverhältnis nur 1 : 3 (ca).

Tipp

Überprüfe dein Wissen
Zur Stabilität von Salzen gibt es Flashcards online.

2.1.2 Die Bildung von Ionen aus den Atomen

Die Anzahl der Elektronen, die von einem Atom aufgenommen oder abgegeben werden, um ein Ion zu bilden, ist nicht beliebig, sondern hängt von der Anzahl an Außenelektronen ab. Dabei gelten die folgenden Grundsätze:
- Alle Atome streben den *Edelgaszustand* bzw. die *Edelgaskonfiguration* an (d. h. eine voll besetzte äußere Schale bzw. ein voll besetztes Orbital).[2] Dies sind für die erste Periode zwei Elektronen, ansonsten acht Elektronen (sog. *Elektronenoktett*).
- Atome bis zur 3. Hauptgruppe geben ihre Außenelektronen vollständig ab, um die Edelgaskonfiguration zu erreichen.
- Atome der 4. Hauptgruppe bilden nur sehr selten Ionen; eine Ausnahme bilden z. B. C^{4-}-Ionen, die in. ionischen Carbiden auftreten.
- Atome ab der 5. Hauptgruppe nehmen Elektronen auf, bis sie die Edelgaskonfiguration erreicht haben.

◻ Abb. 2.3 zeigt die resultierenden Ionen der Atome der Hauptgruppenelemente für die ersten vier Perioden. Es wird deutlich: Alkalimetalle bilden einfach positiv geladene Kationen, Erdalkalimetalle bilden zweifach positiv geladene Kationen, Elemente der 5. Hauptgruppe bilden dreifach negativ geladene Anionen usw. Wasserstoff bildet dabei eine Ausnahme: Es sind sowohl H^+-Ionen als auch H^--Ionen (in sog. Hydridsalzen) bekannt.

---

2   Es gibt Ausnahmen von dieser Regel, was sich in der Bildung von Mehrzentrenbindungen wie bei Diboran (B_2H_6) zeigt. Diese Ausnahmen werden wir im Rahmen des Lehrbuchs nicht weiter behandeln.

☐ Abb. 2.3   Atome und Ionen der Hauptgruppenelemente der ersten vier Perioden

◦ H						
· H⁺						
● Li	● Be	● B	● C	◦ N	◦ O	◦ F
◦ Li⁺	◦ Be²⁺			● N²⁻	● O²⁻	● F⁻
● Na	● Mg	● Al	● Si	● P	● S	● Cl
● Na⁺	◦ Mg²⁺	◦ Al³⁺		● P³⁻	● S²⁻	● Cl⁻
● K	● Ca	● Ga	● Ge	● As	● Se	● Br
● K⁺	● Ca²⁺	◦ Ga³⁺	◦ Ge⁴⁺	● As³⁻	● Se²⁻	● Br⁻

Wie wahrscheinlich es ist, dass ein Ion gebildet wird, hängt von der *Ionisierungsenergie* und der *Elektronenaffinität* ab (▶ Kap. 1). Es gilt: Je geringer die Ionisierungsenergie und je höher die Elektronenaffinität sind, desto eher wird ein Ion gebildet.

Außerdem wird deutlich, dass sich die Ionenradien im Periodensystem tendenziell wie die Atomradien verhalten (vgl. ▶ Kap. 1): Sie nehmen von links nach rechts ab und von oben nach unten zu, wobei die Zunahme nach unten die Abnahme nach rechts überwiegt (N^{3-} ist z. B. kleiner als Cl^-). Allerdings gibt es innerhalb einer Periode immer einen Sprung zwischen der 3. und 5. Hauptgruppe, da die entsprechenden Anionen größer als die Kationen sind: In etwa gleichem Abstand zum Kern halten sich deutlich mehr Elektronen auf. Schließlich ist aus dem gleichen Grund ein Anion immer größer als sein zugehöriges Atom, während ein Kation logischerweise kleiner als sein zugehöriges Atom ist.

Warum ausgerechnet zwei bzw. acht Elektronen eine energetisch so erstrebenswerte Konfiguration darstellen und die Atome der Hauptgruppenelemente die entsprechenden Ionen bilden, können wir als Chemiker:innen lediglich empirisch ermitteln (z. B. durch die enorm hohen Ionisierungsenergien und die Reaktionsträgheit der Edelgase sowie die quantitative Ermittlung der Verhältnisformeln von Salzen) und mit Hilfe von geeigneten Modellen darstellen – wir können es aber nicht per se erklären. Hätten die Natur und das Universum uns vorgegeben, dass Edelgase zwölf Elektronen auf der äußersten Schale haben, so hätten wir unsere Modelle entsprechend anpassen müssen.

Abschließend sei bemerkt, dass die Edelgasregel zwar erklärt, welche Ionen sich bilden, jedoch noch keine Triebkraft einer chemischen Reaktion darstellt – dazu in ▶ Kap. 5 mehr. Zudem betrachtet wir in diesem Lehrbuch noch nicht die Bildung der Ionen der Übergangsmetalle; dies erfolgt im weiterführenden Studium

Tipp

Überprüfe dein Wissen
Zur Bildung von Ionen aus den Atomen der Hauptgruppenelemente sowie zur Ionengröße gibt es Flashcards online.

2

2.1.3 Name und Verhältnisformel von Salzen

Alle Salze dieser Welt lassen sich systematisch benennen, und ihr Name lässt sich ebenfalls von ihrer Formel ableiten. Salze haben eine *Verhältnisformel*. Betrachtet man bspw. die Formel für Kochsalz oder Natriumchlorid (NaCl), so bedeutet dies, dass Natriumchlorid aus Natrium-Kationen (Na^+) und Chlorid-Anionen (Cl^-) im Verhältnis 1 : 1 besteht. Dabei kann das Ionengitter theoretisch unendlich groß sein; die Formel sagt also nichts über die absolute Anzahl an Ionen aus (siehe ◻ Abb. 2.4).

An dem Namen „Natriumchlorid" kann man zudem erkennen, dass bei der Benennung eines Salzes zuerst der Name des Kations (Natrium) und anschließend der Name des Anions mit einer besonderen Endung (-chlor**id**) erfolgt; man spricht dann analog auch von Chlor**id**-Ionen. Es folgt eine Tabelle mit häufig vorkommenden Kationen und Anionen und ihrer Bezeichnung (siehe ◻ Tab. 2.1). Einige Ionen sind aus verschiedenen Atomsorten zusammengesetzt und haben Trivialnamen, wie die Kationen von Wasser (H_2O) und Ammoniak (NH_3).

Ionen, die aus mehreren Atomen bestehen (z. B. NH_4^+), nennt man *Molekül-Ionen*. Sie entstehen bei Säure-Base-Reaktionen (▶ Kap. 3).

Weiß man nun, welche Ionen im Salz vorliegen, kann man daraus auch die *Verhältnisformel* ableiten.

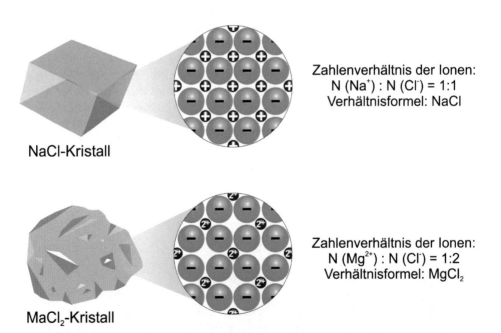

Zahlenverhältnis der Ionen:
$N (Na^+) : N (Cl^-) = 1:1$
Verhältnisformel: NaCl

Zahlenverhältnis der Ionen:
$N (Mg^{2+}) : N (Cl^-) = 1:2$
Verhältnisformel: $MgCl_2$

NaCl-Kristall

MaCl$_2$-Kristall

◻ **Abb. 2.4**   Bedeutung der Verhältnisformel eines Salzes am Beispiel von Natriumchlorid (NaCl)

☐ Tab. 2.1   Formeln und Namen typischer Kationen und Anionen

Formel des Ions	Name des Ions
H_3O^+	Oxonium
NH_4^+	Ammonium
Li^+, Na^+, K^+	Lithium, Natrium, Kalium
Be^{2+}, Ca^{2+}, Mg^{2+}, Sr^{2+}	Beryllium, Calcium, Magnesium, Strontium
Al^{3+}	Aluminium
F^-, Cl^-, Br^-, I^-	Fluorid, Chlorid, Bromid, Iodid
O^{2-}, S^{2-}	Oxid, Sulfid
N^{3-}, P^{3-}	Nitrid, Phosphid
NO_3^-	Nitrat
HSO_3^-, SO_3^{2-}	Hydrogensulfit, Sulfit
HSO_4^-, SO_4^{2-}	Hydrogensulfat, Sulfat
HCO_3^-, CO_3^{2-}	Hydrogencarbonat, Carbonat
OH^-	Hydroxid

► Beispiel

Die Formel für Aluminium(III)oxid ist bspw. Al_2O_3, denn es besteht aus dreifach positiv geladen Aluminium-Kationen (daher „III" im Namen) und zweifach negativ geladen Oxid-Anionen. Es werden also drei Oxid-Ionen gebraucht, um die zwei Aluminium-Kationen auszugleichen:

$$Al_2 \quad O_3$$

$$2 \cdot (+3) + 3 \cdot (-2) = 0 \qquad ◄$$

Tipp

Überprüfe dein Wissen

Zur Benennung von Salzen bzw. dem Aufstellen von Verhältnisformeln gibt es eine Flashcard online.

2.1.4 Eigenschaften von Salzen

Salze haben eine Reihe von Eigenschaften, die alle auf die Ionenbindung rückführbar sind.

■ Kristalline Struktur

Salze liegen durch den regelmäßigen Aufbau der Ionen in einem *Ionengitter* in kristalliner Form vor. Selbst zerkleinertes Speisesalz besteht immer noch aus kleinen Kristallen. Du wirst im Rahmen deiner Einführungsveranstaltungen in die Anorganische Chemie sicherlich mehr über verschiedene Gitter- und Kristalltypen lernen.

■ Härte

Viele Salze sind relativ hart, d. h. sie haben einen hohen mechanischen Widerstand. Man muss also viel Kraft aufwenden, um einen Salzkristall zu zerbrechen oder zu verformen. Nach der *Mohs'schen Härteskala*, welche die Härte von Stoffen in eine Rangordnung bringt, wird zwar der erste Platz von Diamant sowie vergleichbar harten künstlichen Materialien besetzt; die Plätze 2–4 gehen aber an die Salze Korund, Topas und Quarz. Das liegt daran, dass Salze von der vergleichsweise starken *Ionenbindung* zusammengehalten werden, welche zwischen geladenen Atomen wirkt.

■ Sprödigkeit

Salze sind wenig duktil; sie zerbrechen, wenn man starken Druck ausübt. Auch lässt sich mit der Ionenbindung erklären: Verschiebt man mit Gewalt die Ionen in einem Ionengitter, so treffen gleich geladene Ionen aufeinander, sodass es zu einem Bruch kommt (siehe ◘ Abb. 2.5).

◘ **Abb. 2.5**   Brechen eines Salzkristalls durch Druck auf der
Teilchenebene

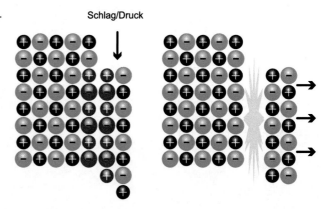

Schlag/Druck

- **Hohe Schmelz- und Siedepunkte**

Salze haben sowohl vergleichbar hohe Schmelz- als auch Siedetemperaturen. So siedet Wasser bei rund 100 °C, während Natriumchlorid erst bei rund 801 °C schmilzt und dann bei rund 1461 °C siedet. Auch diese Eigenschaft ist auf die relativ starke *Ionenbindung* im Vergleich zu anderen Bindungsarten (dieses Kap. und ▶ Kap. 9) zurückzuführen.

- **Leitfähigkeit der Schmelze**

Salze leiten elektrischen Strom im festen Zustand nicht, im flüssigen jedoch schon. Das liegt daran, dass es nur im flüssigen Zustand freie Ladungsträger (nämlich frei bewegliche Ionen) gibt, während im festen Zustand ein festes *Ionengitter* vorliegt (siehe ◘ Abb. 2.6).

- **Löslichkeit in Wasser und polaren Lösungsmitteln**

Viele Salze lösen sich in Wasser und in polaren Lösungsmitteln, da sie aus Ionen bestehen und sog. Ion-Dipol-Wechselwirkungen auftreten können; dazu mehr in ▶ Kap. 4.

Das Lösen kann dabei *exotherm* (also unter Energieabgabe) wie auch *endotherm* (also unter Energieaufnahme) verlaufen. *Lösungswärme* (beim Löseprozess insgesamt frei werdende oder aufzuwendende Energie), *Gitterenergie* und *Hydratationsenergie* (Lösungsenergie in Wasser) hängen über die folgende Formel miteinander zusammen:

◘ **Abb. 2.6** Leitfähigkeit von Salzen im festen und flüssigen Zustand

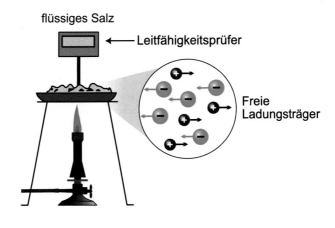

flüssiges Salz

Leitfähigkeitsprüfer

Freie Ladungsträger

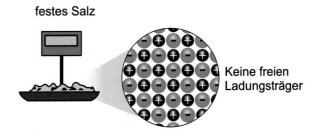

festes Salz

Keine freien Ladungsträger

2

$$\Delta H_{\text{Lös}} = \Delta H_{\text{Gitter}} - \Delta H_{\text{Hydr.}}$$

$\Delta H_{\text{Lös}}$ – Lösungswärme

ΔH_{Gitter} – Gitterenergie

$\Delta H_{\text{Hydr.}}$ – Hydratationsenergie

Löst man etwa Natriumhydroxid in Wasser, so wird die Lösung warm. Es muss also weniger *Gitterenergie* aufgewendet werden, als *Hydratationsenergie* frei wird: Die resultierende *Lösungswärme* ist insgesamt negativ. Es wird insgesamt Energie frei, welche in Bewegungsenergie der Teilchen im System umgewandelt wird: Die Temperatur steigt.

Löst man stattdessen Ammoniumnitrat in Wasser, so kühlt sich die entstehende Lösung ab: Die *Gitterenergie* ist größer als die frei werdende *Hydratationsenergie*, und die entstehende *Lösungswärme* ist positiv. Es wird insgesamt Energie benötigt und aus der Bewegungsenergie der Teilchen im System abgezogen: Die Temperatur sinkt.

Es gibt jedoch auch schwerlösliche Salze wie zum Beispiel Silber-Halogenide. Diese haben eine so hohe Gitterenergie, dass sie sich nur wenig lösen. Der Grenzwert ihrer Löslichkeit wird durch das Löslichkeitsprodukt bestimmt.

■ **Leitfähigkeit der wässrigen Lösung**

Da sich Salze in Wasser lösen und damit die Ionen der Salze frei vorliegen, sind Salzlösungen ebenfalls leitfähig. Man spricht in diesem Fall auch von *Elektrolytlösungen*. Diese kommen nicht nur in allen Zellen von Lebewesen vor und haben dort wichtige Funktionen (z. B. für Reizübertragungen im Nervensystem), sondern werden auch in Batterien und Akkumulatoren verwendet (siehe ▶ Kap. 3).

> Damit hast du die Ionenbindung als eine der drei wichtigsten Bindungsarten in der Chemie erarbeitet. Es folgen die Elektronenpaarbindung sowie die metallische Bindung.

2.2 Die Elektronenpaarbindung

Zucker und Kochsalz (Natriumchlorid) sind als Zutaten (z. B. für Kuchen) für die Ernährung weit verbreitet. Handelsüblicher Zucker, welcher aus sog. Saccharose besteht, kann für eine kohlenhydratarme Ernährung zwar durch andere Süßstoffe wie z. B. Natriumcyclamat, Aspartam usw. ersetzt werden, findet jedoch aus Geschmacksgründen dennoch vielfältig Anwendung.

Neben der offensichtlich unterschiedlichen Eigenschaft im Geschmack sowie erheblichen Unterschieden im Schmelzpunkt haben Saccharose und Kochsalz dennoch verblüffende Gemeinsamkeiten: Beide haben eine weißliche, kristalline Struktur, weshalb man Zucker- und Salzstreuer gut beschriften sollte, und beide sind gut wasserlöslich.

Trotzdem unterscheiden sie sich strukturell erheblich voneinander: Während Natriumchlorid aus Ionen besteht, welche durch die Ionenbindung zusammengehalten werden ▶ (Abschn. 2.1), besteht Saccharose aus Molekülen, deren Atome

durch *Elektronenpaarbindungen* (oder auch kovalente Bindungen) zusammengehalten werden.

In diesem Abschnitt werden wir die Elektronenpaarbindung in verschiedenen Modellen beschreiben.

Lernziele

Am Ende des Abschnitts wirst du Folgendes können:
- Einfach-, Doppel- und Dreifachbindungen erklären,
- die Einhaltung der Edelgasregel in Molekülen überprüfen,
- die Regeln für das Aufstellen von Lewis-Formeln anwenden,
- Ionenbindung, polare und unpolare Elektronenpaarbindungen unterscheiden,
- Molekül-Ionen beschreiben,
- Elektronenpaarbindungen im Orbital-Modell erklären,
- Molekülgeometrien mit Hilfe des VSEPR-Modells ermitteln,
- Dipol-Moleküle bestimmen.

2.2.1 Einfachbindungen

Wie du bereits aus ▶ Abschn. 2.1.2 weißt, versuchen alle Atome, die *Edelgaskonfiguration* als energetisch günstigen Zustand zu erreichen.[3] Für Wasserstoff, Lithium und Beryllium handelt es sich dabei um zwei Elektronen auf der innersten Schale bzw. im 1s-Orbital, für alle anderen Nichtedelgas-Atome um ein *Elektronenoktett* auf der äußersten Schale. Viele Atome sind sogar dazu bereit, Elektronen abzugeben oder aufzunehmen, um den Zustand zu erreichen und damit Ionen zu bilden.

Nichtmetall-Atome können die Edelgaskonfiguration jedoch auch dadurch erreichen, dass sie sich ein Außenelektronen teilen. Man spricht dann von einem bindenden Elektronenpaar bzw. von einer einfachen *Elektronenpaarbindung* bzw. *Einfachbindung*. Die Atome werden dann zu einem *Molekül* verknüpft.

Das einfachste Molekül ist das Wasserstoff-Molekül (H_2). Beide Wasserstoff-Atome haben ein Elektron. Wenn sie sich ihre Elektronen teilen, haben beide zwei Elektronen und damit die *Edelgaskonfiguration* erreicht (nämlich die von Helium). ◘ Abb. 2.7 zeigt das Wasserstoff-Molekül im Kern-Hülle-Modell.

Bevorzugter Aufenthaltsbereich für die Elektronen

◘ **Abb. 2.7** Elektronenpaarbindung im Wasserstoff-Molekül

---

3 Es gibt Ausnahmen von dieser Regel, was sich in der Bildung von *Mehrzentrenbindungen* (wie z. B. bei Diboran (B_2H_6) zeigt. Diese Ausnahmen werden wir im Rahmen des Lehrbuchs nicht weiter behandeln.

2

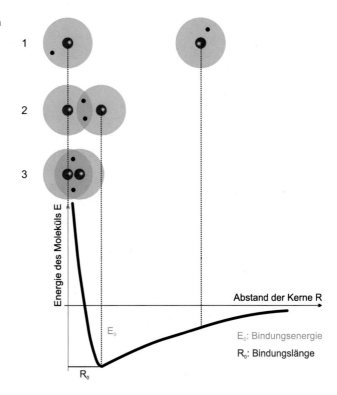

□ **Abb. 2.8** Energiediagramm für die Annäherung zweier Wasserstoff-Atome

Die Abbildung zeigt, dass sich die beiden Elektronen der Wasserstoff-Atome innerhalb beider Atomhüllen aufhalten können. Bevorzugt halten sie sich jedoch auf halber Strecke zwischen beiden Atomkernen auf, da sie hier die stärkste Anziehungskraft erfahren.

□ Abb. 2.8 zeigt ein *Energiediagramm* für die Annäherung zweier Wasserstoff-Atome.

Da beide Atome die *Edelgaskonfiguration* erreichen wollen, nähern sie sich einander so lange an, bis es zu einem Gleichgewicht der wirkenden Anziehungs- und Abstoßungskräfte kommt (Zustand 2). In diesem Zustand gibt es bei dem Abstand der Atomkerne R_0 bzw. der *Bindungslänge* das Energieminimum E_0 bzw. die *Bindungsenergie*. In Zustand 1 sind die Atomkerne so nah beieinander, dass die Abstoßungskräfte der Atomkerne überwiegen – der Zustand wird also nicht lang gehalten. Auch Zustand 3 ist ungünstig, da hier die Atome so weit voneinander weg sind, dass nur geringe Anziehungskräfte wirken.

2.2.2 Lewis-Formeln für Moleküle

Die *Lewis-Formel* (auch Molekülschreibweise oder Valenzelektronenformel) nach Gilbert Norton Lewis stellt die Bindungsverhältnisse in Molekülen auf einfache Art und Weise dar.

Dazu werden zunächst die Atome mit ihrem Elementsymbol dargestellt, wobei die Valenzelektronen der Atome links, unten, oben und rechts vom Elementsymbol als Punkte dargestellt werden. Die Seiten werden zunächst einfach mit einem Punkt

besetzt und dann doppelt mit einem Strich. Die Striche bezeichnet man dabei auch als *nichtbindende Elektronenpaare*. Dabei steht ein Punkt für ein einzelnes Elektron und ein Strich für zwei. Die folgende Abbildung zeigt die *Lewis-Formel* für die Atome der Hauptgruppenelemente der 2. Periode.

$$\text{Li} \cdot \quad \cdot \text{Be} \cdot \quad \cdot \dot{\text{B}} \cdot \quad \cdot \dot{\ddot{\text{C}}} \cdot \quad |\dot{\ddot{\text{N}}} \cdot \quad |\overline{\dot{\text{O}}} \cdot \quad |\overline{\ddot{\text{F}}} \cdot \quad |\overline{\text{Ne}}|$$

Um nun die *Lewis-Formel* für Moleküle anzuwenden, beginnen wir wieder mit dem einfachsten Molekül: dem Wasserstoff-Molekül.

$$\text{H} - \text{H}$$

Was passiert nun, wenn mehr als zwei Atome in einem Molekül miteinander verbunden werden müssen, wie z. B. im Wasser-Molekül?

1. *Alle Atome des Moleküls in der Lewis-Formel darstellen*

Für die beiden Wasserstoff-Atome und das Sauerstoff-Atom ergibt sich folgende Lösung:

$$\text{H} \cdot \quad \text{H} \cdot \quad \cdot \overline{\dot{\text{O}}}|$$

2. *Alle Atome über einzelne Elektronen miteinander verbinden*

Jeweils zwei einzelne Elektronen können zu einem bindenden Elektronenpaar verknüpft werden. So lassen sich beide Wasserstoff-Atome an das Sauerstoff-Atom binden (siehe folgende Abbildung). Anschließend haben alle beteiligten Atome die *Edelgaskonfiguration* erreicht.

2.2.3 Doppel- und Dreifachbindungen

Sicherlich hast du im Mittelstufenunterricht gelernt, dass bestimmte elementare Stoffe wie Wasserstoff (H_2), Sauerstoff (O_2) und Stickstoff (N_2) immer molekular auftreten; dass sich also jeweils zwei Atome zu einem Molekül zusammenschließen.

Dies kannst du jetzt auch erklären: Es bilden sich jeweils Elektronenpaarbindungen zwischen beiden Atomen aus, sodass beide die Edelgaskonfiguration erreichen. Im Wasserstoff-Molekül kommt es dabei zu einer H–H-Einfachbindung, im Sauerstoff-Molekül zu einer O–O-Doppelbindung und im Stickstoff-Molekül sogar zu einer N–N-Dreifachbindung[4]:

$$\text{H} - \text{H} \quad \overline{\text{O}} = \overline{\text{O}} \quad |\text{N} \equiv \text{N}|$$

---

4 Umstritten ist, ob es möglicherweise sogar eine C − C-Vierfachbindung in C_2-Molekülen gibt.

Auch in anderen Molekülen kommt es zu Doppel- und Dreifachbindungen, z. B. in Ethen (C_2H_4) und Ethin (C_2H_2) oder in Kohlenstoffdioxid (CO_2):

$$
\begin{array}{c}
\text{H} \quad\quad \text{H} \\
\text{C}=\text{C} \\
\text{H} \quad\quad \text{H}
\end{array}
\qquad
\text{H}-\text{C}\equiv\text{C}-\text{H}
\qquad
\ddot{\text{O}}=\text{C}=\ddot{\text{O}}
$$

> **Tipp**
>
> Allgemein gilt: Je mehr Elektronen an einer Bindung beteiligt sind, desto höher ist die *Bindungsenergie* und desto kürzer ist die *Bindungslänge*, da die elektrostatische Anziehung zwischen Elektronen und Protonen in den Atomkernen steigt.

> **Tipp**
>
> **Überprüfe dein Wissen**
>   Zur Anwendung der Lewis-Formel für Moleküle sowie zur Bindungslänge von C–C-Bindungen gibt es Flashcards online.

2.2.4 Ionenbindung, polare und unpolare Elektronenpaarbindung

Es gibt einen wichtigen Unterschied zwischen homonuklearen und heteronuklearen Elektronenpaarbindungen.

Eine *homonukleare Bindung* (gr. *homo* = gleich; gr. *nucleus* – Kern) liegt vor, wenn zwei gleiche Atome über eine oder mehrere Elektronenpaarbindungen miteinander verknüpft sind. Dies ist etwa in Molekülen wie H_2 oder O_2 der Fall.

Eine *heteronukleare Bindung* (gr. hetero = verschieden) liegt dann vor, wenn zwei verschiedene Atome verknüpft sind, wie die O–H-Bindung im H_2O-Molekül.

Als Elektronegativität bezeichnet man die Fähigkeit eines Atoms, die bindenden Elektronenpaare anzuziehen. Diese ist u.a. von der Größe des Atoms und von der Kernladung abhängig. Um die Art der Bindung zu bestimmen, bildet man die Differenz zwischen den Elektronegativitätswerten der beiden Atome.

> ▶ **Beispiel**
>
> $EN_O = 3{,}5$
>
> $EN_H = 2{,}2$
>
> $\Delta EN = 3{,}5 - 2{,}2 = 1{,}3 > 0{,}4$
>
> EN_o – Elektronegativität eines Sauerstoff-Atoms
> EN_H – Elektronegativität eines Wasserstoff-Atoms
> ΔEN – Elektronegativitätsdifferenz ◀

Man bildet die Elektronegativitätsdifferenz stets so, dass sich ein positiver Wert ergibt. Wenn eine *polare Bindung* vorliegt, spricht man von *Partialladungen* im Molekül (lat. *partialis* = teilweise). Das Atom mit der höheren Elektronegativität ist negativ partialgeladen (δ^-) und das Atom mit der niedrigeren Elektronegativität ist positiv partialgeladen (δ^+). Insgesamt ist das Molekül nach wie vor elektrisch neutral. Die folgende Abbildung stellt diesen Zusammenhang für das Wasser-Molekül dar.

Mit Hilfe der Elektronegativitätsdifferenz kann man außerdem unpolare und polare Elektronenpaarbindungen von Ionenbindungen abgrenzen:

- Ist $\Delta EN < 0{,}4$, dann liegt eine *unpolare Elektronenpaarbindung* vor.
- Ist ΔEN zwischen 0,4 und 1,7, so liegt eine *polare Elektronenpaarbindung* vor. Es ergeben sich entsprechende *Partialladungen*.
- Ist $\Delta EN > 1{,}7$, so liegt eine *Ionenbindung* vor. Es existieren also positiv geladene Ionen (*Kationen*) und negativ geladene Ionen (*Anionen*) (▶ Kap. 3).

Tipp

Überprüfe dein Wissen
Zur Ermittlung der überwiegenden Bindungsverhältnisse gibt es Flashcards online.

Zusammenfassung
[Ionenbindung und Elektronenpaarbindung]
Deutlich wird: Die Konzepte der Ionenbindung und der Elektronenpaarbindung liegen auf einem Kontinuum; das bedeutet, dass sie ab einem Grenzwert der Elektronegativität ineinander übergehen. Dabei sind die Grenzwerte aufgrund experimenteller Erfahrungen und Messwerte gesetzt worden: Wir wissen beispielsweise, dass sich Benzin nicht in Wasser löst, weshalb es nicht sinnvoll ist, bei einer C–H-Bindung (der einzigen heteronuklearen Bindung in Benzin-Molekülen) mit einem ΔEN-Wert von 0,4 von einer polaren Bindung zu sprechen.

2.2.5 Edelgasregel für Moleküle

Nicht nur für die Bildung von Ionen aus Atomen (▶ Abschn. 2.1.2), sondern auch für das Aufstellen von Lewis-Formeln für Moleküle gilt die *Edelgaskonfiguration* für alle Atome als erstrebenswert.

Für die Ionen der Atome der Hauptgruppenelemente lässt sich die *Edelgasregel* leicht überprüfen – entweder es gibt in der *Lewis-Formel* gar keine Außenelektronen, oder es liegen acht Außenelektronen vor. Einzige Ausnahme von der Regel bildet das Hydrid-Anion (H^-), welches zwei Außenelektronen und damit die Edelgaskonfiguration von Helium (He) angenommen hat.

2

2 e⁻ wie bei He
8 e⁻ wie bei Ne

○ **Abb. 2.9**   Edelgasregel für Atome in den Molekülen H_2, CH_4 und H_2O

Für Atome in Molekülen muss man bei gegebener Lewis-Formel überprüfen, ob insgesamt acht Außenelektronen (oder im Fall von Wasserstoff (H)) zwei Außenelektronen) vorliegen. Dies muss für alle Atome des Moleküls gelten, und man muss die bindenden Elektronenpaare für beide Atome zählen. ○ Abb. 2.9 zeigt, dass in den Molekülen H_2, H_2O und CH_4 die Edelgasregel für alle beteiligten Atome erfüllt ist.

Tipp

Überprüfe dein Wissen
Zur Edelgasregel für Moleküle gibt es Flashcards online.

2.2.6 Molekül-Ionen

In ▶ Abschn. 2.2.4 haben wir zwischen der Ionenbindung und der Elektronenpaarbindung unterschieden. Es gibt allerdings auch Moleküle, die durch Elektronenpaarbindungen zusammengehalten werden und insgesamt eine positive oder negative Ladung haben. In solchen Fällen spricht man von *Molekül-Ionen*.

Du kennst die Namen der Ionen bereits aus ▶ Abschn. 2.1.3, als du dich mit der Benennung von Salzen auseinandergesetzt hast. In ○ Tab. 2.2 findest du die Summenformeln und Namen der häufig vorkommenden Molekül-Ionen.

Tipp

Überprüfe dein Wissen
Zum Sulfat-Ion gibt es eine Flashcard online.

2.2.7 Elektronenpaarbindung im Orbital-Modell

Wir haben bisher die Elektronenpaarbindung im Kern-Hülle-Modell sowie in der Lewis-Formel beschrieben. Auch das Orbital-Modell kann die Elektronenpaarbindung darstellen – mit Hilfe der *Molekülorbital-Theorie* (auch MO-Theorie genannt).

Damit es zu einer Elektronenpaarbindung zwischen zwei Atomen kommt, überlappen die Orbitale der Atome und bilden *Molekülorbitale*. Da sich die Orbitale auf Wellenfunktionen zurückführen lassen (▶ Kap. 1), kann die Überlappung konstruktiv sein (Wellenberge treffen aufeinander und Wellentäler treffen aufeinander) oder auch destruktiv sein (Wellenberge treffen auf Wellentäler).

◘ **Tab. 2.2** Häufig vorkommende Molekül-Ionen

Summenformel	Name
H_3O^+	Oxonium-Ion
OH^-	Hydroxid-Ion
HCO_3^-	Hydrogencarbonat-Ion
CO_3^{2-}	Carbonat-Ion
HSO_4^-	Hydrogensulfat-Ion
SO_4^{2-}	Sulfat-Ion
HSO_3^-	Hydrogensulfit-Ion
SO_3^{2-}	Sulfit-Ion
NO_3^-	Nitrat-Ion
$H_2PO_4^-$	Dihydrogenphosphat-Ion
HPO_4^{2-}	Hydrogenphosphat-Ion
PO_4^{3-}	Phosphat-Ion

◘ **Abb. 2.10** Überlappung der 2s-Orbitale und Termschema für die Elektronenpaarbindung in H_2

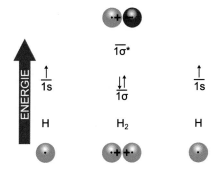

- **σ-Bindung**

◘ Abb. 2.10 zeigt die Überlappung der beiden besetzten 1s-Orbitale der Wasserstoff-Atome im H_2-Molekül.

Bei der konstruktiven Überlappung (+ trifft auf + in ◘ Abb. 2.10) entsteht ein *bindendes Molekülorbital* entlang der Bindungsachse (d. h., die Bindung und die beiden Atomkerne liegen in einer Ebene). Ein solches Orbital wird auch *σ-Orbital* ge-

2

nannt (gesprochen: Sigma). Dieses Orbital liegt energetisch günstig und wird im H_2-Molekül im Grundzustand doppelt besetzt.

Bei der destruktiven Überlappung (+ trifft auf – in ◘ Abb. 2.10) entsteht ein antibindendes Molekülorbital entlang der Bindungsachse – das σ^*-*Orbital* (gesprochen: Sigma-Stern). Dieses Orbital liegt energetisch sehr viel höher; es gibt eine Knotenebene zwischen beiden Atomkernen, bei der die Aufenthaltswahrscheinlichkeit der Elektronen 0 % beträgt. Daher ist das σ^*-Orbital im H_2-Molekül im Grundzustand unbesetzt.

„+" und „–" stehen dabei für die Symmetrie der Wellenfunktionen der Orbitale: „+" bedeutet symmetrisch (oberhalb der X-Achse in ◘ Abb. 2.11) und „–" bedeutet antisymmetrisch (unterhalb der x-Achse in ◘ Abb. 2.11).

■ π-Bindung

◘ Abb. 2.12 zeigt die Überlappung der besetzten s- und p-Orbitale der Sauerstoff-Atome im O_2-Molekül.

Die 2s-Orbitale verhalten sich wie die 1s-Orbitale im H_2-Molekül (siehe oben), mit dem Unterschied, dass hier auch das σ^*-Orbital doppelt besetzt wird. Bei der Überlappung der p-Orbitale kommt es zur Bildung von insgesamt sechs verschiedenen Molekülorbitalen:

Ein σ_x-Orbital bildet sich durch die konstruktive Überlappung der p_x-Orbitale in Richtung der Bindungsachse.

Das zugehörige σ_x^*-Orbital bildet sich durch die entsprechende destruktive Überlappung.

Ein π_y-*Orbital* und ein π_z-*Orbital* (gesprochen: Pi) bilden sich durch die konstruktive Überlappung der p_y-Orbitale sowie der p_z-Orbitale parallel zur Bindungsachse. Sie sind daher energetisch etwas höher liegend, weil sie weiter von den Atomkernen entfernt sind als ein Orbital entlang der Bindungsachse.

Die zugehörigen π_y^*- und π_z^*-Orbitale (gesprochen: Pi-Stern) bilden sich durch die entsprechende destruktive Überlappung. Sie sind energetisch tiefer liegend als das σ_x^*-Orbital, da die entstehende Knotenebene nicht entlang der Bindungsachse, sondern parallel dazu verläuft.

◘ **Abb. 2.11**   Interferenzen der Wellenfunktionen zweier 1s-Orbitale von Wasserstoff-Atomen im bindenden (links) und antibindenden Fall (rechts). „a" und „b" bezeichnen die Positionen der Atomkerne

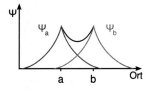

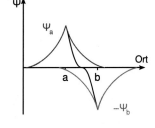

bindend   anti-bindend

◼ **Abb. 2.12** Überlappung der 2s- und der 2p-Orbitale und Termschema für die Elektronenpaarbindung in O_2

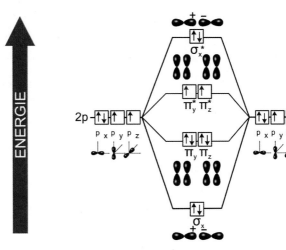

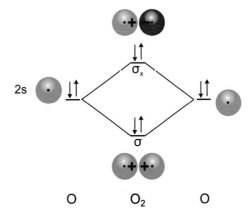

O O_2 O

Hier zeigt sich ein Mehrwert der MO-Theorie im Vergleich zur Darstellung der Bindung in der Lewis-Formel, die du bereits kennst: Das Sauerstoff-Molekül ist im Grundzustand als *Diradikal* erkennbar (d. h. als Molekül mit zwei ungepaarten Elektronen in den antibindenden π–Orbitalen). Damit kann man erklären, warum Sauerstoff *paramagnetisch* ist (flüssiger Sauerstoff lässt sich mit einem starken Magneten anziehen) und warum angeregter Sauerstoff so viel reaktiver ist im Grundzustand: Gemäß der Hund'schen Regel ist eine Spinpaarung energetisch ungünstig, wenn entartete Orbitale vorliegen. Daher werden z. B. im menschlichen Körper häufig Sauerstoff-Moleküle energetisch angeregt, um bestimmte Stoffwechselvorgänge zu ermöglichen.

2

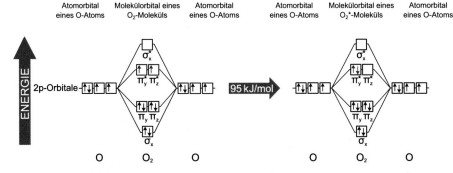

Die Abbildung oben zeigt das Termschema des O_2-Moleküls im Grundzustand (links) und im angeregten Zustand (rechts) (die 2s-Molekülorbitale sind zur Vereinfachung nicht dargestellt). Nach Muskid, CC BY-SA 3.0 DEED ◄

2.2.8 Hybridisierung

Vorweg: Die Hybridisierung wird hier am Beispiel vom Kohlenstoff-Atom näher betrachtet. Zu den Eigenschaften der angeführten Verbindungen, die zur organischen Chemie zählen, erfährst du später mehr (▶ Kap. 9).

Die Darstellung der Bindungsverhältnisse in den Molekülen CH_4, C_2H_4 und C_2H_2 ist in der Lewis-Formel nicht besonders problematisch:

$$H-\overset{\overset{\textstyle H}{|}}{\underset{\underset{\textstyle H}{|}}{C}}-H \qquad \overset{\textstyle H}{\underset{\textstyle H}{\diagdown}}C=C\overset{\textstyle H}{\diagup} \qquad H-C\equiv C-H$$

Im Orbital-Modell erscheint dies zunächst komplizierter. Betrachtet man nämlich das Termschema eines Kohlenstoff-Atoms, stellt sich zunächst die Frage, warum Kohlenstoff (C) überhaupt bis zu vier Elektronenpaarbindungen eingeht – schließlich gibt es nur zwei ungepaarte Elektronen im p-Orbital-Zustand (siehe ◘ Abb. 2.13).

Die Antwort auf diese Frage sind die sp^3-, sp^2- und sp-*Hybridisierung* (d. h. Mischung) der Orbitale des Kohlenstoff-Atoms, die wir im Folgenden betrachten.

◘ **Abb. 2.13**   Termschema von Kohlenstoff (C)

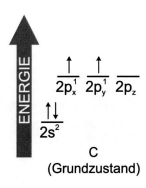

■ sp³-Hybridisierung

Wie kann ein Kohlenstoff-Atom im Fall von Methan vier Einfachbindungen eingehen? Dies ist dann möglich, wenn sich Hybridorbitale (d. h. Mischorbitale) bilden:
Das 2s- und die drei 2p-Orbitale überlappen zu insgesamt vier 2sp³-Orbitalen. Die
hochgestellte 3 bedeutet in diesem Fall nur, dass 3 p-Orbitale beteiligt sind, und sagt
nichts über die Besetzung der Orbitale aus. Alle vier 2sp³-Orbitale sind schließlich
entartet und einfach besetzt (siehe ◘ Abb. 2.14).

Die entstehenden vier 2sp³-Orbitale haben einen Winkel von 109,5° zueinander
und ordnen sich in einem *Tetraeder* an. Die Bindungsverhältnisse im Methan-
Molekül lassen sich dann wie folgt darstellen (siehe ◘ Abb. 2.15). Es ergeben sich
also vier *σ-Bindungen*.

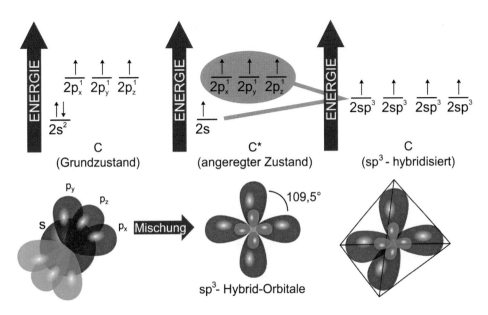

◘ **Abb. 2.14** Termschemata zur sp3-Hybridisierung (links) oben und Mischung von s- und p-Orbitalen zu sp3-Orbitalen (rechts) unten

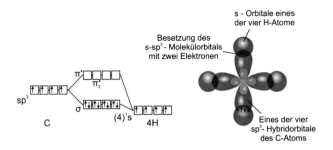

◘ **Abb. 2.15** Termschema für das Methan-Molekül (CH_4) (links) und Darstellung der Bindungsverhältnisse des Methan-Moleküls im Molekülorbital-Modell (rechts)

2

> Mit Hilfe der MO-Theorie wird also deutlich, dass Methan eine tetraedrische Geome-
> trie besitzt und die Wasserstoff-Atome nicht etwa einen Winkel von 90° zueinander
> haben, was man aufgrund der Lewis-Formel erwarten könnte. Mehr zu Molekül-
> Geometrien lernst du in ▶ Abschn. 9.1.

▪ sp²-Hybridisierung

Gehen vom Kohlenstoff-Atom eine Doppelbindung und zwei Einfachbindungen aus
(wie bspw. beim Ethen-Molekül (C_2H_4)), dann liegt eine sp²-Hybridisierung vor.
Analog zur sp³-Hybridisierung überlappen wieder 2s- und 2p-Orbitale miteinander,
wobei in diesem Fall eines der p-Orbitale bestehen bleibt (siehe ◘ Abb. 2.16).

Die entstehenden drei sp²-Orbitale liegen in einer Ebene und haben einen Winkel
von 120° zueinander; man sagt: Sie sind *planar* angeordnet. Das übrig gebliebene p-Orbital steht 90° senkrecht zu dieser Ebene. Für das Ethen-Molekül (C_2H_4) ergeben sich
dann pro Kohlenstoff-Atom drei σ-*Bindungen* und eine π-*Bindung* (siehe ◘ Abb. 2.17).

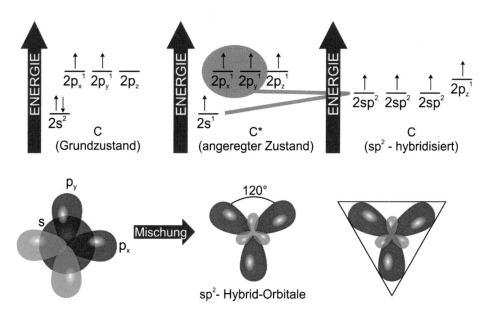

◘ **Abb. 2.16** Termschemata zur sp2-Hybridisierung (oben) und Mischung von s- und p-Orbitalen zu
sp2-Orbitalen (rechts) (unten)

◘ **Abb. 2.17** Darstellung der Bindungsverhältnisse des Ethen-Moleküls (C_2H_4) im
Molekülorbital-Modell

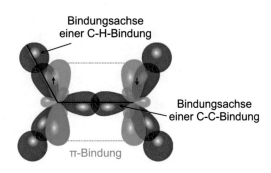

- **sp-Hybridisierung**

Wenn ein Kohlenstoff-Atom schließlich eine Dreifach- und eine Einfachbindung eingeht (wie beim Ethin-Molekül (C_2H_2)), liegt eine sp-Hybridisierung vor: Das 2s-Orbital überlappt mit nur einem 2p-Orbital, und die anderen beiden p-Orbitale bleiben bestehen (siehe ◘ Abb. 2.18):

Die entstehenden beiden sp-Orbitale liegen auf einer Linie und haben einen Winkel von 180° zueinander; man sagt: Sie sind *linear* angeordnet. Die beiden p-Orbitale stehen jeweils im 90°-Winkel senkrecht zu dieser Linie und auch senkrecht zueinander. Für das Ethen-Molekül (C_2H_2) ergeben sich pro Kohlenstoff-Atom zwei *σ-Bindungen* und zwei *π-Bindungen* (siehe ◘ Abb. 2.19).

- **Hybridisierung bei anderen Atomen**

Nicht nur bei Kohlenstoff-Atomen taucht Hybridisierung auf, sondern bei zahlreichen Atomen der 4., 5. und 6. Hauptgruppe.

So gibt es beispielsweise eine sp^3-Hybrisierung am Stickstoff-Atom im Ammoniak-Molekül (NH_3). Im Unterschied zum Methan-Molekül werden hier jedoch nur drei σ-Bindungen benötigt, sodass die Elektronen im vierten sp^3-Orbital des Stickstoff-Atoms nicht an der Bindung beteiligt sind (◘ Abb. 2.20).

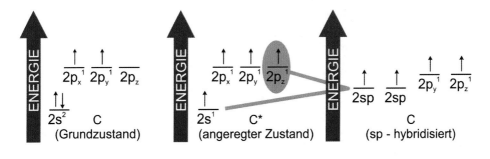

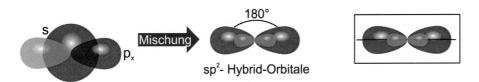

◘ **Abb. 2.18** Termschemata zur sp-Hybridisierung (links) (oben) und Mischung von s- und p-Orbitalen zu sp-Orbitalen (rechts)

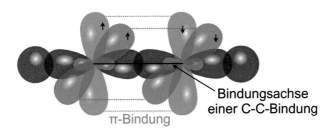

◘ **Abb. 2.19** Darstellung der Bindungsverhältnisse des Ethin-Moleküls (C_2H_2) im Molekülorbital-Modell

2

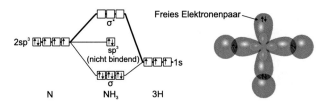

◘ **Abb. 2.20**   Termschema für das Ammoniak-Molekül (NH_3) (links) und Darstellung der Bindungsverhältnisse des Ammoniak-Moleküls im Molekülorbital-Modell (rechts)

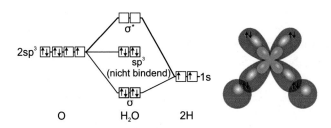

◘ **Abb. 2.21**   Termschema für das Wasser-Molekül (H_2O) (links) und Darstellung der Bindungsverhältnisse des Wasser-Moleküls im Molekülorbital-Modell (rechts)

Das erklärt auch die Molekülgeometrie: NH_3 ist nicht etwa T-förmig, was zu
einer σ-Bindung und zwei π-Bindungen passen würde, sondern *pyramidal* aufgebaut.
Das bedeutet, dass eine der Ecken des Tetraeders mit einem nichtbindenden
Elektronenpaar gefüllt ist (▶ Abschn. 2.2.9).

Analog dazu gibt es auch beim Wasser-Molekül (H_2O) eine sp^3-Hybrisierung am
Sauerstoff-Atom. Hier werden sogar nur zwei σ-Bindungen benötigt, sodass es zwei
nichtbindende, voll besetzte sp^3-Orbitale gibt. Das Molekül ist daher *gewinkelt* (siehe
◘ Abb. 2.21).

Tipp   ·

Überprüfe dein Wissen

Zur Aufstellung von Termschemata sowie zur Darstellung von Bindungsverhält-
nissen im Molekülorbital-Modell gibt es Flashcards online.

Zusammenfassung
[Arten der Hybridisierung]

◘ Tab. 2.3 fasst die Informationen zu den verschiedenen Arten der *Hybridisierung*
zusammen.

◘ **Tab. 2.3** Verschiedene Arten der Hybridisierung

Hybridisierung	sp^3	sp^2	sp
Anzahl der entstehenden Orbitale	4	3	2
Winkel zwischen den Orbitalen	109,5° (tetraedrische Geometrie)	120° (planare Geometrie)	180° (lineare Geometrie)
Art der einzugehenden Bindungen	(Maximal) vier Einfachbindungen bzw. vier σ-Bindungen	(Maximal) zwei Einfachbindungen und eine Doppelbindung bzw. drei σ-Bindungen und eine π-Bindung	(Maximal) eine Einfachbindung und eine Dreifachbindung bzw. zwei σ-Bindungen und zwei p-Bindungen
Beispielmoleküle	Methan (CH_4), Ethan (C_2H_6)	Ethen (C_2H_4)	Ethin (C_2H_2)

2.2.9 VSEPR-Modell: Die Geometrie der Moleküle

Mit der Lewis-Formel konnten wir bislang lediglich klären, welche Atome mit welcher Art von Elektronenpaarbindung (Einfachbindung, Doppelbindung oder Dreifachbindung) in einem Molekül miteinander verknüpft sind. Wir konnten damit keine Aussagen über die *Geometrie des Moleküls* treffen; d. h. über die Frage, wie sich die Atome im Raum anordnen. Das war uns erst mit Hilfe des Konzeptes der Hybridisierung und der MO-Theorie möglich.

Mit dem *VSEPR-Modell* lernst du nun ein Modell kennen, mit dem man die *Geometrie* von jedem Molekül vorhersagen kann, wenn man die *Lewis-Formel* kennt. „VSEPR" ist ein Kurzwort für „Valence Shell Electron Pair Repulsion" und bedeutet auf Deutsch so viel wie „Elektronenpaar-Abstoßung in der Valenzschale". In der Schule wird das Modell auch *Elektronenpaarabstoßungs-Modell* genannt.

Das Modell geht von der einfachen und logischen Annahme aus, dass sich Elektronenpaare um ein Atom herum gegenseitig abstoßen – schließlich sind sie negativ geladen. Sie nehmen also den größtmöglichen Abstand zueinander ein.

Stell dir zunächst vor, du hättest eine Styroporkugel und dazu vier Stecknadeln. Deine Aufgabe wäre es, diese vier Stecknadeln so in die Kugel zu stecken, dass sie den größtmöglichen Abstand haben.

Viele, denen diese Aufgabe gestellt wird, wählen die sog. Äquator-Lösung: Sie setzen die Stecknadeln im Winkel von 90° zueinander auf den Äquator der Kugel. Es erscheint uns instinktiv logisch, dass dies die richtige Lösung ist. Tatsächlich ist jedoch die Tetraeder-Lösung korrekt. Dabei werden die Stecknadeln in die vier Ecken eines gedachten *Tetraeders* gesetzt und haben dadurch den Abstand von 109,5° zueinander (siehe ◘ Abb. 2.22).

2

■ **Abb. 2.22** Äquator-Lösung (links) und Tetraeder-Lösung (rechts) für das Stecknadel-problem

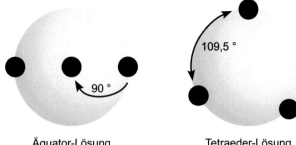

Äquator-Lösung   Tetraeder-Lösung

■ **Tetraeder (AB$_4$)**

So wie im Styroporkugel-Stecknadel-Modell verhält es sich auch in Molekülen: Gibt es vier Einfachbindungen (Stecknadeln) und damit vier gebundene Atome (B) um ein zentrales Atom (A) herum (Styroporkugel), so ist die Molekülgeometrie ein Tetraeder. Allgemein gilt die Geometrie also für Moleküle mit der Summenformel AB$_4$; das Paradebeispiel ist das Molekül Methan (CH$_4$, siehe folgende Abb.: Lewis-Formel (links) und Tetraeder-Struktur (rechts)). Der *Bindungswinkel* beträgt stets 109,5 °.

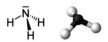

■ **Trigonale Pyramide (AB$_3$E)**

Ist einer der vier Ecken des Tetraeders nicht mit einem Bindungspartner, sondern mit einem freien Elektronenpaar besetzt, ist die Geometrie des Moleküls eine trigonale Pyramide. Die allgemeine Summenformel wäre dann AB$_3$E, wobei „B" für ein gebundenen Atom und „E" für ein freies Elektronenpaar steht. Hierfür wäre Ammoniak (NH$_3$) ein Beispiel, s. folgende Abb.: Lewis-Formel (links) und trigonal-pyramidale Struktur (rechts):

Der *Bindungswinkel* ist jeweils kleiner als bei der tetraedrischen Struktur (im Fall von Ammoniak beträgt er 108°). Das liegt daran, dass das freie Elektronenpaar mehr Platz einnimmt als ein bindendes Elektronenpaar – es wird nur von einem Atomkern und nicht von zwei Atomkernen angezogen. Weil es mehr Platz einnimmt, drückt es die bindenden Elektronenpaar näher zusammen.

■ **Gewinkelte Struktur (AB$_2$E$_2$ und AB$_2$E)**

Sind zwei Ecken des Tetraeders mit einem freien Elektronenpaar belegt, ist die Molekülstruktur *gewinkelt*. Die allgemeine Summenformel ist dann (AB$_2$E$_2$), wie etwa beim Wasser-Molekül (H$_2$O), s. folgende Abb.: Lewis-Formel (links) und gewinkelte Struktur (rechts):

Der *Bindungswinkel* ist noch kleiner als bei der trigonalen Pyramide – zwei freie Elektronenpaare nehmen noch mehr Platz ein als nur eines. Bei Wasser beträgt der Winkel daher nur 104.5°.

Auch die allgemeine Struktur AB$_2$E führt zu einem gewinkelten Molekül – etwa beim Schwefeldioxid-Molekül (SO$_2$).

- **Lineare Struktur (ABEx, A$_2$ und AB$_2$)**

Gibt es nur zwei Atome im Molekül, ist die Struktur immer linear, d. h. die Atome liegen auf der Achse der Elektronenpaarbindung. Es ist dabei egal, ob es zwei verschiedene Atome mit einer beliebigen Anzahl an freien Elektronenpaaren (ABE$_x$) oder zwei gleiche Atome (A$_2$) sind, und es ist ebenfalls unerheblich, ob es sich um eine Einfach-, Doppel- oder Dreifachbindung handelt. Beispielmoleküle sind etwa das Fluorwasserstoff-Molekül (HF) oder das Stickstoff-Molekül (N$_2$). Die folgende Abbildung zeigt die Lewis-Formeln (links) und die lineare Struktur (rechts) des Fluorwasserstoff-Moleküls (HF) und des Stickstoff-Moleküls (N$_2$). Der *Bindungswinkel* ist dabei immer 180°. Gibt es darüber hinaus zwei gebundene Atome und *keine* freien Elektronenpaare (AB$_2$), wie etwa im Kohlenstoffdioxid-Molekül (CO$_2$), so ist die Struktur ebenfalls linear.

- **Planare Struktur (AB$_3$)**

In einem Molekül mit einem zentralen Atom (A) ohne freie Elektronenpaare (E) und drei gebundenen Atomen (B) ist die Molekülstruktur *planar*. Dies ist bspw. bei Monoboran (BH$_3$) der Fall (siehe folgende Abb.: Lewis-Formel (links) und planare Struktur (rechts)). Die drei gebundenen Atome liegen also im Abstand von 120° zueinander auf einer Ebene mit dem zentralen Atom.

- **Trigonale Bipyramide (AB$_5$ bzw. AB$_4$E)**

Moleküle mit der allgemeinen Struktur AB$_5$ weisen eine trigonal-bipyramidale Struktur auf. Ein Beispielmolekül ist etwa das Phosphorpentafluorid-Molekül (PF$_5$; siehe folgende Abb.: Lewisformel (links) und trigonal-bipyramidale Struktur (rechts)). Diese Moleküle existieren und sind stabil, obwohl die Oktettregel am Phosphor-Atom überschritten wird.

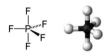

2

Der *Bindungswinkel* beträgt innerhalb der AB_3-Ebene 120°, während der Bindungswinkel zu den beiden B-Atomen außerhalb der Ebene 90° beträgt. Gibt es ein freies Elektronenpaar am Zentralatom (AB_4E), spricht man von einer *verzerrt-bipyramidalen* Struktur.

- **Oktaeder (AB_6)**

Schließlich liegt ein *Oktaeder* als Molekülgeometrie vor, wenn es sechs gebundene Atome gibt – wie bspw. bei Schwefelhexafluorid-Molekülen (SF_6; siehe folgende Abb.: Lewisformel (links) und oktaedrische Struktur (rechts)). Hierbei ist der Bindungswinkel jeweils 90°. Zudem wird ebenfalls das Elektronenoktett am zentralen Atom überschritten – die Oktettregel gilt nicht für alle bekannten Moleküle!

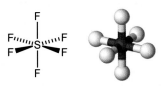

> **Tipp**
>
> **Überprüfe dein Wissen**
> Zur Geometrie von Molekülen gibt es Flashcards online.

2.2.10 Bindungswinkel in Abhängigkeit von der Elektronegativität von A und von B

Will man den *Bindungswinkel* in einem Molekül mit der allgemeinen Formel AB_x abschätzen, so gelten zwei Regeln.

- Je höher die Elektronegativität des zentralen Atoms (A), desto größer der Bindungswinkel: Je mehr das zentrale Atom die Bindungselektronen zu sich zieht, umso höher ist die Elektronendichte im Zentrum und umso stärker stoßen sich die bindenden Elektronenpaare ab.

> **▶ Beispiel**
>
> Wasser-Moleküle (H_2O) haben bei gleicher Molekülgeometrie (gewinkelt) einen größeren Bindungswinkel als Schwefelwasserstoff-Moleküle (H_2S) (ca. 104,5° vs. 92,1°), da Sauerstoff (O)eine höhere Elektronegativität hat als Schwefel (S) (3,5 vs. 2,4). ◀

- Je höher die Elektronegativität der gebundenen Atome (B), desto kleiner der Bindungswinkel: Je mehr die Elektronen aus dem Zentrum herausgezogen werden, desto geringer ist die Elektronendichte im Zentrum und desto geringer stoßen sich die bindenden Elektronenpaare ab.

Schwefeldifluorid-Moleküle (SF_2) haben bei gleicher Molekülgeometrie (gewinkelt) einen kleineren Bindungswinkel als Schwefeldichlorid-Moleküle (SCl_2) (ca. 98,3° vs. 103°), da Fluor (F) eine höhere Elektronegativität hat als Chlor (Cl) (4,2 vs. 2,8). ◄

Für Vergleiche zwischen Molekülen können die Regeln nur dann verwendet werden, wenn (a) entweder A *oder* B variiert werden (und nicht beides gleichzeitig), und wenn (b) die Anzahl freier Elektronenpaare bei A und B im Vergleich beider Moleküle gleich sind. So kann man mit den Regeln weder den Winkel von Wasser-Molekülen (H_2O) und Schwefeldioxid-Molekülen (SO_2) (Verletzung von (a)) noch den Winkel von Schwefelwasserstoff-Molekülen (H_2S) mit Schwefeldibromid-Molekülen (SBr_2) (Verletzung von (b)) vergleichen.

Überprüfe dein Wissen
Zur Abhängigkeit der Bindungswinkel in Molekülen gibt es Flashcards online.

2.2.11 Dipol-Moleküle

Dipol-Moleküle sind Moleküle mit mindestens einer polaren Elektronenpaarbindung, deren Ladungsschwerpunkte räumlich getrennt werden können, sodass es zwei Pole (daher der Name) im Molekül gibt.

Ein sehr bekanntes Beispiel ist das Wasser-Molekül (H_2O): Die O–H-Bindung hat eine Elektronegativitätsdifferenz von 1,3 (d. h., sie ist polar) und das Molekül ist gewinkelt, sodass sich zwei Ladungsschwerpunkte ergeben (zur Erinnerung: Elektronegativitätsdifferenzen größer als 0,4 und kleiner als 1,7 weisen auf eine polare Bindung hin). Ein anderes Beispiel ist das Chlorwasserstoff-Molekül (HCl), in welchem die H–Cl-Bindung eine Elektronegativitätsdifferenz von ca. 0,6 hat und das Molekül linear aufgebaut ist (siehe ▪ Abb. 2.23).

Allerdings sind nicht alle Moleküle mit polaren Bindungen auch Dipol-Moleküle: Kohlenstoffdioxid-Moleküle (CO_2) haben bspw. polare Bindungen (die Elektronegativitäts-Differenz ist 1), sind jedoch linear aufgebaut, sodass es nicht möglich ist, positive und negative Partialladungen im Molekül gegenüberzustellen (siehe ▪ Abb. 2.24).

Allerdings können Kohlenstoffdioxid-Moleküle *temporäre Dipole* sein, wenn das Kohlenstoff-Molekül trotz der beiden Doppelbindungen auf und ab schwingt – der entscheidende Grund dafür, das Kohlenstoffdioxid als Treibhausgas gilt, denn durch diese Schwingung kann Energie im Bereich der Wärmestrahlung abgegeben werden.

▪ **Abb. 2.23** Wasser-Molekül (H_2O) und Chlorwasserstoff-Molekül (HCl) als Dipol-Moleküle

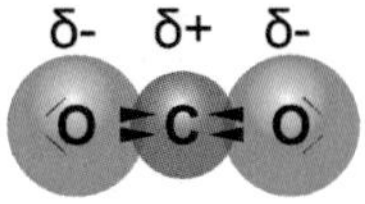

2

δ-   δ+   δ-
O ═ C ═ O

◘ **Abb. 2.24**   Kohlenstoffdioxid-Moleküle (CO_2) als Beispiel für eine unmögliche Trennbarkeit der Partialladungen. Daher sind es keine Dipol-Moleküle

---

Tipp

Welchen Einfluss der Dipolcharakter der Moleküle allgemein auf die Stoffeigenschaften hat, werden wir in ▶ Abschn. 2.5.2 thematisieren. Es reicht, wenn du zum Ende des Kapitels „Elektronenpaarbindung" den Dipolcharakter von Molekülen ermitteln kannst.

In diesem Abschnitt hast du die zentralen Aspekte der Elektronenpaarbindung erarbeitet und verschiedene Darstellungen von Molekülen in der Lewis-Formel oder dem VSEPR-Modell erschlossen. Ebenso sind mit Hilfe des Konzepts der Elektronegativität die Unterschiede zur Ionenbindung deutlich geworden. Es folgt die letzte der drei grundlegenden Bindungsarten: die metallische Bindung.

Tipp

Überprüfe dein Wissen
Zur Bestimmung von Dipol-Molekülen gibt es eine Flashcard online.

2.3   Die metallische Bindung

Der Mensch verwendet bereits seit Jahrtausenden Metalle als Reinstoffe (wie Eisen) und Metallgemische, die zu den *Legierungen* gehören. Etwa 2200 v. Chr. begann die Bronzezeit, in der Menschen Waffen und andere Gegenstände überwiegend aus der gleichnamigen Legierung hergestellt haben, die etwa zu 90 % aus Kupfer und zu 10 % aus Zinn besteht. Gefolgt wurde die Bronzezeit von der Eisenzeit, die etwa 1700 v. Chr. begann. Heutzutage haben etwa Autos und Flugzeuge ein Metallgehäuse (bestehend aus Eisen, Aluminium und/oder Magnesium), Euromünzen bestehen u. a. aus Nickel, Eisen und Kupfer, Aluminiumfolie wird verwendet, um Speisen abzudecken, elektronische Geräte wie Handys, Laptops und Fernseher enthalten metallische Bauteile wie Leiterkabel aus Kupfer usw.

Wir haben bereits geklärt, dass die meisten Metalle im Wesentlichen vier Eigenschaften aufweisen: elektrische und thermische Leitfähigkeit, Verformbarkeit und Glanz (▶ Kap. 1). In diesem Abschnitt wirst du nun Lernen, welche Struktur auf der Teilchenebene ebendiese Eigenschaften erklären kann. Zentral ist hierbei das Konzept der *metallischen Bindung*.

2.3.1 Elektronengas-Modell der metallischen Bindung

Die metallische Bindung kann man mit Hilfe des *Elektronengas-Modells* beschreiben. Wir wenden das Modell zunächst für die bei Raumtemperatur kleinsten Metall-Atome an: Lithium-Atome (Li).

In ◗ Abb. 2.25 ist das Lithium-Atom in einem vereinfachten Kern-Hülle-Modell dargestellt: Es werden nicht alle Elektronen im Atom gezeigt, sondern nur die Außenelektronen (im Fall von Lithium also nur ein Elektron). Man nennt dieses Modell auch *Atomrumpfmodell*. Mit „Atomrumpf" meint man das Atom ohne seine Außenelektronen: den Atomkern zusammen mit der Atomhülle, die durch die Elektronen auf den inneren Schalen gebildet wird.

Wie halten nun die Lithium-Atome in einem festen Stück Lithium zusammen? Ihre Atomrümpfe überlappen zum Teil und ihre Valenzelektronen werden über alle Atome hinweg geteilt. Daher nennt man dieses Bindungsmodell auch *Elektronengas-Modell* – die Valenzelektronen bewegen sich wie ein Gas frei über alle Atomrümpfe hinweg (siehe ◗ Abb. 2.26). Dies ist deshalb möglich, weil die Valenzelektronen vom jeweiligen Atomkern vergleichsweise schwach angezogen werden. Durch die elektrostatische Anziehung zwischen Atomkernen und Valenzelektronen sowie Abstoßung von Atomkernen untereinander und Valenzelektronen untereinander ergibt sich eine stabile Bindung. Gleiches gilt auch für Legierungen, mit dem Unterschied, dass dabei

◗ **Abb. 2.25** Lithium-Atom (Li) im Kern-Hülle-Modell (links) und im Atomrumpf-Modell (rechts)

● Atomkern
◯ Atomhülle
◉ Atomrumpf
● (Valenz-)Elektron

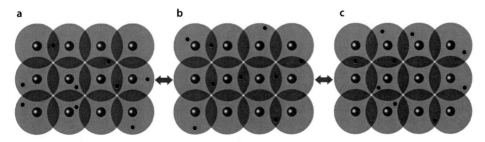

a   b   c

◗ **Abb. 2.26** Elektronengas-Modell für Lithium. Die Zustände **a**, **b** und **c** sind beliebig gewählt; es gibt theoretisch unendlich viele Verteilungsmöglichkeiten der Valenzelektronen über alle Atomrümpfe hinweg

2

2 e⁻ wie bei Helium
(voll besetzte K-Schale)

Nur 2 e⁻ auf L-Schale
(nicht 8 e⁻ wie bei Neon)

H_2 Li_2

▣ **Abb. 2.27**   Edelgasregel für Wasserstoff-Moleküle (H_2) und hypothetische Lithium-Moleküle (Li_2)

verschiedene Atome (etwa Kupfer- und Zinn-Atome bei Bronze) nebeneinander-
liegen können.

Es könnte sich doch aber analog zum Wasserstoff-Molekül (H_2) einfach ein
Lithium-Molekül (Li_2) mit einem bindenden Elektronenpaar bilden, oder? Das passiert deshalb nicht, weil im Wasserstoff-Molekül beide Wasserstoff-Atome die *Edelgaskonfiguration* von Helium (voll besetzte K-Schale) eingenommen haben, während
im Lithium-Molekül beide Atome eine nur mit zwei statt mit acht Elektronen besetzte L-Schale aufweisen und damit die Edelgasregel nicht erfüllen (siehe
▣ Abb. 2.27). Daher gibt es Li_2-Moleküle lediglich bei hohen Temperaturen in der
Gasphase; bei Raumtemperatur bildet Lithium einen kristallinen Feststoff mit metallischer Bindung. Analoges gilt für alle anderen Metall-Atome der Hauptgruppenelemente.

Tipp

Überprüfe dein Wissen
   Zur metallischen Bindung hinsichtlich der Edelgasregel gibt es eine Flashcard
online.

2.3.2 Eigenschaften von Metallen

Mit Hilfe des *Elektronengas-Modells* lassen sich viele Eigenschaften von Metallen erklären, wie im Folgenden gezeigt wird.

▪ Elektrische und thermische Leitfähigkeit

Metalle leiten elektrischen Strom und Wärme – deswegen sind Leiterkabel aus
Kupferdraht und Heizkörper aus Eisen. Beide Eigenschaften hängen mit den frei beweglichen Elektronen über alle Atomrümpfe hinweg zusammen: Dadurch gibt es
freie Ladungs- und Energieträger für Wärme- und Bewegungsenergie.

So lässt sich beispielsweise erklären, warum festes Eisen den Strom leitet, festes
Natriumchlorid jedoch nicht: Im festen Eisen gibt es die frei beweglichen Valenzelektronen als Ladungsträger, wohingegen in festem Natriumchlorid alle Ladungsträger (in diesem Fall Natrium-Kationen und Chlorid-Anionen) einen zugewiesenen
Platz im Ionengitter haben und sich praktisch nicht von der Stelle bewegen können.

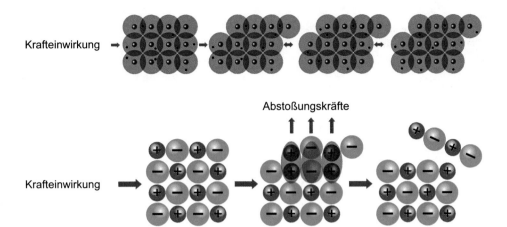

Krafteinwirkung

Abstoßungskräfte

Krafteinwirkung

Abb. 2.28 Verformbarkeit von Eisen (Fe) (oben) und Sprödigkeit von Natriumchlorid (NaCl) (unten) auf der Teilchenebene

■ Verformbarkeit (Duktilität)

Metalle lassen sich meist bei Raumtemperatur oder in erwärmtem Zustand verformen. So kann man Aluminium-Folie falten, Stacheldraht aus Eisen aufrollen oder Karosserieteile von Autos aus Metalllegierungen gießen. Verschiebt man nämlich die Atome in einem Gitter aus Metall-Atomen (z. B. Eisen-Atome (Fe)), kann es nach wie vor zu einem Teilen der Valenzelektronen über alle *Atomrümpfe* hinweg kommen, sofern die Atomhüllen weiterhin überlappen. Salzkristalle wie ein Natriumchlorid-Kristall (NaCl) sind dagegen nicht verformbar, sondern spröde: Verschiebt man das Ionengitter, kommt es zu gegenseitiger Abstoßung, und Störungen im Kristallgitter lassen Salze brechen (siehe ■ Abb. 2.28).

■ Metallischer Glanz

Metalle glänzen, wenn ihre Oberfläche gereinigt und relativ glatt ist. Dies macht einen Großteil der Schönheit von edlem Schmuck aus Silber und Gold aus.

In vielen Beschreibungen der Eigenschaften von Metallen wird auch der metallische Glanz auf die metallische Bindung zurückgeführt. Das ist leider falsch – so glänzen Eisenspäne oder Zinkpulver nicht, obwohl auch dort die metallische Bindung vorliegt. Auch die häufig gegebene Erklärung, der Glanz resultiere dadurch, dass Licht von den Valenzelektronen absorbiert und wieder emittiert wird, ist nur teilweise korrekt – ebendies passiert ebenfalls bei nicht glänzenden Metallpulvern.

Erklären kann man den Glanz durch die kristalline Struktur von Metallen, also ihre fest in einem Gitter angeordneten Atomrümpfe, und die glatte Oberfläche – liegt beides vor, können Lichtstrahlen von der Metalloberfläche reflektiert werden, und es kommt zum Glanz. Im Extremfall kommt es sogar zur Spiegelung – Spiegel bestehen häufig aus einer Glasplatte mit einer dünnen, glatten Aluminiumbeschichtung. Sobald jedoch die Oberfläche zu rau ist, wird das eintreffende Licht zu stark gestreut und der Glanz ist nicht länger gegeben (siehe ■ Abb. 2.29).

2

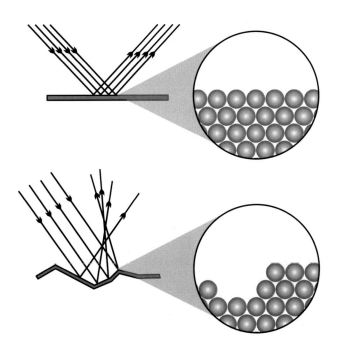

◪ **Abb. 2.29** Reflexion von Lichtstrahlen an einer glatten (links) und einer rauen (rechts) Metalloberfläche

2.3.3 Legierungen

Legierungen sind Verbindungen aus mindestens einem Metall und einem weiteren Stoff, mit dem eine metallische Bindung ausgebildet wird. Sie entstehen, wenn man die Stoffe durch Einschmelzen miteinander verbindet. Dies wird meist bewusst gemacht, wenn man bestimmte Eigenschaften des ersten Metalls durch Zugabe eines weiteren Stoffs anpassen möchte.

So hat man in der Bronzezeit (zwischen 2200 und 800 v. Chr.) Kupfer mit etwa 10 % Zinn versetzt und dadurch Bronze als Legierung erhalten. Bronze ist härter als Kupfer und hat eine geringere Dichte (und damit auch einen geringeren Schmelzpunkt), da sich die Kristallstruktur durch den Zusatz der deutlich größeren und schwereren Zinn-Atome verändert. Beide Eigenschaftsänderungen sind praktisch, wenn man bspw. Waffen aus Bronze schmiedet. Ebenfalls seit der Antike bekannt war die Herstellung von Messing aus Kupfer und Zink, die in Europa insbesondere im 16. Jahrhundert einen Aufschwung erlebte. Messing ist härter als Kupfer, aber nicht so hart wie Bronze, und hat einen niedrigeren Schmelzpunkt als beide. Ab einem Anteil von 37 % Zink lässt sich Messing sogar kalt verformen. Daher wurden viele Haushaltsgegenstände wie etwa Krüge, Leuchter, Kannen usw. aus Messing gefertigt.

Darüber hinaus ist Kupfernickel eine Legierung aus Kupfer und bis zu 30 % Nickel. Es wird in der Neuzeit zur Herstellung von Münzen verwendet – der silberfarbene Innenring der 1-€-Münze bzw. der Außenring der 2-€-Münze bestehen bspw. aus Kupfernickel (in diesem Fall CuNi25, d. h. zu 75 % aus Kupfer und zu 25 % aus Nickel). Man verwendet es aus Kostengründen als Alternative für echtes Silber.

Allerdings zählt auch Stahl als Standardwerkstoff im Maschinenbau sowie wichtiger Baustoff zu den Legierungen, obwohl er aus einem Metall (Eisen, mindestens 98 %) und einem Nichtmetall (Kohlenstoff, maximal 2 %) besteht. Auch Eisen- und Kohlenstoff-Atome können eine metallische Bindung eingehen, indem die Valenzelektronen über alle Atomrümpfe hinweg geteilt werden (siehe ▶ Abschn. 3.1.1). Stahl lässt sich vergleichsweise gut durch Schmieden bearbeiten – ab einem Kohlenstoffanteil von 2 % spricht man von Gusseisen, dass sich passend zum Namen gut in Form gießen, aber dafür schlecht schmieden lässt. Je nach weiteren Legierungszusätzen lassen sich bis zu 2400 Stahlsorten unterscheiden. Eine weitere Legierung mit Kohlenstoff ist Wolframcarbid, welches aufgrund seiner hohen Härte und Dichte im Vergleich zu Stahl als Kernmaterial in panzerbrechenden Geschossen verwendet wird.

Schließlich wird Niobzinn (Nb_3Sn) als Supraleiter eingesetzt: Bei einer Temperatur von −255 °C und weniger hat es praktisch keinen elektrischen Widerstand mehr.

Auf diese Art und Weise lassen sich Hunderte verschiedene Legierungen beschreiben, die in der Technik, Medizin oder Industrie Anwendung finden.

2.3.4 Metallische Bindung im Orbital-Modell

Wie die Elektronenpaarbindung wollen wir auch die metallische Bindung im *Orbital-Modell* betrachten. Wieder überlappen sich Orbitale und bilden bindende und antibindende Zustände (▶ Abschn. 2.2). Allerdings sind hier mehr als zwei Atome beteiligt, da sich die Metall-Atome in einer Gitterstruktur anordnen.

Nehmen wir ein Gitter aus zehn Natrium-Atomen Na als Beispiel. Alle Atome haben ein ungepaartes Elektron im 3s-Orbital. Die Orbitale können konstruktiv und destruktiv überlappen. Das energetisch niedrigste σ-Orbital ergibt sich dann, wenn alle zehn 3s-Orbitale konstruktiv überlappen. Das nächst höher liegende σ-Orbital ergibt sich, wenn neun von zehn 3s-Orbitalen konstruktiv überlappen und eines von den zehnen destruktiv mit den anderen überlappt usw. Es ergeben sich dann also fünf σ-Orbitale und 5 σ*-Orbitale (siehe ◘ Abb. 2.30).

Angenommen, das Gitter besteht nun aus tausend Natrium-Atomen (Na) – oder im Fall von einem Natrium-Stück mit einer Masse von 23 g sogar einem Mol an Natrium Atomen. Wieder wird es zur Bildung von σ- und σ*-Orbitalen kommen, und wieder liegen alle σ-Orbitale und alle σ*-Orbitale energetisch relativ nah beieinander. Solche nah beieinander liegenden Molekülorbitale werden als *Band* bezeichnet. Grundsätzlich bezeichnet man das erste unvollständig (in diesem Fall halbbesetzte) Band als *Leitungsband*, wobei man das darunterliegende höchste voll besetzte Band

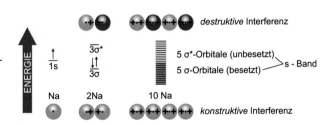

◘ **Abb. 2.30** Termschema zur Beschreibung der metallischen Bindung im Orbital-Modell am Beispiel von zehn Natrium-Atomen (Na)

2

als *Valenzband* bezeichnet. Im Fall von Natrium (Na) ist das 2s-Band das Leitungsband (jedes 2s-Orbital ist nur halb besetzt) und das 1s-Band das Valenzband (jedes 1s-Orbital ist voll besetzt).

2.3.5 Bänder-Modell

Mit Hilfe des *Bänder-Modells* lassen sich Stoffe in Leiter, Halbleiter und Isolatoren unterscheiden.

Leiter sind Stoffe, die immer (d. h. bei allen Temperaturen) den elektrischen Strom leiten, da sich Valenz- und Leitungsbund teilweise überschneiden. Die Elektronen befinden sich also meistens bereits im Leitungsband oder benötigen nur sehr wenig Energie, um in dieses angeregt zu werden. Alle Metalle sind Leiter, wenn auch nicht alle gleich gut. Sie werden daher z. B. als Leiterkabel verwendet.

Halbleiter sind Stoffe, die nur dann den Strom leiten, wenn die Elektronen durch Energiezufuhr angeregt werden. Die *Bandlücke*, also der energetische Unterschied zwischen Valenzband und Leitungsband, muss überwunden werden. Elementare Halbleiter sind z. B. Silicium (Si) und Germanium (Ge); eine bekannte Halbleiterverbindung ist Galliumarsenid (GaAs).

Halbleiter werden in der Elektrotechnik in Transistoren verwendet, also Schaltern, die nur bei einer kleinen Stromzufuhr leiten. Werden viele Transistoren in einer komplexen Schaltung kombiniert, erhält man Chips mit verschiedenen Funktionen: In Prozessoren sorgen Chips für das Ausführen von Befehlen, Speicherchips sichern Daten usw. Jeder Laptop und jedes Handy enthält Milliarden von Transistoren.

Schließlich ist die Bandlücke bei *Isolatoren* so groß, dass sie energetisch nicht überwunden werden kann, ohne dass ungewünschte Effekte (wie z. B. das Schmelzen oder Verbrennen des Stoffes) einsetzen. Beispiele für Isolatoren sind Kohlenstoff in der Diamantmodifikation, diverse Kunststoffe, Glas oder auch Gase wie Argon. Sie werden verwendet, um den Stromfluss zu begrenzen und für Sicherheit zu sorgen.

◘ Abb. 2.31 zeigt schließlich das Verhältnis von Valenz- und Leitungsband für die drei beschriebenen Stoffklassen auf.

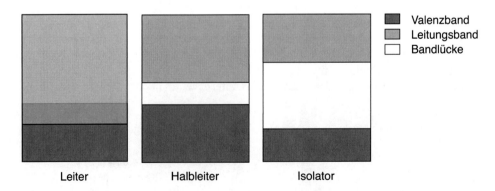

◘ **Abb. 2.31**   Bandstruktur von Leitern, Halbleitern und Isolatoren

Nachdem du nun alle drei grundlegenden Bindungsarten kennengelernt hast, geht es in nächsten Abschnitt noch einmal explizit um deren Abgrenzung voneinander.

2.4 Chemische Bindungsarten im Vergleich

Nach Bearbeitung der Abschnitte „Ionenbindung" (▶ Abschn. 2.1), „Elektronen-paarbindung" (▶ Abschn. 2.2), und „Metallische Bindung" (▶ Abschn. 2.3) er-hältst du mit diesem Abschnitt einen abschließenden Überblick über diese drei Bindungsarten. Zudem zeigen wir dir anhand einiger Verbindungen, dass nicht immer ein eindeutiger Bindungstyp vorliegt, sondern sich alle Bindungsarten auf einem Kontinuum befinden.

Lernziele
Am Ende des Abschnitts wirst du Folgendes können:
- Beurteilen, welche Bindungsart in einem Stoff vorliegen (Ionenbindung, Elektronenpaarbindung oder metallische Bindung),
- erläutern, dass manche Verbindungen nicht eindeutig eine einzelne Bindungsart haben.

Zusammenfassung
Chemische Bindungsarten im Vergleich
Die folgende Tabelle fasst die relevanten Aspekte der drei behandelten *chemischen Bindungsarten* vergleichend zusammen.

2.4.1 Chemische Bindung – Grenzfälle und systemische Betrachtung

Bei gegebener Formel und mit Hilfe des Periodensystems lässt sich also leicht fest-stellen, welche Bindungsart in einem Stoff vorliegt (siehe ◘ Tab. 2.4).

Abschließend sei jedoch erwähnt, dass es sich hierbei um die überwiegende Bindungsart handelt, nicht die ausschließliche. So wurde experimentell nachgewie-sen, dass selbst Wasserstoff (H_2) nicht nur kovalente, sondern auch zu sehr geringem Teil ionische Bindungsverhältnisse aufweist – es gibt also nicht nur H_2-Moleküle, sondern zum Teil auch kleine Kristalle bestehend aus H^+- und H^--Ionen.

Außerdem gibt es Ausnahmen von der Regel: Fluorwasserstoff (HF) besteht nachweislich überwiegend aus Molekülen, obwohl die Elektronegativitätsdifferenz mit 1,78 auf eine Ionenbindung schließen lässt.

Bündeln lassen sich diese Grenzfälle und Ausnahmen in einem *Dreiecks-Modell der chemischen Bindung* (siehe ◘ Abb. 2.32). Das Modell ist so zu verstehen, dass in den Ecken des Dreiecks Vertreter vorliegen, deren Bindungsverhältnisse sich ver-gleichsweise eindeutig mit einem Typ beschreiben lassen, während Vertreter auf einer Strecke zwischen zwei Bindungsarten zu einem nennenswerten Anteil beide Arten aufweisen.

2

◘ Tab. 2.4 Chemische Bindungsarten im Vergleich

	Ionenbindung	Elektronenpaar-bindung	Metallische Bindung
Bindungs-partner	Metall–Nichtmetall	Nichtmetall–Nicht-metall	Metall–Metall
EN-Differenz	>1,7	0–1,7	ca. 0
Art des Stoffes	Ionenverbindung (Salz)	Molekülverbindung	Metall bzw. Legierung
Chemische Formel	Verhältnisformel z. B. $MgCl_2$ – 1 : 2-Verhältnis von Mg^+-Ionen und Cl^--Ionen.	Summenformel z. B. H_2S – Molekül mit zwei Wasserstoff-Atomen und einem Schwefel-Atom	Elementsymbol z. B. Fe – Nicht definierte Anzahl an Eisen-Atomen oder Legierungsformel (z. B. CuNi25 – 75 % Kupfer und 25 % Nickel)
Beschreibung	Elektrostatische Wechselwirkung zwischen Anionen und Kationen	Bindende Elektronenpaare durch Überlappung von Orbitalen	Elektrostatische Wechsel-wirkung zwischen Atom-rümpfen und Valenz-elektronen
Elektrische Leitfähigkeit des Stoffes	In wässriger Lösung oder in flüssigem Zustand leitfähig	– (keine allgemeine Aussage möglich)	In festem Zustand leitfähig
Verformbarkeit des Stoffes (im festen Zustand)	Spröde	Spröde	Duktil

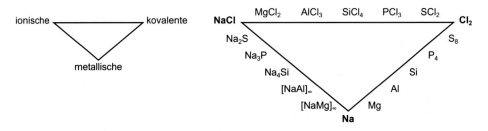

◘ Abb. 2.32 Dreiecksmodell der chemischen Bindung

❯ Du solltest aus diesem Kapitel mitnehmen, dass du insbesondere im Anfangsstudium weiterhin die Bindungsart bei bekannter Formel mit Hilfe des Periodensystems ermitteln kannst (► Kap. 1), dass es jedoch a) die Bestimmung der überwiegenden und nicht der ausschließlichen Bindungsart ist und dass b) zahlreiche Verbindungen eher zwischen zwei Bindungsarten stehen, was jedoch im Einzelfall experimentell ermittelt werden muss.

2.5 Wechselwirkungen

Neben den drei Bindungsarten, die man in der Chemie unterscheiden kann (Ionen-bindung, Elektronenpaarbindung und metallische Bindung) gibt es zusätzlich *Wechselwirkungen*. Mit ihnen kann man z. B. erklären, warum sich Öl oder Benzin nicht in Wasser lösen, warum wir zu Karotten Quark essen sollten, warum ein See im Winter von oben nach unten gefriert (und nicht umgekehrt), warum Meerwasser salzig ist, warum Tiere wie der Wasserläufer auf dem Wasser laufen können, warum Geckos an praktisch jedem Untergrund haften bleiben (sogar kopfüber), warum eine Schutzfolie am Handydisplay haften bleibt und wie Klebstoffe funktionieren.

Zu diesen Phänomenen tragen Wasserstoffbrücken, Dipol-Dipol-Wechselwirkungen, Ion-Dipol-Wechselwirkungen und Van-der-Waals-Kräfte bei – dahinter stehen Konzepte, die uns helfen, den Zusammenhang zwischen den Wechsel-wirkungen der Teilchen eines Stoffes mit den beobachtbaren Effekten auf Stoffebene mit Hilfe des bereits bekannten Struktur-Eigenschafts-Prinzips zu erklären.

> **Lernziele**
> Am Ende des Abschnitts wirst du Folgendes können:
> ━ Wasserstoffbrücken, Dipol-Dipol-Wechselwirkungen und Van-der-Waals-Kräfte unterscheiden,
> ━ Anomalien des Wassers erklären,
> ━ Viskosität, Löslichkeit von Stoffen und Funktionsweise von Klebstoffen erklären,
> ━ Wechselwirkungen und chemische Bindungen unterscheiden.

2.5.1 Wasserstoffbrücken

Wasserstoffbrücken zählen zu den stärksten der Wechselwirkungen. ◘ Abb. 2.33 zeigt als Beispiele zwei Wasser-Moleküle, zwei Ammoniak-Moleküle und zwei Ethanol-Moleküle, die jeweils Wasserstoffbrücken eingehen. Allgemein handelt es sich um eine Wechselwirkung zwischen einem positiv polarisierten Wasserstoff-Atom eines Moleküls und einem negativ polarisierten anderen Atom. In fast allen Fällen ist letzteres Atom ein Sauerstoff- (O), Stickstoff- (N) oder Fluor-Atom (F).

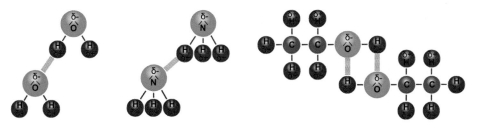

◘ **Abb. 2.33** Wasserstoffbrücken zwischen zwei Wasser-Molekülen (H$_2$O)(links), zwei Ammoniak-Molekülen (NH$_3$) (mittig) und zwei Ethanol-Molekülen (C$_2$H$_5$OH) (rechts)

2

Allgemein gilt: Je stärker die Polarisierung des Moleküls, dessen Wasserstoff-Atom an der Wechselwirkung beteiligt ist, desto stärker die Wechselwirkung. Da beispielsweise die O–H-Einfachbindung stärker polarisiert ist als die N–H-Einfachbindung (ΔEN = 1,2 vs. 0,87), sind die Wasserstoffbrücken zwischen Wasser-Molekülen (H_2O) stärker als die zwischen Ammoniak-Molekülen (NH_3):

$$E_{WW} = 5 \text{ kcal/mol vs. } 2,2 \text{ kcal/mol}$$

E_{WW} – Energie der Wechselwirkung

kcal/mol – Einheit der Energie (Kilokalorien pro Mol)

Üblicherweise wird die Stärke dieser Wechselwirkungen am Beispiel der besonderen Stoffeigenschaften (auch Anomalien) von Wasser gezeigt. Da uns Wasser als Stoff sehr vertraut ist, nehmen wir diese besonderen Eigenschaften nicht mehr wahr – systematisch betrachtet sind sie jedoch verblüffend.

- **Wasser hat einen vergleichsweise hohe Siedetemperatur**

Du weißt, dass Wasser bei 100 °C siedet. Warum das etwas Besonderes ist, zeigt sich im Vergleich mit der Siedetemperatur von Methan: Diese liegt bei −164 °C, obwohl Wasser-Moleküle (H_2O) nur wenig schwerer sind als Methan-Moleküle (CH_4) (18 u vs. 16 u). Der Massenunterschied allein kann daher keinen Siedetemperaturunterschied von 264 °C erklären – erst der Vergleich der Arten der Wechselwirkung ermöglicht eine Erklärung. Wasser-Moleküle bilden untereinander Wasserstoffbrücken: Es sind Dipol-Moleküle (vgl. Abschn. 2.2.11) mit positiv polarisierten Wasserstoff-Atomen sowie negativ polarisierten Sauerstoff-Atomen. Methan-Moleküle können dagegen keine Wasserstoffbrücken eingehen, da sie keine positiv polarisierten Wasserstoff-Atome haben: Die C–H-Bindung ist unpolar.

- **Wasser hat seine höchste Dichte bei etwa 4 °C, also im flüssigen Zustand**

Wir haben uns seit unserer Kindheit im Winter an den Anblick gewöhnt, dass sich bei Minusgraden eine Eisschicht auf einem See bildet. Ist der See tief genug, können darunter Fische, Wasserpflanzen und andere Lebewesen überwintern. Außerdem wissen wir, dass in einem Erfrischungsgetränk die Eiswürfel im Wasser schwimmen und nicht untergehen.

Warum schwimmt jedoch festes Wasser (Eis) auf flüssigem Wasser? Fast alle anderen Stoffe haben im festen Zustand eine höhere Dichte als im flüssigen Zustand – gemäß des einfachen Teilchenmodells und der Definition der beiden Zustände (dichte Packung von Teilchen versus freiere Verteilung) ist das nur folgerichtig.

Auch dies lässt sich mit Hilfe der Wasserstoffbrücken erklären. Diese sind so stark, dass Wasser-Moleküle bei 4 °C dichter aneinander liegen als in der kristallinen Form (siehe ◘ Abb. 2.34).

Abb. 2.34 Wasser-Moleküle (H_2O) im flüssigen
Zustand bei 4 °C (unten) und in einem Eiskristall
(oben)

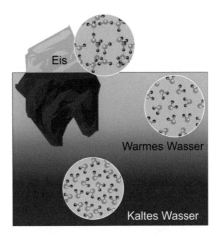

Abb. 2.35 Oberflächenspannung des Wassers auf Teilchenebene

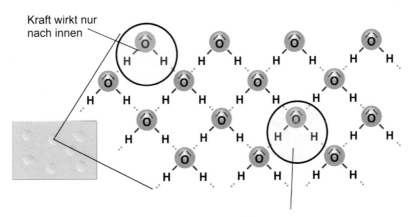

■ Wasser hat eine hohe Oberflächenspannung

Als Oberflächenspannung bezeichnet man das Phänomen, dass bei einer Flüssigkeit
die Oberfläche durch Wechselwirkungen klein gehalten wird. Weil die Wasserstoffbrücken dreidimensional wirken, erfahren die Wasser-Moleküle (H_2O) an der Oberfläche eine Kraft, die sie nach innen zieht und die auch zu einer Tropfenbildung führt
(siehe ■ Abb. 2.35).

Tiere wie der Wasserläufer mit einer geringen Dichte sowie Härchen auf den Beinen nutzen die hohe Oberflächenspannung aus, um sich auf der Wasseroberfläche
fortzubewegen, ohne dabei unterzugehen.

Tipp

Überprüfe dein Wissen

Zur Bestimmung von möglichen Wasserstoffbrückenbindungen zwischen Molekülen sowie einer Anwendung auf die Siedetemperatur von Stoffen gibt es Flashcards online.

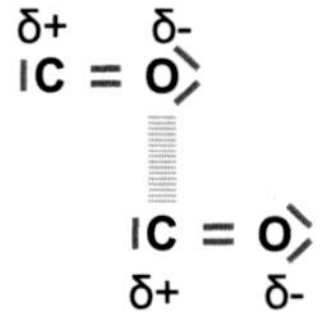

2

□ **Abb. 2.36**   Dipol-Dipol-Wechselwirkungen zwischen Kohlenstoffmonoxid-Molekülen (CO)

$$
\begin{array}{cc}
\delta+ & \delta- \\
|C = O\rangle & \\
\end{array}
$$

$$
\begin{array}{cc}
|C = O\rangle & \\
\delta+ & \delta- \\
\end{array}
$$

2.5.2   Dipol-Dipol-Wechselwirkungen

Die nächst schwächeren Wechselwirkungen sind *Dipol-Dipol-Wechselwirkungen*. Sie bestehen zwischen positiv polarisierten Atomen eines Moleküls und negativ polarisierten Atomen eines anderen Moleküls. Somit sind Wasserstoffbrücken Spezialfälle der Dipol-Dipol-Wechselwirkungen.

Beispielsweise halten Kohlenstoffmonoxid-Moleküle (CO) in festem oder flüssigem Zustand durch Dipol-Dipol-Wechselwirkungen zusammen (siehe □ Abb. 2.36).

Dass die Wasserstoffbrücken zwischen Wasser-Molekülen viel stärker sein müssen als die Dipol-Dipol-Wechselwirkungen zwischen Kohlenstoffmonoxid-Molekülen, kann man bereits daran erkennen, dass Wasser bei Raumtemperatur flüssig ist und Kohlenstoffmonoxid gasförmig: Ersteres siedet bei 100 °C, Letzteres bereits bei $-191{,}5$ °C.

Tipp

Überprüfe dein Wissen
    Zur Bestimmung von möglichen Dipol-Dipol-Wechselwirkungen zwischen Molekülen gibt es Flashcards online.

2.5.3   Van-der-Waals-Wechselwirkungen

Van-der-Waals-Wechselwirkungen sind die vergleichsweise schwächsten Wechselwirkungen zwischen Atomen und Molekülen. Manchmal werden sie auch *London-Kräfte* genannt. Sie bestehen zwischen *allen* Atomen und Molekülen und entstehen durch die Wechselwirkung *temporärer Dipole*; im engeren Sinne sind mit dem Begriff „Van-der-Waals-Wechselwirkungen" nur Wechselwirkungen zwischen unpolaren Atomen und Molekülen gemeint.

Wie kann ein temporärer Dipol entstehen? Betrachten wir beispielsweise ein Neon-Atom (Ne) im Kern-Hülle-Modell. Es enthält zehn Elektronen in der Hülle, welche sich ständig bewegen. Es kann nun durch Zufall dazu kommen, dass sich in der linken Hälfte des Atoms kurzfristig mehr Elektronen befinden als in der rechten. In diesem Moment ist das Neon-Atom (Ne) ein Dipol mit einer partiell negativen und partiell positiven Hälfte. Es kann ein anderes Neon-Atom (Ne) kurzzeitig polarisieren und dann entsprechend mit ihm wechselwirken (siehe □ Abb. 2.37).

◨ Abb. 2.37 Van-der-Waals-Wechselwirkungen zwischen Neon-Atomen (Ne): **a** Neon-Atom (Ne) im Kern-Hülle-Modell, **b** Neon-Atom (Ne) als temporärer Dipol, **c** Dipol-Induktion bei einem anderen Neon-Atom (Ne), **d** Van-der-Waals-Wechselwirkungen zweier temporärer Dipole

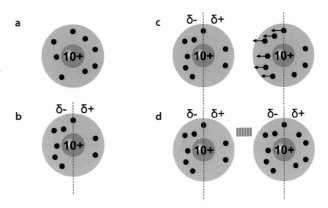

◨ Abb. 2.38 Van-der-Waals-Kräfte zwischen den Kohlenstoff-Atomen zweier Butan-Moleküle zu zwei verschiedenen Zeitpunkten **a** und **b**

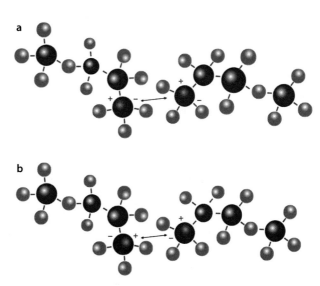

Van-der-Waals-Wechselwirkungen treten also auch zwischen unpolaren Molekülen auf und sind besonders im Bereich der organischen Chemie von Bedeutung (▶ Abschn. 10.1). So gibt es etwa zwischen zwei Butan-Molekülen (C_4H_{10}) Molekülen Van-der-Waals-Wechselwirkungen, indem die durch Einfachbindungen miteinander verknüpften Kohlenstoff-Atome (C) jeweils einzeln einen temporären Dipol bilden (siehe ◨ Abb. 2.38).

Mit steigender Kettenlänge der Moleküle kann es zu immer stärkeren Van-der-Waals-Wechselwirkungen kommen. Jede einzelne ist für sich genommen sehr schwach – in der Masse können jedoch bedeutsame Effekte entstehen. So können etwa Geckos an Wänden hochlaufen, da ihre Füße sehr feine Härchen mit einer insgesamt enorm hohen Oberfläche haben, die dann mit dem Untergrund insgesamt starke Van-der-Waals-Kräfte eingehen können – so stark, dass ein Gekko kopfüber der Schwerkraft trotzen kann (siehe ◨ Abb. 2.39).

2

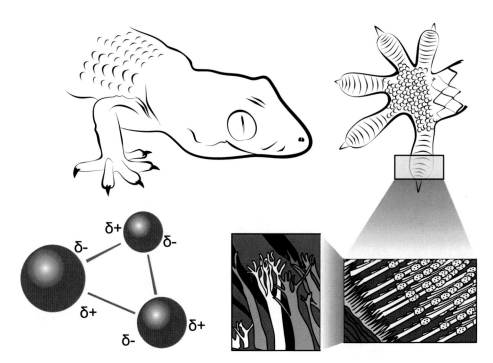

■ **Abb. 2.39**   Oberfläche eines Gekkofußes und Möglichkeiten der Van-der-Waals-Wechselwirkungen

▶ **Beispiel**

Eine nichtklebende Handyschutzfolie oder Frischhaltefolie haftet nach demselben Prinzip. Da die Folie jedoch selbst glatt ist, gilt: Je glatter der Untergrund, desto mehr Van-der-Waals-Wechselwirkungen entstehen, desto besser haftet die Folie. Deswegen soll man Handydisplays auch sehr gut reinigen, bevor man die Schutzfolie aufbringt. ◀

Tipp

Überprüfe dein Wissen

Zur Bestimmung von möglichen Van-der-Waals-Wechselwirkungen zwischen Molekülen sowie einer Anwendung auf die Viskosität von Stoffen gibt es Flashcards online.

Zusammenfassung

Vergleich der Wechselwirkungsarten

Es folgt abschließend ein tabellarischer Vergleich der Wechselwirkungsarten (siehe ■ Tab. 2.5):

◻ **Tab. 2.5** Vergleich der Wechselwirkungsarten

	Wasserstoffbrückenbindungen	Dipol-Dipol-Wechselwirkungen	Van-der-Waals-Kräfte
Beschreibung	Wirken zwischen $H^{\delta+}$ und freien Elektronenpaaren eines anderen Atoms (O, N oder F)	Wirken zwischen $X^{\delta+}$ mit $Y^{\delta-}$ zweier Dipol-Moleküle	Wirken zwischen induzierten Dipolen
Grafische Darstellung			
Wirken bspw. zwischen den folgenden Molekülen	H_2O, NH_3, HF	CO, NO	H_2, F_2, CH_4
Stärke	Von links nach rechts abnehmend		

2

2.5.4 Löslichkeit von Stoffen

Mit Hilfe der erarbeiteten Konzepte zur Wechselwirkung von Atomen und Molekülen können wir die *Löslichkeit* von Stoffen erklären – darunter einige Phänomene, die dir aus der Lebenswelt geläufig sein werden.

■ **„Gleiches löst sich in Gleichem" – polare und unpolare Stoffe**

Dass sich Fett und Öl nicht mit Wasser vermischen, weißt du vermutlich, seitdem es das erste Mal eine Suppe mit Ölaugen an der Oberfläche gab. Zudem hast du sicherlich von Öltankerunfällen gehört, bei denen sich ein Ölteppich auf der Meeresoberfläche ausbreitet.

Warum lösen sich *unpolare* Stoffe nicht in *polaren* Stoffen und umgekehrt? Die allgemeine Antwort ist: Moleküle von polaren und unpolaren Stoffen können untereinander wesentlich stärkere Wechselwirkungen eingehen als miteinander. Dies verbirgt sich hinter dem Merksatz „Gleiches löst sich in Gleichem".

Gibt man beispielsweise Benzin (im Wesentlichen Octan) in Wasser, so bilden sich zwei Phasen – eine Benzin-Phase oberhalb und eine Wasser-Phase unterhalb. Wasser-Moleküle (H_2O) können nämlich untereinander starke *Wasserstoffbrücken* eingehen (▶ Abschn. 2.5.1), während sie mit Octan-Molekülen (C_8H_{18}) lediglich schwache Van-der-Waals-Wechselwirkungen eingehen können (genauer gesagt: Wechselwirkungen zwischen Dipolen und induzierten Dipolen, siehe ▶ Abschn. 2.5.3). Umgekehrt können unpolare Octan-Moleküle (C_8H_{18}) untereinander über die gesamte C_8-Kette *Van-der-Waals-Wechselwirkungen* eingehen, während sie mit Wasser-Molekülen nur punktuell wechselwirken können (siehe ◨ Abb. 2.40).

Fette und Öle bestehen aus Triglyceriden, also Esterverbindungen mit Glycerin als Dreifachalkohol und drei Fettsäuren (siehe ◨ Abb. 2.41, ▶ Kap. 12). Da Fettsäuren ebenfalls überwiegend unpolar sind, lösen sich Fett und Öl also nicht in Wasser.

■ **Löslichkeit von Salzen in Wasser**

Salze sind wasserlöslich. Dass sich Kochsalz (Natriumchlorid) in Wasser löst, ist dir sicherlich schon lange bekannt.

Warum lösen sich Ionenverbindungen in Wasser? Dies liegt daran, dass *Ion-Dipol-Wechselwirkungen* dazu führen, dass am Rand des Ionenkristalls Ion für Ion herausgelöst wird. Um die Ionen herum bilden Wasser-Moleküle (H_2O) Hüllen, die auch *Hydrathüllen* genannt werden. Dabei wechselwirken die positiv polarisierten Wasserstoff-Atome mit den Anionen der Salzreste, hier Chlorid-Anionen (Cl^-), und die negativ polarisierten Sauerstoff-Atome mit den Kationen, hier also den Natrium-Kationen (Na^+) (siehe ◨ Abb. 2.42).

Je höher die Konzentration an gelösten Ionen, desto salziger ist auch der Geschmack. In Meerwasser sind deutlich mehr Ionen im gleichen Volumen gelöst als in Mineral- oder Leitungswasser. Darüber hinaus gibt es schwerlösliche Salze, die so heißen, weil sie ein so festes Ionengitter bilden, dass die *Ionenbindung* wesentlich stärker ist als die *Ion-Dipol-Wechselwirkungen*. Die *Gitterenergie* ist so hoch, dass Ionen

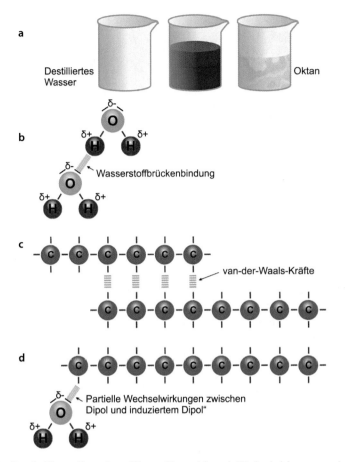

■ **Abb. 2.40** Benzin-Phase über einer Wasser-Phase (**a**) und Wechselwirkungen zwischen Octan-Molekülen (C_8H_{18}) und Wasser-Molekülen (H_2O) untereinander (**b** und **c**) sowie miteinander (**d**)

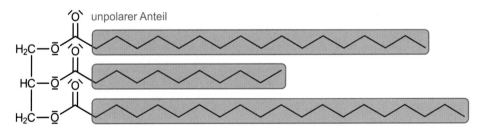

■ **Abb. 2.41** Fett-Moleküle (sog. Triglyceride) und ihr unpolarer Anteil

nicht ohne Weiteres herausgelöst werden und anschließend hydratisiert werden. Sie lösen sich nur zu einem geringen Teil. Durch Energiezufuhr wie Erwärmen können manche Salze dann doch noch gelöst werden, was ein wichtiges Verfahren der Trennung von anorganischen Salzen ist.

2

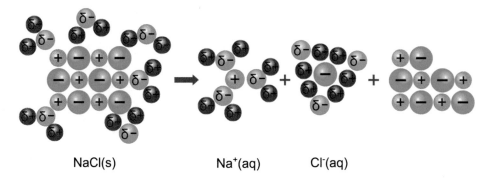

NaCl(s)   Na$^+$(aq)   Cl$^-$(aq)

◘ **Abb. 2.42**   Lösevorgang von Salz in Wasser auf der Teilchenebene

---

Exkurs

Ionenbeweglichkeit
Ionen und ihre Hydrathüllen spielen bei Leitfähigkeitsmessungen von Lösungen eine wichtige Rolle. Bei einer Leitfähigkeitsmessung einer Lösung überprüft man aus analytischen Gründen, ob ein Strom zwischen einer positiven und einer negativen Elektrode fließt und wie hoch die Stromstärke ist (vgl. ▶ Kap. 7). Die *Ionenbeweglichkeit* ist ein Maß dafür, wie schnell ein Ion mit Hydrathülle in Wasser eine der Elektroden erreicht. Dabei gilt der Grundsatz: Je kleiner das Gesamtpaket aus Ion und Hydrathülle, umso größer die Ionenbeweglichkeit, da das Ion sich dann umso leichter zur Elektrode bewegen kann. Außerdem führt eine höhere Ionenladung ebenfalls zu einer höheren Beweglichkeit.

Vergleicht man dabei die Ionenbeweglichkeit von zwei Ionen derselben Haupt-gruppe (z. B. die von Natrium-Ionen (Na$^+$) und Kalium-Ionen (K$^+$)), so würde man zunächst erwarten, dass das größere Ion (in diesem Fall das Kalium-Ion (K$^+$), da es im Periodensystem weiter unten steht,) die geringere Ionenbeweglichkeit hat. Tatsächlich ist es jedoch so, dass das Paket aus Ion und Hydrathülle beim Natrium-Ion (Na$^+$) größer ist als beim Kalium-Ion (K$^+$): Das Natrium-Ion (Na$^+$) ist kleiner als das Kalium-Ion (K$^+$), weshalb die Ladungsdichte beim Natrium-Ion (Na$^+$) höher ist (d. h. es liegt die gleiche Ladung auf einem kleineren Raum vor), weshalb mehr negativ polarisierte Sauerstoff-Atome angezogen werden und die Hydrathülle größer ist. Daher ist die Ionenbeweglichkeit des Kalium-Ions (K$^+$) größer als die des Natrium-Ions (Na$^+$) (siehe ◘ Abb. 2.43).

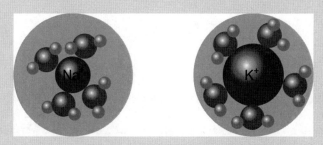

◘ **Abb. 2.43**   Zusammenhang zwischen Ionengröße, Größe der Hydrathülle und Ionenbeweglichkeit im Vergleich des Natrium-Ions (Na$^+$) und des Kalium-Ions (K$^+$)

◻ **Abb. 2.44**   Cyanacrylat-Molekül (Ausschnitt aus einer theoretisch unendlich langen Kette)

$$\begin{array}{cc}
\bar{N}^{\delta-} & \bar{N}^{\delta-} \\
||| & ||| \\
C^{\delta+} & C^{\delta+} \\
| & | \\
\cdots -C-CH_2-C- \cdots \\
\diagdown =O & \diagdown =O \\
CH_3-O & CH_3-O
\end{array}$$

Tipp

Überprüfe dein Wissen
  Zur Löslichkeit von Stoffen in polaren und unpolaren Lösungsmitteln gibt es Flashcards online.

2.5.5 Klebstoffe

Auch die Wirkungsweise von Klebstoffen lässt sich mit Hilfe der Wechselwirkungen erklären. Klebstoffe haben einerseits eine *Adhäsion* und andererseits eine *Kohäsion*. Die Adhäsion, also die Haftung des Klebers an einer Oberfläche, basiert immer auf möglichst starken Wechselwirkungen. So können etwa Moleküle des Cyanacrylats (auch „Sekundenkleber" genannt") durch die polare C–N-Bindung starke Dipol-Dipol-Wechselwirkungen mit Molekülen an Oberflächen eingehen (siehe ◻ Abb. 2.44).

  Die Kohäsion, also der innere Zusammenhalt des Klebers, kann ebenfalls auf Wechselwirkungen basieren, wenn ein physikalisch abbindender Kleber vorliegt. Diese Klebstoffe verfestigen sich durch das Trocknen und Verdampfen eines Lösungsmittels und die vorliegenden Wechselwirkungen zwischen den Klebstoff-Molekülen (wie bei üblichem „Alleskleber"; oftmals eine Lösung von Polyvinylacetat in einem Aceton-Methylacetat-Gemisch). Es können jedoch auch beim Aushärten chemische Bindungen (in der Regel Elektronenpaarbindungen) zwischen den Klebstoff-Molekülen entstehen (wie etwa beim oben erwähnten Cyanacrylat oder auch bei Epoxid-Klebstoffen). In diesem Fall spricht man von chemisch härtenden Klebern. Diese werden mehrheitlich in Industrie, Technik und Medizin angewendet.

2.5.6 Unterscheidung zwischen chemischen Bindungen und Wechselwirkungen

Nachdem du nun das gesamte Kapitel zur chemischen Bindung bearbeitet hast, ist dir sicherlich aufgefallen, dass *chemische Bindungen* und *Wechselwirkungen* jeweils auf dem *Prinzip der Elektrostatik* beruhen: Es gibt immer eine Anziehung von positiver und negativer Ladung – sei es
— durch Anionen und Kationen (wie bei der *Ionenbindung*),
— durch Atomkerne und bindende Elektronenpaare (wie bei der *Elektronenpaarbindung*), durch geteilte Valenzelektronen und Atomrümpfe (wie bei der *metallischen Bindung*),

2

- durch positiv polarisierte Wasserstoff-Atome und Elektronenpaare (wie bei *Wasserstoffbrücken*),
- durch positiv und negativ polarisierte Atome von Dipolen (wie bei der *Dipol-Dipol-Wechselwirkung*) und induzierte Dipolen (wie bei den *Van-der-Waals-Wechselwirkung*) oder
- durch Ionen und Dipole (wie bei der *Ion-Dipol-Wechselwirkung*).

Der wesentliche Unterschied zwischen Bindungen und Wechselwirkungen ist also gerade nicht das zugrunde liegende Prinzip der Elektrostatik, sondern die Stärke des Zusammenhalts. Bindungen sind in der Regel deutlich stärker (und somit energiereicher) als Wechselwirkungen, wie die folgende Tabelle zeigt.

Bindungs- oder Wechselwirkungsart	Energie
Ionenbindung in Natriumchlorid (NaCl)	766 kJ/mol
Elektronenpaarbindung in Wasserstoff-Molekülen (H_2)	436 kJ/mol
Wasserstoffbrücken zwischen Wasser-Molekülen (H_2O)	20,9 kJ/mol

Außerdem erklären Bindungen immer den Zusammenhalt der Bausteine eines Stoffes, während Wechselwirkungen oft die Beziehung *zwischen* den Bausteinen von Stoffen erklären. Wechselwirkungen sind also meistens *intermolekular*. Es gibt jedoch auch *intramolekulare Wechselwirkungen*, etwa Wasserstoffbrücken zwischen bestimmten Gruppen eines großen Moleküls. Ein Beispiel sind die Wasserstoffbrücken zwischen einer Hydroxy-Gruppe und einem Carbonyl-Sauerstoff-Atom in Ricinolsäure-Molekülen (siehe ◘ Abb. 2.45).

Nachdem wir nun geklärt haben, woraus Materie besteht (▶ Kap. 1) und wie Atome und Ionen aneinander gebunden sein können (▶ Kap. 2), soll es im folgenden Kapitel um die Umwandlung von Stoffen in andere Stoffe gehen, also um *chemische Reaktionen*. Vorher gibt es wieder den Top-Ten-Test – diesmal zu den zehn wichtigsten Lernzielen des Kapitels „Die chemische Bindung".

◘ **Abb. 2.45**   Intramolekulare Wasserstoffbrücken in einem Rizinolsäure-Molekül

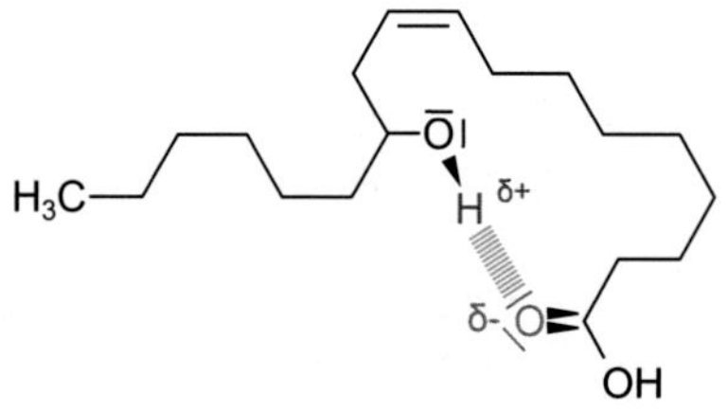

2.6 Top-Ten-Test zur chemischen Bindung

Am Ende jedes Kapitels erwartet dich ein Top-Ten-Test, mit dem du dir selbst beweisen kannst, dass du die zehn wichtigsten Lernziele des Kapitels erreicht hast. Die Lösungen zu den Top-Ten-Tests findest du beim Zusatzmaterial.

- **1) Übung zur Bildung von Ionen aus den Atomen**

Gib in der folgenden Tabelle jeweils an, welches Ion gebildet wird.

Atom	Ion
K	
Cl	
O	
N	
F	
Na	
Al	
Mg	
S	
H	

- **2) Übung zur Benennung von Salzen und zu Verhältnisformeln**

Ergänze die folgende Tabelle:

Name des Salzes	Verhältnisformel
Natriumfluorid	
	$Al(OH)_3$
Strontiumnitrat	
	NH_4Cl
Calciumphosphat	
Berylliumhydroxid	
	BeF_2
	$BaCO_3$

2

▪ **3) Übung zur Anwendung der Lewis-Formel**

Gib die Lewis-Formel für folgende Moleküle an.

a) NH_3
b) HF
c) F_2
d) O_2
e) N_2
f) $(NH_2)_2CO$

▪ **4) Übung zur Abgrenzung von Bindungsarten mit Hilfe der Elektronegativitäts-differenz**

Stelle jeweils die Lewis-Formel auf und gib mit Hilfe der Differenz der Elektronegativität an, ob es sich um eine polare oder eine unpolare Elektronenpaarbindung handelt. Gib zudem alle Partialladungen an.

a) HF
b) CH_4
c) H_2S

▪ **5) Übung zur Überprüfung der Edelgasregel für Ionen und Atome in Molekülen**

Beurteile, in welchen der folgenden Verbindungen die Edelgasregel für alle beteiligten Atome oder Ionen erfüllt ist. Stelle ggf. die entsprechende Lewis-Formel auf.

a) $NaBr$
b) H_2O_2
c) C_2H_4
d) Fe_2
e) SO_4^{2-}
f) $S_2O_3^{2-}$

▪ **6) Übung zum Aufstellen von Termschemata**

Stelle das Termschema für folgende Moleküle auf:

a) HF
b) N_2
c) Cl_2

▪ **7) Übung zur Bestimmung von Molekülgeometrien**

Bestimme die Geometrie der folgenden Moleküle. Stelle dazu jeweils zunächst die Lewis-Formel auf. Gib außerdem an, welche der Moleküle Dipole sind, und begründe deine Antwort.

a) O_2
b) NH_3
c) SO_4^{2-}
d) PF_6^-
e) BH_3
f) PCl_5
g) NO_2 (Hinweis: Die Lewis-Formel ist ungewöhnlich, da vom Stickstoff-Atom zwei Doppelbindungen ausgehen)

■ **8) Übung zu chemischen Bindungsarten**

Begründe jeweils, welche Bindungsverhältnisse in den folgenden Verbindungen vorliegen:
a) Na
b) $(NH_2)_2CO$
c) Li_3N

■ **9) Übung zum Konzept der Wasserstoffbrücken**

Erläutere mit Hilfe der Teilchenebene, welche der folgenden Moleküle Wasserstoffbrücken ausbilden können.
a) H_2-Moleküle untereinander
b) H_2O-Moleküle untereinander
c) CO-Moleküle und H_2-Moleküle
d) HF-Moleküle und H_2O-Moleküle

■ **10) Übung zur Löslichkeit von Stoffen**

Erkläre mit Bezug zur Teilchenebene, ob sich die folgenden Stoffe in den jeweiligen Lösungsmitteln lösen.
a) Natriumfluorid in Wasser
b) Ammoniak in Wasser
c) Sudanrot (s. Abbildung) in Octan

d) Pentanol ($CH_3CH_2CH_2CH_2CH_2OH$) in Wasser
e) Octan (C_8H_{18}) in Diesel ($C_{16}H_{34}$)

Die chemische Reaktion

Inhaltsverzeichnis

Ergänzende Information Die elektronische Version dieses Kapitels enthält Zusatzmaterial, auf das über folgenden Link zugegriffen werden kann [https://doi.org/10.1007/978-3-662-69351-3_3].

3.1 Chemische Reaktionen und Stöchiometrie

Die *chemische Reaktion* ist der Motor der Chemie. Folgende Beispiele für chemische
Reaktionen kennst du (zumindest teilweise) aus der Schule (siehe ◘ Abb. 3.1):
1. Prozesse, die in unserem Alltag passieren: das Verbrennen von Holzkohle (beim
   Grillen) und von Treibstoff (etwa in PKWs) oder das Rosten von Eisen usw.
2. Prozesse, die in biologischen Systemen ablaufen (etwa die Photosynthese von
   Pflanzen).
3. Prozesse, die Chemiker in der Forschung analysieren (etwa die Abbaureaktionen
   von kompostierbaren schwarzen Kunststofffolien aus Polylactiden) oder bewusst

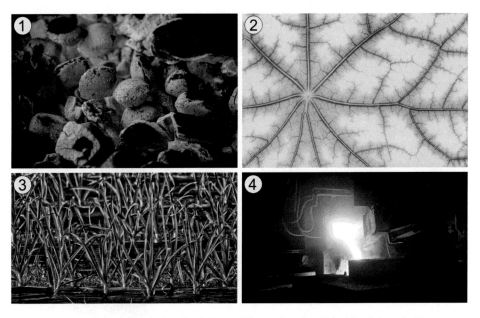

◘ **Abb. 3.1** Ergebnisse chemischer Reaktionen (Illustration der Beispielreaktionen). Zusammenstellung aus Pixabay

3

einleiten (z. B. Nachweisreaktionen wie das Bilden eines Silberchloridniederschlags als Nachweis für Chlorid-Ionen oder die Verfolgung des pH-Wertes mit Hilfe von Indikatoren).

4. Prozesse, die Chemiker in der Industrie kontrollieren und einleiten (etwa der Hochofenprozess zur Erzeugung von Eisen oder die Ammoniak-Synthese).

Nicht alle Vorgänge, bei denen auf der Teilchenebene eine Veränderung stattfindet, sind jedoch automatisch chemische Reaktionen. Daher muss zunächst geklärt werden, wie genau eine chemische Reaktion durch ihre Merkmale definiert ist, bevor wir uns dann in weiteren Kapiteln den zentralen Reaktionstypen der anorganischen Chemie (die Redox-Reaktion ▶ Abschn. 3.2, die Säure-Base-Reaktion ▶ Abschn. 3.3) widmen und die Komplexbildung (▶ Abschn. 3.4).

Darüber hinaus sollten chemische Reaktionen nicht nur in ihrer Qualität betrachtet werden (also hinsichtlich der Frage, *was* bei ihnen entsteht), sondern auch in ihrer Quantität (also hinsichtlich der Frage, *wie viel* davon entsteht). Dabei helfen die Grundlagen der *Stöchiometrie*, dem Teilgebiet der Chemie, mit dem sich Mengenaussagen über chemische Reaktionen machen lassen.

Lernziele

Am Ende des Abschnitts wirst du Folgendes können:

- chemische Reaktionen anhand ihrer Merkmale identifizieren,
- die qualitativen und quantitativen Aussagen einer Reaktionsgleichung beschreiben und anwenden,
- die stöchiometrischen Größen Stoffmenge, Masse, Molmasse, Volumen, Konzentration, Dichte und Druck berechnen,
- die chemischen Grundgesetze (Erhaltung der Masse, konstante und multiple Proportionen) anhand von Beispielreaktionen anwenden.

3.1.1   Kennzeichen chemischer Reaktionen

In allen Zeitaltern haben sich Menschen mit der Frage befasst, woraus die Dinge unserer Welt bestehen und wie sie ineinander umgewandelt werden. Dass sich alle Dinge der Welt in einem beständigen Wandel befinden, nahm bereits der griechische Philosoph Heraklit im 6. Jahrhundert v. Chr. an. Von Demokrit haben wir bereits in ▶ Kap. 1 erfahren, dass er etwa im 4. Jahrhundert v. Chr. von kleinsten Bausteinen der Materie, den Atomen, ausgegangen ist. Diese gebe es in verschiedenen Größen, und je nach Anordnung der Atome nehmen wir auf der makroskopischen Ebene Wasser, Steine oder Stroh war.

Tatsächlich können wir Demokrits Atommodell nach wie vor hinsichtlich der Frage anwenden, was eine *chemische Reaktion* ist. Wir müssen nur die Sichtweise John Daltons aus dem 18. Jahrhundert ergänzen und streng zwischen elementaren Stoffen (bestehend aus einer Atomsorte), Verbindungen (bestehend aus mehreren Atomsorten) und Dingen bzw. Gegenständen (bestehend aus Stoffen und definiert durch ihre Funktion) unterscheiden. Als chemische Reaktion bezeichnen wir nämlich einen Vorgang, der sich durch vier Merkmale auszeichnet:

- Stoffumwandlung
- Umgruppierung auf der Teilchenebene
- Lösen und Bilden von Bindungen
- Energieumsatz

Diese Merkmale sollen im Folgenden einzeln erläutert werden.

■ **Stoffumwandlung**

In jeder chemischen Reaktion werden Ausgangsstoffe (*Edukte*) in Endstoffe (*Produkte*) überführt. Hierzu zwei einfache Beispiele:

a. Natrium (ein bei Raumtemperatur weiches, glänzendes Metall) reagiert mit Chlor (bei Raumtemperatur ein grünes, stechend riechendes Gas) zu Natriumchlorid (weißer, kristalliner Feststoff) (siehe ◘ Abb. 3.2).

b. Wasserstoff (bei Raumtemperatur ein farb- und geruchloses, explosives Gas) reagiert mit Sauerstoff (bei Raumtemperatur ein farb- und geruchloses, brandförderndes Gas) zu Wasser (bei Raumtemperatur eine farblose, nicht brennbare Flüssigkeit) (siehe ◘ Abb. 3.3).

In beiden Beispielen wird deutlich: Ausgangsstoffe und Endstoffe haben völlig verschiedene Eigenschaften. Zu letzteren zählen je nach Reaktion Aggregatzustand bei Raumtemperatur, Farbe, Oberflächenstruktur, Löslichkeit in Wasser und Öl, Brennbarkeit usw.

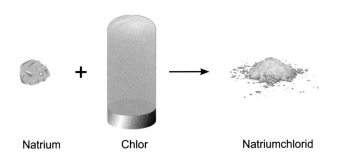

Natrium   Chlor   Natriumchlorid

◘ **Abb. 3.2** Edukte und Produkte der Bildung von Kochsalz (jeweils Fotos der Stoffe bei Raumtemperatur)

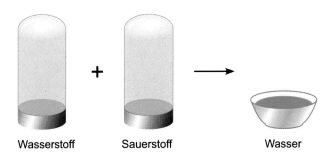

Wasserstoff   Sauerstoff   Wasser

◘ **Abb. 3.3** Edukte und Produkte der Bildung von Wasser (jeweils die Stoffe bei Raumtemperatur)

3

■ **Umgruppierung auf der Teilchenebene**

Während einer chemischen Reaktion gruppieren sich die Atome, Moleküle und Ionen der Ausgangstoffe um und bilden neue Anordnungen. Bei unseren Beispielen entstehen so Stoffe, die aus einem Ionengitter (Beispiel a) oder neu aus den Atomsorten kombinierten Molekülen (b) aufgebaut sind.

a. Bei der Reaktion zwischen Natrium (Na) und Chlor (Cl_2) gruppieren sich die Natrium- und Chlor-Atome so um, dass ein Natriumchlorid-Ionengitter (NaCl) entsteht (siehe ☐ Abb. 3.4). Hierzu müssen Elektronen übertragen werden, weshalb es sich um eine Redox-Reaktion handelt – dazu in ▶ Abschn. 3.2 mehr.

b. Bei der Reaktion von Wasserstoff (H_2) und Sauerstoff (O_2) gruppieren sich die Wasserstoff- und Sauerstoff-Atome der Edukte so um, dass Wasser-Moleküle (H_2O) als Produkte entstehen (siehe ☐ Abb. 3.5).

■ **Lösen und Bilden von Bindungen**

Bei jeder chemischen Reaktion müssen die Bindungen der Edukte gelöst werden, damit neue Bindungsverhältnisse in den Produkten entstehen können. Erst so ist die Umgruppierung von Atomen, Molekülteilen oder Ionen möglich.

a. Bei der Reaktion zwischen Natrium und Chlor müssen die metallischen Bindungen zwischen Natrium-Atomen (Na) und die Elektronenpaarbindungen in Chlor-Molekülen (Cl_2) gelöst werden, damit eine Ionenbindung zwischen Natrium- und Chlorid-Ionen entstehen kann.

b. Wenn Wasserstoff und Sauerstoff miteinander zu Wasser reagieren, werden die Elektronenpaarbindungen in Wasserstoff-Molekülen (H_2) und in Sauerstoff-Molekülen (O_2) gelöst, sodass neue O–H-Elektronenpaarbindungen gebildet werden können.

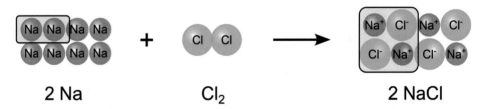

2 Na   **Cl_2**   **2 NaCl**

☐ **Abb. 3.4**   Atomumgruppierung auf der Teilchenebene (Reaktion zu Natriumchlorid)

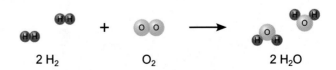

2 H_2 O_2 2 H_2O

☐ **Abb. 3.5**   Atomumgruppierung auf der Teilchenebene (Reaktion zu Wasser)

■ **Energieumsatz**

Schließlich ist jede chemische Reaktion mit einem Energieumsatz verbunden. Bei einer *exothermen Reaktion* wird Energie frei und an die Umgebung abgegeben; bei einer *endothermen Reaktion* muss Energie aus der Umgebung zugeführt werden, damit sie abläuft. Welche von beiden Arten vorliegt, hängt entscheidend damit zusammen, wie hoch die *Bindungsenergien der Edukte und der Produkte* sind – Erstere müssen aufgewendet werden, um die chemischen Bindungen zu spalten, und Letztere werden frei. Zusätzlich zu den Bindungsenergien der Edukte muss jedoch auch für andere Teilprozesse (etwa zur Sublimation eines Edukts) Energie aufgewendet werden; dazu in ▶ Kap. 4 mehr.

a. Bei der Reaktion zwischen Natrium und Chlor wird insgesamt Energie frei, weil bei der Bildung des Ionengitters mehr Energie frei wird als zur Spaltung der Bindungen der Edukte sowie für weitere Teilprozesse aufgewendet werden muss.

b. Wasserstoff und Sauerstoff reagieren ebenfalls exotherm miteinander, weil bei der Bildung der Elektronenpaarbindungen der Wasser-Moleküle mehr Energie frei wird als zur Spaltung der Bindungen der Edukte sowie für weitere Teilprozesse aufgewendet werden muss.

Wie in der Einleitung angedeutet, sind nicht alle naturwissenschaftlichen Prozesse auch gleichzeitig chemische Reaktionen. Insgesamt unterscheidet man die folgenden *stoffdynamischen Prozesse*: Vorgänge, bei denen allgemein Veränderungen auf der Stoff- und Teilchenebene erfolgen (siehe ◘ Tab. 3.1).

Bevor du die Zuordnung von Prozessen zu den Kategorien in der Tabelle übst, folgen noch einige Aspekte, auf die wir dich aufmerksam machen wollen:

— *Nur weil eine Reaktionsgleichung angegeben werden kann, bedeutet das nicht, dass eine chemische Reaktion vorliegt.* Auch bei Modifikationsänderungen oder Löseprozessen kann eine Reaktionsgleichung formuliert werden; die für das Lösen von Kochsalz in Wasser dürfte dir aus Schulbüchern bekannt vorkommen.

— *Der gleiche Stoff kann je nach Modifikation und Aggregatzustand verschiedene Eigenschaften haben.* So bestehen Diamant und Graphit ausschließlich aus Kohlenstoff. Außerdem können wir auf festen Wasser Schlittschuh laufen, während wir in flüssigem Wasser Salz lösen können.

— *Mit dem Begriff „Bindung" sind ausschließlich die metallische Bindung, die Ionenbindung und die Elektronenpaarbindung gemeint.* Deshalb werden bei Modifikationsänderungen neue Bindungen ausgebildet (z. B. zusätzliche Elektronenpaarbindungen zwischen Kohlenstoff-Atomen), während bei Löseprozessen zwar Bindungen gelöst werden (z. B. die Ionenbindung eines Salzes), jedoch lediglich Wechselwirkungen (z. B. Ion-Dipol-Wechselwirkungen) entstehen.

— *Umkehrbarkeit ist kein Kriterium, um zwischen chemischen Reaktionen und anderen stoffdynamischen Prozessen zu unterscheiden.* Schulbücher suggerieren manchmal, dass man beispielsweise Aggregatzustandsänderungen umkehren könne, wohingegen chemische Reaktionen nicht umkehrbar seien. Das ist schlichtweg falsch – Thermolysen und Gleichgewichtsreaktionen beweisen das Gegenteil. Bei einer Thermolyse werden Moleküle mit Hilfe von Wärme zersetzt, wie bei der Spaltung von Silberoxid in seine Elemente. Gleichgewichtsreaktionen werden wir noch näher betrachten, bei ihnen sind die energetischen Unterschiede zwischen Edukt- und Produktseite so gering, dass die chemische Reaktion in beide Richtungen möglich ist (siehe ▶ Kap. 6).

3

◘ Tab. 3.1 Die stoffdynamischen Prozesse

Prozess	Merkmale	Beispiele
Chemische Reaktion	Stoffumwandlung Umgruppierung auf der Teilchenebene Lösen und Bilden von Bindungen Energieumsatz	**a** Bildung von Kochsalz aus den elementaren Stoffen $2\,Na + Cl_2 \rightarrow 2\,NaCl$ **b** Bildung von Wasser als den elementaren Stoffen: $2\,H_2 + O_2 \rightarrow 2\,H_2O$
Modifikationsänderungen	Umgruppierung auf der Teilchenebene Lösen und Bilden von Bindungen Energieumsatz	**a** Erzeugung von Diamant (kristalliner, transparenter Feststoff mit tetraedrischer Struktur auf der Teilchenebene) aus Graphit (schwarzes, glänzendes Pulver mit planaren Strukturen auf der Teilchenebene), **◘** Abb. 3.6: $C(Graphit) \rightleftharpoons C(Diamant)$ **b** Erzeugung von leitfähigem schwarzem Phosphor aus nicht leitfähigem weißem Phosphor: $P(4, weiß) \rightleftharpoons P(n, schwarz)$
Aggregatzustandsänderungen	Umgruppierung auf der Teilchenebene Energieumsatz	**a** Erzeugen von Wasserdampf durch Erhitzen $H_2O(l) \rightleftharpoons H_2O(g)$ **b** Erstarren von Wasser durch Gefrieren: $H_2O(l) \rightleftharpoons H_2O(s)$
Diffusions- und Löseprozesse		**a** Diffusion (d. h. zufällige Verteilung) von Kaliumpermanganatkristallen in Wasser: $KMnO_4(s) \rightarrow K^+(aq) + MnO_4^-(aq)$ **b** Lösen (d. h. bewusstes Verteilen z. B. durch Rühren) von Kochsalz in Wasser: $NaCl(s) \rightarrow Na^+(aq) + Cl^-(aq)$
Verformungsprozesse		**a** Glasblasen **b** Metallschmieden
Mischprozesse		**a** Mischen von Schwefel, Kohlenstoff und Kaliumnitrat zu Schwarzpulver **b** Anrühren eines Kuchenteigs

Tipp

Überprüfe dein Wissen
  Zur Anwendung der stoffdynamischen Prozesse gibt es eine Flashcard online.

3.1.2 Grundlagen der Stöchiometrie: Die Aussagen einer Reaktionsgleichung

Mit Hilfe der *Stöchiometrie* (gr. *stoicheion* = Grundstoff und *metron* = Maß) lassen sich Aussagen über die Mengenangaben bei chemischen Reaktionen treffen. Welche

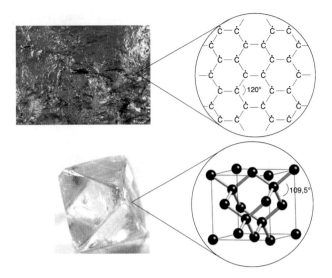

Abb. 3.6 Diamant und Graphit auf der Stoff- und Teilchenebene

Menge an Edukten bei einer Reaktion zu welcher Menge an Produkten reagiert, ist dabei die entscheidende Grundfrage.

Das Gute ist: Jede *Reaktionsgleichung* liefert bereits eine wichtige Basis für die Antwort dieser Frage.

> ▶ Beispiel

Betrachten wir als Beispiel die Bildung von Wasser aus den Elementen:

$$2\,H_2 + O_2 \rightarrow 2\,H_2O$$

Zwei wichtige Aussagen können wir aus der Gleichung entnehmen:
- *Qualitativ und auf der Stoffebene* reagieren die elementaren Stoffe Wasserstoff und Sauerstoff zur Verbindung Wasser.
- *Quantitativ und auf der Teilchenebene* reagieren Wasserstoff-Moleküle und Sauerstoff-Moleküle im Verhältnis 2:1 und bilden dabei zwei Wasser-Moleküle. Dabei wird die Zahl „1" vor dem Sauerstoff-Molekül nicht geschrieben. Die Zahlen „2" und „1"vor den Elementsymbolen in der Reaktionsgleichung heißen stöchiometrische Faktoren. ◀

Dieses Verhältnis der reagierenden Bausteine der Materie ist die Grundlage für stöchiometrische Betrachtungen. Die Bausteine können Atome, Moleküle, Ionen oder ladungsausgeglichene Einheiten in einem Ionengitter (etwa eine NaCl-Einheit, bestehend aus einem Na^+-Kation und einem Cl^--Anion) sein. Wir können das Verhältnis wie folgt anwenden:
- *Zwei* Wasserstoff-Moleküle reagieren mit *einem* Sauerstoff-Molekül zu *zwei* Wasser-Molekülen.
- *Vier* Wasserstoff-Moleküle reagieren mit *zwei* Sauerstoff-Molekülen zu *vier* Wasser- Molekülen.

3

Selbst, wenn nur die Anzahl der Moleküle eines Eduktes (hier Wasserstoff) bekannt ist, können wir eine Aussage über die entstehenden Wasser-Moleküle treffen:

— *Zwei* Wasserstoff-Moleküle reagieren mit ausreichend Sauerstoff-Molekülen zu *zwei* Wasser-Molekülen.

— *24* Wasserstoff-Moleküle reagieren mit ausreichend Sauerstoff-Molekülen zu *24* Wasser-Molekülen.

3.1.3 Grundlagen der Stöchiometrie: Größen für Mengenangaben

Wir wissen jetzt, dass uns eine Reaktionsgleichung eine wichtige Aussage über das Verhältnis der miteinander reagierenden Atome, Ionen und ladungsneutralen Einheiten in einem Ionengitter liefert. Wenn wir jetzt noch wüssten, wie viele Moleküle, Ionen oder Einheiten in einem Ionengitter genau vorlägen (d. h., die absolute Zahl kennen würden), könnten wir genaue Aussagen über Edukt- und Produktmengen machen. Da allerdings die Anzahl der Atome etwa in einem Klümpchen Schwefel so gigantisch hoch ist, müssen dazu einige Größen definiert werden.

■ **Masse, Stoffmenge und molare Masse: Eine Brücke zwischen Stoff- und Teilchene bene**

Jeden Stoff kann man mit einer Waage wiegen – egal, in welchem Aggregatzustand er vorliegt. Dabei wird die *Masse m* dieses Stoffes physikalisch bestimmt, die üblicherweise in Gramm (g) oder Kilogramm (kg) angegeben wird; Letzteres ist die *SI-Basiseinheit*, die sehr exakt definiert ist. Grundlegend für Berechnungen konkreter Stoffportionen in der Chemie ist außerdem die Atommasseneinheit u („unit"), in der die Masse von Atomen im Periodensystem der Elemente angegeben ist. Damit können wir die Masse einzelner Atome, Moleküle, Ionen oder ladungsausgeglichener Einheiten in einem Ionengitter bestimmen: m_B („B" für „Baustein der Materie").

Leider geben uns die stöchiometrischen Faktoren nicht direkt an, wie das Massenverhältnis zwischen Edukten und Produkten ist. Betrachten wir hierzu erneut die Bildung von Wasser aus den Elementen:

$$2\,H_2 + O_2 \rightarrow 2\,H_2O$$

Es gilt also *nicht*, dass 2 g Wasserstoff mit 1 g Sauerstoff zu 1 g Wasser werden!

Das liegt daran, dass die Atome der verschiedenen Elemente eine unterschiedliche Masse haben (siehe ▶ Kap. 1). Die Masse eines Atoms findet sich im Periodensystem als *Massezahl*; die Masse eines Moleküls entspricht dann der Summe der Massen der Atome. Ein Wasserstoff-Molekül (H_2) wiegt beispielsweise 2 u und damit nur ein Sechzehntel von einem Sauerstoff-Molekül (O_2) mit der Masse 32 u; daher enthält eine bestimmte Masse an gasförmigem Wasserstoff sechzehnmal mehr Atome und Moleküle als die gleiche Masse an gasförmigem Sauerstoff! ◘ Abb. 3.7 stellt diesen Zusammenhang dar.

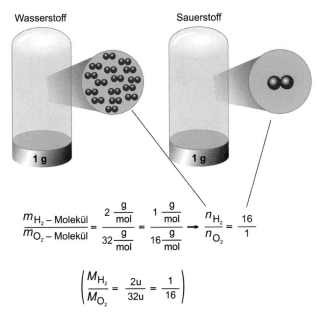

Wasserstoff   Sauerstoff

$$\frac{m_{H_2-\text{Molekül}}}{m_{O_2-\text{Molekül}}} = \frac{2\,\frac{g}{mol}}{32\,\frac{g}{mol}} = \frac{1\,\frac{g}{mol}}{16\,\frac{g}{mol}} \rightarrow \frac{n_{H_2}}{n_{O_2}} = \frac{16}{1}$$

$$\left(\frac{M_{H_2}}{M_{O_2}} = \frac{2u}{32u} = \frac{1}{16} \right)$$

◘ **Abb. 3.7** Zusammenhang zwischen Masse m, Molekülmasse M und Anzahl an Molekülen n von Wasserstoff und Sauerstoff im Vergleich

Wie ist nun der Zusammenhang zwischen der Masse eines Stoffes, die wir wiegen können, und der Anzahl an Atomen, Molekülen, Ionen oder ladungsneutralen Einheiten im Ionengitter des Stoffes, die wir nicht sehen können? Um diesen Zusammenhang herzustellen, benötigen wir zwei weitere Größen: die Stoffmenge n und die molare Masse M.

Die *Stoffmenge n* ist ein Maß für die Anzahl an Atomen, Molekülen, Ionen oder ladungsneutralen Einheiten im Ionengitter eines Stoffes. Ihre Einheit ist das Mol. Dabei entspricht 1 mol eines Stoffes der Anzahl von ca. sechs Trilliarden Atomen:

$$1\,\text{mol} \stackrel{\wedge}{=} 6,022 \cdot 10^{23}\ \text{Atome, Ionen, Moleküle oder Einheiten}$$

Das *Mol* ist also die Packung, Schachtel oder Tüte in der Welt der Chemie. So, wie wir eine Schachtel Pralinen oder eine Tüte Gummibärchen kaufen und dabei nicht von (möglicherweise) 24 Pralinen oder ca. 88 Gummibärchen pro 100-g-Tüte sprechen, reden Chemiker:innen von einem Mol eines Stoffes anstatt der sechs Trilliarden Bausteine des Stoffes.

Die *molare Masse M* ist die Masse von genau einem Mol eines bestimmten Stoffes. Sie hat die Einheit Gramm pro Mol (g/mol). Die molare Masse entspricht der Masse des Atoms, Moleküls, Ions oder der ladungsausgeglichenen Einheit eines Ionengitters in der Einheit u:

$$1u \stackrel{\wedge}{=} 1\ \text{g/mol}$$

3

Dieser Zusammenhang ist sehr praktisch – er bedeutet nämlich, dass man die molare Masse eines jeden Stoffes bestimmen kann, indem man die jeweiligen Atommassen aus dem Periodensystem abliest und bei Bedarf addiert.

▶ **Beispiel**

Hierzu zwei Beispiele:

$$M_{O_2} = M_O + M_O = 16\,\frac{g}{mol} + 16\,\frac{g}{mol} = 32\,\frac{g}{mol} \triangleq m_{B,O_2} \left(m_{B,O_2} = 32\,u \right)$$

$$M_{NaCl} = M_{Na} + M_{Cl} = 23\,\frac{g}{mol} + 35\,\frac{g}{mol} = 58\,\frac{g}{mol} \triangleq m_{B,NaCl} \left(m_{B,NaCl} = 58\,u \right)$$

(Hinweis: Die Werte für die molaren Massen werden dem Periodensystem entnommen und entsprechen dem auf eine ganze Zahl gerundeten Wert der Massezahl.) ◀

Mit der molaren Masse M haben wir unsere gewünschte Brücke zwischen einer Größe, die wie messen können (der Masse m) und einer Größe, die wir brauchen, aber nicht messen können (der Stoffmenge n). Diese Brücke entspricht dieser Formel (Gl. 3.1):

$$n = \frac{m}{M} \tag{3.1}$$

Wir können nun bei bekannter Reaktionsgleichung die Masse an entstehendem Produkt angeben, wenn wir die Masse nur eines Eduktes kennen.

▶ **Beispiel**

Nehmen wir noch einmal die Bildung von Wasser aus den Elementen als Beispiel:

$$2\,H_2 + O_2 \rightarrow 2\,H_2O$$

Es soll berechnet werden, welche Masse an Wasser entsteht, wenn 2 g Wasserstoff vollständig reagieren (mit ausreichend Sauerstoff). Dazu müssen wir folgende Schritte gehen:

a) Bestimmung der Stoffmenge n_{H_2}

Da, wie bereits erwähnt, zwei Stoffe mit gleicher Masse eine unterschiedliche Anzahl an Bausteinen haben, müssen wir zunächst die Stoffmenge n bestimmen, die ein Maß für diese Anzahl ist.

Gegeben: $m_{H_2} = 2\,g$; $M_{H_2} = M_H + M_H = 1\,\frac{g}{mol} + 1\,\frac{g}{mol} = 2\,\frac{g}{mol} \triangleq m_{B,H_2}$

Gesucht: n_{H_2}

Formel: $n_{H_2} = \dfrac{m_{H_2}}{M_{H_2}} = \dfrac{2\,g}{2\,\frac{g}{mol}} = 1\,mol$

b) Bestimmung der Verhältnisse und der Stoffmenge n_{H_2O}

Es soll ermittelt werden, welche Masse an Produkt, also Wasser, entsteht. Das Verhältnis der Anzahl an Wasserstoff-Molekülen (H_2) auf der Eduktseite zu Was-

ser-Molekülen (H_2O) auf der Produktseite ist dabei 2 : 2 bzw. 1 : 1. Heißt also: Für jedes Wasserstoff-Molekül entsteht auch ein Wasser-Molekül. Daher gilt:

$$n_{H_2} = n_{H_2O} = 1\,mol$$

c) Bestimmung der Masse m_{H_2O}

Jetzt müssen wir nur noch aus der Stoffmenge n die Masse m bestimmen.

Gegeben: $n_{H_2O} = 1\,mol$; $M_{H_2O} = 2 \cdot M_H + M_O = 2 \cdot 1\dfrac{g}{mol} + 16\dfrac{g}{mol} = 18\dfrac{g}{mol} \triangleq m_{B,H_2O}$

Gesucht: m_{H_2O}

Formel: $n_{H_2O} = \dfrac{m_{H_2O}}{M_{H_2O}}$

$$m_{H_2O} = M_{H_2O} \cdot n_{H_2O} = 18\dfrac{g}{mol} \cdot 1\,mol = 18\,g$$

Es entstehen also 18 g Wasser. ◄

Tipp

Überprüfe dein Wissen
Zur Berechnung von Stoffmengen und Massen bei chemischen Reaktionen gibt es Flashcards online.

3.1.4 Volumen und Dichte: Die Stoffmenge von Flüssigkeiten

Grundsätzlich kann man auch Flüssigkeiten wiegen und eine Masse für sie angeben. Allerdings wird üblicherweise die Größe *Volumen V* verwendet, wenn es um eine Mengenangabe für Flüssigkeiten geht, da diese Größe gleichzeitig angibt, welchen Raum die Flüssigkeit einnimmt.

Hintergrundinformationen
Die übliche Einheit für das Volumen sind Liter (l oder L) bzw. Kubikdezimeter (dm^3) oder Milliliter (ml oder mL); die *SI-Basiseinheit* ist Kubikmeter (m^3), die allerdings für laborübliche Reaktionen viel zu groß ist. Zwischen den Einheiten herrschen folgende Beziehungen:

$$1\,L \triangleq 1000\,mL \triangleq 1\,dm^3$$
$$1\,m^3 \triangleq 1000\,L$$

Zur Einordnung der Größen: Eine übliche Wasserflasche umfasst 1–1,5 L, ein normaler Becher Kaffee aus der Mensa enthält ca. 300 mL oder 0,3 L, und in eine Badewanne für eine Person passen etwa 150 L. Messzylinder im Labor gibt es üblicherweise in 100-mL-, 50 mL- und 10-mL-Größe; Messpipetten können noch kleinere Volumina (z. B. 5 mL, 2 mL und 1 mL) abmessen.

Das Handhaben von Messzylindern und Pipetten erfordert ein wenig praktisches Geschick, was du bald in deinen ersten Laborpraktika in der Chemie erfahren wirst!

3

Welchen Zusammenhang gibt es nun zwischen dem Volumen V und der Stoffmenge n einer Flüssigkeit? Wie viele Wasser-Moleküle sind beispielsweise in einem Liter Wasser enthalten, um an einer Reaktion teilnehmen zu können? Dies kann man ebenfalls berechnen - dazu müssen wir den Weg vom Volumen V über die Masse m zur Stoffmenge n gehen.

Zwischen Volumen und Masse gibt es einen Zusammenhang über die *Dichte* ϱ (gr. *rho*, gesprochen: rho). Die Dichte eines Stoffes ist wie folgt definiert (Gl. 3.2):

$$\varrho = \frac{m}{V} \tag{3.2}$$

Die Dichte ϱ ist also die Masse m geteilt durch das Volumen V. Sie wird für Flüssigkeiten üblicherweise in der Einheit Gramm pro Milliliter (g/mL) bzw. Gramm pro Kubikzentimeter (g/cm³) angegeben; dabei sind die Einheiten identisch. Es handelt sich um eine stoffspezifische Konstante für eine bestimmte Temperatur und einen bestimmten Druck. Konstante bedeutet, dass es eine Größe ist, die unter den gegebenen Bedingungen nicht veränderlich ist – man kann sich also auf sie verlassen!

So hat Wasser unter Standardbedingungen (1,013 bar Druck und 25 °C) eine Dichte von ca. 0,997 g/mL. Das bedeutet: 1 mL Wasser hat unter Standardbedingungen eine Masse von ca. 1 g.

Bei gegebener Dichte kann also das Volumen V in die Masse m umgerechnet werden (Gl. 3.3):

$$V = \frac{m}{\varrho} \tag{3.3}$$

Die Beziehung zwischen Masse m und Stoffmenge n kennen wir bereits – diese Größen hängen über die molare Masse M zusammen (Gl. 3.4, Gl. 3.5):

$$n = \frac{m}{M} \tag{3.4}$$

$$m = n \cdot M \tag{3.5}$$

Setzen wir diese Beziehung in die obige Formel (Gl. 3.3) ein und stellen nach n um, erhalten wir folgende Beziehung zwischen Stoffmenge n und Volumen V (Gl. 3.6, Gl. 3.7):

$$V = \frac{m}{\varrho} = \frac{n \cdot M}{\varrho} \tag{3.6}$$

$$n = \frac{V \cdot \varrho}{M} \tag{3.7}$$

▶ **Beispiel**

Jetzt können wir berechnen, welche Stoffmenge n in einem Liter Wasser unter Standardbedingungen vorliegt:

Gegeben: $V = 1\,\text{L} = 1000\,\text{mL}; \varrho = 0,997\,\dfrac{\text{g}}{\text{mL}}; M = 18\,\dfrac{\text{g}}{\text{mol}}$

Gesucht: n

Formel: $n = \dfrac{V \cdot \varrho}{M} = \dfrac{1000\,\text{mL} \cdot 0{,}997\,\dfrac{\text{g}}{\text{mL}}}{18\,\dfrac{\text{g}}{\text{mL}}} \approx 55\,\text{mol}$

Ein Liter Wasser enthält also etwa 55 mol Wasser-Moleküle. ◄

Tipp

Überprüfe dein Wissen

Zur Umrechnung von Volumeneinheiten ineinander gibt es eine Flashcard on-line.

3.1.5 Volumen und Konzentration: Gleiche Stoffmengen in gleichen Räumen

Es gibt eine weitere stöchiometrisch relevante Größe, die mit Hilfe des Volumens definiert wird, nämlich die *Konzentration c* eines Stoffes (Gl. 3.8):

$$c = \frac{n}{V} \tag{3.8}$$

Man erhält die Konzentration c, wenn man die Stoffmenge n durch das Volumen V teilt. Die Einheit ist üblicherweise Mol pro Liter (mol/L).

Wofür braucht man diese Größe? Oftmals finden chemische Reaktionen in wässrigen Lösungen statt.

► Beispiel

Wenn man bspw. eine Kochsalz-Lösung (d. h. Natriumchlorid-Lösung) mit einer Konzentration von 1 mol/L ansetzt (man spricht dann auch von einer 1-molaren Lösung), damit die darin vorliegenden Chlorid-Ionen eine Reaktion eingehen, dann weiß man immer genau, welche Stoffmenge n an Ionen vorliegt, wenn man ein bestimmtes Volumen V nimmt:

$$NaCl(s) \rightarrow Na^+(aq) + Cl^-(aq)$$

$$n_{NaCl(s)} = n_{Cl^-(aq)} = c \cdot V$$

Wenn man also 100 mL dieser 1-molaren Lösung nimmt, lässt sich die Stoffmenge n der darin enthaltenen Chlorid-Ionen berechnen:

Gegeben $V = 100\,\text{mL} \triangleq 0{,}1\,\text{L};\ c = 1\dfrac{\text{mol}}{\text{L}}$

Gesucht: $n_{Cl^-_{(aq)}}$

Formel: $n_{Cl^-_{(aq)}} = c \cdot V = 1\dfrac{\text{mol}}{\text{L}} \cdot 0{,}1\,\text{L} = 0{,}1\,\text{mol}$ ◄

3

■ **Das Ansetzen von Lösungen**

Im Praktikum wirst du täglich Lösungen mit bestimmten Konzentrationen ansetzen. Dabei ist es wichtig, zwischen Lösungen von Feststoffen und Lösungen von Flüssigkeiten zu unterscheiden:

a. Lösungen von Feststoffen

> ▶ **Beispiel**
>
> Um die 1-molare Natriumchlorid-Lösung aus dem obigen Beispiel zu erhalten, muss man zunächst festlegen, welches Volumen man von der Lösung benötigt (bspw. 200 mL) und anschließend berechnen, welche Masse an Natriumchlorid-Salz man in diesem Volumen an Wasser lösen muss (auch Einwaage genannt). Hierbei hilft uns die bekannte Definition der Konzentration c (Gl. 3.9) sowie der bekannte Zusammenhang zwischen Stoffmenge n, Masse m und molarer Masse M (Gl. 3.10):
>
> $$c = \frac{n}{V} \tag{3.9}$$
>
> $$n = \frac{m}{M} \tag{3.10}$$
>
> $$c = \frac{m}{M \cdot V} \tag{3.11}$$
>
> $$m = c \cdot M \cdot V \tag{3.12}$$
>
> Mit dieser Formel können wir die Masse m (hier: die Einwaage) berechnen:
>
> Gegeben: $c = 1\frac{mol}{L}$; $M_{NaCl} = M_{Na} + M_{Cl} = 23\frac{g}{mol} + 35\frac{g}{mol} = 58\frac{g}{mol}$; $V = 200$ mL $\triangleq 0{,}2$ L
>
> Gesucht: m
>
> Formel: $m = c \cdot M \cdot V = 1\frac{mol}{L} \cdot 58\frac{g}{mol} \cdot 0{,}2\,L = 11{,}6\,g$
>
> Es müssen also 11,6 g Natriumchlorid abgewogen und in 200 mL Wasser gelöst werden, um eine Konzentration von 1 mol/L zu erreichen. ◀

Da das Ionenverhältnis bei Natriumchlorid 1 : 1 ist, handelt es sich um ein sehr einfaches Beispiel. Bei Salzen wie Magnesiumchlorid ($MgCl_2$) oder Eisenbromid ($FeBr_3$) muss man zusätzlich bedenken, das pro ladungsausgeglichener Einheit des Ionengitters zwei bzw. drei Halogenid-Ionen in der Lösung vorliegen. Es ist also wichtig zu wissen, welche Ionenkonzentration für die zu betrachtende Reaktion relevant ist: Die des Metall-Ions oder die des Anions. Eine 1-molare Magnesiumchlorid-Lösung enthält eine Konzentration von 1 mol/L an Magnesium-Ionen, aber eine Konzentration von 2 mol/L an Chlorid-Ionen!

❯ In den meisten Praktika wird dir empfohlen, die Einwaagen bereits vor dem Versuchstag zu berechnen. Das ist insbesondere zu Beginn deines Studiums enorm wichtig, da du sonst jede Menge Zeit im Labor für das Rechnen anstelle des Experimentierens verwendest!

b. Lösungen von Flüssigkeiten

Auch hierbei muss zunächst das Volumen der Lösung festgelegt werden, dass man benötigt (bspw. 100 mL). Anschließend muss man eine konzentriertere Lösung derart Verdünnen, dass man eine Lösung mit dem gewünschten Volumen und der

gewünschten Konzentration enthält. Die konzentrierte Lösung, die in einem Laborpraktikum zur Verdünnung bereitsteht, wird oft auch als *Stammlösung* bezeichnet.

Um berechnen zu können, welches Volumen V_{konz} der konzentrierteren Lösung mit der Konzentration c_{konz} verwendet werden muss, um es auf das Volumen V_{verd} mit der Konzentration c_{verd} zu verdünnen, hilft folgende Formel (Gl. 3.13):

$$n_{konz} = n_{verd} \tag{3.13}$$

Die Stoffmengen sind gleich, da man nichts an der Stoffmenge des gelösten Stoffes in der konzentrierten Lösung ändert, wenn man zusätzliches Wasser hinzugibt. Setzt man die Definition der Konzentration (siehe Gl. 3.9) in die obige Formel (Gl. 3.13) ein, so erhält man (Gl. 3.14):

$$c_{konz} \cdot V_{konz} = c_{verd} \cdot V_{verd} \tag{3.14}$$

$$V_{konz} = \frac{c_{verd}}{c_{konz}} \cdot V_{verd} \tag{3.15}$$

▶ **Beispiel**

Will man nun 100 mL einer Natriumchlorid-Lösung mit einer Konzentration von 0,5 mol/L aus einer 1-molaren *Stammlösung* erhalten, kann man mit dieser Formel das Volumen der Stammlösung bzw. konzentrierten Lösung V_{konz} berechnen, dass man dazu braucht:

Gegeben: $c_{verd} = 0,5\frac{mol}{L}$; $V_{verd} = 100\,mL \triangleq 0,1\,L$; $c_{konz} = 1\frac{mol}{L}$

Gesucht: V_{konz}

Formel: $V_{konz} = c_{verd} \cdot \frac{V_{verd}}{c_{konz}} = 0,5\frac{mol}{L} \cdot 0,1\frac{mol}{L} = 0,05\,L$

Man muss also 0,05 L bzw. 50 mL der konzentrierten Lösung auf 0,1 L bzw. 100 mL verdünnen, um die gewünschte Konzentration zu erhalten. ◀

Nun gibt es ein weiteres Problem: Bei konzentrierten Säuren werden in der Regel keine Konzentrationsangaben auf der Flasche gemacht, sondern Angaben zur Dichte der Säurelösung ϱ sowie zum Massenanteil $w\%$ an reiner Säure. Konzentrierte Salzsäure hat z. B. eine Massenanteil von 37 %. D. h., 100 g Salzsäure setzen sich aus 37 g HCl und 63 g Wasser zusammen. Eine 99 %ige Schwefelsäure besteht zu 99 Massen-% aus H_2SO_4. Wenn also eine Säurelösung eine Gesamtmasse m_{ges} hat, dann ist die Masse für die reine Säure $m = w\% \cdot m_{ges}$. Um die Konzentration c einer Säurelösung bei einem bestimmten Massenanteil $w\%$ und einer bestimmten Dichte der Lösung ϱ zu ermitteln, ersetzen wir zunächst die Stoffmenge durch die Masse der Säure $m = w\% \cdot m_{ges}$:

$$c = \frac{n}{V_{L\ddot{o}sung}} = \frac{m}{M \cdot V_{L\ddot{o}sung}} = \frac{w\% \cdot m_{ges}}{M \cdot V_{L\ddot{o}sung}}$$

Da das Verhältnis aus Masse der Säure-Lösung m_{ges} und Volumen der Säure-Lösung $V_{L\ddot{o}sung}$ gerade der Dichte der Lösung entspricht ($\varrho = m_{ges}/V_{L\ddot{o}sung}$), erhalten wir

3

1 molare NaCl-Lösung   0,1 molare NaCl-Lösung

☐ **Abb. 3.8**   1-molare vs. 0,1-molare Natriumchlorid-Lösung (NaCl)

$$c = w_\% \cdot \frac{\varrho}{M} \tag{3.16}$$

▶ **Beispiel**

Für 37 %ige Salzsäure (HCl) mit einer Dichte von 1,19 g/mL bzw. 1190 g/L unter Standardbedingungen ergibt sich damit folgende Konzentration c_{konz}:

$$c = w_\% \cdot \frac{\varrho}{M} = 0,37 \cdot \frac{1190\,\frac{\text{g}}{\text{L}}}{36\,\frac{\text{g}}{\text{mol}}} = 12,2\,\frac{\text{mol}}{\text{L}}$$

Konzentrierte Salzsäure ist also etwa 12-molar. ◀

Damit du dir abschließend vorstellen kannst, wie sich eine konzentrierte von einer weniger konzentrierten Lösung auf der Teilchenebene unterscheiden, hilft dir ☐ Abb. 3.8. Hier wird Teilchenebene von 1-molarer und 0,1-molarer Natriumchlorid-Lösung (NaCl) visualisiert.

Tipp

Überprüfe dein Wissen

Zur Berechnung von Stoffmengen, Volumina und Konzentrationen sowie von Einwaagen zur Herstellung von Lösungen gibt es Flashcards online.

3.1.6 Druck: Stell- und Beobachtungsgröße für Gasreaktionen

Wenn Gase miteinander reagieren, beeinflusst der Druck den Verlauf. Häufig wird auf die äußeren Reaktionsbedingungen hingewiesen, und besonders bei Gasen ist der Druck eine wichtige Einflussgröße. Die Größe *Druck p* ist definiert als die Kraft *F*, die auf eine bestimmte Fläche *A* wirkt (Gl. 3.17):

$$p = \frac{F}{A} \tag{3.17}$$

Drücke werden gemäß den SI-Normen in der Einheit Pascal (Pa oder kg(m · s²)) angegeben. Dies ergibt sich aus den *SI-Basiseinheiten* für die Kraft *F*, Newton (N oder kg · m/s²) und die Fläche *A*, Quadratmeter (m²):

$$\text{kg} \cdot \text{m} / \left(\text{s}^2 \cdot \text{m}^2 \right) = \text{kg} / \text{s}^2 \cdot \text{m}$$

Manchmal wird der Druck auch in *bar* angegeben, wobei gilt:

$$1\,\text{bar} \stackrel{\wedge}{=} 10^5\,\text{Pa}$$

Welche Bedeutung hat der Druck? Pumpst du einen Fahrradreifen mit Luft auf, so wird er immer fester. Das liegt daran, dass immer mehr Moleküle der Luft in den gleichen Raum (das Innere des Reifens) gedrückt werden, sich dort in der Gasphase wild hin und her bewegen (gemäß der Brown'schen Molekularbewegung) und dadurch auch gegen die innere Wand des Reifens schlagen - bzw. „drücken". Es wirkt also eine immer größere Kraft F auf die gleiche Fläche A – der Druck steigt.

Dabei ist Luft ein Gemisch aus Gasen – allen voran aus Stickstoff (ca. 78 %) und Sauerstoff (ca. 21 %), aber auch aus Gasen wie Kohlenstoffdioxid, Kohlenstoffmonoxid, Argon und weiteren Spurengasen. Der *Gesamtdruck* der Luft p_{Luft} ergibt sich aus der Summe der *Partialdrücke* bzw. Teildrücke, die jedes der Gase für sich ausüben würde (Gl. 3.18):

$$p_{\text{Luft}} = p_{\text{N}_2} + p_{\text{O}_2} + \dots \tag{3.18}$$

Der Zusammenhang zwischen Druck p und Stoffmenge n eines idealen Gases ist dabei durch die *ideale Gasgleichung* gegeben (siehe ▶ Kap. 4) (Gl. 3.19):

$$p \cdot V = n \cdot R \cdot T \tag{3.19}$$

$$n = \frac{p \cdot V}{R \cdot T} \tag{3.20}$$

Wenn man davon ausgeht, dass sich ein Gas ideal verhält, kann man also mit Hilfe des Druckes p bei gegebener Temperatur T und Gaskonstante R und gegebenem Volumen V auf die Stoffmenge n schließen.

> ▶ **Beispiel**

Bei der sog. Chlor-Alkali-Elektrolyse werden bspw. Wasser und gelöstes Natriumchlorid zu gelöstem Natriumhydroxid, Chlorgas und Wasserstoffgas umgesetzt:

$$2\,\text{NaCl(aq)} + 2\,\text{H}_2\text{O(l)} \rightarrow \text{H}_2\text{(g)} + \text{Cl}_2\text{(g)} + 2\,\text{NaOH(aq)}$$

Da es sich um ein Elektrolyseverfahren handelt, werden Wasserstoffgas und Chlorgas in zwei getrennten Kammern erzeugt (▶ Kap. 7):

$$\text{Anode}: 2\,\text{NaCl(aq)} \rightarrow \text{Cl}_2\text{(g)} + 2\,\text{Na}^+\text{(aq)} + 2\text{e}^-$$

$$\text{Kathode}: 2\,\text{H}_2\text{O(l)} + 2\text{e}^- \rightarrow \text{H}_2\text{(g)} + 2\,\text{OH}^-\text{(aq)}$$

Bei gegebener Änderung des Druckes p über dem Kathodenraum kann man nun also sowohl auf die entstandene Stoffmenge n des Wasserstoffgases als auch auf die dabei reagierte Stoffmenge n an Wasser schließen. Für den Fall, dass bei einer Temperatur von 22 °C in einem Volumen von 10 L bar Partialdruck an Wasserstoffgas p_{H_2} entsteht, gilt für die Stoffmengen n_{H_2} und $n_{\text{H}_2\text{O}}$ Folgendes:

3

Gegeben : $p_{H_2} = 1\,bar; R \approx 0,083\,bar \cdot \dfrac{L}{mol} \cdot K; T = 22\,°C \mathrel{\widehat{=}} 295,15\,K; V = 10\,L$

Gesucht : $n_{H_2}; n_{H_2O}$

Formel : $n_{H_2} = \dfrac{p_{H_2} \cdot V}{R \cdot T}$

$n_{H_2} = \dfrac{1\,bar \cdot 10\,L}{0,083\,bar\,\dfrac{L}{mol}\,K \cdot 295,15\,K} = \dfrac{1 \cdot 10}{0,083 \cdot 295,15} \cdot \dfrac{bar\,L \cdot mol \cdot K}{bar \cdot L \cdot K} = 0,408\,mol$

$n_{H_2O} = 2 \cdot n_{H_2} = 2 \cdot 0,408\,mol = 0,816\,mol$

Es entstehen also 0,408 mol Wasserstoff-Gas aus der doppelten Menge an Wasser-Molekülen. ◄

Tipp

Überprüfe dein Wissen
Zur Berechnung einer Stoffmenge aus einem Partialdruck gibt es eine Flashcard online.

3.1.7 Chemische Grundgesetze

Als Abschluss des Abschnitts „Chemische Reaktionen und Stöchiometrie" befassen wir uns mit den drei *chemischen Grundgesetzen*. Diese drei Gesetze sind:
- Das *Gesetz der Erhaltung der Masse*
- Das *Gesetz der konstanten Proportionen*
- Das *Gesetz der multiplen Proportionen*

Bereits im 18. Jahrhundert kannte John Dalton diese Gesetze, die ihn zu seiner Atomhypothese veranlassten (vgl. ► Abschn. 1.1.1).

■ **Gesetz der Erhaltung der Masse**
Wenn eine chemische Reaktion einer Umgruppierung von Atomen (und ggf. Ionen) entspricht (siehe ► Abschn. 1.1.1), dann folgt daraus, dass weder neue Atome entstehen noch Atome verlorengehen. Somit bleibt die Masse im Laufe einer chemischen Reaktion erhalten. Experimentell wird das Gesetz in der Schule beispielsweise mit einem Versuch nachgewiesen, bei dem in einem geschlossenen System (etwa einem Reagenzglas mit Luftballon) eine Reaktion durchgeführt wird (etwa die Verbrennung von Holz) und das System vorher und nachher gewogen wird. Es stellt sich heraus, dass sich die Masse nicht ändert.

■ **Gesetz der konstanten Proportionen**
In einer Verbindung treten die jeweiligen Elemente, aus denen die Verbindung besteht, immer in einem festen Massenverhältnis auf. So tragen zur Masse von Natriumchlorid (NaCl) immer 39 % Natrium-Atome und 61 % Chlor-Atome bei – ansonsten ist es eben nicht Natriumchlorid, sondern eine andere Verbindung!

Für chemische Reaktionen gilt daher allgemein, dass bei der Bildung einer Verbindung die Edukte stets in einem festen Stoffmengenverhältnis miteinander reagieren.

> ▶ **Beispiel**
>
> So reagieren Natrium und Chlorgas immer im Verhältnis 2 : 1 miteinander, um Natriumchlorid zu bilden:
>
> $2\,Na + Cl_2 \rightarrow 2\,NaCl$
>
> ◀

Experimentell wird dieses Gesetz in der Schule oft mit der Bildung von blauem Kupfersulfid (CuS) aus Kupfer und Schwefel nachgewiesen, da diese Reaktion im geschlossenen Reagenzglas als Schülerversuch durchführbar ist und bei einem sehr dünnen Kupferblech, das im Laufe der Reaktion mit einer blauen Schicht überzogen wird, in guter Näherung davon ausgegangen wird, dass die gesamte Masse des Kupfers reagiert hat. So lässt sich das Kupferblech vorher wiegen, um die Masse des Kupfers zu erhalten (m_{Cu}), und anschließend die Masse des reagierten Blechs (m_{CuS}) durch Wiegen ermitteln. Bildet man dann die Differenz, um die Masse des Schwefels zu erhalten (m_S), lässt sich schließlich das Massenverhältnis $m_{Cu} : m_S$ in der Verbindung aufstellen (Abb. 3.9) : Es ist etwa 4:1.

- **Gesetz der multiplen Proportionen**

Dalton erweiterte das Gesetz der konstanten Proportionen um die Tatsache, dass es mehrere konstante Massenverhältnisse in Verbindungen mit den gleichen Elementen gibt.

> ▶ **Beispiel**
>
> Wasserstoff und Sauerstoff können verschiedene Verbindungen bilden, deren Massenanteile sich unterscheiden. So gibt es die Verbindung Wasser (H_2O) mit 11 % Wasserstoff-Atomen und 89 % Sauerstoff-Atomen, während die Verbindung Wasserstoffperoxid (H_2O_2) zu 6 % aus Wasserstoff-Atomen und 94 % aus Sauerstoff-Atomen besteht. ◀

Du kannst nun beschreiben, was eine chemische Reaktion ausmacht, und du kannst Mengenangaben bei chemischen Reaktionen berechnen. In den nächsten beiden Abschnitten wird es um drei grundlegende Reaktionstypen gehen: Die Redox-Reaktion (▶ Abschn. 1.3.2), die Säure-Base-Reaktion (▶ Abschn. 1.3.3) sowie die Bildung von Komplexen (▶ Abschn. 1.3.4).

> **Tipp**
>
> **Überprüfe dein Wissen**
> Zur Anwendung der chemischen Grundgesetze gibt es eine Flashcard online.

3

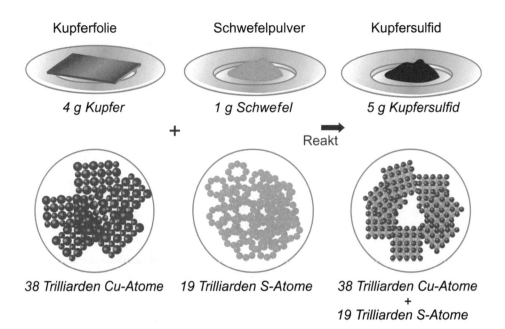

Kupferfolie	Schwefelpulver	Kupfersulfid
4 g Kupfer	1 g Schwefel	5 g Kupfersulfid
+	Reakt →	
38 Trilliarden Cu-Atome	19 Trilliarden S-Atome	38 Trilliarden Cu-Atome + 19 Trilliarden S-Atome

Auswertungsbeispiel:

m (Cu)	m (Produkt)	m (S)	$\dfrac{m\,(\mathrm{Cu})}{m\,(\mathrm{S})}$
0,88 g	1,11 g	0,23 g	$\dfrac{0,88\ \mathrm{g}}{0,23\ \mathrm{g}} = \dfrac{3,83}{1}$
1,07 g	1,34 g	0,27 g	$\dfrac{1,07\ \mathrm{g}}{0,27\ \mathrm{g}} = \dfrac{3,96}{1}$
1,20 g	1,49 g	0,29 g	$\dfrac{1,20\ \mathrm{g}}{0,29\ \mathrm{g}} = \dfrac{4,14}{1}$

◘ **Abb. 3.9** Reaktionsverlauf der Bildung von Kupfersulfid (CuS) und Beispielauswertung

3.2 Redox-Reaktionen

In der Mittelstufe hast du gelernt, dass Menschen, Tiere und Pflanzen auf der Erde nicht unabhängig voneinander leben. Menschen und Tiere gewinnen ihre Energie für alle wichtigen Körperfunktionen durch die Verwertung von Nährstoffen. Dabei wird Kohlenstoffdioxid ausgeamtet, welches von Pflanzen benötigt wird, um im Prozess der Photosynthese mit Hilfe von Lichtenergie Glucose (einen Einfachzucker) zu bilden. Zuckerrüben beispielsweise speichern eine vergleichsweise hohe Menge an Glucose, sodass sie dann von Menschen zu Lebensmitteln verarbeitet oder von Tieren direkt verzehrt werden: Ein Stoffkreislauf ergibt sich (siehe ◘ Abb. 3.10).

Bei all diesen Schritten des Kreislaufes handelt es sich chemisch um Redox-Reaktionen: eine Kombination aus Oxidation und Reduktion. Neben den im Kreis-

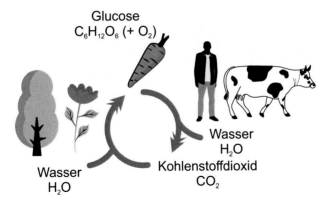

■ Abb. 3.10   Kohlenstoffkreislauf

■ Abb. 3.11   Technische Vorgänge. Zusammenstellung aus Pixabay

lauf dargestellten Schritten sind Redox-Reaktionen auch bei der Bewegung, dem Stoffwechsel, dem Wachstum und dem Miteinander von Menschen, Tieren und Pflanzen relevant.

Zudem gibt es nicht nur in der Natur, sondern auch in der Technik viele Prozesse, die durch Redox-Reaktionen gesteuert werden. Immer dann, wenn ein Auto, ein Flugzeug oder eine Rakete startet, eine Batterie oder ein Akku verwendet wird oder Metalle aus Erzen oder Düngemittel aus elementaren Stoffen gewonnen werden, sind Redox-Reaktionen von entscheidender Bedeutung (siehe ■ Abb. 3.11).

In diesem Abschnitt wollen wir dich dazu befähigen, *Redox-Reaktionen* in verschiedenen Zusammenhängen zu erläutern. Wenn du die Silbe „-oxid" liest, denkst du vermutlich erst einmal an Sauerstoff bzw. eine Sauerstoffverbindung. Daher beginnen wir mit den klassischen Begriffen der *Oxidation* und *Reduktion* im Sinne einer Sauerstoffaufnahme und -abgabe. Im nächsten Schritt erweitern wir die Begriffe: Die Oxidation wird dann zur Elektronenabgabe und die Reduktion zur Elektronenaufnahme. Schließlich widmest du dich komplexeren Reaktionsgleichungen wie der Reaktivität von Manganverbindungen.

3

> **Lernziele**
> Am Ende des Abschnitts wirst du Folgendes können:
> — Redox-Reaktionen als Elektronen-Übertragungsreaktionen deuten,
> — Oxidationszahlen bestimmen und Redox-Reaktionsgleichungen aufstellen,
> — Beispiele für Redox-Reaktionen in der Lebenswelt erläutern.

3.2.1 Kennzeichen chemischer Reaktionen

Während du diese Zeilen liest, atmest du wie jeder erwachsene Mensch etwa 12–15 Mal pro Minute ein und aus – zumindest wollen wir das für dich hoffen! Dabei gelangt eine beachtliche Menge Sauerstoff in deine Lunge und wird von dort über den Blutkreislauf in sämtliche Zellen deines Körpers gebracht. Würde „Sauerstoff" tatsächlich sauer schmecken, müsstest du folglich einen dauerhaft sauren Geschmack im Mund haben. Der Name „Sauerstoff" hat jedoch einen anderen Ursprung: Er stammt von Antoine Lavoisier, einem berühmten französischen Chemiker im 18. Jahrhundert. Dieser hat den von ihm neu entdeckten Stoff im französischen Original *oxygéne* genannt (altgr. *oxys* = spitz, sauer und *gen* = erzeugen). Lavoisier stellte fest, dass viele nichtmetallische elementare Stoffe (wie zum Beispiel Kohlenstoff oder Schwefel) sich beim Verbrennen mit einem bestimmten Stoff aus der Luft verbinden und bei Raumtemperatur ein Gas bilden. Die Nichtmetalle werden dabei sauer gemacht, was man daran erkennen kann, dass saure Lösungen entstehen, wenn man die entstehenden Gase in Wasser leitet (siehe ◨ Abb. 3.12).

Dass Lavoisier mit dieser Theorie nicht immer recht hatte, da metallische Oxide in Wasser keine saure Lösung bilden, muss uns hier nicht weiter interessieren – dies greifen wir im Abschnitt „Säure-Base-Chemie" auf (▶ Abschn. 3.3). Entscheidend für uns ist an dieser Stelle: Ein *Oxid* ist eine Verbindung mit Sauerstoff, die durch Verbrennung entsteht.

In diesem klassischen Sinne ist also eine *Oxidation* eine Sauerstoffaufnahme bzw. die Bildung eines Oxids.

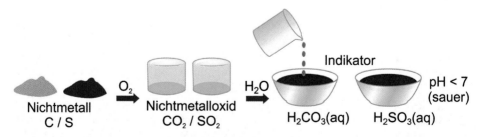

◨ **Abb. 3.12**   Flussschema: Vom Nichtmetall zur sauren Lösung (Nichtmetall – Nichtmetalloxid – saure Lösung)

> ▶ **Beispiel**

Hier einige Beispielreaktionen:

$$C + O_2 \rightarrow CO_2$$

Kohlenstoff + Sauerstoff → Kohlenstoffdioxid

$$N_2 + 2\,O_2 \rightarrow 2\,NO_2$$

Stickstoff + Sauerstoff → Stickstoffdioxid

$$2\,Mg + O_2 \rightarrow 2\,MgO$$

Magnesium + Sauerstoff → Magnesiumoxid

◀

Eine *Reduktion* hingegen ist die Abgabe von Sauerstoff. Beispielsweise lässt sich Silber aus Silberoxid durch Erhitzen gewinnen, indem das Oxid in die elementaren Stoffe zerfällt:

$$2\,Ag_2O \rightarrow 4\,Ag + O_2$$

Schließlich ist dann eine *Redox-Reaktion* eine Sauerstoffübertragung zwischen zwei Ausgangsstoffen. Sie ist zum Beispiel eine wichtige Reaktion im klassischen Hochofenprozess zur Eisengewinnung: Kohlenstoff in Form von Kohle reagiert mit verschiedenen Eisenoxiden (u. a. Wüstit (FeO)) zu elementarem Eisen. Dabei werden Sauerstoff-Atome von Eisenoxid-Einheiten im Ionengitter auf Kohlenstoff-Atome übertragen:

$$2\,FeO + 2\,C \rightarrow 2\,Fe + CO_2$$

3.2.2 Erweiterung des klassischen Redox-Begriffs

Beobachten wir einige Reaktionen elementarer Stoffe genauer, kommen wir dahin, eine Redox-Reaktion auch in Fällen anzunehmen, wo nicht Sauerstoff übertragen wird (siehe Tab. 3.2). Historisch war genau dies der Knackpunkt zur Erweiterung des Konzeptes, wie wir sie nun nachvollziehen wollen.

Es fällt auf: Bei jeder Reaktion verfärbt sich die Flamme des Gasbrenners, und ein pulvriges Produkt bildet sich – unabhängig davon, ob Lithium und Natrium mit Sauerstoff, Schwefel oder Chlor reagieren. Diese Gemeinsamkeiten sind kein Zufall, denn auf der Teilchenebene ist die Gemeinsamkeit zu finden: Elektronen werden zwischen den Reaktionspartnern ausgetauscht; es handelt sich um Elektronenübertragungsreaktionen. Den auftretenden Reaktionen liegt also vom Prinzip her eine Teilchenübertragung zugrunde, ob nun Sauerstoff als nichtmetallischer Reaktionspartner vorliegt oder ein anderer Stoff, der offenkundig Elektronen abgibt – deshalb wollen wir das klassische Redox-Konzept erweitern.

Elektronen kennst du noch aus dem Abschnitt zum *Schalen-Modell* (▶ Abschn. 1.3.6). Zur Wiederholung: Sie bilden die Atomhülle um den Atomkern herum und befinden sich auf Schalen mit einem bestimmten Abstand zum Atom-

◻ **Tab. 3.2** Erweiterung des klassischen Redox-Begriffs

Reaktion	Beobachtung (Bild)	Beobachtung in Worten
Lithium mit Sauerstoff	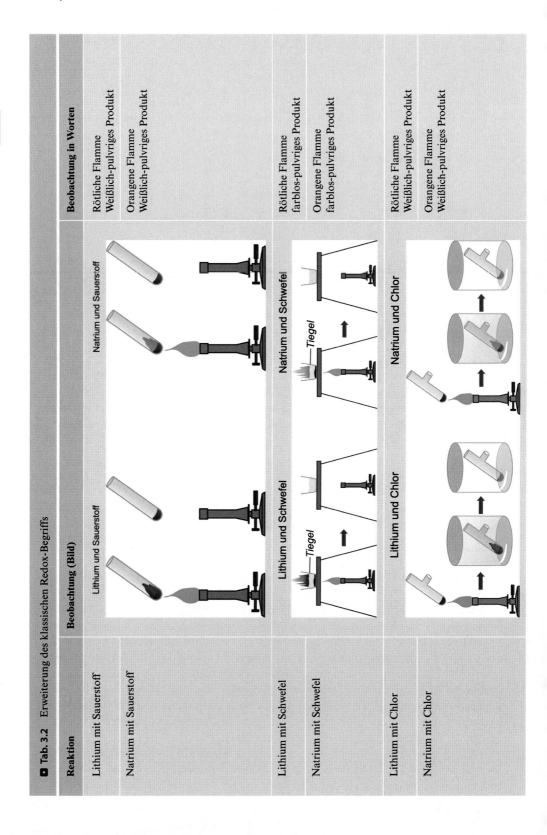	Rötliche Flamme Weißlich-pulvriges Produkt
Natrium mit Sauerstoff		Orangene Flamme Weißlich-pulvriges Produkt
Lithium mit Schwefel		Rötliche Flamme farblos-pulvriges Produkt
Natrium mit Schwefel		Orangene Flamme farblos-pulvriges Produkt
Lithium mit Chlor		Rötliche Flamme Weißlich-pulvriges Produkt
Natrium mit Chlor		Orangene Flamme Weißlich-pulvriges Produkt

kern. Dabei hat jedes Atom das Bestreben, die äußerste Schale – die Valenzschale – zu füllen und damit die Edelgaskonfiguration zu erreichen, wobei entweder Elektronen abgegeben werden oder aufgenommen werden.

Metallische elementare Stoffe haben stets nur wenige Elektronen auf der äußersten Schale – die Alkalimetalle haben jeweils ein Außenelektron, die Erdalkalimetalle zwei. Deswegen ist für Atome dieser Elemente die Abgabe dieser Außenelektronen der leichteste Weg zur *Edelgaskonfiguration*, denn dann ist die darunterliegende Schale die neue Außenschale.

Diesen Vorgang der Elektronenabgabe nennen wir jetzt *Oxidation*.

Lithium- (Li) und Natrium-Atome (Na) geben in all den obigen Reaktionen jeweils ein Elektron ab und werden zu einfach positiv geladenen Lithium- (Li^+) und Natrium-Kationen (Na^+):

$$Li \rightarrow Li^+ + e^-$$

$$Na \rightarrow Na^+ + e^-$$

Was passiert nun mit den abgegebenen Elektronen? Die Antwort: Alle Atome nichtmetallischer Elemente haben eine mindestens zur Hälfte, tendenziell aber noch stärker gefüllte Außenschale. Sie nehmen daher bereitwillig Elektronen auf, um die Edelgaskonfiguration zu erreichen. (Das gilt natürlich nicht für Edelgas-Atome selbst, denn die haben bereits eine volle Außenschale.)

Diesen Vorgang der Elektronenaufnahme nennen wir nun *Reduktion*.[1]

Für unsere obigen Reaktionspartner Sauerstoff und Schwefel bedeutet dies, dass pro Atom jeweils zwei Elektronen aufgenommen werden (beides sind Elemente der 6. Hauptgruppe, wodurch es sechs Außenelektronen gibt und zwei zum Edelgaszustand fehlen):

$$O + 2e^- \rightarrow O^{2-}$$

$$S + 2e^- \rightarrow S^{2-}$$

Hier muss jedoch für Sauerstoff beachtet werden, dass der elementare Stoff bei Raumtemperatur gasförmig vorliegt, also aus Molekülen (O_2) besteht. Das liegt an der Elektronenpaarbindung – hier nachzulesen: ▶ Abschn. 1.2.2. Daher gilt:

$$O_2 + 4e^- \rightarrow 2O^{2-}$$

Schließlich steht Chlor in der 7. Hauptgruppe; ein Chlor-Atom muss nur ein Elektron aufnehmen, um den Edelgaszustand zu erreichen. Chlorgas kommt bei Raumtemperatur ebenfalls molekular vor; hier also die zugehörige Gleichung:

$$Cl_2 + 2e^- \rightarrow 2Cl^-$$

---

1 Neben Nichtmetall-Atomen können auch Metall-Ionen Elektronen aufnehmen. So kann etwa Pb^{4+} zu Pb^{2+} reagieren. Die Elektronenaufnahme von Metall-Ionen soll jedoch in dieser Einführung nicht weiter vertieft werden.

3

Den Gesamtprozess aus Elektronenabgabe und -aufnahme bezeichnen wir als *Redox-Reaktion* und schreiben ihn für die obigen Reaktionen mit Lithium wie folgt auf:

▶ **Beispiel**

Reaktion von Lithium mit Sauerstoff:

Oxidation : $Li \rightarrow Li^+ + e^- \mid \cdot \, \textbf{4}$

Reduktion : $O_2 + \textbf{4}\,e^- \rightarrow 2\,O^{2-}$

Redox : $4\,Li + O_2 \rightarrow 4\,Li^+ + 2\,O^{2-}$

Warum wird die obige Gleichung auf beiden Seiten mit 4 multipliziert? Es wird im ersten Schritt nur ein Elektron abgegeben, aber es werden im zweiten Schritt vier Elektronen benötigt. Daher ergibt sich in der Gesamtgleichung (Redox) ein $Li : O_2$-Verhältnis von 4 : 1. ◀

▶ **Beispiel**

Reaktion von Lithium mit Schwefel:

Oxidation : $Li \rightarrow Li^+ + e^- \mid \cdot \, \textbf{2}$

Reduktion : $S + \textbf{2}\,e^- \rightarrow S^{2-}$

Redox : $2\,Li + S \rightarrow 2\,Li^+ + S^{2-}$

▶ **Beispiel**

Reaktion von Lithium mit Chlor

Oxidation : $Li \rightarrow Li^+ + e^- \mid \cdot \, \textbf{2}$

Reduktion : $Cl_2 + \textbf{2}\,e^- \rightarrow 2\,Cl^-$

Redox : $2\,Li + Cl_2 \rightarrow 2\,Li^+ + 2\,Cl^-$

Die eben erfolgte Konzeptweiterung vom klassischen zum erweiterten Redox-Begriff hat einen entscheidenden Nachteil für Lernende: Eine Oxidation war zuvor eine *Aufnahme* (von Sauerstoff-Atomen) und ist jetzt eine *Abgabe* von Elektronen, und bei der Reduktion ist es umgekehrt (die war vorher eine Abgabe und ist nun zur Aufnahme geworden). Möglicherweise verursacht dies einen kleinen Knoten im Kopf, aber keine Sorge: Der wird sich in weiteren Verlauf des Kapitels schnell lösen, weil wir von nun an ausschließlich mit dem erweiterten Redox-Begriff arbeiten.

Tipp

Überprüfe dein Wissen

Zur Unterscheidung von klassischem und erweiterten Redox-Begriff gibt es eine Flashcard online.

> **Zusammenfassung**
>
> **Redox-Reaktionen**
>
> Um es noch einmal auf den Punkt zu bringen: An dieser Stelle sollte dir bewusst sein, dass bei einer *Redox-Reaktion* Elektronen übertragen werden. Dabei ist die *Oxidation* die Elektronenabgabe und die *Reduktion* die Elektronenaufnahme.
>
> Aus der *Edelgasregel* ergibt sich, dass neutrale Metall-Atome der Hauptgruppenelemente immer Elektronen abgeben und neutrale Nichtmetall-Atome immer Elektronen aufnehmen. Wie viele Elektronen dabei pro Atom abgegeben und aufgenommen werden, kann anhand der Hauptgruppennummer (also der Anzahl an Außenelektronen) bestimmt werden (▶ Abschn. 1.3.5).

3.2.3 Oxidationszahlen und Redox-Gleichungen in verschiedenen Kontexten

Im Alltag laufen noch viel mehr Redox-Reaktionen ab, die sich nicht an einer Flammenerscheinung erkennen lassen. Nehmen wir als Beispiel das Rosten von Eisen:

$$4\,Fe + 3\,O_2 + 3\,H_2O \rightarrow 3\,FeO(OH) + Fe(OH)_3$$

Hier ist es nicht mehr so einfach zu erkennen, welcher Reaktionspartner wie viele Elektronen abgibt. Wir brauchen also ein neues Konzept, um bei gegebenen Formelschreibweisen ermitteln zu können, von wo nach wo Elektronen fließen. Dieses Konzept heißt *Oxidationszahlen*.

Die Oxidationszahl ist ein Wert, den man für jedes Atom angeben kann, und zwar unabhängig davon, ob es in einem Molekül gebunden oder nicht. Sie drückt aus, wie viele Elektronen einem Atom im Vergleich zum ungeladenen Zustand fehlen oder wie viel es zusätzlich in der Hülle hat. Die Oxidationszahl wird üblicherweise als römische Zahl mit Plus- und Minuszeichen an das Atom geschrieben oder bei den Namen von Verbindungen in Klammern eingefügt.

Mit nur fünf Regeln kannst du jede Oxidationszahl ermitteln:

a. Für einatomige Ionen ist die Oxidationszahl gleich der Ladung. Ein Natrium-Kation (Na^+) hat also die Oxidationszahl +I, ein Chlorid-Anion (Cl^-) die Oxidationszahl −I usw.

b. Für Atome elementarer Stoffe ist die Oxidationszahl gleich null. Natrium-Atome (Na) haben also die Oxidationszahl 0, ebenso wie alle Atome in einem Wasserstoff-Molekül (H_2) oder einem Schwefel-Molekül (S_8).

c. In mehratomigen Molekülen hat ein Wasserstoff-Atom in der Regel die Oxidationszahl +I; eine Ausnahme bilden die Hydride (Salze mit einem Hydrid-Anion (H^-)). Ein Sauerstoff-Atom hat in der Regel die Oxidationszahl −II; hier bilden Peroxide die Ausnahme, bei denen zwei Sauerstoff-Atome im Molekül aneinandergeknüpft sind. Dort haben beide Sauerstoff-Atome die Oxidationszahl −I.

d. Die Oxidationszahl aller anderen Atome in Molekülen ergibt sich daraus, dass die Summe aller Oxidationszahlen der Gesamtladung des Moleküls entspricht. Im Schwefelwasserstoff-Molekül (H_2S) hat das Schwefel-Atom (S) also die

Oxidationszahl $-II$, da die Gesamtladung 0 ist und die beiden Wasserstoff-Atome (H) die Oxidationszahl $+I$ haben (siehe Regel c).

e. Fluor (F) ist das elektronegativste Element und kommt in Verbindungen immer mit der Oxidationszahl $-I$ vor.

Schauen wir uns nun einige Beispielreaktionen an.

▶ **Beispiel**

1) **Verbrennung von Kohlenstoff**

C	+	O_2	→	CO_2
0		0		$+IV/2 \cdot (-II)$

Kohlenstoff (C) und Sauerstoff (O_2) sind elementare Stoffe. Hier greift also Regel b und die Oxidationszahlen sind jeweils 0.

In der Verbindung CO_2 greift nun zunächst Regel c (Sauerstoff-Atome haben die Oxidationszahl $-II$). Da es zwei Sauerstoff-Atome gibt und nur ein Kohlenstoff-Atom und da ein Kohlenstoffdioxid-Molekül (CO_2) eine Gesamtladung von 0 hat, muss das Kohlenstoff-Atom also die Oxidationszahl $+IV$ haben.

Wir erkennen: Sowohl die Oxidationszahl der Kohlenstoff-Atome als auch diejenige der Sauerstoff-Atome hat sich in der Reaktion geändert. Die Kohlenstoff-Atome haben vier Elektronen abgegeben und die Sauerstoff-Atome jeweils zwei Elektronen aufgenommen. Mit anderen Worten: Kohlenstoff-Atome wurden oxidiert, Sauerstoff-Atome wurden reduziert.

Analog zu ▶ Abschn. 3.2.2 können wir die Redox-Gleichung also wie folgt formulieren:

$$\text{Oxidation}: C \rightarrow C^{4+} + 4\,e^-$$

$$\text{Reduktion}: O_2 + 4\,e^- \rightarrow 2\,O^{2-}$$

$$\text{Redox}: C + O_2 \rightarrow CO_2$$

Achtung: In der Redox-Gleichung ist die Produktseite bewusst nicht in Ionenform geschrieben, weil bei dieser Reaktion zweier nichtmetallischer Stoffe schließlich keine Ionen, sondern Moleküle gebildet werden. Das C^{4+}- und die O^{2-}-Ionen entstehen hier nur als Zwischenschritte. ◀

▶ **Beispiel**

2) **Verbrennung von Methan**

CH_4	+	$2\,O_2$	→	CO_2	+	$2\,H_2O$
$-IV/4 \cdot (+I)$		0		$+IV/2 \cdot (-II)$		$2 \cdot (+I)/-II$

Für Sauerstoff (O_2) gilt wieder Regel b (die Oxidationszahl von Atomen in elementaren Stoffen ist 0). Ein Methan-Molekül (CH_4) besteht aus vier Wasserstoff-Atomen mit der Oxidationszahl +I (Regel c) und einem Kohlenstoff-Atom mit der Oxidationszahl −IV: Das gesamte Molekül ist neutral geladen und somit muss das eine Kohlenstoff-Atom die vier positiven Ladungen der Wasserstoff-Atome kompensieren. Im Kohlenstoffdioxid-Molekül (CO_2) gilt das Gleiche wie bei Beispiel 1 und im Wasser-Molekül (H_2O) hat das Sauerstoff-Atom erneut die Oxidationszahl −II und die beiden Wasserstoff-Atome erneut +I (Regel c).

Wir erkennen: Das Kohlenstoff-Atom erbringt die bemerkenswerte Leistung, die Oxidationszahl von −IV auf +IV zu steigern und dabei acht Elektronen abzugeben. Dabei kommen vier Elektronen von ihm selbst und vier Elektronen von den Wasserstoff-Atomen im Methan-Molekül. Über diese „verfügt" es sozusagen auch, da es eine höhere Elektronegativität als ein Wasserstoff-Atom hat (siehe ▶ Abschn. 2.2). Diese acht Elektronen werden an vier Sauerstoff-Atome vergeben, die anschließend alle die Oxidationszahl −II haben. Die Wasserstoff-Atome selbst ändern Ihre Oxidationszahl im Laufe der Reaktion nicht − sie werden lediglich umgruppiert. Somit gilt:

$$\text{Oxidation}: CH_4 \rightarrow C^{4+} + 4\,H^+ + 8\,e^-$$

$$\text{Reduktion}: O_2 + 4\,e^- \rightarrow 2\,O^{2-} \mid \cdot 2$$

$$\text{Redox}: CH_4 + 2\,O_2 \rightarrow CO_2 + 2\,H_2O$$

◀

▶ Beispiel

3) Rosten von Eisen

4 Fe	+	3 O_2	+	3 H_2O	→	4 FeO(OH)	+	Fe(OH)$_3$
0		0		2 · (+I)/−II		+III + I/2 · (−II)		+III+3 · (I)/ 3 · (−II)

Nun zum bereits oben erwähnten Beispiel des Rostens von Eisen: Fe und O_2 liegen vor der Reaktion elementar vor und haben deshalb die Oxidationszahl 0 (Regel b). Für H_2O gilt das Gleiche wie bei 1 und 2: Das Sauerstoff-Atom hat die Oxidationszahl −II und die Wasserstoff-Atome haben jeweils die Oxidationszahl +I (Regel c). Schließlich gilt für FeO(OH) und Fe(OH)$_3$ ebenfalls Regel c, sodass für Eisen-Ionen eine Oxidationszahl von +III übrig bleibt. Man muss deshalb von Eisen-Ionen sprechen, da es sich um eine Metall-Nichtmetall-Verbindung und damit um eine Ionenverbindung handelt: FeO(OH) und Fe(OH)$_3$ sind Verhältnisformeln für Salze (vgl. ▶ Abschn. 2.1.3).

Wir stellen fest: Eisen-Atome werden zu Eisen-Ionen oxidiert und geben dabei drei Elektronen ab, während Sauerstoff-Atome zu Sauerstoff-Ionen reduziert werden und jeweils zwei Elektronen aufnehmen. Die Wasserstoff-Atome sind erneut Zuschauer (wie bei 2).

Für die Redox-Gleichung ergibt sich also:

$$\text{Oxidation}: Fe \rightarrow Fe^{3+} + 3\,e^- \mid \cdot 4$$

$$\text{Reduktion}: O_2 + H_2O + 4\,e^- \rightarrow O^{2-} + 2\,OH^- \mid \cdot 3$$

$$\text{Redox}: 4\,Fe + 3\,O_2 + 3\,H_2O \rightarrow 3\,FeO(OH) + Fe(OH)_3$$

◀

Tipp

Überprüfe dein Wissen
   Zum Aufstellen von Redox-Gleichungen gibt es eine Flashcard online.

3.2.4 Die Redox-Chemie des Mangans: Drei Schritte zu einer beliebigen Redox-Gleichung

Prima, du hast jetzt das Konzept der Oxidationszahlen verstanden und kannst es nutzen, um beliebige Redox-Gleichungen aufzustellen! Außerdem kannst du mit diesem Konzept auch überprüfen, ob eine gegebene Reaktion eine Redox-Reaktion ist oder nicht: Nur dann, wenn sich die Oxidationszahlen von beteiligten Atomen ändern, handelt es sich auch um eine Redox-Reaktion.

Verglichen mit der Redox-Chemie der Manganverbindungen, die dir ebenfalls im Studium begegnen werden, waren die bisherigen Redox-Gleichungen sehr einfach. Auch Chromverbindungen sowie Verbindungen verschiedener andere Übungsmetalle zeichnen sich dadurch aus, dass die zugehörigen Metall-Atome mehrere Oxidationsstufen annehmen können. ◘ Tab. 3.3 zeigt beispielhaft die verschiedenen Oxidationsstufen der Manganverbindungen. Aufgrund der Vielzahl der Stufen und der zugehörigen Farbigkeit der Verbindungen spricht man bei Mangan auch von einem „redoxchemischen Chamäleon" mit vielfältigen Anwendungen.

Zur Verdeutlichung: In $AlMnO_4$ liegt Aluminium als Al^{3+}-Ion vor, in $BaMnO_4$ liegt Barium als Ba^{2+} vor und in $KMnO_4$ liegt Kalium als K^+ vor, da es sich jeweils um Metall-Nichtmetall-Verbindungen (also um Ionenverbindungen) handelt. Die Oxidationszahlen entsprechen dann jeweils der Ionenladung (Regel a in ► Abschn. 3.2.3).

Es ist nicht unüblich, dass dir bereits im ersten Semester deines Chemiestudiums Aufgaben wie die folgende gestellt werden:

◘ **Tab. 3.3** Oxidationsstufen des Mangans

Oxidationszahl des Mangan-Atoms bzw. -Ions	Zugehöriger Stoff (Beispiel)	Farbe der zugehörigen Lösung	Verwendung
0	Mn	/	Legierung
+II	$MnSO_4$	Rosa	Düngemittel
+III	$MnO(OH)$	Hellbraun	Bestandteil in Malerfarben
+IV	MnO_2	Braun	Trockenbatterien
+V	$AlMnO_4$	Blau	Farben und Lacke
+VI	$BaMnO_4$	Grün	Farben
+VII	$KMnO_4$	Violett	Oxidationsmittel

Stellen Sie die Redox-Gleichung für die Reduktion von Permanganat-Ionen zu Mn^{2+}-Ionen im salzsauren Milieu auf.

Zur Bewältigung solcher Aufgaben sind insgesamt drei Schritte nötig:

■ **1. Bestimmung der Oxidationszahlen**

Aus der Aufgabenstellung lässt sich zunächst schließen, dass folgende Edukte und Produkte vorliegen:

$$MnO_4^- + Cl^- + H^+ \rightarrow Mn^{2+} + Cl_2$$

MnO_4^- – Permanganat-Ionen

Cl^- – Chlorid-Ionen

H^+ – Wasserstoff-Ionen

Mn^{2+} – Mangan-Ionen

Cl_2 – Chlor-Moleküle

Chlorid-Ionen (Cl^-) und Wasserstoff-Ionen (H^+) liegen dabei in einer Salzsäure-lösung vor. Dass Chlorid-Ionen zu Chlor-Molekülen umgesetzt werden, muss man wissen: „Reduktion in salzsaurer Lösung" bedeutet, dass die Chlorid-Ionen die Aufgabe haben, Elektronen abzugeben. Sie fungieren also als *Reduktionsmittel*, weil sie dafür sorgen, dass andere Atome, Moleküle oder Ionen reduziert werden – in diesem Fall die Permanganat-Ionen.

Wie im vorherigen Abschnitt können wir also erst einmal die Oxidationszahlen bestimmen:

MnO_4^-	+	Cl^-	+	H^+	→	Mn^{2+}	+	Cl_2
$+VII/4 \cdot (-II)$		$-I$		$+I$		$+II$		0

Für Chlorid-Ionen (Cl^-), Wasserstoff-Ionen (H^+) und Mangan-Ionen (Mn^{2+}) gilt Regel a in ▶ Abschn. 3.2.3.

Es wird deutlich: Mangan-Ionen erfahren eine Reduktion der Oxidationszahl von +VII auf +II und Chlorid-Ionen eine Erhöhung der Oxidationszahl von −I auf 0. Damit haben wir den Großteil der Aufgabe bereits erledigt!

■ **2. Teilgleichungen und Bilanzen aufstellen**

Pro Chlorid-Ion wird also ein Elektron abgegeben, da sich die Oxidationszahl um den Wert 1 erhöht. Da Chlor im elementaren Zustand (so wie alle Halogene) molekular vorkommt, gilt für die Oxidationsteilgleichung:

$$Ox: 2\,Cl^- \rightarrow Cl_2 + 2\,e^-$$

Weil sich die Oxidationszahl der Mangan-Ionen von +VII auf +II reduziert, werden also fünf Elektronen pro MnO_4^--Ion aufgenommen. Für die Reduktionsteilgleichung gilt also zunächst:

$$Red: MnO_4^- + 5\,e^- \rightarrow Mn^{2+}$$

3

Nun stellt sich die Frage: Was passiert mit den vier Sauerstoff-Ionen (O^{2-}) im Permanganat-Ion (MnO_4^-)? Hier kommen die Wasserstoff-Ionen (H^+) ins Spiel: Da in der Aufgabe von einem „sauren Milieu" die Rede ist, liegen sie in einer großen Menge vor und können mit den Sauerstoff-Ionen Wasser-Moleküle (H_2O) bilden. Für die vier Sauerstoff-Ionen auf der linken Seite des Reaktionspfeils werden acht Wasserstoff-Ionen benötigt, um daraus vier Wasser-Moleküle zu bilden:

$$\text{Red}: MnO_4^- + 5\,e^- + 8\,H^+ \rightarrow Mn^{2+} + 4\,H_2O$$

Zur Sicherheit kann man nun noch die *Teilchenbilanz* sowie die *Ladungsbilanz* aufstellen: Links und rechts vom Reaktionspfeil muss die gleiche Anzahl an Elementsymbolen einer Sorte sowie die gleiche Gesamtladung vorliegen. Für unser Beispiel ergibt sich:

$$\text{Ox}: 2\,Cl^- \rightarrow Cl_2 + 2\,e^-$$

- **Teilchenbilanz**
Links: 2 Cl-Symbole
  Rechts: 2 Cl-Symbole
  Fazit: ausgeglichen!

- **Ladungsbilanz**
Ladung links: −2 (da zwei Cl$^-$-Ionen vorliegen)
  Ladung rechts: −2 (da zwei e$^-$ vorliegen)
  Fazit: ausgeglichen!

$$\text{Red}: MnO_4^- + 5\,e^- + 8\,H^+ \rightarrow Mn^{2+} + 4\,H_2O$$

- **Teilchenbilanz**
Links: 1 Mn-Symbol, 4 O-Symbole, 8 H-Symbole
  Rechts: 1 Mn-Symbol, 4 O-Symbole, 8 H-Symbole
  Fazit: ausgeglichen!

- **Ladungsbilanz**
Ladung links: +2 (da ein MnO_4^--Ion, fünf e$^-$ und acht H$^+$ vorliegen)
  Ladung rechts: +2 (da ein Mn^{2+}-Ion vorliegt)
  Fazit: ausgeglichen!

- **3. Gesamtgleichung aufstellen**
Jetzt müssen wir nur noch überprüfen, ob in der Oxidationsgleichung auch so viele Elektronen abgegeben werden, wie in der Reduktionsgleichung benötigt werden:

$$\text{Ox}: 2\,Cl^- \rightarrow Cl_2 + 2\,e^-$$

$$\text{Red}: MnO_4^- + 5\,e^- + 8\,H^+ \rightarrow Mn^{2+} + 4\,H_2O$$

Das ist offenbar noch nicht der Fall: Es werden nur zwei Elektronen abgegeben, aber fünf benötigt. Wir brauchen also ein gemeinsames Vielfaches von 2 und 5, um die beiden Teilgleichungen damit zu multiplizieren. Das kleinste gemeinsame Vielfache von 2 und 5 ist 10. Daher nehmen wir folgende Operation vor:

$$Ox : 2\,Cl^- \rightarrow Cl_2 + 2\,e^- \mid \cdot 5$$

$$Red : MnO_4^- + 5\,e^- + 8\,H^+ \rightarrow Mn^{2+} + 4\,H_2O \mid \cdot 2$$

Jetzt müssen wir nur noch alle Bausteine links und rechts vom Reaktionspfeil zusammenrechnen:

$$Gesamt : 10\,Cl^- + 2\,MnO_4^- + 10\,e^- + 16\,H^+ \rightarrow 5\,Cl_2 + 10\,e^- + 2\,Mn^{2+} + 8\,H_2O$$

Da links und rechts vom Reaktionspfeil jeweils zehn e^- stehen, kann man diese beruhigt kürzen, da nun die gleiche Anzahl an Elektronen abgegeben wie aufgenommen wird.

$$Gesamt : 10\,Cl^- + 2\,MnO_4^- + 16\,H^+ \rightarrow 5\,Cl_2 + 2\,Mn^{2+} + 8\,H_2O$$

Fertig ist die Redox-Gleichung!

Somit hast du das Konzept der Redox-Reaktion erarbeitet und kannst Redox-Gleichungen aufstellen. Ein weiterer grundlegender Reaktionstyp sind die Säure-Base-Reaktionen, die im nächsten Abschnitt betrachtet werden.

Tipp

Überprüfe dein Wissen
Zur Bestimmung von Oxidationszahlen sowie zum Aufstellen von Redox-Gleichungen gibt es Flashcards online.

3.3　Säure-Base-Reaktionen

Die *Säure-Base-Chemie* ist aus unserem täglichen Leben nicht wegzudenken. Wir säuern Speisen mit Essig oder Zitronensaft, trinken Wasser und Limonaden mit Kohlensäure, waschen uns mit Duschgel und „pH-hautneutraler" Seife, nehmen Tabletten gegen Sodbrennen oder diskutieren die Übersäuerung der Meere und Wälder (siehe ◘ Abb. 3.13). Grund genug, um sich mit den basalen Konzepten der Säure-Base-Chemie auseinanderzusetzen!

3

◘ **Abb. 3.13**   Säure-Base-Chemie im Alltag. Zusammenstellung aus Pixabay

Lernziele
Am Ende des Abschnitts wirst du Folgendes können:
- Säure-Base-Reaktionen als Protonenübertragung deuten,
- den pH-Wert einer wässrigen Lösung beschreiben und berechnen,
- das Prinzip der Titration erläutern,
- Beispiele für Säure-Base-Reaktionen in der Lebenswelt erläutern,
- Redox-Reaktionen und Säure-Base-Reaktionen voneinander unterscheiden.

3.3.1   Von Arrhenius zu Brönsted/Lowry: Die Entwicklung eines Säure-Base-Konzeptes

Essig kennt fast jeder. Er sorgt für einen beißend-frischen Geruch und einen sauren Geschmack im Salat. Es gibt ihn klassisch weiß, klassisch schwarz und mit einer Apfel-, Himbeer-, Johannisbeer- oder sogar Holundernote. Er wurde schon um 5000 v. Chr. von den Babyloniern u. a. als Konservierungsmittel eingesetzt. Und etwa ebenso lange ist bekannt, dass er Marmor (d. h. Calciumcarbonat) aufschäumt und löst, weshalb man essigsaure Haushaltsreiniger auch nicht auf Marmorplatten anwenden soll. Das macht ihn zur ältesten bekannten Säure.

Im 17. Jahrhundert hat man alle Stoffe, die wie Essig einen sauren Geruch/Geschmack und eine aufschäumende Wirkung auf Kalk haben, zur Gruppe der Säuren zugeordnet. Außerdem kannte man bereits eine Gruppe, welche die saure Wirkung von Säuren aufheben kann (z. B. besagter Kalk). Diese Gruppe nannte man Basen.

Erst im 19. Jahrhundert gab es einen Versuch, die Stoffgruppen der Säuren und Basen anhand ihres Verhaltens auf der Teilchenebene zu definieren. Mit Hilfe von Leitfähigkeitsmessungen elektrolytischer Lösungen stellte der schwedische Physiker und Chemiker Svante Arrhenius folgende Theorie auf, die man auch *Dissoziationstheorie* nennt:

Säuren sind Verbindungen, die in wässriger Lösung in positiv geladene Wasserstoff-Ionen (H^+-Ionen) und negativ geladene Säurerest-Ionen dissoziieren. Chlorwasserstoff (HCl) ist demnach bspw. eine Säure:

$$HCl(g) \rightarrow H^+(aq) + Cl^-(aq)$$

HCl(g) – gasförmiger Chlorwasserstoff (stechend riechendes Gas)
H⁺(aq) – aquatisiertes (in Wasser gelöstes) Wasserstoff-Ion (H^+)
Cl⁻(aq) – aquatisiertes (in Wasser gelöstes) Chlorid-Ion (Cl^-)

Basen sind Verbindungen, die in wässriger Lösung in negativ geladene Hydroxid-Ionen (OH^-) und positiv geladene Basenrest-Ionen dissoziieren. Natriumhydroxid (NaOH) ist demnach bspw. eine Base:

$$NaOH(s) \rightarrow Na^+(aq) + OH^-(aq)$$

NaOH(s) – festes Natriumhydroxid (weiße, runde Plättchen)
Na⁺(aq) – hydratisiertes (in Wasser gelöstes) Natrium-Ion (Na^+)
OH⁻(aq) – hydratisiertes (in Wasser gelöstes) Hydroxid-Ion (OH^-)

❯ Ihr merkt: bei den Reaktionsgleichungen werden tiefgestellte Symbole für die Aggregatzustände bzw. andere Zustände (wie etwa „in Wasser gelöst" (aq)) verwendet. Das ist hier besonders wichtig, um deutlich zu machen, dass die Säuren und Basen nach Arrhenius in Wasser dissoziieren (also in Ionen zerfallen).

Dieses Konzept von Arrhenius kann die Wirkung vieler Säuren und Basen erklären. So färbt sich ein pH-Papier bspw. rot, wenn man es in eine Chlorwasserstoff-Lösung (man spricht auch von Salzsäure-Lösung) hält, und es färbt sich blau, wenn man es in eine Natriumhydroxid-Lösung hält: Im ersten Fall werden durch die Dissoziation entstandenen H^+-Ionen nachgewiesen, im zweiten Fall die ebenso entstandenen OH^--Ionen.

Auch eine wässrige Lösung von Ammoniak (NH_3) färbt pH-Papier blau – und das, obwohl Ammoniak-Moleküle offensichtlich nicht in OH^--Ionen zerfallen können. Wie also lässt sich der alkalische pH-Wert einer Ammoniak-Lösung erklären?

Eine neue Säure-Base-Theorie musste her – und sie wurde 1923 gleich von zwei Wissenschaftlern aufgestellt, die sich nie kennengelernt haben: Johannes Brönsted und Thomas Lowry definierten Säuren und Basen wie folgt:

Säuren sind Moleküle oder Ionen, die Wasserstoff-Ionen bzw. Protonen (H^+) abgeben können (*Protonendonatoren*).

So sind beispielsweise Chlorwasserstoff-Moleküle Brönsted/Lowry-Säuren:

$$HCl + H_2O \rightarrow H_3O^+ + Cl^-$$

Basen sind Moleküle oder Ionen, die Protonen aufnehmen können (*Protonenakzeptoren*). So sind Ammoniak-Moleküle Brönsted/Lowry-Basen:

$$NH_3 + H_2O \rightarrow NH_4^+ + OH^-$$

Eine *Säure-Base-Reaktion* ist also eine Protonenübertragungsreaktion. Jede Brönsted/Lowry-Säure, die ein Proton abgibt, braucht auch eine Brönsted/Lowry-Base, die ein Proton aufnimmt. Die deprotonierte Form einer Brönsted/Lowry-Säure ist dabei immer eine Brönsted/Lowry-Base, während die protonierte Form einer Brönsted/Lowry-Base immer eine Brönsted/Lowry-Säure ist. ◘ Tab. 3.4 verdeutlicht den Zusammenhang.

Du kannst erkennen, dass das Wasser-Molekül (H_2O) sowohl Brönsted/Lowry-Säure als auch Brönsted/Lowry-Base sein kann. Solche Moleküle nennt man *Ampholyte*.

Deutlich wird, dass die Definition von Brönsted und Lowry sich auf die Teilchenebene bezieht, während sich diejenige von Arrhenius auf die Stoffebene bezieht. Diese Unterscheidung ist sehr wichtig, da ein „Stoff" keine Protonen abgeben oder aufnehmen kann, sondern nur dessen Teilchen! Außerdem ist bspw. der Stoff Natriumhydroxid (NaOH) zwar eine Base, aber selbst keine Brönsted/Lowry-Base – er enthält allerdings eine Brönsted/Lowry-Base, nämlich die Hydroxid-Ionen (OH^-), die zusammen mit den Natrium-Ionen (Na^+) in einem Ionengitter angeordnet sind. ◘ Tab. 3.5 fasst die *Begriffe zur Säure-Base-Chemie* für die Stoff- und Teilchenebene zusammen.

Schließlich kann man mit dem Brönsted/Lowry-Konzept sogar Reaktionen von Säuren und Basen ohne die Beteiligung von Wasser erklären – etwa die Bildung von weißem Salmiak-Rauch, wenn gasförmiges Ammoniak mit gasförmigem Chlorwasserstoff reagiert (siehe ◘ Abb. 3.14):

$$NH_3\left(g\right) + HCl\left(g\right) \rightarrow NH_4Cl\left(g\right)$$

Tipp

Überprüfe dein Wissen

Zur Bestimmung von Brönsted/Lowry-Säuren und -Basen und von Ampholyten sowie zum Aufstellen von Säure-Base-Reaktionen gibt es Flashcards online.

◘ **Tab. 3.4**   Brönsted/Lowry-Säure-Base-Paare

Protonierte Form (Brönsted/Lowry-Säure)	Deprotonierte Form (Brönsted/Lowry-Base)
HCl	Cl^-
H_3O^+	H_2O
H_2O	OH^-
NH_4^+	NH_3

◘ Tab. 3.5	Begriffe zur Säure-Base-Chemie auf der Stoff- und Teilchenebene	
Begriffe für die Stoffebene	Säure (Stoff, der in Wasser gelöst Oxonium-Ionen (H_3O^+) bildet) Saure Lösung (Lösung mit Überschuss an Oxonium-Ionen (H_3O^+))	Base (Stoff, der in Wasser gelöst Hydroxid-Ionen (OH^-) bildet) Alkalische Lösung bzw. Lauge (Lösung mit Überschuss an Hydroxid-Ionen (OH^-))
Begriffe für die Teilchenebene	Brönsted/Lowry-Säure (Molekül oder Ion, dass Protonen (H^+) abgibt)	Brönsted/Lowry-Base (Molekül oder Ion, dass Protonen (H^+) aufnimmt)
	Ampholyt (Molekül oder Ion, das sowohl Protonen (H^+) abgeben als auch aufnehmen kann)	

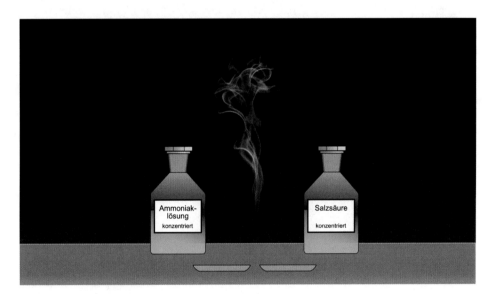

◘ **Abb. 3.14** Bildung von Salmiak-Rauch

3.3.2 Der pH-Wert: Definition und Bedeutung

Der pH-Wert ist für die Umwelt und für den Menschen hochgradig relevant. Ohne den richtigen pH-Wert im Körper können bspw. Nährstoffe wie Zucker oder Fette nicht abgebaut werden. Eine Acidose (Senkung des pH-Wertes unter den Normbereich) kann damit genauso lebensgefährlich sein wie eine Alkalose (Steigerung des pH-Wertes über den Normbereich). Deshalb gibt es im Körper sog. pH-Puffersysteme, die den pH-Wert des Blutes, innerhalb des Magens oder auch auf der Haut in einem gewissen Grenzbereich halten.

Was aber ist der pH-Wert genau und wie kann man ihn bestimmen (▶ Kap. 16)?

3

Zunächst lässt sich der pH-Wert fachlich korrekt als negativer dekadischer Logarithmus der sog. *Aktivität a* der H^+-Ionen in einem System definieren (Gl. 3.21).

$$pH = -\lg\left(a\left(H^+\right)\right) \tag{3.21}$$

Das ist die Definition, die du für die physikalische Chemie kennen solltest. Da wir uns hier zunächst mit wässrigen Lösungen als Systemen befassen, kann man die Definition für unsere Zwecke vereinfachen und vom negativen dekadischen Logarithmus der Konzentration c der Oxonium-Ionen (H_3O^+) sprechen (Gl. 3.22):

$$pH = -\lg\left(c\left(H_3O^+\right)\right) \tag{3.22}$$

Von dieser Definition lassen sich zwei Aspekte ableiten:
- Der pH-Wert ist dann hoch, wenn die Konzentration c an Oxonium-Ionen (H_3O^+) niedrig ist (also in alkalischen Lösungen).
- Der pH-Wert ist dann niedrig, wenn die Konzentration c an Oxonium-Ionen (H_3O^+) hoch ist (also in sauren Lösungen).

In Tab. 3.6 wird der Zusammenhang zwischen der Konzentration c der Oxonium-Ionen (H_3O^+) und dem pH-Wert aufgezeigt.

◘ Abb. 3.15 zeigt eine typische pH-Skala, welche sich ergibt, wenn man die Verfärbung von pH-Papier durch eine Lösung mit dem jeweiligen pH-Wert darstellt. Das pH-Papier enthält *Indikatoren*, d. h. Stoffe, die uns den pH-Wert einer Lösung anzeigen. Außerdem ist angegeben, in welchen Wertebereichen sich die pH-Werte von Lösungen aus der Lebenswelt üblicherweise befinden. Schließlich wird deutlich, dass in sauren Lösungen ein pH-Wert unter 7, in neutralen Lösungen ein pH-Wert gleich 7 und in alkalischen Lösungen ein pH-Wert über 7 vorliegt.

Es gibt neben dem Universalindikator eine ganze Menge weitere Indikatoren – so auch natürliche Indikatoren aus Lebensmitteln wie Rotkohl- oder Radieschensaft. Dazu zählen etwa Anthocyane, die je nach pH-Wert eine bestimmte Färbung der Lösung verursachen. ◘ Abb. 3.16 zeigt die Farbumschläge der gängigen Indikatoren.

Im vorherigen Abschnitt hast du gelernt, dass alkalische Lösungen bzw. Laugen einen Überschuss an Hydroxid-Ionen (OH^-) haben. Jetzt lernst du, dass Laugen einen pH-Wert über 7 haben. Wie lässt sich das in Einklang bringen? Schließlich tauchen die Hydroxid-Ionen in der Definition des pH-Wertes gar nicht auf, oder?

Doch, das tun sie – allerdings etwas versteckt. Um das zu begreifen, muss man sich mit der sog. *Autoprotolyse* des Wassers befassen. „Auto" als Vorsilbe bedeutet „selbst". „Autoprotolyse" heißt dann also, dass Wasser-Moleküle untereinander eine Protonenübertragungsreaktion durchführen können:

$$H_2O + H_2O \rightleftharpoons H_3O^+ + OH^-$$

Selbst reines Wasser enthält also Ionen – das ist einer der Gründe dafür, dass Leitungswasser in geringem Maße leitfähig ist und man deshalb vorsichtig sein sollte mit elektrischen Geräten im Badezimmer.

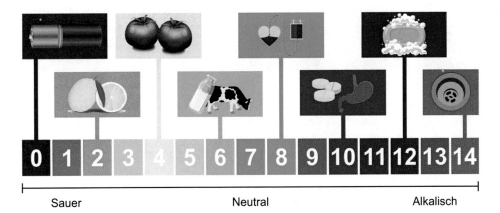

Abb. 3.15   pH-Skala mit Beispiellösungen

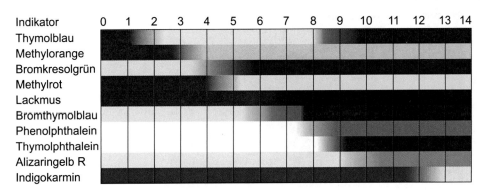

Abb. 3.16   Farbumschläge gängiger Indikatoren

Für die Gleichgewichtsreaktion der Autoprotolyse lässt sich das *Massenwirkungsgesetz* aufstellen (Gl. 3.23):

$$K = \frac{c\left(H_3O^+\right) \cdot c\left(OH^-\right)}{c^2\left(H_2O\right)} \tag{3.23}$$

Geht man davon aus, dass sich die Konzentration c der Wasser-Moleküle (H_2O) im Laufe der Reaktion praktisch nicht verändert, da es viel mehr Wasser-Moleküle als Ionen in reinem Wasser gibt, lässt sich näherungsweise die Konstante K_W, auch *Ionenprodukt des Wassers* genannt, definieren (Gl. 3.24):

$$K_W = c\left(H_3O\right)^+ \cdot c\left(OH\right)^- \tag{3.24}$$

Bei 25 °C beträgt der Wert für $K_W = 1 \cdot 10^{-14}$ mol^2/L^2

Auch für das Ionenprodukt des Wassers wird der negative dekadische Logarithmus gebildet, um einfache Zahlenwerte zu erhalten (Gl. 3.25):

$$pKw = pH + pOH = 14 \tag{3.25}$$

3

Dabei ist der pOH-Wert analog zum pH-Wert als negativer dekadischer Logarithmus der Konzentration c der Hydroxidionen (OH⁻) definiert (Gl. 3.26):

$$pOH = -\lg\left(c\left(OH^-\right)\right) \tag{3.26}$$

Schließlich gilt die Gleichung für das Ionenprodukt nicht nur in reinem Wasser, sondern in jeder beliebigen Lösung: pH- und pOH-Wert ergeben zusammen immer 14. Deshalb ist bei gegebener Konzentration an Oxonium-Ionen (H_3O^+) auch immer die Konzentration an Hydroxid-Ionen (OH⁻) bekannt. Für den pH-Wert können wir also auch folgende Gleichung aufstellen (Gl. 3.27):

$$pH = -\lg\left(c\left(H_3O^+\right)\right) = 14 - pOH = 14 + \lg\left(c\left(OH^-\right)\right) \tag{3.27}$$

In diesem Sinne tauchen die Hydroxid-Ionen also ebenfalls in der Definition des pH-Wertes auf. Wir können folgende Aussagen zusammenfassen:

1. In einer sauren Lösung ist der pH-Wert kleiner als 7. Damit ist die Konzentration an Oxonium-Ionen höher als die an Hydroxid-Ionen: $c(H_3O^+) > 10^{-7}$ mol/L; $c(OH^-) < 10^{-7}$ mol/L.
2. In einer neutralen Lösung ist der pH-Wert gleich 7. Damit ist die Konzentration an Oxonium-Ionen gleich der Konzentration an Hydroxid-Ionen: $c(H_3O^+) = c(OH^-) = 10^{-7}$ mol/L.
3. In einer alkalischen Lösung ist der pH-Wert größer als 7. Damit ist die Konzentration an Oxonium-Ionen kleiner als die an Hydroxid-Ionen: $c(H_3O^+) < 10^{-7}$ mol/L; $c\left(OH^-\right) > 10^{-7}$ mol/L.

Zusammenfassung

[Der pH-Wert]

Beim Lesen der ◻ Tab. 3.6 wird dir Folgendes klar: Der pH-Wert entspricht immer der Zahl im Exponenten ohne das Minuszeichen. Genau das meint die Formulierung „negativer dekadischer Logarithmus der Konzentration c der Oxonium-Ionen (H_3O^+)". Außerdem wird deutlich, dass auf der pH-Skala üblicherweise Werte von 0 bis 14 angegeben werden. Schließlich wird ersichtlich, weshalb man den pH-Wert als logarithmischen Wert definiert hat: die Werte 0 bis 14 sind leichter zu handhaben also die Exponentialschreibweise oder gar die Dezimalschreibweise.

3.3.3 Der pH-Wert: Berechnung

pH-Werte können nicht nur mit einer Messelektrode gemessen oder mit einem Indikator angezeigt, sondern auch berechnet werden. Dies ist für die Forschung und die chemische Industrie sehr wichtig, denn wie in Organismen findet auch im Reagenzglas oder im Reaktionsgefäß nur dann ein gewünschter Prozess statt, wenn der pH-Wert korrekt eingestellt ist. Beispielsweise kann man nur dann effizient Wasserstoff aus der Reaktion von Zink und Wasser gewinnen, wenn die Lösung angesäuert wird,

□ **Tab. 3.6** Zusammenhang zwischen Konzentration c der Oxonium-Ionen (H_3O^+) und pH-Wert

$c(H_3O^+)/(mol/L)$ in Dezimalschreibweise	$c(H_3O^+)/(mol/L)$ in Exponentenschreibweise	pH-Wert
1	10^0	$lg(1) = 0$
0,1	10^{-1}	$lg(0,1) = 1$
0,01	10^{-2}	$lg(0,01) = 2$
0,001	10^{-3}	$lg(0,001) = 3$
0,0001	10^{-4}	$lg(0,0001) = 4$
0,00001	10^{-5}	$lg(0,00001) = 5$
0,000001	10^{-6}	$lg(0,000001) = 6$
0,0000001	10^{-7}	$lg(0,0000001) = 7$
0,00000001	10^{-8}	$lg(0,00000001) = 8$
0,000000001	10^{-9}	$lg(0,000000001) = 9$
0,0000000001	10^{-10}	$lg(0,0000000001) = 10$
0,00000000001	10^{-11}	$lg(0,00000000001) = 11$
0,000000000001	10^{-12}	$lg(0,000000000001) = 12$
0,0000000000001	10^{-13}	$lg(0,0000000000001) = 13$
0,00000000000001	10^{-14}	$lg(0,00000000000001) = 14$

während man Laugengebäck nur dann erhält, wenn man die Gebäckstücke vor dem Backen in eine Natronlauge-Lösung gibt.

Je nach System und beteiligten Säuren und Basen unterscheidet man fünf Arten, den pH-Wert zu berechnen, je nachdem, ob eine starke Säure, schwache Säure, starke Base oder schwache Base vorliegt. Deshalb müssen wir zunächst verstehen, worin sich starke und schwache Säuren/Basen unterscheiden.

■ **Der pH-Wert von Lösungen starker Säuren**

Starke Säuren bestehen aus Brönsted/Lowry-Säuren, die ein hohes Bestreben haben, ihr Proton abzugeben. Ein Beispiel ist Salzsäure (HCl):

$$HCl + H_2O \rightarrow H_3O^+ + Cl^-$$

Gibt man 1 mol Chlorwasserstoff-Moleküle (HCl) in Wasser, reagieren praktisch alle, und es findet keine nennenswerte Rückreaktion statt. Somit entstehen dann nach der obigen Gleichung auch 1 mol Oxonium-Ionen (H_3O^+).

Der Begriff „starke Säure" wird dabei sowohl für den Reinstoff (in diesem Fall Salzsäure) als auch für die Brönsted/Lowry-Säure auf der Teilchenebene verwendet. Es lässt sich also sagen: Salzsäure ist eine starke Säure, und Chlorwasserstoff-Moleküle (HCl) sind starke Brönsted/Lowry-Säuren.

3

Die Berechnung des pH-Wertes der Lösung einer starken Säure ist also sehr einfach: Man bildet den negativen dekadischen Logarithmus der Konzentration der Säure (Gl. 3.28):

$$pH = -\lg\left(c\left(H_3O^+\right)\right) = -\lg\left(c\left(HA_{stark}\right)\right) \tag{3.28}$$

Dies gilt deshalb, weil die Konzentration der Oxonium-Ionen gleich der Konzentration der Moleküle der starken Säure ist: Jede der Brönsted/Lowry-Säuren gibt ihr Proton ab:

$$c\left(H_3O^+\right) = c\left(HA_{stark}\right)$$

▶ **Beispiel**

Wenn also berechnet werden soll, welchen pH-Wert eine 0,1-molare Salzsäure-Lösung (HCl(aq)) hat, dann gilt:

$$c\left(HA_{stark}\right) = 0{,}1\,\frac{mol}{L}$$

$$pH = -\lg\left(c\left(H_3O^+\right)\cdot\frac{L}{mol}\right) = -\lg\left(c\left(HA_{stark}\right)\cdot\frac{L}{mol}\right) = -\lg\left(0{,}1\,\frac{mol}{L}\cdot\frac{L}{mol}\right) = 1$$

Es erscheint dir vielleicht seltsam, dass die Konzentration c der Oxonium-Ionen (H_3O^+) in der Formel mit der Einheit L/mol multipliziert wird. Der Grund hierfür ist, dass der pH-Wert keine Einheit hat. Da die Formel nur gültig ist, wenn man Werte für die Konzentration c der Oxonium-Ionen (H_3O^+) in der Einheit mol/L einsetzt, sorgt das Multiplizieren mit L/mol also dafür, dass sich die Einheiten kürzen. Das ist ein rein formaler Prozess – in den Taschenrechner würde man im obigen Beispiel nur − lg (0,1) eingeben. ◀

🛑 **Achtung:** Es kommt immer wieder zu Verständnisproblemen bzgl. des Konzeptes starker Säuren, weil unser alltäglicher Sprachgebrauch bzw. Laborjargon unpräzise ist. Wir reden auch dann von einer „starken Säure", wenn wir eigentlich eine stark saure Lösung (d. h. eine Lösung mit einen niedrigen pH-Wert) meinen. Das sollte unbedingt vermieden werden!

Tipp

Überprüfe dein Wissen
   Zu den Begriffen „starke Säure" und „stark saure Lösung" gibt es eine Flashcard online.

■ **Der pH-Wert von Lösungen starker Basen**

Für starke Basen gilt analog zu starken Säuren das Folgende.
Starke Basen bestehen aus Brönsted/Lowry-Basen, die ein hohes Bestreben haben, ein Proton aufzunehmen. Ein Beispiel ist Natriumhydroxid:

$$NaOH(s) \rightarrow Na^+(aq) + OH^-(aq)$$

Gibt man 1 mol Natriumhydroxid-Einheiten (NaOH) in Wasser, so ist davon auszugehen, dass praktisch alle Einheiten zerfallen und keine nennenswerte Rückreaktion stattfindet. Somit entstehen dann nach der obigen Gleichung auch 1 mol Hydroxid-Ionen (OH^-).

Die Berechnung des pH-Wertes der Lösung einer starken Base ist also auch nicht besonders schwer: Man nutzt den bekannten Zusammenhang zwischen pH-Wert und pOH-Wert (siehe Gl. 3.25) und bildet den negativen dekadischen Logarithmus der Konzentration der Base (Gl. 3.29):

$$pH = 14 - pOH = 14 + \lg\left(c\left(OH^-\right) \cdot \frac{L}{mol}\right) = 14 + \lg\left(c\left(A_{stark}^-\right) \cdot \frac{L}{mol}\right) \qquad (3.29)$$

Dies gilt deshalb, weil die Konzentration der Hydroxid-Ionen (OH^-) gleich der Konzentration der Natriumhydroxid-Einheiten (NaOH oder allgemein für starke Basen: A_{stark}^-) ist: Jede der Einheiten zerfällt, wenn man die Base in Wasser löst.

$$c\left(OH^-\right) = c\left(A_{stark}^-\right)$$

▶ Beispiel

Wenn man also bspw. berechnen will, welchen pH-Wert eine 0,1-molare Natronlauge ($NaOH_{(aq)}$) hat, dann gilt.

$$c\left(A_{stark}^-\right) = 0,1 \frac{mol}{L}$$

$$pH = 14 + \lg\left(c\left(A_{stark}^-\right) \cdot \frac{L}{mol}\right) = 14 + \lg\left(0,1 \frac{mol}{L} \cdot \frac{L}{mol}\right) = 13$$

Du siehst: Auch in dieser Formel wird mit L/mol multipliziert, damit das Ergebnis keine Einheit hat. ◀

■ **Der pH-Wert von Lösungen schwacher Säuren**

Nicht jede Säure ist eine starke Säure. Manche Säuren bestehen aus Brönsted/Lowry-Säuren, die in einer nennenswerten Gleichgewichtsreaktion ihre Protonen abgeben. Solche Säuren nennt man *schwache Säuren*. Das gilt z. B. für Essigsäure (CH_3COOH):

$$CH_3COOH + H_2O \rightleftharpoons CH_3COO^- + H_3O^+$$

Hier gilt nicht mehr, dass jedes Essigsäure-Molekül (CH_3COOH), das in Wasser gegeben wird, zur Bildung von einem Oxonium-Ion (H_3O^+) führt, weil ein Teil der entstehenden Acetat-Moleküle (CH_3COO^-) zurückreagiert. Es muss also eine etwas kompliziertere Formel zur pH-Wert-Berechnung gefunden werden als diejenige, die zur Berechnung des pH-Wertes starker Säuren verwendet wird. Herleiten lässt sich diese, indem wir zunächst das Massenwirkungsgesetz für die obige Reaktion aufstellen (Gl. 3.30):

$$K = \frac{c\left(CH_3COO^-\right) \cdot c\left(H_3O^+\right)}{c\left(CH_3COOH\right) \cdot c\left(H_2O\right)} \qquad (3.30)$$

3

$c(\text{CH}_3\text{COOH})$: Ausgangskonzentration der Säure (d. h. ihre Konzentration vor Beginn der Reaktion)

Das Gesetz lässt sich ähnlich wie bei der Beschreibung des Ionenproduktes des Wassers (siehe ▶ Abschn. 3.3.2) dadurch vereinfachen, dass die Konzentration des Wassers als konstant angenommen wird: Es gibt in der Lösung viel mehr Wasser-Moleküle als anderen Moleküle in der Reaktion. Die dadurch entstehende neue Gleichgewichtskonstante nennen wir *Säurekonstante* K_S (Gl. 3.31–3.32).

$$K \cdot c\left(\text{H}_2\text{O}\right) = \frac{c\left(\text{CH}_3\text{COO}^-\right) \cdot c\left(\text{H}_3\text{O}^+\right)}{c\left(\text{CH}_3\text{COOH}\right)} \tag{3.31}$$

$$K_S = \frac{c\left(\text{CH}_3\text{COO}^-\right) \cdot c\left(\text{H}_3\text{O}^+\right)}{c\left(\text{CH}_3\text{COOH}\right)} \tag{3.32}$$

Nun folgt ein weiterer Trick: Da wir eine Formel für den pH-Wert erhalten wollen, ist die Konzentration c der Oxonium-Ionen (H_3O^+) von Interesse, während die Konzentration c der Acetat-Ionen (CH_3COO^-) nicht von Belang ist. Laut der obigen Reaktionsgleichung gilt, dass pro Acetat-Molekül (CH_3COO^-) ein Oxonium-Ion (H_3O^+) entsteht. Daher gilt Folgendes (Gl. 3.33–3.34):

$$c\left(\text{H}_3\text{O}^+\right) = c\left(\text{CH}_3\text{COO}^-\right) \tag{3.33}$$

$$K_S = \frac{c^2\left(\text{H}_3\text{O}^+\right)}{c\left(\text{CH}_3\text{COOH}\right)} \tag{3.34}$$

Jetzt muss nur noch nach $c(\text{H}_3\text{O}^+)$ umgestellt und logarithmiert werden (Gl. 3.35–3.38):

$$K_S = \frac{c^2\left(\text{H}_3\text{O}^+\right)}{c\left(\text{CH}_3\text{COOH}\right)} \quad | \cdot \left(\text{CH}_3\text{COOH}\right) \tag{3.35}$$

$$c^2\left(\text{H}_3\text{O}^+\right) = K_S \cdot c\left(\text{CH}_3\text{COOH}\right) | \sqrt{} \tag{3.36}$$

$$c\left(\text{H}_3\text{O}^+\right) = \sqrt{K_S \cdot c\left(\text{CH}_3\text{COOH}\right)} \, | \lg \tag{3.37}$$

$$\lg\left(c\left(\text{H}_3\text{O}^+\right)\right) = \lg\left(K_S \cdot c(\text{CH}_3\text{COOH})\right)^{\frac{1}{2}} \Leftrightarrow -\text{pH} = \frac{1}{2} \cdot \left(\lg\left(K_S\right) + \lg\left(c\left(\text{CH}_3\text{COOH}\right)\right)\right)$$

$$\text{pH} = 0,5 \cdot \left(\text{p}K_S - \lg\left(c\left(\text{CH}_3\text{COOH}\right) \cdot \frac{\text{L}}{\text{mol}}\right)\right) \tag{3.38}$$

Damit der pH-Wert erneut keine Einheit hat, wurde das Multiplizieren mit L/mol ergänzt. Allgemein lautet dann die Formel wie folgt (Gl. 3.39):

$$\text{pH} = 0,5 \cdot \left(\text{p}K_S - \lg\left(c\left(\text{S},0\right) \cdot \frac{\text{L}}{\text{mol}}\right)\right) \tag{3.39}$$

$c(\text{S},0)$ – Ausgangskonzentration der schwachen Säure

> **Tipp**
>
> Um den Schritt der Logarithmierung in Ruhe nachzuvollziehen, ist die Kenntnis der Logarithmusgesetze nötig. Wenn du dich mit der erhaltenen Formel für den pH-Wert zufriedengibst, brauchst du dich nicht weiter damit zu befassen; wenn du es genau wissen willst, solltest du im Zusatzmaterial nachlesen.

Der *pKs-Wert* ist dabei ein Maß für die Säurestärke. Es gibt tabellierte Werte aller bekannten Säuren für diesen Wert unter Standardbedingungen (25 °C und 1,013 bar Druck). Essigsäure hat einen pK_S-Wert von 4,75 und bildet damit genau die Grenze zu den schwachen Säuren: Alle Säuren mit einem kleineren pK_S-Wert sind starke Säuren.

> ▶ **Beispiel**
>
> Will man also bspw. den pH-Wert einer 0,1-molaren Essigsäure-Lösung (CH_3COOH) unter Standardbedingungen berechnen, muss man wie folgt vorgehen:
>
> $$pH = 0,5 \cdot \left(pK_S - \lg\left(c(S,0) \cdot \frac{L}{mol} \right) \right) = 0,5 \cdot \left(4,75 - \lg\left(0,1 \frac{mol}{L} \cdot \frac{L}{mol} \right) \right) = 2,875 \approx 2,9$$
>
> Auch hier darf man nicht vergessen, dass man für $c(S,0)$ nur Werte mit der Einheit mol/L einsetzt. ◀

- **Der pH-Wert von Lösungen schwacher Basen**

Für *schwache Basen* gilt analog zu schwachen Säuren, dass ihre Brönsted/Lowry-Basen nur in einer Gleichgewichtsreaktion Protonen aufnehmen. So ist Ammoniak (NH_3) ein Beispiel für eine schwache Base:

$$NH_3 + H_2O \rightleftharpoons NH_4^+ + OH^-$$

Nicht jedes Ammoniak-Molekül (NH_3) führt also in dieser Reaktion zur Bildung eines Hydroxid-Ions (OH^-); einige Ammonium-Ionen (NH_4^+) reagieren wieder zurück. Stellt man hier erneut das Massenwirkungsgesetz-t auf und folgt den Schritten analog zur Formel für die schwachen Säuren (Gl. 3.30–3.39), so kommt man zu diesen Gleichungen für den pH-Wert (Gl. 3.40–3.41):

$$pH = 14 - pOH = 14 - \left(0,5 \cdot \left(pK_B - \lg\left(c(NH_3) \cdot \frac{L}{mol} \right) \right) \right) \tag{3.40}$$

$$\text{allgemein}: pH = 14 - \left(0,5 \cdot \left(pK_B - \lg\left(c(B,0) \cdot \frac{L}{mol} \right) \right) \right) \tag{3.41}$$

$c(B,0)$ – Ausgangskonzentration der schwachen Base

Dabei gibt der *pK_B-Wert* die Basenstärke an. Ammoniak hat einen pK_B-Wert von 4,75 und bildet damit die Grenze zu den schwachen Basen: Alle Basen mit einem geringeren pK_B-Wert bezeichnet man als starke Basen.

3

Zur Berechnung des pH-Werts einer 0,1-molaren Ammoniak-Lösung (NH_3) unter Standardbedingungen muss man bspw. wie folgt vorgehen:

$$pH = 14 - 0,5 \cdot \left(pK_B - lg\left(c(B,0) \cdot \frac{L}{mol} \right) \right)$$

$$= 14 - 0,5 \cdot \left(4,75 - lg\left(0,1 \frac{mol}{L} \cdot \frac{L}{mol} \right) \right) = 11,125 \approx 11,1$$

◀

- **Der pH-Wert mehrprotoniger Säuren**

Schwefelsäure-Moleküle (H_2SO_4) sind ein Beispiel für mehrprotonige Brönsted/Lowry-Säuren: Sie können sogar zwei Protonen pro Molekül abgeben. Das führt zu zwei Protolyse-Stufen:

1. Protolysestufe: $H_2SO_4 + H_2O \rightleftharpoons HSO_4^- + H_3O^+$
2. Protolysestufe: $HSO_4^- + H_2O \rightleftharpoons SO_4^{2-} + H_3O^+$

In einem solchen Fall muss grundsätzlich die Konzentration der entstehenden Oxonium-Ionen (H_3O^+) in jedem Protolyseschritt bestimmt und addiert werden. Im Fall der Schwefelsäure sind sowohl H_2SO_4 ($pK_S = -3,0$) als auch HSO_4^- ($pK_S = 1,9$) starke Säuren. Deshalb gilt (Gl. 3.42):

$$pH = -lg\left(c\left(H_3O^+\right) \cdot \frac{L}{mol} \right) = -lg\left(2 \cdot c\left(HA_{stark}\right) \cdot \frac{L}{mol} \right) \qquad (3.42)$$

Überprüfe dein Wissen
Zur Berechnung von pH-Werten unterschiedlicher Lösungen (starke und schwache Säure/Base, ein- und mehrprotonige Säure) gibt es Flashcards online.

3.3.4 Die Säure-Base-Titration als analytisches Verfahren

Dir ist sicherlich schon einmal aufgefallen, dass es im Supermarkt Säfte mit unterschiedlichem Säuregehalt gibt. So gibt es z. B. „milden" Orangensaft oder Apfelsaft. Auch Sauerkraut gibt es in einer milden Variante, d. h. einer Variante mit einem geringeren Säuregehalt und damit einem höheren pH-Wert.

Wenn man nun den Säuregehalt zweier Produkte vergleichen will, könnte man einfach den pH-Wert messen. Dazu dient seit 1940 ein *pH-Meter* mit einer *Kalomelelektrode* (zur Funktionsweise siehe ▶ Kap. 16). Je höher der pH-Wert, desto geringer die Konzentration an Oxonium-Ionen (H_3O^+) und desto „milder" der Saft oder das Sauerkraut. Auch kosmetische Produkte unterliegen strengen pH-Kontrollen, bevor Kunden diese auf der Haut auftragen.

Vor 1940 hatte man in Laboratorien keine pH-Meter, und auf Indikatoren allein wollte man sich nicht verlassen, wollte aber trotzdem die Konzentration einer sauren oder alkalischen Lösung bestimmen – so z. B. bei der Bestimmung des Stickstoffgehaltes einer Probe im Verfahren nach Kjelldahl. Deshalb wurde das Verfahren der *Titration*

entwickelt. Da auch heutzutage in der Forschung das Grundprinzip der Titration angewendet wird und es deshalb gängige Praxis der Hochschullehre ist, dieses Verfahren theoretisch wie praktisch zu unterrichten, solltest du dich im Folgenden damit befassen.

■ **Grundprinzip der Säure-Base-Titration**

Bei einer *Säure-Base-Titration* wird zu einer sauren Lösung mit unbekannter Titration eine alkalische Lösung mit einer bekannten Titration gegeben. ◨ Abb. 3.17. zeigt die Apparatur einer Säure-Base-Titration. Hier in dem Fall wird Natronlauge mittels einer *Bürette* in kleinen Schritten zu einer Salzsäure-Lösung mit unbekannter Titration in einem Becherglas zugetropft.

Dabei findet die *Neutralisationsreaktion* statt:

$$H_3O^+ + OH^- \rightleftharpoons 2\,H_2O$$

Dies geschieht so lange, bis keine Oxonium-Ionen (H_3O^+) aus der ursprünglichen Lösung mehr vorhanden sind. Dann hat man den *Äquivalenzpunkt* erreicht; also den Punkt, an dem die Stoffmenge der vorliegenden Säure der Stoffmenge der zugetropften Base entspricht. Dieser Punkt wird durch geeignete Wahl eines Indikators durch einen Farbumschlag angezeigt (dazu mehr in ▶ Abschn. 3.3.2). ◨ Abb. 3.18 zeigt die Vorgänge auf der Teilchenebene während der Titration.

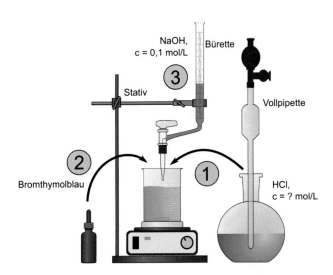

◨ **Abb. 3.17** Aufbau einer Titrationsapparatur zur Bestimmung der Konzentration einer Salzsäure-lösung mit Natronlauge

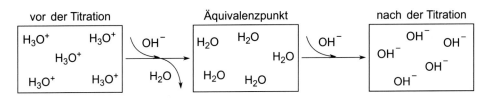

◨ **Abb. 3.18** Vorgänge auf der Teilchenebene während der Titration

3

Am Äquivalenzpunkt gelten dann folgende Beziehungen (Gl. 3.43–3.45):

$$n(\text{Säure}) = n(\text{Base}) \tag{3.43}$$

$$c(\text{Säure}) \cdot V(\text{Säure}) = c(\text{Base}) \cdot V(\text{Base}) \tag{3.44}$$

$$c(\text{Säure}) = c(\text{Base}) \cdot \frac{V(\text{Base})}{V(\text{Säure})} \tag{3.45}$$

c(Säure) – unbekannte Konzentration der Säure
c(Base) – bekannte Konzentration der Base
V(Base) – Volumen der zugetropften alkalischen Lösung
V(Säure) – Volumen der vorliegenden sauren Lösung

▶ Beispiel

Wenn man also bspw. 50 mL einer Salzsäure-Lösung mit unbekannter Konzentration titriert und dabei 50 mL einer ein-molaren Natronlauge bis zum Äquivalenzpunkt hinzugeben muss, kann man die unbekannte Säurekonzentration wie folgt berechnen:

$$c(\text{Säure}) = c(\text{Base}) \cdot \frac{V(\text{Base})}{V(\text{Säure})}$$

$$= 1 \frac{\text{mol}}{\text{L}} \cdot \frac{0,05\,\text{L}}{0,05\,\text{L}} = 1 \frac{\text{mol}}{\text{L}}$$

◀

Grundsätzlich kann man auch eine alkalische Lösung unbekannter Konzentration mit einer sauren Lösung bekannter Konzentration titrieren – dabei gilt das soeben ausgeführte in umgekehrter Reihenfolge.

■ **Titration der Lösung einer starken Säure mit der Lösung einer starken Base**
Titriert man die Lösung einer 0,1-molaren starken Säure (wie HCl) mit der Lösung einer 0,1-molaren starken Base (wie NaOH) und trägt den pH-Wert gegen das zugegebene Volumen an Lauge auf, so erhält man die folgende Titrationskurve (siehe ◼ Abb. 3.19).

Der Startpunkt dieser Titrationskurve liegt im sauren Bereich, da es sich zu Beginn um eine saure Lösung handelt. Im Verlauf der Titration nimmt der pH-Wert zu, da bei Zugabe von Hydroxid-Ionen die vorliegenden Oxonium-Ionen neutralisiert werden:

$$H_3O^+ + OH^- \rightleftharpoons 2H_2O$$

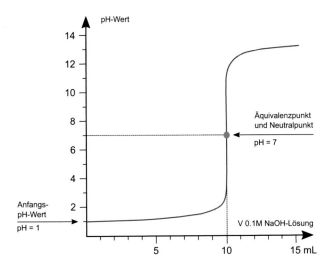

◘ Abb. 3.19 Titrationskurve einer starken Säure mit der Lösung einer starken Base

Der *Äquivalenzpunkt* ist gleichzeitig auch der *Neutralpunkt* (pH = 7): Da die Stoffmenge der ursprünglichen Chlorwasserstoff-Moleküle (HCl) gleich der entstandenen
Stoffmenge an Oxonium-Ionen (H_3O^+) in der sauren Lösung ist und die ursprüngliche Stoffmenge an Natriumhydroxid-Einheiten (NaOH) gleich der entstandenen
Stoffmenge an Hydroxid-Ionen (OH^-) in der alkalischen Lösung ist, gelten am Äquivalenzpunkt folgende Beziehungen (Gl. 3.46–3.51):

$$n(\text{Säure}) = n(\text{Base}) \tag{3.46}$$

$$n(\text{HCl}) = n(\text{NaOH}) \tag{3.47}$$

$$n(\text{HCl}) = n\left(H_3O^+\right) \tag{3.48}$$

$$n(\text{NaOH}) = n\left(OH^-\right) \tag{3.49}$$

$$n\left(H_3O^+\right) = n\left(OH^-\right) \tag{3.50}$$

$$pH = 7 \tag{3.51}$$

Folglich ist es sinnvoll, die Titration mit einem Indikator durchzuführen, der bei einem
pH-Wert von 7 einen Farbumschlag hat, wie Universalindikator oder Bromthymolblau.

Nach dem Äquivalenzpunkt wechselt der pH-Wert logischerweise in den alkalischen Bereich: Ab diesem Punkt liegt nämlich ein Überschuss an Hydroxid-Ionen
(OH^-) vor.

■ **Titration der Lösung einer schwachen Säure mit der Lösung einer starken Base**

Titriert man die Lösung einer 0,1-molaren schwache Säure (z. B. Essigsäure
(CH_3COOH)) mit der Lösung einer 0,1-molaren starken Base (z. B. NaOH) und
trägt den pH-Wert gegen das zugegebene Volumen an Lauge auf, so erhält man eine
ähnliche Titrationskurve (siehe ◘ Abb. 3.20).

3

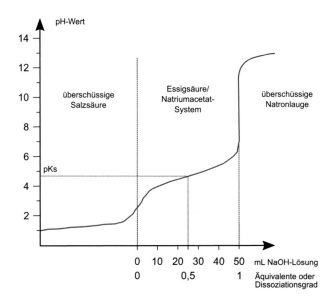

□ **Abb. 3.20**   Titrationskurve einer schwachen Säure mit einer starken Base

Der Startpunkt dieser Titrationskurve liegt ebenfalls im sauren, da es sich zu Beginn um eine saure Lösung handelt. Allerdings liegt er höher als bei der starken Säure: Bei gleicher Konzentration hat die Lösung einer starken Säure immer den niedrigeren pH-Wert, da im Vergleich zur schwachen Säure deutlich mehr Moleküle ihre Protonen abgegeben haben.

Auch hier nimmt der pH-Wert im Verlauf der Titration zu, da bei Zugabe von Hydroxid-Ionen die vorliegenden Oxonium-Ionen neutralisiert werden.

Der Äquivalenzpunkt ist hier jedoch nicht der Neutralpunkt, sondern er liegt im alkalischen Bereich: Da nicht alle der ursprünglichen Essigsäure-Moleküle (CH_3COOH) ihr Proton abgegeben haben, gibt es am Neutralpunkt, an dem die Stoffmengen an Oxonium- (H_3O^+) und Hydroxid-Ionen (OH^-) gleich sind, immer noch Essigsäure-Moleküle (CH_3COOH). Diese müssen ebenfalls noch von den Hydroxid-Ionen (OH^-) neutralisiert werden:

$$CH_3COOH + OH^- \rightarrow CH_3COO^- + H_2O$$

Es müssen also mehr Hydroxid-Ionen (OH^-) hinzugegeben werden, als Oxonium-Ionen (H_3O^+) in der Lösung vorhanden sind. Am Äquivalenzpunkt gelten die folgenden Beziehungen (Gl. 3.52–3.57):

$$n(\text{Säure}) = n(\text{Base}) \tag{3.52}$$

$$n(CH_3COOH) = n(NaOH) \tag{3.53}$$

$$n(CH_3COOH) \neq n(H_3O^+) \tag{3.54}$$

$$n(NaOH) = n(OH^-) \tag{3.55}$$

$$n\left(H_3O^+\right) < n\left(OH^-\right) \tag{3.56}$$

$$pH > 7 \tag{3.57}$$

Der pH-Wert des Äquivalenzpunktes entspricht dabei dem pH-Wert der zur schwachen Säure zugehörigen Base mit der an diesem Punkt vorliegenden Konzentration. In diesem Fall wurde mit Erreichen des Äquivalenzpunktes jedes Essigsäure-Moleküle (CH_3COOH) in ein Acetat-Molekül (CH_3COO^-) überführt.

Demzufolge ist hierbei ein Indikator zu wählen, der bei einem pH-Wert im alkalischen Bereich einen Farbumschlag hat, z. B. Universalindikator oder Thymolblau (Achtung: Thymolblau und Bromthymolblau sind zwei verschiedene Stoffe!).

Nach dem Äquivalenzpunkt steigt der pH-Wert logischerweise ebenfalls weiter in den alkalischen Bereich: Es werden immer mehr Hydroxid-Ionen (OH^-) zugegeben, ohne dass neue Oxonium-Ionen (H_3O^+) gebildet werden können.

■ **Pufferbereich**

Damit sind die Unterschiede der Startpunkte und Äquivalenzpunkte der beiden Titrationskurven erklärt. Es gibt noch einen weiteren Unterschied: Zwischen Start- und Äquivalenzpunkt steigt die Kurve bei der Titration der Lösung einer schwachen Säure mit der Lösung einer starken Base deutlich langsamer an. Das liegt daran, dass es in diesem Bereich zu einer *Pufferlösung* kommt; man nennt den Bereich daher auch *Pufferbereich*.

Damit ist gemeint, dass in einem bestimmten Bereich der pH-Wert der Lösung trotz Zugabe weiterer Hydroxid-Ionen konstant bleibt, der Anstieg also abgepuffert ist. Die Pufferlösung ist also eine Art Knautschzone des pH-Wertes. Das liegt daran, dass es neben den Oxonium-Ionen (H_3O^+) noch andere Säure-Moleküle in der Lösung gibt, nämlich diejenigen der schwachen Säure (in diesem Fall CH_3COOH). Wenn nur die Oxonium-Ionen (H_3O^+) mit den Hydroxid-Ionen (OH^-) reagieren würden, so käme es genauso schnell zu einem Anstieg des pH-Wertes wie bei der Titration der Lösung einer starken Säure, da im Laufe der Neutralisationsreaktion die Konzentration an Oxonium-Ionen direkt sinken würde:

$$H_3O^+ + OH^- \rightleftharpoons 2H_2O$$

Wenn aber stattdessen die Essigsäure-Moleküle (CH_3COOH) mit den Hydroxid-Ionen (OH^-) reagieren, ändert sich der pH-Wer tweniger stark: Nur die entstehenden Acetat-Moleküle (CH_3COO^-) tragen in ihrer Reaktion mit Wasser zur Erhöhung des pH-Wertes bei:

$$CH_3COOH + OH^- \rightarrow CH_3COO^- + H_2O$$

$$CH_3COO^- + H_2O \rightleftharpoons CH_3COOH + OH^-$$

Die Pufferwirkung geht auch in die andere Richtung: Würde man Oxonium-Ionen (H_3O^+) zur Lösung hinzugeben, könnten die Acetat-Moleküle (CH_3COO^-) anstatt der Hydroxid-Moleküle (OH^-) mit diesen reagieren und damit das Absinken des pH-Wertes verlangsamen.

3

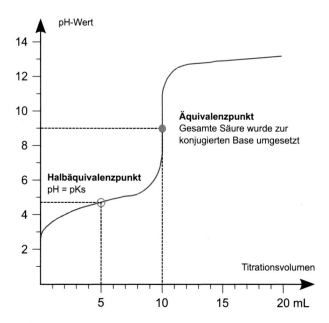

◘ **Abb. 3.21**   Halbäquivalenzpunkt in der Titrationskurve

Die Pufferwirkung ist im Bereich um den pKs-Wert der schwachen Säure am stärksten; wird das Verhältnis zwischen schwacher Brönsted/Lowry-Säure und zugehöriger Brönsted/Lowry-Base in einer Lösung über den Wert von 10 : 1 bzw. 1 : 10 gesteigert, spricht man nicht mehr von einer Pufferlösung.

Man kann den pK_S-Wert einer schwachen Säure auch an der Titrationskurve ablesen – nämlich am *Halb-Äquivalenzpunkt*. Der pH-Wert, bei dem die Hälfte des Volumens an alkalischer Lösung bis zum Äquivalenzpunkt zugegeben wurde, entspricht dabei dem pK_S-Wert (siehe ◘ Abb. 3.21).

Warum gilt dieser Zusammenhang zwischen pK_S-Wert und Halbäquivalenzpunkt? Hierzu müssen wir die *Henderson-Hasselbalch-Gleichung* herleiten, deren Name du nie wieder vergessen wirst: Nicht nur, weil er sehr merkwürdig ist, sondern auch, weil die Formel viel einfacher ist, als ihr komplexer Name vermuten lässt.

Wir stellen zunächst wie oben (siehe Gl. 3.30) lediglich die Gleichung für die Säurekonstante der schwachen Säure auf (Gl. 3.58–3.59).

$$CH_3COOH + H_2O \rightleftharpoons CH_3COO^- + H_3O^+ \tag{3.58}$$

$$K_S = \frac{c\left(CH_3COO^-\right) \cdot c\left(H_3O^+\right)}{c\left(CH_3COOH\right)} \tag{3.59}$$

Dann stellen wir die Formel nach $c(H_3O^+)$ um (Gl. 3.60–3.62):

$$K_S = \frac{c\left(CH_3COO^-\right) \cdot c\left(H_3O^+\right)}{c\left(CH_3COOH\right)} \mid \cdot c\left(CH_3COOH\right) \tag{3.60}$$

$$K_S \cdot c(\text{CH}_3\text{COOH}) = c(\text{CH}_3\text{COO}^-) \cdot c(\text{H}_3\text{O}^+) \,|: c(\text{CH}_3\text{COO}^-) \tag{3.61}$$

$$c(\text{H}_3\text{O}^+) = \frac{K_S \cdot c(\text{CH}_3\text{COOH})}{c(\text{CH}_3\text{COO}^-)} \tag{3.62}$$

Und jetzt logarithmieren wir beide Seiten der Gleichung wie gehabt (Gl. 3.63–3.65):

$$c(\text{H}_3\text{O}^+) = K_S \cdot \frac{c(\text{CH}_3\text{COOH})}{c(\text{CH}_3\text{COO}^-)} \,|-\lg \tag{3.63}$$

$$\text{pH} = \text{p}K_S - \lg\left(\frac{c(\text{CH}_3\text{COOH})}{c(\text{CH}_3\text{COO}^-)}\right) \tag{3.64}$$

$$\text{allgemein}: \text{pH} = \text{p}K_S - \lg\left(\frac{c(\text{HA})}{c(\text{A}^-)}\right) \tag{3.65}$$

Aus der Gleichung erkennen wir: Der pH-Wert entspricht dann dem $\text{p}K_S$-Wert, wenn der Term $c(\text{HA})/c(\text{A}^-)$ den Wert 0 annimmt. Dies ist dann der Fall, wenn die Terme $c(\text{HA})$ und $c(A^-)$ gleich sind (denn dann liegt $-\lg(1)$ und damit 0 vor), und diese Beziehung gilt genau bei der Hälfe des Äquivalenzpunktes: Dort wurde genau die Hälfte der Säure-Moleküle (HA) zu den Basen-Molekülen (A$^-$) umgesetzt.

Mit der Henderson-Hasselbalch-Gleichung kann man zudem den pH-Wert einer Pufferlösung berechnen, zu der eine bestimmte Menge an Oxonium- (H_3O^+) oder Hydroxid-Ionen (OH$^-$) gegeben wird.

▶ **Beispiel**

Angenommen, es liegt eine Essigsäure-Acetat-Pufferlösung vor mit gleichen Konzentrationen an Essigsäure (CH_3COOH) und Acetat (CH_3COO^-) (jeweils 1 mol/L). Hierzu wird jetzt eine Stoffmenge von 1 mol konzentrierter Salzsäure (HCl) gegeben (wir vernachlässigen die dabei auftretende Volumenänderung). Für den pH-Wert gilt dann:

$$\text{pH} = \text{pK}_S - \lg\left(\frac{c(\text{HA})}{c(\text{A}^-)}\right) = \text{pK}_S - \lg\left(\frac{n(\text{HA})}{n(\text{A}^-)}\right)$$

$$= \text{pK}_S - \lg\left(\frac{n(\text{CH}_3\text{COOH}) + n(\text{HCl})}{n(\text{CH}_3\text{COO}^-)}\right)$$

$$= 4{,}75 - \lg\left(\frac{1\,\text{mol} + 1\,\text{mol}}{1\,\text{mol}}\right) \approx 4{,}4$$

$c(\text{CH}_3\text{COOH})/c(\text{CH}_3\text{COO}^-)$ ist das Gleiche wie $n(\text{CH}_3\text{COOH})/n(\text{CH}_3\text{COO}^-)$, wenn die Moleküle in derselben Lösung vorliegen: Man würde die beiden Werte der Stoffmengen durch das gleiche Volumen teilen. Außerdem wird die Stoffmenge der Salzsäure zur Stoffmenge der Essigsäure addiert, da die Salzsäure-Moleküle (HCl) die Essigsäure-Moleküle (CH_3COOH) im Protolyse-Gleichgewicht der schwachen Säure unterstützen:

3

$$CH_3COOH + H_2O \rightleftharpoons CH_3COO^- + H_3O^+ \; (+HCl)$$

◄

3.3.5 Redox-Reaktionen und Säure-Base-Reaktionen im Vergleich

In diesem Abschnitt sollen die Konzepte Säure-Base-Reaktion und Redox-Reaktion vergleichend voneinander abgegrenzt werden, damit es dir sicher gelingt, bei einer vorliegenden Reaktion zu entscheiden, welcher der Typen vorliegt. Wenn du diese Zeilen liest und nicht mehr genau weißt, was eine Redox-Reaktion ist, solltest du zunächst in ▶ Abschn. 3.2 nachschlagen.

Sowohl Redox- als auch Säure-Base-Reaktionen sind *Donator-Akzeptor-Reaktionen*, die nach dem gleichen Prinzip ablaufen. ◘ Tab. 3.7 zeigt das Prinzip vergleichend auf.

Um also bei gegebenen Formeln zu entscheiden, ob eine Redox-Reaktion oder eine Säure-Base-Reaktion vorliegt, muss man die Oxidationszahlen für die Edukte und Produkte bestimmen. Nur, wenn sich diese ändern, kann es sich um eine Redox-Reaktion handeln.

◘ **Tab. 3.7**   Redox-Reaktionen und Säure-Base-Reaktionen als Donator-Akzeptor-Reaktionen

	Redox-Reaktionen	**Säure-Base-Reaktionen**
Reaktionspartner	Atom/Ion/Molekül, welches oxidiert wird: Elektronendonator Atom/Ion/Molekül, welches reduziert wird: Elektronenakzeptor	Brönsted/Lowry-Säure: Protonendonator Brönsted/Lowry-Base. Protonenakzeptor
Stärke der Reaktionspartner	Gegeben durch Redox-Potenzial (E_0 als Standardwert)	Gegeben durch Säure- und Basenstärke (pK_S und pK_B als Standardwerte)
Art der übertragenen Bausteine	Elektronen	Protonen
Möglichkeiten der Erkennung auf Formelebene	Oxidationszahlen ändern sich	Protonen werden übertragen
Möglichkeiten der Erkennung auf der Stoffebene	Farbänderungen oder Indikator-Lösung, Verbrennungen	Farbänderungen mit Indikator-Lösung, pH-Wert-Messung, Geschmack

> ► **Beispiel**

Betrachten wir zum Beispiel die folgenden Reaktionen im Vergleich:
(1) $C + O_2 \rightarrow CO_2$
(2) $HCl + H_2O \rightarrow Cl^- + H_3O^+$

Eine Bestimmung der Oxidationszahlen (vgl. ► Abschn. 3.2) liefert folgendes Ergebnis:

C	+	O_2	→	CO_2
0		0		+IV/2•(-II)

Wir stellen fest: Sowohl die Oxidationszahl der Kohlenstoff-Atome als auch die der Sauerstoff-Atome ändert sich im Verlauf der Reaktion. Deshalb liegt eine Redox-Reaktion vor.

HCl	+	H_2O	→	Cl^-	+	H_3O^+
+I/-I		2 · (+I)/−II		−I		3 · (+I)/−II

Wir stellen fest: Weder die Oxidationszahl der Wasserstoff-Atome noch die der Chlor- oder Sauerstoff-Atome ändert sich im Verlauf der Reaktion. Deshalb liegt keine Redox-Reaktion vor. Stattdessen liegt eine Säure-Base-Reaktion mit Chlorwasserstoff-Molekülen (HCl) als Brönsted/Lowry-Säuren und Wasser-Molekülen (H_2O) als Brönsted/Lowry-Base vor.

Darüber hinaus könnte man denken, dass Säure-Moleküle immer nur Säure-Base-Reaktionen und keine Redox-Reaktionen eingehen. Das ist jedoch nicht der Fall: Es gibt zwei Reaktionstypen, bei denen Säure-Moleküle ihre Oxidationszahl ändern:
1. Reaktionen von Metallen mit sauren Lösungen: Säurekorrosion
   Das lateinische Verb *corrodere* bedeutet „zersetzen". Eine *Korrosion* ist also ein Zersetzungsprozess. Metalle reagieren in sauren Lösungen wie folgt:

$$Me(s) + x\,H_3O^+ \rightleftharpoons Me^{x+}(aq) + \frac{x}{2}H_2(g) + x\,H_2O$$

Me: beliebiges Metall-Atom
   Dabei wird Wasserstoffgas frei, das als Gasbläschen in der Lösung sichtbar wird, und das feste Metall geht als Metall-Kationen in Lösung. Es gilt: Je unedler das Metall (d. h. je geringer das Redox-Potenzial), desto stärker liegt das Gleichgewicht auf der rechten Seite und desto schneller läuft die Reaktion ab (► Kap. 6). Während sich bspw. 1 g Magnesium in 1-molarer Salzsäure in wenigen Minuten unter starker Gasentwicklung vollständig löst, bilden sich bei der gleichen Menge an Eisen in der gleichen Zeit lediglich einige Gasbläschen und bei der gleichen Menge Kupfer ist praktisch keine Reaktion sichtbar.
   Trotzdem sind nach längerer Zeit auch edlere Metalle gefährdet. So werden Bronzedächer und Skulpturen im Laufe der Jahre mit einer grünen Schicht aus Kupferpatina überzogen. Dabei handelt es sich im Wesentlichen um Mischsalze aus Kupferchlorid, -carbonat, -sulfat und -hydroxid, die bei der Säurekorrosion von Kupfer durch sauren Regen entstehen.

3

2. Reaktionen mit Säuren als Oxidationsmittel
   Wenn es zu einem Unfall kommt, bei dem konzentrierte Säure wie bspw. Salpetersäure ausläuft, dann liest man in den Medien in diesem Zusammenhang oft zwei
   Dinge:
   a) Es besteht eine zusätzliche Gefahr, wenn die Säure verdünnt wird.
   b) Es besteht bei Kontakt mit organischen Stoffen sogar Explosionsgefahr.

Ersteres klingt paradox, lässt sich aber dadurch erklären, dass erst bei der Verdünnung eine Reaktion der Säure mit Wasser stattfindet, wodurch die ätzenden Oxonium-
Ionen entstehen und zudem auch Wärme freigesetzt wird, da die folgende Reaktion
stark exotherm ist:

$$HNO_3 + H_2O \rightarrow NO_3^- + H_3O^+$$

Letzteres zeigt, das bspw. Salpetersäure selbst ein sehr starkes Oxidationsmittel ist.
Ab einer Konzentration von 70 % ist Salpetersäure brandfördernd. So kann diese
sog. rauchende Salpetersäure beispielsweise Kohlenstoff in Staub zur Reaktion unter
Flammenbildung bringen.

$$C + 4\,HNO_3 \rightarrow H_2CO_3 + 4\,NO_2\,(g) + H_2O$$

Dabei sind nicht nur Brandschäden gefährlich, sondern es entsteht Kohlensäure, die
wiederum Oxonium-Ionen in Wasser bildet und damit ätzend für die Umwelt ist, und
es entsteht das giftige Gas Stickstoffdioxid.

Selbst Papier kann sich in Kontakt mit rauchender Salpetersäure entzünden,
während organische Lösungsmittel wie Ethanol und Aceton sogar explosionsartig
verbrennen. Die Feuerwehr muss also schnell reagieren, um ausgelaufene Säure
bspw. mit Kunststoff-Granulat vor Ort zu fixieren.

> Nun hast du dir auch das Prinzip der Säure-Base-Reaktion erschlossen und an-
> gewendet sowie Säure-Base-Reaktionen von Redox-Reaktionen unterschieden. Es
> folgt in einem letzten Abschnitt zur chemischen Reaktion die Bildung von Komplexen.

Tipp

Überprüfe dein Wissen
   Zur Unterscheidung von Redox-Reaktionen und Säure-Base-Reaktionen gibt es
Flashcards online.

3.4 Komplexchemie

Was haben die Fotosynthese, die Gewinnung von Aluminium aus dem entsprechenden
Erz (sog. Bauxit) und die Bestimmung der Wasserhärte von Flüssen und Seen ge-
meinsam? In diesen und in vielen weiteren Prozessen aus der Natur, der Technik, der
Medizin und der Analytik spielen *Komplexe* bei den zugrunde liegenden chemischen
Reaktionen eine wichtige Rolle.

Der Begriff „Komplex" bezieht sich auf die Teilchenebene und wird dein bisheriges Verständnis der chemischen Bindung und der Eigenschaften von Stoffen (Löslichkeit, Farbigkeit, Magnetisierbarkeit u. a.) erweitern.

Lernziele

Am Ende des Abschnitts wirst du Folgendes können:
- den Aufbau eines Komplexes beschreiben,
- verschiedene Geometrien von Komplexen beschreiben,
- Eigenschaften von Komplexverbindungen nennen,
- Komplexe benennen,
- die Bindung in Komplexen mit Hilfe verschiedener Modelle beschreiben.

3.4.1 Aufbau und Eigenschaften von Komplexverbindungen

Bereits 1893 hat der Schweizer Chemiker Alfred Werner in einer Theorie über chemische Komplexe festgehalten, dass ein Komplex immer aus einem zentralen Atom bzw. Ion und daran anliegenden Atomen bzw. Ionen besteht, die man als Liganden bezeichnet (lat. *ligare* = binden).

Die Zentralatome sind meist Metall-Kationen, während die Liganden sowohl Anionen (z. B. Chlorid-Ionen (Cl$^-$)) als auch Moleküle (z. B. Wasser-Moleküle (H$_2$O) oder Ammoniak-Moleküle (NH$_3$) sein können. In jedem Fall muss ein Ligand über mindestens ein freies Elektronenpaar verfügen. In der Formelschreibweise für Komplexe wird der Zusammenhalt von Zentralatom und Liganden durch eckige Klammern dargestellt (siehe Beispiele in ◻ Tab. 3.8)

Die Anzahl der gebundenen Liganden ergibt die *Koordinationszahl*. Wie viele Liganden jeweils koordiniert sind, leitet sich aus den Geometrien nach dem VSEPR-Modell (siehe ▶ Abschn. 2.2.9) ab, welche in ◻ Tab. 3.8 zusammengefasst werden.

Allerdings gibt es auch Komplexe mit wenigen Liganden, die jedoch jeweils mehrere Bindungen zum Zentralatom oder -ion eingehen. So kann das Molekül Ethylendiamintetraacetat (kurz: EDTA) sechs Bindungen mit einem zentralen Ion eingehen. Komplexe mit mehrbindigen Liganden werden als *Chelatkomplexe* bezeichnet (gr. *chele* = Krebsschere). Chelatkomplexe mit einem zentralen Metall-Kation (siehe Abb. 4.1) sind dann ebenfalls oktaedrisch (◻ Abb. 3.22).

Komplexverbindungen können zum Teil verblüffende Eigenschaften haben.

Farbigkeit: In Wasser gelöste Komplexverbindungen haben häufig sehr charakteristische Farben. So ist Tetraamminkupfer(II)-sulfat-Lösung ([Cu(NH$_3$)$_4$]SO$_4$(aq)) tiefblau, Eisenthiocyanat-Lösung (Fe(SCN)$_3$(aq)) mit entsprechenden Hexathiocyanidoferrat(III)-Komplexen ([Fe(SCN)$_6$]$^{3-}$(aq)) ist tiefrot usw.

Löslichkeit: Durch Komplexbildung kann es dazu kommen, dass eine schwerlösliche Verbindung zu einer löslichen Verbindung reagiert. So wird eine Lösung mit einem weißen Aluminiumhydroxid-Niederschlag (AlOH$_3$) durch weitere Zugabe von Natronlauge (NaOH(aq)) zu einer farblosen Lösung, da sich ein Komplex bildet:

$$Al(OH)_3(s) + NaOH(aq) \rightleftharpoons Na\left[Al(OH)_4\right](aq)$$

3

◼ **Tab. 3.8**   Geometrie von Komplexen

Koordinationszahl	Anordnung der Liganden		Beispiele
2		Linear	$[Ag(NH_3)_2]^+$
4		Tetraedrisch	$[Al(OH)_4]^-$
		Quadratisch-planar	$[Ni(CN)_4]^{2-}$
5		Trigonal-bipyramidal	$[Fe(CO)_5]$
		Quadratisch-pyramidal	$[Sb(Cl)_5]^{2-}$
6		Oktaedrisch	$[Fe(CN)_6]^{4-}$

Andererseits kann eine Komplexbildung auch zu einer Fällung von Metall-Ionen aus einer wässrigen Lösung führen. Gibt man etwa Dimethylglyoxim-Lösung ($C_4H_8N_2O_2$(aq)) in eine Lösung mit Schwermetallionen wie etwa Nickel (Ni^{2+}) (aq), so bilden sich charakteristische Niederschläge. In diesem Fall bildet sich der himbeerrote Bisdimethylglyoximnickel(II)-Komplex ($[Ni(C_4H_8N_2O_2)_2]^{2+}$). Solche Verfahren finden im klassischen Trennungsgang der Kationen zur qualitativen Analyse einer Probe in vielen Einstiegspraktika zur anorganischen Chemie Anwendung.

Magnetisierbarkeit: Mehrere Komplexe mit dem gleichen zentralen Kation können je nach Liganden sowohl paramagnetisch als auch diamagnetisch sein. *Paramagnetisch* bedeutet, dass sich die Komplexe entlang eines Magnetfeldes ausrichten und

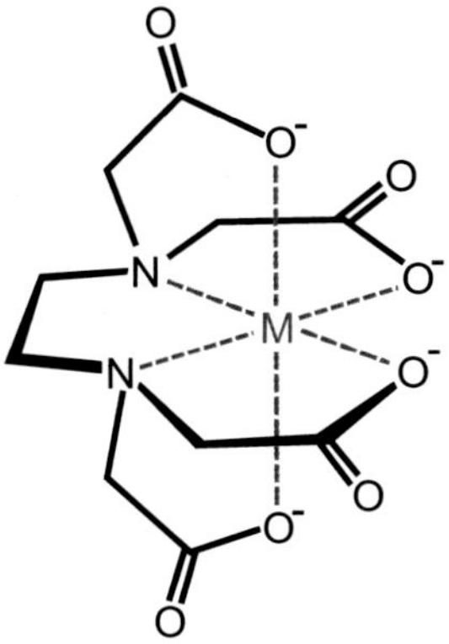

Abb. 3.22 Chelatkomplex zwischen einem Metall-Kation und EDTA

der zugehörige Stoff somit von einem Magneten angezogen werden kann. *Diamagne-tisch* hingegen bedeutet so viel wie „unmagnetisch"; der Stoff wird also nicht von einem Magneten angezogen. So ist der Hexaaquaeisen(II)-Komplex ($[Fe(H_2O)_6]^{2+}$) paramagnetisch, während der Hexacyanoferrat(II)-Komplex ($[Fe(CN)_6]^{4-}$) diama-gnetisch ist.

3.4.2 Nomenklatur von Komplexen

Für die Formelschreibweise und die Benennung von Komplexen gibt es klare Regeln.

Wie du oben bereits gesehen hast, verwendet man eckige Klammern in der For-mel, um den Komplex zu beschreiben. Außerdem schreibt man zuerst das Zentral-atom oder -ion und anschließend die Liganden. Falls es sich bei den Liganden um Moleküle handelt, setzt man die Formel des Moleküls in runde Klammern und die entsprechende Anzahl der Liganden tiefgestellt dahinter. Schließlich ergibt sich die Gesamtladung des Komplexes durch die Summe der Ladungen der Kationen und Anionen, aus denen der Komplex besteht. So kann es komplexe Kationen, komplexe Anionen und auch Neutralkomplexe geben.

> ▶ **Beispiel**
>
> Ein Beispiel für ein komplexes Kation ist der Tetraamminkupfer(II)-Komplex ($[Cu(NH_3)_4]^{2+}$). Das Kupfer-Kation (Cu^{2+}) ist zweifach positiv geladen, während alle vier Ammoniakliganden (NH_3) neutral geladen sind – die Gesamtladung ist also +2.
>
> Ein Beispiel für ein komplexes Anion ist der bereits erwähnte Tetrahydroxoalumi-nat(III)-Komplex ($Al(OH)_4]^-$). Das Aluminium-Kation (Al^{3+}) als Zentralion ist dreifach positiv geladen, während die vier Hydroxid-Liganden (OH^-) jeweils einfach negativ gela-den sind – die Gesamtladung ist also −1.
>
> Schließlich wäre der Diammindichloroplatin(II)-Komplex ($[PtCl_2(NH_3)_2]$) ein Beispiel für einen Neutralkomplex, da sich die zweifach positive Ladung des Platin-Kations (Pt^{2+}) und die zwei einfach negativen Ladungen der Chlorid-Anionen (Cl^-) ausgleichen und die zwei Ammoniak-Moleküle (NH_3) ebenfalls neutral sind. ◀

3

Komplexe Kationen und komplexe Anionen können dann natürlich Teil von Ionenverbindungen sein – so gibt es z. B. Tetraamminkupfer(II)-sulfat ($[Cu(NH_3)_4]SO_4$) oder Natriumtetrahydroxoaluminat(III) ($Na[Al(OH)_4]$).

Die Benennung von Komplexen enthält folgende Teile: Anzahl der Liganden, Name der Liganden, Name des Zentralions/-atoms und Oxidationszahl des Zentralions. Bei Komplexverbindungen kommt dann ggf. noch der Name des Gegen-Anions (nachgestellt) oder der Name des Gegen-Kations (vorangestellt) hinzu. Die Anzahl der Liganden wird mit Hilfe der griechischen Zahlwörter (*di, tri, tetra, penta, hexa* und *octa*) angegeben. Die Namen der Liganden werden alphabetisch sortiert und sind in ◘ Tab. 3.9 aufgelistet.

◘ Tab. 3.10 zeigt drei Beispiele für die Benennung von Komplexen. Relevant ist hierbei, dass der Komplex sowohl Kation als auch Anion in der jeweiligen Verbindung sein kann. Wie bei anderen Salzen wird immer zuerst der Name des Kations und dann der Name des Anions genannt. Liegt ein komplexes Anion vor, endet der Name des Zentralions auf der Silbe -at. Schließlich kann auch ein neutraler Komplex vorliegen.

◘ **Tab. 3.9**   Namen von Liganden

Formel des Ions/Moleküls	Name des Ions/Moleküls	Name des Liganden in Komplexen
F^-	Fluorid	fluoro
Cl^-	Chlorid	chloro
Br^-	Bromid	bromo
OH^-	Hydroxid	hydroxo
CN^-	Cyanid	cyano
SCN^-	Thiocyanat	thiocyanato
O^{2-}	Oxid	oxo
S^{2-}	Sulfid	thio
O_2^{2-}	Peroxid	peroxo
$S_2O_3^{2-}$	Thiosulfat	thiosulfato
SO_4^{2-}	Sulfat	sulfato
H_2O	Wasser	aqua
NH_3	Ammoniak	ammin
CO	Kohlenstoffmonoxid	carbonyl
NO	Stickstoffmonoxid	nitrosyl

☐ **Tab. 3.10** Beispiele für die Benennung von Komplexverbindungen

1) Komplexes Kation: $[Cu(NH_3)_4]CO_3$

Anzahl der Liganden	Name des Liganden	Name des Zentralatoms/-ions	Oxidationszahl des Zentralions	Name des Anions
Tetra	ammin	kupfer	(II)	carbonat

Tetraamminkupfer(II)carbonat

2) Komplexes Anion: $K[Al(OH)_4]$

Name des Kations	Anzahl der Liganden	Name des Liganden	Name des Zentralatoms/-ions	Oxidationszahl des Zentralions
Kalium	tetra	hydroxo	aluminat	(III)

Kaliumtetrahydroxoaluminat(III)

3) Neutralkomplex (in diesem Fall mit verschiedenen Liganden): $[CuCl_2(H_2O)_2]$

Anzahl der Liganden 1	Name des Liganden 1	Anzahl der Liganden 2	Name des Liganden 2	Name des Zentralions/Atoms	Oxidationszahl des Zentralions
Di	aqua	di	chloro	kupfer	(II)

Diaquadichlorokupfer(II)

3

3.4.3 Bindung in Komplexen

Zur Erklärung der Bindung in Komplexen sollen zwei Konzepte herangezogen werden: Das Konzept der *koordinativen Bindung* (auf Basis von Lewis-Formeln) sowie die *Kristall- und Ligandenfeldtheorie* (auf Basis des Orbital-Modells).

Koordinative Bindung: Bei der Bildung eines Komplexes kommt es zu Elektronenpaarbindungen zwischen Liganden und Zentralion/-atom. Das dazu benötigte Elektronenpaar stammt jedoch ausschließlich von den Liganden – im Gegensatz zur üblichen Elektronenpaarbindung, bei der beide Bindungspartner mindestens ein Elektron zur Bindung beitragen (▶ Abschn. 2.2.1). Man kann im Sinne des Donator-Akzeptor-Prinzips bei Liganden also auch von Elektronenpaar-Donatoren und bei Zentralionen bzw. -atomen von Elektronenpaar-Akzeptoren sprechen (siehe ◘ Abb. 3.23).

Mit Hilfe des Konzeptes der koordinativen Bindung lässt sich auch die *18-Elektronen-Regel* beschreiben. Analog zur Oktettregel (Atome und Ionen mit acht Außenelektronen sind besonders stabil) und zur Edelgasregel (Atome und Ionen mit voller Außenschale sind besonders stabil) beschreibt sie, dass Komplexe besonders stabil sind, wenn das zentrale Ion/Atom 18 Elektronen aufweist. Dazu muss man die Außenelektronen des Zentralions/-atoms zählen und die Elektronen der koordinativen Bindungen zu Liganden addieren. Die Regel lässt sich für viele, aber nicht für alle Komplexe der Übergangsmetalle anwenden.

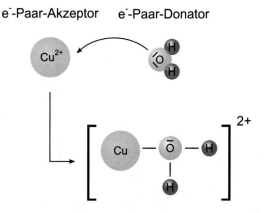

◘ **Abb. 3.23**   Donator-Akzeptor-Prinzip der koordinativen Bindung

So sind etwa die Komplexe Chromhexacarbonyl ($[Cr(CO)_6]$), Eisenpentacarbonyl ($[Fe(CO)_5]$) und Nickeltetracarbonyl ($[Ni(CO)_4]$) besonders stabil, da in jedem Fall die 18-Elektronen-Regel für das zentrale Atom erfüllt ist:

(**$[Cr(CO)_6]$**) – 6 Außenelektronen + 12 Elektronen durch Liganden (jeweils 2 pro Kohlenstoffmonoxid-Molekül (CO))

(**$[Fe(CO)_5]$**) – 8 Außenelektronen + 10 Elektronen durch Liganden

(**$[Ni(CO)_4]$**) – 10 Außenelektronen + 8 Elektronen durch Liganden

◀

Kristall- und Ligandenfeldtheorie:[2] Diese beiden Theorien gehen davon aus, dass bei der Annäherung der Liganden zunächst die Energie *aller* d-Orbitale des Zentralatoms oder -ions angehoben wird. Das liegt an den Abstoßungen der Elektronen in den d-Orbitalen mit den freien Elektronenpaaren der Liganden. Da jedoch die Position der Liganden in einem Komplex festgelegt ist, werden nicht alle d-Orbitale gleichmäßig erhöht: Abhängig von der Geometrie des Komplexes sowie der Art der Liganden kommt es einer Aufspaltung der d-Orbitale.

Betrachtet man oktaedrische Komplexe im Termschema, so befinden sich ein Ligand oberhalb und einer unterhalb des Zentralatoms bzw. -ions. Daher wird das d_{z^2}-Orbital energetisch angehoben: Die Abstoßung durch die freien Elektronenpaare macht es schwieriger für Elektronen, sich in diesem Orbital aufzuhalten. Da die anderen vier Liganden genau auf den Ecken der $d_{x^2-y^2}$-Ebene sitzen, ist auch dieses Orbital energetisch angehoben. Diese beiden Orbitale werden dann e_g-Orbitale genannt. Die übrigen drei d-Orbitale werden gleichzeitig energetisch abgesenkt, da sich in diesem Raum keine Liganden befinden. Man nennt sie dann t_{2g}-Orbitale („t" für „tripel-entartet"). Die Aufspaltung im Termschema sowie die geometrische Struktur der d-Orbitale eines Zentralatoms bzw. -ions wird in ◘ Abb. 3.24 gezeigt.

Auch bei allen anderen Komplexgeometrien (tetraedrische Komplexe, quadratisch-planare Komplexe usw.) werden die entarteten d-Orbitale aufgespalten. Die Werte für die Energie der Aufspaltung (*Ligandenfeldstabilisierungsenergie*, bei oktaedrischen Komplexen als Δ_O bezeichnet) lassen sich spektroskopisch ermitteln. Dabei macht die Erhöhung der e_g-Orbitale 3/5 der Energie aus, während die Senkung der t_{2g}-Orbitale 2/5 ausmacht. Je elektronenreicher und räumlich kompakter ein Ligand ist, umso stärker ist die entsprechende Aufspaltung.

Mit dieser Theorie lassen sich sowohl die Farbigkeit als auch die magnetischen Eigenschaften von Komplexverbindungen bestimmen. Die Farbigkeit ergibt sich aus der Aufspaltungsenergie – genau diese Energie wird von einem Komplex absorbiert, damit ein Elektron vom niedrigen in den hohen Zustand springen kann, und die entsprechende Komplementärfarbe entspricht dann der sichtbaren Farbe der Verbindung. Die magnetischen Eigenschaften ergeben sich dadurch, dass die Elektronen der d-Orbitale des Zentralatoms/-ions gemäß der Hund'schen Regel von unten nach oben besetzt werden und es somit zu ungepaarten Elektronen und Paramagnetismus oder zu gepaarten Elektronen und Diamagnetismus kommen kann (▶ Abschn. 1.3.4).

---

2 Die genaue Unterscheidung zwischen Kristallfeld- und Ligandenfeldtheorie soll im Rahmen dieses Brückenkurses nicht erfolgen und ist Gegenstand des weiterführenden Chemiestudiums.

3

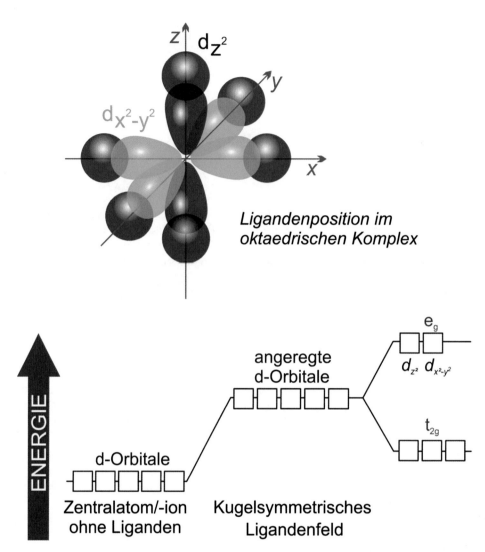

Ligandenposition im
oktaedrischen Komplex

▫ Abb. 3.24   Termschema der Aufspaltung der d-Orbitale in oktaedrischen Komplexen sowie Orbital-
Geometrie eines solchen Komplexes

3.4.4   Bedeutung von Komplexen in Analytik, Technik und Natur

In der *Analytik* werden Komplexverbindungen häufig verwendet, wenn man Metall-
Kationen qualitativ nachweist. Beispiele sind der Nachweis von Eisen(III)-Ionen in
einem Komplex, der „Berliner Blau" genannt wird (Eisenhexacyanoferrat(III)
($Fe_4[Fe(CN)_6]_3$)), von Kupfer(II)-Ionen als Tetraamminkupfer(II)-Ionen
($[Cu(NH_3)_4]^{2+}$), die die Lösung tiefblau färben, und von Nickel(II)-Ionen als Bisdia-
cetylglyoximnickel(II) ($[Ni(C_4H_8N_2O_2)_2]^{2+}$), welche die Lösung himbeerrot färben.

Zudem gibt es auch quantitative Nachweise mit Hilfe von Komplexchemie, wie die Bestimmung der Wasserhärte. Sie basiert auf der Titration der Calcium(II)-Ionen einer Wasserprobe mit Hilfe von EDTA-Lösung, bei der sich ein Calcium(II)-Chelat-komplex ($[Ca(edta)]^{2-}$) bildet und durch einen Farbumschlag die vorhandene Menge an Calcium(II)-Ionen sichtbar macht.

Im Bereich der *Technik* bilden sich Komplexe auch in metallurgischen Prozessen, etwa bei der Gewinnung von Aluminium aus Bauxit, einem häufig vorkommenden Aluminiumerz. Nach dem mechanischen Zerkleinern wird es in Natronlauge aufge-schlossen, wobei sich der wasserlösliche Tetrahydroxoaluminat(III)-Komplex ($[Al(OH)_4]^-$) bildet und von anderen Erzen getrennt werden kann. Aus dem gleichen Grund tritt bei der Cyanidlaugung von Golderzen zur Gewinnung des Reinmetalls ein Komplex auf – der Dicyanoaurat(I)-Komplex ($[Au(CN)_2]^-$).

Cisplatin $[PtCl_2(NH_3)_2]$ wird in der Medizin zur Bekämpfung von Tumorgeweben eingesetzt. Die Platin(II)-Ionen binden derart an DNA-Stränge, dass die Replikation gestört wird und schließlich der Zellstoffwechsel zum Erliegen kommt. Der schon er-wähnte Chelat-Bildner EDTA wird auch für medizinische Zwecke eingesetzt: bei Vergiftungen durch Schwermetall-Ionen, die dann entsprechend komplex gebunden und vom Körper ausgeschieden werden können. Auf gleiche Weise wird mit D-Penicillamin-Lösung oder Trientine-Lösung verfahren, wenn ein Patient unter der Wilson-Krankheit leidet und sich im Körper zu viele Kupfer(II)-Ionen ansammeln, die nicht von allein ausgeschieden werden.

Schließlich treten Komplexe auch zahlreich in der *Natur* auf und sind bei der Er-haltung lebenswichtiger Funktionen von zentraler Bedeutung. Bei Menschen und Tieren erfolgt etwa der Sauerstofftransport im Blut durch die Häm-Gruppe (ein Eisen(II)-Komplex) im Hämoglobin, und es sind fünf verschiedene Komplexe in den Biokatalysatoren (Enzymen) der Atmungskette beteiligt. Bei Pflanzen erfolgt bei-spielsweise die Lichtreaktion der Fotosynthese mit Hilfe von Chlorophyll (ein Ma-gnesium(II)-Komplex), welches für die Lichtabsorption und die Weitergabe der Lichtengenergie zuständig ist.

Tipp

Nach der Bearbeitung der Abschnitte „Der Bau der Materie" (▶ Abschn. 1.1), „Die chemische Bindung" (▶ Abschn. 1.2) und „Die chemische Reaktion" (▶ Abschn. 1.3) sind dir nun die Grundlagen der allgemeinen und anorganischen Chemie bekannt: Du kannst Atom- und Bindungsmodelle anwenden, das Periodensystem als Informationsquelle nutzen, Mengenangaben bei chemischen Reaktionen berechnen sowie Redox-Reaktionen, Säure-Base-Reaktionen und Bildungen von Komplexen unterscheiden.

Im Studium werden die Vorlesungen und Seminare durch Praktika begleitet. Ein paar Einführungen hierfür findest du am Ende des Brückenkurses (▶ Kap. 14). Inhaltlich schließt sich nun häufig die Physikalische Chemie an, die sich anfangs vor allem mit der Thermodynamik beschäftigt (▶ Kap. 4).

3

3.5 Top-Ten-Test zur chemischen Reaktion

Am Ende jedes Kapitels erwartet dich ein Top-Ten-Test, mit dem du dir selbst bewei-sen kannst, dass du die zehn wichtigsten Lernziele des Kapitels erreicht hast. Die Lö-sungen zu den Top-Ten-Tests findest du beim Zusatzmaterial.

- ■ **1) Übung zu stoffdynamischen Prozessen**
Entscheide anhand der jeweiligen Prozessbeschreibung oder Reaktionsgleichung je-weils, welcher stoffdynamische Prozess vorliegt:
a) $S\alpha \rightleftharpoons S\beta$
b) $2\,K + F_2 \rightarrow 2\,KF$
c) $KF(s) \rightarrow K^+(aq) + F^-(aq)$
d) $C + CO_2 \rightleftharpoons 2\,CO$
e) $Ti(s) \rightleftharpoons Ti(l)$

- ■ **2) Übung zur stöchiometrischen Rechnung**
a) Berechne, welche Masse an Wasser entsteht, wenn 4 g Wasserstoff vollständig re-agieren (mit ausreichend Sauerstoff). Runde dabei alle Ergebnisse auf eine Nach-kommastelle.
b) Berechne, welche Masse an Sauerstoff benötigt wird, damit 7 g Wasserstoff voll-ständig zu Wasser reagieren können. Runde dabei alle Ergebnisse auf eine Nach-kommastelle.

- ■ **3) Übung zur Umrechnung von Volumeneinheiten sowie zum Volumen und zur Dichte als stöchiometrische Größen**
Im Praktikum werden dir konzentrierte Säuren begegnen. So ist konzentrierte Salz-säure bspw. 37 %ig. Das bedeutet, dass 37 % der Masse der konzentrierten Säure aus Chlorwasserstoff-Molekülen (HCl) besteht und 63 % aus Wasser-Molekülen (H_2O).

$$m_{\text{konz. Salzsäure}} \cdot 0,37 = m_{HCl}$$

Die Dichte der konzentrierten Säure ϱ_{konz} entspricht bei Standardbedingungen 1,19 g/mL. Berechne die Stoffmenge n an Chlorwasserstoff (HCl) in 20 mL konzentrierter Salzsäure. Runde deine Ergebnisse auf eine Nachkommastelle.

- ■ **4) Übung zum Ansetzen von Lösungen**
a) Berechne die Einwaage für 500 mL einer Natriumchlorid-Lösung mit einer Kon-zentration von 1,5 mol/L.
b) Berechne das Volumen $V_{\text{konz.}}$, welches man verdünnen muss, um 500 mL einer 0,25-molaren Natriumchlorid-Lösung (NaCl) aus einer 1-molaren Lösung zu er-halten.

■ **5) Übung zu den chemischen Grundgesetzen**

Erläutere die drei chemischen Grundgesetze anhand der folgenden Reaktionen:

a) Schwefel und Sauerstoff reagieren zu Schwefeldioxid:

$$S + O_2 \rightarrow SO_2$$

b) Schwefel und Sauerstoff reagieren zu Schwefeltrioxid:

$$2S + 3O_2 \rightarrow 2SO_3$$

■ **6) Übung zum Aufstellen von Oxidationszahlen**

Ergänze jeweils die Oxidationszahlen sowie die Teilgleichungen und die Gesamt-gleichung:

a) Schwefel und Sauerstoff

S	+	O_2	→	SO_2

Oxidation:
Reduktion:
Redox:

b) Ethan und Sauerstoff

$2\,C_2H_6$	+	$7\,O_2$	→	$4\,CO_2$	+	$6\,H_2O$

Oxidation:
Reduktion:
Redox:

c) Hämatit (Fe_2O_3) und Magnetit (Fe_3O_4)

$6\,Fe_2O_3$	→	$4\,Fe_3O_4$	+	O_2

Oxidation:
Reduktion:
Redox:
(Hinweis: In Fe_3O_4 treten Eisen-Ionen mit zwei verschiedenen Oxidationszahlen auf)

d) Permanganat-Ionen (MnO_4^-) und Bromid-Ionen (Br^-)

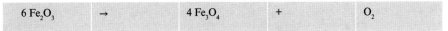

MnO_4^-	+	Br^-	+	H^+	→	Mn^{2+}	+	Br_2

Oxidation:
Reduktion:
Redox:

3

- **7) Übung zu Brönsted/Lowry-Säuren und Basen**

Gib jeweils an, welches Molekül eine Brönsted/Lowry-Säure und welches eine Brönsted/Lowry-Base ist:

a) $HF + H_2O \rightarrow F^- + H_3O^+$

   HF:

   H_2O:

   F^-:

   H_3O^+:

b) $PH_3 + H_2O \rightarrow PH_4^+ + OH^-$

   PH_3:

   H_2O:

   PH_4^+:

   OH^-:

- **8) Zusammenfassende Übungen zur pH-Wert-Berechnung**

Schließlich sollst du anhand der in ◘ Tab. 3.11 gegebenen pK_S- und pK_B-Werte in den folgenden Übungen beweisen, dass du die jeweils richtige Formel auswählen und zur pH-Wert-Berechnung anwenden kannst. Viel Erfolg!

a) Berechne den pH-Wert einer 0,3-molaren Ameisensäure-Lösung (HCOOH). Runde dein Ergebnis auf eine Nachkommastelle.

b) Berechne den pH-Wert einer 0,7-molaren Schwefelwasserstoff-Lösung (H_2S). Geh davon aus, dass die Hydrogensulfid-Ionen (HS^-) nicht weiter reagieren, und runde dein Ergebnis auf eine Nachkommastelle.

c) Berechne den pH-Wert einer 2-molaren Chlorid-Lösung (Cl^-). Runde dein Ergebnis auf eine Nachkommastelle.

d) Berechne den pH-Wert einer 0,06-molaren Kaliumhydroxid-Lösung (KOH). Runde dein Ergebnis auf eine Nachkommastelle.

◘ **Tab. 3.11** pK_S- und pK_B-Werte ausgewählter Säuren und Basen (Jander et al. 2003)

pK_S-Wert	Brönsted/Lowry-Säure		Brönsted/Lowry-Base		pK_B-Wert
	Formel	Name (-Molekül oder -Ion)	Name (-Molekül oder -Ion)	Formel	
−17	$H[SbF_6]$	Hexafluorantimonsäure	Antimonhexafluorid	$[SbF_6]^-$	31
−10	$HClO_4$	Perchlorsäure	Perchlorat	ClO_4^-	24
−10	HI	Iodwasserstoffsäure	Iodid	I^-	24
−8,9	HBr	Bromwasserstoffsäure	Bromid	Br^-	22,9
−6	HCl	Chlorwasserstoffsäure (Salzsäure)	Chlorid	Cl^-	20

◼ **Tab. 3.11** (Fortsetzung)

pK_S-Wert	Brönsted/Lowry-Säure		Brönsted/Lowry-Base		pK_B-Wert
	Formel	Name (-Molekül oder -Ion)	Name (-Molekül oder -Ion)	Formel	
−3	H_2SO_4	Schwefelsäure	Hydrogen-sulfat	HSO_4^-	17
−1,32	HNO_3	Salpetersäure	Nitrat	NO_3^-	15,32
0,00	H_3O^+	Oxonium	Wasser	H_2O	14,00
1,92	HSO_4^-	Hydrogensulfat	Sulfat	SO_4^{2-}	12,08
2,13	H_3PO_4	Phosphorsäure	Dihydrogen-phosphat	$H_2PO_4^-$	11,87
3,14	HF	Fluorwasser-stoffsäure (Flusssäure)	Fluorid	F^-	10,86
3,75	HCOOH	Methansäure (Ameisenäure)	Formiat	$HCOO^-$	10,25
4,75	CH_3COOH	Ethansäure (Essigsäure)	Acetat	CH_3COO^-	9,25
6,52	H_2CO_3	Kohlensäure	Hydrogen-carbonat	HCO_3^-	7,48
6,92	H_2S	Schwefelwasser-stoff	Hydrogensulfid	HS^-	7,08
7,20	$H_2PO_4^-$	Dihydrogen-phosphat	Hydrogen-phosphat	HPO_4^{2-}	6,80
9,25	NH_4^+	Ammonium	Ammoniak	NH_3	4,75
9,40	HCN	Cyanwasser-stoff (Blau-säure)	Cyanat	CN^-	4,60
10,40	HCO_3^-	Hydrogen-carbonat	Carbonat	CO_3^{2-}	3,60
12,36	HPO_4^{2-}	Hydrogen-phosphat	Phosphat	PO_4^{3-}	1,64
13,00	HS^-	Hydrogensulfid	Sulfid	S^{2-}	1,00
14,00	H_2O	Wasser	Hydroxid	OH^-	0,00
15,90	$CH_3 - CH_2 - OH$	Ethanol	Ethanolat	$CH_3-CH_2-O^-$	−1,90

3

- **9) Übung zur Henderson-Hasselbalch-Gleichung**
a) Berechne den pH-Wert einer Essigsäure-Acetat-Pufferlösung ($c(CH_3COOH)$ = $c(CH_3COO^-)$ = 1 mol/L) nach Zugabe von 2 mol Salzsäure. Runde dein Ergebnis auf eine Nachkommastelle.
b) Berechne den pH-Wert einer Hydrogencarbonat-Carbonat-Pufferlösung ($c(HCO_3^-)$ = $c(CO_3^{2-})$ = 1,5 mol/L; pK_S = 10,4) nach Zugabe von 1 mol Salzsäure und 1,5 mol Natriumhydroxid. Runde dein Ergebnis auf eine Nachkommastelle.

- **10) Übung zum Vergleich von Redox- und Säure-Base-Reaktionen**
Gib jeweils an, ob es sich um eine Redox-Reaktion oder eine Säure-Base-Reaktion handelt. Bestimme dazu die Oxidationszahlen für die Atome/Ionen der Edukte und Produkte.
a) $C + O_2 \rightarrow CO_2$
b) $HCOOH + H_2O \rightarrow HCOO^- + H_3O^+$
c) $Mg + 2\,H_3O^+ \rightarrow Mg^{2+} + H_2 + 2\,H_2O$
d) $2\,S_2O_3^{2-} + Cl_2 \rightarrow S_4O_6^{2-} + 2\,Cl^-$

Als Hilfe ist hier die Lewis-Formel des Tetrathionat-Ions ($S_4O_6^{2-}$) gegeben. Die vier Schwefel-Atome haben hierbei nicht alle die gleiche Oxidationszahl.

Literatur

Jander, G.; Jahr, K.F.; Schulze, G.; Simon, J. (Hrsg.) (2003): Maßanalyse. Theorie und Praxis der Titrationen mit chemischen und physikalischen Indikationen. 16. Auflage. Berlin u.a., S. 81.

Physikalische Chemie

» „Wenn unser kleiner Verstand aus irgendeiner Bequemlichkeit dieses […] Universum unterteilt in Physik, Biologie, Geologie, Astrono-
mie, Psychologie usw., dann erinnern wir uns daran, dass die Natur
dies nicht kennt!" (Richard Feynman, US-amerikanischer Physiker
(1918–1988), *Feynman-Vorlesung über Physik, Band 1)-*

Mit diesem Satz beschreibt Richard Feynman in seinen berühmten
Feynman-Vorlesungen die Tatsache, dass wir das gesamte Universum in
einem Glas Wein wiederfinden können: von den Lichtreflexionen im Glas
über die chemische Zusammensetzung des Weines bis hin zu den sozio-
logischen Auswirkungen des Alkoholkonsums. Als Menschen versuchen
wir, die Welt um uns herum zu beschreiben. Und dazu nutzen wir verschiedene Wissenschaftsdisziplinen mit eigenen inneren Logiken. Insbesondere die drei naturwissenschaftlichen Kerndisziplinen Physik,
Chemie und Biologie kommen selten ohneeinander aus, wenn wir die
Natur ganzheitlich betrachten.

Carl Friedrich von Weizsäcker (deutscher Physiker und Philosoph,
1912–2007) kommt zu dem Schluss, dass das vielleicht Tiefste, was wir
über die Natur wissen, ist, dass sie mathematisch gedacht werden kann,
wenngleich sie selbst nicht mathematisch denkt *(Die Geschichte der
Natur, 1979)*. Die Mathematik wird für die Naturwissenschaften damit zu
einer Partnerdisziplin, die naturwissenschaftliche Erkenntnisse nicht nur
strukturieren, sondern überdies vorhersagen kann.

Die physikalische Chemie sitzt genau an der Schnittstelle zwischen Physik und Chemie und hat eine stark mathematisch geprägte Aus-
formulierung. Beginnend mit der Thermodynamik (▶ Kap. 4), wird insbesondere das Verhalten von Gasen beschrieben. Die physikalischen
Grundlagen zu Wärme, Arbeit und Energie werden schließlich auf chemische Reaktionen angewendet. Die Enthalpie, mathematisch lediglich
ein thermodynamisches Potenzial, erhält in der physikalischen Chemie
die praktische Bedeutung als Wärme unter konstantem Druck. Letztlich

eröffnet uns die Thermodynamik einen mathematisch-physikalischen Zugang dazu, ob chemische Reaktionen freiwillig ablaufen oder nicht.

Die sich anschließenden ▶ Kap. 5 und 6 fokussieren die Geschwindigkeit von chemischen Reaktionen. Hier erhalten mathematische Interpretationen eine besondere Bedeutung: Sei es bei der stöchiometrischen Analyse von Stoffumwandlungen oder bei der Definition der Reaktionsgeschwindigkeit – das Ableiten mathematischer Zusammenhänge wird uns neue Einblicke in die Art und Weise geben, wie chemische Reaktionen ablaufen. Dennoch werden wir, stets vom chemischen Phänomen ausgehend, die physikalischen Zusammenhänge ableiten und chemische Reaktionen nicht rein mathematisch betrachten.

Abschließend werden wir unseren Blick auf die physikalische Chemie mit der Elektrochemie in ▶ Kap. 7 richten. Wir greifen hier die bereits bekannten Redoxreaktionen auf, jedoch trennen wir räumlich die Teilreaktionen Oxidation und Reduktion. Die Elektronenübertragung bei einer Redoxreaktion wird damit nutzbar gemacht: als elektrischer Strom. Es ergeben sich also elektrische Phänomene, die auf einer chemischen Grundlage fußen.

Natürlich umfasst die physikalische Chemie weitere Teilbereiche. Insbesondere die Verknüpfung von Chemie mit Quantenphysik eröffnet uns ein tieferes Verständnis darüber, warum das Periodensystem so aussieht, wie es aussieht, oder wie wir die Bewegung von Molekülen auf der atomaren Ebene detailliert beschreiben können. Dies erfordert ein umfassendes naturwissenschaftliches Studium, zu dem wir mit diesen vier Kapiteln die Brücke für dich schlagen wollen. Und ja, die physikalische Chemie kann eine besonders große Herausforderung im Studium sein, weil sie neben chemischen auch physikalische und insbesondere mathematische Denkweisen von dir verlangt. Vielleicht hilft es dir, dann daran zu denken, dass die Natur eben diese Schubladen *Physik, Chemie, Mathematik* nicht kennt. Wenn wir mathematische Werkzeuge auf chemische Fragestellungen anwenden, dann bloß, weil wir neugierig sind, die Natur zu begreifen.

Inhaltsverzeichnis

Thermodynamik

Inhaltsverzeichnis

Ergänzende Information Die elektronische Version dieses Kapitels enthält Zusatzmaterial, auf das über folgenden Link zugegriffen werden kann [https://doi.org/10.1007/978-3-662-69351-3_4].

Die Thermodynamik ist ein zentrales Gebiet der Naturwissenschaften und findet
sich in ihren Grundlagen sowohl in der Chemie als auch in der Physik wieder. Sie beschäftigt sich mit den Gesetzen und Prinzipien, die das Verhalten von Energie in verschiedenen Systemen regeln. Insbesondere die chemische Thermodynamik untersucht die energetischen Aspekte chemischer Reaktionen und Prozesse und bietet
wichtige Einblicke in die Natur und Eigenschaften von Materie auf molekularer
Ebene.

Ein grundlegendes Konzept in der thermodynamischen Betrachtung ist das Gesetz der Energieerhaltung, das besagt, dass Energie in einem abgeschlossenen System
weder erzeugt noch vernichtet wird, sondern nur von einer Form in eine andere umgewandelt wird. Die chemische Thermodynamik geht darüber hinaus und analysiert
die Energieänderungen, die bei chemischen Reaktionen auftreten.

Die Thermodynamik verwendet dabei eine Reihe von Zustandsgrößen wie Temperatur, Druck und Volumen, um den Energieaustausch zwischen Systemen zu beschreiben. In Bezug auf die chemische Thermodynamik sind die Begriffe Enthalpie,
Entropie und freie Enthalpie besonders wichtig. Die Enthalpie ist die Gesamtenergie
eines Systems bei konstantem Druck, die Entropie misst die Unordnung oder die
Verteilung der Energie in einem System, und die freie Enthalpie macht eine Aussage
über die Freiwilligkeit von Reaktionen.

Die Anwendung der chemischen Thermodynamik erstreckt sich über verschiedene wissenschaftliche und industrielle Bereiche, von der chemischen Synthese bis zur Umweltwissenschaft. Sie ermöglicht die Vorhersage von Reaktionsverläufen, die Optimierung von Produktionsprozessen und das Verständnis komplexer Systeme auf molekularer Ebene. Uns geht es in diesem Kapitel jedoch nicht
darum, auf sämtliche Details der chemischen Thermodynamik einzugehen. Vielmehr sollen die grundlegenden Prinzipien und Denkweisen der Thermodynamik
ausgearbeitet werden.

4

Lernziele

Nach Bearbeitung dieses Kapitel kannst du

— das Verhalten von idealen Gasen sowie deren Zustandsänderungen mithilfe physikalischer Größen beschreiben,

— Beispiele für reales Gasverhalten erläutern,

— die Begriffe Energie, Arbeit und Enthalpie aus naturwissenschaftlicher Sicht definieren,

— den 1. Hauptsatz der Thermodynamik auf verschiedene Beispiele, insbesondere aber auf ideale Gase anwenden,

— chemische Reaktionen unter energetischen Aspekten diskutieren,

— den Begriff der Entropie aus naturwissenschaftlicher Sicht erklären,

— die Freiwilligkeit von chemischen Reaktionen vorhersagen und

— Kreisprozesse unter Zuhilfenahme der Hauptsätze der Thermodynamik an technischen Beispielen anwenden.

4.1   Das idealisierte Gas

4.1.1   Das ideale Gas als zentrales Modell der physikalischen Chemie

Wir wollen unsere Überlegungen zur Thermodynamik mit der Frage beginnen, was ein Gas aus naturwissenschaftlicher Sicht ist und vor allem, wie wir den Zustand eines Gases mithilfe physikochemischer Größen beschreiben können. Grundsätzlich ist ein Gas eine Ansammlung von Atomen oder Molekülen, die sich durch ihre Masse, ihr Eigenvolumen und ihre chemische Zusammensetzung unterscheiden. Worin sich auch gleichartige Atome oder Moleküle weiterhin unterscheiden, ist die Geschwindigkeit, mit der sie sich bewegen. Dabei sind die Geschwindigkeiten statistisch verteilt, und es lässt sich eine Durchschnittsgeschwindigkeit aller Atome oder Moleküle in einem Gas feststellen, die von der Temperatur des Gases abhängt. Außerdem wechselwirken die Atome und Moleküle miteinander. Dies kann entweder über elastische und unelastische Stöße miteinander erfolgen oder auch über zwischenatomare bzw. -molekulare Wechselwirkungen, wozu auch die Van-der-Waals-Wechselwirkungen zählen. Außerdem können Gase durch die Veränderung von Druck und/oder Temperatur den Aggregatzustand wechseln.

Du siehst schon jetzt, dass Gase Systeme sind, für deren Beschreibung zahlreiche Einflussgrößen und Eigenschaften zu berücksichtigen sind. Um grundlegende Eigenschaften von Gasen zu beschreiben, verwenden wir in der Chemie deshalb oft das Modell des idealen Gases, das ausgewählte Eigenschaften ausklammert und so die Komplexität des Systems Gas verringert.

Ein zentrales Denkwerkzeug der Naturwissenschaften sind Modelle. Sie sind ein ver-
einfachtes Abbild der realen Welt und repräsentieren ausgewählte, aber nie alle vorhandenen Eigenschaften des Originals. Modelle reduzieren demnach die Komplexität eines realen Objekts, sodass spezifische Eigenschaften deutlicher zu erkennen
sind. Aus diesem Grund ergibt sich direkt, dass Modelle niemals allgemeingültig
sind, sondern immer nur einen Gültigkeitsbereich haben, in dessen Rahmen sie mit
hinreichender Genauigkeit zuverlässige Aussagen machen. Sieh dazu auch die Einleitung in ▶ Abschn. 1.1.1.

Die Grundlage dieses Modells bildet die Dichte eines Gases. Als ein Beispiel betrachten wir Luft bei Raumtemperatur und Normaldruck, wo ein Liter ca. $2{,}5 \cdot 20^{22}$
Teilchen enthält. Daraus folgt ein mittlerer Teilchenabstand von rund 3 nm, was ungefähr dem 20-Fachen der Molekülgröße entspricht. Als Vergleich entspräche das
acht Menschen auf einem Fußballfeld.

Im Modell des idealen Gases werden die Teilchen daher als frei beweglich betrachtet, sodass auftretende Wechselwirkungen zwischen den Teilchen vernachlässigt
werden. Lediglich Stöße zwischen den Teilchen sind möglich, jedoch ausschließlich
elastische, d. h. ohne Verformung der Atome oder Moleküle. Denn: Die Teilchen
eines Gases lassen sich als starre Kugeln betrachten, wobei diese im Modell des idealen Gases keine Ausdehnung besitzen. Dadurch ist ihr Radius null und sie entsprechen im Modell Massepunkten.

Die von uns gemachten Modellannahmen führen uns direkt zu der Frage, unter
welchen Bedingungen sich das Modell des idealen Gases überhaupt anwenden lässt –
und viel wichtiger: unter welchen Bedingungen eben nicht. Denn die Voraussetzung für das Verwenden eines Modells ist die Kenntnis der jeweiligen Modell-
grenzen. Die Annahmen des idealen Gases stützen sich auf die Vorstellung einer sehr
geringen Dichte des Gases. Demnach repräsentiert das Modell des idealen Gases ad-
äquat nur Gase bei geringem Druck und hoher Temperatur. Als typische Beispiele
werden hier oftmals Edelgase erwähnt oder auch Gase wie Sauerstoff, Stickstoff und
Wasserstoff, deren Verhalten bereits bei Raumtemperatur und Normaldruck mithilfe
des Modells des idealen Gases gut beschrieben werden kann.

Zum Druckbegriff: Der Druck p gibt das Verhältnis aus einer Kraft an, die auf eine
Fläche wirkt. Betrachtet man ein Gas in einem Kasten, so kann der Druck durch die
Stöße der Gasteilchen auf die Wände des Kastens beschrieben werden (siehe
▶ Abschn. 3.1.6). Trifft ein Gasteilchen auf die Wand, so findet ein Impulsübertrag
statt, der pro Zeiteinheit einer wirkenden Kraft (senkrecht) auf die Wandfläche entspricht und damit den Gasdruck charakterisiert. Da der Impuls der Teilchen als Produkt aus Masse und Geschwindigkeit definiert ist, ist auch der Gasdruck desto
höher, je höher die Geschwindigkeit der Teilchen ist.

Wir müssen an dieser Stelle festhalten, dass die Voraussagen eines Modells oftmals Näherungen sind. Beim Modell des idealen Gases wird dies besonders deutlich, denn Gase, deren Teilchen Massepunkte und damit unendlich klein sind, kann es praktisch nicht geben. Aus diesem Grund werden Gase, die dem Modell des idealen Gases vollkommen entsprechen, auch als idealisierte Gase bezeichnet.

Zusammenfassung Modell ideales Gas

Das ideale Gas ist das einfachste Modell zur Beschreibung des thermodynamischen Verhaltens von Gasen. Es geht von drei wesentlichen Annahmen aus:

- **Chaotische Teilchenbewegung:** Die Teilchen eines Gases (Atome oder Moleküle) bewegen sich mit statistisch verteilten Geschwindigkeiten.
- **Massepunkte:** Das Eigenvolumen der Gasteilchen ist sehr klein gegen den mittleren Abstand der Teilchen untereinander und kann vernachlässigt werden. Die Teilchen werden als starre Kugeln mit Teilchenradius null betrachtet, d. h. als Massepunkte.
- **Keine Wechselwirkungen:** Es treten keine Wechselwirkungen bis auf elastische Stöße zwischen den Teilchen bzw. zwischen Teilchen und Wand auf. Anziehende oder abstoßende Kräfte werden vernachlässigt.

Das Modell des idealen Gases stellt für Edelgase, Gase bei hohen Temperaturen bzw. bei niedrigeren Drücken eine gute Näherung dar.

4.1.2 Die thermische Zustandsgleichung des idealen Gases

Wir haben bereits erfahren, dass Gase mit dem Modell des idealen Gases nur näherungsweise beschrieben werden können. Um eine Aussage über den Grad der Genauigkeit treffen zu können, mit dem das Modell des idealen Gases Vorhersagen über den realen Zustand eines Gases macht, benötigen wir einen quantifizierbaren Zusammenhang der beteiligen physikalischen Größen. Diese sind hier das Volumen V, der Druck p, die Temperatur T sowie die Anzahl der Teilchen des Gases, für deren Maß wir hier die Stoffmenge n nutzen werden. Diese Größen werden auch als Zustandsgrößen bezeichnet (siehe dazu ► Abschn. 4.2.2).

Es gibt viele Möglichkeiten, einen mathematischen Zusammenhang zwischen diesen Größen abzuleiten. Wir wollen hier den induktiven Weg gehen und anhand von historisch gefundenen Zusammenhängen zwischen den Zustandsgrößen eine allgemeine Form ableiten.

Induktiver und deduktiver Erkenntnisgewinn

In den Naturwissenschaften können Erkenntnisse im Wesentlichen auf zwei Wegen gewonnen werden: induktiv oder deduktiv. Bei der Induktion wird meist aus mehreren Beobachtungen, Einzelfällen oder Phänomenen auf einen allgemeinen Zusammenhang geschlossen. Wenn wir aus der Messung des pH-Wertes (siehe ► Abschn. 3.3.2) von unterschiedlich verdünnter Salzsäure auf den logarithmischen Zusammenhang zwischen Konzentration der Hydronium-Ionen und pH-Wert schließen, dann ist dies ein induktiver Vorgang gewesen. Deduktion bildet den Gegensatz zur Induktion und beschreibt einen Vorgang, bei dem ausgehend von einem allgemeinen Zusammenhang auf einen Einzelfall geschlossen wird. Wird mithilfe der Definition des pH-Wertes für starke Säuren der pH-Wert einer Salzsäure definierter Konzentration vorhergesagt, liegt ein deduktives Vorgehen zugrunde.

Zur Beschreibung des Zustandes eines idealen Gases lassen sich verschiedene Fragen stellen: Bei welchem Druck nimmt ein (ideales) Gas welches Volumen ein? Wie viele Teilchen sind in einem bestimmten Volumenelement eines Gases vorhanden? Wie verhält sich das Gas, also genauer sein Volumen und sein Druck, wenn man es erwärmt? Lässt sich ein Gas unendlich komprimieren?

Zunächst kann man festhalten, dass wir für manche der oben genannten Fragen bereits mit unseren Alltagserfahrungen erste Antworten finden können. Beim Aufpusten eines Luftballons dehnt sich dieser aus, das Volumen nimmt demnach mit steigender Teilchenzahl zu. Ein anderes Beispiel ist die Frage danach, wie sich Gase verhalten, wenn sie erwärmt werden. Bei einem Heißluftballon beobachten wir, dass sich Luft, wenn sie erwärmt wird, ausdehnt ◘ (Abb. 4.1).

Nun lässt sich aber die Frage stellen, in welchem Verhältnis sich das Volumen bei einer bestimmten Temperaturerhöhung verändert. Dies führt uns zu den Experimenten von Gay-Lussac und Charles, die unabhängig voneinander auf diesen Zusammenhang gestoßen sind (1787 Jacques Charles und 1802 Joseph Louis Gay-Lussac). Sie fanden heraus, dass sich das Volumen eines Gases verdoppelt, wenn sich seine Temperatur verdoppelt. Verdreifacht man die Temperatur, so verdreifacht sich auf das Volumen. Dieser Zusammenhang gilt jedoch nur bei konstantem Druck.

◘ **Abb. 4.1**   Heißluftballon während die im Ballon enthaltene Luft mithilfe eines Brenners erwärmt wird. Benutzer Arpingstone, CC0

4

Das Gesetz von Gay-Lussac und Charles – Beispiel einer direkten Proportionalität

Bei konstantem Druck liegt zwischen dem Volumen V und der Temperatur T eines Gases eine direkte Proportionalität vor. Der Quotient aus Volumen und Temperatur ist daher konstant. Verändert sich das Volumen eines Gases V_1 um einen bestimmten Faktor auf das Volumen V_2, so verändert sich auch die Temperatur um diesen Faktor von T_1 auf T_2:

$$V \sim T \qquad \frac{V}{T} = \text{const.} \qquad \frac{V_1}{T_1} = \frac{V_2}{T_2}.$$

Grafisch äußert sich eine direkte Proportionalität durch eine Gerade im entsprechenden V–T-Diagramm (siehe Abbildung). Diese Gerade ist eine Linie konstanten Drucks und wird damit Isobare genannt.

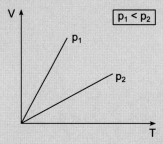

Abbildung: Zusammenhang zwischen Volumen und Temperatur beim idealen Gas unter konstantem Druck

▶ **Beispiel**

Die isobare Zustandsänderung

1 m³ eines idealen Gases von 0 °C wird bei konstantem Druck so lange erwärmt, bis sich sein Volumen verdreifacht hat. Welche Temperatur hat das Gas dann?

Da der Vorgang bei konstantem Druck abläuft, nutzen wir das Gesetz von Gay-Lussac und stellen nach der gesuchten Größe, T_2, um:

$$T_2 = \frac{V_2}{V_1} T_1 = \frac{3\,\text{m}^3}{1\,\text{m}^3} \cdot 273\,\text{K} = 819\,\text{K} = \underline{\underline{546\text{°C}}}.$$

Bei einer isobaren Verdreifachung des Volumens verdreifacht sich auch die Temperatur des Gases. Hervorzuheben ist, dass dieses Ergebnis unabhängig vom konkreten Betrag des Volumens ist. Hätten wir statt 1 m³ als Startwert 5 m³ betrachtet, hätten wir dennoch die gleiche Temperatur erhalten. Man kann daran erkennen, dass das Volumen eine sogenannte **extensive Größe** ist, da sie von der Masse des Systems abhängt. Je größer die Masse, desto größer das Volumen. Die Temperatur ist dagegen unabhängig von der Masse. Sie ist eine **intensive Größe**. Auch der Druck ist eine intensive Größe.

Hinweis zur Umrechnung von Temperaturen: Für Berechnungen ist die Temperatur grundsätzlich in Kelvin anzugeben. Dabei gilt: $T/K = T/°C + 273,15$. Demnach entsprechen 0 °C also 273,15 K. Der absolute Nullpunkt der Temperatur bei 0 K liegt also bei −273,15 °C. Je nach gewünschter oder möglicher Genauigkeit werden die Nachkommastellen auch oftmals weggelassen. ◄

In dem oben dargestellten V–T-Diagramm ist zudem noch ein weiterer Zusammenhang angedeutet: Je größer der Anstieg, also je steiler die Gerade, desto geringer ist der Druck. Oder anders ausgedrückt: Bei gleicher Temperatur nimmt ein Gas mit höherem Druck ein kleineres Volumen ein. Wird die Volumenänderung eines Gases bei konstanter Temperatur und veränderlichem Druck untersucht, steigt der Druck bei der Komprimierung eines bestimmten Volumens eines Gases an. Denn dabei steht den Gasteilchen weniger Platz zur Verfügung und sie stoßen häufiger an die Gefäßwand. Im Alltag können wir diesen Effekt erkunden, wenn wir an einer Luftpumpe die Öffnung zuhalten und die Luft im Inneren zu komprimieren versuchen. Die dazu notwendige Kraft, die auf die Querschnittsfläche der Luftpumpe wirkt, entspricht gerade der Druckerhöhung durch die Volumenverringerung. Empirisch wird dieser Zusammenhang durch das Gesetz von Boyle und Mariotte beschrieben.

Das Gesetz von Boyle und Mariotte – Beispiel einer indirekten Proportionalität
Bei konstanter Temperatur liegt zwischen dem Druck p und dem Volumen V eines Gases eine indirekte Proportionalität vor. D. h., das Produkt aus Druck und Volumen ist konstant. Verändert sich der Druck eines Gases p_1 um einen bestimmten Faktor auf den Druck p_2, so verändert sich auch das Volumen um den Kehrwert dieses Faktors von V_1 auf V_2.

$$p \sim \frac{1}{V} \qquad pV = \text{const.} \qquad p_1V_1 = p_2V_2.$$

Grafisch äußert sich eine indirekte Proportionalität durch eine Hyperbel im entsprechenden p–V-Diagramm (siehe Abbildung). Diese Hyperbel ist eine Linie konstanter Temperatur und wird damit Isotherme genannt.

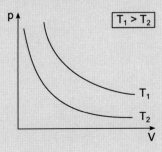

Zusammenhang zwischen Druck und Volumen beim idealen Gas unter konstanter Temperatur

Je weiter entfernt die Isotherme im p–V-Diagramm vom Ursprung verläuft, desto größer ist die Temperatur. Denn: Bei konstantem Druck nimmt ein Gas höherer Temperatur auch ein größeres Volumen ein.

▶ Beispiel

Die isotherme Zustandsänderung

1 l eines idealen Gases bei konstanter Temperatur werden von Normaldruck (1 bar = 100 kPa) auf 400 kPa komprimiert. Wie viel Volumen nimmt das Gas nach der Verdichtung ein?

Wir nutzen das Gesetz von Boyle-Mariotte und stellen nach der gesuchten Größe, V_2, um:

$$V_2 = \frac{p_1}{p_2} V_1 = \frac{100\,\text{kPa}}{400\,\text{kPa}} \cdot 1\,\text{L} = 0{,}25\,\text{L} = 250\,\text{m}.$$

Wird der Druck vervierfacht, so reduziert sich das Volumen auf ein Viertel.

Hinweis zur Umrechnung von Drücken und Volumina: Grundsätzlich ist es ratsam, bei allen Berechnungen, Volumina immer in Kubikmetern (m^3) und Drücke in Pascal (Pa) anzugeben. Dabei gilt: 1 bar = 100.000 Pa = 100 kPa und 1 m^3 = 1000 dm^3 = 1000 L. Bei solch einfachen Berechnungen über Verhältnisgleichungen kürzen sich meist die Einheiten heraus, sodass auch mit anderen Einheiten gerechnet werden kann. ◀

Aus diesen beiden Zusammenhängen können wir nun eine allgemeine Gesetzmäßigkeit ableiten. Dazu stellen wir uns eine Luftpumpe mit geschlossenem Ventil vor, die ein Gas im Zustand 1 mit der Temperatur T_1, dem Volumen V_1 und dem Druck p_1 enthält (siehe ◘ Abb. 4.2). Wir stellen die Luftpumpe nun in die Sonne, sodass sich das Gas in einem isobaren Prozess auf die Temperatur T_2 erwärmt, wobei sich ein neues Volumen V_2 einstellt. Der Druck bleibt dabei konstant, sodass in diesem neuen Zustand 2 gilt: $p_2 = p_1$. Anschließend wird das Gas vom Zustand 2 isotherm in den Zustand 3 überführt, indem die Pumpe zusammengedrückt wird, sodass sich das Gas auf das Volumen V_3 komprimiert. Dabei stellt sich ein neuer Druck p_3 ein, die Temperatur jedoch bleibt konstant: $T_3 = T_2$. In ◘ Abb. 4.2 ist diese Prozessführung dargestellt. Wir wollen nun nach einem Zusammenhang zwischen Zustand 1 und Zustand 3 fragen. Das erreichen wir, indem wir die Gesetzmäßigkeiten der jeweiligen Zustandsänderungen so miteinander ausdrücken, dass alle Größen des Zustandes 2 ersetzt werden.

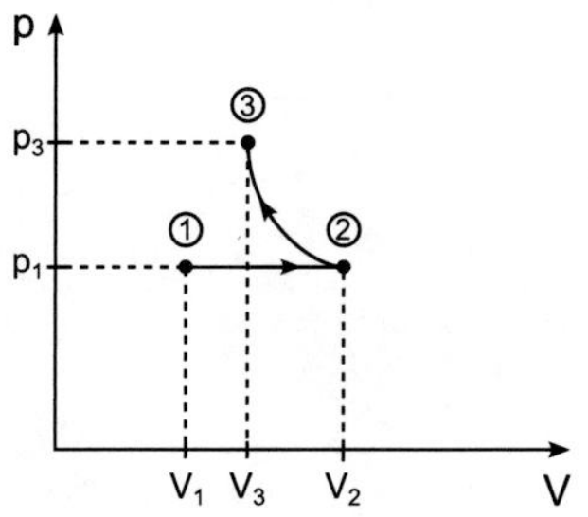

◘ **Abb. 4.2** Kombination aus isobarer und isothermer Zustandsänderung zur Herleitung der idealen Gasgleichung

Zustand 1 → 2: $\dfrac{V_1}{T_1} = \dfrac{V_2}{T_2}$ und mit $T_3 = T_2$ folgt : $\dfrac{V_1}{T_1} = \dfrac{V_2}{T_3}$ (Ersetzen von T_2)

Zustand 2 → 3: $p_2 V_2 = p_3 V_3$ und mit $p_2 = p_1$ folgt: $p_1 V_2 = p_3 V_3$ (Ersetzen von p_2)

Um nun noch die übrige Größe V_2 zu ersetzen, stellen wir beide Gleichungen nach V_2 um mit

$$V_2 = \frac{V_1 T_3}{T_1} \text{ und } V_2 = \frac{p_3 V_3}{p_1}$$

und erhalten nach Gleichsetzen beider Gleichungen

$$\frac{V_1 T_3}{T_1} = \frac{p_3 V_3}{p_1} \left(\text{Ersetzen von } V_2\right).$$

Wir sortieren die Größen zum Zustand 1 nach links (Multiplikation mit p_1) und die Größen zum Zustand 3 nach rechts (Division durch T_3) und erhalten

$$\frac{p_1 V_1}{T_1} = \frac{p_3 V_3}{T_3} \text{ bzw. } \frac{pV}{T} = \text{const.}$$

Damit wissen wir, dass für alle Gase in allen Zuständen der Quotient aus pV und T eine Konstante ist. Kennen wir die Konstante, dann ist der Zustand eines Gases durch diese drei Größen eindeutig definiert.

Wie groß ist nun diese Konstante? Wir nehmen dazu an, dass Zustand 1 bei Standardbedingungen vorliegt, demnach hat das Gas in der Luftpumpe eine Temperatur von 25 ° C und steht unter Normaldruck von 1 bar = 100 kPa. Unter diesen Bedingungen nimmt das Gas ein Volumen von 24,8 L pro Mol des Gases ein. Kennen wir die Stoffmenge n, so können wir dann das Volumen des Gases schreiben als

$$V = 24,8 \frac{\text{L}}{\text{mol}} \cdot n.$$

Somit folgt aus

$$\frac{100\,\text{kPa} \cdot 24,8\,\text{L}}{298,15\,\text{K} \cdot \text{mol}} \cdot n = \frac{p_3 V_3}{T_3}$$

eine Konstante aus den Standardwerten für Druck, Temperatur und Volumen von 8,3 J/(mol · K). Hierbei handelt es sich um die universelle Gaskonstante R, deren exakter Wert heute auf

$$8,31446261815324 \frac{\text{J}}{\text{mol} \cdot \text{K}}$$

4

bestimmt ist.

Damit lässt sich nun die ideale Gasgleichung in der Form

$$pV = nRT \qquad (4.1)$$

formulieren. Diese wird auch als **thermische Zustandsgleichung des idealen Gases** bezeichnet. Mit ihr lässt sich der thermische Zustand, also der Zusammenhang der Größen Druck, Volumen, Temperatur und Stoffmenge, eines idealen Gases ausdrücken. Wir wollen uns dies an zwei Beispielen ansehen.

▶ Beispiel

Das molare Volumen

Eine typische Konstante aus dem Schulunterricht ist das molare Volumen V_m. Dieses gibt das Volumen eines Gases pro Stoffmenge an:

$$V_m = \frac{V}{n} \text{ mit der Einheit } [V_m] = \frac{\text{L}}{\text{mol}}$$

Als häufiger Betrag für das molare Volumen wird 22,4 L/mol angegeben. Wir haben aber bereits gelernt, dass das Volumen, das ein Gas einnimmt, von Druck und Temperatur abhängt. Wir wollen deshalb das Volumen berechnen, das 1 mol eines idealen Gases bei einem Druck von $p = 1$ bar $= 10^5$ Pa und einer Temperatur von $T = 25\,°\text{C} = 298,15$ K einnimmt. Wir gehen dazu von der idealen Gasgleichung

$$pV = nRT$$

aus, teilen auf beiden Seiten zunächst durch n, dann durch p und ersetzen den Quotienten V/n mit dem molaren Volumen V_m. Wir erhalten

$$V_m = \frac{RT}{p} = \frac{8,314\,\dfrac{\text{J}}{\text{mol} \cdot \text{K}} \cdot 298,15\,\text{K}}{10^5\,\text{Pa}}.$$

Wir ersetzen die Einheit Pascal durch die Beziehung $1\,\text{Pa} = 1\,\dfrac{\text{J}}{\text{m}^3}$ und bringen alle Einheiten auf einen Bruch. Wir erhalten damit für das molare Volumen:

$$V_m = \frac{RT}{p} = \frac{8,314 \cdot 298,15}{10^5}\,\frac{\text{J} \cdot \text{K} \cdot \text{m}^3}{\text{mol} \cdot \text{K} \cdot \text{J}} = 0,0248\,\frac{\text{m}^3}{\text{mol}} = 24,8\,\frac{\text{L}}{\text{mol}}.$$

Setzt man hingehen die sogenannten Normbedingen an ($T = 0\,°\text{C} = 273,15$ K; $p = 1$ atm $= 101.325$ Pa), so folgt für das molare Volumen der zuvor genannte Wert von 22,4 L/mol. ◄

Zur Einheit des Drucks

Die Einheit des Drucks Pascal (Pa) kannst du dir über die physikalische Bedeutung dieser Größe merken. Druck beschreibt eine Kraft, die auf eine Fläche wirkt, damit gilt Druck = Kraft pro Fläche. In Einheiten ausgedrückt ergibt sich N/m^2. Da die Kraft wiederum das Produkt aus Masse und Beschleunigung ist, folgt letztlich als Einheit $kg/(m \cdot s^2)$. In der Thermodynamik oft hilfreich ist eine weitere Einheit, die herauskommt, wenn man die Einheit N/m^2 mit der Einheit m (Meter) erweitert. Es folgt:

$$1\frac{N}{m^2} \cdot \frac{m}{m} = 1\frac{Nm}{m^3} = 1\frac{J}{m^3}.$$

Dies ist hilfreich, da die universelle Gaskonstante R häufig in der Einheit $J/(mol \cdot K)$ angegeben wird. Auf Nummer sicher gehst du aber immer, wenn du alle Einheiten in SI-Einheiten angibst.

Es gibt neben Pascal noch eine ganze Reihe weiterer Einheiten für den Druck, wie die *Physikalische Atmosphäre* oder das *Torr*. Merke dir zumindest das *Bar*, welches sich auf die Angabe in Pascal bezieht: 1 bar = 10^5 Pa. Hinzukommt, dass das Pascal auch oft mit einem Einheitenvorsatz wie Kilo oder Hekto verbunden wird.

Die Dichte eines idealen Gases

Als zweites Beispiel wollen wir die Dichte ϱ eines idealen Gases bei den Bedingungen aus Beispiel 1 berechnen. Im Gegensatz zum molaren Volumen, das für jedes ideale Gas bei einer definierten Temperatur und einem definierten Druck gilt, ist die Dichte mit

$$\varrho = \frac{m}{V}$$

eine stoffabhängige Konstante, da die Masse eines Stoffes durch die jeweiligen Atommassen bestimmt ist. Unter Nutzung der stoffspezifischen molaren Masse M und der Beziehung $n = \frac{m}{M}$ folgt für die ideale Gasgleichung die Form

$$pV = \frac{m}{M}RT.$$

Umstellen nach $\frac{m}{V} = \varrho$ liefert

$$\varrho = \frac{pM}{RT}.$$

4

Für Stickstoff, den Hauptbestandteil der Luft, mit einer molaren Masse von

$M = 28{,}01\,\dfrac{\text{g}}{\text{mol}}$, folgt dann

$$\varrho = \frac{101.300\,\text{Pa} \cdot 28{,}01\,\dfrac{\text{g}}{\text{mol}}}{8{,}314\,\dfrac{\text{J}}{\text{mol}\cdot\text{K}} \cdot 273{,}15\,\text{K}} = \frac{101.300 \cdot 28{,}01}{8{,}314 \cdot 273{,}15} \cdot \frac{\text{J}\cdot\text{g}\cdot\text{mol}\cdot\text{K}}{\text{m}^3 \cdot \text{mol}\cdot\text{J}\cdot\text{K}} = 1249{,}4\,\frac{\text{g}}{\text{m}^3} = \underline{\underline{1{,}2494\,\frac{\text{kg}}{\text{m}^3}}}.$$

Der Vergleich dieses Werts mit dem experimentell bestimmten Wert für die Dichte von Stickstoff bei den gleichen Bedingungen von $\varrho_e = 1{,}2504$ kg/m^3 zeigt eine sehr geringe Abweichung. Die relative Abweichung f berechnet sich aus dem Betrag der Differenz beider Werte, geteilt durch den Referenzwert, hier demnach den experimentell bestimmten Wert:

$$f = \frac{|\varrho_e - \varrho|}{\varrho_e} \cdot 100\,\% = \frac{\left|1{,}2504\,\dfrac{\text{kg}}{\text{m}^3} - 1{,}2494\,\dfrac{\text{kg}}{\text{m}^3}\right|}{1{,}2504\,\dfrac{\text{kg}}{\text{m}^3}} \cdot 100\,\% = 0{,}08\,\%.$$

◄

Wir wollen nun die die Dichte verschiedener Gase vergleichen. In ◘ Tab. 4.1 sind die nach dem Modell des idealen Gases berechneten Dichten einiger Gase den experimentell bestimmten Werten gegenübergestellt. Es zeigen sich unterschiedlich starke Abweichungen. Um diese zu begründen, müssen Aspekte berücksichtigt werden, die im Modell des idealen Gases vernachlässigt wurden.

Zunächst ist das Eigenvolumen der Gasteilchen zu betrachten. Je größer dieses ist, desto weniger Volumen steht dem Gas zur Bewegung zur Verfügung. So ist das Volumen eines Chlorgas-Moleküls deutlich größer als das eines Wasserstoff-Moleküls. Weiterhin sind die Wechselwirkungen zwischen den Teilchen zu betrachten. Je größer das Eigenvolumen, desto größer sind auch die Van-der-Waals-Wechselwirkungen. Bei Molekülen mit polarer Atombindung und einem nicht symmetrischen Aufbau (z. B. Ammoniak, Chlorwasserstoff, Schwefeldioxid) ergeben sich überdies Dipol-Wechselwirkungen. Wir kommen darauf in ► Abschn. 4.3.2 zurück.

Letztlich sind alle Berechnungen, bei denen einem Gas idealisiertes Verhalten zugeschrieben wird, stets als Näherung zu betrachten. Die Güte dieser Näherung lässt sich durch die Abweichungen zu realem, experimentell ermitteltem Verhalten beschreiben (siehe ◘ Tab. 4.1).

Neben den bisher betrachteten Gasgesetzen gibt es weitere Zusammenhänge, die sich aus der thermischen Zustandsgleichung des idealen Gases ableiten lassen. Eine Übersicht über die mathematischen Zusammenhänge findest du in ◘ Tab. 4.2.

Tipp

Überprüfe dein Wissen
   Auf den Flashcards zu Kap. 4 findest du Verständnisfragen zu diesem Kapitel unter **Ideales Gas und Gasgesetze**.

■ **Tab. 4.1** Dichte verschiedener Gase bei $T = 0\ °C$ und $p = 1013$ mbar. Vergleich zwischen idealer Gasdichte und experimentell bestimmter Dichte.

	Molare Masse in $\frac{g}{mol}$	Berechnete Dichte in $\frac{kg}{m^3}$	Experimentell bestimmte Dichte in $\frac{kg}{m^3}$	Absolute Abweichung in $\frac{kg}{m^3}$	Relative Abweichung in %
Wasserstoff	2,02	0,0901	0,0899	0,0002	0,22
Helium	4	0,1784	0,1785	0,0001	0,06
Sauerstoff	32	1,4273	1,4290	0,0017	0,12
Stickstoff	28,01	1,2494	1,2504	0,0010	0,08
Kohlenstoffdioxid	44,01	1,9630	1,9767	0,0137	0,69
Chlorgas	70,91	3,1629	3,2149	0,0520	1,62
Chlorwasserstoff	36,46	1,6263	1,6423	0,0160	0,97
Ammoniak	17,03	0,7596	0,7714	0,0118	1,53
Schwefeldioxid	64,06	2,8573	2,9285	0,0712	2,43

■ **Tab. 4.2** Zusammenfassung der Spezialfälle für die thermische Zustandsgleichung idealer Gase

Allgemeine Gasgleichung	$pV = nRT$		
Gesetz von ...	Konstante Größen	Mathematischer Zusammenhang	Beschreibung
Gay-Lussac	p, n	$V \sim T$	Bei konstantem Druck und konstanter Stoffmenge ist das Volumen eines idealen Gases direkt proportional zur Temperatur. Die entsprechende Zustandsänderung unter diesen Bedingungen heißt **Isobare**.
Boyle-Mariotte	T, n	$p \sim \dfrac{1}{V}$	Bei konstanter Temperatur und Stoffmenge ist der Druck eines idealen Gases indirekt proportional zu dessen Volumen. Die entsprechende Zustandsänderung unter diesen Bedingungen heißt **Isotherme**.
Amontons	V, n	$p \sim T$	Bei konstantem Volumen und konstanter Stoffmenge ist der Druck eines idealen Gases direkt proportional zur Temperatur. Die entsprechende Zustandsänderung unter diesen Bedingungen heißt **Isochore**.
Avogadro	p, T	$V \sim n$	Bei konstantem Druck und konstanter Temperatur enthalten zwei gleich große Gasvolumina die gleiche Anzahl an Teilchen. Unabhängig von der chemischen Zusammensetzung des Gases nimmt jedes ideale Gas bei Standardbedingungen das molare Volumen V_m ein.

4

4.2 Die innere Energie

4.2.1 Die innere Energie eines idealen Gases

Im vorherigen Kapitel haben wir mithilfe der Zustandsgleichung idealer Gase einen Zusammenhang zwischen den Größen Druck, Volumen, Temperatur und Stoffmenge gefunden. Entscheidend für die Beschreibung von Änderungsprozessen (z. B. isochore Erwärmung, isotherme Kompression) ist jedoch eine weitere Größe: die Energie. Energie ist physikalisch betrachtet eine Größe, mit deren Hilfe Änderungsprozesse von Systemen beschrieben werden können. Dazu muss zunächst die Frage geklärt werden, was alles zur Gesamtenergie eines Systems beiträgt. Diese entspricht maßgeblich der Energie der Teilchen *in* diesem System und wird deshalb auch als *innere Energie* bezeichnet.

Innere Energie

Die innere Energie U beschreibt die gesamte Energie eines Systems. Für Gase entscheidend ist der Beitrag der *Bewegungsenergie* (kinetische Energie) der Gasteilchen. Diese setzt sich aus drei Anteilen zusammen:
- Translationsenergie: Beitrag der Bewegung der Teilchen in die drei Raumrichtungen
- Schwingungsenergie: Beitrag der Schwingung von Molekülen
- Rotationsenergie: Beitrag der Drehung von Molekülen

Je nach System können weitere Energieformen einen Beitrag zur inneren Energie leisten. In Festkörpern und Flüssigkeiten spielt die Wechselwirkung der Teilchen durch ihre räumliche Nähe zueinander eine wichtige Rolle (potenzielle Energie). Weiterhin von Bedeutung sind chemische Bindungen, Kernenergie, Ionisierungsenergien etc.

Im Allgemeinen lässt sich die innere Energie eines Systems nicht messen, sondern lediglich die Änderung der inneren Energie beschreiben. Im Fall eines idealen Gases jedoch definiert sich die innere Energie des Gases lediglich durch die Bewegung der Gasteilchen im Raum, also durch ihre Translation. Damit ist die innere Energie des Systems gleich der Summe der kinetischen (Translations-)Energie aller Gasteilchen N:

$$U = E_{kin} = N \cdot \frac{1}{2}mv^2.$$ (4.2)

Gleichzeitig haben wir gelernt, dass die Temperatur ein Maß für die Geschwindigkeit – und damit für die kinetische Energie – der Gasteilchen ist. Man spricht in diesem Zusammenhang auch von der thermischen Energie, die bei idealen Gasen ebenfalls der inneren Energie entspricht. In der Form

$$E_{\text{th}}' = \frac{f}{2} k_{\text{B}} T \tag{4.3}$$

gibt sie die Energie eines idealen Gasteilchens mit dem Freiheitsgrad f an. Der Freiheitsgrad bestimmt die Möglichkeit eines Teilchens, Energie in Form verschiedener Bewegungsarten zu speichern. Wir werden darauf später zurückkommen und stellen für ein ideales Gasteilchen fest, dass dieses lediglich die Möglichkeit hat, sich in die drei Raumrichtungen zu bewegen, sodass $f = 3$ ist. Über alle Gasteilchen N summiert, ergibt sich somit für die innere Energie die Beziehung

$$U = E_{\text{th}} = N \cdot \frac{3}{2} k_{\text{B}} T$$

bzw. mit der Definition der Stoffmenge $n = N/N_{\text{A}}$ über die Avogadrozahl N_{A} und der Relation $R = k_{\text{B}} N_{\text{A}}$ für die universelle Gaskonstante

$$U = E_{\text{th}} = n \cdot \frac{3}{2} R T. \tag{4.4}$$

Es zeigt sich, dass die innere Energie eines idealen Gases lediglich durch dessen Temperatur und Teilchenzahl bestimmt wird. Wir wollen daher anhand dieses einfachen Beispiels die Frage stellen, wie wir die Änderung der inneren Energie eines idealen Gases mit fester Teilchenzahl N unter verschiedenen Zustandsänderungen beschreiben können.

4.2.2 Der 1. Hauptsatz der Thermodynamik

Wir beginnen die Überlegungen, die innere Energie eines Systems zu ändern, mit zwei Alltagsbeispielen. In beiden Beispielen geht es um eine Druckerhöhung eines Gases. Eine Druckerhöhung wird auf molekularer Ebene durch eine Erhöhung der Teilchengeschwindigkeit charakterisiert. Wegen Gl. 4.2 erhöht sich die innere Energie des Systems. Makroskopisch äußert sich diese, wie in Gl. 4.4 gezeigt, durch eine Temperaturerhöhung.

▶ **Beispiel 1**

Wärme

Wir betrachten einen Fahrradreifen, der in die pralle Sonne gelegt wird. Aus unserer Erfahrung wissen wir, dass sich dadurch das Gas im Reifen erwärmt, der Reifendruck steigt. Woher aber rührt diese Druckerhöhung? Grundlage ist der auftretende Energietransport: Durch die Strahlung der Sonne erwärmt sich der Mantel des Reifens. Durch Stöße zwischen Teilchen des Reifenmantels mit denen des Schlauchs und wiederum mit den Luftteilchen im Reifen findet ein Übertrag an kinetischer Energie statt. Bei Ersterem spricht man von Wärmestrahlung, bei Zweiterem von Wärmeleitung. *Offenbar ist Wärme eine Form, um die innere Energie eines Systems zu verändern.* ◀

4

▶ **Beispiel 2**

Arbeit

Wenn du einen Fahrradreifen mit einer Handluftpumpe aufpumpst, so merkst du eine deutliche Erwärmung der Luftpumpe. Die Erwärmung wird hier letztlich durch die gerichtete Bewegung des Kolbens hervorgerufen, wodurch sich die Geschwindigkeit der Teilchen mittels elastischer Stöße untereinander ebenfalls erhöht. Für die Bewegung des Kolbens entlang einer bestimmten Wegstrecke muss eine Kraft gegen die Bewegung der Gasteilchen (also gegen den Gasdruck) ausgeübt werden. *Zur Erhöhung der inneren Energie des Systems muss also Arbeit (Kraft entlang einer Strecke) verrichtet werden.* ◀

Der Unterschied zwischen beiden Beispielen besteht nun darin, dass sich in Beispiel 1 die Geschwindigkeit der Gasteilchen in ihrer ungeordneten Bewegung durch den Energieeintrag erhöht. In Beispiel 2 führt die gerichtete Bewegung des Kolbens dazu, dass die Gasteilchen ebenfalls eine höhere kinetische Energie haben, ihre Geschwindigkeit ist jedoch gerichtet, nämlich in Richtung der Bewegung des Kolbens. Durch elastische Stöße untereinander übersetzt sich diese erhöhte gerichtete Bewegung am Ende jedoch wieder in eine chaotische Bewegung mit erhöhter Geschwindigkeit und damit höherer thermischer Energie.

In Beispiel 1 sprechen wir davon, dass Energie in Form von Wärme überragen wurde. In Beispiel 2 begründet sich die Energieänderung durch die Verrichtung von Arbeit. Es gibt also zwei Arten, die innere Energie eines Systems zu verändern. Damit können wir den *1. Hauptsatz der Thermodynamik* in der Form

$$\Delta U = Q + W \tag{4.5}$$

ableiten. Dieser besagt, dass sich die innere Energie eines geschlossenen Systems ändert, wenn mit der Umgebung Wärme Q ausgetauscht wird und/oder Arbeit W am System oder an der Umgebung verrichtet wird.

Definitionen

Thermodynamische Systeme, Zustandsgrößen und Prozessgrößen: Zur Beschreibung thermodynamischer Vorgänge werden drei Systeme unterschieden. Ein **offenes System** steht im Stoff- und Energieaustausch mit seiner Umgebung. Beim **geschlossenen System** erfolgt nur ein Energie-, jedoch kein Stoffaustausch. Liegt ein **abgeschlossenes System** vor, ist weder Stoff- noch Energieaustausch möglich, man spricht dann auch von einem thermisch isolierten System.

Die Energie eines Systems ist eine **Zustandsgröße**. Sie charakterisiert also den energetischen Zustand eines Systems. Die Änderung eines Zustandes kann durch die Änderung der entsprechenden Zustandsgröße dargestellt werden.

Dagegen wird der Verlauf einer Zustandsänderung durch **Prozessgrößen** wie Wärme und Arbeit beschrieben. Prozessgrößen existieren also nur, wenn eine Zustandsänderung abläuft. Kann man die Änderung von Prozessgrößen beschreiben? Nein, da die Prozessgrößen keinen absoluten Wert haben. Sie sind nur zugänglich, wenn wir einen Vorher-Nachher-Vergleich einer Zustandsgröße anstellen. Insbesondere die Wärme als Änderung der inneren Energie solltest du hier nicht mit der Änderung der Temperatur verwechseln.

4.2.3 Volumenarbeit

In ▶ Abschn. 4.2.2 haben wir bereits ein anschauliches Beispiel für das Phänomen der Arbeit anhand einer Luftpumpe kennengelernt. Die verrichtete Arbeit an einem System wird allgemein als Kraft definiert, die entlang einer Wegstrecke aufzuwenden ist. Ein typisches Beispiel ist das Heben eines Körpers auf einen Tisch – gegen die nach unten gerichtete Schwerkraft. Je schwerer der Körper ist, und damit seine Gewichtskraft, und je höher der Tisch ist, und damit je größer die Wegstrecke, desto größer ist auch die zu verrichtende Arbeit. Es ergibt sich damit der Zusammenhang

$$W = F \cdot s \tag{4.6}$$

mit F als wirkende Kraft und s als zurückgelegter Weg. Neben der gerade dargestellten Form von Arbeit als Hubarbeit lassen sich weitere Arten unterscheiden: elektrische Arbeit, Verformungsarbeit, Oberflächenarbeit usw. Für alle Formen von Arbeit gilt, dass sie sich aus dem Produkt von Kraft und Weg ergeben, womit sich auch die Einheit für die Arbeit als $[W] = \mathrm{N} \cdot \mathrm{m}$ festlegen lässt.

Physikalische Einheit der Arbeit
Durch die Definition der Arbeit als Produkt aus Kraft und Weg ergibt sich als Einheit gleichermaßen das Produkt aus den Einheiten der Kraft (Newton) und Weg (Meter) und wird deshalb auch als Newtonmeter bezeichnet:

$$[W] = [F] \cdot [s] = \mathrm{N} \cdot \mathrm{m} = \mathrm{J}.$$

Diese Einheit ist äquivalent zur Einheit Joule (J). 1 J entspricht der Arbeit, die verrichtet wird, wenn eine Kraft von einem 1 N entlang einer Wegstrecke von 1 m ausgeübt wird. Damit hat die Arbeit die gleiche Einheit wie die Energie, was sich auch im 1. Hauptsatz der Thermodynamik zeigt.

Wir müssen darauf hinweisen, dass wir im obigen Beispiel von einem Spezialfall ausgegangen sind, bei dem die Kraft (Gewichtskraft) genau entlang der zurückgelegten Wegstrecke (Bewegung nach oben) wirkt. Im Allgemeinen ist das aber nicht der Fall. Stellen wir uns ein Kind vor, das hinter sich ein Spielzeug, nehmen wir einen Holzwagen an einem Faden, herzieht (◘ Abb. 4.3). Weg und Kraft liegen nicht in derselben Richtung. Für die Berechnung der Arbeit ist lediglich diejenige Kraftkomponente, die parallel des zurückgelegten Weges wirkt, F_s, entscheidend. Die senkrecht dazu wirkende Kraftkomponente erzeugt einen Zug senkrecht nach oben,

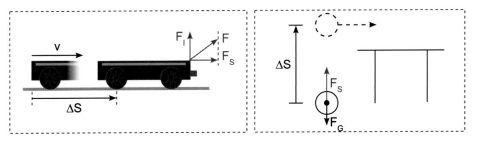

◘ **Abb. 4.3** Veranschaulichung der Arbeit an zwei Beispielen: Heben einer Kugel auf einen Tisch (rechts) und Ziehen eines Wagens (links). (Illustration des Wagens von Pixabay)

4

der gegen die Gewichtskraft des Wagens wirkt, aber für die hier verrichtete Arbeit entlang der horizontalen Strecke keinen Beitrag liefert. Genauer müssen wir für die Arbeit also schreiben:

$$W = F_s \cdot \Delta s. \tag{4.7}$$

Wir bezeichnen die zurückgelegte Wegstrecke als Δs, weil es sich um eine Veränderung der räumlichen Position eines Körpers handelt.

Hilfreich ist es, sich daran zu erinnern, dass es zu jeder Kraft eine gleich große, entgegengesetzt gerichtete Gegenkraft gibt: Wollen wir einen Körper anheben, so muss eine Kraft (von unserer Hand) gegen die Gewichtskraft des Körpers verrichtet werden. Die Gewichtskraft wirkt nach unten, deshalb ist die arbeitsverrichtende Kraft(komponente) ebenfalls die vertikale Komponente (nach oben). Wird ein Körper über eine horizontale Fläche bewegt, so muss der Reibungskraft zwischen Körper und Oberfläche entgegengewirkt werden. Diese Reibungskräfte (z. B. Roll- oder Gleitreibung) wirken entlang der Grenzfläche zwischen Körper und Oberfläche. Demnach liegt die arbeitsverrichtende Kraftkomponente ebenfalls in dieser Ebene.

Wir wollen zu dem Beispiel unserer Luftpumpe zurückkehren: Verschließen wir deren Öffnung mit dem Finger, liegt uns im Wesentlichen ein gasgefüllter Zylinder vor, der auf einer Seite mit einem beweglichen Kolben verschlossen ist. Wir drücken nun diesen Kolben um eine Wegstrecke Δs in den Zylinder, Kraft und Wegstrecke liegen also in einer Richtung.

Aber gegen welche Kraft wird hier Arbeit verrichtet? Wir wissen bereits, dass Gasteilchen eine Kraft ausüben, die sich in Stößen der Teilchen auf die Gefäßwand, in unserem Fall die Kolbenfläche, begründet. Gegen diese Kraft auf die Kolbenfläche, d. h. gegen den Gasdruck, ist demnach Arbeit zu verrichten. Wenn wir in Gl. 4.7 die Kraft durch das Produkt aus Druck und Fläche ersetzen, erhalten wir

$$W = p \cdot A \cdot \Delta s. \tag{4.8}$$

Wenn wir das Produkt $A \cdot \Delta s$ durch die daraus resultierende Änderung des Gasvolumens ΔV ersetzen, erhalten wir $W = p \cdot \Delta V$. In unserem Fall verringert sich das Gasvolumen, die Volumenänderung ΔV hat ein negatives Vorzeichen. Da jedoch durch die verrichtete Arbeit dem Gas Energie hinzugeführt wird, muss die Arbeit insgesamt positiv sein. Wir ergänzen daher ein zusätzliches Minuszeichen und erhalten die Formel

$$W = -p \cdot \Delta V. \tag{4.9}$$

Diese Form der Arbeit wird als *Volumenarbeit* bezeichnet, da sich durch das Verrichten der Arbeit das Volumen eines Gases verändert.

Vorzeichenkonvention
Bei der Beschreibung der Volumenarbeit haben wir eine Vorzeichenkonvention benutzt: Wird am Gas Arbeit verrichtet, erhält die Arbeit ein positives Vorzeichen. Verrichtet das Gas Arbeit an der Umgebung (z. B. durch Expansion), ist das Vorzeichen negativ.

Gleiches gilt auch für die Wärme: Wird dem Gas Wärme zugeführt, ist das Vorzeichen positiv. Gibt das Gas Wärme nach außen ab, ist es negativ.

> ▶ **Beispiel**

Beispielrechnung zur Volumenarbeit

Wir wollen die Volumenarbeit eines Gases exemplarisch bei einem Druck von 1 atm berechnen. Dieser in der historischen Einheit Atmosphäre (atm) angegebene Druck entspricht 101.325 Pa. Das Volumen des Gases sei 3 L, und wir führen eine Wärmemenge von 648.350 J zu, wodurch sich das Volumen auf 4,6 L erhöht. Wie groß ist die vom Gas verrichtete Volumenarbeit? Ferner soll die Änderung der inneren Energie sowie die Arbeit der Umgebung am Gas berechnet werden.

Aus der Beziehung $W = -p \cdot \Delta V$ lässt sich die Volumenarbeit des Gases berechnen:

$$W = -101.325\,\text{Pa} \cdot \left(4,6\,\text{L} - 3\,\text{L}\right) = -101.325\,\frac{\text{N}}{\text{m}^2} \cdot \left(1,6 \cdot 10^{-3}\,\text{m}^3\right)$$
$$= -162.120\,\text{Nm} = \underline{\underline{-162.120\,\text{J}.}}$$

Die Änderung des Volumens $\Delta V = 4,6\,\text{L} - 3\,\text{L} = 1,6\,\text{L}$ lässt sich auch als $1,6 \cdot 10^{-3}\,\text{m}^3$ ($1\,\text{L} = 1\,\text{dm}^3 = 10^{-3}\,\text{m}^3$) ausdrücken. Für die Einheit Pascal können wir auch N/m^2 schreiben. Am Ende beibt dann die Einheit Newtonmeter (Nm) übrig, die gleichbedeutend mit Joule (J) ist.

Aus dem 1. Hauptsatz lässt sich nun die Änderung der inneren Energie bestimmen:

$$\Delta U = Q + W = 648.350\,\text{J} - 162.120\,\text{J} = \underline{\underline{486.230\,\text{J}.}}$$

Aus der Vorzeichenkonvention ergibt sich, dass die verrichtete Volumenarbeit des Gases an der Umgebung negativ sein muss, da das Gas expandiert. Demnach ist die Arbeit, die die Umgebung am Gas verrichtet, mit 162.120 J betragsgleich, aber mit positivem Wert. ◀

Für die Aufstellung der Definition der Volumenarbeit über Gl. 4.9 haben wir einen wichtige Gültigkeitsbedingung vorausgesetzt: Der Gasdruck ändert sich während der Zustandsänderung nicht. Gleichwohl haben wir mit isochoren und isothermen Zustandsänderungen bereits Prozesse kennengelernt, die nicht unter konstantem Druck ablaufen. Wir wollen daher im Folgenden konkreter darauf eingehen, wie die Volumenarbeit bei verschiedenen Prozessführungen, also Zustandsänderungen, für ideale Gase berechnet wird.

Isochore Zustandsänderung

Bei einer isochoren Zustandsänderung gilt $V = \text{const}$. Damit ist $\Delta V = 0$. Aus Gl. 4.9 geht damit unmittelbar hervor, dass $W = 0$ für jede isochore Prozessführung gilt. Diese Aussage ist wenig überraschend, immerhin definiert sich die Volumenarbeit gerade durch die Änderung des Volumens. Eine etwaige Druckabhängigkeit spielt hier also keine Rolle.

Isobare Zustandsänderung

Läuft eine Zustandsänderung unter konstantem Druck ab, ist die Gültigkeitsbedingung für Gl. 4.9 erfüllt. Das Volumen ändert sich hier lediglich durch die Änderung der Temperatur (Gesetz von Gay-Lussac). Wir können dann mit der idealen Gasgleichung $pV = nRT$ in der Form

$$\Delta V = \frac{1}{p} nR\Delta T$$

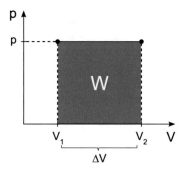

◙ Abb. 4.4   Volumenarbeit im p–V-Diagramm für eine isobare Zustandsänderung

die Volumenarbeit zu

$$W = -p\Delta V = -p \cdot \frac{1}{p} nR\Delta T = -nR\Delta T \tag{4.10}$$

bestimmen. Im p–V-Diagramm (◙ Abb. 4.4) ergibt sich eine Parallele zur Volumen-achse. Der Betrag der Volumenarbeit entspricht mit $p\Delta V$ gerade der Fläche unter der Isobaren.

Isotherme Zustandsänderung

Bei einer isothermen Zustandsänderung ist T = const. Druck und Volumen hängen voneinander ab. Wenn wir einen isothermen Prozess, z. B. eine langsame Expansion eines Gases gegen den äußeren Luftdruck, mithilfe von Gl. 4.9 beschreiben wollen, müssen wir uns diesen Vorgang aus vielen sehr kleinen Teilexpansionen zusammengesetzt vorstellen. Bei jeder dieser sehr kleinen Teilexpansionen kann der Druck als nahezu konstant angesehen werden. ◙ Abb. 4.5 veranschaulicht diesen Sachverhalt. Verkleinert man diese Intervalle immer weiter, so ergibt sich letztlich, dass die Volumenarbeit, gleichermaßen wie bei der isobaren Zustandsänderung, der Fläche unter Kurve, in diesem Fall unter einer Isotherme, entspricht. Als Formel zur Berechnung der Arbeit bei einem isothermen Vorgang folgt dann

$$W = -nRT \cdot \ln\left(\frac{V_2}{V_1}\right). \tag{4.11}$$

▶ **Beispiel**

Ein ideales Gas bei Standardbedingungen wird auf ein Viertel seines Volumens komprimiert. Wie groß ist die verrichtete Volumenarbeit?

Standardbedingungen lassen sich unterschiedlich definieren. Wir haben für uns in ▶ Abschn. 4.1.2 bereits den Standarddruck mit 1 bar, entsprechend 10^5 Pa, und die Temperatur mit 25 ° C = 298,15 K definiert. Standardbedingungen liegen überdies nur dann vor, wenn die Stoffmenge 1 mol (bzw. die Konzentration 1 mol/L) beträgt. Wenn das Volumen auf ein Viertel komprimiert wird, ist

$$V_1 = \frac{1}{4}V_2.$$

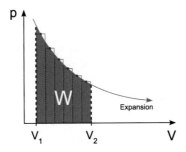

Abb. 4.5   Volumenarbeit im p–V-Diagramm für eine isotherme Zustandsänderung

Es ergibt sich also mit Gl. 4.11:

$$W = -nRT \cdot \ln\left(\frac{1V_1}{4V_1}\right) = -1\,\text{mol} \cdot 8{,}314\,\frac{\text{J}}{\text{mol} \cdot \text{K}} \cdot 298{,}15\,\text{K} \cdot \ln(0{,}25) = 3436\,\text{J}.$$

Da das Gas komprimiert wird, hat die Volumenarbeit laut Vorzeichenkonvention einen positiven Wert. ◄

Herleitung der Volumenarbeit bei isothermer Prozessführung

Um die Volumenarbeit eines idealen Gases unter isothermer Prozessführung zu berechnen, wird der Druck in Gl. 4.9 zunächst durch die ideale Gasgleichung ausgedrückt:

$$W = -nRT\frac{1}{V}\Delta V.$$

Gleichzeitig betrachten wir nur sehr kleine, infinitesimale Änderungen des Volumens, dV, die wir dann aufsummieren. Das bedeutet, dass wir das Integral über diese kleinen Volumenänderungen dV bilden. Als Intervall legen wir V_1 bis V_2 fest. Wir erhalten

$$W = -\int_{V_1}^{V_2} nRT\frac{1}{V}\,dV.$$

Der Term nRT ist konstant, und die Integration von $\frac{1}{V}$ gibt den Logarithmus von V. So folgt

$$W = -nRT \cdot \left(\ln(V_2) - \ln(V_1)\right) = -nRT \cdot \ln\left(\frac{V_2}{V_1}\right).$$

4

4.2.4 Wärme und Wärmekapazität

Als zweite Größe zur Änderung der inneren Energie haben wir die Wärme Q kennengelernt. Ebenso wie die innere Energie und die Arbeit wird sie in Joule $[Q] = J$ gemessen. Wir wollen die Frage stellen, wovon die zugeführte Wärmemenge abhängt, wenn einem Körper Energie durch Wärme hinzugefügt wird. Wir haben Wärme in Kapitel ▶ Abschn. 4.2.2 als die chaotische, nicht gerichtete Bewegung von Teilchen kennengelernt. Im Gegensatz zur Arbeit hängt Wärme damit direkt mit der Temperatur eines Körpers zusammen. Im Mittelpunkt steht also die Frage der Temperaturerhöhung eines Körpers um ΔT durch die Zufuhr (oder Abfuhr) von Wärme Q:

$$Q \sim \Delta T.$$

Erhitzen wir Wasser in einem Wasserkocher, so wissen wir aus dem Alltag, dass die Zeit, bis das Wasser siedet, größer ist, je mehr Wasser im Wasserkocher ist. Je länger ein Wasserkocher läuft, desto größer ist die zugeführte Wärme. Sie entspricht der elektrischen Leistung des Wasserkochers multipliziert mit der Laufzeit (bei Vernachlässigung von Wärmeverlusten). Demnach ist die Wärmezufuhr auch von der Masse des Körpers abhängig. Je größer diese ist, desto größer muss die zugeführte Wärmemenge für einen gleichen Temperaturanstieg sein:

$$Q \sim m \cdot \Delta T.$$

Zuletzt macht es natürlich einen Unterschied, welcher Stoff erwärmt oder abgekühlt wird. Wird bspw. die gleiche Menge heißer Tee in zwei gleich schwere Tassen, eine aus Porzellan, die andere aus Stahl, gegeben, so ist nach gleicher Zeit der Tee in der Porzellantasse kühler als in der Stahltasse.[1] Offensichtlich hat Porzellan eine größere Fähigkeit, Wärme aufzunehmen – anders ausgedrückt: eine größere Kapazität, Wärme aufzunehmen. Porzellan hat eine größere Wärmekapazität.

Die Begriffe Wärme, Wärmemenge und Wärmeenergie
In vielen Schul- und Fachbüchern und auch im Internet findest du für die Wärme Q auch die Begriffe Wärmemenge oder Wärmeenergie. Lass dich davon nicht verwirren. Möchtest du fachlich ganz exakt sein, dann verwendest du am besten nur den Begriff *Wärme*. Wärmeenergie ist insofern ein ungünstiger Begriff, da durch den Zusatz -*energie* impliziert wird, das Wärme eine Zustandsgröße sei. Wir haben aber bereits gelernt, dass Wärme eine Prozessgröße ist, es also keine „Anfangs- und Endwärme" gibt. Mit *Wärmemenge* wird häufig die Energiezufuhr ausgedrückt, die nötig ist, um Körper zu erwärmen. Meist bezieht sich dieser Begriff aber auf die Änderung der inneren Energie bei isochorer Prozessführung, da hier $\Delta U = Q$ ist ($W = 0$, da $V =$ const.).

---

1   Zur Abkühlung des Tees tragen auch die direkte Energieabgabe an die Umgebung und die Wärmeleitfähigkeit der Tassen bei.

Wärmekapazität

Wie viel Wärme ein Körper speichern kann, wird durch die Wärmekapazität beschrieben. Wir unterscheiden die spezifische (= auf die Masse bezogene) und die molare (= auf die Stoffmenge bezogene) Wärmekapazität.

Die spezifische Wärmekapazität

Die spezifische Wärmekapazität c gibt an, welche Wärmemenge nötig ist, um ein Kilogramm (1 kg) eines Stoffes um ein Kelvin (1 K) zu erwärmen oder abzukühlen. Sie ist eine Stoffeigenschaft, die grundsätzlich selbst von der Temperatur abhängt. Wir werden im Folgenden aber davon ausgehen, dass die Wärmekapazitäten einen festen Wert haben – wir behandeln sie also als Stoffkonstante, was für flüssige und gasförmige Stoffe eine gute Näherung ist. Gelegentlich wird die spezifische Wärmekapazität auch nur spezifische Wärme genannt.

Die Einheit der spezifischen Wärmekapazität lautet

$$[c] = \frac{J}{kg \cdot K}.$$

Wasser hat eine spezifische Wärmekapazität von rund 4,2 kJ/(kg · K). Das bedeutet, dass zur Erwärmung von 1 kg Wasser um 1 K eine thermische Energie von 4,2 kJ nötig ist.

Die molare Wärmekapazität

In Bezug auf chemische Fragestellungen kann es günstig sein, die spezifische Wärmekapazität nicht auf die Masse eines Stoffes, sondern auf dessen Stoffmenge zu beziehen. Das Formelzeichen der Wärmekapazität ist dann C (großes C), und als ihre Einheit ergibt sich

$$[C] = \frac{J}{mol \cdot K}.$$

Die einem System zugeführte oder von einem System abgegebene Wärmemenge lässt sich somit durch

$$Q = m \cdot c \cdot \Delta T$$

darstellen. Wir bevorzugen im Folgenden die Darstellung in Bezug auf die Stoffmenge:

$$Q = n \cdot C \cdot \Delta T. \tag{4.12}$$

Schmelz- und Verdampfungswärme

Gl. 4.12 beschreibt die Wärme, die sich in eine Temperaturänderung übersetzt. Damit ist dieser Zusammenhang nur für Prozesse gültig, bei denen sich der Aggregatzustand nicht ändert. Beim Schmelzen von Eis wird jedoch ebenfalls. Energie in Form von Wärme aus der Umgebung aufgenommen. Diese Wärme führt aber nicht zu einem Anstieg der Temperatur, sondern wird zur Überwindung intermolekularer Wechselwirkungen (bei Wasser vor allem Wasserstoffbrücken) genutzt. Während des Schmelzens bleibt also die Temperatur konstant (unter Standardbedingungen also bei 0 ° C). Erst, wenn die gesamte Probe vom festen in den flüssigen Aggregatzustand übergegangen ist, führt die Wärmezufuhr zu einer Temperaturerhöhung.

4

Die Schmelzwärme Q_S ergibt sich als Produkt aus Masse der Probe und der spezifischen Schmelzwärme:

$$Q_S = m \cdot \lambda_S. \tag{4.13}$$

Gleiches gilt für den Übergang von flüssiger zu gasförmiger Phase:

$$Q_D = m \cdot \lambda_D. \tag{4.14}$$

Da sich bei einem Phasenübergang die Temperatur nicht ändert, wird die dafür notwendige Wärme auch als latente (d. h. verborgene) Wärme bezeichnet. Man kann sich merken, dass für den Übergang einer Probe von fest auf flüssig oder von flüssig auf gasförmig Energie zugeführt werden muss. Die latente Wärme weist somit ein positives Vorzeichen auf. Für Kondensations- und Erstarrungsprozesse ergeben sich betragsgleiche Werte, jedoch mit negativem Vorzeichen, da Energie von der Probe an die Umgebung abgegeben wird.

▶ **Beispiel**

Berechnung der Wärme für den Übergang von Eis zu Wasserdampf

Wir wollen die Wärmemenge bestimmen, die nötig ist, um einen Eiswürfel (Masse von 20 g) aus der Gefriertruhe (Temperatur von −18 ° C) vollständig in Wasserdampf unter Standarddruck, d. h. 1 bar, zu überführen.

Zunächst überlegen wir uns, aus welchen Teilschritten der Prozess besteht: Dem Eiswürfel wird eine Wärmemenge Q_1 bis zum Schmelzpunkt (0 ° C) zugeführt (1). Anschließend erfolgt das Schmelzen des Eiswürfels mit Q_2 (2). Danach liegt flüssiges Wasser vor, das unter Wärmezufuhr Q_3 bis zum Siedepunkt (100 ° C) erwärmt wird. Zuletzt wird die Wärme Q_4 für den Verdampfungsprozess genutzt. Die Wärmekapazität von Eis beträgt 2,1 kJ/(kg · K), die von Wasser 4,2 kJ/(kg · K), die Schmelzwärme von Wasser 333,5 kJ/kg und die Verdampfungswärme 2257 kJ/kg.

Schritt (1): $$Q_1 = m \cdot c_{\text{Eis}} \cdot \Delta T = 0,02\,\text{kg} \cdot 2,1 \frac{\text{kJ}}{\text{kg} \cdot \text{K}} \cdot 18\,\text{K} = 0,756\,\text{kJ}$$

Schritt (2): $$Q_2 = m \cdot \lambda_S = 0,02\,\text{kg} \cdot 333,5 \frac{\text{kJ}}{\text{kg}} = 6,67\,\text{kJ}$$

Schritt (3): $$Q_3 = m \cdot c_{\text{Wasser}} \cdot \Delta T = 0,02\,\text{kg} \cdot 4,2 \frac{\text{kJ}}{\text{kg} \cdot \text{K}} \cdot 100\,\text{K} = 8,4\,\text{kJ}$$

Schritt (4): $$Q_4 = m \cdot \lambda_D = 0,02\,\text{kg} \cdot 2257 \frac{\text{kJ}}{\text{kg}} = 45,14\,\text{kJ}$$

Summe: $$Q = Q_1 + Q_2 + Q_3 + Q_4 = \underline{\underline{61\,\text{kJ}}}$$

Insgesamt muss eine Energiemenge von 61 kJ in Form von Wärme zugeführt werden. Wir tragen die Temperatur über der Zeit auf (bei konstanter Wärmezufuhr) und erhalten folgende Darstellung:

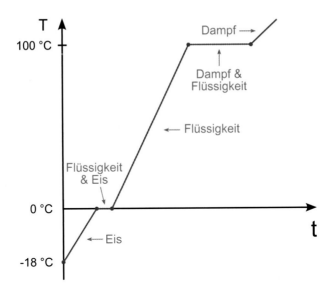

Gut zu sehen ist, dass beim Schmelzen und Sieden die Temperatur konstant bleibt. Für das Erwärmen von Eis und Wasser liegt ein linearer Zusammenhang vor, da wir die Wärmekapazitäten als konstant angenommen haben. Der Anstieg ist beim Erwärmen von Eis doppelt so groß wie beim Erwärmen von Wasser, da auch die Wärmekapazität von Wasser doppelt so groß wie die von Eis ist. Bei gleicher Wärmezufuhr kann also Eis nur die Hälfte der Energie speichern im Vergleich zu Wasser, weshalb die Temperatur schneller steigt. ◄

Wir wollen nun das Erwärmen eines Körpers konkret auf Gase beziehen. Hierbei können zwei Fälle unterschieden werden: Die Erwärmung unter konstantem Druck und unter konstantem Volumen.

Um beide Vorgänge zu vergleichen, stellen wir uns zwei Rundkolben gleichen Volumens vor, die über einen seitlichen Ansatz mit einem Thermometer versehen sind. Der eine Kolben sei mit einem Stopfen fest verschlossen, der andere mit einem Luftballon. Nun tauchen wir beide Kolben für die gleiche Zeit in ein warmes Wasserbad und messen die Temperatur. Wir werden feststellen, dass die Temperatur im Kolben mit Stopfen größer ist als im Kolben mit Luftballon. Allerdings wird sich der Luftballon etwas ausgedehnt haben (◘ Abb. 4.6).

Bei der Erwärmung des Kolbens mit festem Stopfen handelt es sich um einen isochoren Vorgang, denn das Gasvolumen bleibt konstant. Aus diesem Grund nimmt der 1. Hauptsatz der Thermodynamik die Form

$$Q_V = \Delta U = n \cdot C_V \cdot \Delta T \tag{4.15}$$

an, denn bei konstantem Volumen ist die Volumenarbeit $W = -p \cdot \Delta V = 0$. Die gesamte zugeführte Wärme geht also vollständig in innere Energie und damit (im idealisierten Fall) in die Temperaturerhöhung über.

4

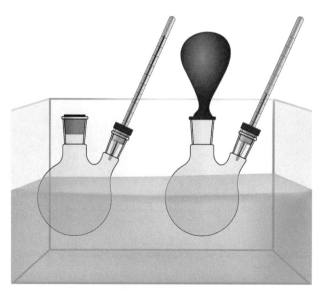

⬛ **Abb. 4.6**   Isobare und isochore Ausdehnung eines Gases im Vergleich

Im zweiten Fall liegt ein isobarer Prozess vor, denn durch die Ausdehnung des Luftballons ist ein Druckausgleich mit der Umgebung möglich. Dabei vergrößert sich das Volumen, das Gas im Kolben verrichtet also Arbeit an der Umgebung und wandelt dabei die zugeführte Energie um. Von der insgesamt zugeführten Wärme geht also nur ein Teil in innere Energie über, der andere wird in Arbeit übersetzt:

$$Q_p = \Delta U - W = n \cdot C_p \cdot \Delta T \qquad (4.16)$$

Wir erkennen aus den Gl. 4.15 und 4.16, dass sich die Wärmekapazitäten des Gases unterscheiden, je nachdem, ob der Prozess isobar oder isochor stattfindet. Wir können weiterhin ableiten, dass die Wärmekapazität bei konstantem Druck C_p stets höher ist als die bei konstantem Volumen C_V. Stellen wir die Gl. 4.15 und 4.16 jeweils nach der Wärmekapazität um,

$$C_V = \frac{\Delta U}{n \cdot \Delta T} \qquad (4.17)$$

und

$$C_p = \frac{\Delta U}{n \cdot \Delta T} - \frac{W}{n \cdot \Delta T}, \qquad (4.18)$$

so wird deutlich, dass C_p um den Wert

$$-\frac{W}{n \Delta T}$$

größer als C_V ist. (Man beachte, dass bei einer Ausdehnung des Gases die Arbeit negativ ist, da das Gas Arbeit an der Umgebung verrichtet.) Phänomenologisch ließe sich auch formulieren: Die Wärmekapazität ist die Fähigkeit eines Stoffes, Wärme zu speichern. Je größer diese ist, desto mehr Wärme kann bei gleicher Temperaturerhöhung gespeichert werden. Beim isobaren Fall wird ein Teil der Wärme in Arbeit überführt, sodass weniger Wärme in innere Energie und damit in eine Temperaturerhöhung überführt werden kann.

Hintergrundinformationen

Wenn wir unser Experiment auf ein ideales Gas anwenden, so lassen sich weitere interessante Zusammenhänge finden, denn hier können wir die Änderung der inneren Energie auch stets durch

$$\Delta U = \frac{3}{2} n \cdot R \cdot \Delta T$$

ausdrücken (vgl. Gl. 4.4). Für die Wärmekapazität bei konstantem Volumen folgt damit

$$C_V = \frac{\Delta U}{n \cdot \Delta T} = \frac{\frac{3}{2} n \cdot R \cdot \Delta T}{n \cdot \Delta T} = \frac{3}{2} R.$$

Die Wärmekapazität eines idealen Gases bei konstantem Volumen ist damit konstant und hat den Wert $C_V \approx 12{,}47 \text{ J/(mol} \cdot \text{K)}$.

Für die Wärmekapazität bei konstantem Druck folgt zunächst

$$C_p = \frac{\Delta U}{n \cdot \Delta T} - \frac{W}{n \cdot \Delta T} = C_V - \frac{W}{n \cdot \Delta T}.$$

Für ein ideales Gas konnten wir in ▶ Abschn. 4.2.3 in Gl. 4.10 unter Verwendung der idealen Gasgleichung die Volumenarbeit unter isobarer Prozessführung zu $W = -nR\Delta T$ bestimmen. Für C_p folgt dann

$$C_p = C_V + \frac{n \cdot R \cdot \Delta T}{n \cdot \Delta T} = C_V + R = \frac{3}{2} R + R = \frac{5}{2} R.$$

Offensichtlich ist die Wärmekapazität eines idealen Gases bei konstantem Druck um den Wert der idealen Gaskonstante größer als bei konstantem Volumen. Dieser gefundene Zusammenhang wird auch als Mayer-Gleichung bezeichnet:

$$C_p - C_V = R.$$

4.2.5 Freiheitsgrade

In ▶ Abschn. 4.2 haben wir bereits den Freiheitsgrad f als die Kenngröße für ein Teilchen definiert, um Energie in Form verschiedener Bewegungsarten zu speichern. Damit ergibt sich ein direkter Zusammenhang zur Wärmekapazität. Für ein ideales Gas haben wir im vorherigen Kapitel gefunden, dass die Wärmekapazität $C_V = 3/2R$ ist. Ein ideales Gas kann sich nur in die drei Raumrichtungen x, y, und z bewegen. Diese Bewegungsart heißt Translation. Bei insgesamt drei Freiheitsgraden (einen für

4

jede Raumrichtung) ergibt sich ein Beitrag zur Wärmekapazität von $1/2R$ pro *Translations*freiheitsgrad.

Wenn wir vom Modell des idealen Gases etwas abweichen und auch Teilchen mit einer räumlichen Ausdehnung berücksichtigen, ergeben sich weitere mögliche Bewegungsarten und damit weitere Freiheitsgrade: *Rotationen* und *Schwingungen*.

Für ein *N*-atomiges Molekül gilt, dass es $f = 3\,N$ Freiheitsgrade besitzt. Diese setzen sich zunächst aus den drei Translationsfreiheitsgraden zusammen. Ist ein Molekül nicht einatomig, kann auch das gesamte Molekül rotieren. Die Rotation erfolgt räumlich entweder um die x-, y- oder z-Achse. Es gibt also drei Rotationsfreiheitsgrade. Ein lineares Molekül (z. B. Sauerstoff und Kohlenstoffdioxid) besitzt nur zwei Rotationsfreiheitsgrade. Eine Raumrichtung fällt dann mit der Linie zusammen, auf der die Bindungen liegen. Diese Drehung zählt nicht mit. Die Erklärung dafür ist sehr komplex, aber als Vorstellungshilfe kannst du dir Folgendes überlegen: Nimm einem Bleistift mit beiden Enden zwischen Zeigefinger und Daumen. Drehe nun den Bleistift zwischen den Fingern so, als wolltest du einen Faden aufrollen. Bei dieser Drehung ändert sich praktisch die Position des Bleistiftes im Raum nicht.

Ebenso wie bei der Translation liefert jeder Rotationsfreiheitsgrad einen Beitrag von $1/2R$ zur Wärmekapazität. Schwingungen liefern $2 \cdot 1/2R = 1R$, da hier sowohl kinetische als auch potenzielle Energie gespeichert sind.

Für annähernd ideale Gase liefert dies eine Möglichkeit, die Wärmekapazität abzuschätzen:

$$C_V = C_{V,\text{trans}} + C_{V,\text{rot}} + C_{V,\text{schw}}.$$

▶ **Beispiel**

Beispiel 1: Helium, *N* = 1

$$C_V = C_{V,\text{trans}} = 3 \cdot \frac{1}{2}R = 12{,}5\,\frac{\text{J}}{\text{mol} \cdot \text{K}} \qquad \text{experimenteller Wert: } 12{,}6\,\frac{\text{J}}{\text{mol} \cdot \text{K}}$$

Helium besitzt als einatomiges Gas lediglich drei Freiheitsgrade, die den drei Raumrichtungen entsprechen. Der Vergleich mit dem experimentellen Wert zeigt eine gute Näherung durch das Modell des idealen Gases. ◀

▶ **Beispiel**

Beispiel 2: Wasserstoff, *N* = 2

$$C_V = C_{V,\text{trans}} + C_{V,\text{rot}} + C_{V,\text{schw}}$$
$$= 3 \cdot \frac{1}{2}R + 2 \cdot \frac{1}{2}R + 1 \cdot R = 29{,}1\,\frac{\text{J}}{\text{mol} \cdot \text{K}} \qquad \text{experimenteller Wert: } 20{,}2\,\frac{\text{J}}{\text{mol} \cdot \text{K}}$$

Wasserstoff besitzt insgesamt sechs Freiheitsgrade: als lineares Molekül drei für Translation, zwei für Rotation und einen für Schwingungen. Beim Vergleich zwischen dem theoretischen mit dem experimentellen Wert ergibt sich eine Differenz, die ca. $1\,R$ entspricht.

Tatsächlich hängt die Frage, welche Freiheitsgrade angeregt sind, von der Temperatur ab. Translationsfreiheitsgrade sind bereits ab $T \gtrsim 0$ angeregt. Bei Raumtemperatur, für welche die experimentellen Werte gelten, sind auch Rotationsbewegungen vollständig an-

geregt. Schwingungsfreiheitsgrade erfordern höhere Anregungsenergien und werden erst ab Raumtemperatur allmählich angeregt. Der Schwingungsterm für Wasserstoff kann vernachlässigt werden, und so ergibt sich für die Wärmekapazität ein Wert von 20,8 J / (mol · K) und damit wiederum eine gute Passung zum Modell. ◄

▶ **Beispiel**

Beispiel 3: Wasser, $N = 3$

experimenteller Wert

$$C_V = 3 \cdot \frac{1}{2}R + 3 \cdot \frac{1}{2}R + 3 \cdot R = 49,9 \frac{J}{mol \cdot K} \qquad \text{(bei 100 ° C):} \quad 25,3 \frac{J}{mol \cdot K}$$

Bei Wasser mit insgesamt neun Freiheitsgraden, jeweils drei Bewegungsarten, zeigt sich eine besonders große Abweichung zum experimentellen Wert. Du kannst hier jedoch die Beiträge der Schwingungsfreiheitsgrade vernachlässigen. Die volle Anregung aller Schwingungsfreiheitsgrade wird beim Wasser-Molekül praktisch nicht erreicht, da sich das Molekül infolge der hohen Temperaturen (es wären mehrere Tausend Kelvin nötig) zuvor zersetzen würde. Dann ergibt sich mit 24,9 J/(mol · K) wiederum eine gute Näherung. ◄

Im Gegensatz zu Gasen können bei Festkörpern die Atome oder Moleküle im Feststoffgitter weder Translationen noch Rotationen ausführen. Lediglich Schwingungsfreiheitsgrade sind möglich. Ein Feststoff aus nur einer Atomart ($N = 1$) hat demnach drei Freiheitsgrade, und daraus folgt:

$$C = C_{schw} = 3N \cdot R = 3 \cdot 1 \cdot R = 3R = 24,9 \frac{J}{mol \cdot K}.$$

Dieser Wert stellt für viele Festkörper bei Raumtemperatur tatsächlich eine gute Näherung dar: Aluminium mit 25 J / (mol · K), Kupfer mit 25 J/(mol · K) und Eisen mit 26 J/(mol · K). Diese Näherung wird auch als Dulong-Petitsche Regel bezeichnet.

4.2.6 Die Enthalpie

Wir haben uns jetzt ausführlich mit der Wärmekapazität beschäftigt, und durch eine simple Umkehr der Betrachtungsrichtung erhalten wir über diese auch eine Gleichung, die die Temperaturabhängigkeit der inneren Energien beschreibt. Schauen wir uns nochmal Gl. 4.17 und 4.18 an. Nicht nur, dass wir damit die molaren Wärmekapazitäten beschreiben können, insbesondere Gl. 4.17 gibt uns umgekehrt auch eine zusätzliche Definition über die *Änderung der inneren Energie* mit

$$\Delta U = nC_V \Delta T. \tag{4.19}$$

Dieser Zusammenhang ist insofern bedeutsam, da er für ideale Gase Allgemeingültigkeit besitzt, denn die innere Energie eines idealen Gases hängt nur von der Temperatur ab (vgl. Gl. 4.4). Aber auch für viele Festkörper und Flüssigkeiten lässt sich diese Gleichung außerhalb von isochoren Prozessen anwenden, da diese oft inkompressibel sind, was bedeutet, dass deren innere Energie ebenfalls nicht vom Volumen und somit praktisch nur von der Temperatur abhängt.

4

Gl. 4.18 führt uns dagegen zur Einführung einer neuen physikalischen Größe: der **Enthalpie** *H*. Sie kann ebenfalls als Größe zur Beschreibung der Energie eines Systems dienen. Darüber hinaus hat ihrer Änderung ΔH eine sehr hohe praktische Relevanz. Die Änderung der Enthalpie fasst nämlich sowohl die energetischen Beiträge zusammen, die zur Änderung der Temperatur eines Systems führen, als auch diejenigen, deren Folge eine Volumenänderung ist. Wir können demnach schreiben:

$$\Delta H = \Delta U - W = \Delta U + p\Delta V = Q_p.$$

ΔH umfasst damit die gesamte Wärme für isobare Prozesse. Analog zu Gl. 4.19 finden wir dann

$$\Delta H = nC_p\Delta T. \tag{4.20}$$

Da in der Natur physikalische und chemische Vorgänge sehr oft unter konstantem Druck stattfinden, ist die Enthalpieänderung als Maß für die dabei auftretende Wärme so bedeutend. Wir haben dies bereits in ▶ Abschn. 1.2 kennengelernt und werden es in ▶ Abschn. 4.4 nochmals stärker beleuchten.

4.2.7   Die adiabatische Zustandsänderung

Die bisherigen von uns betrachteten Zustandsänderungen haben stets eine der Größen Druck, Volumen oder Temperatur konstant gehalten. Gehen wir aber etwa zu unserem Beispiel aus ▶ Abschn. 4.2.2, dem Aufpumpen eines Fahrradreifens, zurück, so wird schnell deutlich, dass sich hier sowohl Druck, Volumen als auch Temperatur (Wärmeentwicklung an der Außenwand der Pumpe) ändern. Erfolgt ein derartiger Prozess, wie das Pumpen, sehr schnell oder ist perfekt thermisch isoliert, so kann kein Wärmeaustausch mit der Umgebung stattfinden.

Wir betrachten dazu das Beispiel des pneumatischen Feuerzeuges: Am Boden eines dicken Plastikzylinders befindet sich ein Papierstreifen mit nicht allzu hoher Zündtemperatur. Ein Kolben wird sehr schnell in den Zylinder gedrückt. Dabei ist ein Aufflammen des Papiers zu beobachten. Aufgrund des dicken Zylinders und des schnellen Hineinbewegens des Kolbens können wir die Annahme treffen, dass es zu keinem Wärmeaustausch mit der Umgebung gekommen ist: $Q = 0$. Der 1. Hauptsatz der Thermodynamik nimmt daher die Form

$$\Delta U = W$$

an. Die gesamte Änderung der inneren Energie rührt daher allein aus der verrichteten Volumenarbeit, und wir können schreiben

$$\Delta U = nC_V\Delta T = W.$$

Wir wollen den adiabatischen Prozess einmal dem isothermen gegenüberstellen. In beiden Zustandsänderungen führt eine Kompression zu einer Druckerhöhung. Da

jedoch beim adiabatischen Prozess zusätzlich die Temperatur ansteigt, führt im adiabatischen Fall eine gleiche Volumenverringerung zu einem höheren Druck. Bei einer Expansion (Volumenvergrößerung) ist es genau andersherum: Durch den verhinderten Wärmeaustausch kommt es im adiabatischen Prozess zu einem stärkeren Druckabfall. Oder anders gesagt: Für die gleiche Druckänderung ist im adiabatischen Fall eine kleinere Volumenänderung nötig als bei Systemen mit Wärmeaustausch. Im p–V-Diagramm verläuft eine Adiabate im Vergleich zu einer Isothermen daher steiler (◘ Abb. 4.7). Mathematisch wird dies durch das *Poisson-Gesetz* in der Form

$$pV^{\kappa} = \text{const.}$$

ausgedrückt. Darin ist κ der *Adiabatenexponent,* der das Verhältnis der Wärmekapazitäten bei konstantem Druck und konstantem Volumen beschreibt: $\kappa = C_p/C_v$. Achte darauf, dass es sich tatsächlich um einen Exponenten mit mathematischer Funktion und nicht um einen Index handelt.

Wir wollen an dieser Stelle auf die Herleitung des Poisson-Gesetzes und die Definition des Adiabatenexponenten verzichten. Allerdings sei erwähnt, dass man adiabatische Prozesse auch als *isentrop* bezeichnet, was einen Prozess unter konstanter Entropie meint. Darauf kommen wir in ▶ Abschn. 4.5.1 zurück.

Wichtig zu erwähnen ist abschließend, dass rein adiabatische Prozesse ebenso wie isotherme Prozesse praktisch nicht realisierbar sind, da eine vollständige thermische Isolierung nicht möglich ist. Wir können nun aber vier Grenzfälle für Zustandsänderungen beschreiben, die uns letztlich verschiedene Grenzfälle für real auftretende Prozesse liefern. In ◘ Tab. 4.3 ist daher der 1. Hauptsatz nochmals für die verschiedenen Zustandsänderungen zusammengefasst.

> **Tipp**
>
> **Überprüfe dein Wissen**
> Auf den Flashcards zu Kap. 4 findest du Verständnisfragen zu diesem Kapitel unter **1. Hauptsatz der Thermodynamik**.

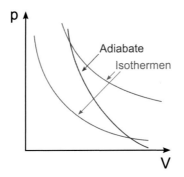

◘ **Abb. 4.7** Adiabate im Vergleich zur Isothermen im p–V-Diagramm

4

■ **Tab. 4.3**   Der 1. Hauptsatz der Thermodynamik unter verschiedenen Bedingungen

$\Delta U = Q + W$

Prozess	Wärme	Arbeit	Änderung der inneren Energie	Beschreibung
Isochor $V = \text{const.}$	$Q_V = nC_V \Delta T$	$W = 0$	$\Delta U = Q_V$	Wärmezufuhr wird vollständig in innere Energie umgesetzt.
Isobar $p = \text{const.}$	$Q_p = nC_p \Delta T$	$W = -p\Delta V$	$\Delta U = Q_p - p\Delta V$	Wärme bei isobarer Prozessführung definiert die Enthalpie über $\Delta H \equiv Q_p = \Delta U + p\Delta V$
Isotherm $T = \text{const.}$	$Q_T = -W$	$W = -nRT \cdot \text{n}\left(\dfrac{V_2}{V_1}\right)$	$\Delta U = 0$	Wird von einem System Arbeit geleistet, geht das nur unter Aufnahme der entsprechenden Energie in Form von Wärme aus der Umgebung.
Adiabatisch $Q = 0$	$Q = 0$	$W = nC_V \Delta T$	$\Delta U = W$	Adiabatische Prozesse verlaufen ohne den Austausch von Wärme.

4.3   Erweiterung des Modells des idealen Gases

4.3.1   Beispiele für reales Gasverhalten

Wir wollen drei Beispiele für das Verhalten realer Gase näher betrachten und aufzeigen, dass sich diese nicht mit dem Modell des idealen Gases beschreiben lassen.

Eine wesentliche Stärke des Modells des realen Gases gegenüber dem des idealen Gases ist die Möglichkeit, Gase durch Druckanwendung zu verflüssigen. Aus dem Alltag kennen wir diese Situation etwa von Feuerzeuggas (Propan/Butan-Gasgemisch), das bei Standardbedingungen gasförmig ist. In einem Feuerzeug ist es jedoch flüssig, hier steht es unter erhöhtem Druck. Würde sich dieses Gas ideal verhalten, so würde eine Druckerhöhung lediglich zu einer Erhöhung der Temperatur führen. Ein Übergang vom gasförmigen in den flüssigen Zustand wäre dadurch nicht möglich, da dazu Wechselwirkungen zwischen den Teilchen betrachtet werden müssen – bei Propan und Butan als Alkane sind dies die Van-der-Waals-Wechselwirkungen (▶ Abschn. 9.1).

In der Praxis ist eine solche Gasverflüssigung nur unterhalb einer gewissen kritischen Temperatur möglich. Und tatsächlich lässt sich diese kritische Temperatur durch die Parameter a und b der Van-der-Waals-Gleichung berechnen (▶ Abschn. 4.3.2). Ohne dies hier mathematisch genauer zu beschreiben, ergibt sich daraus ein wesentlicher Charakter für die Entwicklung naturwissenschaftlicher Modelle: die Anschlussfähigkeit an vorhergehende Modelle.

Modellerweiterungen und Paradigmenwechsel

Grundlegende Paradigmenwechsel, wie z. B. die Ablösung der Phlogistontheorie durch die Sauerstoff-theorie von Lavoisier, gibt es zwar ebenfalls in der Entwicklung naturwissenschaftlicher Erkenntnisse, weitaus typischer sind jedoch Erweiterungen. So ist die Gravitationstheorie nach Newton aus heutiger Sicht ein Spezialfall der allgemeinen Relativitätstheorie von Einstein für geringe Gravitationskräfte. Ebenso sind die klassischen Bewegungsgleichungen Spezialfälle der speziellen Relativitätstheorie für kleine Geschwindigkeiten. Auch bei den verschiedenen Säure-Base-Konzepten werden lediglich Erweiterungen getroffen: Werden Basen nach Arrhenius noch dadurch definiert, dass sie in wässriger Lösung in OH^--Ionen (und Kationen) dissoziieren, so definiert Brönsted diese als Teilchen, die Protonen aufnehmen. Damit lassen sich sowohl typische Arrhenius-Basen wie Natronlaugen als Basen beschreiben, aber eben auch solche, die nach Arrhenius keine Basen wären, dennoch aber im Experiment basischen Charakter zeigen, wie Ammoniak (▶ Abschn. 3.3). Im Fall des *Modells der realen Gase* lässt sich sagen, dass für Temperaturen oberhalb einer kritischen Temperatur das reale in das ideale Gasverhalten übergeht.

Ein weiteres Alltagsbeispiel für Flüssiggas sind Feuerlöscher auf Kohlendioxidbasis. In der Gasflasche liegt ein Gleichgewicht zwischen flüssiger und gasförmiger Phase vor. Wird nun das Ventil geöffnet, so entweicht eine gewisse Menge Kohlendioxid aus der Gasphase. In der Flasche stellt sich ein neues Gleichgewicht zwischen gasförmiger und flüssiger Phase ein, allerdings bleibt der Druck in der Gasflasche konstant. Das gleichzeitige Vorliegen von flüssiger und gasförmiger Phase ist im Modell des idealen Gases möglich. In diesem Bereich ist der Druck konstant. Die Ursache liegt im Sättigungsdampfdruck (kurz: Dampfdruck). Dieser ist von der Temperatur abhängig und beträgt für Kohlenstoffdioxid bei 20 ° C 57,3 bar.

Der Dampfdruck

Jeder Stoff besitzt bei einer bestimmten Temperatur einen bestimmten Dampfdruck. Bereits der Begriff „Dampf" enthält die Information, dass der Gasdruck eines Stoffes über einer flüssigen oder festen Phase gemeint ist. Oder einfacher gesagt: Es handelt sich um ein Mehrphasensystem. Zwischen Gasphase (bzw. Dampfphase) und Flüssigkeitsphase gehen ständig Teilchen über. Dabei finden pro Zeiteinheit gleich viele Phasenübergänge *flüssig–gasförmig* wie *gasförmig–flüssig* statt – oder anders ausgedrückt: Es stellt sich für jede Temperatur ein Phasengleichgewicht ein (siehe folgende Abbildung). Je mehr Teilchen in der Gasphase vorhanden sind, desto größer ist auch der Dampfdruck.

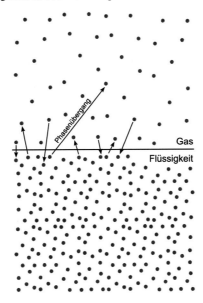

Abbildung: Übergang zwischen Flüssigkeits- und Dampfphase im Gleichgewicht. Nach Benutzer HellTchi, CC BY-SA 3.0 DEED

4

Durch das Öffnen eines Ventils wie beim Feuerlöscher oder durch den Abtransport von Gasteilchen durch den Wind etwa bei nasser Wäsche und Wasserpfützen wird das Gleichgewicht verschoben. Es stellt sich erneut ein, indem mehr Teilchen von der flüssigen oder festen Phase verdampfen.

Sind der äußere Luftdruck und der Dampfdruck des Stoffes bei einer bestimmten Temperatur gleich, so siedet der Stoff. Dies kann z. B. durch Temperaturerhöhung erreicht werden: Je größer die Temperatur, desto größer wird der Dampfdruck. Im Fall von Wasser liegt dieser bei 25 ° C bei 3200 Pa. Bei 100 ° C liegt er bei 101.330 Pa, was dem äußeren Luftdruck entspricht. Daher siedet Wasser bei 100 ° C. Andersherum lässt Wasser auch zum Sieden bringen, wenn der Druck bei 25 ° C auf 3200 Pa abgesenkt wird.

Als drittes Beispiel betrachten wir das Sprühen mit einer Deo-Dose. Hierbei kühlt sich die besprühte Körperstelle ab. Der Grund liegt darin, dass die anziehenden Wechselwirkungen zwischen den Teilchen des Treibgases überwunden werden müssen. Die dafür notwendige Wärme wird der Umgebung entzogen, und es ergibt sich eine Abkühlung. Hierbei handelt es um eine Anwendung des Joule-Thompson-Effekts.

4.3.2 Das Modell des realen Gases

Wir haben unsere Ausführungen zu Beginn von ▶ Abschn. 4.1.1 damit begonnen, das Modell des idealen Gases als idealisierte Annahme und damit als Modellvorstellung einzuführen. Auch wenn die Annahmen für dieses Modell sehr streng gewählt sind, so hat es sich in zahlreichen Experimenten bewährt, indem es Messergebnisse hinreichend genau vorhersagen konnte. Auch konnten wir über das ideale Gas einen induktiven Zugang zur inneren Energie finden. Gleichwohl haben wir an der ein oder anderen Stelle bereits Abweichungen vom Modell des idealen Gases festgestellt, indem wir z. B. mehratomige Stoffe bei der Beschreibung der Wärmekapazitäten durch Freiheitsgrade in ▶ Abschn. 4.2.5 zugelassen haben.

Derartige Änderungen eines Modells führen in aller Regel eher zu einer Modellerweiterung als zu einer völligen Neudefinition. Deswegen ist es auch so hilfreich, sich ausführlich mit einem so einfachen Modell wie dem des idealen Gases auseinanderzusetzen, da anschließend der Übergang zu komplexeren Modellen leichter fällt. Am Ende von ▶ Abschn. 4.1.2 sind wir bereits auf zwei wesentliche Vernachlässigungen eingegangen: Das Eigenvolumen der Gasteilchen sowie deren Wechselwirkungen untereinander in Form von z. B. Van-der-Waals- oder Dipol-Wechselwirkungen.

Soll das Eigenvolumen pro Mol Gasteilchen b berücksichtigt werden, so muss das Gasvolumen V um dieses Eigenvolumen reduziert werden, um das noch übrigbleibende zur Verfügung stehende Volumen zu erhalten. So wird aus dem Volumen V in der idealen Gasgleichung $V - nb$.

Die Wechselwirkungen zwischen den Gasteilchen werden durch einen Kohäsionsparameter a berücksichtigt. In der Form $n^2 a / V^2$ ergibt sich der Binnendruck π. Dieser korrigiert letztlich den Druck: Ziehen sich die Gasteilchen an, ist der Gesamtdruck erniedrigt. Bei Abstoßung muss der Druck wiederum nach oben korrigiert werden, da es zu mehr Stößen mit der Umgebung kommt. Es folgt für den Druck damit $p + n^2 a / V^2$.

Zur quadratischen Abhängigkeit beim Binnendruck
Der Ausdruck n/V stellt eine Konzentration dar: eine Anzahl von Gasteilchen in einem bestimmten Gasvolumen. n/V ist daher ein Maß für die Anzahl der Gasteilchen. Wir wollen uns die Frage stellen, wie viele Wechselwirkungen es in einem Gas mit x Teilchen gibt. Jedes Teilchen x kann mit $(x − 1)$ Gasteilchen eine Wechselwirkung eingehen. Es ergeben sich also $x \cdot (x − 1)$ Wechselwirkungen. Um jede Wechselwirkung nur einmal zu zählen ($A \mapsto B$ und $B \mapsto A$ sind die gleichen Wechselwirkungen), ergänzen wir den Faktor ½ und erhalten

$$\frac{1}{2} \cdot x \cdot (x-1)$$

als Anzahl an Wechselwirkungen. Besteht unser Gas aus $x = 3$ Teilchen A, B und C, erhalten wir demnach drei Wechselwirkungen: $A \mapsto B$, $A \mapsto C$ und $B \mapsto C$. Für große Teilchenzahlen ist $x \approx (x − 1)$ und wir erhalten eine quadratische Abhängigkeit: $\frac{1}{2} \cdot x \cdot (x) = \frac{1}{2} x^2$. Bei 1000 Teilchen erhalten wir mit

$$\frac{1}{2} \cdot 1000 \cdot (1000-1) = 499.500 \text{ und } \frac{1}{2} 1000^2 = 500.000 \text{ näherungsweise gleiche Werte.}$$

Mithilfe dieser Korrekturen ergibt sich eine neue thermische Zustandsgleichung:

$$\left(p + \frac{n^2 a}{V^2} \right) \cdot (V - nb) = nRT. \tag{4.21}$$

Gl. 4.21 wird als **Van-der-Waals-Gleichung** bezeichnet und beschreibt die thermische Zustandsgleichung für das Modell der realen Gase. Auch hierbei handelt es sich um ein Modell und keineswegs um die Abbildung der realen Vorgänge, auch wenn der Name *real* im Modell steckt. Quantitative Betrachtungen können auch hier beträchtliche Abweichungen zum Modell aufweisen, qualitativ ergeben sich jedoch wichtige Erweiterungen.

4.4 Der Energieumsatz chemischer Reaktionen[2]

4.4.1 Energiebilanz bei chemischen Reaktionen

Wir betrachten zunächst eine vermeintlich schlichte, bei näherer Betrachtung jedoch sehr eindrucksvolle Reaktion, nämlich die Synthese von Natriumchlorid aus den Elementen. Führt man diese Reaktion im Labor durch, ist eine sehr heftige Reaktion zu beobachten, bei der Energie sowohl in Form von Licht als auch Wärme frei wird. In ▶ Abschn. 3.1.1 wurde dieser Energieumsatz als Merkmal einer chemischen Reaktion definiert und die Reaktion von Natrium mit Chlor als exotherm (Energie wird frei) charakterisiert.

Welche Energien sind es aber, die hier miteinander verglichen werden müssen? Da sich eine chemische Reaktion auch immer dadurch kennzeichnet, dass Bindungen gelöst und neu gebildet werden (vgl. ▶ Abschn. 3.1.1), liegt es nahe, die Bindungsenergien miteinander zu vergleichen.

---

2   Sofern nicht anders gekennzeichnet, sind sämtliche Energie- bzw. Enthalpieangaben in diesem Kapitel dem CRC Handbook of Chemistry and Physics entnommen (Haynes 2016).

4

❏ **Tab. 4.4**	Bindungsenergien der hervorgehobenen Bindungen bei der Chlorierung von Methan						
	CH₃ – H	**+**	**Cl – Cl**	**→**	**CH₃ – Cl**	**+**	**H – Cl**
Bindungsenergie	$439,3\,\dfrac{kJ}{mol}$		$242,9\,\dfrac{kJ}{mol}$		$350,2\,\dfrac{kJ}{mol}$		$431,4\,\dfrac{kJ}{mol}$
Energiebilanz		$682,2\,\dfrac{kJ}{mol}$		**>**		$781,6\,\dfrac{kJ}{mol}$	
	müssen zur Spaltung der Bindungen aufgewendet werden.				werden bei der Neuknüpfung der Bindungen frei.		

Wir betrachten dazu die Reaktion von Alkanen mit Halogenen am Beispiel der Chlorierung von Methan (❏ Tab. 4.4). Hierbei handelt es sich um eine Substitution, da ein Wasserstoff-Atom und ein Chlor-Atom ausgetauscht werden. Damit die Reaktion abläuft, müssen also eine C–H-Bindung in Methan und die Cl–Cl-Bindung gespalten werden. Dazu muss Energie in Höhe der jeweiligen Bindungsenergien zugeführt werden. Bei der Bildung der C–Cl-Bindung und der H–Cl-Bindung wird die jeweilige Bindungsenergie frei. Es werden in unserem Beispiel also insgesamt 781,6 kJ/mol − 682,2 kJ/mol = 99,4 kJ/mol an Energie frei. Die Reaktion ist also exotherm.

Bei der Synthese von Natriumchlorid hingegen benötigen wir eine andere Methode. Denn hier bildet sich aus den **Atomen** Natrium und Chlor ein Salz, in dem Natrium- und Chlor-Atome als **Ionen** in einer festen Struktur, einem **Gitter**, vorliegen (❏ Abb. 4.8). Energetisch müssten hier also die Ionisierungsenergien bzw. die Bildung einer Gitterstruktur betrachtet werden. Wir werden dieses Beispiel an späterer Stelle nochmals genauer diskutieren (▶ Abschn. 4.4.7). Zunächst stellen wir jedoch die Frage, ob es auch ein einheitliches Vorgehen gibt, um den Energieumsatz einer chemischen Reaktion zu analysieren.

Da eine chemische Reaktion praktisch eine Energieumwandlung ist, können wir den Energieerhaltungssatz anwenden. Um also festzustellen, ob eine Reaktion exotherm oder endotherm ist, muss lediglich eine Energiebilanz aufgemacht werden. Betrachten wir eine Reaktion

$$A + B \rightarrow C + D,$$

so ist die Reaktion exotherm, wenn die Summe der Energien der Edukte größer als die der Produkte ist. Die Energiedifferenz ΔE wird an die Umgebung abgegeben:

$$\text{Energie}\,(A) + \text{Energie}\,(B) = \text{Energie}\,(C) + \text{Energie}\,(D) + \Delta E$$

Endotherm ist die Reaktion dann, wenn die Summe der Energien der Edukte kleiner als die der Produkte ist. Die Energiedifferenz ΔE wird aus der Umgebung aufgenommen:

$$\text{Energie}\,(A) + \text{Energie}\,(B) + \Delta E = \text{Energie}\,(C) + \text{Energie}\,(D)$$

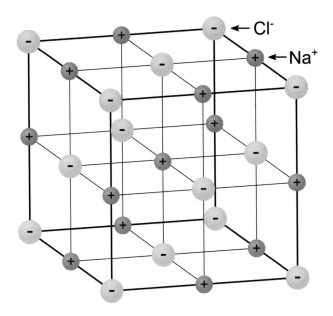

Auf welche Art und Weise kann nun die Energiedifferenz ΔE an die Umgebung abgegeben oder von ihr aufgenommen werden? Interpretieren wir die Energien der Stoffe als ihre jeweilige innere Energie, so ist $\Delta E = \Delta U = Q + W$. Demnach äußert sich der Unterschied in den inneren Energien der Edukte und Produkte nach dem 1. Hauptsatz der Thermodynamik als Arbeit und/oder Wärme.

Chemische Reaktionen laufen oftmals in offenen Gefäßen bzw. unter konstantem Druck ab. Eine zugeführte Wärmemenge wird demnach nicht ausschließlich in die Änderung der inneren Energie umgewandelt, da im Allgemeinen ein Teil der Energie in Volumenarbeit übersetzt wird. Aus diesem Grund eignet sich zur energetischen Betrachtung chemischer Reaktionen die Enthalpie, da diese die Änderung der inneren Energie unter Berücksichtigung der Volumenarbeit beschreibt (vgl. ▶ Abschn. 4.2.6). Die Enthalpieänderung einer chemischen Reaktion entspricht dann der Reaktionswärme Q, und man spricht von der **Reaktionsenthalpie** $\Delta_R H$ als

$$Q = \Delta_R H = \left(H_C + H_D\right) - \left(H_A + H_B\right) = H_{\text{Produkte}} - H_{\text{Edukte}}.$$

4

> ▶ **Beispiel**

Zusammenhang zwischen Reaktionsenthalpie und Reaktionsenergie

Um den Zusammenhang zwischen Energie und Enthalpie bei chemischen Reaktionen zu verdeutlichen, soll die Reaktion von Calcium mit Wasser zu Calciumhydroxid und Wasserstoff betrachtet werden:

$$Ca + 2\,H_2O \rightarrow Ca(OH)_2 + H_2.$$

Bei einem Druck von $p = 1{,}013$ bar und einer Temperatur von $T = 298{,}15$ K beträgt die Reaktionsenthalpie $\Delta_R H = -413{,}5$ kJ/mol und die zugehörige Reaktionsenergie $\Delta_R U = -416{,}0$ kJ/mol. Pro Mol Calcium, das reagiert, bildet sich ein Mol Wasserstoff, sodass wir eine Volumenzunahme von $RT/p = 24{,}5$ L/mol verzeichnen (vgl. ▶ Abschn. 4.1.2). Die Volumenarbeit bei dieser Reaktion beträgt also

$$W = -p\,\Delta V = -1{,}013 \cdot 10^5\,\text{Pa} \cdot 0{,}0245\,\frac{\text{m}^3}{\text{mol}} = -2{,}5\,\frac{\text{kJ}}{\text{mol}}.$$

Die Volumenarbeit hat ein negatives Vorzeichen, da bei der chemischen Reaktion Arbeit an der Umgebung verrichtet wird. Um eben diesen Betrag wird die Änderung der inneren Energie verringert. Der restliche Anteil wird in Reaktionswärme übersetzt und ausgedrückt als Enhalpieänderung:

$$\Delta_R H + W = \Delta_R U$$

$$-413{,}5\,\frac{\text{kJ}}{\text{mol}} - 2{,}5\,\frac{\text{kJ}}{\text{mol}} = -416{,}0\,\frac{\text{kJ}}{\text{mol}}$$

◀

4.4.2 Der Satz von Hess und die Bildungsenthalpie

Offen bleibt bei unseren obigen Überlegungen, auf welche Weise sich die Enthalpieänderung einer Reaktion ermitteln lässt, wenn dazu die jeweiligen Enthalpien der Edukte und Produkte vonnöten sind. Schließlich sind Enthalpien *nie direkt messbar,* sondern lediglich deren Differenzen. Da die Enthalpie jedoch eine Zustandsgröße ist (vgl. ▶ Abschn. 4.2.2) und wir bei einer chemischen Reaktion im Wesentlichen zwei Zustände miteinander vergleichen – den Zustand der Eduktseite und den Zustand der Produktseite –, ist es unerheblich, auf welche Weise wir von den Edukten zu den Produkten kommen. Wir können uns einen alternativen Prozess überlegen, der es uns leichter macht, die Enthalpieänderung der Reaktion zu berechnen. Dieses Grundprinzip heißt *Satz von Hess.*

___

Der Satz von Hess

Die Reaktionsenthalpie ist vom Reaktionsweg unabhängig. Sie hängt lediglich von Anfangs- und Endzustand des Systems ab. Wird also eine chemische Reaktion in Teilschritte zerlegt, so ist die Reaktionsenthalpie gleich der Summe der Reaktionsenthalpien der Teilschritte.

Daher lässt sich etwa die Bildung von Kohlenstoffdioxid aus Kohlenstoff und Sauerstoff (1) aus den Teilschritten der Bildung von Kohlenstoffmonoxid aus den Elementen (2) und dessen Weiterreaktion zu Kohlenstoffdioxid (3) zusammensetzen:

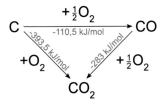

Es folgt:

$$\Delta_R H(1) = \Delta_R H(2) + \Delta_R H(3) = -110,5\frac{kJ}{mol} - 283\frac{kJ}{mol} = \underline{\underline{-393,5\frac{kJ}{mol}}}.$$

___

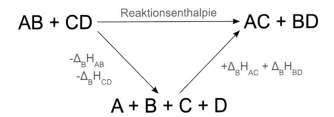

◻ **Abb. 4.9** Ermittlung der Reaktionsenthalpie einer Reaktion aus den Bildungsenthalpien der beteiligten Verbindungen

Mithilfe des Satzes von Hess lässt sich nun eine allgemeine Vorschrift zur Ableitung von Reaktionsenthalpien formulieren. Denn jede chemische Reaktion kann gedanklich in zwei Teilschritte aufgeteilt werden: Zerlegung der Edukte in ihre Elemente (1) und Bildung der Produkte aus diesen Elementen (2). Da die Zerlegung gerade die Rückreaktion der Bildung ist, lässt sich die Reaktionsenthalpie aus den Enthalpien für die Bildung der Edukte und Produkte berechnen (siehe ◻ Abb. 4.9).

Für Standardbedingungen sind diese Bildungsenthalpien tabelliert, und man spricht von der **Standardbildungsenthalpie** $\Delta_B H^0$ (siehe ◻ Tab. 4.5). Um diese Standardbildungsenthalpien auch tatsächlich messbar zu machen, wird als Referenz festgelegt, dass die Standardbildungsenthalpie von Elementen (in ihrer stabilen Form) null ist. Die Bildungsenthalpie einer Verbindung entspricht demnach der Reaktionsenthalpie für die Bildung dieser Verbindung aus ihren Elementen.

4

◻ **Tab. 4.5** Standardbildungsenthalpien ausgewählter Verbindungen bei $T = 298{,}15$ K und $p = 1$ bar

Verbindung	$\Delta_B H^0/$(kJ/mol)	Verbindung	$\Delta_B H^0/$(kJ/mol)
$CH_4(g)$	−74,6	$HNO_3(l)$	−174,1
$NH_3(g)$	−45,9	$NaNO_3(s)$	−467,9
$H_2O(l)$	−285,8	$Na_2CO_3(s)$	−1130,7
$H_2S(g)$	−20,6	$CaCO_3$ (Calcit, s)	−1207,6
$HF(g)$	−273,3	$MgO(s)$	−601,6
$HCl(g)$	−92,3	$CaO(s)$	−634,9
$HBr(g)$	−36,3	$FeO(s)$	−272,0
$NaCl(s)$	−411,2	$Fe_2O_3(s)$	−824,2
$NaBr(s)$	−361,1	$CuO(s)$	−157,3
$KCl(s)$	−436,5	$Al_2O_3(s)$	−1675,7
$KBr(s)$	−393,8	$CO(g)$	−110,5
$MgCl_2(s)$	−641,3	$CO_2(g)$	−393,5
$MgBr_2(s)$	−524,3	$SO_2(g)$	−296,8
$CaCl_2(s)$	−795,4	$SO_3(g)$	−395,7
$CaBr_2(s)$	−682,8	$NO(g)$	91,3
$NaOH(s)$	−425,8	$NO_2(g)$	33,2
$KOH(s)$	−424,6	$N_2O_4(g)$	11,1
$Mg(OH)_2(s)$	−924,5	$C_2H_6(g)$	−84,0
$Ca(OH)_2(s)$	−985,2	$C_3H_8(g)$	−103,8
$H_2SO_4(l)$	−814,0	$C_4H_{10}(g)$	−125,7
$Na_2SO_4(s)$	−1387,1	$C_2H_5OH(l)$	−277,6
$CaSO_4(s)$	−1434,5	$CH_3COOH(l)$	−484,3

Genau eine solche Reaktion liegt bei der Bildung von Natriumchlorid aus Natrium und Chlor vor:

$$Na + \frac{1}{2}Cl_2 \rightarrow NaCl. \tag{4.22}$$

Mithilfe von ◻ Tab. 4.5 erkennen wir, dass die Standardbildungsenthalpie von Natriumchlorid (und damit auch die entsprechende Standardreaktionsenthalpie) ne-

gativ ist. Ein negativer Wert bedeutet, dass dieser Enthalpiebetrag bei der Bildung der Verbindung frei wird. Die Bildung von Natriumchlorid ist demnach exotherm. Dagegen sind die Bildung der Stickoxide endotherm, da deren Bildungsenthalpien unter Standardbedingungen positiv sind, d. h. dieser Enthalpiebetrag muss zur Bildung der Verbindung hinzugefügt werden. Auch lässt ◘ Tab. 4.5 für Natriumchlorid erkennen, dass der Betrag der Bildungsenthalpie recht hoch ist, was für die zu Beginn des Abschnitts erwähnte Heftigkeit der Reaktion spricht.

Angewendet auf die Bildung von Kohlenstoffdioxid in der vorherigen Definition, beträgt die Standardbildungsenthalpie von Kohlenstoffdioxid $\Delta_B H^0(CO_2) = -393,5$ kJ/mol und die Standardbildungsenthalpie von Kohlenstoffmonooxid $\Delta_B H^0(CO) = -110,5$ kJ/mol. Für die Oxidation von Kohlenstoffmonooxid zu Kohlenstoffdioxid nach

$$CO + \frac{1}{2}O_2 \rightarrow CO_2$$

sind zur Ermittlung der Standardreaktionsenthalpie $\Delta_R H^0$ die Standardbildungsenthalpien der Produkte (Kohlenstoffdioxid) von denen der Edukte (Kohlenstoffmonooxid und Sauerstoff) abzuziehen. Für Sauerstoff als chemisches Element ergibt sich hier eine Standardbildungsenthalpie von null, da O_2 die stabilste Form für Sauerstoff ist. Somit folgt für

$$\Delta_R H^0 = -393,5\frac{kJ}{mol} - \left(-110,5\frac{kJ}{mol} + 0\frac{kJ}{mol}\right) = -283,0\frac{kJ}{mol}.$$

Dieses Ergebnis zeigt, dass die energetische Betrachtungsweise von chemischen Reaktionen über Bildungsenthalpien eine direkte Konsequenz aus dem Satz von Hess ist.

4.4.3 Die Reaktionsenthalpie

Mit der Bildung von Kohlenstoffdioxid haben wir im vorherigen Kapitel ein Beispiel betrachtet, bei dem die Stöchiometriefaktoren keine Rolle für die energetische Betrachtung gespielt haben, da sie entweder eins oder im Falle von Sauerstoff ($\Delta_B H^0_{O_2} = 0$) irrelevant sind. Betrachten wir aber z. B. die Bildung von Distickstofftetraoxid (N_2O_4) aus Stickstoffdioxid, so sind dafür zwei Teilchen NO_2 nötig (◘ Abb. 4.10):

$$2\,NO_2 \rightarrow N_2O_4.$$

Für die Reaktionsenthalpie folgt also:

$$\Delta_R H^0 = \Delta_B H^0_{N_2O_4} - \left(\Delta_B H^0_{NO_2} + \Delta_B H^0_{NO_2}\right)$$
$$= 11,1\frac{kJ}{mol} - \left(33,2\frac{kJ}{mol} + 33,2\frac{kJ}{mol}\right) = -55,3\frac{kJ}{mol}.$$

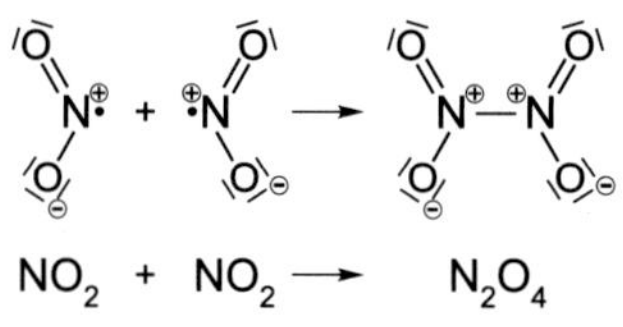

Abb. 4.10   Bildung von Distickstofftetraoxid aus zwei Molekülen Stickstoffdioxid

4

Oder anders notiert:

$$\Delta_R H^0 = \Delta_B H^0_{N_2O_4} - 2 \cdot \Delta_B H^0_{NO_2} = 11{,}1 \frac{kJ}{mol} - 2 \cdot 33{,}2 \frac{kJ}{mol} = -55{,}3 \frac{kJ}{mol}.$$

Die jeweiligen Stöchiometriefaktoren schlagen sich also als Faktoren vor den Bildungsenthalpien nieder. Für eine allgemeine Reaktion

$$\nu_A A + \nu_B B \rightarrow \nu_C C + \nu_D D$$

folgt dann aus den Überlegungen im vorherigen Abschnitt eine Rechenvorschrift für die Reaktionsenthalpie unter Berücksichtigung der Stöchiometriefaktoren ν:

$$\Delta_R H = \Sigma \nu \cdot \Delta_B H_{\text{Produkte}} - \Sigma \nu \cdot \Delta_B H_{\text{Edukte}} \tag{4.23}$$

$$\Delta_R H = (\nu_C \Delta_B H_C + \nu_D \Delta_B H_D) - (\nu_A \Delta_B H_A + \nu_B \Delta_B H_B).$$

Analog lässt sich die Standardreaktionsenthalpie über die Standardbildungsenthalpien bestimmen:

$$\Delta_R H^0 = (\nu_C \Delta_B H_C{}^0 + \nu_D \Delta_B H_D{}^0) - (\nu_A \Delta_B H_A{}^0 + \nu_B \Delta_B H_B{}^0).$$

Tipp

Summenzeichen

Das große griechische Sigma Σ wird in der Mathematik als Summenzeichen verwendet. Es dient zur Abkürzung endlicher oder unendlicher Folgen. So bedeutet

$$\sum_{k=1}^{10} k = 1 + 2 + 3 + 4 + 5 + 6 + 7 + 8 + 9 + 10 = 55.$$

Es ist also hier eine Abkürzung für die Summe der ganzen Zahlen eins bis zehn. Es finden sich in dem Summensymbol der Laufindex k, über den summiert wird, und der Startwert (1) sowie der Endwert (10). Mathematisch sauber müssten wir daher die Reaktionsenthalpie wie folgt definieren:

$$\Delta_R H = \sum_{p=1}^{n_p} \nu_p \cdot \Delta_B H_p - \sum_{e=1}^{n_e} \nu_e \cdot \Delta_B H_e.$$

Darin wäre p der Laufindex für insgesamt n_p Produkte und e der Laufindex für insgesamt n_e Edukte. Da wir als Chemiker:innen wissen, dass wir über alle Produkte summieren und davon die Summe der Bildungsenthalpien aller Edukte abziehen, begnügen wir uns oft lediglich mit dem Symbol Σ, ohne die Indizes und Start- und Endwerte.

▶ **Beispiel**

Berechnung von Reaktionsenthalpien

Zu berechnen ist die Standardreaktionsenthalpie für die Bildung von Salpetersäure aus Distickstofftetraoxid, Sauerstoff und Wasser. Für die Lösung solcher Aufgaben ist zunächst die ausgeglichene Reaktionsgleichung zu formulieren, sofern diese nicht vorgegeben ist. Standardbildungsenthalpien sind, wenn diese nicht gegeben sind, aus Tabellenwerken zu entnehmen.

Reaktionsgleichung formulieren	$2\,N_2O_4$	$+$	O_2	$+$	$2\,H_2O$	$\longrightarrow$	$4\,HNO_3$

Variante 1: Tabellarischer Lösungsweg

Standardbildungsenthalpien notieren	$11{,}1\,\dfrac{kJ}{mol}$	$0\,\dfrac{kJ}{mol}$	$-285{,}8\,\dfrac{kJ}{mol}$	$-174{,}1\,\dfrac{kJ}{mol}$
Standardbildungsenthalpien mal Stöchiometriefaktoren	$22{,}2\,\dfrac{kJ}{mol}$	$0\,\dfrac{kJ}{mol}$	$-571{,}6\,\dfrac{kJ}{mol}$	$-696{,}4\,\dfrac{kJ}{mol}$
Edukte bzw. Produkte zusammenaddieren	$22{,}2\,\dfrac{kJ}{mol}+0\,\dfrac{kJ}{mol}-571{,}6\,\dfrac{kJ}{mol}=-549{,}4\,\dfrac{kJ}{mol}$			$-696{,}4\,\dfrac{kJ}{mol}$
Enthalpie der Produkte minus Enthalpie der Edukte	$\Delta_R H^0 = -696{,}4\,\dfrac{kJ}{mol}-\left(-549{,}4\,\dfrac{kJ}{mol}\right)=\underline{-147{,}0\,\dfrac{kJ}{mol}}$			

Variante 2: Direkte Berechnung über Gl. 4.23

$$\Delta_R H^0 = v_{HNO_3}\Delta_B H^0_{HNO_3} - \left(v_{N_2O_4}\Delta_B H^0_{N_2O_4} + v_{O_2}\Delta_B H^0_{O_2} + v_{H_2O}\Delta_B H^0_{H_2O}\right)$$

$$\Delta_R H^0 = 4\cdot\left(-174{,}1\,\frac{kJ}{mol}\right) - \left(2\cdot 11{,}1\,\frac{kJ}{mol} + 1\cdot 0\,\frac{kJ}{mol} + 2\cdot\left(-285{,}8\,\frac{kJ}{mol}\right)\right)$$

$$\Delta_R H^0 = -696{,}4\,\frac{kJ}{mol} - \left(-549{,}4\,\frac{kJ}{mol}\right) = \underline{\underline{-147{,}0\,\frac{kJ}{mol}}}$$

◀

4

Natürlich ist es ebenso möglich, aus bekannten Reaktionsenthalpien auf die Bildungsenthalpien zu schließen. Wir wollen als Beispiel die Reaktion von Ammoniak mit Sauerstoff zu Stickstoffmonoxid und Wasser betrachten:

$$4\ NH_3 + 5\ O_2 \rightarrow 4\ NO + 6\ H_2O \qquad \Delta_R H^0 = -902,0\ \frac{kJ}{mol}.$$

Mithilfe der Standardbildungsenthalpien für NH_3 und NO aus ◘ Tab. 4.5 wollen wir die Standardbildungsenthalpie von Wasser $\Delta_B H^0_{H_2O}$ bestimmen. Mit Gl. 4.23 erhalten wir

$$\Delta_R H^0 = \left(4 \cdot \Delta_B H^0_{NO} + 6 \cdot \Delta_B H^0_{H_2O}\right) - \left(4 \cdot \Delta_B H^0_{NH_3} + 5 \cdot \Delta_B H^0_{O_2}\right) \text{ bzw. umgestellt nach}$$

$$\Delta_B H^0_{H_2O} = \frac{1}{6}\left(\Delta_R H^0 + 4 \cdot \Delta_B H^0_{NH_3} + 5 \cdot \Delta_B H^0_{O_2} - 4 \cdot \Delta_B H^0_{NO}\right)$$

$$\Delta_B H^0_{H_2O} = \frac{1}{6}\left(-902,0\ \frac{kJ}{mol} + 4 \cdot \left(-45,9\ \frac{kJ}{mol}\right) + 5 \cdot 0\ \frac{kJ}{mol} - 4 \cdot 91,3\ \frac{kJ}{mol}\right)$$

$$\Delta_B H^0_{H_2O} = \frac{1}{6}\left(-902,0\ \frac{kJ}{mol} - 183,6\ \frac{kJ}{mol} - 365,2\ \frac{kJ}{mol}\right) = \underline{\underline{-241,8\ \frac{kJ}{mol}}}$$

Vergleichen wir nun dieses Ergebnis mit dem tabellierten Wert für Wasser in ◘ Tab. 4.5 von −285,8 kJ/mol, so stellen wir eine Differenz von 44,0 kJ/mol fest. Woher kommt dieser Unterschied? Die Ursache hängt damit zusammen, dass bei der Reaktion in diesem Beispiel Wasser nicht in flüssiger Form, sondern als Gas entsteht. Die ermittelte Differenz entspricht der Enthalpie für die Verdampfung des Wassers bei Standardbedingungen: die *Verdampfungsenthalpie*. Diese Energiemenge muss aufgebracht werden, um einen Stoff zu verdampfen. Andersherum wird diese Energiemenge frei, wenn ein Stoff kondensiert.

Aus diesem Grund ist es für energetische Betrachtungen von chemischen Reaktionen notwendig, stets den Zustand der beteiligten Reaktanten in der Reaktionsgleichung mit anzugeben:

$$4\ NH_3\,(g) + 5\ O_2\,(g) \rightarrow 4\ NO\,(g) + 6\ H_2O\,(g) \qquad \Delta_R H^0 = -902,0\ \frac{kJ}{mol}.$$

Zustandsangaben in chemischen Reaktionen
- (g) für gasförmig (engl. *gaseous*)
- (l) für flüssig (engl. *liquid*)
- (s) für fest (engl. *solid*)
- (aq) für in Wasser gelöst (engl. *aqueous*)

So gilt auch die für die Bildung von Salpetersäure oben ermittelte Standardreaktionsenthalpie nur für den Fall, dass die Salpetersäure in flüssiger Form vorliegt:

$$2\ N_2O_4\,(g) + O_2\,(g) + 2\ H_2O\,(l) \rightarrow 4\ HNO_3\,(l) \qquad \Delta_R H^0 = -147,0\ \frac{kJ}{mol}.$$

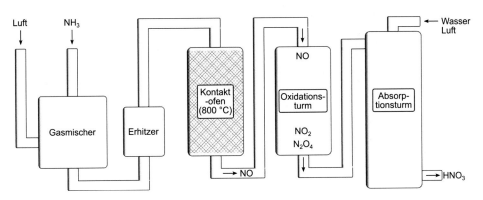

Abb. 4.11   Ostwald-Verfahren zur Gewinnung von Salpetersäure (sehr stark vereinfacht)

Praktisch liegt die Salpetersäure jedoch durch den Einsatz von flüssigem Wasser gelöst vor, also als $HNO_3(aq)$, sodass noch ein Energiebetrag für das Lösen der Salpetersäure in Wasser zu berücksichtigen wäre: die *Lösungsenthalpie*. Diesen Aspekt können wir hier vernachlässigen. Stattdessen fassen wir die in diesem Kapitel genutzten Reaktionsgleichungen zusammen, die nämlich insgesamt das *Ostwald-Verfahren* zur Gewinnung von Salpetersäure aus Ammoniak repräsentieren. Das Ostwald-Verfahren dient seit 1908 bis heute der großtechnischen Herstellung von Salpetersäure aus Ammoniak und Sauerstoff (siehe ▢ Abb. 4.11, ▢ Tab. 4.6). In technischen Anwendungen ist stets entscheidend, welcher Energiebedarf zur Bildung von Substanzen nötig ist. Um dies für die Salpetersäure zu beantworten, betrachten wir die ablaufenden Reaktionen in ▢ Tab. 4.6. Hierbei müssen wir beachten, dass die sich bildenden Zwischenprodukte (z. B. NO, NO_2 usw.) stöchiometrisch vollständig weiterreagieren. Daher multiplizieren wir einzelne Teilschritte, sodass die Zwischenprodukte jeweils den gleichen Stöchiometriefaktor besitzen.

Wir wollen nun die Frage stellen, welche Gesamtenergie bei der Bildung von einem Mol Salpetersäure im Ostwald-Verfahren frei wird. Dazu ist es notwendig, eine Energiebilanz zu entwickeln, bei der die Zwischenprodukte vollständig reagieren. Damit dies gelingt, müssen die Reaktionen (II) und (III) in ▢ Tab. 4.6 mit dem Faktor zwei multipliziert werden. Dabei sind nicht nur die Stöchiometriefaktoren der Edukte und Produkte mit diesem Faktor zu multiplizieren, sondern ebenfalls die Standardreaktionsenthalpien. Nun können alle Edukte und alle Produkte addiert werden, wobei die entsprechenden Zwischenprodukte herausfallen, da sie sowohl auf der Eduktseite als auch der Produktseite auftauchen. Für die Standardreaktionsenthalpie der Gesamtreaktion werden die einzelnen Reaktionsenthalpien ebenfalls addiert. Es ergibt sich ein Wert von –1392,0 kJ/mol. Den gleichen Wert erhalten wir, wenn wir mithilfe der Standardbildungsenthalpien die Standardreaktionsenthalpie für die Gesamtgleichung berechnen. An dieser Stelle zeigt sich einmal mehr die Gültigkeit des Satzes von Hess (▢ Abb. 4.12).

Welche Energiemenge wird nun aber frei, wenn sich ein Mol Salpetersäure bildet? Die von uns berechneten –1392,0 kJ/mol gelten für die Gesamtreaktion in der Form:

$$4\,NH_3(g) + 8\,O_2(g) + 2\,H_2O(l) \rightarrow 6\,H_2O(g) + 4\,HNO_3(l).$$

4

□ Tab. 4.6 Reaktionsgleichungen zur Bildung von Salpetersäure im Ostwald-Verfahren

Reaktion	Nr.				$\Delta_R H^0/(\text{kJ/mol})$
Oxidation von Ammoniak	I	$4\,NH_3(g) + 5\,O_2(g)$	→	$4\,NO(g) + 6\,H_2O(g)$	−902,0
Weitere Oxidation zu Stickstoffdioxid	II	$2\,NO(g) + O_2(g)$	⇌	$2\,NO_2(g)$	−116,2
Dimerisierung zu Distickstofftetraoxid	III	$2\,NO_2(g)$	⇌	$N_2O_4(g)$	−55,3
Umsetzung zu Salpetersäure	IV	$2\,N_2O_4(g) + O_2(g) + 2\,H_2O(l)$	→	$4\,HNO_3(l)$	−147,0
Multiplikationsfaktor					
1	I	$4\,NH_3(g) + 5\,O_2(g)$	→	$4\,NO(g) + 6\,H_2O(g)$	**−902,0**
2	II	$4\,NO(g) + 2\,O_2(g)$	⇌	$4\,NO_2(g)$	$-116{,}2 \cdot 2 = \mathbf{-232{,}4}$
2	III	$4\,NO_2(g)$	⇌	$2\,N_2O_4(g)$	$-55{,}3 \cdot 2 = \mathbf{-110{,}6}$
1	IV	$2\,N_2O_4(g) + O_2(g) + 2\,H_2O(l)$	→	$4\,HNO_3(l)$	**−147,0**
Gesamtreaktion		$4\,NH_3(g) + 8\,O_2(g) + 4\,NO(g) + 4\,NO_2(g) + 2\,N_2O_4(g) + 2\,H_2O(l)$	→	$4\,NO(g) + 4\,NO_2(g) + 2\,N_2O_4(g) + 6\,H_2O(g) + 4\,HNO_3(l)$	
Gesamtreaktion gekürzt		$4\,NH_3(g) + 8\,O_2(g) + 2\,H_2O(l)$	→	$6\,H_2O(g) + 4\,HNO_3(l)$	**−1392,0**
$\Delta_B H^0/(\text{kJ/mol})$		(−45,9) (0) (−285,8)		(−241,8) (−174,1)	

Ermittlung der Reaktionsenthalpie aus der Gesamtreaktion

$$\Delta_R H^0 = 4 \cdot \left(-174{,}1\,\frac{kJ}{mol}\right) + 6 \cdot \left(-241{,}8\,\frac{kJ}{mol}\right) - \left(4 \cdot \left(-45{,}9\,\frac{kJ}{mol}\right) + 2 \cdot \left(-285{,}8\,\frac{kJ}{mol}\right)\right) = -1392{,}0\,\frac{kJ}{mol}$$

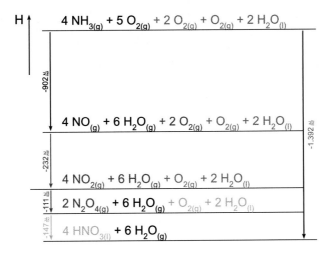

○ **Abb. 4.12** Anwendung des Satz von Hess für das Ostwald-Verfahren

Unsere Reaktionsenthalpie −1392,0 kJ bezieht sich deshalb auf die Bildung von einem Mol an 4 HNO$_3$. Man muss sich vorstellen, dass vier Salpetersäureteilchen eine Gruppe bilden. Die Angabe −1392,0 kJ bezieht sich dann auf ein Mol dieses Quartetts, also praktisch auf vier Mol. Bei der Bildung eines Mols Salpetersäure werden deshalb nur 1392,0/4 kJ/mol = 348,0 kJ/mol frei.

Notieren wir die Reaktionsgleichung so, dass genau ein Teilchen Salpetersäure entsteht

$$NH_3\left(g\right)+2\,O_2\left(g\right)+\frac{1}{2}H_2O\left(l\right)\rightarrow\frac{3}{2}H_2O\left(g\right)+HNO_3\left(l\right),$$

dann ergibt sich dieser Wert auch direkt über die Standardbildungsenthalpien:

$$\Delta_R H^0 = \left(-174{,}1\,\frac{kJ}{mol}\right)+\frac{3}{2}\cdot\left(-241{,}8\,\frac{kJ}{mol}\right)-\left(\left(-45{,}9\,\frac{kJ}{mol}\right)+\frac{1}{2}\cdot\left(-285{,}8\,\frac{kJ}{mol}\right)\right)$$

$$= -348{,}0\,\frac{kJ}{mol}.$$

Um Rechenfehler zu vermeiden, ist es deshalb ratsam, Reaktionsgleichungen so zu notieren, dass der Stöchiometriefaktor der gesuchten Größe **eins** beträgt. Dass sich dabei gebrochene Stöchiometriefaktoren ergeben, kann in Kauf genommen werden. Für die energetische Betrachtung von chemischen Reaktionen ist es nicht entscheidend, dass es praktisch keine halben Teilchen geben kann. Gleiches gilt auch für die Standardbildungsenthalpien in ○ Tab. 4.5. Die aufgeführten Werte gelten als Standardreaktionsenthalpie aus den Elementen nur dann, wenn der zu bildende Stoff (z. B. NaCl in Gl. 4.22) den Stöchiometriefaktor eins hat.

Insgesamt stellt die hier dargestellte Berechnung eine einfache Näherung dar. Denn grundsätzlich müssen für alle Teilreaktionen die geltenden Temperatur- und Druckverhältnisse berücksichtigt werden. So findet die Reaktion (I) im Kontaktofen bspw. bei Temperaturen von 800 ° C bis 900 ° C statt, wohingegen die Re-

4

aktionen (II) und (III) im Oxidationsturm nur bei 50 ° C ablaufen. Die Bildungsenthalpien müssten dazu mithilfe der Wärmekapazitäten der beteiligten Reaktanten neu berechnet werden. Da die Wärmekapazitäten selbst aber i. d. R. von der Temperatur abhängen, ergeben sich komplexere Berechnungen, auf die an dieser Stelle verzichtet werden soll.

4.4.4 Die Verbrennungsenthalpie und Kalorimetrie

Die Reaktionsenthalpie lässt sich auf alle chemischen Reaktionen anwenden. Die Bildungsenthalpie könnten wir in diesem Zusammenhang als spezielle Reaktionsenthalpie für Reaktionen verstehen, deren Edukte stabile Elemente sind. Eine weitere wichtige Reaktion ist die Verbrennungsreaktion, deren Reaktionsenthalpie dann auch *Verbrennungsenthalpie* genannt wird. Ebenso wie bei der Bildungsreaktion aus den Elementen die zu bildende Verbindung die Stöchiometriezahl eins haben muss, muss für die Angabe der Verbrennungsenthalpie die zu verbrennende Verbindung den Stöchiometriefaktor eins haben. Außerdem muss die Verbrennung vollständig ablaufen. Wir haben mit der Oxidation von Kohlenstoffmonoxid und Kohlenstoffdioxid bereits zwei Reaktionen kennengelernt, auf die diese Bedingungen zutreffen:

$$CO(g) + \frac{1}{2}O_2(g) \rightarrow CO_2(g) \quad \Delta_R H^0 = \Delta_C H^0 = -283,0\,\frac{kJ}{mol}$$

$$C(s) + O_2(g) \rightarrow CO_2(g) \quad \Delta_R H^0 = \Delta_C H^0 = -393,5\,\frac{kJ}{mol}$$

Die beiden Standardreaktionsenthalpien kann man also auch als Standardverbrennungsenthalpien $\Delta_C H^0$ bezeichnen. Dagegen ist die Oxidation von Kohlenstoff zu Kohlenstoffmonoxid keine vollständige Verbrennung, sodass die Standardreaktionsenthalpie $\Delta_R H^0 = -110,5$ kJ/mol keine Verbrennungsenthalpie ist.

$$C(s) + \frac{1}{2}O_2(g) \rightarrow CO(g) \quad \quad \Delta_R H^0 = -110,5\,\frac{kJ}{mol}$$

Ebenso ist die Standardreaktionsenthalpie der Reaktion

$$2CO(g) + O_2(g) \rightarrow 2CO_2(g) \quad \Delta_R H^0 = 2 \cdot \left(-283,0\,\frac{kJ}{mol}\right) = -566,0\,\frac{kJ}{mol}.$$

keine Standardverbrennungsenthalpie, da die zu verbrennende Verbindung, Kohlenstoffstoffmonoxid, den Stöchiometriefaktor zwei hat.

Insbesondere bei organischen Verbindungen bilden sich oft als Reaktionsprodukte Kohlenstoffdioxid und Wasser. Die Standardverbrennungsenthalpie ist hier so definiert, dass das Kohlenstoffdioxid gasförmig und Wasser flüssig vorliegt. Für die Verbrennung von Methan ergibt sich dann

$$CH_4(g) + 2O_2(g) \rightarrow CO_2(g) + 2H_2O(l) \quad \Delta_C H^0 = -890,0\,\frac{kJ}{mol}.$$

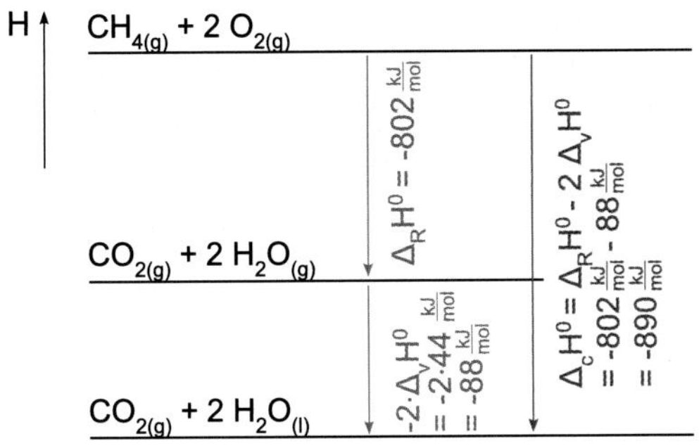

Abb. 4.13 Verbrennung von Methan

Die Standardverbrennungsenthalpie können wir hier einfach über die Bildungsenthalpien bestimmen:

$$\Delta_R H^0 = \Delta_C H^0 = \Delta_B H^0_{CO_2} + 2\Delta_B H^0_{H_2O} - \left(\Delta_B H^0_{CH_4} + 2\Delta_B H^0_{O_2}\right)$$

$$\Delta_C H^0 = -393,0 \frac{kJ}{mol} - 571,6 \frac{kJ}{mol} + 74,6 \frac{kJ}{mol} = \underline{\underline{-890,0 \frac{kJ}{mol}}}$$

In der Praxis ist es jedoch oft der Fall, dass sich das Wasser gasförmig bildet. Die Standardreaktionsenthalpie für die Reaktion $CH_4(g) + 2\,O_2(g) \longrightarrow CO_2(g) + 2\,H_2O(g)$ wäre dann $-802,0$ kJ/mol. Die Differenz zur Verbrennungsenthalpie $-802,0$ kJ/mol $+ 890,0$ kJ/mol $= 88$ kJ/mol entspricht gerade der Verdampfungsenthalpie von zwei Mol Wasser (vgl. ▶ Abschn. 4.4.3). Auch dies lässt sich praktisch durch den Satz von Hess veranschaulichen (■ Abb. 4.13): Zunächst bilden sich gasförmiges Kohlenstoffdioxid und gasförmiges Wasser. Das gasförmige Wasser kondensiert anschließend, wobei zwei Mal (Stöchiometriezahl bei Wasser ist zwei) die molare Kondensationsenthalpie frei wird. Da Kondensation die Umkehrung der Verdampfung ist, entspricht ihr Wert genau der Verdampfungsenthalpie – nur mit negativem Vorzeichen.

Bestimmung von Bildungsenthalpien aus Verbrennungsenthalpien
Sind für verschiedene Verbrennungsreaktionen die Verbrennungsenthalpien bekannt oder wurden messtechnisch erhoben, so lassen sich mithilfe des Satzes von Hess Bildungsenthalpien finden. Wir wollen dies am Beispiel des Methans zeigen. In der folgenden Abbildung finden wir die Verbrennung von Methan zu Kohlenstoffdioxid und Wasser. Die Bildung von Methan aus den Elementen Kohlenstoff und Wasserstoff $(C + 2\,H_2 \longrightarrow CH_4)$ finden wir ebenfalls.

Wir können uns nun einen alternativen Prozess überlegen, um von den Elementen Kohlenstoff und Wasserstoff zu Kohlenstoffdioxid und Wasser zu gelangen. Dies erfolgt am einfachsten über weitere Verbrennungsreaktionen. Die Werte für diese Verbrennungsenthalpien können wir ■ Tab. 4.5 entnehmen, da es sich um Bildungen aus Elementen handelt.

Da die Gesamtenthalpie eines Prozesses unabhängig vom Reaktionsweg ist (Satz von Hess), können wir schreiben:

$$-2 \cdot 285,8 \frac{kJ}{mol} - 393,0 \frac{kJ}{mol} = \Delta_B H^0_{CH_4} - 890,0 \frac{kJ}{mol}.$$

4

Umstellen und zusammenfassen ergibt letztlich für

$$\Delta_B H^0_{CH_4} = -571,6\,\frac{kJ}{mol} - 393,0 + 890,0\,\frac{kJ}{mol} = \underline{-74,6\,\frac{kJ}{mol}}.$$

H ↑

$C_{(s)} + O_{2(g)} + 2\,H_{2(g)} + O_{2(g)}$

$-2\cdot 285{,}8\,\frac{kJ}{mol}$

$\Delta_B H^0_{CH_4}$

$CH_{4(g)} + 2\,O_{2(g)}$

$C_{(s)} + O_{2(g)} + 2\,H_2O_{(l)}$

$-393\,\frac{kJ}{mol}$

$-890\,\frac{kJ}{mol}$

$CO_{2(g)} + 2\,H_2O_{(l)}$

Bestimmung der Standardbildungsenthalpie von Methan

Offen bleibt bisher die Frage, wie sich Reaktionsenthalpien messen lassen. Labor-praktisch wird dies oft durch die Methode der *Kalorimetrie* erreicht. Im Wesent-lichen wird die Verbrennungsenthalpie dabei in Form von Wärme an ein Reservoir mit (meist) Wasser abgegeben (◨ Abb. 4.14). Über die Temperaturveränderung des Wassers und dessen Wärmekapazität kann schließlich die übertragende Energie-menge ermittelt und damit auf die Reaktionsenthalpie geschlossen werden (vgl. ► Abschn. 4.2.4). Die Kalorimetrie ist nicht auf chemische Reaktionen beschränkt. Auch physikalische Prozesse wie das Erwärmen oder Abkühlen eines Stoffes, Phasen-umwandlungen wie Kondensieren oder Sublimieren, das Lösen von Salzen in Wasser können energetisch untersucht werden. Messtechnisch ist jedoch darauf zu achten, dass das System gut isoliert ist und außerdem der Messaufbau selbst, das Kalori-meter, eine gewisse Energiemenge aufnimmt. In ► Abschn. 16.11 wird diese Mess-methodik genauer dargestellt.

Je nach Art einer zu beschreibenden Reaktion lassen sich weitere Reaktions-enthalpien definieren. Typisch wären für Neutralisationen die Neutralisations-enthalpie oder für die Hydrierung ungesättigter Kohlenwasserstoffe die Hydrierungs-enthalpie.

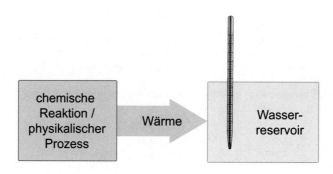

◨ **Abb. 4.14**   Grundprinzip der Kalorimetrie

4.4.5 Die Bindungsenergie

Zu Beginn von ▶ Abschn. 4.4.1 haben wir unsere Überlegungen zum Energieumsatz mit der Beschreibung der Bindungsenergien bei der Chlorierung von Methan eingeleitet. Was hat nun diese Bindungsenergie mit der Reaktionsenthalpie zu tun? Zugrunde liegt die Dissoziation eines zweiatomigen Moleküls in seine Atome:

$$H-H\,(g) \rightarrow 2\,H(g) \quad \Delta H = 435,8\,\frac{kJ}{mol}$$

$$Cl-Cl\,(g) \rightarrow 2\,Cl(g) \quad \Delta H = 242,9\,\frac{kJ}{mol}$$

$$H-Cl\,(g) \rightarrow H(g)+Cl(g) \quad \Delta H = 431,4\,\frac{kJ}{mol}$$

Deutlich wird, dass zum homolytischen Aufbruch der Bindung Energie zugeführt werden muss. Es handelt sich also um endotherme Prozesse, da die Reaktionsenthalpien positiv sind. Diese Enthalpien werden auch Dissoziationsenergien genannt und geben die Stärke einer Bindung an. Da bei einer bloßen Bindungsspaltung keine Volumenarbeit verrichtet wird, wird meist nur von Dissoziationsenergien und nicht -enthalpien gesprochen, da beide Größen gleich groß sind. Diese sollten jedoch nicht mit der Standardbildungsenthalpie eines Stoffes verwechselt werden, da dafür die Zerlegung nicht in Atome, sondern in deren stabile Elemente zu betrachten ist, z. B.:

$$HCl \rightarrow \frac{1}{2}H_2 + \frac{1}{2}Cl_2 \quad \Delta_R H^0 = -\Delta_B H^0 = 92,3\,\frac{kJ}{mol}.$$

Greifen wir auf unser Beispiel von aus ▶ Abschn. 4.4.1 zurück, so können wir dies ebenfalls über den Satz von Hess darstellen (❏ Abb. 4.15). Es folgt die uns bereits bekannte Energiedifferenz von

$$\Delta_R H^0 = 242,9\,\frac{kJ}{mol} + 439,3\,\frac{kJ}{mol} - 431,4\,\frac{kJ}{mol} - 350,2\,\frac{kJ}{mol} = -99,4\,\frac{kJ}{mol}.$$

Das negative Vorzeichen zeigt, dass es sich um eine exotherme Reaktion handelt. Wir wollen nun überprüfen, ob wir dieses Ergebnis mithilfe der Standardbildungsenthalpien (siehe ❏ Tab. 4.5, $\Delta_B H^0_{CH_3Cl} = -81,9\,kJ/mol$) bestätigen können:

$$\Delta_R H^0 = \Delta_B H^0_{CH_3Cl} + \Delta_B H^0_{HCl} - \Delta_B H^0_{CH_4} - \Delta_B H^0_{Cl_2}$$

$$\Delta_R H^0 = -81,9\,\frac{kJ}{mol} - 92,3\,\frac{kJ}{mol} + 74,6\,\frac{kJ}{mol} = -99,6\,\frac{kJ}{mol}$$

Tatsächlich stimmen die Ergebnisse überein. Dissoziationsenergien können also ebenfalls genutzt werden, um Reaktionsenthalpien zu bestimmen. Das gelingt aber nur dann zuverlässig, wenn man sehr genaue Werte für die Dissoziationsenergien hat

4

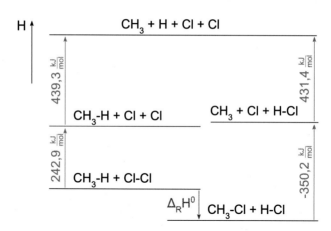

○ **Abb. 4.15**   Anwendung des Satz von Hess auf die Dissoziationsenergien bei der Chlorierung von Methan

○ **Tab. 4.7**   Dissoziationsenergien bzw. mittlere Bindungsenergien in der Gasphase (Neufingert 2006)

Bindung	$\Delta H^0/$(kJ/mol)	Bindung	$\Delta H^0/$(kJ/mol)
C – H	413	Cl – Cl	242
C – C	348	Br – Br	193
C = C	614	C – Cl	339
C ≡ C	839	C – Br	285
H – H	436	H – Cl	431
O – H	463	H – Br	366

und diese auch den tatsächlichen Bindungsenergien entsprechen. Dissoziations-energien beziehen sich immer auf zweiatomige Moleküle. Angewendet auf mehr-atomige Moleküle sind diese dann nur als mittlere Bindungsenergien zu verstehen. ○ Tab. 4.7 zeigt einige solcher mittleren Bindungsenergien. Außerdem können diese Werte immer nur für Verbindungen in der Gasphase angewendet werden.

Wenn wir unsere Berechnung mit den Werten aus ○ Tab. 4.7 wiederholen, er-halten wir folgendes Ergebnis:[3]

$$\Delta_R H^0 = 242\frac{kJ}{mol} + 413\frac{kJ}{mol} - 431\frac{kJ}{mol} - 339\frac{kJ}{mol} = -115\frac{kJ}{mol}.$$

---

3   Die Werte aus ○ Tab. 4.4 sind einer anderen Quelle entnommen als die aus ○ Tab. 4.7. Aus diesem Grund gibt es leichte Unterscheidungen in den Bindungsenergien von Cl – Cl und H – Cl. Ein Grund für die erheblichen Unterschiede bei C – H und C – Cl ist das jedoch nicht.

◘ Tab. 4.8	Bindungsenergien hervorgehobener Bindungen in verschiedenen Molekülen		
C – H	$\Delta H^0/(kJ/mol)$	**C – Cl**	$\Delta H^0/(kJ/mol)$
$CH_3 - H$	439,3	$CH_3 - Cl$	350,2
$CH_3CH_2CH_2 - H$	422,2	$CH_3CH_2CH_2 - Cl$	352,7
$CH_3CH_2CH_3$	410,5	$CH_2Cl - Cl$	338,0
$CH_3CH_2CH_2CH_2 - H$	421,3	$CHCl_2 - Cl$	311,1
$(CH_3)_3C - H$	400,4	$CCl_3 - Cl$	288,7

Mit einer Abweichung von ca. 15 % ist das Ergebnis mithilfe von ◘ Tab. 4.7 quantitativ sehr ungenau und kann eher als grobe Abschätzung dienen. Wenn wir die tatsächlichen Bindungsenergien in mehratomigen Verbindungen miteinander vergleichen, stellen wir deutliche Unterschiede zu den Angaben in ◘ Tab. 4.7 fest, wie ◘ Tab. 4.8 zeigt.

Dass in ◘ Tab. 4.7 tatsächlich Mittelwerte angegeben sind, zeigt sich auch gut an der O–H-Bindung. Als HO–H(g) beträgt die Dissoziationsenergie nämlich 497,3 kJ/mol und als bloßes O–H(g) beträgt sie 429,7 kJ/mol. Der Mittelwert aus beiden Werten entspricht mit 463,5 kJ/mol dem Wert aus ◘ Tab. 4.7.

Dennoch können diese Werte wertvolle Informationen über chemische Zusammenhänge liefern. So wird ersichtlich, dass Dreifachbindungen eine höhere Dissoziationsenergie haben als Doppel- und Einfachbindungen. Demnach lassen sich Einfachbindungen leichter, d. h. mit weniger zugeführter Energie, spalten als Doppel- und Dreifachbindungen. Dreifachbindungen sind also stärker als Doppel- und diese wiederum stärker als Einfachbindungen. Das heißt aber nicht, dass Verbindungen mit Dreifachbindungen deswegen weniger reaktiv sind. Wird zur Bildung einer C–C-Dreifachbindung eine Energie von 839 kJ/mol frei, so werden dagegen bei drei Einfachbindungen 3 · 348 kJ/mol = 1044 kJ/mol frei. Tatsächlich sind also drei Elektronenpaare in einer Dreifachbindung leichter zu spalten als drei einzelne Elektronenpaare.

4.4.6 Enthalpien physikalischer Prozesse

Neben der Beschreibung von chemischen Reaktionen über Reaktionsenthalpien haben wir bereits weitere Enthalpien kennengelernt, die auf physikalischen Prozessen beruhen. Typisch sind Enthalpien bei Phasenübergängen oder Lösungsvorgängen. Bei den Phasenübergängen liegen stets Paare von Enthalpien vor, die den jeweils umgekehrten Prozess beschreiben: Verdampfungsenthalpie/Kondensationsenthalpie; Schmelzenthalpie/Kristallisationsenthalpie usw. Dieses Paar hat den gleichen Enthalpiebetrag und unterscheidet sich nur im Vorzeichen beider Enthalpien. So beträgt die Schmelzenthalpie von Eisen bei seinem Siedepunkt (1538 ° C) 13,81 kJ/mol, dessen Kristallisationsenthalpie wäre beim Siedepunkt entsprechend −13,81 kJ/mol. Bei Phasenübergängen und auch bei Lösungsvorgängen haben die zwischenmolekularen

4

Wechselwirkungen einen wichtigen Einfluss auf den jeweiligen Energiebetrag. So tragen die eher schwachen Van-der-Waals-Wechselwirkungen deutlich weniger zur Enthalpie bei als Dipol-Dipol-Kräfte, bei denen die Wasserstoffbrücken zu den stärksten zählen. Müssen ionische Wechselwirkungen überwunden werden, sind die höchsten Energiebeträge zu erwarten.

Tipp

Molare und spezifische Größen

Enthalpien werden in der Chemie sehr oft auf ein Mol eines Stoffes bezogen. Ganz exakt müsste man dann stets von *molaren* Reaktionsenthalpien oder *molaren* Verdampfungsenthalpien sprechen. Denn diese Größen können auch auf die Masse, also auf ein Kilogramm, bezogen sein, was in physikalischen Kontexten oft der Fall ist. Dann hieße es *spezifische* Verdampfungsenthalpie. Wir haben diesen Unterschied bereits bei den Wärmekapazitäten kennengelernt (▶ Abschn. 4.2.4). Bei der Beschreibung von chemischen Reaktionen, also bei Reaktionsenthalpien, ist es jedoch sehr unüblich, diese auf die Masse zu beziehen. Aus diesem Grund haben wir im ▶ Abschn. 4.4 auch darauf verzichtet, jedes Mal von der *molaren* Standardbildungsenthalpie zu sprechen. Umrechnen lassen sich die molaren und spezifischen Größen stets über die molare Masse:

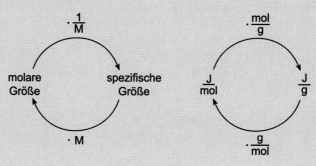

▪▪ Verdampfungsenthalpie

Warum solltest du in der kalten Jahreszeit nicht mit nassen Haaren aus dem Haus gehen? Und warum hat Scheibenwischflüssigkeit im Winter die Aufschrift „bis $-30\,°\,C$", obwohl es so kalt bei uns praktisch nie wird? Die Antworten auf diese Fragen haben mit dem Vorgang des Verdampfens zu tun.

Bei Wasser haben wir bereits die Verdampfungsenthalpie $\Delta_V H$ kennengelernt. Bei 25 °C und Normaldruck sind 44,0 kJ/mol nötig, um Wasser vom flüssigen in den gasförmigen Zustand zu überführen. Bei 100 °C, also am Siedepunkt von Wasser, liegt der Wert bei 40,7 kJ/mol. Neben der Temperaturabhängigkeit ist zu beachten, dass sich die Verdampfungsenthalpie auf eine isobare und isotherme Prozessführung bezieht. Sie setzt sich also aus einem Teil für das Abtrennen der Flüssigkeitsteilchen voneinander zusammen. Bei Wasser sind es insbesondere die Wasserstoffbrücken, die überwunden werden müssen. Als zweite Komponente kommt durch die Volumenzunahmen bei der Gasbildung ein Anteil für die Volumenarbeit hinzu. Ändert man die Prozessführung, indem die Verdampfung z. B. im Vakuum stattfindet, entfällt der Anteil für die Volumenarbeit.

Verdampfungsenthalpie von Wasser

Für Wasser sind bei 100 ° C und Normaldruck 2090 kJ nötig, um 1 kg Wasser vom flüssigen in den gasförmigen Zustand zu überführen, ohne zunächst die Volumenarbeit zu berücksichtigen. Dieser Wert kann in eine molare Angabe mithilfe der molaren Masse von Wasser (18 g/mol) umgerechnet werden:

$$\Delta U = 2090 \, \frac{\text{kJ}}{\text{kg}} \cdot 18 \, \frac{\text{g}}{\text{mol}} = 2090 \, \frac{\text{J}}{\text{g}} \cdot 18 \, \frac{\text{g}}{\text{mol}} = 37.620 \, \frac{\text{J}}{\text{mol}}.$$

Um die Volumenarbeit abzuschätzen, nehmen wir ideales Gasverhalten an und berechnen für $p = 10^5$ Pa und $T = 373$ K das ideale molare Gasvolumen:

$$V_m = \frac{RT}{p} = 0,031 \, \frac{\text{m}^3}{\text{mol}}.$$

Da 1 kg = 1000 g flüssiges Wasser ein Volumen von ca. 1 L = 0,001 m^3 hat, haben 18 g, also 1 mol flüssiges Wasser, ein Volumen von ca. 0,018 L = 0,000018 m^3, was gegenüber dem Gasvolumen vernachlässigt werden kann. Für die molare Volumenarbeit erhalten wir also:

$$pV_\text{m} = RT = 3101 \, \frac{\text{J}}{\text{mol}}.$$

Für die Verdampfungsenthalpie folgt dann

$$\Delta_\text{V} H = \Delta U + pV_\text{m} = 37.620 \, \frac{\text{J}}{\text{mol}} + 3101 \, \frac{\text{J}}{\text{mol}} = 40.721 \, \frac{\text{J}}{\text{mol}} \approx 40,7 \, \frac{\text{kJ}}{\text{mol}}.$$

Da das Verdampfen ein endothermer Prozess ist, wird im Alltag auch oft von *Verdunstungskälte* gesprochen. „Kälte" ist kein naturwissenschaftlicher Begriff. Gemeint ist damit der Energiebetrag, der in Form von Wärme der Umgebung entzogen wird, um einen Stoff (ein System) vom flüssigen in den gasförmigen Zustand zu überführen. Das Verdunsten von Wasser aus nassen Haaren führt also dazu, dass der Umgebung (Luft, Kopf, Haare, Haut) Energie entzogen wird. Du frierst also leichter. Auch unsere zweite Frage erklärt sich auf diese Weise: Wird während der Fahrt eines Autos Scheibenwischflüssigkeit aufgesprüht, so verdunstet ein Teil der Flüssigkeit an der Scheibe. Da durch den Fahrtwind die Gasphase zügig abgetragen wird, gehen verstärkt Flüssigkeitsteilchen in die Gasphase über (siehe ▶ Abschn. 4.3.1). Die Verdampfungsenthalpie führt zu einer Abkühlung der Umgebung (und damit auch der Scheibenwischflüssigkeit) deutlich unter die Umgebungstemperatur.

▪▪ Lösungsenthalpie

Bei Lösungsvorgängen von Salzen kommt es oft zu Aussagen wie: „Ammoniumsalze lösen sich endotherm." Die Lösungsenthalpie von Natriumchlorid ist dagegen fast null. Löst du aber Natriumhydroxidplätzchen in Wasser, stellst du fest, dass die Lösung sich erwärmt Woran liegt das?

Wird ein Salz in Wasser gelöst, so wird zum einen die Gitterstruktur der Ionenverbindung aufgebrochen. Dieser Vorgang erfordert Energie und ist endotherm. Zum anderen lagern sich Wasser-Moleküle um die geladenen Ionen an, diese werden also hydratisiert. Dieser Vorgang ist exotherm. Außerdem werden bei einem Lösungsvorgang von Salzen auch Bindungen des Lösungsmittels aufgebrochen, was ebenfalls ein endothermer Prozess ist. Bei Wasser als Lösungsmittel sind dies vor allem die Wasserstoffbrücken. Die Lösungsenthalpie setzt sich also aus den drei Anteilen *Gitterenthalpie* und *Hydratationsenthalpie* der zu lösenden Verbindung und *Bindungsenthalpie* des Lösemittels zusammen. Die Hydratationsenthalpie wird auch als Solvatationsenthalpie bezeichnet.

◻ Tab. 4.9   Lösungsenthalpien einiger Verbindungen mit Wasser als Lösungsmittel

Verbindung	$\Delta H^0/(kJ/mol)$	Verbindung	$\Delta H^0/(kJ/mol)$
NaCl(s)	3,9	NH_4NO_3(s)	25,7
$KMnO_4$(s)	43,6	HCl(g)	−74,8
NaOH(s)	−44,5	HNO_3(l)	−33,3
LiI(s)	−63,3	CH_3COOH	−1,5

◻ Tab. 4.9 zeigt Lösungsenthalpien unter Standardbedingungen für ausgewählte Verbindungen. Die Lösungsenthalpie ist der Energiebetrag für das Lösen von 1 mol der Verbindung in einer unendlich großen Wassermenge. Bei Natriumhydroxid ist dieser Wert negativ, also ist der energetische Anteil der Hydratation größer als der für den Bindungsbruch des Lösemittels und der Gitterstruktur. Insgesamt ist das Lösen von Natriumhydroxid demnach exotherm. Bei Natriumchlorid heben sich die Anteile fast auf. Und bei Ammoniumnitrat überwiegen die endothermen Anteile (Gitter- und Bindungsenthalpie) gegenüber dem exothermen Anteil (Hydratationsenthalpie), die Lösungsenthalpie hat einen positiven Wert.

4.4.7   Der Born-Haber-Kreisprozess

Zum Abschluss unseres Einblicks in die Energetik chemischer Reaktionen und physikalischer Prozesse wollen wir ein letztes Mal auf unser Beispiel vom Anfang eingehen: der Synthese von Natriumchlorid aus den Elementen. Unser Ziel soll es sein, die Gitterenthalpie zu bestimmen, also denjenigen Enthalpiebeitrag, der bei der Ausbildung eines Ionengitters aus den gasförmigen Ionen frei wird. Dazu zerlegen wir unsere Synthesereaktion von Natriumchlorid entsprechend des Satzes von Hess in mehrere Teilschritte (siehe ◻ Abb. 4.16).

Die im folgenden beschriebenen Teilschritte lassen sich laborpraktisch nicht umsetzen. Es handelt sich also um einen hypothetischen Prozess:

— **Sublimation des Natriums**: Zunächst muss das feste Natrium in die Gasphase überführt werden, sodass einzelne Natrium-Atome vorliegen. Der dazu nötige Energiebeitrag ist die Standardsublimationsenthalpie $\Delta_{sub}H_{Na}^0 = 107,5 \text{ kJ}/\text{mol}$. Dieser Wert ist leicht zu messen, da er sich aus der Schmelz- und Verdampfungsenthalpie zusammensetzt, und er entspricht der Standardbildungsenthalpie von gasförmigem Natrium.

— **Ionisierung der Natrium-Atome**: Um die Natrium-Atome zu ionisieren, ist wiederum ein Energiebetrag nötig, den wir Ionisierungsenthalpie nennen: $\Delta_{ion}H_{Na}^0 = 495,5 \text{ kJ}/\text{mol}$. Tabelliert sind dagegen meist die Ionisierungsenergien, die als Energie zum Entfernen eines Elektrons aus einem Atom definiert sind. Die 1. Ionisierungsenergie von Natrium beträgt z. B. 5,139 eV, was umgerechnet 495,8 kJ/mol entspricht. Aufgrund der geringen Abweichung von Ionisierungsenergie und -enthalpie wird der Anteil der Volumenarbeit meist vernachlässigt und nur mit der Ionisierungsenergie gerechnet. Die Ionisierungs-

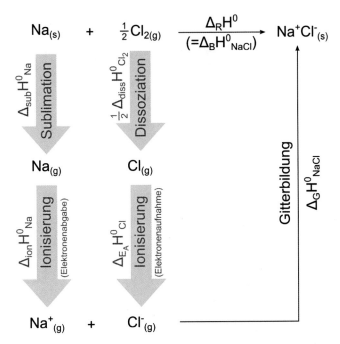

◘ Abb. 4.16 Der Born-Haber-Kreisprozess am Beispiel von Natriumchlorid

energien lassen sich aus der energetischen Struktur der Atome ableiten. Sie können demnach spektroskopisch ermittelt werden, ebenso wie die folgenden beiden Beiträge.

— **Dissoziation der Chlor-Moleküle**: Die Chlor-Moleküle sind unter Standardbedingungen bereits gasförmig. Sie müssen aber noch in ihre Atome überführt, also dissoziiert, werden. Da hierzu die kovalente Bindung zwischen beiden Chlor-Atomen gespalten werden muss, unterscheiden sich Dissoziationsenthalpie und Bindungsenthalpie nur in ihrem Vorzeichen. Die Standardbindungsenthalpie von Chlor hatten wir in ▶ Abschn. 4.4.1 und 4.4.5 mit −242,85 kJ/mol bereits verwendet. Da bei uns nur ein Chlor-Atom für die Reaktion zu Natriumchlorid nötig ist, benötigen wir auch nur die halbe Dissoziationsenthalpie:

$$\frac{1}{2}\Delta_{diss}H^0_{Cl_2} = 121,4\,\frac{kJ}{mol}.$$

— **Ionisierung der Chlor-Atome**: Auch die Chlor-Atome müssen ionisiert werden, allerdings nicht durch Entfernen eines Elektrons, sondern durch Hinzufügen, sodass sich Cl^--Ionen bilden. Tabelliert ist die Elektronenaffinität. Hierbei handelt es sich um diejenige Energie, die nötig ist, um aus einem neutralen Atom ein einfach negativ geladenes Ion zu machen. Für ein Chlor-Atom erhalten wir $\Delta_{Ea}H^0_{Cl} = -348,6\,kJ/mol$

— **Aufbau des Gitters**: Den letzten Schritt unseres hypothetischen Prozesses stellt die Bindung des Gitters aus gasförmigen Natrium- und Chlor-Ionen dar. Die dafür notwendige Gitterenthalpie $\Delta_G H^0_{NaCl}$ ist unsere gesuchte Größe.

4

Nun können wir den Satz von Hess anwenden: Die Reaktion von Natrium und Chlor zu Natriumchlorid ist eine Reaktion aus den Elementen. Die Standardreaktionsenthalpie entspricht damit der Standardbildungsenthalpie von Natriumchlorid (siehe ◻ Tab. 4.5) und beträgt $\Delta_\mathrm{B} H^0_\mathrm{NaCl} = -411{,}2\,\mathrm{kJ/mol}$. Auf der rechten Seite unserer Gleichung folgen dann die hypothetischen Teilschritte:

$$\Delta_\mathrm{B} H^0_\mathrm{NaCl} = \Delta_\mathrm{sub} H^0_\mathrm{Na} + \Delta_\mathrm{ion} H^0_\mathrm{Na} + \frac{1}{2}\Delta_\mathrm{diss} H^0_{\mathrm{Cl}_2} + \Delta_\mathrm{Ea} H^0_\mathrm{Cl} + \Delta_\mathrm{G} H^0_\mathrm{NaCl}.$$

Umgestellt nach $\Delta_\mathrm{G} H^0_\mathrm{NaCl}$ und Einsetzen der jeweiligen Werte ergibt:

$$\Delta_\mathrm{G} H^0_\mathrm{NaCl} = \Delta_\mathrm{B} H^0_\mathrm{NaCl} - \Delta_\mathrm{sub} H^0_\mathrm{Na} - \Delta_\mathrm{ion} H^0_\mathrm{Na} - \frac{1}{2}\Delta_\mathrm{diss} H^0_{\mathrm{Cl}_2} - \Delta_\mathrm{Ea} H^0_\mathrm{Cl}$$

$$\Delta_\mathrm{G} H^0_\mathrm{NaCl} = -411{,}2\,\frac{\mathrm{kJ}}{\mathrm{mol}} - 107{,}5\,\frac{\mathrm{kJ}}{\mathrm{mol}} - 495{,}5\,\frac{\mathrm{kJ}}{\mathrm{mol}} - 121{,}4\,\frac{\mathrm{kJ}}{\mathrm{mol}} + 348{,}6\,\frac{\mathrm{kJ}}{\mathrm{mol}}$$

$$= -787{,}0\,\frac{\mathrm{kJ}}{\mathrm{mol}}$$

Wir haben auf diesem Weg mithilfe messbarer Enthalpien einen Weg gefunden, eine schwer messbare Enthalpie, nämlich die Gitterenthalpie, zu bestimmen. Diese ist wiederum entscheidend für das Verständnis von Löseprozessen. Auch zeigt sich, dass die Bindung des Ionengitters aus den gasförmigen Ionen ein stark exothermer Prozess ist. Hierin lässt sich letztlich die Heftigkeit der Reaktion von Natrium mit Chlor begründen.

▶ **Beispiel**

Bestimmung der Gitterenthalpie von Calciumchlorid
Wir wollen mit den Kenntnissen dieses Abschnitts die Gitterenthalpie von Calciumchlorid über den Born-Haber-Kreisprozess bestimmen. Grafisch stellen wir diesen im Unterschied zu ◻ Abb. 4.16 in einem energetischen Diagramm dar. Im Unterschied zur Bildung von Natriumchlorid werden pro Calcium-Atom zwei Chlor-Atome zur Bildung

des Gitters benötigt. Daher benötigen wir nicht die halbe, sondern die ganze Dissoziations-enthalpie von Chlor. Außerdem müssen wir die erste und zweite Ionisierungsenergie von Calcium berücksichtigen, da im Gitter zweifach positive Calcium-Ionen vorliegen. Da sich dann pro Calcium-Ion zwei Chlor-Ionen bilden, muss die zweifache Elektronenaffinität von Chlor berücksichtigt werden. Wir definieren nun die jeweiligen Teilschritte:

- Sublimationsenthalpie von Calcium: $\Delta_{sub}H^0_{Ca} = 177{,}8 \,\text{kJ} / \text{mol}$

- 1. Ionisierung von Calcium zu Ca^+: $\Delta_{ion-I}H^0_{Ca} = 589{,}8 \,\text{kJ} / \text{mol}$

- 2. Ionisierung von Ca^+ zu Ca^{2+}: $\Delta_{ion-II}H^0_{Ca} = 1145{,}4 \,\text{kJ} / \text{mol}$

- Dissoziation von Chlor: $\Delta_{diss}H^0_{Cl_2} = 242{,}9 \,\text{kJ} / \text{mol}$

- Ionisierung der Chlor-Atome: $2 \cdot \Delta_{Ea}H^0_{Cl} = -697{,}2 \,\text{kJ} / \text{mol}$

    Mit der Standardbildungsenthalpie von Calciumchlorid (siehe ◘ Tab. 4.5) erhalten wir dann:

$$\Delta_G H^0_{CaCl_2} = \Delta_B H^0_{CaCl_2} - \Delta_{sub}H^0_{Ca} - \Delta_{ion\ I}H^0_{Ca} - \Delta_{ion\ II}H^0_{Ca} - \Delta_{diss}H^0_{Cl_2} - 2 \cdot \Delta_{Ea}H^0_{Cl}.$$

$$\Delta_G H^0_{NaCl} = -795{,}4 \,\frac{\text{kJ}}{\text{mol}} - 177{,}8\frac{\text{kJ}}{\text{mol}} - 589{,}8\frac{\text{kJ}}{\text{mol}} - 1145{,}4\frac{\text{kJ}}{\text{mol}} - 242{,}9\frac{\text{kJ}}{\text{mol}} + 697{,}2\frac{\text{kJ}}{\text{mol}}$$

$$= -2254{,}1\frac{\text{kJ}}{\text{mol}}.$$

Auch hier zeigt sich, dass die Bildung des Gitters einen maßgeblichen Anteil am exother-men Charakter der Reaktion darstellt.

Abbildung: Born-Haber-Kreisprozess für die Bildung von Calciumchlorid ◄

4

4.5 Die Freiwilligkeit von chemischen Reaktionen

4.5.1 Der zweite Hauptsatz der Thermodynamik

Wir haben im letzten Abschnitt die energetische Betrachtung chemischer Reaktionen dargestellt und sind zu dem Schluss gekommen, dass chemische Reaktionen unter Energieabgabe oder Energieaufnahme stattfinden können. Ob in Schule oder Universität, häufig wird zudem der folgende Leitsatz genannt:

Alle Systeme haben grundsätzlich das Bestreben, einen Zustand niedriger Energie zu erreichen.

Wir kennen dies bereits von der Edelgaskonfiguration: „Eine vollbesetzte Außenschale ist energetisch besonders stabil." – und auf diese Weise lassen sich dann kovalente oder ionische Bindungstypen einführen.

Mit dieser Argumentation ergibt sich jedoch die Frage, wieso es überhaupt endotherme Reaktionen oder Prozesse in der Natur gibt. Ein typisches Beispiel ist das Lösen von Ammoniumchlorid in Wasser. Bei diesem Vorgang ist eine deutliche Temperaturerniedrigung zu verzeichnen, die selbst mit der bloßen Hand am Becherglas gefühlt werden kann. Diese Abkühlung bedeutet jedoch, dass Energie aus der Umgebung für den Lösungsprozess aufgenommen wurde, folglich liegt in gelöster Form ein Zustand höherer Energie vor. Wieso findet dieser Prozess von selbst, sozusagen freiwillig, statt?

Ein weiteres Beispiel ist das Vermischen zweier Gase. Entfernen wir die Trennwand in ◨ Abb. 4.17, so gehen die Gase von einem sehr geordneten Zustand (links Gas 1, rechts Gas 2) in einen weniger geordneten Zustand über (Gas 1 und 2 über beide Kammern verteilt). Weder Volumen, Druck, Temperatur oder Teilchenzahl haben sich verändert. Setzen wir ein ideales Gasverhalten voraus, dann spielen auch intermolekulare Wechselwirkungen keine Rolle. Bei dieser Zustandsänderung bleibt also die innere Energie konstant (vgl. ▶ Abschn. 4.2.1). Stellen wir uns einmal den Vorgang rückwärts vor: Die Gas-Teilchen gehen vom durchmischten Zustand in den geordneten Zustand über. Die innere Energie ändert sich ebenfalls nicht. Dennoch lehrt uns die Erfahrung, dass sich Gase nicht spontan entmischen.

Offensichtlich ist es so, dass Prozesse dann freiwillig ablaufen, wenn sich ein Zustand mit geringerer Ordnung, d. h. größerer Unordnung einstellt. Diese Triebkraft für chemische und physikalische Vorgänge, die einen Beitrag zur Freiwilligkeit natürlicher Prozesse liefert, ist die Entropie.

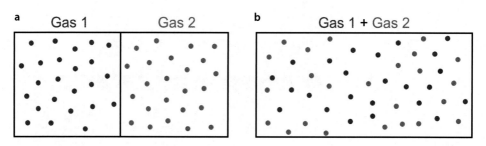

◨ **Abb. 4.17** Zwei Gase, durch eine Wand getrennt (**a**), vermischen sich, wenn diese entfernt wird (**b**)

Die Entropie ist ein Maß für Realisierungsmöglichkeiten eines Systems. Sie gibt gewissermaßen vor, welche verschiedenen Zustände ein System einnehmen kann. Du kannst es vergleichen, wenn du an das Mischen eines Kartenspiels denkst. Die Karten symbolisieren die Teilchen in zu vermischenden Stoffproben:

Bei einem neu gekauften Kartenspiel liegen die Karten geordnet vor: zunächst alle 7er, dann alle 8er, 9er usw. Wird das Kartenspiel gemischt, so wird sich ein neuer Zustand ergeben, in dem die Karten nicht mehr geordnet vorliegen. Mit jedem neuen Mischen ergibt sich ein neuer ungeordneter Zustand bezüglich der Reihenfolge der Karten, und es ist praktisch ausgeschlossen, durch Mischen wieder den Zustand der Ordnung zu erreichen. Der Grund liegt in der Wahrscheinlichkeit: Bei einem Skatblatt mir 32 unterschiedlichen Karten gibt es rund $2{,}6 \cdot 10^{35}$ mögliche Anordnungen der Karten. Die Wahrscheinlichkeit, allein durch Mischen genau den einen geordneten Zustand vom Anfang wieder zu erreichen, ist daher denkbar klein.

Beim Lösen eines Salzkristalls in Wasser liegt eine sehr ähnliche Situation vor: Im Salzkristall sind die Teilchen sehr geordnet in ihrer Gitterstruktur, und haben alle einen festen Platz. In Lösung gibt es wesentlich mehr Möglichkeiten der Verteilung der Teilchen (Realisierungsmöglichkeiten). Es ist praktisch ausgeschlossen, dass sich allein durch die Teilchenbewegung (Mischen der Karten) wieder ein Salzkristall bildet.

Entropie und Unordnung

Die Entropie wird häufig auch mit dem Begriff der Unordnung in Verbindung gebracht: Im Kristallgitter sind Anionen und Kationen sehr geordnet. In Lösung liegt eine wesentlich größere Unordnung vor, die Entropie ist entsprechend größer. Makroskopisch zu vergleichen ist dies mit einem Schreibtisch, der beim Arbeiten gewissermaßen von allein sehr unordentlich wird. Die Unordnung und somit die Entropie nehmen zu.

Die Verknüpfung der Entropie mit dem Alltagsphänomen der Unordnung hat anschauliche Zwecke. Jedoch kann sie auch schnell zu Missinterpretationen führen. Ein typisches Beispiel ist das allmähliche Verschwinden von Bierschaum. Hier könnten wir annehmen, dass doch der Schaum gegenüber der glatten Flüssigkeitsoberfläche, in die der Schaum übergeht, viel unordentlicher ist. Somit würde die Entropie abnehmen. Tatsächlich jedoch gibt es für die Wasserteilchen deutlich mehr Möglichkeiten, sich in der flüssigen Phase zu verteilen als im Schaumphase: Hier können sich die Wasser-Teilen nämlich nur in den Blasenwänden aufhalten.

Aus diesem Grund solltest du dir stets die Bedeutung der Entropie als Anzahl an Realisierungsmöglichkeiten vergegenwärtigen.

Der 2. Hauptsatz der Thermodynamik lässt sich deshalb wie folgt formulieren: *Bei einer spontanen Zustandsänderung vergrößert sich die Entropie.* Diese Formulierung kann jedoch schnell missverstanden werden. Betrachten wir das Gefrieren von Wasser: Wasser-Moleküle gehen vom flüssigen in den festen Zustand über, also sinkt die Anzahl der Realisierungsmöglichkeiten für die Wasser-Moleküle. Die Entropie nimmt ab. Dennoch läuft der Prozess unter $0\,°C$ freiwillig ab.

Der Grund für dieses Problem ist, dass wir uns nur auf die Entropie des Wassers bezogen haben. Beim Gefrieren wird jedoch die Schmelzenthalpie in Form von Wärme an die Umgebung abgegeben. Die Teilchen der Umgebung erfahren also eine Erhöhung ihrer thermischen Energie. Dadurch ergeben sich andere statistische Geschwindigkeitsverteilungen und letztlich eine größere Zahl an Realisierungsmöglichkeiten. Oder anders gesagt: Bewegen sich die Teilchen schneller, ist die Unordnung größer.

4

Wir müssen also stets die Gesamtentropie aus System und Umgebung berücksichtigen:

$$\Delta S_{ges} = \Delta S_{System} + \Delta S_{Umgebung}. \tag{4.24}$$

Nur, wenn die Gesamtentropie positiv ist, läuft der Prozess spontan ab. Für die Änderung der Entropie gilt dabei

$$\Delta S = \frac{Q}{T}. \tag{4.25}$$

mit Q als Wärme und T als Temperatur bei einem Prozess. Ist der Vorgang isobar, lässt sich Gl. 4.25 auch als

$$\Delta S = \frac{\Delta H}{T}. \tag{4.26}$$

formulieren. Mit einer Schmelzenthalpie (bei Standardbedingungen) von Wasser bei $0\,°C$ ($T = 273$ K) von $\Delta H^0 = -6{,}01$ kJ/mol ergibt sich $\Delta S_{System} = -22$ kJ/mol. Die Entropieänderung der Umgebung ist dann $\Delta S_{Umgebung} = -\Delta S_{System} = 22$ kJ/mol, sodass $\Delta S_{ges} = 0$ ist. Es handelt sich hierbei um einen sog. reversiblen, also umkehrbaren Prozess. Das bedeutet, dass flüssige und feste Phase im Gleichgewicht vorliegen.

Unter $0\,°C$ ist $|\Delta S_{Umgebung}| > |\Delta S_{System}|$, sodass $\Delta S_{ges} > 0$ ist. Das Erstarren läuft also freiwillig ab. Eine spontane Umkehrung des Prozesses, das wäre Schmelzen, ist nicht möglich, da dies eine Entropieverringerung bedeuten würde. Damit liegt nun ein irreversibler Prozess vor.

Über $0\,°C$ ist $|\Delta S_{Umgebung}| < |\Delta S_{System}|$ sodass $\Delta S_{ges} < 0$ ist. Das Erstarren läuft nicht mehr freiwillig ab. Dafür ist dann die gesamte Entropieänderung für das Schmelzen größer als null. Über $0\,°C$ schmilzt Eis demnach spontan als irreversibler Prozess.

Praktisch haben wir mit dieser Überlegung aus unserem offenen oder geschlossenen System ein insgesamt abgeschlossenes System mit zwei Reservoiren gemacht: Reservoir 1 ist das Wasser und Reservoir 2 die Umgebung darum.

Wir können uns derartige Prozesse also wie in ■ Abb. 4.18 vorstellen: Von einem Körper mit der Temperatur T_1 geht eine bestimmte Energiemenge als Wärme Q auf einen Körper der Temperatur T_2 über. Für die Entropieänderung folgt dann:

$$\Delta S = \Delta S_1 + \Delta S_2 = -\frac{Q}{T_1} + \frac{Q}{T_2} = Q \cdot \left(\frac{1}{T_2} - \frac{1}{T_1}\right) \geq 0. \tag{4.27}$$

Rudolf Clausius (1822–1888) (■ Abb. 4.19) schlussfolgerte daraus, *dass ein solcher Wärmeübergang nur von einem wärmeren Körper der Temperatur T_1 zu einem kälteren Körper der Temperatur T_2 erfolgen kann* ($T_1 > T_2$). Andernfalls wäre $\Delta S < 0$. Dies ist die Clausiussche Formulierung des 2. Hauptsatzes. Ist $T_1 = T_2$, so liegt ein reversibler Prozess vor.

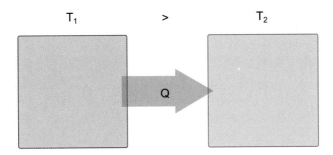

T_1 > T_2

Q

■ **Abb. 4.18** Zwei Reservoire bzw. Körper unterschiedlicher Temperatur in einem abgeschlossenen System

J. KELLER, Phot. à Zurich.

■ **Abb. 4.19** Rudolf Clausius. Entdecker des zweiten Hauptsatzes der Thermodynamik

4

> **Wichtig**
> — Im abgeschlossenen System gilt $\Delta S \geq 0$
> — Reversibler Prozess: $\Delta S = 0$
> — Irreversibler Prozess: $\Delta S > 0$

Die Umkehrung eines irreversiblen Prozesses würde eine Entropieverringerung (Gesamtentropie aus System und Umgebung) bedeuten, was nach dem 2. Hauptsatz der Thermodynamik nicht möglich ist.

4.5.2 Die Gibbs-Helmholtz-Gleichung

Wenn wir auf unseren Leitsatz aus ▶ Abschn. 4.5.1
Alle Systeme haben grundsätzlich das Bestreben, einen Zustand niedriger Energie zu erreichen.
zurückkehren, ist dieser nun durch einen zweiten Leitsatz zu ergänzen:
Bei irreversiblen Prozessen im abgeschlossenen System streben alle Systeme einen Zustand maximaler Entropie an.
Wir wollen nun beide Leitsätze zusammenfassen, um eine Form zu finden, die unabhängig von der Umgebung ist. Dabei setzen wir einen isobaren Prozess voraus. Die Entropieänderung der Umgebung $\Delta S_{\text{Umgebung}}$ entspricht dann der negativen Enthalpieänderung des Systems $-\Delta H$ bei der Umgebungstemperatur $T_{\text{Umgebung}} = T$. Wir bezeichnen die Entropieänderung des Systems ΔS_{System} nur noch als ΔS und erhalten aus Gl. 4.24

$$\Delta S_{\text{ges}} = \Delta S - \frac{\Delta H}{T} \text{ bzw. } -T \cdot \Delta S_{\text{ges}} = -T \cdot \Delta S + \Delta H. \tag{4.28}$$

Der Ausdruck $-T \cdot \Delta S_{\text{ges}} = \Delta G$ definiert uns eine neue Größe, nämlich die Änderung der freien Enthalpie. Die freie Enthalpie G berücksichtigt neben energetischen Aspekten auch entropische Beiträge. Wie die Enthalpie ist die freie Enthalpie eine Zustandsgröße. Somit können Anfangs- und Endzustand eines Prozesses verglichen werden. Aus Gl. 4.28 folgt somit die als *Gibbs-Helmholtz-Gleichung* bekannte Form

$$\Delta G = \Delta H - T \cdot \Delta S. \tag{4.29}$$

Befinden sich System und Umgebung im thermischen Gleichgewicht, so sind die Temperaturen von Umgebung und System gleich groß. ΔG ist dann wegen

$$\Delta G = \Delta H - T_{\text{Umgebung}} \cdot \frac{\Delta H}{T_{\text{System}}} = \Delta H - T \cdot \frac{\Delta H}{T} = \Delta H - \Delta H = 0.$$

Läuft ein Prozess freiwillig ab, so gilt wegen $\Delta S_{\text{ges}} > 0$, dass die Änderung der freien Enthalpie wegen $-T \cdot \Delta S_{\text{ges}} = \Delta G$ einen negativen Wert ergibt. Ist ΔG positiv, so läuft ein Prozess nicht freiwillig ab. Allerdings ist dann die Rückreaktion ein freiwilliger Prozess (vgl.: Schmelzen und Erstarren von Wasser).

$\Delta G < 0$	Reaktion/Prozess läuft freiwillig ab (**exergonisch**).
$\Delta G = 0$	System ist im Gleichgewicht mit Umgebung.
$\Delta G > 0$	Reaktion/Prozess läuft nicht freiwillig ab (**endergonisch**).

Bezogen auf chemische Reaktionen unter Standardbedingungen lautet die Gibbs-Helmholz-Gleichung

$$\Delta_R G^0 = \Delta_R H^0 - T \cdot \Delta_R S^0. \tag{4.30}$$

▶ Beispiel

Beim sog. Kalkbrennen wird Kalkstein (Calciumcarbonat) bei Temperaturen von 1000 °C in Branntkalk (Calciumoxid) unter Freisetzung von Kohlenstoffdioxid umgewandelt. Wir wollen für die Reaktion

$$CaCO_3 \rightarrow CO_2 + CaO$$

zeigen, dass diese spontan abläuft. Die Standardreaktionsenthalpie beträgt $\Delta_R H^0 = 178$ kJ/mol und die Standardreaktionsentropie $\Delta_R S^0 = 160$ J/(mol · K). Aus der Gibbs-Helmholtz-Gleichung ergibt sich für Standardbedingungen

$$\Delta_R G^0 (25°C) = 178 \frac{kJ}{mol} - 298 \, K \cdot \left(0,160 \frac{kJ}{mol \cdot K} \right) = 130 \frac{kJ}{mol}.$$

Es handelt sich um eine endotherme Reaktion, die unter Standardbedingungen nicht freiwillig abläuft, da $\Delta_R G^0 > 0$ ist. Die Reaktion ist daher endergonisch.

Wird die Reaktion jedoch bei 1000 °C = 1273 K durchgeführt, läuft sie spontan ab und ist exergonisch. Um dies zu zeigen, setzen wir für die Temperatur in der Gibbs-Helmholtz-Gleichung 1273 K ein und erhalten

$$\Delta_R G^0 (1000°C) = 178 \frac{kJ}{mol} - 1273 \, K \cdot \left(0,160 \frac{kJ}{mol \cdot K} \right) = -26 \frac{kJ}{mol} < 0.$$

Streng genommen sind jedoch auch die Reaktionsenthalpie und die Reaktionsentropie temperaturabhängig. Für eine erste Abschätzung kann diese Betrachtung jedoch genügen. ◀

Für die Berechnung der Reaktionsentropie und der freien Reaktionsenthalpie können wir die gleiche Definition nutzen wie bei der Reaktionsenthalpie:

$$\Delta_R G^0 = \sum v \cdot \Delta_B G^0_{Produkte} - \sum v \cdot \Delta_B G^0_{Edukte} \tag{4.31}$$

$$\Delta_R H^0 = \sum v \cdot \Delta_B H^0_{Produkte} - \sum v \cdot \Delta_B H^0_{Edukte} \tag{4.32}$$

$$\Delta_R S^0 = \sum v \cdot S^0_{Produkte} - \sum v \cdot S^0_{Edukte} \tag{4.33}$$

Fällt dir in Gl. 4.33 auf, dass hier absolute Entropien für die Reaktanden verwendet werden und keine Änderungen? Das liegt daran, dass *beim absoluten Nullpunkt von 0 K = − 273,15 ° C für einen perfekten (also fehlerfreien) Kristall die Entropie zu null angenommen* werden kann. Diese Aussage ist auch als 3. Hauptsatz der Thermodynamik bekannt. Entropien bei bestimmten Temperaturen beziehen sich dann immer auf die Referenz am absoluten Nullpunkt von $S = 0$ und sind deshalb absolute Werte.

Für die freie Standardreaktionsenthalpie gilt analog zur Standardbildungsenthalpie, dass diese für Elemente in ihrem Standardzustand null ist.

4

Wir greifen auf unser Beispiel aus ▸ Abschn. 4.4 zurück. Die Bildung von Natriumchlorid aus den Elementen ist ein exothermer Prozess mit einer Standardbildungsenthalpie $\Delta_B H^0_{NaCl} = -411,2$ kJ / mol Da die Reaktion aus den Elementen erfolgt, ist $\Delta_B H^0_{NaCl} = \Delta_R H^0$

$$Na + \frac{1}{2}Cl_2 \rightarrow NaCl.$$

Als absolute Standardentropien sind $S^0_{Na} = 51,3$ J / (mol·K), $S^0_{Cl_2} = 223,1$ J / (mol·K) und $S^0_{NaCl} = 72,1$ J / (mol·K) gegeben. Die Standardreaktionsentropie ist dann laut Gl. 4.33

$$\Delta_R S^0 = 72,1\frac{J}{mol \cdot K} - 51,3\frac{J}{mol \cdot K} - \frac{1}{2} \cdot 223,1\frac{J}{mol \cdot K} = -90,75\frac{J}{mol \cdot K}.$$

Es folgt damit für die freie Standardreaktionsenthalpie

$$\Delta_R G^0 = -411,2\frac{kJ}{mol} - 298,15\,K \cdot \left(-90,75\frac{J}{mol \cdot K}\right)$$

$$= -411,2\frac{kJ}{mol} + 298,15\,K \cdot \frac{90,75}{1000}\frac{kJ}{mol \cdot K} = -384,1\frac{kJ}{mol}.$$

Achte darauf, die Reaktionsentropie in kJ/(mol · K) umzurechnen, indem du durch den Faktor 1000 teilst. Die Bildung von Natriumchlorid aus den Elementen ist demnach bei Standardbedingungen ein freiwilliger Prozess. Wir bezeichnen ihn als exergonisch.

Stöchiometriefaktoren klug wählen
Unbedingt zu beachten ist die Angabe günstiger Stöchiometriefaktoren (vgl. ▸ Abschn. 4.4.3). Da sich die Berechnung auf die Bildung von Natriumchlorid bezieht, sollte nach Möglichkeit der Stöchiometriefaktor für NaCl eins betragen. Wird die Berechnung für die Reaktionsgleichung

$$2\,Na + Cl_2 \rightarrow 2\,NaCl,$$

wiederholt, ergeben sich

$$\Delta_R S^0 = 2 \cdot 72,1\frac{J}{mol \cdot K} - 2 \cdot 51,3\frac{J}{mol \cdot K} - 223,1\frac{J}{mol \cdot K} = -181,5\frac{J}{mol \cdot K} \text{ und}$$

$$\Delta_R G^0 = -411,2\frac{kJ}{mol} - 298,15\,K \cdot \left(-181,5\frac{J}{mol \cdot K}\right) = \mathbf{-357,1\frac{kJ}{mol}},$$

was ein völlig falsches Ergebnis ist. Die berechnete Reaktionsentropie bezieht sich nämlich auf die Bildung von zwei Mol Natriumchlorid. Deswegen müsste dann die Standardreaktionsenthalpie auch auf zwei Mol bemessen sein, also 2 · (−411,2 kJ/mol). Die freie Standardreaktionsenthalpie ist dann

$$\Delta_R G^{0\prime} = 2 \cdot \left(-411,2\frac{kJ}{mol}\right) - 298,15\,K \cdot \left(-181,5\frac{J}{mol \cdot K}\right) = -768,2\frac{kJ}{mol}.$$

Es ergibt sich gerade der doppelte Wert für die freie Standardreaktionsenthalpie ($\Delta_R G^{0'} = 2 \cdot \Delta_R G^0$). Praktisch haben wir also durch den Faktor zwei vor NaCl auch die Gibbs-Helmholtz-Gleichung mit dem Faktor zwei multipliziert:

$$2 \cdot \Delta_R G^0 = 2 \cdot \Delta_R H^0 - 2 \cdot T \cdot \Delta_R S^0.$$

Da bei der Bildung von Natriumchlorid $\Delta_R S^0 < 0$ ist, können wir schlussfolgern, dass bei der Reaktion eine Entropieabnahme des Systems erfolgt. Dies ist auch nachvollziehbar, wenn wir uns vor Augen halten, dass 1,5 Edukt-Teilchen zu 1 Produkt-Teilchen reagiert haben. Die Abnahme der Teilchenzahl bei einer chemischen Reaktion ist ein Indiz für eine Entropieabnahme. Andersherum ist die Entropieänderung oft positiv, wenn die Teilchenanzahl zunimmt. Ein derartiges Beispiel finden wir beim Kalkbrennen aus unserem Beispiel. Aus einem Calciumcarbonat-Teilchen werden ein Kohlenstoffdioxid-Teilchen und ein Calciumoxid-Teilchen, also insgesamt zwei Teilchen. Die Entropieänderung ist mit 160 J/(mol · K) positiv.

4.5.3 Kreisprozesse

Wir wollen zum Abschluss der Thermodynamik unser Wissen zum zweiten Hauptsatz der Thermodynamik auf zwei technische Prozesse anwenden: den Kühlschrank und die Wärmepumpe.

In vielen Berichten um das Thema Heizungsanlagen für Haushalte lässt sich die Aussage finden, eine Wärmepumpe habe einen Wirkungsgrad von drei. *Aus einer Kilowattstunde Strom werden drei Kilowattstunden Wärme gemacht.* Zunächst sollten wir klarstellen, dass in der Fachsprache hier eigentlich von der Umwandlung von elektrischer Energie in thermische Energie gesprochen werden muss und nicht von Strom in Wärme. Dennoch verwundert diese Aussage. Haben wir es bei Wärmepumpen mit Geräten zu tun, die aus weniger Energie mehr Energie machen können, also Energie produzieren? Diese Aussage steht in absolutem Widerspruch zum 1. Hauptsatz der Thermodynamik – der Energieerhaltung.

Bei einer Wärmepumpe wird elektrische Energie in thermische Energie umgewandelt. Um uns diesem Phänomen anzunähern, betrachten wir zunächst den umgekehrten Fall, nämlich die Umwandlung von thermischer Energie in andere Energieformen. In einem Kraftwerk werden Öl, Gas oder Kohle verbrannt oder aber Kernspaltung oder Kernfusion betrieben, wobei die chemisch gespeicherte Energie (oder Kernenergie) freigesetzt wird. Diese frei werdende Energie wird zur „Stromerzeugung" genutzt, also in elektrische Energie umgewandelt. Dabei muss aber immer eine gewisse Wärmemenge (wir werden sie weiter unten Q_2 nennen) abgeführt werden, was über Kühltürme geschieht. Vereinfacht können wir uns also ein System vorstellen, das aus drei Komponenten besteht:

- einem heißen *Reservoir* der Temperatur T_1 (hier wird z. B. chemische Energie umgewandelt),
- einem *Arbeitskörper* (das kann ein Gas sein, das sich durch die Energie vom heißen Reservoir ausdehnt und somit Arbeit verrichtet) und
- einem *kalten Reservoir* der Temperatur T_2 (ein gewisser Anteil der thermischen Energie des Gases wird durch Wärme an das kalte Reservoir übertragen)
- So ein System wird auch als Wärmekraftmaschine bezeichnet und ist in ◘ Abb. 4.20 dargestellt.

4

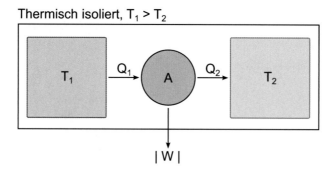

Thermisch isoliert, $T_1 > T_2$

○ **Abb. 4.20**   Schematische Darstellung einer Wärmekraftmaschine

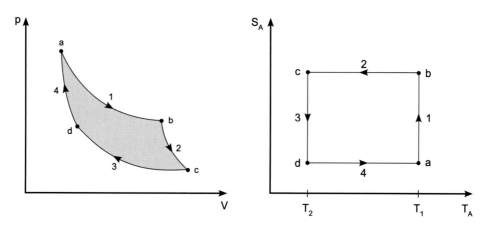

○ **Abb. 4.21** p–V-Diagramm für eine Carnot'schen Kreisprozess eines idealen Gases (links) und S–T-Diagramm (rechts)

Der Arbeitskörper durchläuft einen Kreisprozess (in Klammern dargestellt ist die Situation für ein ideales Gas als Arbeitskörper):

1. Der Arbeitskörper hat die Temperatur T_1 und erhält im thermischen Kontakt mit dem heißen Reservoir isotherm die Wärmemenge Q_1 (isotherme Expansion).
2. Der Arbeitskörper steht nicht mehr in thermischem Kontakt mit dem heißen Reservoir und kühlt sich adiabatisch auf die Temperatur T_2 ab (adiabatische Expansion).
3. Der Arbeitskörper steht in thermischem Kontakt mit dem kalten Reservoir und gibt isotherm die Wärmemenge Q_2 an das kalte Reservoir ab (isotherme Kompression).
4. Der Arbeitskörper steht nicht mehr in Kontakt mit dem kalten Reservoir und erwärmt sich adiabatisch auf die Temperatur T_1 (adiabatische Kompression).

Damit ist der Arbeitskörper wieder in seinem Ausgangszustand zurückgekehrt, und der Kreisprozess kann von Neuem beginnen. In ○ Abb. 4.21 ist dieser Prozess für ein ideales Gas in einem p–V-Diagramm dargestellt. Gleichwohl ist es auch möglich, den Prozess in einem S–T-Diagramm für den Arbeitskörper darzustellen (○ Abb. 4.21). Die isotherme Zufuhr der Wärmemenge Q_1 führt zu einer Erhöhung der Entropie

(a–b). Bei adiabatischen Prozessen wird keine Wärme zwischen Arbeitskörper und den Reservoirs ausgetauscht. Daher ist auch die Entropieänderung null (isentrop) und die Entropie dann konstant (b–c und d–a). Die Abgabe von Wärme führt zu einer Erniedrigung der Entropie (c–d). Das Besondere an dieser Darstellung ist, dass sie unabhängig von der Art des Arbeitskörpers ist und somit kein ideales Gasverhalten vorausgesetzt werden muss.

Dieses Gedankenexperiment ist als **Carnotscher Kreisprozess** (oder Carnot-Prozess) bekannt und stellt ein Beispiel für eine reversible Prozessführung dar, sodass die Entropieänderung des Systems null ist. Das System ist streng genommen nicht abgeschlossen, da Arbeit an der Umgebung verrichtet wird. Wir betrachten es aber als thermisch isoliert, wodurch kein Wärmeaustausch mit der Umgebung möglich ist. Daher ist $\Delta S = 0$. Als Kreisprozess kommt unser Arbeitskörper stets wieder in seinen Ausgangszustand zurück. Seine Entropieänderung ΔS_A ist ebenfalls null, und wir müssen lediglich die Entropieänderung der Reservoirs berücksichtigen:

$$\Delta S = \Delta S_1 + \Delta S_2 = -\frac{Q_1}{T_1} + \frac{Q_2}{T_2} = 0, \text{bzw. } Q_2 = \frac{T_2}{T_1} \cdot Q_1. \tag{4.34}$$

Da kein Wärmeübergang mit der Umgebung stattfindet, folgt aus dem 1. Hauptsatz für das System:

$$\Delta U = W. \tag{4.35}$$

Die Änderung der inneren Energie des Systems setzt sich aus der Abkühlung des heißen Reservoirs und der Erwärmung des kalten Reservoirs zusammen. Da die Reservoirs selbst ein konstantes Volumen besitzen, folgt somit:

$$\Delta U = \Delta U_1 + \Delta U_2 = -Q_1 + Q_2 = W. \tag{4.36}$$

Wir setzen Gl. 4.34 in Gl. 4.36 ein und erhalten für die Arbeit, die unser System an der Umgebung verrichtet

$$W = Q_1 \left(-1 + \frac{T_2}{T_1} \right). \tag{4.37}$$

Da $T_2 < T_1$ ist, ist der Wert für die Arbeit negativ, und damit verrichtet das System Arbeit an der Umgebung. Mathematisch könnten wir also $W = -|W|$ schreiben, wobei $|W|$ derjenige Betrag der Arbeit ist, die an der Umgebung verrichtet wird. Als Bilanz ausgedrückt ergibt sich dann aus Gl. 4.36 $Q_1 = |W| + Q_2$. Stimmt es, dass die innere Energie des Körpers 1 durch Wärme abnimmt und die innere Energie des Körpers 2 durch Wärme zunimmt? Nicht ganz, denn die Übertragung der Energie ist nicht vollständig, und ein Teil erhöht durch Arbeit die innere Energie der Umgebung.

Wenn jedoch das Ziel das Verrichten von Arbeit an der Umgebung ist, so können wir nun den Wirkungsgrad η_C für diesen Carnot-Prozess definieren. Der Wirkungsgrad gibt das Verhältnis aus Gewinn (bzw. Ziel) zu Aufwand an. Als Ge-

winn sehen wir die Arbeit an der Umgebung $|W|$ an und als Aufwand unsere auf-
gewandte Wärme, d. h. Q_1. Wir erhalten dann $\eta_C = |W|/Q_1$, was sich durch Gl. 4.37
schreiben lässt als:

$$\eta_C = 1 - \frac{T_2}{T_1}. \tag{4.38}$$

4

Es zeigt sich, dass niemals die gesamte Wärme Q_1 für die Verrichtung der Arbeit genutzt werden kann. Das Temperaturverhältnis von heißem und kaltem Reservoir entscheidet darüber, wie viel Prozent *nutzbar* sind.

Auch ein Ottomotor kann durch einen Carnot-Prozess näherungsweise beschrieben werden. Die Verbrennungstemperaturen betragen etwa 2500 ° C = 2773 K
und die Endtemperaturen 1000 ° C = 1273 K. Als Carnot-Wirkungsgrad ergibt sich
dann 54 %. In der Praxis liegt der Wirkungsgrad niedriger (ca. 30 %). Das liegt daran,
dass reale Prozesse nie vollständig reversibel sind, sondern immer irreversible Anteile
vorhanden sind. Daher gilt dann

$$\Delta S = \Delta S_1 + \Delta S_2 = -\frac{Q_1}{T_1} + \frac{Q_2}{T_2} \geq 0, \text{ bzw. } Q_2 \geq \frac{T_2}{T_1} \cdot Q_1. \tag{4.39}$$

Damit folgt für den Wirkungsgrad eines Kreisprozesses

$$\eta \leq 1 - \frac{T_2}{T_1}. \tag{4.40}$$

Der Carnot-Wirkungsgrad ist somit der maximal mögliche Wirkungsgrad. Für reale
Prozesse gilt stets $\eta < \eta_C$.

▶ **Beispiel**

Ein Heizkraftwerk erzeugt über einen Verbrennungsprozess oder im Falle von Kernkraft-
anlagen durch radioaktive Prozesse elektrische Energie. Gemein ist allen Prozessen, dass
Wasser verdampft wird und mit dem Wasserdampf ein Generator zur Erzeugung elektri-
scher Energie angetrieben wird. Im Wesentlichen lassen sich derartige Prozesse durch das
Prinzip einer *Wärmekraftmaschine* modellieren. Unser Arbeitskörper ist Wasser, der als
Dampf überhitzt bei Temperaturen um die 500 ° C (=773 K) unser heißes Reservoir dar-
stellt. Im Kreisprozess ist ein Kondensator integriert, sodass unser kaltes Reservoir eine
Temperatur von 100 ° C (=373 K) hat.

Gerade im Zuge der Wärmeversorgung von Haushalten spielt die möglichst effiziente
Nutzung solcher Heizkraftwerke eine wichtige Rolle. Neben der Nutzung elektrischer
Energie kann die sonst in Kühltürmen als Abwärme bezeichnete Wärmemenge auch über
ein Fernwärmesystem Haushalten zugänglich gemacht werden. Wir wollen diese Abwärme im Folgenden abschätzen.

Das Heizkraftwerk Berlin-Mitte erzeugt eine elektrische Leistung von 440 MW (Mega-
watt). Pro Sekunde werden also 440 MJ (Megajoule) elektrische Energie bereitgestellt. In
einem Jahr, das aus 365 · 24 · 60 · 60 Sekunden besteht, sind das

$$W = 440 \, \text{MW} \cdot 1 \, \text{Jahr} = 440 \cdot 10^6 \, \frac{\text{J}}{\text{s}} \cdot 365 \cdot 24 \cdot 60 \cdot 60 \, \text{s} = 1{,}387584 \cdot 10^{16} \, \text{J}.$$

Bedenke bei der Berechnung, dass Watt gleichzusetzen ist mit Joule pro Sekunde und dass die Vorsilbe „Mega" gleichbedeutend mit den Faktor 1.000.000 ist. Tatsächlich werden in der Praxis derartige Energiewerte meist in Kilowattstunden (kWh) angegeben. Wir modifizieren daher unsere Berechnung hinsichtlich der Einheiten ein wenig:

$$W = 440 \, \text{MW} \cdot 1 \, \text{Jahr} = 440 \cdot 10^3 \, \text{kW} \cdot 365 \cdot 24 \, \text{h} = 3.854.400.000 \, \text{kWh}.$$

Aus den oben dargestellten Temperaturunterschieden können wir den maximal möglichen Wirkungsgrad bestimmen:

$$\eta_{\text{max}} = 1 - \frac{373 \, \text{K}}{773 \, \text{K}} = 0{,}517.$$

Da ein realer Prozess nie an den theoretischen Carnot-Wirkungsgrad heranreicht, wollen wir davon ausgehen, dass unser Kraftwerk nur 80 % dieses theoretischen Wertes erreichen kann. Der reale Wirkungsgrad ist dann

$$\eta = 0{,}517 \cdot 0{,}8 = 0{,}414 = 41{,}4\%.$$

Nun können wir die Wärmemenge Q_1 bestimmen, die wir dem heißen Reservoir entnehmen:

$$Q_1 = \frac{W}{\eta} = \frac{3.854.400.000 \, \text{kWh}}{0{,}414} = 9.310.100.000 \, \text{kWh}.$$

Die Abwärme, also die Wärme Q_2, die an das kältere Reservoir abgegeben wird, ist dann wegen des Energieerhaltungssatzes:

$$Q_2 = Q_1 - W = 9.310.100.000 \, \text{kWh} - 3.854.400.000 \, \text{kWh} = 5.455.700.000 \, \text{kWh}.$$

Setzen wir als Beispiel einen Zwei-Personenhaushalt mit 80 m^2 Wohnfläche und einem durchschnittlichen Jahresverbrauch von 10.000 kWh Wärme an, so ließen sich mit der Abwärme dieses Kraftwerkes ungefähr 55.000 Wohnungen beheizen. ◄

▪▪ Wärmepumpe

In vielen Wohnungen und Häusern werden Wärmepumpen als Heizungsanlage eingebaut und wandeln elektrische in thermische Energie um. Eine technische Bauweise sind Kompressionswärmepumpen, die ein Kältemittel abwechselnd komprimieren und entspannen. Als Kältemittel eignen sich Gase wie Propan, Ammoniak oder Kohlenstoffdioxid. Über einen Kompressor wird das gasförmige Kältemittel verdichtet und anschließend verflüssigt. Die dabei frei werdende Verdampfungsenthalpie

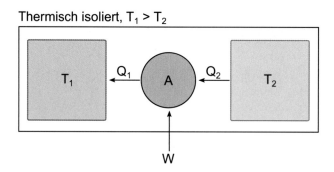

Abb. 4.22   Prinzip einer Wärmepumpe und eines Kühlschrankes

wird an das Haus abgegeben. Das flüssige Kältemittel wird anschließend über eine Drossel entspannt und expandiert, wobei es wieder in den gasförmigen Zustand übergeht. Die dazu notwendige Verdampfungsenthalpie wird der Umgebung (also z. B. der Außenluft) entzogen.

Damit stellt eine Wärmepumpe praktisch die Umkehrung einer Wärmekraftmaschine dar: Unter Einsatz von elektrischer Arbeit W wird einem kälteren Reservoir der Temperatur T_2 die Wärmemenge Q_2 entzogen und einem wärmeren Reservoir der Temperatur T_1 die Wärmemenge Q_1 hinzugefügt (siehe ▪ Abb. 4.22). Das Kältemittel stellt unseren Arbeitskörper dar. Wir könnten auch sagen: Durch das Kältemittel, das selbst einen Kreisprozess durchläuft, wird Wärme vom kälteren zum wärmeren Reservoir „gepumpt".

Die mathematischen Beschreibungen bleiben dieselben wie bei der Wärmekraftmaschine. Der 1. Hauptsatz lautet hier

$$Q_2 + W = Q_1 \text{ bzw. } W = Q_1 - Q_2. \tag{4.41}$$

Da $Q_1 > Q_2$ ist, ist die Arbeit hier größer als null. Das positive Vorzeichen von W begründet sich auch darin, dass Arbeit von der Umgebung am System geleistet wird. Für den zweiten Hauptsatz folgt

$$\Delta S = \Delta S_1 + \Delta S_2 + \Delta S_A \geq 0,$$

wobei die Entropieänderung des Arbeitskörpers, der ja einen Kreisprozess durchläuft, null ist. Es folgt daher

$$\Delta S = \frac{Q_1}{T_1} - \frac{Q_2}{T_2} \geq 0, \text{ bzw. } Q_2 \leq \frac{T_2}{T_1} \cdot Q_1. \tag{4.42}$$

Beachte, dass die Wärme Q_1 dieses Mal zugeführt wird und daher ein positives Vorzeichen hat. Die Wärme Q_2 wird dem kälteren Reservoir entzogen, daher ist ihr Vorzeichen negativ.

Für den Wirkungsgrad einer Wärmepumpe ist nun die Frage entscheidend, welche Wärme Q_1 nutzbar zum Heizen ist (Gewinn) bei einer bestimmten aufgewendeten

elektrischen Arbeit W (Aufwand). Wir definieren das Verhältnis aus Q_1/W als Wirkungsgrad und erhalten mit Gl. 4.41:

$$\eta_{WP} = \frac{Q_1}{W} = \frac{Q_1}{Q_1 - Q_2} = \frac{1}{1 - \frac{Q_2}{Q_1}}. \tag{4.43}$$

> **Tipp**
>
> Die Termumformung in Gl. 4.43 kannst du ganz einfach nachvollziehen, indem du im Zähler und im Nenner jeweils durch Q_1 teilst:
>
> $$\frac{Q_1}{Q_1 - Q_2} = \frac{\frac{Q_1}{Q_1}}{\frac{Q_1 - Q_2}{Q_1}} = \frac{1}{\frac{Q_1}{Q_1} - \frac{Q_2}{Q_1}} = \frac{1}{1 - \frac{Q_2}{Q_1}}.$$

Nun können wir den Quotienten Q_2/Q_1 mit Gl. 4.42 durch T_2/T_1 erhalten. Aus Gl. 4.43 wird dann

$$\eta_{WP} \leq \frac{1}{1 - \frac{T_2}{T_1}} = \frac{T_1}{T_1 - T_2}. \tag{4.44}$$

Kehren wir nun zu unserer Aussage zu Beginn des Kapitels (▶ Abschn. 5.4.3) zurück: *Aus einer Kilowattstunde Strom werden bei einer Wärmepumpe drei Kilowattstunden Wärme gemacht.* Hier ist die Wärmemenge $Q_1 = 3$ kWh und die elektrische Arbeit $W = 1$ kWh. Tatsächlich ergibt sich dann mit Gl. 4.43 ein Wirkungsgrad von 3:

$$\eta_{WP} = \frac{Q_1}{W} = \frac{3\,\text{kWh}}{1\,\text{kWh}} = 3.$$

Das bedeutet jedoch nicht, dass der Energieerhaltungssatz verletzt ist. Um 3 kWh Energie dem Haus hinzuzuführen, wird 1 kWh elektrische Arbeit verrichtet, um der Umgebung des Hauses 2 kWh zu entziehen:

$$2\,\text{kWh}\left(Q_2\right) + 1\,\text{kWh}\left(W\right) = 3\,\text{kWh}\left(Q_1\right).$$

Gl. 4.44 zeigt uns, dass der Wirkungsgrad einer Wärmepumpe neben technischen Voraussetzungen insbesondere von der vorhandenen Temperaturdifferenz abhängt. Beträgt die Außentemperatur z. B. 0 ° C = 273 K und die Raumtemperatur im Gebäude 20 ° C = 293 K, so ergibt sich ein Wirkungsgrad von

4

$$\eta_{WP} \le \frac{293\,K}{293\,K - 273\,K} \approx 15.$$

Je geringer die Temperaturdifferenz zwischen Innen- und Außentemperatur, desto höher ist der Wirkungsgrad.

■■ **Kühlschrank**

Ein Kühlschrank funktioniert technisch genau wie eine Wärmepumpe. Auch hier wird einem kälteren Reservoir (der Kühlschrank) Wärme entzogen und einem wärmeren Reservoir (der Luft in der Küche) hinzugeführt (vgl. ❑ Abb. 4.22). Der Unterschied besteht nur darin, dass wir uns hier nicht für die Erwärmung des wärmeren Reservoirs interessieren, sondern für die Abkühlung des kälteren Reservoirs. Daher ist der Wirkungsgrad eines Kühlschrankes definiert als

$$\eta_{KS} = \frac{Q_2}{W} = \frac{Q_2}{Q_1 - Q_2} = \frac{1}{\frac{Q_1}{Q_2} - 1}. \tag{4.45}$$

Mit Gl. 4.42 folgt dann

$$\eta_{KS} \le \frac{1}{\frac{T_1}{T_2} - 1} = \frac{T_2}{T_1 - T_2}. \tag{4.46}$$

▶ **Beispiel**

Kühle Logik in der Küche

Wenn es im Sommer sehr heiß ist, wird gern die Frage diskutiert, ob eine geöffnete Kühlschranktür für ein wenig Abkühlung sorgen kann. Sicherlich weißt du schon, dass genau das Gegenteil der Fall ist: Eine geöffnete Kühlschranktür trägt zur Erhöhung der Raumtemperatur bei. Aber warum ist das so?

Nehmen wir an, die Raumtemperatur beträgt 25 ° C (=298 K) und im Kühlschrank herrscht eine konstante Temperatur von 0 ° C (=273 K). Zunächst bestimmen wir den Wirkungsgrad unseres Kühlschrankes. Um ein etwas realistischeres Bild zu erhalten, sagen wir, dass unser Kühlschrank einen Wirkungsgrad hat, der 45 % vom idealen Wirkungsgrad beträgt. Der ideale Wirkungsgrad ist laut Gl. 4.46

$$\eta_{KS(ideal)} = \frac{273\,K}{298\,K - 273\,K} = 10,92.$$

Wenn unser Kühlschrank 45 % dieses idealen Wirkungsgrades haben soll, folgt

$$\eta_{KS} = 0,45 \cdot 10,92 = 4,914.$$

Als Beispiel einer Energieübertragung nutzen wir einen Prozess, bei dem sich die Temperatur nicht ändert: das Gefrieren von 1 kg Wasser. Dabei wird laut ▶ Abschn. 4.2.4 die Wärme

$$Q_S = m \cdot \lambda_S = 1\,\text{kg} \cdot 333{,}5\,\frac{\text{kJ}}{\text{kg}} = 333{,}5\,\text{kJ}$$

frei. Diese muss nun unserem kälteren Reservoir als unseren Kühlschrank entzogen werden. Q_S entspricht in unserem Beispiel daher Q_2. Mit Gl. 4.45 können wir die elektrische Arbeit ermitteln, die wir für den Erstarrungsvorgang hinzuführen müssen:

$$W = \frac{Q_S}{\eta_{KS}} = \frac{333{,}5\,\text{kJ}}{4{,}914} \approx 67{,}9\,\text{kJ}.$$

Nun können wir die Wärme berechnen, die dabei an den Raum, also z. B. die Küche, abgegeben wird. Gesucht ist also die Wärmemenge Q_1, die dem wärmeren Reservoir zugeführt wird. Wir nutzen dazu Gl. 4.41:

$$Q_1 = Q_2 + W = 333{,}5\,\text{kJ} + 67{,}87\,\text{kJ} = 401{,}4\,\text{kJ}.$$

Wir sehen direkt, dass die Wärmemenge Q_1, die an den Raum abgegeben wird, größer ist als die Wärmemenge Q_2, die zur Kühlung entzogen wird. Aus diesem Grund würde eine geöffnete Kühlschranktür zwar die Umgebung um einen Betrag Q_2 abkühlen, aber gleichzeitig um den größeren Betrag Q_1 erwärmen. ◄

Tipp

Überprüfe dein Wissen
   Auf den Flashcards zu Kap. 4 findest du Verständnisfragen zu diesem Kapitel unter **2. Hauptsatz der Thermodynamik.**

4.6 Top-Ten-Test zur Thermodynamik

Hier kannst du dein Wissen zur Thermodynamik mit den folgenden zehn Aufgaben überprüfen. Die Lösungen zu den Top-Ten-Tests findest du im Zusatzmaterial. Noch mehr Übungen gefällig? Im Zusatzmaterial findest du außerdem umfangreichere Übungsaufgaben zu diesem Kapitel mit ausführlichen Rechenwegen und Lösungen.

■ **1) Modell des idealen Gases**
Welche der folgenden Aussagen sind für das Modell des idealen Gases zutreffend? (Mehrere Antworten sind möglich)
a. Die Teilchen im idealen Gas haben kein Volumen und keine Anziehungskräfte zwischen sich.

4

b. Das Modell des idealen Gases gilt nur für Gase bei sehr hohem Druck und sehr niedriger Temperatur.

c. Das Modell des idealen Gases gilt nur für Gase bei sehr niedrigem Druck und sehr hoher Temperatur.

d. Das ideale Gasgesetz ist nur anwendbar, wenn die Temperatur unter dem Gefrierpunkt von Wasser liegt.

e. Die Gasteilchen bewegen sich chaotisch durch den Raum.

f. Ideale Gase können beliebig hohe Dichten haben.

g. Die Temperatur der Gasteilchen im idealen Gas ist proportional zur kinetischen Energie.

h. Das Modell des idealen Gases gilt auch für Flüssigkeiten und Festkörper.

■ **2) Zustandsänderungen idealer Gase – Berechnung**

Ein Autoreifen fasst ein Luftvolumen von 60 L, das als konstant betrachtet werden kann. Bei einer Temperatur von 18 °C steht die Luft im Reifen unter einem Druck von 3,5 bar. Nun fährt das Auto eine Weile, wodurch sich die Luft im Reifen auf 38 °C erwärmt.

a. Berechne, wie sich der Druck im Reifen verändert.

b. Ermittle das Volumen, das man aus dem Reifen entlassen müsste, um bei gleicher Temperatur (38 °C) den ursprünglichen Reifendruck von 3,5 bar wieder zu erreichen.

■ **3) Zustandsänderungen idealer Gase – Diagramme**

In der vorherigen Aufgabe sind zwei Zustandsänderungen beschrieben: Zunächst eine isochore Erwärmung und anschließend eine isotherme Expansion. Welche der folgenden Diagramme beschreiben diese Zustandsänderungen korrekt? (mehrere Antworten möglich)

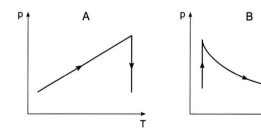 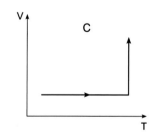

■ **4) Wärme und Arbeit**

Ein Mol Helium wird aus dem Anfangszustand $p_0 = 105$ Pa und $T_0 = 273$ K nacheinander den folgenden Zustandsänderungen unterworfen:

1. isochore Erwärmung auf 373 K,
2. isotherme Komprimierung auf 210 Pa,
3. adiabatische Expansion auf den Anfangszustand.

Gegeben sind: $\kappa = 1,67$ und $C_V = 12,6$ J/(mol · K)

Berechne für jede Zustandsänderung die Volumenarbeit und die Wärme.

■ **5) Bedeutung der Enthalpie**
Warum wird bei chemischen Reaktionen häufig die Enthalpie genutzt, um den Energieumsatz darzustellen, und wie ist sie definiert?

■ **6) Von der idealen zur realen Gasgleichung**
Erkläre, wie sich aus der idealen Gasgleichung die reale Gasgleichung ergibt.

■ **7) Reaktionsenthalpien berechnen**
Berechne die Standardreaktionsenthalpie für die Verbrennung von Propan (C_3H_8) zu Wasser und Kohlenstoffdioxid.

$$\Delta_B H^0\left(C_3H_8\left(g\right)\right) = -103,8\,kJ/mol$$

$$\Delta_B H^0\left(CO_2\left(g\right)\right) = -393,5\,kJ/mol$$

$$\Delta_B H^0\left(H_2O\left(g\right)\right) = -241,8\,kJ/mol$$

■ **8) Born-Haber-Kreisprozess**
Bestimme die Gitterenthalpie von Cäsiumchlorid. Gegeben sind:
– Bildungsenthalpie von Cäsiumchlorid: $\Delta_B H^0(CsCl) = -443$ kJ/mol
– Sublimationsenthalpie von Cäsium: $\Delta_{sub} H^0(Cs) = 78$ kJ/mol
– 1. Ionisierungsenergie von Cäsium: $\Delta_{ion} H^0(Cs) = 375$ kJ/mol
– Dissoziation von Chlor: $\Delta_{diss} H^0(Cl_2) = 243$ kJ/mol
– 1. Elektronenaffinität von Chlor-Atomen: $\Delta_{Ea} H^0(Cl) = -349$ kJ/mol

■ **9) Gibbs-Helmholtz-Gleichung**
Gegeben ist die Reaktion von Chlorwasserstoff mit Sauerstoff zu Chlor und Wasser:

$$4\,HCl + O_2 \rightarrow 2\,Cl_2 + 2\,H_2O.$$

Ermittle, ob die Reaktion unter Standardbedingungen freiwillig abläuft. Wie heißt der zugehörige Fachbegriff?

$$\Delta_B H^0\left(HCl\right) = -92,3\,kJ/mol \,\big|\, \Delta_B H^0\left(H_2O\right) = -285,8\,kJ/mol$$

$$S^0\left(HCl\right) = 187\,J/\left(mol\cdot K\right) \,\big|\, S^0\left(O_2\right) = 205\,J/\left(mol\cdot K\right)$$

$$S^0\left(Cl_2\right) = 70\,J/\left(mol\cdot K\right) \,\big|\, S^0\left(H_2O\right) = 223\,J/\left(mol\cdot K\right)$$

■ **10) Effektivität von Wärmekraftmaschinen**
Gegeben sind zwei Dampfmaschinen. Eine arbeitet beim Siedepunkt des Wassers unter 1,0 bar, die andere beim Siedepunkt von Wasser bei 20,3 bar (485 K). Die Kühltemperaturen beider Maschinen ist 278 K.

a. Vergleiche den maximalen Wirkungsgrad beider Dampfmaschinen.
b. Berechne die Wärmemenge, die dem heißen Reservoir entnommen werden muss, um eine Arbeit von 1,0 kJ zu verrichten.
c. Welche der beiden Dampfmaschinen arbeitet effektiver?

Literatur

Haynes, W.M. (Ed.). (2016). CRC Handbook of Chemistry and Physics (97th ed.). CRC Press. https:// doi.org/10.1201/9781315380476
Neufingerl, F., Chemie 1 – Allgemeine und anorganische Chemie, Jugend & Volk, Wien 2006. S. 47.

Chemische Reaktionskinetik

Inhaltsverzeichnis

Ergänzende Information Die elektronische Version dieses Kapitels enthält Zusatzmaterial, auf
das über folgenden Link zugegriffen werden kann [https://doi.org/10.1007/978-3-662-69351-3_5].

5

> **Tipp**
> Als Käufer:in dieses Buches kannst du kostenlos die Flashcard-App „SN Flashcards"
> mit Aufgaben zur Wissensüberprüfung und zum Lernen von Buchinhalten nutzen.
>   Folge dazu bitte den Anweisungen für die Nutzung:
> 1. Geh auf ► https://flashcards.springernature.com/login.
> 2. Erstelle ein Benutzerkonto, indem du deine Mailadresse und ein Passwort eingibst.
> 3. Verwende den folgenden Link, um Zugang zu deinem SN-Flashcards-Set zu erhalten: ► https://sn.pub/gulgbv
>
> Sollte der Link fehlen oder nicht funktionieren, sende bitte eine E-Mail mit dem Betreff „SN Flashcards" und dem Buchtitel an customerservice@springernature.com.

Sowohl bei der Explosion einer Silvesterrakete als auch beim Rosten von Eisen laufen chemische Reaktionen ab. Es ist hier leicht zu erkennen, dass die Geschwindigkeiten von Reaktionen sehr unterschiedlich sein können. Es wäre für eisenhaltige Bauteile wohl auch verheerend, wenn das Eisen innerhalb von wenigen Sekunden rosten würde. Für Reaktionen in der chemischen Industrie ist es dagegen oft von Vorteil, wenn die gewünschten Produkte möglichst schnell erhalten werden. Aber wovon hängt es ab, wie schnell eine Reaktion verläuft? Und auf welche Weise kann man die Geschwindigkeit einer chemischen Reaktion beeinflussen?

Um solche Fragen zu klären, wollen wir in diesem Kapitel die Reaktionsgeschwindigkeit definieren und die verschiedenen Faktoren erläutern, die sich auf die Geschwindigkeit auswirken. Man bezeichnet den Bereich der Chemie, der sich mit dem zeitlichen Verlauf von Reaktionen beschäftigt, als Kinetik. In der Physik wird mit Kinetik die Bewegung von Körpern inklusive der wirkenden Kräfte beschrieben. Als Abgrenzung dazu sprechen wir in der Chemie daher auch von Reaktionskinetik.

> **Lernziele**
> Dieses Kapitel soll dich nach erfolgreicher Bearbeitung dazu befähigen,
> — den Begriff der Reaktionsgeschwindigkeit als Änderung der Konzentration pro Zeiteinheit zu definieren,
> — die Abhängigkeit der Reaktionsgeschwindigkeit von Temperatur, Druck, Konzentration und Katalysatoren zu beschreiben,
> — Einflüsse auf die Reaktionsgeschwindigkeit mit Hilfe der Stoßtheorie zu deuten,
> — die Aktivierungsenergie zu definieren und mit Hilfe der Stoßtheorie zu deuten,
> — den Einfluss eines Katalysators auf die Aktivierungsenergie zu beschreiben,
> — Reaktionen 1. Ordnung mathematisch und grafisch zu interpretieren,
> — die Halbwertszeit zu definieren und auf Reaktionen 1. Ordnung anzuwenden und
> — die Temperaturabhängigkeit chemischer Reaktionen mithilfe der Arrhenius-Gleichung zu beschreiben.

5.1 Schnell und langsam ablaufende Reaktionen

Kommt es bei einer Autofahrt zu einem Auffahrunfall, wird der Airbag freigesetzt, der das Aufschlagen des Kopfes auf dem Lenkrad oder der Armatur verhindert. Der Airbag ist eine Art Kissen, das sich in Bruchteilen von Sekunden aufbläst. Bis 1995 wurde beispielsweise Natriumazid als Treibstoff verwendet, das durch einen Stromimpuls gezündet wird und dabei nach der Reaktionsgleichung

$$2\,NaN_3\,(s) \rightarrow 2\,Na\,(l) + 3\,N_2\,(g)$$

Stickstoff-Gas freisetzt. Um das toxische Natriumazid zu ersetzen, werden mittlerweile andere Treibstoffe wie Cellulosenitrat eingesetzt. Wichtig ist nur, dass die Gasentwicklung und damit die ablaufende Reaktion sehr schnell ablaufen muss, um einen ausreichenden Schutz bei einem Unfall zu gewährleisten.

Dagegen gibt es andere Reaktionen, insbesondere das Oxidieren von Metallen, bei denen eine schnelle Reaktion oft unerwünscht ist. So ist das allmähliche Dunkelwerden einer Kupfermünze ein Oxidationsprozess, der sehr langsam abläuft. Auf diese Weise ist die Münze über Jahrzehnte beständig. Eine reine Eisenmünze würde ebenfalls langsam – doch wesentlich schneller als Kupfer – eine Rostschicht entwickeln, sodass nach wenigen Jahren der Wert der Münze nicht mehr zu erkennen ist.

Dass verschiedene Reaktionen unter Beteiligung verschiedener Edukte und Produkte unterschiedlich schnell ablaufen, ist einleuchtend. Du kennst vielleicht aus dem Chemieunterricht auch viele weitere Beispiele dafür. Wenn wir z. B. die Reaktion der Alkalimetalle mit Wasser betrachten, am Beispiel von Natrium nach der Reaktionsgleichung

$$2\,Na\,(s) + 2\,H_2O\,(l) \rightarrow 2\,NaOH\,(aq) + H_2\,(g),$$

so verläuft die Reaktion heftiger, je weiter unten das Alkalimetall im PSE steht. Natrium reagiert also heftiger als Lithium, Kalium wiederum heftiger als Natrium. Die „Heftigkeit" einer Reaktion ist kein Fachbegriff für die Chemie. Oftmals meinen wir aber damit, dass bei einer heftigen Reaktion besonders viel Energie frei wird oder sie besonders schnell abläuft.

Anhand von Reaktionen, die in Lösung unter Gasentwicklung ablaufen, lässt sich die Heftigkeit oder Geschwindigkeit der Reaktion meist gut beobachten, je nachdem, ob viele oder wenige Gasblasen aufsteigen. Um uns einen ersten, phänomenologischen Zugang zur Geschwindigkeit von chemischen Reaktionen zu verschaffen, wollen eine derartige Reaktion unter verschiedenen Bedingungen betrachten. Wir nutzen die Reaktion von Magnesium mit Salzsäure:

$$Mg\,(s) + 2\,HCl\,(aq) \rightarrow MgCl_2\,(aq) + H_2\,(g).$$

Im Experiment können wir die Gasentwicklung von Wasserstoff gut beobachten. Wir wollen nun die Frage stellen, wie wir die Gasentwicklung beschleunigen oder verlangsamen können. Da es sich bei chemischen Reaktionen im Wesentlichen um Stöße zwischen den Reaktanten handelt, müssen wir praktisch für mehr Zusammenstöße zwischen den Teilchen sorgen.

Stoßtheorie

Die Stoßtheorie stellt die Vorgänge einer chemischen Reaktion als Aufeinandertreffen von einzelnen Teilchen dar. Es kann sich dabei sowohl um Atome als auch um Moleküle handeln, die geladen oder ungeladen sein können. Eine Reaktion kommt dann zustande, wenn die beteiligten Teilchen mit einem gewissen Mindestbetrag an Energie (der Aktivierungsenergie) und einer bestimmten räumlichen Orientierung aufeinanderstoßen. Sind beide Aspekte gegebenen, sprechen wir von einem wirksamen Stoß. Einen Stoß, der nicht zu einer Reaktion führt, nennen wir nicht wirksam.

wirksamer Zusammenstoß

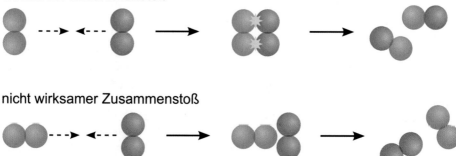

nicht wirksamer Zusammenstoß

5.1.1 Einfluss der Konzentration und des Drucks

Beginnen wir damit, die Menge an reagierenden Stoffen zu variieren. Wenn wir eine höhere Geschwindigkeit erreichen, wenn mehr wirksame Zusammenstöße pro Zeiteinheit stattfinden, dann sollte die Menge an reagierenden Stoffen einen Einfluss haben. Natürlich dürfen wir nicht das gesamte System vergrößern, das Reaktionsvolumen muss dabei gleichbleiben. Eine geeignete Größe, um den Einfluss auf die Reaktionsgeschwindigkeit zu untersuchen, ist daher die Konzentration. Diese gibt uns das Verhältnis aus Stoffmenge und Volumen an. Erhöhen wir also die Konzentration, dann sind im gleichen Volumen mehr Teilchen vorhanden.

Wir geben in drei Rundkolben jeweils die gleiche Menge Magnesiumspäne und füllen Salzsäure unterschiedlicher Konzentration ein (siehe ◘ Abb. 5.1). Wir beobachten, dass die Gasentwicklung stärker ausfällt, wenn die Konzentration der Salzsäure höher ist. Wir können schlussfolgern: **Je höher die Konzentration, desto höher die Reaktionsgeschwindigkeit.**

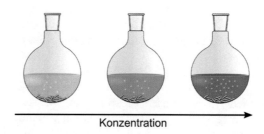

Konzentration

◘ **Abb. 5.1**   Einfluss der Salzsäurekonzentration auf die Geschwindigkeit der Gasentwicklung

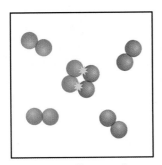 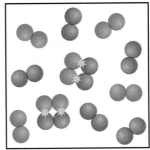

niedrigere Konzentration   höhere Konzentration

◘ **Abb. 5.2**   Einfluss der Konzentration auf die Anzahl an wirksamen Zusammenstößen

Wie können wir unser Ergebnis aus ◘ Abb. 5.1 mithilfe der Stoßtheorie erklären? Erhöhen wir die Konzentration, dann erhöhen wir die Anzahl an Teilchen in einem Volumen, wodurch sich auch die Wahrscheinlichkeit erhöht, dass zwei (oder mehrere) Teilchen aufeinandertreffen und reagieren. Es ist damit auch wahrscheinlicher, dass mehr wirksame Zusammenstöße stattfinden (◘ Abb. 5.2)

Die Erhöhung der Konzentration führt jedoch nicht bei allen chemischen Reaktionen zu einem schnelleren Reaktionsablauf. Zum Beispiel gibt es zahlreiche Reaktionen in biologischen Systemen, die mit Hilfe von Enzymen (d. h. biologischen Katalysatoren) ablaufen und deren Geschwindigkeit unabhängig von der Konzentration an Edukten ist. Ein Beispiel ist der Abbau von Ethanol im Körper. Durch das Enzym Alkoholdehydrogenase wird Ethanol zu Ethanal oxidiert. Eine erhöhte Ethanolkonzentration führt hier nicht zu einer Erhöhung der Reaktionsgeschwindigkeit. Durch erhöhen Alkoholkonsum wird man also nicht schneller wieder nüchtern. Letztendlich muss der Zusammenhang zwischen Eduktkonzentrationen und Reaktionsgeschwindigkeit für jede Reaktion empirisch bestimmt werden.

Neben der Konzentration gibt es eine weitere Größe, die Anwendung findet, wenn Gase bei einer Reaktion beteiligt sind: der Druck. Je höher der Druck, desto geringer ist der Abstand zwischen den Gasteilchen. Die Teilchen sind dichter zusammen. Folglich gibt es dann auch mehr Zusammenstöße. Daher können wir ebenfalls schlussfolgern: **Je höher der Druck, desto höher die Reaktionsgeschwindigkeit.**

Zusammenhang zwischen Druck und Konzentration

Druck und Konzentration sind äquivalente Größen zur Beschreibung der Teilchendichte bei chemischen Reaktionen. Während die Konzentration üblicherweise für gelöste Systeme angewendet wird, kommt der Druck bei Gasen zum Tragen. Theoretisch lässt sich aber der Druck eines Gases auch in eine Konzentration umrechnen. Gehen wir von idealem Gasverhalten aus, lässt sich das sehr leicht zeigen:

$$pV = nRT \Leftrightarrow p = \frac{n}{V} \cdot RT \Leftrightarrow p = c \cdot RT \Leftrightarrow c = \frac{p}{RT}.$$

Diese Umrechnung von Druck und Konzentration ist so jedoch nur gültig, wenn wir von idealem Gasverhalten ausgehen können. Praktisch hat es sich daher bewährt, in Gasreaktionen direkt den Druck anstelle der Konzentration zu messen, um keine Abweichungen aufgrund von nicht idealem Gasverhalten zu erzeugen.

5

5.1.2 Einfluss der Temperatur

Die Reaktionsgeschwindigkeit ist weiterhin von der Temperatur abhängig. Wir können das beispielsweise an Lebensmitteln beobachten. Wenn wir Milch neben dem Kühlschrank im warmen Zimmer stehen lassen, wird sie wesentlich schneller schlecht als im Kühlschrank. Die Gärungsprozesse, die die Milch sauer werden lassen, laufen bei Kühlung langsamer ab.

Für die Reaktion von Magnesium mit Salzsäure erkennen wir eine stärkere Gasentwicklung, je höher die Temperatur der Salzsäure ist (◘ Abb. 5.3). Eine Alternative zu diesem Experiment kannst du auch gut zuhause durchführen. Löse in zwei Gläsern je eine Brausetablette auf: einmal in kaltem und einmal in heißem Wasser. Du wirst feststellen, dass der Auflösungsprozess, bei dem eine chemische Reaktion unter Bildung von Kohlenstoffdioxidgas abläuft, mit heißem Wasser schneller abläuft. Wir können also schlussfolgern: **Je höher die Temperatur, desto höher die Reaktionsgeschwindigkeit.**

Wie können wir das nun mit unserem Stoß-Modell erklären? Wir haben bereits besprochen, dass die Teilchen für einen erfolgreichen Stoß eine bestimmte kinetische Mindestenergie besitzen müssen. Nur, wenn die Aktivierungsenergie erreicht wird, ist also eine Reaktion möglich. Die Temperatur bestimmt nun die Verteilung der Energie auf die einzelnen Teilchen.

In ◘ Abb. 5.4 ist die Verteilung der Energie von Teilchen bei bestimmten Temperaturen dargestellt. Deutlich wird, dass die Anzahl der Teilchen mit der erforderlichen Mindestenergie, also der Aktivierungsenergie, umso größer ist, je höher die Temperatur ist. Die Teilchen in dem hervorgehobenen Bereich besitzen die nötige Mindestenergie, um bei einem Zusammenstoß mit einem anderen Teilchen zu reagieren. Steigt nun die Temperatur von T_1 zu T_3, verfügen mehr Teilchen über einen ausreichenden Energiebetrag, und so sind mehr Stöße erfolgreich, wodurch wiederum die Reaktionsgeschwindigkeit steigt.

Daneben wird aber durch eine Temperatursteigerung auch die Wahrscheinlichkeit erhöht, dass überhaupt Zusammenstöße stattfinden. Weil die Teilchen sich schneller bewegen, ist auch die Wahrscheinlichkeit für einen Stoß innerhalb eines bestimmten Zeitraums größer.

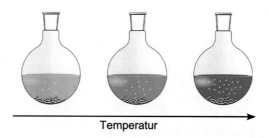

Temperatur

◘ **Abb. 5.3** Einfluss der Temperatur auf die Geschwindigkeit der Gasentwicklung

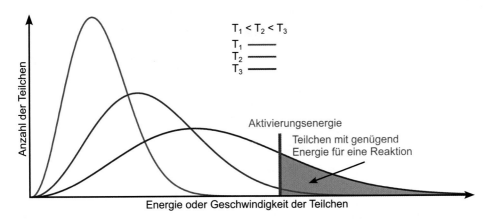

○ **Abb. 5.4**   Verteilung der Energie von Teilchen bei bestimmten Temperaturen

Maxwell-Boltzmann-Verteilung

Die Kurven in ○ Abb. 5.4 erben sich aus der Maxwell-Boltzmann-Verteilung. Diese gibt die Geschwindigkeitsverteilung von Gasteilchen bei einer bestimmten Temperatur an. Die Teilchen eines Gases befinden sich in ständiger Bewegung, und dabei kommt es zu Stößen zwischen den Teilchen. Diese führen dazu, dass sich die Teilchen mit unterschiedlicher Geschwindigkeit bewegen. Allerdings lässt sich für jede Temperatur eine Durchschnittsgeschwindigkeit der Teilchen aus der Geschwindigkeitsverteilung ermitteln. Steigt nun die Temperatur an, steigt auch diese mittlere Geschwindigkeit an. Dennoch gibt es immer noch langsamere Teilchen, nur in geringerer Anzahl. Denn wenn es nun mehr schnellere Teilchen gibt, muss es weniger langsame Teilchen geben, da sich die Gesamtzahl der Teilchen nicht verändert. Insgesamt verbreitert sich bei einer Temperaturerhöhung die Geschwindigkeitsverteilung. Die Gesamtzahl der Teilchen ergibt sich aus der Fläche unter der Kurve.

Achtung: Da die Kurven nicht symmetrisch sind, trifft die mittlere Teilchengeschwindigkeit nicht mit dem Maximum der Kurve zusammen. Diese Geschwindigkeit wird als wahrscheinlichste Geschwindigkeit bezeichnet. Um die Durchschnittsgeschwindigkeit oder mittlere Teilchengeschwindigkeit zu ermitteln, würdest du so vorgehen, wie bei der Berechnung deines Notendurchschnitts: Den Betrag der Geschwindigkeiten (jeweilige Note, z. B. eine 2) multiplizierst du mit der Anzahl der Teilchen mit dieser Geschwindigkeit (Anzahl der jeweiligen Note, z. B. Anzahl deiner 2en). Dann addierst du alle Produkte zusammen und teilst durch die Gesamtzahl an Teilchen (Gesamtanzahl deiner Noten).

5.1.3   Einfluss des Zerteilungsgrads

Bisher haben wir für die Reaktion von Magnesium mit Salzsäure lediglich die Gegebenheiten der Salzsäure verändert: deren Temperatur und deren Konzentration. Natürlich hätten wir auch die Temperatur des Magnesiums erhöhen können. Wir wären zu dem gleichen Ergebnis gekommen, dass mit erhöhter Temperatur die Reaktion schneller abläuft. Magnesium ist jedoch ein Feststoff. Die Stöße zwischen den Teilchen können demnach nur an der Oberfläche des Magnesiums stattfinden. Es können also nur Teilchen miteinander reagieren, die an Grenzflächen zwischen verschiedenen Phasen aufeinandertreffen. Um viele Stöße innerhalb einer bestimmten Zeit zu erreichen, müssen also die Kontaktflächen möglichst groß sein. Je größer die Oberfläche ist, desto mehr Kontaktmöglichkeiten gibt es (○ Abb. 5.5). Eine Vergrößerung der Oberfläche erreichen wir, indem wir eine große Stoffportion in mehrere kleine Stoffportionen teilen.

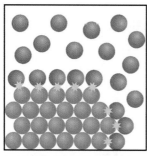
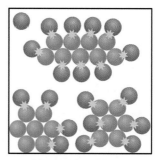

kleinerer Zerteilungsgrad,
z.B. Späne

größerer Zerteilungsgrad,
z.B. Pulver

■ Abb. 5.5   Anzahl wirksamer Zusammenstöße bei verschiedenen Oberflächen. Verändert nach Benutzer Brockmann, CC-BY-SA 4.0

Zerteilungsgrad

■ Abb. 5.6   Einfluss der Zerteilungsgrads auf die Geschwindigkeit der Gasentwicklung

Genau das können wir in unserem Experiment beobachten, wenn wir jedes Mal Salzsäure gleicher Konzentration und Temperatur verwenden, doch einmal einen Magnesiumblock, einmal Magnesiumspäne und einmal Magnesiumpulver (■ Abb. 5.6). Als Pulver ist die Oberfläche des Magnesiums deutlich größer. Wir sagen: Das Magnesiumpulver hat eine hohen Zerteilungsgrad. Demnach gilt: **Je größer der Zerteilungsgrad, desto höher die Reaktionsgeschwindigkeit.** Auch dies kannst du zuhause mit Brausetabletten nachvollziehen: Gib eine ganze Brausetablette in ein Wasserglas und in ein anderes Wasserglas eine gemörserte Tablette. Die gemörserte Tablette wird sich schneller auflösen.

Du kannst dir diesen Effekt erklären, indem du dir vorstellst, dass du einen Würfel durchschneidest (siehe ■ Abb. 5.7). Die Oberfläche eines Würfels errechnet sich durch die Formel

$$A = 6 \cdot a^2,$$

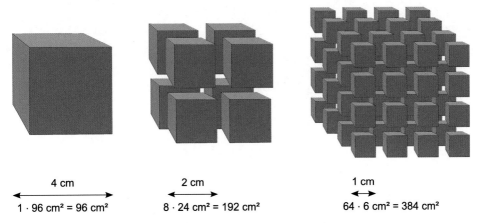

4 cm

2 cm

1 cm

$1 \cdot 96\ cm^2 = 96\ cm^2$

$8 \cdot 24\ cm^2 = 192\ cm^2$

$64 \cdot 6\ cm^2 = 384\ cm^2$

Abb. 5.7   Vergrößerung der Oberfläche durch Erhöhung des Zerteilungsgrades

wobei a die Kantenlänge des Würfels ist. Hat der Würfel eine Kantenlänge von 4 cm, so beträgt die Oberfläche $6 \cdot (4\ cm)^2 = 96\ cm^2$. Zerteilen wir den Würfel dreimal, sodass wir acht gleiche Würfel der Kantenlänge 2 cm erhalten, ist die Oberfläche $8 \cdot 6 \cdot (2\ cm)^2 = 192\ cm^2$. Zerteilen wir den Würfel weiter, sodass wir Würfel mit der Kantenlänge von 1 cm erhalten, beträgt die Oberfläche $64 \cdot 6 \cdot (1\ cm)^2 = 384\ cm^2$.

5.1.4 Einfluss von Katalysatoren

Eine sehr wichtige Rolle für die Beeinflussung der Reaktionsgeschwindigkeit spielen Katalysatoren. Sie werden z. B. in Autos eingesetzt, um Abgase durch chemische Reaktionen von schädlichen Stoffen zu reinigen. Welche Katalysatoren sich eignen, hängt immer von der jeweiligen Reaktion ab.

Platin kann beispielsweise die Reaktion von Wasserstoff und Sauerstoff katalysieren, sodass es zu einer explosionsartigen Reaktion kommt. Wird Wasserstoff aus einer Gasflasche auf ein kugelförmiges Metallnetz geströmt, welches Platin enthält, so entzündet sich der Wasserstoff sofort und ganz ohne weitere Energiezufuhr bei Raumtemperatur.

Das Döbereiner-Feuerzeug

Die katalytische Oxidation von Wasserstoff an Platin wurde in Jena 1823 von Johann Wolfgang Döbereiner dazu genutzt, um ein von ihm entwickeltes Feuerzeug lediglich mit Wasserstoffgas und einem Platinkatalysator zu betreiben: das Döbereiner-Feuerzeug (siehe folgende Abbildung). Durch Betätigung des Hebels (e) wird die innere Glasglocke (b) angehoben und das Zinkstück (d), das an einem Draht (c) befestigt ist, kommt mit Schwefelsäure im Behälter (a) in Kontakt. Der sich dabei nach

$$Zn(s) + H_2SO_4(aq) \rightarrow ZnSO_4(aq) + H_2(g)$$

bildende Wasserstoff gelangt über die Düse (f) an einen Zylinder mit Platinschwamm (g), wodurch sich eine Flamme bildet.

5

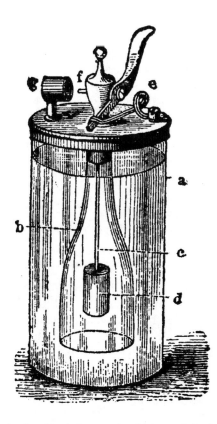

Ein Katalysator greift in den Reaktionsverlauf ein und ändert diesen. Es kann beispielsweise eine zusätzliche Zwischenstufe entstehen, in der ein Edukt an den Katalysator gebunden ist. Katalysatoren liegen jedoch nach der Reaktion wieder unverändert vor.

Ein typisches Beispiel ist die Oxidation von Schwefeldioxid zu Schwefeltrioxid, die ein wichtiger Zwischenschritt bei der Herstellung von Schwefelsäure ist. Die direkte Oxidation nach

$$SO_2(g) + \frac{1}{2}O_2(g) \rightarrow SO_3(g)$$

verläuft recht langsam, weil eine ziemlich hohe Aktivierungsenergie nötig ist. Durch den Einsatz eines Katalysators, z. B. Stickstoffmonoxid, erhöht sich die Reaktionsgeschwindigkeit deutlich. Hierbei nimmt die Reaktion einen anderen Verlauf: Zunächst wird Stickstoffmonoxid zu Stickstoffdioxid oxidiert (I), welches dann als Sauerstoffüberträger für Schwefeldioxid wirkt (II). Wie in ◘ Tab. 5.1 dargestellt ist, ergibt sich letztlich die gleiche Gesamtgleichung wie für die direkte Oxidation von Schwefeldioxid. Stickstoffmonoxid wird in Reaktion (I) zwar verbraucht, bildet sich aber in Reaktion (II) zu gleichen Mengen wieder. Der Katalysator wird damit in der Summe nicht verbraucht.

Aber warum ist die Reaktionsgeschwindigkeit bei diesem veränderten Reaktionsverlauf höher? Um dies zu beantworten, stellen wir die Reaktion in ◘ Abb. 5.8 in einem Energiediagramm dar. Es wird ersichtlich, dass durch einen Katalysator eine

□ Tab. 5.1 Reaktionsverlauf für die katalytische Oxidation von Schwefeldioxid

Reaktion		
(I)		$NO(g) + \frac{1}{2}O_2(g) \rightarrow NO_2(g)$
(II)	+	$SO_2(g) + NO_2(g) \longrightarrow SO_3(g) + NO(g)$
Gesamt		$SO_2(g) + \frac{1}{2}O_2(g) \rightarrow SO_3(g)$

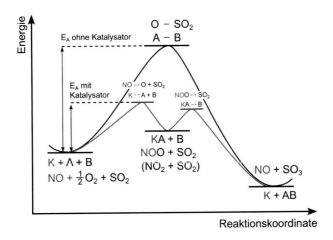

□ Abb. 5.8 Energiediagramm für die direkte und die katalytische Oxidation von Schwefeldioxid

Zwischenstufe **KA** gebildet wird. Diese entspricht in unserem Beispiel NO_2. Für die Bildung dieser Zwischenstufe ist eine geringere Aktivierungsenergie nötig als für die direkte Oxidation ohne Katalysator. Durch die erniedrigte Aktivierungsenergie besitzen bei gleicher Energieverteilung mehr Teilchen die notwendige Geschwindigkeit für einen wirksamen Stoß (siehe □ Abb. 5.4). Da mehr Teilchen die erforderliche Energie besitzen, nimmt die Reaktionsgeschwindigkeit durch den Einsatz eines Katalysators zu.

Je nach Vorliegen und Wirkungsweise kann der Vorgang der Katalyse in verschiedene Gruppen eingeteilt werden. Einige wichtige Formen wollen wir im Folgenden vorstellen.

▪ **Homogene Katalyse**

Der Katalysator und die Edukte liegen in einer Phase vor, d. h. in einem Bereich mit einheitlichen physikalischen Parametern (Dichte, Temperatur, Aggregatzustand usw.) und einer einheitlichen chemischer Zusammensetzung (d. h. einer gleichmäßigen Verteilung von Ionen, Molekülen und/oder Atomen). Die katalytische Oxidation von SO_2 in □ Abb. 5.8 ist ein Beispiel für eine homogene Katalyse, weil alle Reaktanten und der Katalysator gasförmig sind.

5

■ **Heterogene Katalyse**

Der Katalysator und die Edukte liegen in unterschiedlichen Phasen vor. Eine besondere Rolle spielen dabei die Oberflächen der Katalysatoren. Durch die Wechselwirkungen der Edukte mit der Katalysatoroberfläche können beispielsweise Bindungen gelockert oder Teilchen fixiert werden. Ein Beispiel für die heterogene Katalyse
ist die katalysierte Verbrennung von Wasserstoff mit Hilfe eines Platinkatalysators
beim Döbereiner-Feuerzeug (siehe ▶ Abschn. 5.1.4). Die Edukte (Wasserstoffgas
und Sauerstoff aus der Luft) sind hierbei in einer anderen Phase als das Platin (im
festen Zustand).

Typisch für die heterogene Katalyse ist die Adsorption der Reaktanten an der
Katalysatoroberfläche. Beispielsweise werden bei der katalytischen Zersetzung von
Lachgas (N_2O) zu Stickstoff (N_2) und Sauerstoff (O_2) an Gold Distickstoffmonoxid-
Moleküle zunächst an die Goldoberfläche angelagert (siehe ◘ Abb. 5.9). Im Unter-
schied zur rein physikalischen Adsorption, bei der die Anlagerung allein durch
Van-der-Waals-Wechselwirkungen beschrieben wird, findet hier eine Chemisorption
(= chemische Adsorption) statt. Dabei kommt es zur Ausbildung von chemischen
Bindungen zwischen Adsorbens (Gold-Oberfläche) und Adsorbat (N_2O). In unserem
Beispiel erfolgt die Chemisorption am Sauerstoff-Atom, wodurch die N–O-Bindung
im N_2O-Molekül geschwächt wird. In der Folge spaltet sich N_2 ab, und die ad-
sorbierten Sauerstoff-Atome bleiben zurück und verbinden sich zu Sauerstoff-
Molekülen.

Neben der Ausbildung einer Zwischenstufe mit geringerer Aktivierungsenergie
spielt auch die räumliche Orientierung beim Stoß zweier Teilchen eine Rolle. Beim
Zerfall von Distickstoffmonoxid kommt es darauf an, dass sich die beiden Sauerstoff-
Atome zweier N_2O-Moleküle nahekommen. Ein heterogener Katalysator gibt durch
seine Oberflächenstruktur die räumliche Orientierung für die Reaktanden vor - ähnlich wie ein Schloss für einen Schlüssel (Schlüssel-Schloss-Prinzip). Letztlich erhöht
sich dadurch das Verhältnis von wirksamen Zusammenstößen zur Gesamtzahl an
Stößen durch den Katalysator.

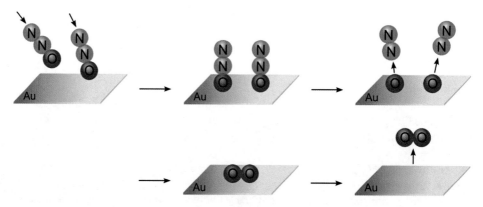

◘ **Abb. 5.9** Vermuteter Ablauf der Gold-katalysierten Zersetzung von Lachgas

■ **Autokatalyse**

Ein Reaktionsprodukt wirkt als Katalysator für die Reaktion. Es kommt zu einem selbstverstärkenden Effekt, da eine schnellere Erzeugung von Produkten zu einer höheren Katalysatorkonzentration führt und so die Reaktionsgeschwindigkeit weiter erhöht.

Bei der Redoxreaktion von Permanganat-Ionen (MnO_4^-) mit Oxalsäure bildet sich nach der Reaktionsgleichung

$$2\,MnO_4^-\,(aq)+5\,HOOC-COOH\,(aq)+6\,H^+\,(aq)\rightarrow 2\,Mn^{2+}\,(aq)$$
$$+10\,CO_2\,(aq)+8\,H_2O\,(l)$$

das Kation Mn^{2+}. Dieses Kation ist ein Beispiel für einen Autokatalysator, da es die besagte Redoxreaktion beschleunigt. Typisch für eine Autokatalyse ist, dass die Reaktionsgeschwindigkeit zunächst gering ist, denn zu Beginn ist noch kein Katalysator vorhanden. Allmählich läuft die Reaktion jedoch immer schneller ab, da sich im Laufe der Reaktion ein Katalysator bildet, der die Reaktionsgeschwindigkeit erhöht. Ein anderes typisches Beispiel für Autokatalyse ist das Kristallwachstum. Das Wachstum eines Kristalls erfolgt durch Anlagerung von Teilchen an die Kristalloberfläche. Da im Laufe des Wachstums die Oberfläche größer wird, gibt es auch immer mehr Möglichkeiten, dass ein Teilchen sich anlagert. Die Wachstumsgeschwindigkeit, d. h. die Reaktionsgeschwindigkeit, nimmt zu.

■ **Enzyme**

Auch in der Natur ist der Einsatz von Katalysatoren essenziell. So verlaufen beispielsweise fast alle Stoffwechselprozesse mit Hilfe von Biokatalysatoren. Man nennt diese Katalysatoren auch Enzyme. Enzyme wirken sehr spezifisch. Sie katalysieren nur bestimmte Stoffe und bestimmte Reaktionen. Viele Enzyme sind äußerst effektiv. Willst du im Labor Stärke spalten, so musst du Salzsäure als Katalysator hinzugeben und die Stärkelösung eine Weile kochen lassen. Enzyme im Verdauungstrakt von Menschen und Tieren lassen die Stärkehydrolyse (d. h. die Spaltung der Stärke mit Hilfe von Wasser) dagegen schon bei Körpertemperatur ablaufen.

Enzyme befinden sich aber nicht nur in biologischen Systemen. Auch in technischen Anwendungen werden sie gezielt als Biokatalysatoren eingesetzt. Selbst zuhause findest du eine Reihe von Enzymen, nämlich im Waschmittel. Beim Waschprozess sollen Verschmutzungen aus Stärke, Cellulose, Fetten und Eiweißen entfernt werden. Dazu werden Enzyme eingesetzt, die diese makromolekularen Verbindungen spalten: Proteasen (spalten Proteine), Amylasen (spalten Stärke), Cellulasen (spalten Cellulose) und Lipasen (spalten Lipide). Die Endung „-ase" kennzeichnet ein Enzym, das chemische Verbindungen spaltet.

Die Enzymaktivität ist auch von der Temperatur abhängig. Sie steigt zunächst mit zunehmender Temperatur. Dies ist neben der generellen Temperaturabhängigkeit der Reaktionsgeschwindigkeit ein weiterer Grund für die längere Haltbarkeit von gekühlten Lebensmitteln (s. o.). Bei zu hohen Temperaturen (oft etwa ab 40 °C) lässt die katalytische Wirkung nach oder erlischt vollständig. Das liegt daran, dass die meisten Enzyme aus Proteinen aufgebaut sind, die bei derartigen Temperaturen denaturieren. Diese irreversible Strukturveränderung des Enzyms macht das Enzym als Katalysator unbrauchbar.

5

> **Tipp**
>
> **Überprüfe dein Wissen**
> Auf den Flashcards zu Kap. 5 findest du Verständnisfragen zu diesem Kapitel unter **Beeinflussung der Reaktionsgeschwindigkeit**.

5.2 Die Reaktionsgeschwindigkeit

5.2.1 Einführende Überlegungen

Bisher haben wir die Geschwindigkeit einer chemischen Reaktion rein qualitativ diskutiert. Wie aber lässt sich die Reaktionsgeschwindigkeit messen? Aus der Physik wissen wir, dass die Geschwindigkeit v eines Objektes durch die Änderung seines Aufenthaltsortes x pro Zeitintervall Δt definiert ist:

$$v = \frac{\Delta x}{\Delta t}. \tag{5.1}$$

Was aber ändert sich bei einer chemischen Reaktion? Hier kommen mehrere Größen infrage: Zum einen ändert sich die Menge an Edukten und Produkten im Laufe einer Reaktion, d. h. die Stoffmenge. Setzen wir die Stoffmenge ins Verhältnis zu einem Volumen, in dem die Reaktion stattfindet, dann ändert sich die Konzentration der Edukte und Produkte. Sind, wie in ▶ Abschn. 5.1.4 beim Thema Autokatalyse, an einer Reaktion H^+-Ionen beteiligt, ließe sich der Verbrauch oder die Bildung der Reaktanten auch durch Messung des pH-Wertes feststellen. Im Wesentlichen bieten sich immer spezifische Eigenschaften von Reaktanten an, um die Reaktionsgeschwindigkeit zu messen. Sind Ionen beteiligt, kann sich z. B. die elektrische Leitfähigkeit verändern. Werden Farbstoffe gebildet oder verbraucht, kann mithilfe eines Fotometers die Lichtintensität gemessen werden. Bei optisch aktiven Substanzen bietet sich die Messung mit einem Polarimeter an.

Bei Reaktionen mit Gasentwicklung, wie die Bildung von Wasserstoff aus Magnesium und Salzsäure (siehe ▶ Abschn. 5.1), kann auch das Volumen des sich bildenden Wasserstoffgases über die Zeit gemessen werden. In ◻ Abb. 5.10 ist der dazugehörige experimentelle Aufbau gezeigt. Wir fangen das sich bildende Wasserstoffgas in einem Kolbenprober auf und können so in jeder Sekunde das Volumen messen. In der folgenden Tabelle sind exemplarisch typische Messwerte für das gebildete Wasserstoffvolumen notiert, die wir in ◻ Abb. 5.11 grafisch in einem t–V-Diagramm darstellen.

t in s	0	1	2	3	4	5	6	7	8	9	10	11	12	13
V in mL	0	17	31	41	50	57	63	67	71	74	76	77	78	78

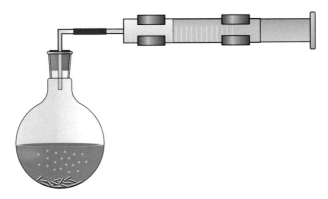

Abb. 5.10 Experimenteller Aufbau zur Messung des sich bildenden Wasserstoffvolumens bei der Reaktion von Magnesium mit Salzsäure

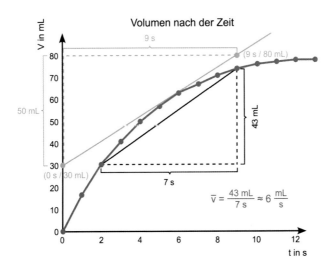

Abb. 5.11 Gebildetes Wasserstoffvolumen nach der Zeit

Wir erkennen in ▫ Abb. 5.11, dass das Volumen zu Beginn der Reaktion (0 s bis 4 s) schnell zunimmt. Grafisch erkennen wir, dass die Kurve zu Beginn sehr steil ist. Im Laufe der Zeit wird sie aber immer flacher (4 s bis 12 s), bis sie am Ende parallel zur Zeitachse verläuft. Dann bildet sich kein neues Wasserstoffvolumen, und die Reaktion ist beendet (12 s bis 13 s). Zu Beginn ist die Reaktion also sehr schnell verlaufen, weil sich in kurzer Zeit viel Wasserstoffgas gebildet hat. Die Reaktionsgeschwindigkeit nimmt dann im Laufe der Zeit jedoch ab.

Wie können wir nun aus dem Diagramm in ▫ Abb. 5.11 die Reaktionsgeschwindigkeit konkret messen? Da sich bei uns das Volumen nach der Zeit verändert, können wir in Analogie zu Gl. 5.1 die Reaktionsgeschwindigkeit durch die Änderung des Volumens pro Zeitintervall definieren:

$$\bar{r} = \frac{\Delta V}{\Delta t}. \tag{5.2}$$

So ergibt sich in ◘ Abb. 5.11 im Zeitintervall von zwei bis neun Sekunden ($\Delta t = 9\ \text{s} - 2\ \text{s} = 7\ \text{s}$) eine Volumenänderung von $\Delta V = 74\ \text{mL} - 31\ \text{mL} = 43\ \text{mL}$ und damit eine Reaktionsgeschwindigkeit von 6 mL/s. Diese Geschwindigkeit ist die durchschnittliche Reaktionsgeschwindigkeit $\bar{r}$ im Zeitintervall von zwei bis neun Sekunden. Wir nutzen für die Reaktionsgeschwindigkeit das Formelzeichen r, damit wir sie nicht mit der physikalischen Geschwindigkeit v verwechseln.

Um nun die momentane Reaktionsgeschwindigkeit r zu einem bestimmten Zeitpunkt zu erhalten, muss das Zeitintervall immer kleiner gemacht werden, bis es unendlich klein ist. Grafisch bedeutet das, dass unsere Gerade, die die beiden Messpunkte verbindet (schwarze Gerade) zu einer Tangente wird, die die Messkurve in nur einem Punkt berührt (türkisfarbene Gerade). Die Reaktionsgeschwindigkeit erhalten wir dann aus dem Anstieg dieser türkisfarbenen Gerade. Dazu suchen wir uns zwei Punkte auf der dieser Gerade, die wir gut ablesen können. Dies können z. B. sein: (0 s/30 mL) und (9 s/80 mL) sein. Aus den Differenzen in den Messpunkten errechnen wir dann die Momentangeschwindigkeit:

$$r = \frac{80\,\text{mL} - 30\,\text{mL}}{9\,\text{s} - 0\,\text{s}} = \frac{50\,\text{mL}}{9\,\text{s}} \approx 5{,}6\frac{\text{mL}}{\text{s}}.$$

Die Reaktionsgeschwindigkeit zum Zeitpunkt $t = 6$ s beträgt damit 5,6 mL/s. Für uns ist fast immer diese Momentangeschwindigkeit von Interesse. Sprechen wir also von Reaktionsgeschwindigkeit, meinen wir damit die Geschwindigkeit zu einem bestimmten Zeitpunkt. Um dies auch mathematisch korrekt auszudrücken, nutzen wir statt dem makroskopischen Änderungszeichen Δ das unendlich kleine (= infinitesimale) Änderungszeichen d. Wir formulieren die Reaktionsgeschwindigkeit damit als

$$r = \frac{\text{d}V}{\text{d}t}. \tag{5.3}$$

$\text{d}V/\text{d}t$ drückt also Änderung des Volumens nach der Zeit zu einem bestimmten Zeitpunkt aus. Grafisch ist dies gleichbedeutend mit dem Anstieg der Kurve in diesem Punkt. Legen wir z. B. eine Tangente an die Kurve zum Zeitpunkt $t = 0$ s, erhalten wir aus dem Anstieg dieser Tangente die Anfangsgeschwindigkeit der Reaktion.

5.2.2 Definition der Reaktionsgeschwindigkeit

Wir haben in ▸ Abschn. 5.2.1 die Reaktionsgeschwindigkeit über die Änderung des gebildeten Gasvolumens eingeführt. Im Allgemeinen verwenden wir als Messgröße aber die Konzentration, da diese in der Praxis sehr leicht zugänglich ist. Betrachten wir einmal die folgende Reaktion in wässriger Lösung:

$$\text{Ca}(\text{OH})_2 + 2\,\text{HCl} \rightarrow \text{CaCl}_2 + 2\,\text{H}_2\text{O}.$$

Wir wollen einmal annehmen, dass sich innerhalb von zwei Sekunden 3 mol $CaCl_2$ gebildet hat. Legen wir das Reaktionsvolumen auf 1 L fest, dann ergibt sich eine durchschnittliche Reaktionsgeschwindigkeit für die Bildung von $CaCl_2$ von

$$\overline{r}(CaCl_2) = \frac{3\frac{mol}{L} - 0\frac{mol}{L}}{2\,s} = 1{,}5\frac{mol}{L \cdot s}.$$

Dies bedeutet aber auch, dass sich in den zwei Sekunden 6 mol Wasser gebildet haben, was du an den Stöchiometriefaktoren erkennst. (Für jedes Mol CaCl₂ bilden sich 2 mol Wasser.) Die Durchschnittsgeschwindigkeit für die Bildung von H₂O ist also

$$\overline{r}(H_2O) = \frac{6\frac{mol}{L} - 0\frac{mol}{L}}{2\,s} = 3\frac{mol}{L \cdot s}$$

und damit doppelt so groß wie für die Bildung von CaCl₂. Das ist nicht verwunderlich, immerhin bilden sich in gleichen Zeiten doppelt so viele Wasserteilchen wie CaCl₂-Teilchen. Für die Edukte folgt, dass deren Konzentration im Laufe der Reaktion abnimmt. Die Änderung Δc ist also negativ. Somit ergeben sich mit

$$\overline{r}(Ca(OH)_2) = \frac{-3\frac{mol}{L}}{2\,s} = -1{,}5\frac{mol}{L \cdot s}$$

und

$$\overline{r}(HCl) = \frac{-6\frac{mol}{L}}{2\,s} = -3\frac{mol}{L \cdot s}$$

negative Werte für die Reaktionsgeschwindigkeiten. Um nun für eine Reaktion nicht für jedes Edukt und Produkt unterschiedliche Geschwindigkeiten angeben zu müssen, definieren wir die Reaktionsgeschwindigkeit als positiven Wert, normiert auf die Stöchiometriefaktoren. Für unser Beispiel bedeutet dies, dass die Reaktionsgeschwindigkeit insgesamt

$$\overline{r} = 1{,}5\frac{mol}{L \cdot s}$$

ist. Sie lässt sich also schreiben als

$$\overline{r} = -\frac{1}{\mathbf{1}} \cdot \overline{r}(Ca(OH)_2) = -\frac{1}{\mathbf{2}} \cdot \overline{r}(HCl) = \frac{1}{\mathbf{1}} \cdot \overline{r}(CaCl_2) = \frac{1}{\mathbf{2}} \cdot \overline{r}(H_2O).$$

Die fett hervorgehobenen Zahlen entsprechen den Stöchiometriefaktoren in der Reaktionsgleichung. Für eine allgemeine Reaktion der Form

$$v_A\,A + v_B\,B \rightarrow v_C\,C + v_D\,D$$

ist die Reaktionsgeschwindigkeit definiert als:

$$r = -\frac{1}{\nu_A} \cdot \frac{dc_A}{dt} = -\frac{1}{\nu_B} \cdot \frac{dc_B}{dt} = \frac{1}{\nu_C} \cdot \frac{dc_C}{dt} = \frac{1}{\nu_D} \cdot \frac{dc_D}{dt}. \tag{5.4}$$

Aus Gl. 5.4 wird außerdem ersichtlich, dass die Einheit der Reaktionsgeschwindigkeit Mol pro Liter und Sekunde ist:

$$[r] = \frac{mol}{L \cdot s} = \left(\frac{mol/L}{s} \right)$$

5

Um sich diese Einheit in ihrer chemischen Bedeutung etwas einfacher vorzustellen, kannst du auch sagen: (Mol pro Liter) pro Sekunde. Immerhin beschreibt die Reaktionsgeschwindigkeit die Änderung der Konzentration (in mol/L) pro Zeit (in s).

▶ **Beispiel**

Gegeben ist eine Reaktion der Form A + 2 B → 3 C + 2 D. Die Bildungsgeschwindigkeit von D beträgt 1,0 mol/(L · s). Bestimme die Bildungs- und Verbrauchsgeschwindigkeiten der anderen Reaktanten sowie die Reaktionsgeschwindigkeit.

Die Bildungsgeschwindigkeit von D entspricht dem Quotienten dc_D/dt. Da der zugehörige Stöchiometriefaktor $\nu_D = 2$ ist, folgt für die Reaktionsgeschwindigkeit

$$r = \frac{1}{\nu_D} \cdot \frac{dc_D}{dt} = \frac{1}{2} \cdot 1,0 \frac{mol}{L \cdot s} = 0,5 \frac{mol}{L \cdot s}.$$

Mithilfe der Reaktionsgeschwindigkeit lässt sich nun die Bildungsgeschwindigkeit von C errechnen:

$$\frac{dc_C}{dt} = \nu_C \cdot r = 3 \cdot 0,5 \frac{mol}{L \cdot s} = 1,5 \frac{mol}{L \cdot s}.$$

Für die Verbrauchsgeschwindigkeiten von A und B folgt somit

$$\frac{dc_A}{dt} = -\nu_A \cdot r = -1 \cdot 0,5 \frac{mol}{L \cdot s} = -0,5 \frac{mol}{L \cdot s}$$

und

$$\frac{dc_C}{dt} = -\nu_B \cdot r = -2 \cdot 0,5 \frac{mol}{L \cdot s} = -1,0 \frac{mol}{L \cdot s}.$$

 ◀

Tipp

Überprüfe dein Wissen
    Auf den Flashcards zu Kap. 5 findest du Verständnisfragen zu diesem Kapitel unter **Definition der Reaktionsgeschwindigkeit**.

5.3 Zeitabhängigkeit der Reaktionsgeschwindigkeit

5.3.1 Zeitgesetz

Ziel soll es in diesem Kapitel sein, unsere Erkenntnisse über die Reaktionsgeschwindigkeit in einen mathematischen Zusammenhang zu übersetzen, der es uns erlaubt, zu jedem beliebigen Zeitpunkt t die Konzentration eines Reaktanten vorherzusagen. Wir betrachten einmal die folgende allgemeine Reaktionsgleichung

$$A \rightarrow B + C.$$

Wir haben in ▶ Abschn. 5.1 zahlreiche Faktoren kennengelernt, die einen Einfluss auf die Reaktionsgeschwindigkeit haben. Setzen wir eine gute Durchmischung voraus und verzichten auf den Einsatz von Katalysatoren, bleiben noch die Konzentration und die Temperatur als Einflussfaktoren übrig. Wir können also sagen: Je höher die Konzentration von A, desto höher ist auch die Reaktionsgeschwindigkeit. Mathematisch können wir dies wie folgt ausdrücken:

$$-\frac{dc_A}{dt} \sim c_A \Leftrightarrow \frac{dc_A}{dt} \sim -c_A.$$

Wir haben damit einen linearen Zusammenhang formuliert. Wenn wir c_A verdoppeln, verdoppeln wir auch die Reaktionsgeschwindigkeit. Beachte, dass dc_A/dt hier ein negatives Vorzeichen erhält, da die Konzentration von c_A abnimmt. Um aus solch einem Zusammenhang eine mathematische Gleichung zu machen, fügen wir einen Proportionalitätsfaktor $k = k(T)$ hinzu. Auf diese Weise integrieren wir auch die Temperaturabhängigkeit, indem wir sagen, dass k für jede Temperatur einen anderen Wert hat. Wir nennen k die Geschwindigkeitskonstante. Somit ergibt sich die folgende Gleichung:

$$\frac{dc_A}{dt} = -k \cdot c_A. \tag{5.5}$$

Gl. 5.5 ist das sog. Geschwindigkeitsgesetz 1. Ordnung. Eine Reaktion nennen wir dann 1. Ordnung, wenn die Reaktionsgeschwindigkeit linear mit der Konzentration zusammenhängt. Im Prinzip wissen wir aber gar nicht, ob die Reaktion A $\longrightarrow$ B + C 1. Ordnung ist. Es kann ebenso sein, dass unser Zeitgesetz die Form

$$\frac{dc_A}{dt} = -k \cdot c_A{}^2 \tag{5.6}$$

hat. Hier hätten wir nun einen quadratischen Zusammenhang, und die Reaktion wäre 2. Ordnung. Wir wollen jedoch zunächst davon ausgehen, dass unsere Reaktion 1. Ordnung ist.

Einheit der Geschwindigkeitskonstante

Wenn du Gl. 5.5 und 5.6 miteinander vergleichst, fällt dir vielleicht auf, dass die Geschwindigkeitskonstante k in beiden Gleichungen nicht dieselbe Einheit hat. In Gl. 5.5 hat sie die Einheit 1/s bzw. s^{-1}:

$$1\frac{\text{mol}}{\text{L} \cdot \text{s}} = \frac{1}{\text{s}} \cdot \frac{\text{mol}}{\text{L}}.$$

In Gl. 5.6 ist sie dagegen 1 $\text{mol} \cdot \text{L}^{-1} \cdot \text{s}^{-1}$:

$$1\frac{\text{mol}}{\text{L} \cdot \text{s}} = 1\frac{\text{L}}{\text{mol} \cdot \text{s}} \cdot \left(\frac{\text{mol}}{\text{L}}\right)^2 = 1\frac{\cancel{\text{L}}}{\cancel{\text{mol}} \cdot \text{s}} \cdot \frac{\text{mol}^{\cancel{2}}}{\text{L}^{\cancel{2}}} = 1\frac{\text{mol}}{\text{L} \cdot \text{s}}.$$

Im Prinzip lässt sich daher aus der Einheit der Geschwindigkeitskonstante die Reaktionsordnung ableiten.

Betrachten wir noch einmal Gl. 5.5. Die Frage ist, welche Form c_A haben muss, damit Gl. 5.5 erfüllt ist. Gesucht ist also eine Funktion

$$c_A = c_A(t)$$

mit der Zeit t als Variable. Es handelt sich bei Gl. 5.5 um eine Differenzialgleichung. Diese Form von Gleichungen kennst du vielleicht aus der Schule nicht. Das macht aber nichts. Wir wollen diese Gleichung nicht mathematisch lösen, sondern durch schlaues Raten: Wir erkennen auf der rechten Seite eine Größe c_A und auf der linken Seite der Gleichung die 1. Ableitung dieser Größe. Um die Gleichung zu erfüllen, müssen wir also eine Funktion suchen, die sich durch Ableiten im Wesentlichen nicht verändert. Angenommen, unsere Funktion lautet $c_A = t^2$ (quadratische Funktion), dann wird beim Ableiten daraus $2t$ (lineare Funktion). Derartige Funktionen kommen also nicht infrage. Anders verhält es sich bei den Exponentialfunktionen. Diese reproduzieren sich beim Ableiten bis auf Vorfaktoren immer wieder selbst. Aus

$$y = e^{ax}$$

wird beim Ableiten nach der Variable x

$$\frac{\mathrm{d}y}{\mathrm{d}x} = a \cdot e^{ax}. \tag{5.7}$$

Unsere Variable x ist die Zeit t, und die Funktion y ist bei uns c_A. Der Vergleich von Gl. 5.7 mit Gl. 5.5 zeigt zudem, dass der Faktor a bei uns $-k$ ist. Wir können also schlussfolgern, dass

$$c_A(t) \sim e^{-kt}$$

ist. Um daraus eine Gleichung zu machen, fehlt noch eine Konstante. Vielleicht ist dir bereits aufgefallen, dass bisher die Einheiten noch nicht stimmen. c_A hat die Einheit mol/L, und der Term e^{-kt} ist einheitenlos. Es fehlt also ein Faktor, der ebenfalls die Einheit mol/L haben muss und damit einer Konzentration entspricht. Die Bedeutung dieser Konstante ist schnell erklärt: c_A beschreibt die Konzentration von A zu einem beliebigen Zeitpunkt. Wir wissen, dass die Konzentration mit der Zeit kleiner

wird. Zum Zeitpunkt $t = 0$ muss es demnach eine Anfangskonzentration gegeben haben, die wir c_0 nennen. Es folgt damit

$$c_A(t) = c_0 \cdot e^{-kt}, \tag{5.8}$$

die wir Zeitgesetz 1. Ordnung nennen. Setzen wir in Gl. 5.8 die Zeit $t = 0$, dann erhalten wir mit

$$c_A(t = 0) = c_0 \cdot e^{-k \cdot 0} = c_0 \cdot e^0 = c_0 \cdot 1 = c_0$$

als Startkonzentration zu Beginn der Reaktion. Zugegeben, unser „Suchen und Finden" von Gl. 5.8 als Lösung der Differenzialgleichung Gl. 5.5 erscheint auf den ersten Blick ein wenig willkürlich. Tatsächlich erfüllt jedoch Gl. 5.8 die Differenzialgleichung, wie du leicht überprüfen kannst:

$$c_A(t) = \boldsymbol{c_0} \cdot \boldsymbol{e^{-kt}} = c_A$$

$$\frac{dc_A}{dt} = -k \cdot \boldsymbol{c_0} \cdot \boldsymbol{e^{-kt}} = -k \cdot c_A$$

Einen Ansatz machen

In den Naturwissenschaften wirst du öfter mit Differenzialgleichungen konfrontiert sein. Natürlich lassen sich diese auch mathematisch lösen. In vielen Fällen lässt sich aber der Funktionstyp der Lösung „erraten". Wir nennen das einen *Ansatz*, wobei der englische Begriff *educated guess* etwas direkter beschreibt, was wir tun. Die weiteren Faktoren, wie bei uns c_0, werden durch die physikalischen Rahmenbedingungen (Anfangsbedingungen) ermittelt. Wenn unsere so gefundene Lösung die zu lösende Differenzialgleichung erfüllt, so ist unsere Lösung eine Lösung, die unseren naturwissenschaftlichen Sachverhalt mathematisch beschreibt.

5.3.2 Grafische Diskussion des Zeitgesetzes 1. Ordnung und Halbwertszeit

Das Zeitgesetz 1. Ordnung ergibt eine e-Funktion, deren Verlauf in ◘ Abb. 5.12 dargestellt ist. Wir erkennen, dass die Kurve zu Beginn sehr steil abfällt und im Laufe der Zeit immer flacher wird. Die Steilheit oder, mathematisch exakter, der Anstieg der Kurve, wird also vom Betrag immer kleiner. Wir haben bereits in ▶ Abschn. 5.2.1 gelernt, dass der Anstieg mit unserer Reaktionsgeschwindigkeit zusammenhängt. Je steiler die Kurve, desto größer die Reaktionsgeschwindigkeit. Mit fortschreitender Zeit nimmt die Reaktionsgeschwindigkeit also ab. Das ist eine für uns logische Erkenntnis, schließlich hängt die Reaktionsgeschwindigkeit linear mit der Konzentration von A zusammen. Nimmt c_A ab, muss auch die Reaktionsgeschwindigkeit abnehmen.

Eingezeichnet ist in ◘ Abb. 5.12 weiterhin der Messpunkt, bei dem die Konzentration c_A nur noch die Hälfte der Anfangskonzentration c_0 ist, also: $c_A = c_0/2$. Die zugehörige Zeit nennen wir Halbwertszeit und bezeichnen sie mit $t_{1/2}$.

Die Halbwertszeit ist eine anschauliche Größe, weil sie uns eine Auskunft darüber gibt, in welchen Zeitskalen eine Reaktion abläuft: Sekunden, Stunden, Jahrhunderten. Sie ergibt sich, wenn wir in unser Zeitgesetz (Gl. 5.8) als Zeit $t_{1/2}$ einsetzen uns als $c_A = c_0/2$. Wir erhalten damit:

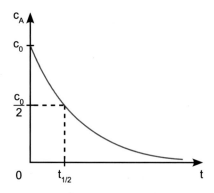

Abb. 5.12   Abhängigkeit der Konzentration von der Zeit bei einer Reaktion 1. Ordnung

$$c_A\left(t=t_{1/2}\right)=\frac{c_0}{2}$$

$$\cancel{c_0}\cdot e^{-kt_{1/2}}=\frac{\cancel{c_0}}{2}$$

$$e^{-kt_{1/2}}=\frac{1}{2}$$

Um diese Gleichung nach $t_{1/2}$ aufzulösen, wenden wir auf beiden Seiten den natürlichen Logarithmus $\ln = \log_e$ an. Dieser ist die Umkehrfunktion zur Exponentialfunktion mit der Basis e. Übrig bleiben links dann nur noch die Exponenten. Rechts können wir $\ln(1/2)$ umwandeln zu $-\ln(2)$:

$$\ln\left(e^{-kt_{1/2}}\right)=\ln\left(\frac{1}{2}\right)$$

$$-kt_{1/2}\cdot\ln\left(e\right)=-\ln\left(2\right)$$

$$-kt_{1/2}\cdot\mathbf{1}=-\ln\left(2\right)$$

Da $\ln(e) = 1$ ist, wie du auch schnell mit dem Taschenrechner überprüfen kannst, folgt nach umstellen nach $t_{1/2}$ die Gleichung für die Halbwertszeit einer Reaktion 1. Ordnung:

$$t_{1/2}=\frac{\ln\left(2\right)}{k}. \tag{5.9}$$

Wie du an Gl. 5.9 siehst, ist die Halbwertszeit unabhängig von der Anfangskonzentration. Dies ist ein Sonderfall, weil bei allen anderen Reaktionsordnungen die Halbwertszeit von c_0 abhängt. Eine besondere Bedeutung hat die Halbwertszeit bei radioaktiven Prozessen. Schaue dir dazu gerne das Beispiel an.

> ▶ **Beispiel**

Radioaktiver Zerfall

Manche Isotope sind radioaktiv, d. h. sie zerfallen nach einer gewissen Zeit in andere Isotope oder Elemente. Radioaktive Zerfallsreaktionen sind zwar keine chemischen Reaktionen. Sie lassen sich jedoch mit den gleichen Gesetzmäßigkeiten zu Reaktionen 1. Ordnung beschreiben. Radioaktive Isotope haben deshalb eine feste Halbwertszeit, weil diese nach Gl. 5.9 nur von der Geschwindigkeitskonstante, also der Zerfallsreaktion selbst, abhängen, nicht aber davon, wie viele radioaktive Isotope zu Beginn vorhanden waren. Wir wollen dazu ein Beispiel betrachten:

Das C-14-Isotop ist radioaktiv und hat eine Halbwertszeit von 5730 Jahren. Es bildet sich in der oberen Atmosphäre durch die kosmische Strahlung. C-14-Atome sind immer zu einem gewissen Teil in lebender Materie enthalten. Der Anteil von C-14 in der Atmosphäre und damit auch in lebenden Organismen beträgt 10^{-9} %. Stirbt ein Organismus, wechselwirkt sein Stoffwechsel nicht mehr mit der Umgebung und der Anteil an C-14 nimmt durch radioaktiven Zerfall ab. Der Zerfall von C-14 (Prozess 1. Ordnung) kann daher genutzt werden, um in der Archäologie das Alter zu bestimmen.

Im Jahr 1991 haben Wanderer in den Alpen bei einem Gletscher eine Leiche gefunden, die sehr bald den Namen Ötzi bekam. Ötzis Alter wurde im Labor mit der Radiocarbonmethode (C-14-Methode) bestimmt. Man fand heraus, dass der Anteil von C-14 auf 53 % des Ausgangswertes abgesunken war. Wir wollen aus diesen Daten berechnen, vor wie vielen Jahren Ötzi gelebt hat.

Wir nutzen dazu das Zeitgesetz 1. Ordnung (Gl. 5.8). Bekannt ist, dass die aktuelle Konzentration $c = 0{,}53 \cdot c_0$ ist, und so erhalten wir aus

$$c = c_0 \cdot e^{-kt} \Rightarrow 0{,}53 = e^{-kt} \Rightarrow \ln 0{,}53 = -kt.$$

Zum Zeitpunkt des Todes war der Anteil an C-14 noch 100 %, jetzt liegt er nur noch bei 53 %. Daher ist die Zeit t die Zeit, die seit seinem Tod vergangen ist. Um diese zu bestimmen, fehlt uns noch die Geschwindigkeitskonstante k. Diese können wir mithilfe der Halbwertszeit berechnen:

$$t_{1/2} = \frac{\ln 2}{k} \Leftrightarrow k = \frac{\ln 2}{t_{1/2}} = \frac{\ln 2}{5730\,\text{a}} = 1{,}209681 \cdot 10^{-4}\,\frac{1}{\text{a}}.$$

Also erhalten wir für die gesuchte Zeit

$$t = -\frac{\ln 0{,}53}{1{,}209681 \cdot 10^{-4}\,\dfrac{1}{\text{a}}} = \underline{\underline{5248\,\text{a}.}}$$

Ötzi lebte also (im Jahr des Fundes 1991) vor 5248 Jahren. ◀

Die Halbwertszeit bei Reaktionen beliebiger Ordnung

Das in ▶ Abschn. 5.3.2 gezeigte Vorgehen zur Bestimmung der Halbwertszeit einer Reaktion 1. Ordnung kannst du auf alle Reaktionsordnungen anwenden. Wir schauen uns dazu das folgende Beispiel an:

Für eine Reaktion wurde experimentell gefunden, dass die Reaktionsgeschwindigkeit proportional zur Quadratwurzel der Konzentration ist. Die zugehörige Differenzialgleichung (Geschwindigkeitsgesetz) lautet dann

$$\frac{\mathrm{d}c_A}{\mathrm{d}t} = -k \cdot \sqrt{c_A}. \tag{5.10}$$

5

Um hieraus das Zeitgesetz zu ermitteln, sind Methoden zur Lösung von Differenzialgleichungen nötig. Wir wollen direkt mit dem Ergebnis fortfahren und auf diesen mathematischen Exkurs nicht näher eingehen. Als Lösung von Gl. 5.10 und damit als Zeitgesetz ergibt sich dann

$$c_A^{\frac{1}{2}} - c_0^{\frac{1}{2}} = -\frac{1}{2}kt. \tag{5.11}$$

Wir wollen an diesem Beispiel die Halbwertszeit bestimmen. Zuvor wollen wir jedoch klären, welche Ordnung die Reaktion hat. Dazu nutzen wir aus, dass wir mathematisch die Quadratwurzel auch als Exponent ½ schreiben können. Gl. 5.10 lässt sich also auch schreiben als

$$\frac{dc_A}{dt} = -k \cdot c_A^{\frac{1}{2}}.$$

Damit wird sofort ersichtlich, dass die Reaktionsordnung ½ beträgt. Im Prinzip sind beliebige Reaktionsordnungen möglich, daher kann es auch vorkommen, dass eine Reaktion gebrochenzahliger Ordnung ist. Um nun die Halbwertszeit zu bestimmen, nutzen wir, dass

$$c_A\left(t = t_{1/2}\right) = \frac{c_0}{2}$$

ist. Aus Gl. 5.11 wird dann:

$$\left(\frac{c_0}{2}\right)^{\frac{1}{2}} - c_0^{\frac{1}{2}} = -\frac{1}{2}kt_{1/2}$$

$$\frac{c_0^{\frac{1}{2}}}{2^{\frac{1}{2}}} - c_0^{\frac{1}{2}} = -\frac{1}{2}kt_{1/2}$$

Wir erweitern den Subtrahenden mit $\sqrt{2}$ und können dann die Differenz auf einen Bruch schreiben:

$$\frac{c_0^{\frac{1}{2}}}{\sqrt{2}} - \frac{\sqrt{2} \cdot c_0^{\frac{1}{2}}}{\sqrt{2}} = -\frac{1}{2}kt_{1/2}$$

$$\frac{c_0^{\frac{1}{2}} - \sqrt{2} \cdot c_0^{\frac{1}{2}}}{\sqrt{2}} = -\frac{1}{2}kt_{1/2}$$

Ausklammern von $\frac{1}{\sqrt{2}} \cdot c_0^{1/2}$ ergibt

$$\frac{1}{\sqrt{2}} \cdot c_0^{\frac{1}{2}}\left(1 - \sqrt{2}\right) = -\frac{1}{2}kt_{1/2}.$$

Weiteres Umstellen und die Tatsache, dass $2/\sqrt{2} = \sqrt{2}$ ist, ergibt uns die endgültige Formel

$$-\frac{2}{\sqrt{2} \cdot k} \cdot c_0^{\frac{1}{2}}\left(1 - \sqrt{2}\right) = t_{1/2}$$

$$-\frac{\sqrt{2}}{k} \cdot c_0^{\frac{1}{2}}\left(1 - \sqrt{2}\right) = t_{1/2}$$

$$t_{1/2} = -\frac{c_0^{\frac{1}{2}}}{k}\left(\sqrt{2} - 2\right)$$

Wie du an diesem Beispiel siehst, kann die Mathematik hier schnell etwas aufwendiger und komplexer werden. Im Prinzip sind stets die Grundrechenarten in Bezug auf Potenzen und Logarithmen wichtig. Die Herangehensweise jedoch bleibt die Gleiche. Du siehst aber, dass die Halbwertszeit hier von der Anfangskonzentration c_0 abhängt.

Wir wollen uns nun die Frage stellen, wie wir die Halbwertszeit einer Reaktion experimentell bestimmen können. Immerhin hängt die Halbwertszeit mit der Geschwindigkeitskonstanten k zusammen, sodass deren Messung ein wichtiges Vorgehen kinetischer Untersuchungen ist. Im Prinzip könnten wir einfach die Konzentration bei einer Reaktion über der Zeit messen, wie in ◘ Abb. 5.12 abtragen, und aus dem Diagramm die Halbwertszeit ablesen. Dieses Vorgehen wäre jedoch mit einer großen Ungenauigkeit verknüpft, weil wir unser Ergebnis praktisch nur von einem Messpunkt abhängig machen.

Grafische Darstellungen lassen sich immer dann besonders zuverlässig auswerten, wenn wir einen linearen Zusammenhang finden. Ist dieser wie bei uns nicht gegeben (exponentieller Zusammenhang), können wir versuchen, unsere zugrundeliegende Gleichung (Gl. 5.8) zu linearisieren. Dies erreichen wir, wenn wir die gesamte Gleichung logarithmieren:

$$c_A = c_0 \cdot e^{-kt}$$

$$\ln(c_A) = \ln\left(c_0 \cdot e^{-kt}\right)$$

Die Vereinfachung der Gleichung erfolgt ähnlich wie bei der Herleitung der Halbwertszeit. Wir nutzen zudem, dass wir den Logarithmus eines Produktes auch als Summe einzelner Logarithmen schreiben können:

$$\ln(c_A) = \ln(c_0) + \ln\left(e^{-kt}\right)$$

$$\ln(c_A) = \ln(c_0) + (-kt) \cdot \ln(e)$$

$$\ln(c_A) = \ln(c_0) - kt \tag{5.12}$$

Mit Gl. 5.12 haben wir die linearisierte Form des Zeitgesetzes 1. Ordnung gefunden. Grafisch tragen wir also $\ln(c_A)$ über der Zeit t auf (siehe ◘ Abb. 5.13) und erhalten eine Gerade. In dieser grafischen Darstellung können wir nun direkt $\ln(c_0)$ ablesen und daraus die Anfangskonzentration bestimmen.

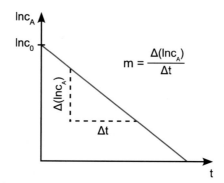

❏ **Abb. 5.13**   Abhängigkeit von $\ln(c_A)$ von der Zeit bei einer Reaktion 1. Ordnung

---

Tipp

Lineare Funktionen erkennen

Manchmal ist es in den Naturwissenschaften schwierig, lineare Zusammenhänge in einer Formel zu erkennen, weil je nach Inhalt andere Buchstaben für Variablen und Konstanten verwendet werden. Hier hilft es, wenn du die naturwissenschaftliche Gleichung mit der mathematischen Form für lineare Funktionen vergleichst:

$y = mx + n.$

Du siehst in dieser Gleichung zwei Variablen und zwei Konstanten. Die Variablen, also die Größen, die sich verändern, sind y und x. Unveränderlich, d. h. konstant, bleiben m und n. m ist der Anstieg der Geraden und macht damit eine Aussage, wie steil die Gerade verläuft. Der Anstieg macht also eine Aussage darüber, wir stark sich etwas ändert. Dies ist bei uns die Geschwindigkeitskonstante, also ist $m = -k$. Da k eine positive Konstante ist, zeigt uns das Minuszeichen in Gl. 5.12, dass die Gerade abfällt. Der Wert von $\ln(c_A)$ wird im Laufe Zeit immer kleiner. Der Anstieg ist damit negativ.

n ist der Wert, an dem die Gerade die y-Achse schneidet. Naturwissenschaftlich ist dies meist ein Startwert einer Messung oder eines Prozesses. Bei uns ist daher $n = \ln(c_0)$. Somit ist in unserem Fall die Variable x gleichzusetzen mit der Zeit t und y entspricht $\ln(c_A)$. Du erkennst die Ähnlichkeit auch, wenn du die beiden Gleichungen einmal übereinanderschreibst:

$\ln(c_A) = \ln(c_0) - kt$

$y = n + mx$

Damit haben wir erkannt, dass Gl. 5.12 die Form einer linearen Funktion hat.

Die Geschwindigkeitskonstante lässt sich ermitteln, wenn wir den Anstieg m der Geraden bestimmen. Wir teilen dazu ein Intervall auf der y-Achse durch das zugehörige Intervall auf der x-Achse:

$$m = \frac{\Delta y}{\Delta x}.$$ (5.13)

Da die y-Achse bei uns die $\ln(c_A)$-Achse ist und die x-Achse der t-Achse entspricht, folgt aus Gl. 5.13

$$m = \frac{\Delta(\ln c_A)}{\Delta t} = -k.$$ (5.14)

Beachte, dass in Gl. 5.12 ein Minus vor der Geschwindigkeitskonstanten steht. Da diese selbst positiv ist, ist der Anstieg der Geraden insgesamt negativ. Auf diese Art und Weise lässt sich aus dem Anstieg der Geraden die Geschwindigkeitskonstante bestimmen, aus der dann wiederum mit Gl. 5.9 die Halbwertszeit bestimmt werden kann.

Darüber hinaus dient diese Methode auch dazu, zu überprüfen, ob eine Reaktion 1. Ordnung ist. Tragen wir bei einer bestimmten Reaktion die logarithmierten Werte der gemessenen Konzentrationen über der Zeit auf, dann erhalten wir nur bei Reaktionen 1. Ordnung eine Gerade.

▶ Beispiel

Reaktion 1. Ordnung oder nicht?

Distickstoffpentoxid zerfällt nach der Gleichung:

$$2\,N_2O_5(g) \rightarrow 4\,NO_2(g) + O_2(g).$$

In einer Messreihe wurde der Partialdruck (in Torr) von N_2O_5 gemessen:

t in h	2	4	6	8	10	12	14	16
p in Torr	403	314	245	191	148	116	90	70
$\ln(p)$	6	5,75	5,5	5,25	5	4,75	4,5	4,25

Überprüfe, ob es sich um eine Reaktion 1. Ordnung handelt. Bestimme aus den Messwerten grafisch den Anfangsdruck von N_2O_5 und die Geschwindigkeitskonstante. Berechne daraus die Halbwertszeit der Reaktion.

Wir beginnen damit, die gegebenen Messwerte grafisch aufzutragen. Um zu überprüfen, ob es sich um eine Reaktion 1. Ordnung handelt, tragen wir außerdem den $\ln(p)$ über der Zeit auf. Dass in dieser Aufgabe keine Konzentrationen, sondern Drücke gegeben sind, muss uns nicht irritieren. Wir können in allen unsere bisherigen Gesetzmäßigkeiten in diesem Kapitel die Konzentration einfach durch den Druck ersetzen, wenn Gase beteiligt sind. Wir erkennen sofort eine Gerade, d. h. einen linearen Zusammenhang im $\ln(p)$–t-Diagramm. Damit ist gezeigt, dass es sich um eine Reaktion 1. Ordnung handelt.

5

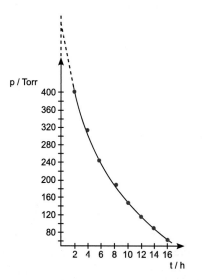

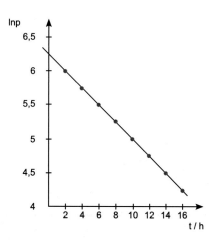

Grafische Darstellung der Messwerte: p–t-Diagramm (links) und $\ln(p)$–t-Diagramm (rechts)

Nun wollen wir den Anfangsdruck p_0 bestimmen. Zu diesem Zweck eignet sich $\ln(p)$–t-Diagramm besser als das p–t-Diagramm, bei dem das Ablesen von p_0 auf der y-Achse mit einer großen Ungenauigkeit verknüpft ist. Aus dem $\ln(p)$–t-Diagramm lesen wir direkt ab: $\ln(p_o) = 6{,}25$. Wir setzen beide Seiten in den Exponenten einer e-Funktion, da dies die Umkehroperation des natürlichen Logarithmus ln ist. Es folgt:

$$\ln\left(p_o\right) = 6{,}25$$

$$e^{\ln(p_o)} = e^{6{,}25}$$

$$p_0 = e^{6{,}25}\,\text{Torr} = \underline{\underline{518\,\text{Torr}}}$$

Wir müssen beachten, dass die Einheit für unseren Druck nun wieder die Einheit ist, in der der Druck zu Beginn gegeben war. Vielleicht ist dir aufgefallen, dass wir uns nicht die Mühe gemacht haben, die Druckangaben in die Standardeinheit bar umzurechnen. Das macht dann nichts, solange wir unsere gegebene Einheit Torr *mitdenken*.

Nun wollen wir die Geschwindigkeitskonstante bestimmen. Dazu ermitteln wir den Anstieg der Geraden im $\ln(p)$–t-Diagramm. Für eine möglichst hohe Genauigkeit nutzen wir ein möglichst großes Intervall, z. B. zwischen den Werten (2 h/6) und (16 h/4,25)

$$m = \frac{\Delta(\ln p)}{\Delta t}\,\frac{6 - 4{,}25}{2\,\text{h} - 16\,\text{h}} = -0{,}125\,\frac{1}{\text{h}}.$$

Damit ist die Geschwindigkeitskonstante:

$$k = -m = \underline{\underline{0{,}125\,\frac{1}{\text{h}}}}.$$

Nun können wir auch die Halbwertszeit berechnen:

$$t_{1/2} = \frac{\ln(2)}{k} = \frac{\ln(2)}{0{,}125}\,\text{h} = \underline{\underline{5{,}55\,\text{h}}}.$$

Nach 5,55 h ist also der Anfangsdruck von 518 Torr auf die Hälfte, d. h. 259 Torr, gesunken. Ein Blick in auf die oben aufgeführten Messwerte für den Zerfall von Stickstoffdioxid zeigt, dass dieser Wert irgendwo zwischen den Messwerten bei 4 h und 6 h liegt. Unser Ergebnis ist also plausibel.

In dieser Aufgabe zeigt sich, dass lineare Graphen deutlich einfacher und damit auch oft genauer auszuwerten sind als nichtlineare Graphen. Zugegeben sind unsere gegebenen Messwerte ziemlich „perfekt", da sie einen sehr eindeutigen linearen Zusammenhang zeigen. Auf diese Weise können wir die Graphen jedoch händisch lösen. In der Laborpraxis würden wir auf Tabellenkalkulations- und Darstellungsprogramme zurückgreifen. ◄

Tipp

Überprüfe dein Wissen

Auf den Flashcards zu Kap. 5 findest du Verständnisfragen zu diesem Kapitel unter **Zeitgesetze**.

5.4 Temperaturabhängigkeit der Reaktionsgeschwindigkeit

5.4.1 Arrhenius-Gleichung

Zum Abschluss unserer Darstellung der Kinetik chemischer Reaktionen wollen wir nochmal einen genaueren Blick auf den Einfluss der Temperatur auf die Reaktionsgeschwindigkeit werfen. In den Zeitgesetzen und Geschwindigkeitsgesetzen taucht die Temperatur als Variable schließlich nicht direkt auf. Und dennoch wissen wir bereits, dass die Temperatur ein Maß für die kinetische Energie der Teilchen ist und damit eine Aussage darüber erlaubt, wie viele Teilchen die mindestens nötige Energie (Aktivierungsenergie) besitzen, damit es zu einer Reaktion kommt. **Je höher also die Temperatur, desto höher die Reaktionsgeschwindigkeit.**

Betrachten wir noch einmal ◻ Abb. 5.4 für eine bestimmte Temperatur. Stell dir mal vor, was passiert, wenn die Aktivierungsenergie immer kleiner wird. Je kleiner sie ist, desto mehr Teilchen haben die nötige Energie, damit es zu einer Reaktion kommt. **Je kleiner die Aktivierungsenergie, desto schneller verläuft die Reaktion.**

Diese Zusammenhänge werden in der sog. Arrhenius-Gleichung zusammengefasst, die für eine bestimmte Reaktion die Geschwindigkeitskonstante bei verschiedenen Temperaturen beschreibt:

$$k(T) = A \cdot e^{-\frac{E_A}{R \cdot T}}. \tag{5.15}$$

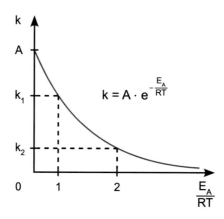

■ **Abb. 5.14**   Zur Interpretation der Arrhenius-Gleichung

Die Gleichung beschreibt einen exponentiellen Zusammenhang, der in ■ Abb. 5.14 dargestellt ist. Wird beispielsweise die Aktivierungsenergie E_A immer größer ($1 \rightarrow 2$), wird der Term E_A/RT im Exponenten auch immer größer, sodass die gesamte e-Funktion und damit k ($k_1 \rightarrow k_2$) kleiner werden. Erhöhen wir dagegen die Temperatur, nähert sich der Term E_A/RT immer weiter null an, wird also kleiner ($2 \rightarrow 1$), und die Geschwindigkeitskonstante k wird immer größer ($k_2 \rightarrow k_1$). Enthalten ist in Gl. 5.15 weiterhin die Gaskonstante R sowie ein präexponentieller Faktor A. Dieser macht eine Aussage über die Anzahl an wirksamen Stößen zwischen den Teilchen.

▶ **Beispiel**

Eine Reaktion hat eine Aktivierungsenergie von 83,85 kJ · mol^{-1} und einen prä-exponentiellen Faktor von $5 \cdot 10^{13}$ s^{-1}. Berechne diejenige Temperatur, bei der die Halbwertszeit genau 1 min beträgt.

Wir arbeiten für diese Aufgabe mit Gl. 5.15. Gegeben sind uns A und E_A und gesucht ist T. Unbekannt ist jedoch noch die Geschwindigkeitskonstante k. Allerdings ist noch die Halbwertszeit gegeben. Aus ▶ Abschn. 5.3.2 wissen wir, dass Halbwertszeit und Geschwindigkeitskonstante zusammenhängen. Dazu müssen wir wissen, welcher Ordnung die Reaktion ist.

Um die Ordnung unserer Reaktion zu bestimmen, nutzen wir die Einheit der Geschwindigkeitskonstanten. Aus ▶ Abschn. 5.3.1 wissen wir, dass die Einheit bei jeder Reaktionsordnung eine andere ist. In Gl. 5.15 wird ersichtlich, dass k die gleiche Einheit haben muss wie der präexponentielle Faktor A. Die Einheit von k ist also s^{-1}, und damit liegt eine Reaktion 1. Ordnung vor.

Für eine Reaktion 1. Ordnung gilt für die Halbwertszeit Gl. 5.9, und wir können k bestimmen zu:

$$k = \frac{\ln(2)}{t_{1/2}}.$$

Nun gibt es zwei Möglichkeiten. Wir könnten den Wert für k aus der Halbwertszeit berechnen und in Gl. 5.15 einsetzen. Wir wollen aber nach Möglichkeit in den Naturwissenschaften versuchen, mit möglichst wenigen Teilergebnissen auszukommen, um nicht zu große Abweichungen durch das Runden der Teilergebnisse im Endergebnis zu erzeugen.

Daher ersetzen wir in Gl. 5.15 die Geschwindigkeitskonstante durch die Halbwertszeit mit Gl. 5.9. Wir erhalten dann

$$\frac{\ln(2)}{t_{1/2}} = A \cdot e^{-\frac{E_A}{R \cdot T}}.$$

Nun müssen wir die Gleichung nur noch nach der gesuchten Größe, also T, umstellen:

$$\frac{\ln(2)}{A \cdot t_{1/2}} = e^{-\frac{E_A}{R \cdot T}}$$

$$\ln\left(\frac{\ln(2)}{A \cdot t_{1/2}}\right) = \ln\left(e^{-\frac{E_A}{R \cdot T}}\right)$$

$$\ln\left(\frac{\ln(2)}{A \cdot t_{1/2}}\right) = -\frac{E_A}{R \cdot T}$$

$$T = -\frac{E_A}{R \cdot \ln\left(\dfrac{\ln(2)}{A \cdot t_{1/2}}\right)}$$

Wir setzen die gegebenen Werte ein und achten darauf, die Einheiten zuvor in SI-Einheiten umzurechnen: $E_A = 63.850 \, \text{J} \cdot \text{mol}^{-1}$, $t_{1/2} = 60 \, \text{s}$. Dann folgt

$$T = -\frac{83.850 \, \text{J} \cdot \text{mol}^{-1}}{8{,}314 \, \text{J} \cdot \text{mol}^{-1} \cdot \text{K}^{-1} \cdot \ln\left(\dfrac{\ln(2)}{5 \cdot 10^{13} \, \text{s}^{-1} \cdot 60 \, \text{s}}\right)} = \underline{\underline{280{,}1 \, \text{K}.}}$$

Ein Blick auf die Einheiten zeigt, dass sich im Logarithmus $\text{s}^{-1} \cdot \text{s} = 1$ aufheben. Zudem kürzen sich $\text{J} \cdot \text{mol}^{-1}$, sodass lediglich im Nenner K^{-1} übrig bleibt. Daher ist die Einheit letztlich K (Kelvin) und entspricht einer Temperatur. ◀

5.4.2 Die RGT-Regel

Die Arrhenius-Gleichung in Gl. 5.15 ist die mathematische Grundlage für die bekannte RGT-Regel (**R**eaktions**G**eschwindigkeit-**T**emperatur-Regel) der Chemie. Diese besagt, dass sich die Geschwindigkeit einer chemischen Reaktion verdoppelt bis vervierfacht, wenn sich die Temperatur um 10 K erhöht. Um dies zu zeigen, formulieren wir Gl. 5.15 einmal für eine Temperatur T_1 und einmal für eine Temperatur T_2:

$$k_1 = A \cdot e^{-\frac{E_A}{R \cdot T_1}} \tag{5.16}$$

$$k_2 = A \cdot e^{-\frac{E_A}{R \cdot T_2}} \tag{5.17}$$

Wenn eine Temperaturerhöhung um 10 K eine Verdopplung bis Vervierfachung der Reaktionsgeschwindigkeit zur Folge hat, dann muss das Verhältnis von k_1/k_2 2 bis 4 ergeben. Wir bilden also den Quotienten aus Gl. 5.16 und 5.17:

$$\frac{k_1}{k_2} = \frac{A \cdot e^{-\frac{E_A}{R \cdot T_1}}}{A \cdot e^{-\frac{E_A}{R \cdot T_2}}} = \frac{e^{-\frac{E_A}{R \cdot T_1}}}{e^{-\frac{E_A}{R \cdot T_2}}}.$$

Durch diesen mathematischen Trick kürzt sich der präexponentielle Faktor heraus, zumindest solange wir davon ausgehen, dass dieser sich nicht mit der Temperatur verändert. Nun können wir die Exponentialgesetze anwenden und Nenner und Zähler wie folgt zusammenfassen:

$$\frac{k_1}{k_2} = e^{-\frac{E_A}{R \cdot T_1} - \left(-\frac{E_A}{R \cdot T_2}\right)} = e^{-\frac{E_A}{R \cdot T_1} + \frac{E_A}{R \cdot T_2}}.$$

Wir klammern E_A/R im Exponenten aus und erhalten schließlich:

$$\frac{k_1}{k_2} = e^{\frac{E_A}{R}\left(-\frac{1}{T_1} + \frac{1}{T_2}\right)}.$$

Typische Aktivierungsenergien liegen um die 50 kJ/mol = 50.000 J/mol, und den Temperaturunterschied von 10 K wählen wir zwischen 25 ° C = 298 K und 35 ° C = 308 K. Dann folgt

$$\frac{k_1}{k_2} = e^{\frac{E_A}{R}\left(-\frac{1}{T_1} + \frac{1}{T_2}\right)} = e^{\frac{50.000\,\mathrm{J \cdot mol^{-1}}}{8{,}314\,\mathrm{J \cdot mol^{-1} \cdot K^{-1}}}\left(-\frac{1}{308\,\mathrm{K}} + \frac{1}{298\,\mathrm{K}}\right)} = 1{,}92 \approx 2.$$

Die Reaktionsgeschwindigkeit verdoppelt sich also circa.

▶ Beispiel

Schnellkochtopf

Ein typisches Beispiel für die Anwendung der RGT-Regel ist ein Schnellkochtopf. Diese speziellen Kochtöpfe, bei denen der Deckel fest mit dem Topf verbunden wird, nutzen aus, dass sich beim Kochprozess Wasserdampf bildet. Kann dieser nicht entweichen, baut sich im Topf ein Überdruck auf, der dazu führt, dass die Siedetemperatur des Wassers erhöht wird. Der Gesamtdruck in solch einem Topf beträgt typischerweise 1,8 bar. Bei diesem Druck siedet Wasser erst bei 117 °C. D. h., die Speisen werden nicht bei 100 °C gegart, sondern bei 117 °C. Dieser Temperaturanstieg führt dazu, dass der Garprozess zwei- bis dreimal so schnell abläuft. So benötigen Pellkartoffeln (je nach Größe) anstatt 30 min Kochzeit im Schnellkochtopf nur ca. 10 min. ◀

5.4.3 Einfluss der Reaktionsenthalpie

Wir haben als Einflussfaktoren auf die Reaktionsgeschwindigkeit bisher die Größen Konzentration bzw. Druck, Temperatur, Zerteilungsgrad und Katalysator kennengelernt. Das Prinzip des Katalysators ist es, die Aktivierungsenergie herabzusetzen, wodurch die Geschwindigkeitskonstante nach Gl. 5.15 größer wird (siehe ▶ Abschn. 5.4.1).

Wir wissen aber auch, dass bei chemischen Reaktionen Energie frei wird (exotherm) oder aufgewendet werden muss (endotherm). Kann es also nicht auch sein, dass die Reaktionsenthalpie, die diesen Energieumsatz beschreibt, einen Einfluss auf die Geschwindigkeit hat? Vergleichen wir dazu einmal zwei exotherme Reaktionen: Die Neutralisation von Salzsäure mit Natronlauge (I) und die Explosion von Nitroglycerin (II):

I. $HCl(aq) + NaOH(aq) \longrightarrow NaCl(aq) + H_2O(l)$

$(\Delta_R H^0 = -57,3 kJ/mol)$

II. $4\,C_3H_5N_3O_9(l) \longrightarrow 12\,CO_2(g) + 10\,H_2O\,(g) + 5\,N_2(g) + 2\,NO(g)$

$(\Delta_R H^0 = -1370 kJ/mol)$

Wir erkennen, dass Reaktion (II) eine vielfach höhere Reaktionsenthalpie hat. Aber läuft sie deshalb schneller ab? Vergleichen wir dazu in beiden Fällen die nötige Aktivierungsenergie. Die Neutralisation von Salzsäure mit Natronlauge (I) läuft bereits bei Raumtemperaturen ab, ohne dass zusätzliche Energie hinzugefügt werden muss. Dagegen ist für die Zersetzung von Nitroglycerin ein Initiator nötig, z. B. durch einen Schlag. Die Aktivierungsenergie von Reaktion (II) ist also höher als die von Reaktion (I). Sofern diese Aktivierungsenergie für Reaktion (II) nicht aufgewendet wird, läuft auch die Reaktion nicht ab. Reaktion (I) müsste daher schneller ablaufen als Reaktion (II). Dies wird auch durch die Arrhenius-Gleichung deutlich. Da die Aktivierungsenergie von Reaktion (I) $E_A(I)$ kleiner als die von Reaktion (II) $E_A(II)$ ist, ist $k_I > k_{II}$:

$$k_I = A \cdot e^{-\frac{E_A(I)}{R \cdot T}}$$

$$k_{II} = A \cdot e^{-\frac{E_A(II)}{R \cdot T}}$$

Dass die Neutralisation sehr schnell abläuft, können wir auch im Laborexperiment gut zeigen: Wenn wir zu verdünnter Salzsäure im Becherglas verdünnte Natronlauge hinzugeben und ein Thermometer hineinstellen, können wir bereits nach wenigen Sekunden einen deutlichen Temperaturanstieg erkennen. Eine Explosion wie in Gleichung (II) läuft dagegen in Millisekunden ab, also deutlich schneller.

Ganz so einfach ist es also nicht, und hier müssen wir aufpassen, dass wir nicht mehrere chemische Konzepte durcheinanderbringen. Bleiben wir noch einmal bei der Neutralisation. Im Laufe der Reaktion wird Wärme frei, und die Folge ist, dass die Temperatur ansteigt. Das heißt aber auch, dass laut Gl. 5.15 die Geschwindigkeitskonstante größer wird. Hier gibt es also einen zusätzlichen Effekt, der eine Erhöhung der Reaktionsgeschwindigkeit bedingt, der mit dem exothermen Charakter der Reaktion zu tun hat.

Da die frei werdende Enthalpie bei Reaktion (II) deutlich höher ist, ist auch ein viel höherer Temperaturanstieg zu erwarten. Aus diesem Grund steigt die Geschwindigkeitskonstante k in Reaktion (II) viel stärker an als in (I). In der Summe führt das dazu, dass nach Start von Reaktion (II) diese wesentlich schneller abläuft als (I).

An diesem Beispiel sehen wir, dass wir chemische Reaktionen immer aus verschiedenen Perspektiven betrachten müssen, um Aussagen über real ablaufende Prozesse zu machen. Wir kennen bereits die thermodynamische Sichtweise, die uns eine Aussage über die Freiwilligkeit einer chemischen Reaktion und deren Energieumsatz macht, aber keinerlei Aussage über den zeitlichen Verlauf zulässt. Die dafür nötigen Gesetzmäßigkeiten können wir erst durch kinetische Überlegungen anwenden.

5

> **Tipp**
>
> **Überprüfe dein Wissen**
>   Auf den Flashcards zu Kap. 5 findest du Verständnisfragen zu diesem Kapitel unter **Temperaturabhängigkeit**.

5.5 Top-Ten-Test zur Reaktionskinetik

Du kannst dein Wissen zur Reaktionskinetik mit den folgenden zehn Aufgaben überprüfen. Die Lösungen zu den Top-Ten-Tests findest du im Support-Material. Noch mehr Übungen gefällig? Im Support-Material findest du außerdem umfangreichere Übungsaufgaben zu diesem Kapitel mit ausführlichen Rechenwegen und Lösungen.

- **1) Einflüsse auf die Reaktionsgeschwindigkeit**
Welche der folgenden Aussagen sind für die Geschwindigkeit einer chemischen Reaktion zutreffend (mehrere Antworten möglich)?
a. Je niedriger die Konzentration der Edukte, desto höher die Reaktionsgeschwindigkeit.
b. Je höher der Druck, desto höher die Reaktionsgeschwindigkeit.
c. Die Temperatur hat keinen Einfluss auf die Reaktionsgeschwindigkeit.
d. Je höher die Temperatur, desto höher die Reaktionsgeschwindigkeit.
e. Mit wachsender Oberfläche der Reaktanten vergrößert sich die Reaktionsgeschwindigkeit.
f. Ein Katalysator erhöht die Reaktionsgeschwindigkeit.

- **2) Katalysatoren**
Welche der folgenden Aussagen über Katalysatoren sind korrekt (mehrere Antworten möglich)?
a. Ein Katalysator hat keinen Einfluss auf die Reaktionsgeschwindigkeit.
b. Ein Katalysator greift in den Reaktionsablauf ein und ermöglicht so einen Weg mit geringerer Aktivierungsenergie.
c. Ein Katalysator nimmt nicht an der Reaktion teil.

d. Ein Katalysator liegt nach der Reaktion unverändert vor.

e. Ein Katalysator tritt in der Reaktionsgleichung auf.

f. Ein Katalysator tritt in den Teilgleichungen einer Reaktion auf.

g. Katalysatoren haben immer die gleiche Phase wie die Reaktanten einer Reaktion.

■ 3) Messung der Reaktionsgeschwindigkeit

Nenne drei messmethodische Möglichkeiten, die Reaktionsgeschwindigkeit einer Reaktion zu bestimmen.

■ 4) Reaktions-, Bildungs- und Verbrauchsgeschwindigkeit

Die Verbrauchsgeschwindigkeit von A in der Reaktion $2\,A + B \longrightarrow 3\,C + D$ hat einen Betrag von $1\,\text{mol} \cdot \text{L}^{-1} \cdot \text{s}^{-1}$. Wie groß sind die Reaktionsgeschwindigkeit sowie die Bildungs- und Verbrauchsgeschwindigkeiten der anderen Reaktionspartner?

■ 5) Abhängigkeit der Reaktionsgeschwindigkeit von der Konzentration

Welche Kurve ergibt sich in einem Konzentrations-Reaktionsgeschwindigkeits-Diagramm (c–r-Diagramm) für eine Reaktion 1. Ordnung?

■ 6) Reaktion 1. Ordnung – grafische Auswertung

Für die Zersetzung von SO_2Cl_2 nach der Reaktionsgleichung $SO_2Cl_2 \longrightarrow SO_2 + Cl_2$ wurden folgende Werte bestimmt:

t in min	0	100	200	300	500	700
$c(SO_2Cl_2)$ in mol/L	0,0450	0,0394	0,0345	0,0302	0,0233	0,0179

Zeige grafisch, dass es sich um eine Reaktion 1. Ordnung handelt, und ermittle die Geschwindigkeitskonstante der Reaktion.

■ 7) Reaktion 1. Ordnung – Berechnung

Die Reaktion $C_2H_5Cl \longrightarrow C_2H_4 + HCl$ verläuft nach 1. Ordnung mit $k = 1,26 \cdot 10^{-4}\,\text{h}^{-1}$ bei 600 K. Die Anfangskonzentration von $C_2H_5Cl(g)$ sei $c_0 = 1,60$ mol/L.

a. Berechne die Konzentration von C_2H_5Cl nach einer Woche.

b. Berechne, nach wie vielen Stunden die Konzentration von C_2H_5Cl 1,00 mol/L ist.

c. Bestimme die Halbwertszeit für den Zerfall von C_2H_5Cl in Stunden und in Wochen.

■ 8) Arrhenius-Gleichung

Triethylamin und Ethyliodid reagieren in Nitrobenzol zu Tetraethylammoniumiodid. Die Aktivierungsenergie für diese Reaktion beträgt $E_A = 49,8$ kJ/mol. Der präexponentielle Faktor ist mit $A = 7,5 \cdot 10^6$ L/(mol · min) gegeben. Berechne die Geschwindigkeitskonstante bei 60 °C und gib an, wie sich die Reaktionsgeschwindigkeit verdreifachen lässt.

■ 9) RGT-Regel

Milch ist ein leicht verderbliches Lebensmittel. Insbesondere Frischmilch hält sich bei Kühlung nur wenige Tage. Begründe mithilfe der RGT-Regel, dass eine Unterbrechung der Kühlkette beim Einkaufen unbedingt vermieden oder sehr kurz gehalten werden sollte.

- **10) Einfluss der Reaktionsenthalpie auf die Reaktionsgeschwindigkeit**

Welchen Einfluss hat die Reaktionsenthalpie auf die Reaktionsgeschwindigkeit (mehrere Antworten möglich)?

a. Die Reaktionsenthalpie ändert die Aktivierungsenergie der Reaktion.

b. Die Reaktionsenthalpie erhöht die Konzentration der Reaktanten.

c. Die Reaktionsenthalpie verlangsamt die Reaktionsgeschwindigkeit.

d. Die Reaktionsenthalpie beeinflusst indirekt die Reaktionsgeschwindigkeit durch Änderung der Temperatur.

e. Die Reaktionsenthalpie kann die Reaktionsgeschwindigkeit erhöhen, wenn sie einen negativen Wert hat (exotherme Reaktion).

f. Die Reaktionsenthalpie kann die Reaktionsgeschwindigkeit verringern, wenn sie einen positiven Wert hat (endotherme Reaktion).

5

Das chemische Gleichgewicht

Inhaltsverzeichnis

Ergänzende Information Die elektronische Version dieses Kapitels enthält Zusatzmaterial, auf das über folgenden Link zugegriffen werden kann [https://doi.org/10.1007/978-3-662-69351-3_6].

6

Viele chemische Reaktionen laufen nicht vollständig ab, also nicht alle Edukte werden zu Produkten umgesetzt. Stattdessen stellt sich mit der Zeit ein Gleichgewicht ein, in dem sowohl Edukte als auch Produkte vorliegen. Genauer betrachtet wandelt sich ein Teil der Produkte wieder in die Edukte um, wobei eine Seite der Gleichung bevorzugt sein kann. Die Lage dieses Gleichgewichts ist ebenfalls ein entscheidender Faktor bei der Betrachtung von chemischen Reaktionen. Wenn wir in der Industrie beispielsweise Ammoniak aus Stickstoff und Wasserstoff gewinnen möchten, ist es ungünstig, wenn die Reaktion zwar schnell verläuft, aber in Summe nur ein geringer Teil der Edukte zu Ammoniak umgesetzt wird. Wenn der Prozess über die Reaktionsbedingungen nicht klug gewählt wurde, zerfällt der Ammoniak leicht wieder.

　In diesem Kapitel werden wir uns daher mit dem chemischen Gleichgewicht und den Einflüssen auf die Gleichgewichtslage beschäftigen. Die Synthese von Ammoniak nach dem Haber-Bosch-Verfahren ist dabei ein wichtiges Beispiel, da Ammoniak als Grundstoff für Stickstoffverbindungen einer der meistproduzierten Stoffe der chemischen Industrie ist. Unter anderem ist es ein Ausgangsstoff für die Düngemittelproduktion.

Lernziele
Dieses Kapitel soll dich nach erfolgreicher Bearbeitung dazu befähigen:
- das chemische Gleichgewicht auf Stoff- und Teilchenebene zu beschreiben,
- das Massenwirkungsgesetz zu formulieren und Gleichgewichtskonzentrationen zu berechnen,
- das Prinzip von Le Chatelier anzuwenden und
- anhand der Gleichgewichtskonstanten Aussagen zur Lage des Gleichgewichts zu machen.

6.1 Umkehrbarkeit chemischer Reaktionen

Chemische Reaktionen sind grundsätzlich umkehrbar. Zwar gibt der Reaktionspfeil einer Reaktionsgleichung die Richtung der Reaktion an. Im Prinzip ist aber auch die umgekehrte Richtung möglich. Eine Reaktion, an der du das gut beobachten kannst, ist die Veresterung (▶ Abschn. 11.4). Dabei reagieren eine Carbonsäure und ein Alkohol zu einem Carbonsäureester und Wasser. Ein typisches Beispiel ist die Reaktion von Essigsäure und Ethanol zu Essigsäureethylester und Wasser. Umgekehrt kann Essigsäureethylester durch die Zugabe von Wasser zu Essigsäure und Ethanol gespalten werden. Beide Reaktionen finden bei Raumtemperatur statt.

Betrachten wir diese Reaktionen nun einmal genauer. Die Reaktionsgleichung für die Veresterung zeigt ◘ Abb. 6.1. Gemäß der Reaktionsgleichung sollten bei einer vollständigen Reaktion aus 1 mol CH_3COOH und 1 mol C_2H_5OH genau 1 mol $CH_3COOC_2H_5$ und 1 mol H_2O entstehen.

Führen wir diese Reaktion im Labor durch und warten eine ausreichende Zeit, bis keine Änderungen der Konzentrationen mehr zu beobachten sind, zeigt sich jedoch ein anderes Ergebnis. Bei 1 mol Mol Essigsäure und 1 mol Ethanol beträgt die Stoffmenge des gebildeten Esters ebenso wie die des Wassers nur 0,67 mol. Daneben sind jeweils 0,33 mol Essigsäure und Ethanol noch vorhanden. Warum ist das so?

Der Grund liegt darin, dass die umgekehrte Reaktion ebenfalls möglich ist: die Esterhydrolyse (siehe ◘ Abb. 6.2). Durch Zugabe von Wasser lässt sich der Ester wieder spalten, weshalb auch von Esterspaltung gesprochen werden kann. Wenn sich nun durch wirksame Zusammenstöße zwischen Ethanol und Essigsäure allmählich immer mehr Ester und Wasser bilden, so nimmt natürlich auch die Wahrscheinlichkeit zu, dass die Produkte wirksam zusammenstoßen und miteinander reagieren. Die Folge ist die Hydrolyse, also die Umkehrung der Veresterung. Im Laufe der Zeit bilden sich immer mehr Produkte, sodass es zu immer mehr wirksamen Stößen zwischen den Produkten kommt. Dagegen sinkt die Konzentration der Edukte, sodass es immer weniger wirksame Zusammenstöße zwischen den Edukten gibt. Irgendwann stellt sich daraus ein Gleichgewicht ein.

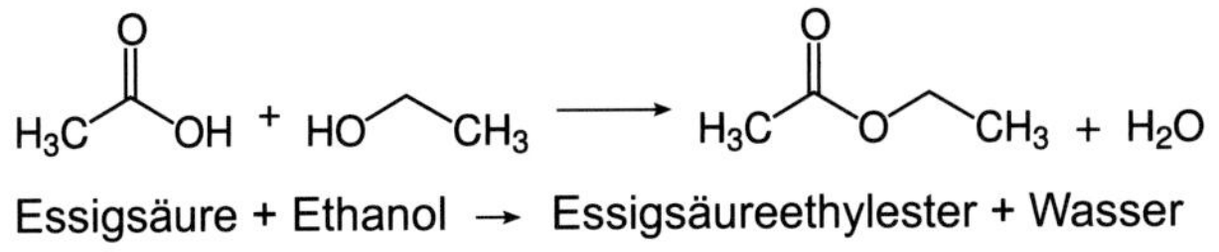

Essigsäure + Ethanol → Essigsäureethylester + Wasser

◘ **Abb. 6.1** Veresterung von Essigsäure mit Ethanol

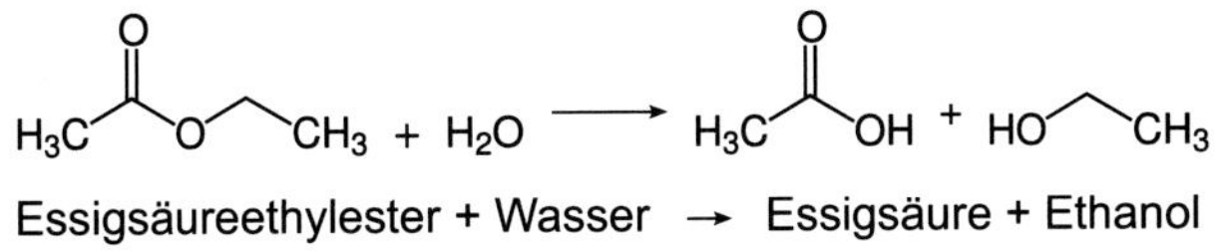

Essigsäureethylester + Wasser → Essigsäure + Ethanol

◘ **Abb. 6.2** Hydrolyse von Essigsäureethylester (Esterspaltung)

Veresterung

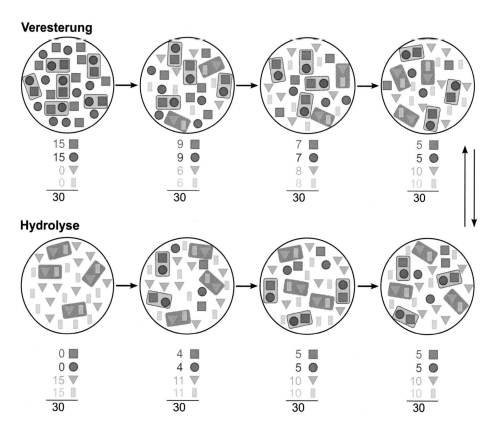

Hydrolyse

6

◼ **Abb. 6.3** Modellhafte Darstellung der Einstellung des chemischen Gleichgewichts bei der Veresterung und der Esterhydrolyse. Quadrat (blau) = Alkohol, Kreis (rot) = Carbonsäure, Dreieck (türkis) = Ester, Rechteck (gelb) = Wasser. Grau unterlegte Kästchen sind wirksame Stöße zwischen Alkohol und Carbonsäure. Pink unterlegt sind wirksame Stöße zwischen Ester und Wasser

Dieser Sachverhalt ist in ◼ Abb. 6.3 in der oberen Reihe bildhaft dargestellt. Zu Beginn liegen 15 Alkohol-Teilchen vor und 15 Carbonsäure-Teilchen. Jeweils sechs Teilchen reagieren zu Ester und Wasser (Kästchen in ◼ Abb. 6.3), sodass nach dem ersten Reaktionsschritt nur noch je neun Alkohol- und Säureteilchen vorhanden sind. Dafür sind nun jeweils sechs Ester- und Wasserteilchen vorhanden. Insgesamt hat sich die Teilchenanzahl nicht verändert, weil links und rechts vom Reaktionspfeil in ◼ Abb. 6.1 und 6.2 auch gleich viele Teilchen vorhanden sind.

Da nun bereits die Produkte Ester und Wasser gebildet sind, können diese auch in die umgekehrte Richtung zu Alkohol und Säure reagieren. Allerdings ist die Hinreaktion noch immer bevorzugt, hier gibt es in unserem Beispiel vier wirksame Stöße, für die Rückreaktion nur zwei. Nach zwei weiteren Reaktionsschritten stellt sich eine Situation ein, bei der jeweils fünf Alkohol- und Säure-Teilchen vorhanden sind und jeweils zehn Ester- und Wasser-Teilchen. In diesem Mengenverhältnis gibt es gleich viele wirksame Zusammenstöße für die Hin- und die Rückreaktion. Jeder weitere Reaktionsschritt würde die Zusammensetzung der Edukte und Produkte nicht mehr verändern. Es hat sich ein Gleichgewicht eingestellt.

Nun wollen wir die Situation einmal andersherum denken. Im Labor geben wir dazu 1 mol des Esters und 1 mol Wasser zusammen. Nach einiger Zeit stellt sich hier ebenfalls ein chemisches Gleichgewicht ein. Bemerkenswert ist jedoch, dass im Gleichgewicht ebenfalls 0,33 mol Essigsäure bzw. Ethanol vorhanden sind und 0,67 mol Ester bzw. Wasser. Dies entspricht genau den Stoffmengen, die auch bei der ersten Reaktion am Ende der Reaktion vorlagen. In ◘ Abb. 6.3 ist in der unteren Reihe der Prozess der Esterhydrolyse ebenfalls modellhaft dargestellt.

■ **Wenn die Reaktionsgleichung ein dynamisches Geschehen einfängt: das dynamische Gleichgewicht**

Unabhängig davon, ob wir von der Veresterung oder von der Esterhydrolyse ausgehen, es entstehen immer die gleichen Mengen der jeweiligen Stoffe. Offensichtlich ist es völlig unerheblich, von welcher Seite des Gleichgewichts wir die Reaktion starten, ob von links oder von rechts. Die Lage des Gleichgewichts bleibt dieselbe. Wie können wir dieses Phänomen deuten?

Eine erste Überlegung wäre, dass bei einer chemischen Reaktion manchmal einfach nicht alle Moleküle reagieren und daher jeweils ein paar Moleküle übrig bleiben. Daran anschließend ergibt sich jedoch die Frage, warum sich unabhängig von der Häufigkeit der Versuchsdurchführung und unabhängig von der Richtung der Reaktion stets das konstante Verhältnis von Edukten und Produkten ergibt: In ◘ Abb. 6.3 also stets je fünf Alkohol- und Carbonsäure-Teilchen und je zehn Ester- und Wasserteilchen. Wenn ein paar Moleküle mal reagieren und mal nicht, müsste es ja stets verschiedene Verhältnisse bei jeder Versuchsdurchführung geben.

Wir brauchen also eine andere Deutung, die das jeweils konstante Verhältnis der beiden Reaktionen erklärt: Wir gehen davon aus, dass sich ein *chemisches Gleichgewicht* einstellt. Das bedeutet: Es finden permanent sowohl die Veresterung als auch Esterspaltung statt (ausgehend von der Veresterungsreaktion lässt sich auch Hin- und Rückreaktion sagen), wobei sich nach einiger Zeit an den Verhältnissen der Stoffmengen keine Änderung mehr ergibt. Nach dieser Zeit, die wir auch Einstellzeit t_G des chemischen Gleichgewichts nennen, sind die Reaktionsgeschwindigkeiten von Hin- und Rückreaktion gleich groß. Das erkennen wir in ◘ Abb. 6.3 daran, dass es gleich viele wirksame Stöße für die Hin- und Rückreaktion gibt (jeweils drei).

Zu Beginn der Veresterung ist natürlich die Hinreaktion schneller (es gibt ja zu diesem Zeitpunkt noch gar kein Produkt), aber nach einiger Zeit ist die Rückreaktion genauso schnell wie die Hinreaktion. In der Reaktionsgleichung schreibt man daher einen sog. Gleichgewichtspfeil (⇌), sofern es sich um eine solche Gleichgewichtsreaktion handelt (siehe ◘ Abb. 6.4).

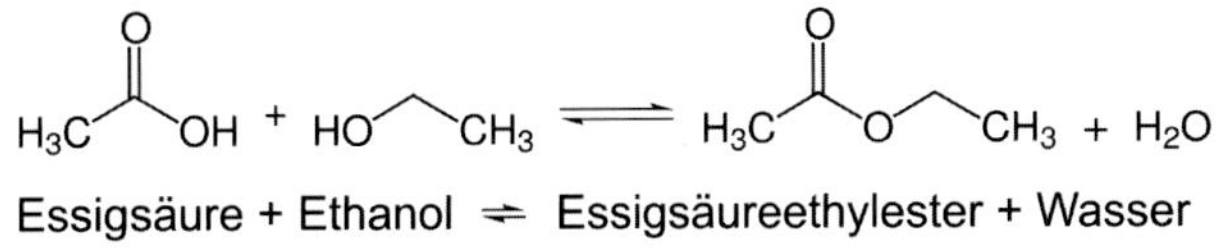

Essigsäure + Ethanol ⇌ Essigsäureethylester + Wasser

◘ **Abb. 6.4** Veresterung als Gleichgewichtsreaktion

> ## Symbole für den Gleichgewichtspfeil

Das einzige zulässige Symbol für den Gleichgewichtspfeil ist ⇌. Manchmal kann es aber passieren, dass du auch die folgenden Pfeilsymbole findest: ⟺ und ↔. Beide Symbole sind zur Kennzeichnung eines chemischen Gleichgewichts ungeeignet und daher falsch. Der erste Pfeil (⟺) steht in mathematischen Kontexten für eine logische Äquivalenz (z. B.: Aus A folgt B und aus B folgt A) und ist eher unpassend in chemischen Kontexten. Zu fachlichen Fehlern kommt es, wenn der zweite Pfeil (↔) genutzt wird. Dieser symbolisiert nämlich als Resonanzpfeil die Strukturformeln von mesomeren Grenzstrukturen. Sehr oft wird für Reaktionen im Gleichgewicht auch der Doppelpfeil mit vollständigen Pfeilspitzen genutzt: ⇄. Streng genommen sind damit aber Hin- (nach rechts) und Rückreaktionen (nach links) gemeint, die unter unterschiedlichen Bedingungen ablaufen: z. B. das Entladen eines Handyakkus (nach links) und das Laden des Akkus (nach rechts). Das Laden erfolgt aber nur, wenn der Akku an eine Spannungsquelle angeschlossen ist. In chemischen Gleichgewichten laufen Hin- und Rückreaktionen dagegen unter gleichen Bedingungen ab.

Das chemische Gleichgewicht ist ein dynamisches Gleichgewicht. Das heißt, dass im Gleichgewichtszustand immer noch etwas passiert. Es finden nämlich auf Teilchenebene weiterhin die Hin- und Rückreaktion statt. Lediglich die Konzentrationen und damit die Stoffmengen der Edukte und Produkte ändern sich nicht mehr. Davon zu unterscheiden sind statische Gleichgewichte. Diese finden wir in der Physik etwa bei Hebeln. Wenn du mit einer zweiten Person auf einer Wippe sitzt und ihr euch so positioniert, dass keiner von euch sich hoch oder runter bewegt, dann seid ihr in einem statischen Gleichgewicht.

Tipp

Vielleicht hast du schon gemerkt, dass die Begriffe Edukte und Produkte bei Gleichgewichtsreaktionen ein wenig verwirrend sein können, weil ja beide Seiten des Gleichgewichts immer wieder reagieren. Manchmal wird deswegen auch von Linksstoffen und Rechtsstoffen gesprochen. Diese Bezeichnungen erleichtern zwar die Zuordnung der Reaktanden im Gleichgewicht, sie setzen aber die Gleichgewichtsreaktion auf die phänomenologische Stoffebene. Wir betrachten chemischen Reaktionen jedoch als wirksame Stöße von Teilchen. Um die Stoffebene nicht mit der Teilchenebene zu vermischen, sollten wir die Reaktanten daher nicht als Stoffe bezeichnen. Stattdessen merken wir uns: Edukte stehen immer links, Produkte stehen immer rechts vom Gleichgewichtspfeil.

Wir wissen also, dass die Geschwindigkeiten von Hin- und Rückreaktion im chemischen Gleichgewicht gleich groß sind. Nun könnten wir vermuten, dass dann ja im Gleichgewicht gleich viele Edukte und Produkte vorhanden sein müssten. Dies ist eine typische Fehlvorstellung und stimmt nicht. Um dies zu klären, betrachten wir noch einmal ◻ Abb. 6.3 jeweils zu Beginn für die Veresterung und die Hydrolyse. Wir sehen, dass es bei der Veresterung sechs und bei der Hydrolyse vier wirksame Stöße gibt. Die Anzahl der wirksamen Zusammenstöße pro Zeiteinheit ist das Äquivalent zur Reaktionsgeschwindigkeit in der Stoßtheorie. Aus ▶ Kap. 5 wissen wir, dass die Reaktionsgeschwindigkeit laut

$$\frac{dc}{dt} = -k \cdot c$$

von der Konzentration c und der Geschwindigkeitskonstante k abhängt. Zu Beginn liegen bei der Veresterung und der Hydrolyse jeweils 15 Reaktanten vor, die miteinander reagieren. Die Konzentrationen sind also gleich in beiden Fällen. Wenn es bei der Veresterung im ersten Reaktionsschritt dennoch mehr wirksame Stöße gibt als bei der Hydrolyse, so muss die Geschwindigkeitskonstante k für die Hin- und Rückreaktion unterschiedlich sein. In unserem Fall muss daher gelten: $k_{Hin} > k_{Rück}$.

Aus der Arrhenius-Gleichung (Gl. 5.15) wissen wir, dass die Geschwindigkeitskonstante neben der Temperatur und der Aktivierungsenergie auch von einem Faktor abhängt. Dieser Faktor A vor dem exponentiellen Term hängt mit der Anzahl an wirksamen Zusammenstößen zusammen. Bei der Veresterung (Hinreaktion) gibt es also mehr wirksame Zusammenstöße als bei der Hydrolyse (Rückreaktion) bei gleicher Teilchenzahl.

In Analogie zu ◘ Abb. 6.3 können wir sagen: Im Gleichgewicht werden für die Veresterung nur jeweils fünf Teilchen benötigt, um drei wirksame Zusammenstöße durchzuführen. Für die gleiche Anzahl an wirksamen Zusammenstößen sind für die Rückreaktion jeweils zehn Teilchen nötig.

Grafisch können wir die Veresterung wie in ◘ Abb. 6.5 darstellen. Die Konzentration der Edukte (blaue Kurve) nimmt mit der Zeit ab und die Konzentration der Produkte (grüne Kurve) nimmt zu. Nach einer bestimmten Zeit t_G verändern sich die Konzentrationen der Edukte und Produkte nicht mehr. Wir erkennen dies daran, dass die Kurven Parallelen zur Zeitachse sind. Dann hat sich das Gleichgewicht eingestellt.

❯ **Merkmale des chemischen Gleichgewichts**
— Hin- und Rückreaktion laufen gleich schnell ab.
— Im Gleichgewicht sind sowohl Edukte wie Produkte vorhanden (unvollständiger Stoffumsatz).
— Die Konzentrationen der Edukte und Produkte bleiben unverändert.
— Das Gleichgewicht ist von beiden Seiten einstellbar.

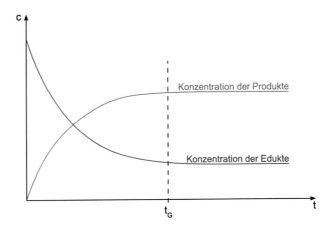

◘ **Abb. 6.5** Verlauf der Konzentrationen der Edukte und Produkte bei der Einstellung eines chemischen Gleichgewichts

▶ **Beispiel**

In diesem Beispiel geht es um die folgende Reaktion:

$$H_2(g) + CO_2(g) \rightleftharpoons H_2O(g) + CO(g).$$

Wir bringen 2 mol Wasserstoff und 2 mol Kohlenstoffdioxid zur Reaktion. Im Gleichgewicht sind noch 1,5 mol H_2 vorhanden. Wir wollen dazu das zugehörige Zeit-Stoffmengen-Diagramm zeichnen. Aus der Reaktionsgleichung erkennen wir, dass das Stoffmengenverhältnis zwischen allen Reaktanten eins ist. Wenn also im Gleichgewicht 2 mol − 1,5 mol = 0,5 mol weniger H_2 vorliegen, dann trifft das auch auf CO_2 zu. Außerdem bilden sich dann auch je 0,5 mol H_2O und CO (◘ Abb. 6.6).

Gegeben sind uns nun die Diagramme in ◘ Abb. 6.7. Wir wollen zuordnen, welche Diagramme zu welchen Aussagen passen:

I.   Es werden zu Beginn 2 mol H_2O und 2 mol CO zusammengegeben.
II. Es werden jeweils 1 mol aller vier Reaktanten zusammengegeben.

Für Aussage (I) kommen zunächst die Diagramme C und D infrage, weil in beiden jeweils 2 mol H_2O und CO zum Zeitpunkt $t = 0$ vorhanden sind. Korrekt ist hier aber nur Diagramm D. Schließlich hat es auf die Lage des chemischen Gleichgewichtes keinen Einfluss, von welcher Seite wir das Gleichgewicht einstellen. Demnach müssen genau wie oben im Gleichgewicht je 1,5 mol H_2 und CO_2 sowie je 0,5 mol H_2O und CO vorliegen.

Aus dem gleichen Grund kommt für Aussage (II) nur Diagramm B infrage. In Diagramm E sind überdies im Gleichgewicht insgesamt 5 mol Reaktanten vorhanden, obwohl es nur 4 mol sein dürfen. Diagramm A zeigt darüber hinaus eine Situation, in der sich gar kein Gleichgewicht einstellt, weil ein vollständiger Stoffumsatz vorliegt. ◀

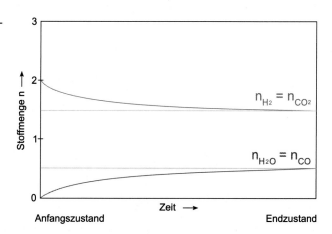

◘ **Abb. 6.6** Gleichgewichtseinstellung für die Reaktion von Wasserstoff mit Kohlendioxid

6.1 · Umkehrbarkeit chemischer Reaktionen

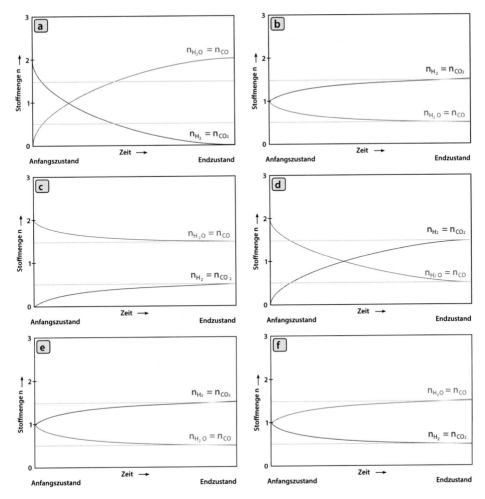

Abb. 6.7 Diagramme für das Beispiel

6.2 Das Massenwirkungsgesetz und die Gleichgewichtskonstante

6.2.1 Aufstellen des Massenwirkungsgesetzes

Wenn wir mit Gleichgewichtsreaktionen arbeiten, ist es von Vorteil, die Lage des Gleichgewichtes auch mathematisch bestimmen zu können. Auf diese Weise sind beispielsweise Vorhersagen über die Gleichgewichtskonzentrationen bei bestimmten Bedingungen möglich. Durch Versuche mit unterschiedlichen Stoffen und Konzentrationen gelang es in den 1860er-Jahren tatsächlich, einen festen Zusammenhang zwischen den Konzentrationen für zahlreiche Gleichgewichtsreaktionen festzustellen. Die norwegischen Chemiker Cato Maximilian Guldberg und Peter Waage formulierten auf Basis zahlreicher empirischer Versuche das *Massenwirkungsgesetz*.

Dieses wichtige Gesetz besagt, dass bei einer bestimmten Temperatur die Lage des Gleichgewichtes durch eine Konstante beschrieben werden kann. Zur Berechnung dieser Konstante verwenden wir die Konzentrationen der beteiligten Stoffe. Bei Gasreaktionen werden stattdessen häufig die jeweiligen Partialdrücke verwendet.

Für das Aufstellen des Massenwirkungsgesetzes betrachten wir nun eine beliebige Reaktion der Art:

$$v_A\,A + v_B\,B \rightleftharpoons v_C\,C + v_D\,D.$$

Das Massenwirkungsgesetz lautet dann bei Verwendung der Konzentration:

$$K_c = \frac{c_C{}^{v_C} \cdot c_D{}^{v_D}}{c_A{}^{v_A} \cdot c_B{}^{v_B}}. \tag{6.1}$$

Wir wollen diese erstmal abstrakt wirkende Gleichung auf ein konkretes Beispiel anwenden, nämlich das Gleichgewicht zwischen den Gasen Iodwasserstoff, Wasserstoff und Iod:

$$1\,H_2\,(g) + 1\,I_2\,(g) \rightarrow 2\,HI\,(g).$$

Wir formulieren das Massenwirkungsgesetz, im Folgenden kurz MWG, indem wir die Konzentrationen der Produkte durch die Konzentration der Edukte teilen. Sind mehrere Edukte vorhanden, wie in diesem Beispiel, das auch als Iodwasserstoff-Gleichgewicht bezeichnet wird, werden die Konzentrationen multiplikativ verknüpft. Die Stöchiometriefaktoren tauchen als Exponenten der jeweiligen Konzentrationen auf. Daher folgt

$$K_c = \frac{c(HI)^2}{c(H_2)^1 \cdot c(I_2)^1} = \frac{c(HI)^2}{c(H_2) \cdot c(I_2)}.$$

Konzentrationsklammern

Manchmal wird für die Angabe von Konzentrationen nicht das Symbol c verwendet, sondern eine eckige Klammern, in die das Symbol der Substanz geschrieben wird, deren Konzentration gemeint ist. Aus dem MWG für das Iodwasserstoff-Gleichgewicht würde dann

$$K_c = \frac{[HI]^2}{[H_2] \cdot [I_2]}$$

werden. Diese Schreibweise ist etwas übersichtlicher, hat allerdings den Nachteil, dass wir *wissen müssen*, dass Konzentrationsangaben gemeint sind.

Vielleicht ist dir aufgefallen, dass wir es beim Iodwasserstoff-Gleichgewicht mit einer Reaktion zu tun haben, bei der alle Reaktionspartner gasförmig sind. Wir haben in ▶ Kap. 5 bereits kennengelernt, dass wir auch für Gase Konzentrationen angeben können, was sich leicht durch die ideale Gasgleichung zeigen lässt:

$$pV = nRT \Leftrightarrow p = \frac{n}{V} \cdot RT \Leftrightarrow p = c \cdot RT \Leftrightarrow c = \frac{p}{RT}.$$

Messen lassen sich praktisch bei Gasen jedoch die Partialdrücke p einfacher. Daher ist es sinnvoll, das MWG direkt mit diesen Partialdrücken aufzustellen. Denn die Umrechnung zwischen c und p erfordert die Annahme eines Teilchenmodells wie das ideale Gas, das aufgrund seines Modellcharakters unsere Messergebnisse verfälscht. Analog zu Gl. 6.1 schreiben wir daher

$$K_p = \frac{p_C^{\,\nu_C} \cdot p_D^{\,\nu_D}}{p_A^{\,\nu_A} \cdot p_B^{\,\nu_B}} \tag{6.2}$$

oder auf das Iodwasserstoff-Gleichgewicht angewendet

$$K_p = \frac{p(HI)^2}{p(H_2)^1 \cdot p(I_2)^1} = \frac{p(HI)^2}{p(H_2) \cdot p(I_2)}.$$

Das Massenwirkungsgesetz lässt sich auch aus kinetischen Überlegungen ableiten. Betrachten wir dazu noch einmal die allgemeine Reaktion

$$\nu_A\, A + \nu_B\, B \rightleftharpoons \nu_C\, C + \nu_D\, D.$$

Wir wollen das Geschwindigkeitsgesetz für die Hinreaktion aufstellen. Die Reaktionsgeschwindigkeit für die Hinreaktion hängt von der Konzentration der Edukte A und B ab. Wir können daher formulieren:

$$r_{Hin} = k_{Hin} \cdot c_A^{\,\alpha} \cdot c_B^{\,\beta}.$$

Im Allgemeinen sind die Exponenten der Konzentrationen nicht bekannt. Wir wissen aus ▶ Kap. 5, dass wir die Reaktionsordnung meist nicht vorhersagen können und dass diese experimentell bestimmt werden muss. Wenn aber eine Reaktion einstufig verläuft, also keine Zwischenstufen (Zwischenprodukte) entstehen, dann entsprechen die Exponenten gerade den Stöchiometriefaktoren. Dafür ist aber die Kenntnis über den genauen Reaktionsmechanismus einer Reaktion nötig. Wir wollen nun einmal von einer einstufigen Reaktion ausgehen, sodass folgt:

$$r_{Hin} = k_{Hin} \cdot c_A^{\,\nu_A} \cdot c_B^{\,\nu_B}.$$

Analog ergibt sich für die Rückreaktion:

$$r_{\text{Rück}} = k_{\text{Rück}} \cdot c_C^{\,v_C} \cdot c_D^{\,v_D}.$$

Da im chemischen Gleichgewicht die Geschwindigkeiten von Hin- und Rückreaktion gleich sind ($r_{\text{Hin}} = r_{\text{Rück}}$), folgt

$$k_{\text{Hin}} \cdot c_A^{\,v_A} \cdot c_B^{\,v_B} = k_{\text{Rück}} \cdot c_C^{\,v_C} \cdot c_D^{\,v_D}.$$

Wir teilen durch $k_{\text{Rück}}$ und durch $\left(c_A^{\,v_A} \cdot c_B^{\,v_B}\right)$ und erhalten:

$$K_c = \frac{k_{\text{Hin}}}{k_{\text{Rück}}} = \frac{c_C^{\,v_C} \cdot c_D^{\,v_D}}{c_A^{\,v_A} \cdot c_B^{\,v_B}}.$$

Wir erkennen daran, dass die Gleichgewichtskonstante der Quotient aus den Geschwindigkeitskonstanten für Hin- und Rückreaktion ist. Wir werden diesen Aspekt weiter unten nochmals diskutieren, um Aussagen über die Lage des Gleichgewichts zu treffen.

Unsere Herleitung des Massenwirkungsgesetzes lässt die Vermutung offen, dass es nur für einstufige Reaktionen gilt. Tatsächlich ist es aber für jede Reaktion allgemein gültig. Schaue dazu gern in den Kasten „Mehrstufige Reaktionen" mit Hintergrundinformationen.

Mehrstufige Reaktionen

Wir betrachten den Zerfall von Nitrylchlorid in Stickstoffdioxid und Chlor:

$$2\,NO_2Cl \rightleftharpoons 2\,NO_2 + Cl_2.$$

Das Massenwirkungsgesetz (MWG) können wir direkt aufstellen:

$$K_c = \frac{c(NO_2)^2 \cdot c(Cl_2)}{c(NO_2Cl)^2}.$$

Tatsächlich setzt sich aber diese Zerfallsreaktion aus zwei Schritten zusammen:

(I) $NO_2Cl \rightleftharpoons NO_2 + Cl$

(II) $NO_2Cl + Cl \rightleftharpoons NO_2 + Cl_2$

Stellen wir für die Reaktion (I) das MWG auf, so folgt:

$$K_I = \frac{c(NO_2) \cdot c(Cl)}{c(NO_2Cl)}.$$

Für Reaktion (II) folgt analog

$$K_{II} = \frac{c(NO_2) \cdot c(Cl_2)}{c(NO_2Cl) \cdot c(Cl)}.$$

Um nun das eigentliche MWG für die Gesamtreaktion zu erhalten, müssen wir nur beide Konstanten K_I und K_{II} miteinander multiplizieren:

$$K_I \cdot K_{II} = \frac{c(NO_2) \cdot \cancel{c(Cl)}}{c(NO_2Cl)} \cdot \frac{c(NO_2) \cdot c(Cl_2)}{c(NO_2Cl) \cdot \cancel{c(Cl)}}.$$

Wir fassen identische Konstanten zusammen. Dabei kürzt sich auch die Konzentration des Zwischenprodukts $c(Cl)$ weg:

$$K_I \cdot K_{II} = \frac{c(NO_2) \cdot c(NO_2) \cdot c(Cl_2)}{c(NO_2Cl) \cdot c(NO_2Cl)} = \frac{c(NO_2)^2 \cdot c(Cl_2)}{c(NO_2Cl)^2} = K_c.$$

Wir sehen also, dass wir das MWG für beliebige Reaktionen aufstellen können. Zwar ergeben sich für jede Teilreaktion formal mehrere MWGs, deren Konstanten ergeben aber durch Multiplikation einfach unsere Gleichgewichtskonstante für die Gesamtreaktion K_c.

6.2.2 Anwendung des Massenwirkungsgesetzes

Eine sehr typische Anwendung des Massenwirkungsgesetzes ist die Veresterung, die wir bereits in ▶ Abschn. 6.1 kennengelernt haben. Wir fassen in ◙ Tab. 6.1 nochmals die Ausgangssituation zusammen. Da sich das Volumen während der Reaktion nicht ändert, können wir statt der Konzentrationen direkt mit den Stoffmengen n im Gleichgewicht rechnen, um die Gleichgewichtskonstante zu bestimmen. Es folgt:

$$K = \frac{n\left(CH_3COOCH_2CH_3\right) \cdot n\left(H_2O\right)}{n\left(CH_3COOH\right) \cdot n\left(CH_3CH_2OH\right)} = \frac{0,67\,mol \cdot 0,67\,mol}{0,33\,mol \cdot 0,33\,mol} = 4.$$

Oftmals wirst du mit Aufgaben konfrontiert sein, bei denen die Gleichgewichtskonstante gegeben ist und die Zusammensetzung der Reaktanten im Gleichgewicht gesucht wird. Wir setzen in unserem Beispiel der Veresterung daher die Gleichgewichtskonstante mit $K = 4$ als gegeben voraus und geben 6 mol Essigsäure und 3 mol Ethanol zusammen (◙ Tab. 6.2). Zum Start der Reaktion sollen noch keine Produkte vorhanden sein. Nun reagiert eine bestimmte Menge der Essigsäure, die wir mit n bezeichnen, mit genau der gleichen Menge n an Ethanol, da beide Substanzen den gleichen Stöchiometriefaktor besitzen. Da auch die Stöchiometriefaktoren der Produkte hier identisch mit denen der Edukte sind, bilden sich ebenfalls n Ester-Teilchen und n Wasser-Teilchen. Im Gleichgewicht sind dann n Teilchen weniger von Essigsäure vorhanden, also 6 mol $- n$. Für Ethanol sind es analog 3 mol $- n$. Bei den Produkten sind im Gleichgewicht genau n Teilchen vorhanden, weil zu Beginn ja keine vorhanden waren.

◙ **Tab. 6.1** Umsätze bei der Veresterung (I)

	CH$_3$COOH	+	CH$_3$CH$_2$OH	⇌	CH$_3$COOCH$_2$CH$_3$	+	H$_2$O
$t = 0$	1 mol		1 mol		0 mol		0 mol
Umsatz	−0,67 mol		−0,67 mol		+0,67 mol		+0,67 mol
$t = t_G$	0,33 mol		0,33 mol		0,67 mol		0,67 mol

◙ **Tab. 6.2** Umsätze bei der Veresterung (II)

	CH$_3$COOH	+	CH$_3$CH$_2$OH	⇌	CH$_3$COOCH$_2$CH	+	H$_2$O
$t = 0$	6 mol		3 mol		0 mol		0 mol
Umsatz	$-n$		$-n$		$+n$		$+n$
$t = t_G$	6 mol $- n$		3 mol $- n$		n		n

Nun stellen wir das MWG auf mit den Größen, die im Gleichgewicht vorhanden sind:

$$K = \frac{n\left(CH_3COOCH_2CH_3\right) \cdot n\left(H_2O\right)}{n\left(CH_3COOH\right) \cdot n\left(CH_3CH_2OH\right)} = \frac{n \cdot n}{\left(6\,mol - n\right) \cdot \left(3\,mol - n\right)} = 4.$$

Aus dieser Gleichung können wir nun die reagierte Stoffmenge n berechnen. Für die Übersichtlichkeit lassen wir die Einheit „mol" weg, klammern im Nenner aus und multiplizieren mit diesem Nenner. Dann folgt:

$$n \cdot n = 4 \cdot \left(18 - 6n - 3n + n^2\right).$$

Wir fassen in der Klammer noch etwas zusammen und lösen die Klammer mit dem Faktor 4 davor auf:

$$n^2 = 72 - 36n + 4n^2.$$

Wir erkennen, dass wir es mit einer quadratischen Gleichung zu tun haben. Um diese zu lösen, bringen wir alle Terme auf eine Seite. In unserem Fall subtrahieren wir dazu n^2, sodass die linke Seite null wird:

$$0 = 3n^2 - 36n + 72.$$

Wenn wir diese quadratische Gleichung lösen, erhalten wir zwei Ergebnisse: $n_1 = 2{,}54$ mol und $n_2 = 9{,}46$ mol. Das zweite Ergebnis ist chemisch nicht von Bedeutung, da dann die Stoffmengen von Essigsäure und Ethanol im Gleichgewicht negativ wären. Demnach reagieren jeweils 2,54 mol Essigsäure und Ethanol. Im Gleichgewicht liegen dann 3,46 mol Essigsäure, 0,46 mol Ethanol, 2,54 mol Ester und 2,54 mol Wasser vor.

Quadratische Gleichungen lösen

Eine quadratische Gleichung kannst du durch die Lösungsformel

$$x_{1,2} = \frac{-b \pm \sqrt{b^2 - 4ac}}{2a} \tag{6.3}$$

lösen. Die Buchstaben a, b, und c erhälst du aus deiner quadratischen Gleichung in der Form

$$0 = ax^2 + bx + c.$$

a ist der Faktor vor dem quadratischen Term, b der Faktor vor dem linearen Term und c ist der absolute Term. Hat deine quadratische Gleichung die Form

$$0 = x^2 + px + q,$$

lässt sich auch die in der Schule oft als p–q-Formel bezeichnete Lösungsformel nutzen:

$$x_{1,2} = -\frac{p}{2} \pm \sqrt{\left(\frac{p}{2}\right)^2 - q}.$$

Es gibt noch viele weitere Möglichkeiten, quadratische Gleichungen zu lösen. Auch manche Taschenrechner können direkt Gleichungen lösen, sodass du nur die quadratische Gleichung eingeben musst, ohne eine Lösungsformel handschriftlich anzuwenden.

Du kannst bei diesen Aufgaben am Ende nochmal prüfen, ob du dich nicht verrechnet hast, indem du deine ermittelten Werte im Gleichgewicht ins Massenwirkungsgesetz einsetzt:

$$= \frac{n(CH_3COOCH_2CH_3)\cdot n(H_2O)}{n(CH_3COOH)\cdot n(CH_3CH_2OH)} = \frac{2,54\,mol\cdot 2,54\,mol}{3,46\,mol\cdot 0,46\,mol} = 4,05 \approx 4.$$

Da wir die gegebene Gleichgewichtskonstante erhalten, stimmt die Probe unserer Berechnung.

▶ **Beispiel**

Wir greifen nochmals die Reaktion

$$H_2(g) + CO_2(g) \rightleftharpoons H_2O(g) + CO(g)$$

aus ▶ Abschn. 6.1 auf. Wir wissen bereits, dass im Gleichgewicht 1,5 mol H_2 und 1,5 mol CO_2 vorhanden sind und 0,5 mol H_2O und 0,5 mol CO. Mit diesen Angaben können wir sofort die Gleichgewichtskonstante bestimmen:

$$K = \frac{n(H_2O)\cdot n(CO)}{n(H_2)\cdot n(CO_2)} = \frac{0,5\,mol\cdot 0,5\,mol}{1,5\,mol\cdot 1,5\,mol} = \frac{1}{9} \approx 0,11.$$

Nun wollen wir 4 mol H_2 mit 2 mol CO_2 zur Reaktion bringen. Erkläre, ob in diesem Fall im Gleichgewicht 0,5 mol H_2O und 0,5 mol CO vorliegen können.

Wir können dieses Problem lösen, indem wir das Massenwirkungsgesetz aufstellen und die zur Diskussion stehenden Werte einsetzen. Wenn sich 0,5 mol H_2O und 0,5 mol CO im Gleichgewicht gebildet haben, dann sind noch (4 mol − 0,5 mol) H_2 und (2 mol − 0,5 mol) CO_2 vorhanden. Wir erhalten also:

$$\frac{n(H_2O)\cdot n(CO)}{n(H_2)\cdot n(CO_2)} = \frac{0,5\,mol\cdot 0,5\,mol}{3,5\,mol\cdot 1,5\,mol} \approx 0,05.$$

Dieses Ergebnis stimmt nicht mit der Gleichgewichtskonstanten überein, daher liegt mit dieser Zusammensetzung kein Gleichgewicht vor. Erst, wenn sich 0,7 mol H_2O und 0,7 mol CO gebildet haben, befindet sich die Reaktion im Gleichgewicht:

$$\frac{n(H_2O)\cdot n(CO)}{n(H_2)\cdot n(CO_2)} = \frac{0,7\,mol\cdot 0,7\,mol}{3,3\,mol\cdot 1,3\,mol} \approx 0,11 = K. \quad ◀$$

In einem weiteren Beispiel betrachten wir unser Iodwasserstoff-Gleichgewicht nochmals genauer:

$$H_2(g) + I_2(g) \rightleftharpoons 2\,HI(g).$$

In einem Volumen von 1 L befindet sich Iodwasserstoff. Nachdem sich das Gleichgewicht eingestellt hat, sind 0,50 mol/L Iodwasserstoff vorhanden. Wir wollen die Konzentrationen von H_2 und I_2 im Gleichgewicht berechnen. Für eine Temperatur von 425 °C beträgt die Gleichgewichtskonstante 54,5. Wir stellen zunächst das MWG auf:

$$K_c = \frac{c(HI)^2}{c(H_2)\cdot c(I_2)} = 54,5.$$

Laut der Reaktionsgleichung haben H_2 und I_2 den gleichen Stöchiometriefaktor. Bilden sich also 0,1 mol H_2, so bilden sich auch 0,1 mol I_2. Die Konzentrationen beider Edukte sind also stets gleich, auch im Gleichgewicht. Daher gilt: $c(H_2) = c(I_2)$. Unser MWG vereinfacht sich also zu

$$54,5 = \frac{c(HI)^2}{c(H_2)^2} \Leftrightarrow c(H_2)^2 = \frac{c(HI)^2}{54,5} = \frac{\left(0,50\frac{mol}{L}\right)^2}{54,5}.$$

Wir erhalten für $c(H_2) = 0{,}068$ mol/L und daher auch für $c(I_2) = 0{,}068$ mol/L.

Wenn wir die Reaktion bei einer anderen Temperatur ablaufen lassen, verändert sich auch die Gleichgewichtslage. Wir wissen bereits, dass die Gleichgewichtskonstante K mit den Geschwindigkeitskonstanten k zusammenhängt, die ihrerseits wegen der Arrhenius-Gleichung von der Temperatur abhängig sind. Daher ist auch die Gleichgewichtskonstante von der Temperatur abhängig. Beispielsweise ist $K_c = 45{,}6$ für die obige Reaktion bei 490 °C. Mit diesem Wert ergeben sich im Gleichgewicht mit $c(HI) = 0{,}50$ mol/L über

$$45,6 = \frac{c(HI)^2}{c(H_2)^2} \Leftrightarrow c(H_2)^2 = \frac{c(HI)^2}{45,6} = \frac{\left(0,50\frac{mol}{L}\right)^2}{45,6}$$

die Konzentrationen $c(H_2) = c(I_2) = 0{,}074$ mol/L. Das Gleichgewicht liegt damit etwas weiter auf der Eduktseite, also weiter links. Insgesamt ist aber eine größere Konzentration an HI vorhanden, sodass das Gleichgewicht immer noch weiter rechts als links liegt. Wir können dies qualitativ auch direkt an der Gleichgewichtskonstanten erkennen. Je kleiner diese ist, desto mehr liegt das Gleichgewicht links. Je größer sie ist, desto weiter rechts liegt es.

> **Lage des chemischen Gleichgewichts**
> Anhand der Gleichgewichtskonstante kannst du Aussagen über die Lage des Gleichgewichtes abschätzen. Hohe Konstanten ($K \gg 1$) bedeuten, dass das Gleichgewicht überwiegend aufseiten der Produkte (rechts) liegt. Bei niedrigen Konstanten ($K \ll 1$) liegt das Gleichgewicht überwiegend aufseiten der Edukte (links).

Insbesondere, wenn es um Berechnungen mit dem Massenwirkungsgesetz geht, müssen wir zum MWG auch immer die zugehörige Reaktionsgleichung notieren. Bisher haben wir dies auch immer gemacht. Wir wollen uns diese Tatsache anhand des Iodwasserstoff-Gleichgewichts verdeutlichen. Dazu formulieren wir die Reaktionsgleichung einmal wie folgt:

$$\frac{1}{2}H_2(g) + \frac{1}{2}I_2(g) \rightleftharpoons HI(g).$$

Dann lautet das MWG

$$K_c' = \frac{c(HI)}{c(H_2)^{1/2} \cdot c(I_2)^{1/2}}.$$

Wir erkennen, dass die Konstante K_c' nicht identisch mit der Konstante K_c von oben ist. Ein Vergleich zeigt, dass hier $K_c = K_c'^2$ gilt, wodurch sich als Wert $K_c' = \sqrt{K_c} = \sqrt{54{,}5} = 7{,}38$ ergibt. Dieses Beispiel soll dir zeigen, dass du stets die Reaktionsgleichung zu einer gegebenen Konstante ergänzen solltest.

Neben der Gleichgewichtskonstanten K_c für $H_2(g) + I_2(g) \longrightarrow 2\,HI(g)$ können wir natürlich auch K_p in der Form

$$K_p = \frac{p(HI)^2}{p(H_2) \cdot p(I_2)}$$

formulieren. Da beide Konstanten das gleiche chemische Gleichgewicht beschreiben, liegt die Vermutung nahe, dass wir die eine Konstante in die andere umrechnen können. Dazu ersetzen wir die Drücke in K_p wegen

$$pV = nRT \Leftrightarrow p = \frac{n}{V} \cdot RT \Leftrightarrow p = c \cdot RT \Leftrightarrow c = \frac{p}{RT}$$

durch $p = c \cdot RT$:

$$K_p = \frac{p(HI)^2}{p(H_2) \cdot p(I_2)} = \frac{c(HI)^2 \cdot (RT)^2}{c(H_2) \cdot RT \cdot c(I_2) \cdot RT}.$$

Wir erkennen, dass der Faktor RT im Zähler zwei Mal und im Nenner ebenfalls zwei Mal vorhanden ist. Er kürzt sich also heraus, und es bleibt:

$$K_p = \frac{p(HI)^2}{p(H_2) \cdot p(I_2)} = \frac{c(HI)^2 \cdot \cancel{(RT)}^2}{c(H_2) \cdot \cancel{RT} \cdot c(I_2) \cdot \cancel{RT}} = \frac{c(HI)^2}{c(H_2) \cdot c(I_2)} = K_c.$$

In unserem Beispiel sind also K_c und K_p identisch, aber nur, solange wir von idealem Gasverhalten ausgehen. Beträgt also der Partialdruck von Iodwasserstoff im Gleichgewicht bei 425 °C 0,5 bar, so folgt für die Partialdrücke von Wasserstoff und Iod der Wert 0,068 bar.

▶ **Beispiel**

Gegeben ist die Reaktion

$$2\,SO_3(g) \rightleftharpoons 2\,SO_2(g) + O_2(g)$$

und die Gleichgewichtskonstante $K_p = 248$ kPa bei einer Temperatur von 1100 K. Wir wollen die Gleichgewichtskonstante K_c bei dieser Temperatur berechnen. Das MWG für K_c lautet:

$$K_c = \frac{c(SO_2)^2 \cdot c(O_2)}{c(SO_3)^2}.$$

Wir ersetzen die Konzentrationen durch die Partialdrücke über $c = \dfrac{p}{RT}$ und erhalten:

$$K_c = \frac{\dfrac{p(SO_2)^2}{(RT)^2} \cdot \dfrac{c(O_2)}{RT}}{\dfrac{c(SO_3)^2}{(RT)^2}}.$$

Wir lösen die Doppelbrüche auf und erhalten nach Kürzen:

$$K_c = \frac{\dfrac{p(SO_2)^2}{(RT)^2} \cdot \dfrac{c(O_2)}{RT}}{\dfrac{c(SO_3)^2}{(RT)^2}} = \frac{p(SO_2)^2 \cdot p(O_2)}{p(SO_3)^2} \cdot \frac{\cancel{(RT)}^2}{\cancel{(RT)}^2 \cdot RT} = \frac{p(SO_2)^2 \cdot p(O_2)}{p(SO_3)^2} \cdot \frac{1}{RT}.$$

Wir finden darin die Definition von K_p und erhalten:

$$K_c = \frac{K_p}{RT} = \frac{248.000\,Pa}{8,314\,\dfrac{J}{mol \cdot K} \cdot 1100\,K} = \frac{248.000\,\dfrac{J}{m^3}}{8,314\,\dfrac{J}{mol \cdot K} \cdot 1100\,K} = 27,1\,\frac{mol}{m^3} = 0,0271\,\frac{mol}{L}.$$

Anders als bisher haben in diesem Beispiel die Gleichgewichtskonstanten Einheiten. Betrachten wir oben das MWG für K_c, so folgt für die Einheit von K_c

$$[K_c] = \frac{[c(SO_2)]^2 \cdot [c(O_2)]}{[c(SO_3)]^2} = 1\,\frac{\left(\dfrac{mol}{L}\right)^2 \cdot \dfrac{mol}{L}}{\left(\dfrac{mol}{L}\right)^2} = 1\,\frac{\left(\dfrac{\cancel{mol}}{\cancel{L}}\right)^2 \cdot \dfrac{mol}{L}}{\left(\dfrac{\cancel{mol}}{\cancel{L}}\right)^2} = 1\,\frac{mol}{L}.$$

◄

Umrechnung von K_c und K_p

Um nicht bei jeder Reaktion erneut die MWGs für K_c und K_p vergleichen zu müssen, kannst du dich auch der folgenden Formel bedienen:

$$K_p = K_c \cdot (RT)^{\Delta \nu}. \qquad (6.4)$$

Mit $\Delta \nu$ ist die Differenz in den Stöchiometriefaktoren gemeint. Ist $\Delta \nu = 0$, wie beim Iodwasserstoff-Gleichgewicht, dann ist $K_p = K_c$. Dies gilt immer dann, wenn die Summe der Stöchiometriefaktoren der Edukte und Produkte gleich ist.

Für die Reaktion $2\,SO_3(g) \rightleftharpoons 2\,SO_2(g) + 1\,O_2(g)$ ist $\Delta \nu = 2 + 1 - 2 = 1$. Daher folgt $K_p = K_c \cdot (RT)^1$ und es ist

$$K_p = K_c \cdot RT \Leftrightarrow K_c = \frac{K_p}{RT}.$$

Bisher haben wir nur Gleichgewichte betrachtet, bei denen alle Reaktanten in einer Phase vorliegen. Tatsächlich kommen aber auch heterogene Gleichgewichte vor. Hierbei gilt es, ein paar Besonderheiten beim Aufstellen des MWG zu beachten. Reine Feststoffe und reine Flüssigkeiten haben bei konstantem Druck und Temperatur eine konstante Konzentration. Daher werden in heterogenen Gleichgewichten die Konzentrationen von reinen Feststoffen und Flüssigkeiten in die Gleichgewichtskonstante integriert. Für das Gleichgewicht

$$CaCO_3\,(s) \rightleftharpoons CaO\,(s) + CO_2\,(g)$$

folgt somit:

$$K_c' = \frac{c(CaO) \cdot c(CO_2)}{c(CaCO_3)} \Leftrightarrow \frac{K_c' \cdot c(CaCO_3)}{c(CaO)} = K_c = c(CO_2).$$

Tabelliert ist dann nicht K_c', sondern K_c. In diesem besonderen Beispiel ist K_c identisch mit der Konzentration von Kohlenstoffdioxid. Daher können wir schlussfolgern, dass sich bei einer bestimmten Temperatur immer ein fester Wert für die Konzentration von Kohlenstoffdioxid einstellt. Dies erscheint auch sinnvoll, immerhin

sollte es für die Gaskonzentration keinen Unterschied machen, ob 1 kg Kalk (CaCO$_3$) oder 10 kg Kalk vorhanden sind.

> ▶ **Beispiel**

Wir wollen für einige Beispiele das Massenwirkungsgesetz formulieren und eine Aussage über die Lage des chemischen Gleichgewichts treffen. Gegeben sind

I. $2\,NOCl(g) \rightleftharpoons 2\,NO(g) + Cl_2(g)$, $K_c = 4{,}4 \cdot 10^{-4}$ mol/L bei 500 K

II. $H_2(g) + CO_2(g) \rightleftharpoons H_2O(g) + CO(g)$, $K_c = 1$ bei 1073 K

III. $C(s) + CO_2(g) \rightleftharpoons 2\,CO(g)$, $K_p = 1{,}7 \cdot 10^{-4}$ kPa bei 1273 K

Für die Reaktion (I) stellen wir das MWG mit K_c auf und erhalten

$$K_c = \frac{c(NO)^2 \cdot c(Cl_2)}{c(NOCl)^2}.$$

Da $K_c < 1$ ist, können wir schlussfolgern, dass das Gleichgewicht stärker aufseiten des Edukts (links) liegt.

Für die Reaktion (II) stellen wir das MWG mit K_c auf und erhalten

$$K_c = \frac{c(H_2O) \cdot c(CO)}{c(H_2) \cdot c(CO_2)}.$$

Da $K_c = 1$ ist, können wir schlussfolgern, dass das Gleichgewicht weder links noch rechts liegt.

Für die Reaktion (III) stellen wir das MWG mit K_p auf und erhalten

$$K_p = \frac{p(CO)^2}{p(CO_2)}.$$

Der Druck der festen Phase taucht im MWG nicht auf und ist Bestandteil der Gleichgewichtskonstante. Da $K_p > 1$ ist, können wir schlussfolgern, dass das Gleichgewicht stärker aufseiten des Produkts (rechts) liegt. ◀

Zusammenhang zwischen der Gleichgewichtskonstanten und der freien Enthalpie

In ▶ Kap. 4 haben wir uns aus thermodynamischer Sicht bereits mit Gleichgewichtszuständen beschäftigt. Eine wichtige Größe dabei war die freie Enthalpie, über deren Änderung wir ableiten konnten:

$\Delta G < 0$ Reaktion/Prozess läuft freiwillig ab (**exergonisch**).

$\Delta G = 0$ System ist im Gleichgewicht mit Umgebung.

$\Delta G > 0$ Reaktion/Prozess läuft nicht freiwillig ab (**endergonisch**).

Mithilfe des Massenwirkungsgesetzes lässt sich die momentane Änderung der freien Enthalpie bei einer bestimmten Zusammensetzung der Reaktanten über

$$\Delta G = \Delta G^0 + RT \cdot \ln\left(\frac{[C]^{\nu_C} \cdot [D]^{\nu_D}}{[A]^{\nu_A} \cdot [B]^{\nu_B}}\right) \tag{6.5}$$

für eine Reaktion der Form $\nu_A\,A + \nu_B\,B \rightleftharpoons \nu_C\,C + \nu_D\,D$ berechnen. Tatsächlich tauchen in Gl. 6.5 keine Konzentrationen oder Drücke auf, sondern *Aktivitäten*. Aktivitäten sind unter idealisierten Bedingungen (vgl. Modell des idealen Gases) auf die Einheiten mol/L oder bar normierte Konzentrationen oder Drücke. Aktivitäten haben deswegen selbst keine Einheiten. Das ist wichtig, da im Argument des Logarithmus ln keine Einheiten stehen dürfen. Wir werden uns in ▶ Kap. 7 nochmals ausführlicher mit Aktivitäten beschäftigen.

Befindet sich unser System nun im Gleichgewicht, ändern sich zwei Dinge an Gl. 6.5: Zum einen ist $\Delta G = 0$. Zum anderen entspricht das Argument im Logarithmus dann der Gleichgewichtskonstanten:

$$\frac{[C]^{\nu_C} \cdot [D]^{\nu_D}}{[A]^{\nu_A} \cdot [B]^{\nu_B}} = K.$$

Bedenke, dass das Massenwirkungsgesetz nur für den Gleichgewichtsfall erfüllt ist. Damit vereinfacht sich Gl. 6.5 zu

$$0 = \Delta G^0 + RT \cdot \ln(K) \Leftrightarrow \Delta G^0 = -RT \cdot \ln(K).$$ (6.6)

Tipp

Überprüfe dein Wissen

Auf den Flashcards zu Kap. 6 findest du Verständnisfragen zu diesem Kapitel unter **Massenwirkungsgesetz.**

6.3 Systeme im Nichtgleichgewichtszustand

6.3.1 Der Reaktionsquotient zeigt die Richtung an

Wir haben mit dem Massenwirkungsgesetz in ▶ Abschn. 6.2.2 eine Möglichkeit kennengelernt, das chemische Gleichgewicht mathematisch zu beschreiben. Befindet sich die Reaktion im dynamischen Gleichgewicht, so können wir mit dem Massenwirkungsgesetz die Gleichgewichtskonstante berechnen. Der Quotient aus den Reaktanten kann jedoch auch für Nichtgleichgewichtszustände herangezogen werden, um eine Aussage darüber zu treffen, in welche Richtung eine Reaktion ablaufen wird.

Greifen wir dazu unser Beispiel der Veresterung nochmals auf und wählen die in ☐ Tab. 6.3 dargestellte Zusammensetzung zu Beginn der Reaktion. Die Frage lautet, ob die Reaktion zur Einstellung des Gleichgewichts nach links oder nach rechts abläuft. Natürlich können wir analog zu unseren Berechnungen in ▶ Abschn. 6.2.2 den Umsatz mit n bezeichnen und würden das Massenwirkungsgesetz nach dieser Größe n umstellen.

Es gibt jedoch eine schnellere Möglichkeit, eine Aussage über die Richtung der Reaktion zu treffen. Dazu dient der *Reaktionsquotient Q*. Dieser ist identisch mit dem Quotienten der Reaktanten im Massenwirkungsgesetz, nur für Nichtgleichgewichtszustände:

$$Q = \frac{n(CH_3COOCH_2CH_3) \cdot n(H_2O)}{n(CH_3COOH) \cdot n(CH_3CH_2OH)} = \frac{8\,mol \cdot 1\,mol}{3\,mol \cdot 2\,mol} = 1,33.$$

☐ **Tab. 6.3**   Veresterung im Nichtgleichgewichtszustand

	CH_3COOH	+	CH_3CH_2OH	⇌	$CH_3COOCH_2CH_3$	+	H_2O
$t = 0$	3 mol		2 mol		8 mol		1 mol
Umsatz	−0,59 mol		−0,59 mol		+0,59 mol		+0,59 mol
$t = t_G$	2,41 mol		1,41 mol		8,59 mol		1,59 mol

Für unser Beispiel ist $Q = 1,33$ und damit kleiner als die Gleichgewichtskonstante mit $K = 4$. Stellt sich nun allmählich das Gleichgewicht ein, nähert sich Q immer weiter an K an. In unserem Beispiel wird Q also mit der Zeit größer. Dies gelingt nur, wenn der Zähler größer und der Nenner kleiner wird. Im Zähler stehen die Produkte, deren Stoffmengen größer werden. Im Nenner stehen die Edukte, deren Stoffmengen kleiner werden. Also verläuft die Reaktion von links nach rechts.

In ◘ Tab. 6.3 findest du auch die Gleichgewichtsstoffmengen, die du gern einmal mithilfe des Massenwirkungsgesetzes bestimmen kannst. Um dies zu tun, musst du jedoch wissen, ob die Stoffmengen links oder rechts vom Gleichgewichtspfeil abnehmen. Natürlich könntest du einfach beide Varianten ausprobieren, und nur eine führt am Ende zu sinnvollen Ergebnissen. Schneller geht es jedoch, wenn du zuvor mithilfe des Reaktionsquotienten bestimmst, in welche Richtung die Reaktion abläuft. Überdies ist in vielen Fällen lediglich die Richtung einer Reaktion von Interesse und nicht die genauen Reaktionsumsätze. Der Reaktionsquotient ist für derartige Fragen ein praktikables Mittel.

❯ **Vorhersage der Richtung einer Reaktion, die sich noch nicht im Gleichgewicht befindet**

$Q < K$ Die Reaktion verläuft von links nach rechts.
$Q = 0$ Die Reaktion befindet sich im Gleichgewicht.
$Q > K$ Die Reaktion verläuft von rechts nach links.

Wenn wir mithilfe des Reaktionsquotienten die Richtung einer Reaktion voraussagen, sollten wir jedoch nicht das grundlegende Prinzip des chemischen Gleichgewichts vergessen. Wir erinnern uns nochmal: Es handelt sich um ein dynamisches Gleichgewicht, und wir schreiben es so auf, dass die Hinreaktion von links nach rechts verläuft. Daraus ergibt sich für die zeitgleich stattfindende Rückreaktion eine Richtung von rechts nach links. Ist der Reaktionsquotient nun kleiner als die Gleichgewichtskonstante, so finden dennoch beide Reaktionen (Hin und Rück) statt. Die Hinreaktion (von links nach rechts) läuft nur schneller ab als die Rückreaktion. Daher nehmen in der Summe die Edukte ab und die Produkte zu. Deswegen sagen wir: Die Reaktion verläuft nach rechts.

▶ **Beispiel**

Wir geben in ein Gefäß mit einem Volumen von 1 L 0,05 mol Stickstoff, 0,07 mol Sauerstoff und 0,01 mol Stickstoffmonoxid. In welche Richtung läuft die Reaktion ab, bis sich das Gleichgewicht

$$N_2(g) + O_2(g) \rightleftharpoons 2NO(g)$$

eingestellt hat? Wir führen diese Berechnung bei der Temperatur $T = 2000$ K durch, bei der $K_c = 0,000408$ ist. Wir berechnen dazu den Reaktionsquotienten und erhalten:

$$Q = \frac{c(NO)^2}{c(N_2) \cdot c(O_2)} = \frac{\left(0,01\,\frac{mol}{L}\right)^2}{0,05\,\frac{mol}{L} \cdot 0,07\,\frac{mol}{L}} = 0,0286 > 0,000408.$$

Wir erkennen aus der Berechnung, dass $Q > K_c$ ist. Daher läuft die Reaktion nach links ab. ◀

6

6.3.2 Das Prinzip des kleinsten Zwangs

Wenn in der chemischen Industrie ein Stoff hergestellt werden soll, ist die Produktausbeute ein entscheidender Faktor. Da bei Gleichgewichtsreaktionen neben der Hinreaktion immer auch eine Rückreaktion stattfindet, kann die Ausbeute je nach Reaktion gering ausfallen. Wenn sich ein chemisches Gleichgewicht eingestellt hat, wird die Reaktion unabhängig von der Laufzeit nicht vollständiger in die gewünschte Richtung ablaufen. Es gibt aber verschiedene Möglichkeiten, das Gleichgewicht zu beeinflussen.

■ **Einfluss der Temperatur**
Eine Veränderung der Temperatur verschiebt das chemische Gleichgewicht. Wir betrachten als Beispiel die Reaktion von Stickstoffdioxid zu Distickstofftetraoxid:

$$2\,NO_2\,(g) \rightleftharpoons N_2O_4\,(g) \qquad \Delta_R H^0 = -57\,\frac{kJ}{mol}.$$

Der negative Wert der Reaktionsenthalpie verrät uns, dass die Reaktion von links nach rechts exotherm ist. Bei der Hinreaktion wird also Energie in Form von Wärme frei. Umgekehrt lässt sich schließen, dass die Rückreaktion endotherm ist. Für die Spaltung von N_2O_4 zu NO_2 wird also Energie in Form von Wärme benötigt. Was passiert nun, wenn wir die Temperatur verändern?

Eine Erhöhung der Temperatur stellt mehr thermische Energie zur Verfügung. Dadurch kann die endotherme Reaktion, bei der diese thermische Energie durch Wärmezufuhr benötigt wird, besser ablaufen. Hohe Temperaturen begünstigen die endotherme Rückreaktion und verschieben das Gleichgewicht also auf die linke Seite.

Die exotherme Reaktion läuft dagegen verstärkt ab, wenn die Temperatur niedrig ist, da sie noch mehr Wärme freisetzt und die thermische Energie der Umgebung erhöht freisetzt. Niedrige Temperaturen begünstigen in diesem Fall die exotherme Hinreaktion, das Gleichgewicht verschiebt sich daher nach rechts.

▶ **Beispiel**

Wir haben im vorherigen Abschnitt bereits das Gleichgewicht

$$N_2\,(g) + O_2\,(g) \rightleftharpoons 2\,NO\,(g)$$

betrachtet. Bei $T = 2000$ K beträgt die Gleichgewichtskonstante $K_c = 0,000408$. Bei 2500 K ist sie 0,0036.

Wir erkennen an den Gleichgewichtskonstanten, dass mit steigender Temperatur die Konstante zunimmt. Nimmt die Konstante zu, wird der Zähler (Produkte) im MWG größer und der Nenner (Edukte) kleiner. Das Gleichgewicht verschiebt sich daher auf die Seite der Produkte, also nach rechts.

Eine Zufuhr von Wärme (Temperaturerhöhung) verschiebt also das Gleichgewicht nach rechts. Daher muss die Reaktion nach rechts (Bildung von NO) endotherm sein, da eine endotherme Reaktion unter Aufnahme von Wärme abläuft.

Erniedrigen wir die Temperatur, dann ist die Reaktion begünstigt, die Wärme freisetzt, also die exotherme Reaktion. In diesem Fall wäre das die Rückreaktion. Mit sinkender Temperatur verschiebt sich das Gleichgewicht dann zunehmend zu den Edukten. ◀

- **Einfluss der Konzentration**

Eine Veränderung der Konzentration beeinflusst das chemische Gleichgewicht ebenfalls. Als Beispiel betrachten wir noch einmal die Veresterung von Essigsäure und Ethanol (▶ Abschn. 6.1). Im Gleichgewicht hatten wir die Zusammensetzung von ◘ Tab. 6.1 gefunden. Was passiert nun mit dem chemischen Gleichgewicht, wenn wir die Konzentration eines Reaktanten verändern? Erhöhen wir die Konzentration der Essigsäure, indem wir 2 mol Essigsäure hinzufügen ◘ (Tab. 6.4), und berechnen für diese neue Situation den Reaktionsquotienten:

$$Q = \frac{n\left(CH_3COOCH_2CH_3\right) \cdot n\left(H_2O\right)}{n\left(CH_3COOH\right) \cdot n\left(CH_3CH_2OH\right)} = \frac{0,67\,mol \cdot 0,67\,mol}{2,33\,mol \cdot 0,33\,mol} = 0,58 < 4.$$

Der Reaktionsquotient ist dann kleiner als die Gleichgewichtskonstante ($Q < K$), sodass die Reaktion, um wieder ins Gleichgewicht zu gelangen, bevorzugt nach rechts abläuft. Es erhöht sich also durch die Zufuhr eines Edukts die Ausbeute der Produkte. Gleichwohl wird aus dem Reaktionsquotienten ersichtlich, dass wir die Ausbeute der Produkte auch dadurch erhöhen können, dass wir die Konzentration der Produkte verringern. Auch dadurch wird $Q < K$. Praktisch könnten wir also Wasser entziehen und so die Ausbeute des Esters erhöhen.

Vielleicht ist dir aufgefallen, dass wir zur Vereinfachung bei der Veresterung immer mit Stoffmengen gerechnet haben und nicht mit Konzentrationen. Das ist so lange kein Problem, wie das Volumen gleich bleibt. Geben wir aber wie in ◘ Tab. 6.4 eine bestimmte Menge Essigsäure hinzu, vergrößern wir dadurch auch das Reaktionsvolumen um diese Menge. Praktisch reduzieren sich dadurch die Konzentrationen der Reaktanten. Da diese Volumenerhöhung jedoch auf alle Reaktanten gleichermaßen wirkt, haben wir sie hier vernachlässigt. Für eine exakte Berechnung müssten wir sie aber einbeziehen.

Eine kleine Feinheit in der Formulierung

Wir fassen nochmals zusammen: Die Ausbeute der Reaktionsprodukte lässt sich erhöhen, indem wir die Konzentrationen der Edukte erhöhen und/oder die Konzentrationen der Produkte erniedrigen. Oftmals wird auch davon gesprochen, dass wir dadurch die Lage des Gleichgewichts in Richtung der Produkte verschieben. Streng genommen ist diese Formulierung nicht korrekt. Denn die Lage des Gleichgewichts wird durch die Gleichgewichtskonstante bestimmt, und diese verändern wir durch eine Konzentrationsveränderung nicht. Was sich hier verändert, ist der Reaktionsquotient. Nichtsdestotrotz wirst du oft in diesem Zusammenhang von der Verschiebung der Lage des chemischen Gleichgewichts hören oder es selbst so formulieren. Behalte dabei aber im Hinterkopf, dass wir die Gleichgewichtskonstante und dahinter nochmal die Symbole für K_c und K_p (Es gibt nämlich andere Gleichgewichtskonstanten, die von der Konzentration abhängen.) aber eigentlich nur durch eine Temperaturveränderung ändern können.

◘ **Tab. 6.4**   Verschiebung des Ester-Gleichgewichts

	CH_3COOH	+	CH_3CH_2OH	⇌	$CH_3COOCH_2CH_3$	+	H_2O
Im Gleichgewicht	0,33 mol		0,33 mol		0,67 mol		0,67 mol
Veränderung der Konzentration (I)			+ 2 mol				
	0,33 mol		2,33 mol		0,67 mol		0,67 mol

6

Wird bei Reaktionen die Menge in der Gasphase nicht als Konzentration, sondern als Partialdruck angegeben, gelten die gleichen Zusammenhänge. Der Partialdruck gibt den Anteil des Gesamtdrucks im System an, der durch den entsprechenden Stoff verursacht wird. Für die Partialdrücke der Edukte und Produkte gilt dann das Gleiche wie für die entsprechenden Konzentrationen. Wenn wir also beim Gleichgewicht

$$2\,NO_2\,(g) \rightleftharpoons N_2O_4\,(g)$$

den Partialdruck von N_2O_4 erhöhen, dann begünstigen wir damit die Rückreaktion, also die Bildung von NO_2. Das gilt aber nur, wenn die Temperatur und insbesondere der Gesamtdruck im System konstant bleiben.

❯ Das Prinzip von Le Chatelier und Braun

Henry le Chatelier und Ferdinand Braun fassten die Einflüsse auf das chemische Gleichgewicht Ende des 19. Jahrhunderts zusammen. Häufig wird vereinfacht vom Prinzip von Le Chatelier oder auch von dem Prinzip vom kleinsten Zwang gesprochen, da das Gleichgewicht auf einen äußeren Zwang durch eine Temperatur-, Konzentrations- oder Druckänderung immer so reagiert, dass diesem Zwang ausgewichen wird.

Durch die Anwendung dieses Prinzips ergeben sich auch sehr typische fachsprachliche Formulierungen. So folgt für den Einfluss der Konzentration auf die Veresterung:

Wenn wir die Konzentration der Essigsäure (als Edukt) erhöhen, weicht das Gleichgewicht diesem äußeren Einfluss aus, sodass die Konzentration der Essigsäure wieder abnimmt. Folglich wir die Bildung der Produkte begünstigt. Dies geschieht so lange, bis sich das Gleichgewicht wieder eingestellt hat. Umgekehrt würde eine Erhöhung der Konzentrationen der Produkte zu einer Verschiebung in Richtung der Edukte führen, um die Konzentrationserhöhung auszugleichen. Wird die Konzentration eines Stoffes verringert, reagiert das Gleichgewicht so, dass der entsprechende Stoff nachgebildet wird.

■ Einfluss des Drucks

Der Druck besitzt nur Einfluss auf Reaktionen, an denen Gase beteiligt sind, da diese im Vergleich zu Flüssigkeiten und Feststoffen ein sehr viel höheres Volumen besitzen und wesentlich kompressibler sind. Betrachten wir noch einmal die Reaktion von Stickstoffdioxid zu Distickstofftetraoxid:

$$2\,NO_2\,(g) \rightleftharpoons N_2O_4\,(g).$$

Bei Gasen können wir idealerweise davon ausgehen, dass das Volumen, das 1 mol eines Gases einnimmt, für alle Gase ungefähr gleich ist (ideales Gasverhalten). Da bei der Reaktion auf der Eduktseite doppelt so viele Gasteilchen vorhanden sind wie auf der Produktseite, nehmen die Edukte ein entsprechend größeres Volumen ein.

Nun wollen wir das Volumen des Reaktionsvolumens halbieren. Dadurch verdoppelt sich der Druck. Das Gleichgewicht reagiert nach dem Prinzip des kleinsten Zwangs nun so, dass es diesem äußeren Einfluss ausweicht. Eine Druckerniedrigung wird also angestrebt. Dies wird erreicht, indem sich die Zusammensetzung so verändert, dass weniger Gasteilchen vorhanden sind. Für unsere Reaktion bedeutet dies eine Begünstigung zu der Seite, die ein geringeres Volumen einnimmt, also in der Reaktionsgleichung nach rechts. Bei Druckerniedrigung wird die Bildung des größeren Volumens, also die Reaktion nach links, begünstigt.

Beachte, dass hier immer vom Gesamtdruck des Systems ausgegangen wird und nicht von einzelnen Partialdrücken der Reaktanden. Eine Änderung eines Partialdrucks kommt der Änderung einer Konzentration gleich. Ändern wir den Gesamtdruck, dann ändern wir die Summe aus allen Partialdrücken und nicht nur den eines einzelnen Reaktanden.

■ **Einfluss eines Katalysators**

Bevor wir uns abschließend mit ein paar Beispielen für das chemische Gleichgewicht beschäftigen, müssen wir noch klären, welchen Einfluss ein Katalysator auf die Lage des chemischen Gleichgewichts hat.

Wir haben Katalysatoren bereits als Reaktionsbeschleuniger kennengelernt, weil sie die Aktivierungsenergie einer Reaktion senken. Dies gilt logischerweise für Hin- und Rückreaktion einer Gleichgewichtsreaktion. Ein Katalysator beschleunigt die Hin- und die Rückreaktion gleichermaßen. Daher verändert sich die Lage des chemischen Gleichgewichtes nicht. Allerdings stellt sich das Gleichgewicht insgesamt schneller ein. Voraussetzung ist natürlich, dass die Reaktion auch unter dem durch den Katalysator veränderten Reaktionsweg umkehrbar ist. Weiterhin dürfen keine Reaktanten vorhanden sein oder sich bilden, die den Katalysator blockieren und damit unwirksam machen (Katalysatorgift).

> ▶ **Beispiel**

Mit der folgenden Aufgabe kannst du prüfen, ob du das Prinzip des kleinsten Zwangs verstanden hast. Die korrekten Antworten sind am Ende der Aufgabe vermerkt.

Die Reaktion von Kohlenstoff und Kohlenstoffdioxid zu Kohlenstoffmonoxid verläuft endotherm:

$$C(s) + CO_2(g) \rightleftharpoons 2\,CO(g) \quad \Delta_R H^0 = +172{,}5\,\frac{kJ}{mol}.$$

Nachdem sich das Gleichgewicht eingestellt hat, wird jeweils eine Variable verändert. Was passiert jeweils?

1) Bei konstantem Druck wird die Temperatur erhöht.
   A. Die Hinreaktion findet verstärkt statt, bis das Gleichgewicht neu eingestellt ist.
   B. Es liegt keine Beeinflussung des Gleichgewichts vor.
   C. Die Rückreaktion findet verstärkt statt, bis das Gleichgewicht neu eingestellt ist.
2) Kohlenstoff wird aus dem Gleichgewicht entfernt.
   A. Die Hinreaktion findet verstärkt statt, bis das Gleichgewicht neu eingestellt ist.
   B. Die Rückreaktion findet verstärkt statt, bis das Gleichgewicht neu eingestellt ist.
   C. Es liegt keine Beeinflussung des Gleichgewichts vor.
3) Kohlenstoffmonoxid wird hinzugegeben.
   A. Die Hinreaktion findet verstärkt statt, bis das Gleichgewicht neu eingestellt ist.
   B. Die Rückreaktion findet verstärkt statt, bis das Gleichgewicht neu eingestellt ist.
   C. Es liegt keine Beeinflussung des Gleichgewichts vor.
4) Der Druck wird erhöht.
   A. Die Rückreaktion findet verstärkt statt, bis das Gleichgewicht neu eingestellt ist.
   B. Die Hinreaktion findet verstärkt statt, bis das Gleichgewicht neu eingestellt ist.
   C. Es liegt keine Beeinflussung des Gleichgewichts vor.

5) Ein Katalysator wird hinzugegeben.
   A. Die Rückreaktion findet verstärkt statt, bis das Gleichgewicht neu eingestellt ist.
   B. Die Hinreaktion findet verstärkt statt, bis das Gleichgewicht neu eingestellt ist.
   C. Es liegt keine Beeinflussung des Gleichgewichts vor.

Lösungen: 1A, 2B, 3B, 4A, 5C ◀

■ **Druckabhängigkeit der Gleichgewichtskonstante**

Wir wollen zum Ende des Kapitels noch einmal die Frage stellen, von welchen Größen die Gleichgewichtskonstanten K_c und K_p tatsächlich abhängig sind. Wir haben bereits festgestellt, dass beide Konstanten von der Temperatur abhängig sind. Und tatsächlich sind beide Konstanten ausschließlich von der Temperatur (bei gegebenem Gleichgewicht) abhängig.

Das mag zunächst erstaunlich wirken. Zwar haben wir geklärt, dass die Konstanten unabhängig von der Konzentration sind, aber müssten sie sich nicht durch die Veränderung des Drucks auch verändern? Betrachten wir dazu einmal das Gleichgewicht zwischen Stickstoffmonoxid und Distickstofftetraoxid:

$$2\,NO_2\,(g) \rightleftharpoons N_2O_4\,(g).$$

Das Massenwirkungsgesetz mit Partialdrücken lautet dann:

$$K_p = \frac{p(N_2O_4)}{p(NO_2)^2}. \tag{6.7}$$

Wir erkennen zudem, dass die Reaktion nach rechts unter Volumenabnahme verläuft. Eine Druckerhöhung bevorzugt also die Bildung von Distickstofftetraoxid. Im neuen Gleichgewicht ist damit der Anteil an N_2O_4 höher geworden. Und müsste sich dann nicht entsprechend K_p erhöht haben? Nein, denn genau hier kommt es auf ein Detail an: Was wir verändern, ist die Zusammensetzung des Gasgemisches und nicht die Partialdrücke.

Unser Reaktionsgemisch besteht aus den Komponenten NO_2 und N_2O_4, jeweils zu einem bestimmten Anteil an der gesamten Teilchenzahl, also der gesamten Stoffmenge. Zusammen ergeben die beiden Komponenten 100 %. Über genau diese Stoffmengenanteile, die wir mit dem Buchstaben x bezeichnen, ist auch der Partialdruck definiert. In unserem Beispiel ist $x(N_2O_4)$ der Anteil an Distickstofftetraoxid in der Mischung, dann ist der Partialdruck von Distickstofftetraoxid $p(N_2O_4) = x(N_2O_4) \cdot p$, wobei p der Gesamtdruck ist. Wir ersetzen nun jeden Partialdruck in Gl. 6.7 durch dessen Stoffmengenanteil und erhalten

$$K_p = \frac{x(N_2O_4) \cdot p}{x(NO_2)^2 \cdot p^2} = \frac{x(N_2O_4)}{x(NO_2)^2} \cdot \frac{p}{p^2} = \frac{x(N_2O_4)}{x(NO_2)^2} \cdot \frac{1}{p}.$$

Wir finden darin einen Ausdruck der Stoffmengenanteile, der uns zu einer neuen Gleichgewichtskonstante führt, die wir dann K_x nennen. Es gilt daher:

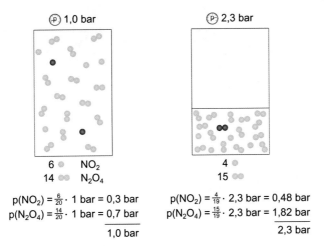

Abb. 6.8 Zur Druckabhängigkeit der Gleichgewichtskonstanten

$$K_p = \frac{K_x}{p} = \text{const.}$$

Was sich also verändert, wenn wir den Druck verändern, ist nicht K_p, sondern K_x. Denn wenn wir den Druck erhöhen, erhöht sich auch K_x. Dies ist zwar kein strenger mathematischer Beweis, soll dir aber zumindest deutlich machen, dass K_p und K_c nur von der Temperatur abhängig sind. Einen Einfluss auf die Zusammensetzung des Reaktionsgemisches hat der Gesamtdruck des Systems aber schon, da K_x druckabhängig ist.

Dieser Sachverhalt ist in Abb. 6.8 schematisch dargestellt. Bei einem Druck von 1,0 bar bestehe unser Gasgemisch zu 30 % aus NO_2 ($x(NO_2) = 0{,}30$) und zu 70 % aus N_2O_4 ($x(N_2O_4) = 0{,}70$). Bei insgesamt 20 Teilchen wären dies 6 NO_2-Teilchen und 14 N_2O_4-Teilchen. Die Partialdrücke sind dann $p(NO_2) = 0{,}30$ bar und $p(N_2O_4) = 0{,}70$ bar. Wir können daraus nun K_p und K_x berechnen:

$$K_p\left(1\,\text{bar}\right) = \frac{p\left(N_2O_4\right)}{p\left(NO_2\right)^2} = \frac{0{,}70\,\text{bar}}{\left(0{,}30\,\text{bar}\right)^2} = 7{,}78\,\frac{1}{\text{bar}} \approx 8\,\frac{1}{\text{bar}}$$

$$K_x\left(1\,\text{bar}\right) = \frac{x\left(N_2O_4\right)}{x\left(NO_2\right)^2} = \frac{0{,}70}{\left(0{,}30\right)^2} = 7{,}78$$

Nun verringern wir das Volumen des Reaktionsgefäßes und erhöhen dadurch den Druck auf 2,3 bar. Es kommt zu einer Begünstigung der Hinreaktion, sodass zwei zusätzliche NO_2-Teilchen zu einem N_2O_4-Teilchen reagieren. Dadurch ändern sich die Zusammensetzung. Nun sind 4 NO_2-Teilchen und 15 N_2O_4-Teilchen vorhanden und damit statt 20 Gasteilchen nur noch 19. Es folgt für $x(NO_2) = 4/19 = 0{,}21$ und für $x(N_2O_4) = 15/19 = 0{,}79$. Für die Partialdrücke ergibt sich deshalb $p(NO_2) = 0{,}48$ bar und $p(N_2O_4) = 1{,}82$ bar. Wir berechnen daraus wiederum K_p und K_x für 2,3 bar:

$$K_p(2{,}3\,\text{bar}) = \frac{p(N_2O_4)}{p(NO_2)^2} = \frac{1{,}82\,\text{bar}}{(0{,}48\,\text{bar})^2} = 7{,}90\frac{1}{\text{bar}} \approx 8\frac{1}{\text{bar}}$$

$$K_x(2{,}3\,\text{bar}) = \frac{x(N_2O_4)}{x(NO_2)^2} = \frac{0{,}79}{(0{,}21)^2} = 17{,}9$$

Es zeigt sich, dass sich die Gleichgewichtskonstante K_x, die uns die Lage des Gleichgewichts in Bezug auf die stöchiometrische Zusammensetzung angibt, deutlich verändert, wohingegen K_p im Wesentlichen konstant bleibt. Die Abweichungen von K_p sind in unserem Beispiel darauf zurückzuführen, dass wir der Übersicht halber von nur 20 Gasteilchen ausgegangen sind. In der Praxis ist eine Größenordnung von 10^{23} Teilchen natürlich deutlich genauer.

6

Das Haber-Bosch-Verfahren

Wir wollen das Gelernte auf eine wichtige industrielle Anwendung, die Synthese von Ammoniak im Haber-Bosch-Verfahren, anwenden. Bei diesem Prozess wird Ammoniak aus den Elementen Stickstoff und Wasserstoff hergestellt:

$$3\,H_2(g) + N_2(g) \rightleftharpoons 2\,NH_3(g) \quad \Delta_R H^0 = -92\frac{\text{kJ}}{\text{mol}}.$$

Ziel ist es nun, möglichst optimale Bedingungen für die Ammoniaksynthese zu erreichen. Schauen wir uns dafür zunächst die verschiedenen Möglichkeiten an, die Ausbeute an Ammoniak zu erhöhen. Die Reaktion ist (im Verlauf von links nach rechts) exotherm. Dies können wir an der negativen Reaktionsenthalpie erkennen. Es wird also Energie in Form von Wärme frei, wenn Ammoniak gebildet wird. Eine exotherme Reaktion wird durch niedrige Temperaturen begünstigt.

Hier ergibt sich jedoch ein Problem, da die Reaktionsgeschwindigkeit mit sinkender Temperatur fällt (vgl. Arrhenius-Gleichung, Gl. 5.15) Eine zu lange Reaktionszeit ist aber wiederum ungünstig – Ziel ist es, eine möglichst hohe Ausbeute in möglichst kurzer Zeit zu erhalten. Um die Reaktionsgeschwindigkeit trotz relativ niedriger Temperaturen nicht zu sehr zu senken, wird ein Katalysator eingesetzt, der die Einstellung des Gleichgewichts beschleunigt, ohne die Lage des Gleichgewichts zu verändern.

Ein weiteres Mittel zur Erhöhung der Ammoniakausbeute ist neben der Senkung der Temperatur eine Erhöhung des Drucks. Da auf der Eduktseite mehr Gasteilchen vorhanden sind als auf der Produktseite (4:2), wird ein höherer Druck das Gleichgewicht nach rechts verschieben. Ein hoher Druck erhöht außerdem die Reaktionsgeschwindigkeit durch eine Erhöhung der Anzahl an Zusammenstößen zwischen den Teilchen. Günstig für die Reaktion sind zusammenfassend also nicht zu hohe Temperaturen, ein hoher Druck und der Einsatz eines Katalysators.

In der Praxis wird das Haber-Bosch-Verfahren bei einem Druck von etwa 250 bar und Temperaturen von 450–550 °C durchgeführt. Noch niedrigere Temperaturen würden die Reaktionsgeschwindigkeit durch weniger Stöße und eine geringere Effektivität des Katalysators zu weit herabsetzen. Als Katalysator wird beispielsweise Eisen verwendet. Im Ammoniakreaktor (◘ Abb. 6.9) werden die Edukte Wasserstoff und Stickstoff über den Katalysator geleitet, wobei sich Ammoniak bildet. Der entstehende Ammoniak wird kontinuierlich abtransportiert. Dadurch muss sich das chemische Gleichgewicht immer wieder neu einstellen, wodurch kontinuierlich neuer Ammoniak gebildet wird. Im Sinne des Prinzips des kleinsten Zwangs könnten wir auch formulieren: Dem Entzug des Ammoniaks wirkt das Gleichgewicht entgegen, indem immer wieder neuer Ammoniak gebildet wird. Praktisch wird auf diese Weise die Reaktion permanent im Ungleichgewicht gehalten und es bildet sich permanent Ammoniak nach.

□ **Abb. 6.9**   Ammoniakreaktor.
Verändert nach Nutzer Ro-
manM82, CC BY-SA 4.0

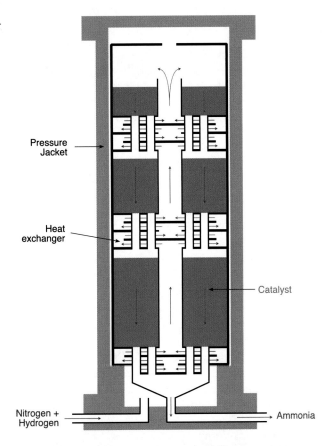

Pressure Jacket

Heat exchanger

Catalyst

Nitrogen + Hydrogen

Ammonia

Tipp

Überprüfe dein Wissen
   Auf den Flashcards zu Kap. 6 findest du Verständnisfragen zu diesem Kapitel
unter **Systeme im Nichgleichgewichtszustand.**

6.4   Top-Ten-Test zum chemischen Gleichgewicht

Hier kannst du dein Wissen zum chemischen Gleichgewicht mit den folgenden zehn
Aufgaben überprüfen. Die Lösungen zu den Top-Ten-Tests findest du im Zusatzmaterial. Noch mehr Übungen gefällig? Im Zusatzmaterial findest du außerdem umfangreichere Übungsaufgaben zu diesem Kapitel mit ausführlichen Rechenwegen
und Lösungen.

■   **1) Merkmale des chemischen Gleichgewichts**
Welche der folgenden Merkmale beschreiben ein chemisches Gleichgewicht? (Mehrere Antworten möglich)
a. Die Reaktion stoppt, wenn die Reaktanten vollständig umgesetzt sind.

b. Die Konzentrationen der Reaktanten und Produkte ändern sich im Laufe der Zeit nicht.

c. Bei einem chemischen Gleichgewicht liegt ein unvollständiger Stoffumsatz vor.

d. Die Geschwindigkeiten der Hin- und Rückreaktionen sind gleich.

e. Die Reaktion läuft nur in eine Richtung ab, bis einer der Reaktanten aufgebraucht ist.

f. Die Reaktion kann in beide Richtungen ablaufen.

- **2) Dynamisches Gleichgewicht**

Erkläre das Prinzip eines dynamischen Gleichgewichts. Gehe dabei insbesondere auf die Unterschiede zu einem statischen Gleichgewicht ein. Wie reagieren beide Gleichgewichte auf eine Störung des Gleichgewichts?

- **3) Massenwirkungsgesetz**

Wie viel Mol Ester erhält man im Gleichgewicht, wenn man 8 mol Ethanol und 3 mol Essigsäure zusammengibt ($K = 4$)?

- **4) Lage des Gleichgewichts**

Angenommen, eine beliebige Gleichgewichtsreaktion hat bei einer bestimmten Temperatur eine Gleichgewichtskonstante von $K = 0{,}0001$. Was lässt sich über die Lage des Gleichgewichts sagen?

a. Es liegen eher mehr Edukte als Produkte vor.

b. Es liegen eher mehr Produkte als Edukte vor.

c. Es lässt sich keine Aussage über die Gleichgewichtslage treffen.

d. Die Reaktion ist noch nicht im Gleichgewicht.

- **5) Massenwirkungsgesetze aufstellen**

Stelle das Massenwirkungsgesetz für die folgenden Reaktionen jeweils bezüglich K_c und K_p auf:

I. $N_2(g) + O_2(g) \rightleftharpoons 2\,NO(g)$

II. $2\,HgO(s) \rightleftharpoons 2\,Hg(g) + O_2(g)$

III. $C(s) + 2\,H_2(g) \rightleftharpoons CH_4(g)$

IV. $NiO(s) + CO(g) \rightleftharpoons Ni(s) + CO_2(g)$

- **6) Richtung der Gleichgewichtseinstellung**

Es wird eine Mischung aus Methansäure (2,9 mol/L), Methanol (4,5 mol/L), Methansäuremethylester (7,9 mol/L) und Wasser (7,2 mol/L) hergestellt. Befindet sich die Reaktion im Gleichgewicht? Wenn nicht, in welche Richtung läuft die Reaktion bis zur Gleichgewichtseinstellung ab? $K_c = 3{,}9$

- **7) Feste Phasen im Gleichgewicht**

Erkläre, warum sich bei der Gleichgewichtsreaktion

$$3\,Fe(s) + 4\,H_2O(g) \rightleftharpoons Fe_3O_4(s) + 4\,H_2(g).$$

Ein konstantes Verhältnis aus Wasserstoff- und Wasserdampfkonzentration im Gleichgewicht ergibt, unabhängig von der Menge an eingesetztem Eisen.

■ **8) Prinzip von Le Chatelier und Braun**

Beschreibe das Prinzip des kleinsten Zwangs und erkläre den Einfluss von Konzentration, Druck, Temperatur auf das Gleichgewicht.

■ **9) Einfluss eines Katalysators auf das chemische Gleichgewicht**

Erkläre den Einfluss eines Katalysators auf das chemische Gleichgewicht und begründe, warum der Katalysator keinen Einfluss auf die Lage des Gleichgewichts hat.

■ **10) Ausbeute einer chemischen Reaktion**

Die Einstellung des Kohlensäure-Gleichgewichts $CO_2(g) + H_2O(l) \rightleftharpoons H_2CO_3(aq)$ ist nach rechts ein exothermer Vorgang. Diskutiere Möglichkeiten, die Ausbeute an Kohlensäure zu erhöhen.

Elektrochemie

Inhaltsverzeichnis

Ergänzende Information Die elektronische Version dieses Kapitels enthält Zusatzmaterial, auf das über folgenden Link zugegriffen werden kann [https://doi.org/10.1007/978-3-662-69351-3_7].

7

Ein wesentliches Merkmal chemischer Reaktionen ist der Energieumsatz. Häufig
konzentrieren wir uns hierbei auf thermische Energien in Form der Reaktionsenthalpie. Wenn wir einen Eisennagel in eine Kupfer(II)-sulfat-Lösung stellen, scheidet sich Kupfer auf dem Eisennagel ab und Eisen(II)-Ionen gehen in Lösung (siehe
◘ Abb. 7.1). Im Wesentlichen handelt es sich dabei um die Redox-Reaktion in der
Form:

$$Fe + Cu^{2+} \rightarrow Fe^{2+} + Cu.$$

Dass es sich hierbei um eine exotherme Reaktion handelt, lässt sich gut demonstrie-
ren, indem der Eisennagel durch Eisenwolle ersetzt wird. Aufgrund des höheren Zerteilungsgrades läuft die Reaktion deutlich schneller ab, und auf einem Thermometer
kann ein deutlicher Temperaturanstieg beobachtet werden.
  Nun wollen wir die experimentellen Gegebenheiten verändern, indem wir die
stattfindenden Teilreaktionen Oxidation (Fe → Fe^{2+} + 2 e^-) und Reduktion
(Cu^{2+} + 2 e^- → Cu) räumlich voneinander trennen. Dazu wird ein Kupferblech in
eine Lösung aus Kupfer(II)-sulfat getaucht und ein Eisenblech in eine aus
Eisen(II)-sulfat. Beide *Halbzellen* trennen wir räumlich durch eine poröse Membran
(siehe ◘ Abb. 7.1). Verbinden wir nun durch ein Stromkabel das Eisen- mit dem
Kupferblech und schalten eine Glühlampe dazwischen, so leuchtet diese auf. Außerdem zeigt sich nach längerer Zeit, dass das Eisenblech immer dünner und das Kupferblech immer dicker wird. Offenbar lösen sich Eisen-Ionen vom Eisen und Kupfer

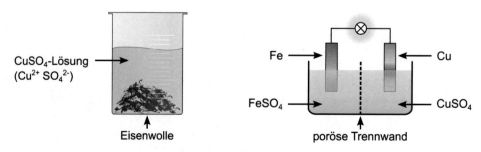

◘ **Abb. 7.1**   Die Redox-Reaktion von Eisen und Kupfer-Ionen in direktem Kontakt der Edukte (links)
und räumlich getrennt (rechts)

scheidet sich aus der Lösung ab, was exakt unserer obigen Reaktionsgleichung entspricht.

Bemerkenswert ist, dass wir allein durch die räumliche Trennung beider Teilreaktionen einen Einfluss auf die stattfindenden Energieumwandlungen haben. So wird im linken Fall in ◑ Abb. 7.1 chemische Energie vor allem in Wärmeenergie umgewandelt, wohingegen die rechte Variante für eine Umwandlung vor allem in elektrische Energie sorgt.

Dieses Prinzip ist die Grundlage für Batterien, Akkumulatoren, die elektrolytische Synthese von Elementen wie z. B. Kupfer, Chlor und Aluminium sowie Verfahren zum Korrosionsschutz von Werkstoffen.

Lernziele

Nach Bearbeitung dieses Kapitel kannst du

- die Triebkräfte des elektrochemischen Gleichgewichts und das elektrochemische Potenzial beschreiben,
- mithilfe der elektrochemische Spannungsquelle freiwillig ablaufende Reaktionen unter Standard-Bedingungen vorhersagen,
- galvanische Zellen als Kombination zweier elektrochemischer Halbzellen definieren und die ablaufenden elektrochemischen Prozesse beschreiben,
- den Einfluss von Konzentration, Druck und Temperatur auf das elektrochemische Potenzial beschreiben und mithilfe der Nernst-Gleichung berechnen,
- die Nernst-Gleichung auf pH-abhängige Redox-Reaktionen anwenden,
- die Umkehrung von galvanischen Prozessen als erzwungene Redox-Reaktion identifizieren und
- ausgewählte technische Anwendungen der Elektrolyse erläutern.

7.1 Das elektrochemische Gleichgewicht

7.1.1 Die elektrochemische Elektrode

Vergegenwärtigen wir uns nochmal die Reaktion von Eisen mit Kupfer-Ionen. Wie kann es sein, dass sich zwei Metalle in ihrer jeweiligen Salzlösung unterschiedlich verhalten? Wieso geht ein Metall in Lösung, während sich das andere abscheidet?

Geben wir in ein Glas Wasser etwas Zucker, so kommt es zu einem Lösungsprozess. Nach einer gewissen Zeit stellt sich ein dynamisches Gleichgewicht zwischen gelöstem Zucker und festem Zucker ein. Die Ursache für das Lösen liegt zum einen in der Entropiezunahme, zum anderen wird Energie bei der Hydratisierung der Zucker-Moleküle frei.

Ersetzen wir den Zucker durch einen Eisennagel in Wasser, so sollten grundsätzlich ähnliche Prozesse ablaufen. Eisen-Atome sollten in Form von Eisen(II)-Ionen in Lösung gehen, bis eine gesättigte Lösung entstanden ist. Tatsächlich lösen sich die meisten Metalle jedoch nicht bzw. kaum in Wasser.

Im Unterschied zum Lösungsvorgang von Zucker ist der Lösungsprozess von Eisen eine Oxidation:

$$Fe(s) \rightleftharpoons Fe^{2+}(aq) + 2e^-.$$

Es bilden sich (hydratisierte) Eisen(II)-Ionen, also positive Ladungsträger. Auf der anderen Seite werden dabei Elektronen, also negative Ladungsträger, frei. Zwischen den positiven Eisen-Ionen in der Lösung und den Elektronen, die im Metallstreifen zurückbleiben, wirkt eine elektrostatische Anziehungskraft. Diese führt zur Rekombination von einem Eisen(II)-Ion mit zwei Elektronen; es handelt sich also um eine Reduktion. Je mehr Eisen-Ionen in Lösung gehen, desto negativer geladen wird der Metallstreifen und desto stärker die elektrostatische Anziehungskraft. Irgendwann gehen genauso viele Eisen-Ionen in Lösung, wie wieder reduziert werden: Es hat sich ein Gleichgewicht eingestellt.

Dieses Gleichgewicht beinhaltet nun die Triebkräfte des chemischen Lösungsprozesses (Entropie und Hydratisierung) sowie die elektrische Anziehung geladener Teilchen. Aus diesem Grund sprechen wir von einem elektrochemischen Gleichgewicht. Die Phasengrenze zwischen der Elektrode und dem Elektrolyten wird dabei als elektrochemische Doppelschicht (siehe ◘ Abb. 7.2) bezeichnet: An der elektrisch leitenden Metalloberfläche (Elektrode) sind Ionen adsorbiert (starre Zone). Mit steigender Entfernung zur Elektrode können sich die Ionen freier in der Lösung bewegen (diffuse Zone).

Jedes Metall (und, wie wir später sehen werden, auch jedes Nichtmetall) hat ein unterschiedlich starkes Bestreben, in Lösung zu gehen. Da der Lösungsvorgang eine Oxidation ist, können wir sagen, dass jedes Metall ein unterschiedlich starkes Bestreben hat, oxidiert zu werden. Diese Aussage ist uns bereits bekannt: Dahinter steckt lediglich die Einteilung von Metallen in edel und unedel.

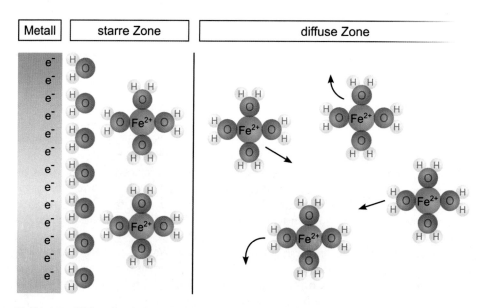

◘ **Abb. 7.2**   Elektrochemische Doppelschicht an einer Eisen-Elektrode

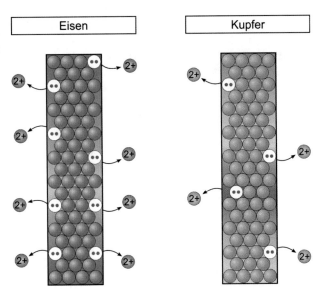

Abb. 7.3 Vergleich des Elektronendrucks zwischen einer Eisen-Elektrode (links) und einer Kupfer-Elektrode (rechts). Idee der Abbildung nach U. Helmich

Vergleichen wir also Eisen mit einem anderen Metall wie Kupfer. Für Kupfer in wässriger Lösung gilt für das elektrochemische Gleichgewicht analog zu Eisen:

$$Cu(s) \rightleftharpoons Cu^{2+}(aq) + 2\,e^-.$$

Kupfer ist edler als Eisen, es neigt also weniger stark zur Oxidation. Für das elektrochemische Gleichgewicht bedeutet dies, dass das Gleichgewicht bei Kupfer stärker auf der linken Seite liegt als bei Eisen. Pro Zeiteinheit gehen also weniger Kupfer(II)-Ionen in Lösung (und weniger Kupfer(II)-Ionen werden wieder reduziert) als bei Eisen. Vergleichen wir jetzt beide Metallelektroden miteinander, so sind im Gleichgewicht in der Eisenelektrode *mehr Elektronen* vorhanden als bei Kupfer. Eisen hat einen *höheren Elektronendruck* als Kupfer (■ Abb. 7.3).

Werden beide Elektroden leitend verbunden, kommt es zu einem Ladungsausgleich, also einem Elektronenfluss. Im Sinne des Prinzips von Le Chatelier werden dann auf der Eisenseite stets Elektronen nachgeliefert (weitere Eisen-Ionen gehen in Lösung), und auf der Kupferseite werden Elektronen von Kupfer-Ionen aufgenommen. Die Kombination aus zwei Elektroden führt also dazu, dass der unedlere Partner oxidiert und der edlere Partner reduziert wird.

Die Zitronenbatterie

Auf genau die Art und Weise, wie in diesem Kapitel beschrieben, funktioniert die sog. Zitronenbatterie. Zwei unterschiedliche Metallstücke werden in eine Zitrone gesteckt, die zuvor mit Druck gerollt wurde. Dadurch werden die Pflanzenzellen aufgebrochen, und die Ionen können sich frei bewegen. Als Elektrolyt dient der Zitronensaft, in dem sich die Metall-Ionen lösen. Steckst du eine Kupfermünze und eine Eisennagel hinein und hältst dann die Kontakte eines Lämpchens oder kleinen Motors daran, siehst du die Wirkung des elektrischen Stroms.

Hinweise: Die auftretenden Spannungen sind meist sehr gering, sodass es hilfreich sein kann, zwei oder drei solcher Zitronenbatterien in Reihe zu schalten, um eine ausreichende Spannung für den Verbraucher zu erzielen. Außerdem dürfen sich die Metalle in der Zitrone nicht direkt berühren, da ansonsten ein Kurzschluss vorliegt. Welche Auswirkungen ein solcher Kurzschluss in elektrochemischen Zellen hat, werden wir später untersuchen.

7.1.2 Die elektrochemische Spannungsreihe

Das Bestreben, Elektronen abzugeben, stellt eine Größe dar, die erst dann zu einer realen Konsequenz führt, wenn unterschiedliche Elektroden mit unterschiedlichem Elektronendruck verglichen werden. Bei der Kombination aus Eisen und Kupfer hat Eisen den größeren Elektronendruck als Kupfer und wird folglich oxidiert, während Kupfer reduziert wird. Wird Eisen aber nicht mit einem edleren Metall, sondern einem unedleren Metall kombiniert (z. B. Zink oder Magnesium), so hat Eisen nun den kleineren Elektronendruck und wird reduziert.

Solche Größen, welche die Fähigkeit beschreiben, etwas zu tun, werden wissenschaftlich als Potenzial bezeichnet. Der Elektronendruck ist gewissermaßen die Fähigkeit eines Stoffes, Elektronen abzugeben. Wir bezeichnen diese Fähigkeit als elektrochemisches Potenzial.

Der Potenzialbegriff

Physikalisch ist ein Potenzial die Fähigkeit eines Kraftfeldes, Arbeit zu verrichten. Eine gute Analogie stellt das Gravitationsfeld der Erde dar. Das Gravitationspotenzial ist umso höher, je weiter ein Körper vom Erdboden entfernt ist (Die Fähigkeit/ das Potenzial, sich bei einem Sturz zu verletzen, ist umso größer, je weiter man vom Erdboden entfernt ist.). Nehmen wir als Beispiel ein Schwimmbad in Hamburg. Ein Sprung von einem 3-Meter-Sprungturm führt zu einer kleineren Eindringtiefe ins Wasser als ein Sprung von einem 10-Meter-Sprungturm. Befindet sich unser Schwimmbad nun nicht wie im Beispiel auf vier Metern über dem Meeresspiegel, sondern in Goslar, also etwa einer Höhe von 800 m über dem Meeresspiegel, dann ist das Gravitationspotenzial des Schwimmbades zwar größer als in Hamburg. Ein Sprung vom 3-Meter-Turm würde in Goslar jedoch praktisch die gleiche Eindringtiefe nach sich ziehen. Für die realen Auswirkungen ist also nicht die Höhe des Schwimmbades entscheidend, sondern der Höhenunterschied des Sprungs.

Als nichtphysikalisches Beispiel können wir uns das Potenzial beim Weitwurf vorstellen. Je besser die Wurftechnik einer Sportlerin ist, desto höher ist ihr Leistungspotenzial, also die Fähigkeit, in einem Wettkampf die Beste zu sein. Ob sie jedoch am Ende wirklich die Beste ist, hängt natürlich vom Leistungspotenzial der anderen Sportlerinnen ab.

Wir wollen nun versuchen, für einige Metalle eine Ordnung von unedel nach edel vorzunehmen. Dazu stellen wir uns folgendes Experiment vor: Wir füllen fünf Bechergläser jeweils mit 1-molaren Salzlösungen von Silber, Kupfer, Eisen, Zink und Magnesium. Dann tauchen wir nacheinander in jede Lösung Metallstäbe genau dieser fünf Metalle ein. Tauchen wir den Eisenstab in eine Kupfersulfatlösung, so scheidet sich Kupfer am Eisenblech ab. Umgekehrt reagiert der Kupferstab jedoch nicht in der Eisensulfatlösung (siehe ◘ Abb. 7.4) Die Ergebnisse dieses Versuchs sind in ◘ Tab. 7.1 dargestellt.

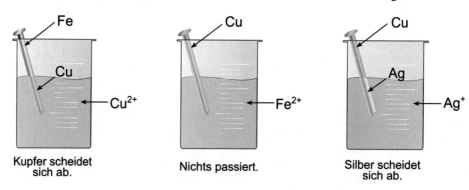

◘ **Abb. 7.4** Experimenteller Aufbau zur Kombination von Metallstäben und unterschiedlichen Salzlösungen

◻ **Tab. 7.1**   Kombinationen von Metallstäben und Salzlösungen

Lösung	Metall				
	Magnesium	**Zink**	**Eisen**	**Kupfer**	**Silber**
Mg^{2+}(aq)		−	−	−	−
Zn^{2+}(aq)	+		−	−	−
Fe^{2+}(aq)	+	+		−	−
Cu^{2+}(aq)	+	+	+		−
Ag^+(aq)	+	+	+	+	

Scheidet sich das Metall aus der Salzlösung am jeweiligen Metallstab ab? Ja(+) oder nein(−)

◻ **Tab. 7.2**   Spannungen zwischen verschiedenen Elektroden und einer Fe^{2+}/Fe-Elektrode

Spannung zwischen Fe^{2+}/Fe-Elektrode und ...	Mg^{2+}/Mg-Elektrode	Zn^{2+}/Zn/-Elektrode	Fe^{2+}/Fe-Elektrode	Cu^{2+}/Cu-Elektrode	Ag^{2+}/Ag-Elektrode
	− 1,95 V	− 0,35 V	0,00 V	+ 0,75 V	+ 1,21 V

Es zeigt sich, dass Eisen(II)-Ionen durch Magnesium und Zink reduziert werden können, durch Kupfer und Silber jedoch nicht. Silber(I)-Ionen lassen sich an allen anderen Metallen abscheiden. Somit werden Silber(I)-Ionen durch jedes dieser Metalle reduziert. Dem entgegen kann die Bildung von Magnesium nirgendwo beobachtet werden. Magnesium lässt sich also durch die anderen Metalle nicht reduzieren. Damit ist Silber das edelste und Magnesium das unedelste Metall in diesem Beispiel. Magnesium hat daher den höchsten Elektronendruck.

Messtechnisch ist es nicht möglich, diesen Elektronendruck, also das elektrochemische Potenzial, zu bestimmen. Auch theoretische Berechnungen erweisen sich als sehr komplex und sind mit großen Fehlerintervallen behaftet. Da es für praktische Anwendungen jedoch immer notwendig ist, zwei elektrochemische Elektroden zu kombinieren – wenn eine Oxidation stattfindet, muss auch immer eine Reduktion stattfinden –, genügen Vergleichswerte.

Wir könnten unser Experiment aus ◻ Abb. 7.4 abwandeln, indem wir die jeweiligen elektrochemischen Elektroden (Metall in Salzlösung der eigenen Ionen) wie zu Beginn von ▶ Kap. 7 kombinieren. Wir verbinden beide Salzlösungen durch einen in Kaliumnitrat getränkten Filterpapierstreifen (siehe dazu ▶ Abschn. 7.2) und schließen ein Spannungsmessgerät (Voltmeter) zwischen beide Metalle (◻ Abb. 7.5). Wir wollen als Vergleichselektrode die Fe^{2+}/Fe-Elektrode nutzen. Die Ergebnisse dieser Messungen sind in ◻ Tab. 7.2 dargestellt. Wir haben den Minus-Pol der Messung (also die Referenz) an die Fe^{2+}/Fe-Elektrode angeschlossen und die anderen Elektroden an den Plus-Pol.

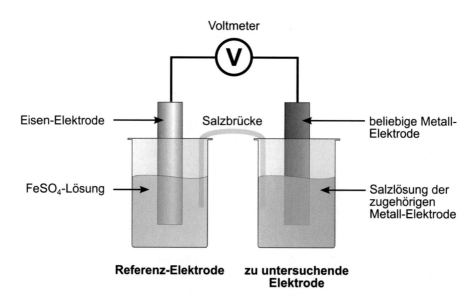

○ **Abb. 7.5**   Aufbau zur Messung der Spannung verschiedener elektrochemischer Elektroden gegen eine Eisen-Elektrode

7

> Die elektrische Spannung (kurz: Spannung) ist die Fähigkeit, elektrische Ladungen (z. B. Elektronen) zu verschieben. In der Elektrochemie gibt die Spannung demnach die Differenz zwischen zwei elektrochemischen Potenzialen an. Spannungen werden in Volt (V) angegeben und lassen sich mit einem Voltmeter messen. Bei einer Spannungsmessung fließt kein Strom. Andernfalls käme es zu einem Ladungsausgleich, sodass die Potenzialdifferenz null wird.

Die Ergebnisse zeigen uns zum einen, dass die Elektrode mit dem größten Elektronendruck, das ist die Mg^{2+}/Mg-Elektrode, das negativste Potenzial besitzt. Die edelste Elektrode, also Ag^+/Ag-Elektrode, besitzt das positivste Potenzial. Die Vorzeichen zeigen uns die Richtung des Stromflusses an: Kombinieren wir eine Zn^{2+}/Zn-Elektrode mit der Fe^{2+}/Fe-Elektrode, dann fließen, wenn ein Verbraucher statt des Voltmeters dazwischen geschaltet wird, die Elektronen von der unedleren Zn^{2+}/Zn-Elektrode zur edleren Fe^{2+}/Fe-Elektrode. Die Zn^{2+}/Zn-Elektrode ist dann der Minus-Pol (= die Quelle des Elektronenflusses) und die Fe^{2+}/Fe-Elektrode der Plus-Pol (= das Ziel des Elektronenflusses).

In der Praxis wird als Referenzelektrode die Standard-Wasserstoffelektrode genutzt. Es handelt sich um eine mit Wasserstoffgas umspülte Platinelektrode, die in eine Lösung mit Wasserstoff-Ionen eingetaucht ist (○ Abb. 7.6). Für Reaktionen in wässriger Lösung, d. h. in einem Überschuss an Wasser-Molekülen, macht es praktisch keinen Unterschied, ob Wasserstoff-Ionen als H^+ oder H_3O^+ bezeichnet werden. Wir nutzen in diesem Kapitel die einfachere Schreibweise als H^+-Ionen. Das elektrochemische Gleichgewicht ist dann:

$$H^+\left(aq\right)+e^- \rightleftharpoons \frac{1}{2}H_2\left(g\right).$$

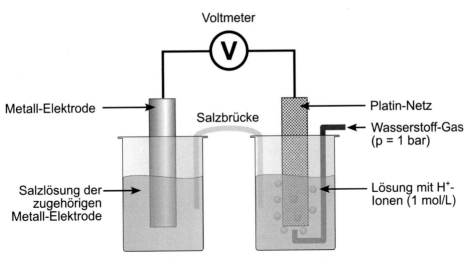

Voltmeter

Metall-Elektrode

Salzbrücke

Platin-Netz

Wasserstoff-Gas
(p = 1 bar)

Salzlösung der
zugehörigen
Metall-Elektrode

Lösung mit H⁺-
Ionen (1 mol/L)

**zu untersuchende   Standard-Wasserstoff-
Elektrode   Elektrode**

☐ **Abb. 7.6**   Messung des elektrochemischen Potenzials gegen die Standard-Wasserstoffelektrode

❯ Der Vorsatz *Standard-* sagt uns, dass für die Elektrode Standard-Bedingungen gelten. In der Elektrochemie sind dann alle Konzentrationen 1 mol/L, alle Drücke 1 bar
und die Temperatur 298,15 K. Außerdem gilt ideales Verhalten für Gase und auch
für Lösungen (d. h., die gelösten Ionen wechselwirken nicht miteinander).

Die Messung der Spannung zwischen einer beliebigen Elektrode und der Standard-
Wasserstoffelektrode führt damit zur elektrochemischen Spannungsreihe (siehe
☐ Tab. 7.3). Auch wenn formal Spannungen tabelliert sind, werden diese Werte als
Potenzial bezeichnet, da sich aus ihnen jegliche Spannungen zwischen zwei beliebigen
Halbzellen ableiten lassen. Dazu muss lediglich die Differenz aus beiden Werten ge-
bildet werden:

$$\Delta E = E_{\text{Kathode}} - E_{\text{Anode}} \quad \text{bzw.} \quad \Delta E^0 = E^0_{\text{Kathode}} - E^0_{\text{Anode}}. \tag{7.1}$$

ΔE ist die **Zellspannung** (ΔE^0 die Zellspannung unter Standard-Bedingungen). Als
Kathode wird diejenige Elektrode bezeichnet, bei der die Reduktion stattfindet und
als Anode die Elektrode, bei der die Oxidation stattfindet. Berechnen wir die Zellspannung ΔE^0 für die Kombination aus einer Eisen- und einer Kupfer-Elektrode, so
erhalten wir: $\Delta E^0 = 0,34 \text{ V} - (-0,41 \text{ V}) = 0,75 \text{ V}$, was exakt dem Wert aus ☐ Tab. 7.2
entspricht.

Die ablaufenden Reaktionen sind dann die Reduktion von Kupfer
($Cu^{2+} + 2e^- \longrightarrow Cu$) sowie die Oxidation von Eisen ($Fe \longrightarrow Fe^{2+} + 2e^-$). Als Gesamtreaktion ergibt sich demnach die Redox-Reaktion:

$$Fe + Cu^{2+} \longrightarrow Fe^{2+} + Cu.$$

Tab. 7.3 Elektrochemische Spannungsreihe unter Standard-Bedingungen (T = 298,15 K, p = 101,325 kPa. Die Aktivitäten der gelösten Teilchen sind 1 (Konzentration von 1 mol/L)

Element im Redox-Paar, dessen Oxidationsstufe sich ändert	Oxidierte Form	+ z e⁻ ⇌	Reduzierte Form	Standard-Potenzial E°
Lithium (Li)	Li^+	$+ e^- \rightleftharpoons$	Li	− 3,04 V
Kalium (K)	K^+	$+ e^- \rightleftharpoons$	K	− 2,94 V
Barium (Ba)	Ba^{2+}	$+ 2 e^- \rightleftharpoons$	Ba	− 2,91 V
Calcium (Ca)	Ca^{2+}	$+ 2 e^- \rightleftharpoons$	Ca	− 2,87 V
Natrium (Na)	Na^+	$+ e^- \rightleftharpoons$	Na	− 2,71 V
Magnesium (Mg)	Mg^{2+}	$+ 2 e^- \rightleftharpoons$	Mg	− 2,36 V
Aluminium (Al)	Al^{3+}	$+ 3 e^- \rightleftharpoons$	Al	− 1,68 V
Mangan (Mn)	Mn^{2+}	$+ 2 e^- \rightleftharpoons$	Mn	− 1,18 V
Wasserstoff (H)	$2 H_2O$	$+ 2 e^- \rightleftharpoons$	$H_2 + 2 OH^-$	− 0,83 V (pH = 14)
Zink (Zn)	Zn^{2+}	$+ 2 e^- \rightleftharpoons$	Zn	− 0,76 V
Chrom (Cr)	Cr^{3+}	$+ 3 e^- \rightleftharpoons$	Cr	− 0,76 V
Schwefel (S)	S	$+ 2 e^- \rightleftharpoons$	S^{2-}	− 0,48 V
Eisen (Fe)	Fe^{2+}	$+ 2 e^- \rightleftharpoons$	Fe	− 0,44 V
Cadmium (Cd)	Cd^{2+}	$+ 2 e^- \rightleftharpoons$	Cd	− 0,40 V
Cobalt (Co)	Co^{2+}	$+ 2 e^- \rightleftharpoons$	Co	− 0,28 V
Nickel (Ni)	Ni^{2+}	$+ 2 e^- \rightleftharpoons$	Ni	− 0,24 V
Zinn (Sn)	Sn^{2+}	$+ 2 e^- \rightleftharpoons$	Sn	− 0,14 V
Blei (Pb)	Pb^{2+}	$+ 2 e^- \rightleftharpoons$	Pb	− 0,13 V
Eisen (Fe)	Fe^{3+}	$+ 3 e^- \rightleftharpoons$	Fe	− 0,04 V
Wasserstoff (H)	$2 H^+$	$+ 2 e^- \rightleftharpoons$	H_2	0 V (pH = 0)
Zinn (Sn)	Sn^{4+}	$+ 2 e^- \rightleftharpoons$	Sn^{2+}	+ 0,14 V
Kupfer (Cu)	Cu^{2+}	$+ e^- \rightleftharpoons$	Cu^+	+ 0,16 V
Kupfer (Cu)	Cu^{2+}	$+ 2 e^- \rightleftharpoons$	Cu	+0,34 V
Sauerstoff (O)	$O_2 + 2 H_2O$	$+ 4 e^- \rightleftharpoons$	$4 OH^-$	+0,40 V (pH = 14)
Kupfer (Cu)	Cu^+	$+ e^- \rightleftharpoons$	Cu	+ 0,52 V
Iod (I)	I_2	$+ 2 e^- \rightleftharpoons$	$2 I^-$	+ 0,54 V
Eisen (Fe)	Fe^{3+}	$+ e^- \rightleftharpoons$	Fe^{2+}	+ 0,77 V

◘ Tab. 7.3 (Fortsetzung)

Element im Redox-Paar, dessen Oxidationsstufe sich ändert	Oxidierte Form	+ z e⁻ ⇌	Reduzierte Form	Standard-Potenzial $E°$
Silber (Ag)	Ag^+	$+ e^- \rightleftharpoons$	Ag	+ 0,80 V
Quecksilber (Hg)	Hg^{2+}	$+ 2 e^- \rightleftharpoons$	Hg	+ 0,85 V
Brom (Br)	Br_2	$+ 2 e^- \rightleftharpoons$	$2\,Br^-$	+ 1,10 V
Platin (Pt)	Pt^{2+}	$+ 2 e^- \rightleftharpoons$	Pt	+ 1,18 V
Sauerstoff (O)	$O_2 + 4\,H^+$	$+ 4 e^- \rightleftharpoons$	$2\,H_2O$	+ 1,23 V (pH = 0)
Chlor (Cl)	Cl_2	$+ 2 e^- \rightleftharpoons$	$2\,Cl^-$	+ 1,36 V
Chrom (Cr)	$Cr_2O_7^{2-} + 14\,H^+$	$+ 6 e^- \rightleftharpoons$	$2\,Cr^{3+} + 7\,H_2O$	+ 1,36 V (pH = 0)
Gold (Au)	Au^{3+}	$+ 3 e^- \rightleftharpoons$	Au	+ 1,50 V
Mangan (Mn)	$MnO_4^- + 8\,H^+$	$+ 5 e^- \rightleftharpoons$	$Mn^{2+} + 4\,H_2O$	+ 1,51 V (pH = 0)
Gold (Au)	Au^+	$+ e^- \rightleftharpoons$	Au	+ 1,69 V
Fluor (F)	F_2	$+ 2 e^- \rightleftharpoons$	$2\,F^-$	+ 2,89 V

In der Spannungsreihe dargestellt ist zudem das jeweilige Redox-Paar. Für das elektrochemische Gleichgewicht $Cu(s) \rightleftharpoons Cu^{2+}(aq) + 2e^-$ ist das zugehörige Redox-Paar Cu^{2+}/Cu, für $2\,H^+(aq) + 2e^- \rightleftharpoons H_2(g)$ ist es H^+/H_2. Cu^{2+} und H^+ sind jeweils die oxidierte Form und Cu bzw. H_2 die reduzierte Form des Redox-Paares. Dies lässt sich schnell über die Oxidationszahl der Teilchen bestimmen: Cu^{2+} und H^+ haben mit +2 bzw. +1 die höheren Oxidationszahlen als Cu und H_2 (beide ±0).

In der Elektrochemie ist es Konvention, dass einzelne Elektrodenreaktionen immer als Reduktion formuliert werden. Daher sind auch in ◘ Tab. 7.3 alle Elektrodenreaktionen als Reduktion dargestellt. Außerdem sind die Redox-Paare nach aufsteigendem Potenzial sortiert, also von unedel nach edel.

▶ Die Begriffe Anode und Kathode sind in der Chemie über die dort ablaufenden Prozessen definiert. Die Oxidation findet immer an der Anode und die Reduktion an der Kathode statt. Als eine Art chemisches „Mantra" kannst du dir merken: *anodische Oxidation, kathodische Reduktion.*

Ordnung im Begriffe-Wirrwarr
Auch in der Elektrochemie gibt es verschiedene Bezeichnungen für dieselben Dinge. Lass dich davon nicht verunsichern.

E bzw. E^0 werden oft kurz nur als Potenzial bzw. Standard-Potenzial bezeichnet. Auch die Bezeichnung elektrochemisches Potenzial wird verwendet. Da sich die Anwendung dieser Potenziale nicht nur auf elektrochemische Experimentieraufbauten bezieht, sondern diese auf Redox-Reaktionen im Allgemeinen angewendet werden können, ist auch die Bezeichnung Redox-Potenzial gebräuchlich. Demnach wird auch die (elektrochemische) Spannungsreihe oft Redox-Reihe genannt.

Auch der Begriff der elektrochemischen Elektrode wird unterschiedlich interpretiert. Manchmal ist damit die gesamte Halbzelle (z. B. Metallstab und Salzlösung des Metalls) gemeint. Manchmal ist nur der Metallstab selbst gemeint. Kommen leitende Materialien zum Einsatz, die der Abscheidung von Stoffen dienen, die aber selbst nicht an der Reaktion beteiligt sind, werden auch diese gelegentlich als Elektrode bezeichnet. Im Falle der Wasserstoffelektrode wird z. B. das Platinnetz manchmal ebenfalls als Elektrode bezeichnet. Auch Graphit ist ein häufiges *Elektroden*material.

7.1.3 Freiwilligkeit von Reaktionen

Aus ◨ Tab. 7.1 wissen wir, dass die Reaktion

$$Fe + Cu^{2+} \longrightarrow Fe^{2+} + Cu$$

freiwillig abläuft, die Reaktion

$$Ag + Cu^{2+} \longrightarrow Ag^{2+} + Cu$$

jedoch nicht. Berechnen wir die Zellspannungen, ergibt sich für die erste Reaktion ein Wert von $+ 0,75$ V und für zweitere ein Wert von $- 0,46$ V. Offenbar kann die Zellspannung genutzt werden, um eine Vorhersage über die Freiwilligkeit einer Reaktion zu machen. Hat die Zellspannung einen positiven Wert, so läuft die Reaktion freiwillig ab, ist er negativ, läuft die Reaktion nicht freiwillig ab.

Noch schneller kannst du eine Aussage über die Freiwilligkeit einer Reaktion machen, wenn du direkt die Redox-Reihe nutzt: Die reduzierte Form eines Redox-Paares (z. B. Fe) gibt Elektronen nur an diejenige oxidierte Form ab (z. B. Cu^{2+}), die ein positiveres Potenzial ($E^0(Cu^{2+}|Cu) > E^0(Fe^{2+}|Fe)$) hat. Oder mit Bezug auf ◨ Tab. 7.1 vereinfacht ausgedrückt: **rechts oben mit links unten**.

Werden, wie im Beispiel gerade, Eisen-Atome (Fe, rechts oben) mit Kuper(II)-Ionen (Cu^{2+}, links unten) kombiniert, so läuft die Reaktion freiwillig ab. In unserer zweiten Reaktion mit einer negativen Zellspannung kombinieren wir Ag mit Cu^{2+}. Hier wird also ein Teilchen links oben mit rechts unten kombiniert. Daher kann direkt vorhergesagt werden, dass diese Reaktion nicht freiwillig abläuft.

Diese einfache Vorhersage funktioniert jedoch nur mit der Redox-Reihe, wie sie in ◨ Tab. 7.3 dargestellt ist. Sind die Elektrodenreaktionen als Oxidationen dargestellt, ist die Regel genau umgekehrt. Um sicher zu gehen, kann aber stets die Zellspannung berechnet werden. Des Weiteren gelten diese Vorhersagen nur für Standard-Bedingungen. Sind die Konzentrationen nicht 1 mol/L oder die Temperatur nicht 298,15 K, müssen die Elektrodenpotenziale angepasst und die Zellspannung neu berechnet werden (siehe ▶ Abschn. 7.3).

▶ **Beispiel**

Es werden die Redox-Paare $Ca^{2+}|Ca$ und $Cr^{3+}|Cr$ kombiniert. Wir wollen die Redox-Gleichung bestimmen, eine Vorhersage über die Richtung der Reaktion machen und die Zellspannung berechnen.

Als Teilreaktionen erhalten wir:

(I) $Ca^{2+} | Ca : Ca^{2+} + 2\,e^- \rightleftharpoons Ca \quad | \cdot 3$

(II) $Cr^{3+} | Cr : Cr^{3+} + 3\,e^- \rightleftharpoons Cr \quad | \cdot 2$

Wollen wir beide Reaktionen kombinieren, müssen die Elektronen ausgeglichen sein. Wir multiplizieren die erste Gleichung mit 3 und die zweite mit 2. Das Redox-Paar $Ca^{2+}|Ca$ steht in der Spannungsreihe weiter oben als $Cr^{3+}|Cr$. Um die freiwillig ablaufende Reaktion zu formulieren, müssen wir rechts oben (Ca) mit links unten (Cr^{3+}) kombinieren:

$$3\,Ca^{2+} + 6\,e^- \rightleftharpoons 3\,Ca$$

$$2\,Cr^{3+} + 6\,e^- \rightleftharpoons 2\,Cr$$

Die Redox-Gleichung für die freiwillig ablaufende Reaktion lautet dann:

$$3\,Ca + 2\,Cr^{3+} \rightleftharpoons 3\,Ca^{2+} + 2\,Cr.$$

In der freiwilligen Reaktion wird also Cr^{3+} zu Cr reduziert (Kathode) und Ca zu Ca^{2+} oxidiert (Anode). Als Zellspannung ergibt sich

$$\Delta E^0 = E^0\left(Cr^{3+}|Cr\right) - E^0\left(Ca^{2+}|Ca\right) = -0,76\,V - (-2,87\,V) = 2,11\,V.$$

Bitte beachte, dass die Berechnung der Zellspannung nicht von den Stöchiometriefaktoren abhängt. ◄

7.1.4 Anwendung: Elektrochemische Korrosion und Korrosionsschutz

In ► Abschn. 7.1.1 haben wir die Zitronenbatterie kennengelernt. Wichtig war, dass sich die Metalle in der Zitrone nicht berühren, da ansonsten ein Kurzschluss vorliegt. Physikalisch meint ein Kurzschluss, dass die beiden Pole eines Stromkreises in direktem Kontakt zueinander stehen. In der Elektrochemie kommt dies durch das Berühren zweier Metallelektroden zustande. Ein solches kurzgeschlossenes galvanisches Element nennen wir *Lokalelement*.

Stellen wir uns vor, wir stellen einen Eisennagel und ein Kupferblech in eine schwefelsaure Lösung, so ist nach einiger Zeit eine Gasentwicklung zu beobachten. Aufgrund der vorhandenen Teilchen (Eisen-Atome, Kupfer-Atome, Wasserstoff-Ionen) sind folgende Reaktionen denkbar:

I. $Fe \longrightarrow Fe^{2+} + 2\,e^-$	$-0,44\,V$
II. $Cu \longrightarrow Cu^{2+} + 2\,e^-$	$0,34\,V$
III. $2\,H^+ + 2\,e^- \longrightarrow H_2$	$0,00\,V$

(Wir haben hier auf die Gleichgewichtspfeile verzichtet, um auszudrücken, welche Reaktionen in welche Richtungen möglich sind. Da im Eisennagel zunächst nur Fe-Atome vorhanden sind, insgesamt jedoch keine Fe^{2+}-Ionen, kann Reaktion (I) nur als Oxidation stattfinden).

Die einzige vorhandene Reduktion ist die Bildung von Wasserstoffgas. Somit findet in jedem Fall die Reaktion (III) statt. Die Oxidation muss ein kleineres Potenzial besitzen als die Reduktion, sodass nur die Oxidation von Eisen infrage kommt, also Reaktion (I). Reaktion (II) findet damit nicht statt. Wir können also eine Gasentwicklung am Eisennagel beobachten, am Kupferblech hingegen nicht.

Abb. 7.7   Ausbildung eines Lokalelements im Modellexperiment

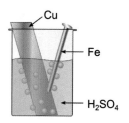

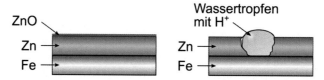

Abb. 7.8   Korrosionsschutz eines Werkstoffes aus Eisen durch metallischen Überzug aus Zink

7

Berühren sich nun beide Metalle, ist die Gasentwicklung auch am Kupfer zu beobachten (■ Abb. 7.7). Das liegt aber nicht daran, dass nun Kupfer-Atome oxidiert werden. Vielmehr dient das Kupferblech als Kathodenmaterial, an dem sich der Wasserstoff bilden kann. Die frei werdenden Elektronen bei der Oxidation sind im Eisennagel und im Kupferblech frei beweglich, und so werden H^+-Ionen auch am Kupfer reduziert.

Korrosion

Das säurebedingte Auflösen von Eisen nennt man Säurekorrosion. Korrosion beschreibt allgemein die Zerstörung eines Werkstoffes durch elektrochemische Reaktionen. Neben der Säurekorrosion gibt es auch die Sauerstoffkorrosion bei Vorhandensein von Sauerstoff und Wasser. Lokalelemente beschleunigen hierbei die Korrosion eines Werkstoffes.

Für technische Anwendungen entscheidend ist die Frage des Korrosionsschutzes. Grundsätzlich gilt es, die ungewünschte Oxidation des Werkstoffes zu verhindern. Ein Beispiel dafür sind Beschichtungen etwa durch das Auftragen von Lacken. Ebenso eignen sich Fette, so werden Pfannen aus Gusseisen oft mit einer Bienenwachsschicht überzogen, um die Pfanne vor dem Gebrauch vor Korrosion zu schützen. Aber auch metallische Überzüge sind möglich, Autokarosserien aus Eisen werden mit einer Zinkschicht überzogen. Das Zink reagiert mit dem Luftsauerstoff, und es bildet sich an der Oberfläche eine undurchlässige Zinkoxidschicht. Das Zink ist so durch *Passivierung* vor weiterer Oxidation geschützt. Die eigentliche Stärke dieses Korrosionsschutzes zeigt sich aber erst dann, wenn durch einen Kratzer im Lack des Autos die Zinkschicht aufgebrochen ist (siehe ■ Abb. 7.8).

Kommt der Kratzer durch einen Wassertropfen in Kontakt mit H^+-Ionen, sind nun die folgenden Reaktionen denkbar:

I. $Fe \longrightarrow Fe^{2+} + 2\,e^-$	−0,44 V
II. $Zn \longrightarrow Zn^{2+} + 2\,e^-$	−0,76 V
III. $2\,H^+ + 2\,e^- \longrightarrow H_2$	0,00 V

Auch hier findet die Reduktion von H^+-Ionen zu H_2 statt. Oxidiert wird hier jedoch nicht das Eisen, sondern das Zink, weil es das geringere Potenzial hat. Insgesamt läuft also die Reaktion

$$Zn + 2H^+ \longrightarrow Zn^{2+} + H_2$$

ab. Somit ist auch bei Kontakt der Eisenkarosserie mit einer sauren Lösung diese vor Korrosion geschützt.

Eine typische Anwendung dieses Korrosionsschutzes ist das Prinzip einer Opferanode. Schiffsrümpfe aus Eisen stehen in ständigem Kontakt mit Feuchtigkeit. Als Korrosionsschutz werden Zinkplatten am Schiffsrumpf befestigt. Es bildet sich damit ein Lokalelement zwischen Eisen und Zink. Da Zink unedler als Eisen ist, wird dieses statt des Eisens oxidiert. Die Zink-Elektrode bildet die Anode, die sich nach und nach auflöst. Sie wird sozusagen geopfert. Alternativ kommen auch Magnesium oder Aluminium als Opferanoden zum Einsatz.

> **Tipp**
>
> **Überprüfe dein Wissen**
> Auf den Flashcards zu ▶ Kap. 7 findest du Verständnisfragen zu diesem Abschnitt unter **Spannungsreihe**.

7.2 Galvanische Zellen

Wir haben in ▶ Abschn. 7.1 kennengelernt, dass wir durch Kombination zweier elektrochemischer Halbzellen eine Zelle bauen können, die uns eine elektrische Spannung liefert. Die gelieferte Spannung hängt von der Wahl der Halbzellen ab und errechnet sich aus der Differenz der Standard-Potenziale. Solche Zellen werden als galvanische Zellen bezeichnet. Benannt sind sie nach dem italienischen Naturforscher Luigi Galvani (1737–1798). Galvani entdeckte die Kontraktion von Muskeln an Froschschenkeln, wenn diese in Berührung mit Eisen und Kupfer kommen. Galvani vermutete die Ursache der Muskelzuckung im Tier selbst. Die eigentliche Interpretation auf Basis der Kombination zweier unterschiedlicher Metalle erfolgte durch den italienischen Physiker Alessandro Volta (1745–1827) (◘ Abb. 7.9). Nach ihm ist ebenfalls die Maßeinheit der elektrischen Spannung (Volt) benannt. Volta wird die Entwicklung der ersten zweckmäßigen Batterie in der Neuzeit zugeschrieben: die Voltasche Säule.

Zunächst wollen wir uns jedoch eine andere historisch bedeutsame galvanische Zelle anschauen: das Daniell-Element. Benannt nach seinem Entwickler, dem britischen Physikochemiker John Frederic Daniell (1790–1845), spielte es seit seiner Entwicklung 1836 eine bedeutende Rolle in der Stromversorgung.

Das Daniell-Element ist die Kombination einer Zink-Elektrode ($Zn^{2+}|Zn$) und einer Kupfer-Elektrode ($Cu^{2+}|Cu$). Ein Zinkstab, der in eine 1-molare Zinksulfatlösung eintaucht, und ein Kupferstab, der in eine 1-molare Kupfersulfatlösung eintaucht, werden über ein Voltmeter miteinander verbunden. Außerdem werden beide Lösungen über einen Filterpapierstreifen, der in Kaliumnitrat getränkt wurde, miteinander verbunden (◘ Abb. 7.10). An der Zinkelektrode liegt das Gleichgewicht

◘ Abb. 7.9   Alessandro Volta

7

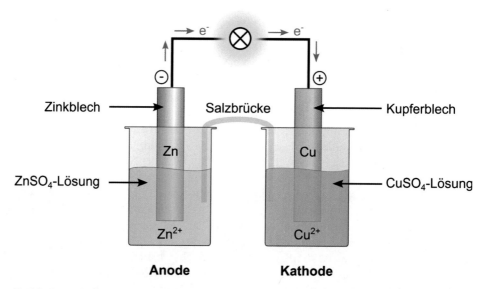

◘ Abb. 7.10   Aufbau des Daniell-Elements

$Zn^{2+} + 2\,e^- \rightleftharpoons Zn$ vor, an der Kupferelektrode $Cu^{2+} + 2\,e^- \rightleftharpoons Cu$. Das Bestreben, in Lösung zu gehen, ist bei Zink größer als bei Kupfer, Zink hat demnach das kleinere Elektrodenpotenzial, es wird leichter oxidiert als Kupfer. Mithilfe von ◘ Tab. 7.3 lässt sich nun die Zellspannung direkt berechnen:

$$\Delta E^0 = E^0_{Kathode} - E^0_{Anode} = E^0\left(Cu^{2+}|Cu\right) - E^0\left(Zn^{2+}|Zn\right) = 0,34\,V - (-0,76\,V) = \underline{\underline{1,10\,V}}.$$

Innenwiderstand von Messgeräten

Mit Multimetern lassen sich u. a. die elektrische Spannung und die elektrische Stromstärke messen. Wird die Spannung gemessen, heißt das Messgerät auch Voltmeter. Wird die Stromstärke gemessen, heißt es Ampèremeter.

Die Stromstärkemessung setzt einen bestehenden Stromfluss voraus, der durch das Ampèremeter fließt. Daher wird das Multimeter in Reihe in einen Stromkreis geschalten. Die Spannung wird hingegen parallel gemessen. Auf diese Weise misst das Multimeter den Potenzialunterschied zwischen zwei Punkten. Wichtig ist, dass sich dieser Potenzialunterschied während des Messvorgangs nicht ändert. Es darf also zu keinem Potenzialausgleich kommen. Durch das Voltmeter selbst also kein elektrischer Strom fließen. Das wird dadurch erreicht, dass der Innenwiderstand eines Voltmeters in der Theorie unendlich groß ist. In der praktischen Anwendung liegen natürlich endliche Werte vor, die jedoch sehr hoch sind. Der Innenwiderstand eines Ampèremeters ist in der Theorie dagegen null, sodass am Messgerät selbst keine Spannung abfällt.

Nun ersetzen wir unser Spannungsmessgerät durch einen Motor als Verbraucher. Aufgrund des Elektronenüberschusses an der Zinkelektrode im Vergleich zur Kupferelektrode kommt es zu einem Stromfluss, der den Motor in Bewegung setzt. Die Elektronen fließen also von der Zink- zur Kupferelektrode. Damit ist die Zinkelektrode hier der Minuspol und die Kupferelektrode der Pluspol.

Nach dem Prinzip von Le Chatelier und Braun führt die Abnahme der Elektronen an der Zinkelektrode zur Bildung weiterer Zink(II)-Ionen. Die Oxidation überwiegt also: $Zn \rightarrow Zn^{2+} + 2\,e^-$. Zink-Atome werden zu Zink-Ionen oxidiert. Auf diese Weise werden weitere Elektronen nachgeliefert. Die Zinkhalbzelle ist daher die Anode. In der Folge geht Zink in Lösung. Die Konzentration der Zink-Ionen steigt an, während zugleich die Masse der Zinkelektrode abnimmt.

Die Zufuhr von Elektronen an der Kupferelektrode begünstigt die Reduktion: $Cu^{2+} + 2\,e^- \rightarrow Cu$. Kupfer(II)-Ionen werden zu Kupfer-Atomen reduziert. Die Kupferhalbzelle ist daher die Kathode. An der Kupferelektrode scheiden sich weitere Kupfer-Atome ab, wodurch die Masse dieser zunimmt. Dagegen nimmt die Konzentration der Kupfer-Ionen in der Lösung ab.

Um derartige galvanische Zellen in kurzer Form darzustellen, hat sich eine Zellsymbolik durchgesetzt. Diese lautet für das Daniell-Element:

$$Zn\,\big|\,Zn^{2+}\,\|\,Cu^{2+}\,\big|\,Cu$$

Wir können dieses Zellsymbol von links nach rechts wie folgt lesen: Zn-Atome werden zu Zn^{2+}-Ionen oxidiert und Cu^{2+}-Ionen werden zu Cu-Atomen reduziert. Links steht also die Anode und rechts die Kathode. Getrennt sind bei durch einen Doppelstrich, der die Salzbrücke symbolisiert.

Die Salzbrücke hat nun den Zweck, den Stromkreis zu schließen. Zunächst haben wir erkannt, dass es einen Elektronenfluss von der Anode zur Kathode gibt. Die Anode stellt damit den Minus-Pol und die Kathode den Plus-Pol dar (Achtung, das gilt so nur für galvanische Elemente, siehe ▶ Abschn. 7.4). Für einen geschlossenen

Stromkreis muss es also auch einen Fluss negativer Ladungen von der Kathode zurück zur Anode (oder einen Fluss positiver Ladungen von der Anode zu Kathode) geben. Die Salzbrücke besteht aus einem Filterpapier, das in eine Salzlösung aus Kaliumnitrat, Kaliumchlorid oder Ammoniumnitrat getaucht ist. Diese Ionen können sich entlang des Filterpapiers bewegen. Im Falle von Kaliumnitrat bewegen sich die positiven Kalium-Ionen zur Kathode und die negativen Nitrat-Ionen zur Anode. Hierbei zeigt sich auch eine weitere Defintion von Anode und Kathode: Anionen bewegen sich zur Anode, Kationen bewegen sich zur Kathode.

Hintergrundinformationen

In ▶ Abschn. 7.1 haben wir bereits zwei typische Bauweisen von galvanischen Zellen kennengelernt, wie sie im Labor eingesetzt werden (◘ Abb. 7.1 und 7.5). Wesentlich ist stets die räumliche Trennung von Anoden- und Kathodenraum. Dennoch muss für einen geschlossenen Stromkreis gesorgt werden. Neben der Salzbrücke kann dies auch durch eine poröse Membran erfolgen. Werden die beiden Halbzellen eines Daniell-Elements mit einer porösen Wand getrennt und liegen die Salzlösungen als Sulfat vor, so sind es die Sulfat-Ionen, die durch die Membran als negative Ladungsträger von der Kathode zur Anode diffundieren und so den Stromkreis schließen. Das Zellsymbol wäre dann:

$$Zn \mid Zn^{2+} \vdots Cu^{2+} \mid Cu$$

Die gestrichelte Linie zwischen Anode (links) und Kathode (rechts) stellt die poröse Membran dar.

Insgesamt läuft also die folgende Redox-Reaktion ab: $Zn + Cu^{2+} \rightarrow Zn^{2+} + Cu$. Diese lässt sich sehr einfach dadurch ermitteln, dass die Teilreaktionen addiert werden (◘ Tab. 7.4). Folgen wir der Konvention der Elektrochemie, alle Reaktionen als Reduktionen zu schreiben, so erhalten wir die ablaufende Redox-Reaktion durch Subtraktion von Kathoden- und Anodenreaktion (◘ Tab. 7.5). Diese etwas umständlich

◘ **Tab. 7.4** Bildung der Gesamtreaktion durch Addition von Reduktion und Oxidation

Teilreaktion		
Reduktion		$Cu^{2+} + 2\,e^- \rightarrow Cu$
Oxidation	+	$Zn \rightarrow Zn^{2+} + 2\,e^-$
		$Cu^{2+} + 2\,e^- + Zn \rightarrow Cu + Zn^{2+} + 2\,e^-$
Redox-Reaktion		**$Zn + Cu^{2+} \rightarrow Zn^{2+} + Cu$**

◘ **Tab. 7.5** Bildung der Gesamtreaktion durch Subtraktion von Kathoden- und Anodenreaktion

Teilreaktion		
Kathode		$Cu^{2+} + 2\,e^- \rightleftharpoons Cu$
Anode	–	$Zn^{2+} + 2\,e^- \rightleftharpoons Zn$
		$Cu^{2+} + 2\,e^- - Zn^{2+} \rightleftharpoons Cu - Zn + 2\,e^-$ $\mid + Zn^{2+} \mid + Zn$
Redox-Reaktion		**$Zn + Cu^{2+} \rightleftharpoons Zn^{2+} + Cu$**

erscheinende Variante hat zwei wesentliche Vorteile: Zum einen entspricht die Rechenvorschrift exakt der Berechnung der Zellspannung. Zum anderen berücksichtigen wir den Gleichgewichtscharakter der Teilreaktionen. Es ergibt sich lediglich, dass die erhaltende Redox-Gleichung nach rechts freiwillig abläuft, sofern die berechnete Zellspannung positiv ist.

Wir werden in den folgenden Abschnitten Fälle betrachten, bei denen die Richtung der ablaufenden Reaktion nicht direkt aus der Spannungsreihe vorhergesagt werden kann. Außerdem können wir elektrochemische Reaktionen auch erzwingen, sodass sie in die andere Richtung ablaufen. Für all solche Fälle ist es hilfreich, den Gleichgewichtscharakter stets mitzudenken.

Zuvor wollen wir jedoch eine andere Frage klären: Wie verändert sich die Spannung des Daniell-Elements während des Stromflusses? Denken wir die Prozesse, die an den Elektroden ablaufen, bis zu Ende, so ist irgendwann entweder der gesamte Zinkstab aufgelöst oder die Konzentration der Kupfer-Ionen in der Kupfer-Halbzelle null. In beiden Fällen würde dann kein Strom mehr fließen, was hier gleichbedeutend mit einer Spannung von 0 V ist. Nutzen wir also ein galvanisches Element als Spannungsquelle, so wird während der Nutzung die Spannung immer kleiner. In ▶ Abschn. 7.3.2 werden wir die mathematischen Grundlagen dazu erarbeiten.

▶ Beispiel
Die Voltasche Säule

Alessandro Volta stellte 1800 die erste Batterie der Neuzeit vor, die als Stromquelle eine praktische Relevanz hatte. Sie setzte sich aus den beiden Metallen Zink und Kupfer zusammen, wobei auch Kombinationen aus Silber und Zinn verwendet wurden. Getrennt waren die beiden Metallfolien durch eine Pappschicht, die mit einer Elektrolytlösung getränkt wurde.

Die Kombination von Zink und Kupfer ergibt ein Zellspannung (unter Standard-Bedingungen) von 1,10 V. Werden Silber und Zinn verwendet, erreicht wir Werte von 0,94 V als Zellspannung. Ein Blick in die Redox-Reihe (◨ Tab. 7.3) zeigt uns, dass durch die Kombination von zwei elektrochemischen Halbzellen immer nur wenige Volt an Spannung möglich sind. Um höhere Spannungen zu erzielen, können mehrere galvanische Zellen in Reihe geschaltet werden. In der folgenden Abbildung sind bspw. drei Daniell-Elemente in Reihe geschaltet. Jede dieser Zellen liefert eine Spannung von 1,10 V. In Reihe geschalten addieren sich die Spannungen, sodass insgesamt eine Spannung von 3,30 V abgegriffen werden kann.

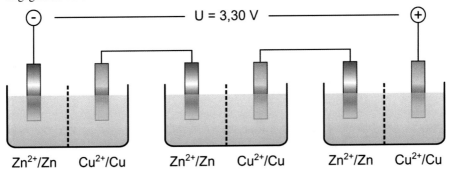

Bei der Voltaschen Säule sind genau solche Kombinationen aus Zink und Kupfer in Reihe geschaltet. Nur wird anstatt eines Glasgefäßes mit Salzlösungen und poröser Trennwand die in Elektrolytlösung getauchte Pappschicht genutzt. Die Leiterkabel zwischen der

Kupferplatte der einen Zelle und der Zinkplatte der anderen Zelle in der Abbildung oben werden durch direkten Kontakt ersetzt. Auf diese Weise lässt sich der Aufbau stapelbar gestalten (siehe die folgende Abbildung).

Zählen wir in der Abbildung die einzelnen Zellen der historischen Voltasäule zusammen, kommen wir auf eine Anzahl von 16. Mit dieser Säule lässt sich also eine Spannung von $16 \cdot 1{,}10$ V $= 17{,}6$ V erzeugen.

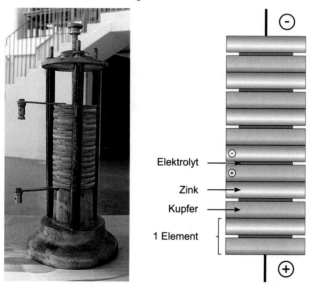

Beispiel einer Voltaschen Säule (links) und deren schematischer Aufbau (rechts). Autor Voltasche Säule: L. Chiesa, CC BY-SA 3.0 DEED; Schematische Zeichnung nach Benutzer Nick B., CC BY-SA 3.0 DEED. ◄

▪▪ Anwendung: Energiespeicher

Die Voltasche Säule, das Daniell-Element und Variationen dieser Zellen waren bis zur Erfindung des Generators in den 1870er-Jahren die einzig bedeutenden Stromquellen für industrielle Zwecke. Doch auch darüber hinaus spielen diese Speicher für elektrische Energie auf elektrochemischer Basis bis heute eine enorme Bedeutung in unserem Alltag – nämlich in Form von Batterien. Wir wollen uns die grundsätzliche Funktionsweise anhand der Zink-Kohle-Batterie vergegenwärtigen.

Diese besteht aus einem Zinkgehäuse (dem Zinkbecher), das gleichzeitig als Anodenmaterial und äußere Hülle dient (siehe ▢ Abb. 7.11). Im Inneren befinden sich ein Graphitstab und Mangan(IV)-oxid, die als Kathodenmaterialien fungieren. Eine Paste aus Ammoniumchlorid dient als Elektrolyt. Es laufen die folgenden Reaktionen ab:

I. $Zn \rightarrow Zn^{2+} + 2\,e^-$	Anode
II. $2\,MnO_2 + 2\,H_3O^+ + 2\,e^- \rightarrow Mn_2O_3 + 3\,H_2O$	Kathode
III. $NH_4^+ + H_2O \rightarrow NH_3 + H_3O^+$	
IV. $Zn^{2+} + NH_3 \rightarrow [Zn(NH_3)_2]^{2+}$	
V. $[Zn(NH_3)_2]^{2+} + 2\,Cl^- \rightarrow [Zn(NH_3)_2]Cl_2$	

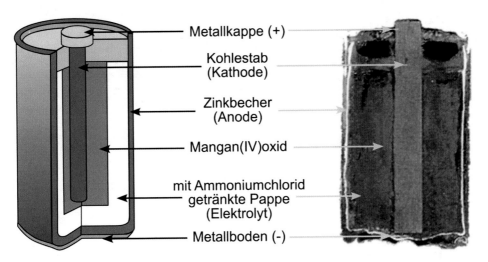

Metallkappe (+)

Kohlestab
(Kathode)

Zinkbecher
(Anode)

Mangan(IV)oxid

mit Ammoniumchlorid
getränkte Pappe
(Elektrolyt)

Metallboden (-)

◻ Abb. 7.11 Aufbau einer Zink-Kohle-Batterie. (Grafik nach J. Crimson Mann, Foto: Jerry Crimson Mann, CC BY-SA 2.5)

Zink-Atome werden an der Anode oxidiert (I). An der Kathode findet eine Reduktion von Braunstein (MnO_2) statt (II). Die dazu notwendigen Hydronium-Ionen (H_3O^+) werden durch die Reaktion der Ammonium-Ionen mit Wasser geliefert (III). Der sich dabei bildende Ammoniak reagiert mit den Zn^{2+}-Ionen zu einem Komplex (IV). Gemeinsam mit den vom Ammoniumchlorid vorliegenden Chlorid-Ionen bildet sich der schwerlösliche Komplex Diamminzinkchlorid (V). Als Gesamtreaktion ergibt sich dann:

$$Zn + 2\,MnO_2 + 2\,NH_4Cl \rightarrow Mn_2O_3 + H_2O + \left[Zn\left(NH_3\right)_2 \right]Cl_2.$$

Zunächst fällt auf, dass im Laufe der Reaktion die sich bildenden Zn^{2+}-Ionen als schwer löslicher Komplex gebunden werden. Die Konzentration gelöster Zn^{2+}-Ionen verändert sich damit praktisch nicht. Gleichzeitig werden an der Kathode durch die Bildung von Wasser stetig die nötigen Hydronium-Ionen geliefert, sodass auch diese Konzentration nahezu konstant bleibt. Beides sind wichtige Voraussetzungen dafür, dass die Batterie über einen längeren Zeitraum eine konstante Spannung von hier 1,5 V liefert. Der Nachteil der Batterie liegt u. a. darin, dass eine gewisse Auslaufgefahr besteht. Diese erklärt sich durch die Bildung von Wasser als Edukt und die gleichzeitige Auflösung des Zinkbechers, der ja die äußere Schicht der Batterie darstellt. Letztlich ist die Bildung des schwer löslichen Komplexes in (IV) und (V) eine nicht umkehrbare Reaktion, was das Wiederaufladen der Batterie unmöglich macht.

Zellen, die sich nur einmal entladen lassen und dabei chemische Energie und elektrische Energie umwandeln, werden als Primärelemente bezeichnet. Wir werden in ▶ Abschn. 7.4 auch elektrochemische Elemente kennenlernen, deren Reaktionen grundsätzlich umkehrbar sind. Derartige Elemente nennen wir Sekundärelemente. Zunächst wollen wir jedoch im nächsten Abschnitt die mathematischen Grundlagen für die Konzentrationsabhängigkeit der Zellspannung diskutieren.

Deutsche und englische Fachbegriffe im Vergleich
In der Alltagssprache sprechen wir im Deutschen von Batterien, wenn damit Zellen gemeint sind, die wir nur einmal benutzen können (Primärelemente/Primärzellen). Können wir eine „Batterie" mehrfach benutzen, sagen wir dazu dann Akkumulator oder kurz Akku (Sekundärelement/Sekundärzelle). In der englischen Literatur gibt es diesen Unterschied nicht. Hier werden elektrochemische Zellen in technischen Anwendungen grundsätzlich als *electric battery* bezeichnet. Es gibt dann *primary batteries*, die unseren Batterien entsprechen, und *secondary batteries*, die wir im Deutschen als Akku bezeichnen.

> **Tipp**
>
> **Überprüfe dein Wissen**
> Auf den Flashcards zu ▶ Kap. 7 findest du Verständnisfragen zu diesem Abschnitt unter **Galvanische Zellen**.

7

7.3 Konzentrationsabhängigkeit der Zellspannung

7.3.1 Konzentrationszellen

Bisher haben wir elektrochemische Zellen durch die Kombination verschiedener Halbzellen realisiert. Für jede Halbzelle gibt es ein eigenes Elektrodenpotenzial, deren Differenzen uns die Spannung eines galvanischen Elements vorhersagen. Aber ist die Wahl des Elektrodenmaterials der einzige Faktor, der einen Einfluss auf das elektrochemische Potenzial hat? Nicht ohne Grund sind in ◻ Tab. 7.3 lediglich Standard-Potenziale aufgelistet. Nur für Konzentrationen von 1 mol/L, Drücke von 1 bar und eine Temperatur von 298,15 K sind diese Werte streng genommen gültig. Was aber passiert, wenn z. B. die Konzentration einer Metallsalzlösung nicht exakt 1 mol/L beträgt?

Wir schauen uns dazu das folgende Experiment an: Wir kombinieren zwei Kupfer-Halbzellen miteinander, die wir über einen Verbraucher miteinander verbinden (◻ Abb. 7.12). In der linken Halbzelle herrsche eine Konzentration der Cu^{2+}-Ionen von $c_L = 0{,}01$ mol/L und in der rechten Halbzelle betrage die Konzentration $c_R = 1$ mol/L. In beiden Halbzellen liegt das Gleichgewicht

$$Cu^{2+}(aq) + 2e^- \rightleftharpoons Cu(s)$$

vor. In der linken Halbzelle ist die Konzentration der Cu^{2+}-Ionen geringer als in der rechten Halbzelle. Nach dem Prinzip von Le Chatelier verschiebt sich das Gleichgewicht daher in der linken Halbzelle stärker nach links als in der rechten Halbzelle. Wir können auch sagen: Das Bestreben der Kupfer-Atome, in Lösung zu gehen, ist in der linken Halbzelle größer, weil hier weniger Kupfer-Ionen in der Lösung vorhanden sind. In der linken Halbzelle wird daher die Oxidation bevorzugt, in der rechten Halbzelle dann die Reduktion.

Wir haben damit eine sogenannte *Konzentrationszelle* gebaut. Die Beschreibung einer solchen Zelle erklärt auch, warum die Zellspannung des Daniell-Elements während des Betriebs abnimmt (▶ Abschn. 7.2): Je größer die Zink(II)-Ionenkonzentration im Laufe der Zeit wird, desto „schwerer" kann Zink oxidiert werden:

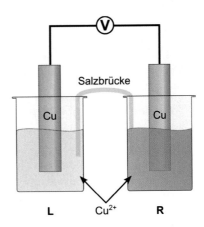

■ **Abb. 7.12**   Konzentrationszelle aus zwei Kupferhalb-
zellen

Das Elektrodenpotenzial an der Anode steigt also an. Gleichzeitig führt die Abnahme der Kupfer(II)-Ionenkonzentration zu einer Abnahme des Elektroden-
potenzials an der Kathode. Die Differenz der Potenziale wird also immer geringer,
bis sie schließlich den Wert null erreicht.

7.3.2   Die Nernst-Gleichung

Wir wollen die Frage stellen, welche Spannung bei der Konzentrationszelle aus
▶ Abschn. 7.3.1 zu erwarten ist. Für die rechte Halbzelle können wir das Elektrodenpotenzial aus der Spannungsreihe (■ Tab. 7.3) ablesen, da wir hier die Standard-
Konzentration von $c_R = c^0 = 1$ mol/L haben. Die linke Halbzelle muss, wenn hier die
Oxidation stattfindet, ein kleineres Elektrodenpotenzial haben. Und tatsächlich lässt
sich dieses auch berechnen. Dazu wird die Nernst-Gleichung verwendet. Sie ist nach
dem deutschen Chemiker und Physiker Walther Nernst (1864–1941) benannt und
dient der Vorhersage von Elektrodenpotenzialen einzelner Redox-Paare bzw. Halbzellen bei Nicht-Standard-Bedingungen. Wir wollen an dieser Stelle auf die Herleitung der Gleichung verzichten und direkt ihre praktische Bedeutung für die Elektrochemie beleuchten. In der allgemeinen Form lautet die Nernst-Gleichung

$$E = E^0 + \frac{RT}{zF} \cdot \ln\left(\frac{[\text{Ox}]}{[\text{Red}]}\right). \tag{7.2}$$

Darin sind E^0 das Standard-Potenzial der Halbzelle, R die Gaskonstante mit
$R = 8{,}314$ J/(mol · K) und F die Faraday-Konstante mit $F = 96.485$ J/(V · mol). Der
Vorfaktor vor dem natürlichen Logarithmus ln beinhaltet des Weiteren die
Temperatur T sowie die Anzahl der übertragenen Elektronen z. Wir finden dieses z
für jede Halbzelle in der Spannungsreihe (■ Tab. 7.3). Es handelt sich jeweils um den
Stöchiometriefaktor vor den Elektronen e⁻.

Weiterhin taucht in der Formel ein Logarithmus auf. Von der Berechnung des
pH-Werts kennen wir bereits den Logarithmus als Rechengröße. Im Unterschied
zum dekadischen Logarithmus lg = $\log_{10}$, der der Logarithmus zur Basis 10 ist, ist der
natürliche Logarithmus ln = $\log_e$ der Logarithmus zur Basis e, also der Eulerschen
Zahl mit $e = 2{,}71828…$.

Du findest aber den natürlichen Logarithmus ln auf deinem Taschenrechner und kannst direkt damit arbeiten. Wichtig ist weiterhin, was im Argument des Logarithmus steht. [Ox] und [Red] stehen für die oxidierte Form und die reduzierte Form der Halbreaktion. Am Beispiel unserer Kupferhalbzelle bedeutet dies [Ox] = [Cu^{2+}] und [Red] = [Cu]:

$$oxidierte\ Form + z\,e^- \rightleftharpoons reduzierte\ Form$$

$$Cu^{2+}(aq) + 2e^- \rightleftharpoons Cu(s)$$

Strenggenommen handelt es sich bei den Werten von [Ox] und [Red] um Aktivitäten. Dies sind effektive Konzentrationen (siehe Kasten Aktivität). Solang wir von idealen Lösungen ausgehen, ist die Aktivität identisch mit der Konzentration der Lösung, wenn diese in mol/L angegeben ist. Die Aktivität selbst ist nämlich nur ein Zahlenwert und hat keine Einheit. Für Drücke bei gasförmigen Verbindungen ist die Aktivität über die Einheit bar definiert. Ein ideales Gas mit dem Druck 2 bar hätte demnach die Aktivität 2. Weiterhin ist über das Konzept der Aktivitäten definiert, dass feste Phasen, wie z. B. unsere Kupferplatte, die in der Nernst-Gleichung als [Red] = [Cu] auftaucht, den Wert 1 besitzen.

Aktivität

Der Begriff "Aktivität" bezieht sich auf die effektive Konzentration eines chemischen Stoffs in einem System. Die Aktivität berücksichtigt nicht nur die Konzentration des Stoffs, sondern auch Wechselwirkungen mit anderen Teilchen (Anziehung und Abstoßung) und den Einfluss von Faktoren wie Druck und Temperatur. In einer idealen Lösung, einem Modell, bei dem die Wechselwirkungen zwischen den Molekülen vernachlässigt werden, entspricht die Aktivität der Konzentration des gelösten Stoffs in der Einheit mol/L. Bei realen Lösungen kann die Aktivität jedoch von der Konzentration abweichen. Auch Hydrathüllen um Ionen in wässriger Lösung haben einen Einfluss auf die effektive Konzentration.

Ähnliches gilt bei Gasen: Hier haben wir als Modell für idealisiertes Verhalten das ideale Gas kennengelernt. Über die Aktivität lässt sich der Druck von Gasen berücksichtigen, wenn er von der idealen Gasgleichung abweicht. Liegt ideales Gasverhalten vor, so ist die Aktivität identisch mit dem Druck in der Einheit bar. Treten in einem System mehrere Gase (z. B. Gas 1 + Gas 2) auf, so ist für jedes Gas der Partialdruck zu berücksichtigen. Der Partialdruck von Gas 1 ist also derjenige Druck, den Gas 1 hätte, wenn es allein im gegebenen Volumen vorliegen würde. Die Summe alle Partialdrücke ergibt am Ende den Gesamtdruck des Systems.

Die Nernst-Gleichung für die linke Halbzelle unseres Konzentrationselements lautet damit:

$$E_L\left(Cu^{2+}|Cu\right) = 0,34\,V + \frac{8,314\,\dfrac{J}{mol \cdot K} \cdot 298,15\,K}{2 \cdot 96.485\,\dfrac{J}{V \cdot mol}} \cdot \ln\left(\frac{0,01}{1}\right).$$

Für die Temperatur haben wir als Beispiel die Standard-Temperatur von 298,15 K angenommen. Vereinfachen wir den Faktor vor dem Logarithmus, ergibt sich daraus der Zahlenwert 0,012839 mit der Einheit Volt. Denn: Joule, Mol und Kelvin kürzen sich heraus. Da das Volt im Nenner des Nenners steht, rutscht es in den Zähler. Werden Brüche geteilt, multipliziert man mit dem Kehrwert:

$$\frac{8,314\dfrac{J}{mol\cdot K}\cdot 298,15\,K}{2\cdot 96.485\dfrac{J}{V\cdot mol}} = 0,0128\frac{J}{mol\cdot K}\cdot K\cdot\frac{V\cdot mol}{J} = 0,0128\,V.$$

Für den Logarithmus ergibt sich:

$$\ln\!\left(\frac{0,01}{1}\right) = \ln 0,01 = -4,6052.$$

Wir erhalten insgesamt also

$$E_{L}\left(Cu^{2+}|Cu\right) = 0,34\,V + 0,0128\,V\cdot(-4,6052) = 0,34\,V - 0,06\,V = 0,28\,V.$$

Für die rechte Halbzelle folgt analog:

$$E_{R}\left(Cu^{2+}|Cu\right) = 0,34\,V + \frac{8,314\dfrac{J}{mol\cdot K}\cdot 298,15\,K}{2\cdot 96.485\dfrac{J}{V\cdot mol}}\cdot\ln\!\left(\frac{1}{1}\right) = 0,34\,V.$$

Da rechts die Konzentration der Cu^{2+}-Ionen 1 mol/L beträgt, ist das Argument des Logarithmus mit 1/1 = 1. Wie du leicht mit dem Taschenrechner überprüfen kannst, ist jeder Logarithmus von eins gleich null. Daher bleibt lediglich der Wert von E_0 übrig. Das sollte uns nicht überraschen, da der Standard-Wert von 0,34 V für Kupfer laut ◻ Tab. 7.3 für eine Konzentration von 1 mol/L gilt.

Nun können wir die Zellspannung der Konzentrationszelle berechnen, indem wir das Kathodenpotenzial (rechts) vom Anodenpotenzial (links) subtrahieren:

$$\Delta E = E_{R}\left(Cu^{2+}|Cu\right) - E_{L}\left(Cu^{2+}|Cu\right) = 0,34\,V - 0,28\,V = 0,06\,V.$$

In vielen Fällen, in denen die Nernst-Gleichung zur Anwendung kommt, wird die Temperatur auf 298,15 K gesetzt. Damit ergibt sich ein Faktor vor dem Logarithmus, der lediglich von der Anzahl übertragener Elektronen z abhängt. Setzen wir die Konstanten R und F sowie für T = 298,15 K ein, vereinfacht sich die Nernst-Gleichung zu

$$E = E^{0} + \frac{0,0257\,V}{z}\cdot\ln\!\left(\frac{[Ox]}{[Red]}\right).$$

Um später auch pH-abhängige Redox-Potenziale schneller mit der Nernst-Gleichung zu berechnen, ist es überdies üblich, in dieser vereinfachten Form den natürlichen durch den dekadischen Logarithmus zu ersetzen. Dies erfolgt mithilfe der Umrechnung

$$\ln\frac{[Ox]}{[Red]} = \lg\frac{[Ox]}{[Red]}\cdot\ln 10 = \lg\!\left(\frac{[Ox]}{[Red]}\right)\cdot 2,3026.$$

Insgesamt folgt damit für die Nernst-Gleichung

$$E = E^{0} + \frac{0,059\,V}{z}\cdot\lg\!\left(\frac{[Ox]}{[Red]}\right). \tag{7.3}$$

Gl. 7.3 ist die vereinfachte Form der Nernst-Gleichung, die nur für die Standard-Temperatur von 298,15 K gilt. Um die Nernst-Gleichung, egal in welcher Form, korrekt anzuwenden, müssen wir sie zunächst für beliebige Halbzellenreaktionen korrekt aufstellen können. In ◘ Tab. 7.6 wird an den typischen Beispielen das Aufstellen der vereinfachten Nernst-Gleichung gezeigt. Halte dir gern die rechte Spalte zu und übe einmal selbst, die Nernst-Gleichung korrekt zu formulieren.

◘ Tab. 7.6 Nernst-Gleichung bei Standard-Temperatur (T = 298 K) für verschiedene Beispiele

Nr.	**Ox**	$+z\,e^- \rightleftharpoons$	**Red**	E^0	Nernst-Gleichung
1	Sn^{4+}	$+ 2\,e^- \rightleftharpoons$	Sn^{2+}	+0,14 V	$E = 0{,}14\,\text{V} + \frac{0{,}059\,\text{V}}{2} \cdot \lg\left(\frac{[Sn^{4+}]}{[Sn^{2+}]}\right).$
	Bei diesem Redox-System werden zwei Elektron übertragen: $z = 2$. $[Sn^{4+}]$ ist die oxidierte Form, $[Sn^{2+}]$ die reduzierte Form. Für deren Werte setzt man die gegebenen Konzentrationen (oder Aktivitäten) ein. Konzentrationen werden immer in der Einheit mol/L angegeben: Ist $c(Sn^{4+}) = 0{,}05$ mol/L, so ist für $[Sn^{4+}]$ der Wert 0,05 einzusetzen.				
2	Zn^{2+}	$+ 2\,e^- \rightleftharpoons$	Zn	–0,76 V	$E = -0{,}76\,\text{V} + \frac{0{,}059\,\text{V}}{2} \cdot \lg[Zn^{2+}]$
	Die Aktivität von reinen festen Phasen beträgt 1. Daher ist [Zn] = 1. Wir könnten auch sagen: Konzentrationen von reinen festen Phasen treten in der Nernst-Gleichung nicht auf. Lediglich die Konzentration der Zink(II)-Ionen als oxidierte Form bleibt zurück.				
3	Cl_2	$+ 2\,e^- \rightleftharpoons$	$2\,Cl^-$	+1,36 V	$E = 1{,}36\,\text{V} + \frac{0{,}059\,\text{V}}{2} \cdot \lg\left(\frac{[Cl_2]}{[Cl^-]^2}\right)$
	Treten in einem Redox-System Gase auf, ist der Partialdruck (bezogen auf den Standard-Druck von 1 bar) einzusetzen. Bsp.: $p(Cl_2) = 0{,}7$ bar. In die Nernst-Gleichung wird für $[Cl_2]$ der Wert 0,7 eingesetzt. Stöchiometrische Faktoren erscheinen als Exponent der jeweiligen Aktivität (Druck oder Konzentration).				
4	$2\,H_3O^+$	$+ 2\,e^- \rightleftharpoons$	$2\,H_2O$ $+ H_2$	0 V	$E = \frac{0{,}059\,\text{V}}{2} \cdot \lg\left(\frac{[H_3O^+]^2}{[H_2]}\right)$
	Da H_2O im Überschuss vorhanden ist, ist $c(H_2O)$ praktisch konstant und bereits im Zahlenwert von E^0 enthalten. Die Aktivität von ist daher eins: $[H_2O] = 1$.				
5	NO_3^- + $4\,H_3O^+$	$+ 3\,e^- \rightleftharpoons$	$6\,H_2O$ + NO	+ 0,96 V	$E = 0{,}96\,\text{V} + \frac{0{,}059\,\text{V}}{3} \cdot \lg\left(\frac{[NO_3^-]\cdot[H_3O^+]^4}{[NO]}\right)$
	Die Aktivitäten (Konzentrationen oder Partialdrücke) werden multiplikativ verknüpft. Dieses Prinzip kennst du bereits vom Massenwirkungsgesetz.				

Eine galvanische Zelle besteht aus den beiden Halbzellen $Sn^{2+}|Sn$ und $Pb^{2+}|Pb$ ($T = 298,15$ K). Die Konzentrationen der gelösten Ionen sind

a. $c\left(Sn^{2+}\right) = 0,1\dfrac{mol}{L}$ und $c\left(Pb^{2+}\right) = 0,001\,mol\,/\,L$

b. $c\left(Sn^{2+}\right) = 0,001\dfrac{mol}{L}$ und $c\left(Pb^{2+}\right) = 0,1\,mol\,/\,L$

Wir wollen herausfinden, welche Halbzelle jeweils Anode und welche Kathode ist, und das jeweilige Zellsymbol angeben. Dazu müssen wir jeweils das Elektrodenpotenzial der Halbzellen berechnen. Wir stellen für die Halbzellen zunächst die entsprechenden Halbzellenreaktionen auf und formulieren danach die Nernst-Gleichung:

$$Sn^{2+}(aq) + 2\ e^- \rightleftharpoons Sn\ (s) \qquad E\left(Sn^{2+}|Sn\right) = E^0\left(Sn^{2+}|Sn\right) + \frac{0,059\ V}{2} \cdot lg\left(\frac{\left[Sn^{2+}\right]}{\left[Sn\right]}\right)$$

$$Pb^{2+}(aq) + 2\ e^- \rightleftharpoons Pb\ (s) \qquad E\left(Pb^{2+}|Pb\right) = E^0\left(Pb^{2+}|Pb\right) + \frac{0,059\ V}{2} \cdot lg\left(\frac{\left[Pb^{2+}\right]}{\left[Pb\right]}\right)$$

Wir beginnen mit (a) und setzen die gegeben Werte in die Nernst-Gleichungen ein. Die Aktivitäten der festen Phasen sind 1. Die Werte der Standard-Potenziale entnehmen wir ❏ Tab. 7.3

$$Sn^{2+}(aq) + 2\ e^- \rightleftharpoons Sn\ (s) \qquad E\left(Sn^{2+}|Sn\right) = -0,14\ V + \frac{0,059\ V}{2} \cdot lg\left(0,1\right) = -0,17\ V$$

$$Pb^{2+}(aq) + 2\ e^- \rightleftharpoons Pb\ (s) \qquad E\left(Pb^{2+}|Pb\right) = -0,13\ V + \frac{0,059\ V}{2} \cdot lg\left(0,001\right) = -0,22\ V$$

Da $E(Sn^{2+}|Sn) > E(Pb^{2+}|Pb)$ ist, ist $Sn^{2+}|Sn$ die Kathode und $Pb^{2+}|Pb$ die Anode. Das Zellsymbol lautet daher: $Pb|Pb^{2+}\|\ Sn^{2+}|Sn$.

Nun setzen wir die Werte für (b) ein und erhalten:

$$Sn^{2+}(aq) + 2\ e^- \rightleftharpoons Sn\ (s) \qquad E\left(Sn^{2+}|Sn\right) = -0,14\ V + \frac{0,059\ V}{2} \cdot lg\left(0,001\right) = -0,23\ V$$

$$Pb^{2+}(aq) + 2\ e^- \rightleftharpoons Pb\ (s) \qquad E\left(Pb^{2+}|Pb\right) = -0,13\ V + \frac{0,059\ V}{2} \cdot lg\left(0,1\right) = -0,16\ V$$

Da $E(Sn^{2+}|Sn) < E(Pb^{2+}|Pb)$ ist, ist $Sn^{2+}|Sn$ die Anode und $Pb^{2+}|Pb$ die Kathode. Das Zellsymbol lautet daher: $Sn|Sn^{2+}\|\ Pb^{2+}|Pb$.

Insbesondere bei galvanischen Zellen, deren Halbzellen in der Spannungsreihe nicht weit auseinander liegen, hat die Wahl der Konzentrationen einen erheblichen Einfluss auf die ablaufenden Elektrodenprozesse. ◀

▪▪ Anwendung: Messung der Kupferionen-Konzentration in Aquarien

Wasserlebewesen werden bereits durch geringe Mengen an Kupfer-Ionen im Wasser geschädigt. Mithilfe einer Messsonde kann der Kupfergehalt in Aquarien gemessen werden. Diese funktioniert im Wesentlichen wie eine Kupfer-Konzentrationszelle:

Ein Kupferdraht taucht direkt in das Aquariumswasser ein, was die eine Halbzelle darstellt. Als Referenzhalbzelle wird eine Kupfer-Halbzelle mit einer Konzentration von $c_1 = 0{,}1$ mol/L ggenutzt. Die Messsonde misst die Spannung ΔE zwischen den beiden Halbzellen, die direkt mit dem Kupferionen-Gehalt im Aquarium zusammenhängt:

$$E_1 = E^0 + \frac{0{,}059\,\text{V}}{2}\,\lg[0{,}1].$$

$$E_2 = E^0 + \frac{0{,}059\,\text{V}}{2}\,\lg\left[\text{Cu}^{2+}\right].$$

$$\Delta E = E_1 - E_2 = \frac{0{,}059\,\text{V}}{2}\,\lg[0{,}1] - \frac{0{,}059\,\text{V}}{2}\,\lg\left[\text{Cu}^{2+}\right] = -0{,}0295\,\text{V} - \frac{0{,}059\,\text{V}}{2}\,\lg\left[\text{Cu}^{2+}\right].$$

Aquariumswasser sollte einen Grenzwert von $0{,}47 \cdot 10^{-6}$ mol/L an Kupfer-Ionen nicht übersteigen. Die messbare Spannung liegt dann bei

$$\Delta E = E_1 - E_2 = -0{,}0295\,\text{V} - \frac{0{,}059\,\text{V}}{2}\,\lg\left[0{,}47 \cdot 10^{-6}\right] = 0{,}16\,\text{V}.$$

Je kleiner die Spannung, desto größer ist der Gehalt an Kupfer-Ionen im Aquarium. Eine Spannung von 0,11 V entspräche einer Kupferionen-Konzentration von $1{,}87 \cdot 10^{-5}$ mol/L, ein typischer Wert für Trinkwasser. Aus diesem Grund solltest du ein eigenes Aquarium niemals mit Leitungswasser befüllen.

7.3.3 pH-Abhängigkeit des Redox-Potenzials

Es fällt auf, dass die Redox-Potenziale 4 und 5 aus ◘ Tab. 7.6 von der Konzentration der H^+-Ionen abhängen. Damit sind diese Potenziale vom pH-Wert abhängig. Wir werden dazu weiter unten ein Rechenbeispiel betrachten. Wir wollen aber zuvor nochmal einen genaueren Blick auf unsere Redox-Reihe in ◘ Tab. 7.3 werden. Vielleicht ist dir schon aufgefallen, dass die Gase Wasserstoff und Sauerstoff zwei Potenziale in der Spannungsreihe haben: Jeweils eines für pH = 0 und eines für pH = 14. Formulieren wir die Nernst-Gleichung für die Wasserstoff-Halbzelle, so ergibt sich:

$$2\,\text{H}^+\left(\text{aq}\right) + 2\,\text{e}^- \rightleftharpoons \text{H}_2\left(\text{g}\right) \qquad E\left(\text{H}^+ | \text{H}_2\right) = 0\ \text{V} + \frac{0{,}059\,\text{V}}{2} \cdot \lg\left(\frac{\left[\text{H}^+\right]^2}{\left[\text{H}_2\right]}\right)$$

Wir sind von der Temperatur 298,15 K ausgegangen, und wir wollen nun auch den Standard-Druck von 1 bar annehmen, sodass $[\text{H}_2] = 1$ ist. Es folgt dann:

$$\left(\text{H}^+ | \text{H}_2\right) = \frac{0{,}059\,\text{V}}{2} \cdot \lg\left[\text{H}^+\right]^2.$$

Die Logarithmusgesetze der Mathematik sagen uns, dass wir Exponenten im Argument des Logarithmus als Faktor vor den Logarithmus ziehen können:

$$E\left(H^+|H_2\right) = \frac{0,059\,V}{2}\cdot lg\left[H^+\right]^2 = \frac{0,059\,V}{2}\cdot 2\cdot lg\left[H^+\right] = 0,059\,V\cdot lg\left[H^+\right].$$

Zuletzt nutzen wir die Definition des pH-Wertes pH = − lg [H$^+$]. Unsere Gleichung lässt sich damit umformen zu

$$E\left(H^+|H_2\right) = -0,059\,V\cdot\left(-lg\left[H^+\right]\right) = -0,059\,V\cdot pH.$$

Ist der pH-Wert nun null, entspräche dies einer Konzentration der H$^+$-Ionen von 1 mol/L, also Standard-Bedingungen. Das Potenzial errechnet sich dann zu E(pH = 0) = − 0,059 V · 0 = 0 V, was exakt dem Wert aus ◘ Tab. 7.3 entspricht. Ist der pH-Wert 14, folgt E(pH = 14) = − 0,059 V · 14 = − 0,83 V. Und dies ist der andere Wert laut ◘ Tab. 7.3. Dieser gilt allerdings ebenfalls für Standard-Bedingungen. Bei pH = 14 liegt ein stark alkalisches Milieu vor, aus diesem Grund sind in unserem Redox-Gleichgewicht keine H$^+$, sondern OH$^-$-Ionen zu berücksichtigen. Formal können wir die eine Gleichung wie folgt in die andere Gleichung umwandeln:

$$2\,H^+\left(aq\right) + 2\,e^- \rightleftharpoons H_2\left(g\right) \qquad |+2\,OH^-\left(aq\right)$$

$$2\,H^+\left(aq\right) + 2\,OH^-\left(aq\right) + 2\,e^- \rightleftharpoons H_2\left(g\right) + 2\,OH^-\left(aq\right)$$

$$2\,H_2O + 2\,e^- \rightleftharpoons H_2\left(g\right) + 2\,OH^-\left(aq\right)$$

Standard-Bedingungen liegen dann vor, wenn die Konzentration der OH$^-$-Ionen eins ist, und das ist bei einem pH-Wert von 14 der Fall. Aus diesem Grund existieren zwei Gleichungen für Wasserstoff in der Spannungsreihe. Im Prinzip ergeben sich die Potenziale aber aus der Nernst-Gleichung.

► **Beispiel**

Gegeben sind die beiden Halbzellen: $Cl_2|Cl^-$ und $Mn^{2+}|MnO_4^-$. Die Konzentrationen von Cl^-, Mn^{2+} und MnO_4^- betragen jeweils 0,1 mol/L. Die Temperatur liegt bei 298,15 K, und der Gasdruck von Chlor ist 1 bar. In welche Richtung läuft die Reaktion ab, wenn der pH-Wert 5 ist?

Um diese Aufgabe zu lösen, müssen wir die Halbzellenreaktionen kennen. Diese können wir entweder selbst aufstellen oder einfach aus der Redox-Reihe in ◘ Tab. 7.3 ablesen.

$$Cl_2\left(g\right) + 2\,e^- \rightleftharpoons 2\,Cl^-\left(aq\right)$$

$$MnO_4^-\left(aq\right) + 8\,H^+\left(aq\right) + 5\,e^- \rightleftharpoons Mn^{2+}\left(aq\right) + 4\,H_2O$$

Für Standard-Bedingungen ist $E(Cl_2|Cl^-) < E(Mn^{2+}|MnO_4^-)$, sodass Chlorid-Ionen oxidiert und Permanganat-Ionen reduziert werden:

$$MnO_4^- + 8\,H^+ + 5\,Cl^- \longrightarrow Mn^{2+} + \frac{5}{2}\,Cl_2 + 4\,H_2O$$

Beachte, dass wir zur Formulierung der Gesamtgleichung für gleich viele Elektronen in beiden Teilreaktionen sorgen müssen. Die Gleichung für die Chlor-Halbzelle multiplizieren wir deshalb mit 5/2.

Nun liegen bei uns jedoch keine Standard-Konzentrationen vor. Deshalb formulieren wir wieder die Nernst-Gleichungen:

$$Cl_2 + 2\ e^- \rightleftharpoons 2\ Cl^- \qquad E\left(Cl_2|Cl^-\right) = E^0\left(Cl_2|Cl^-\right) + \frac{0,059\,V}{2} \cdot lg\left(\frac{[Cl_2]}{\left[Cl^-\right]^2}\right)$$

$$MnO_4^- + 8\ H^+ + 5\ e^- \rightleftharpoons Mn^{2+} + 4H_2O$$

$$E\left(Mn^{2+}|MnO_4^-\right) = E^0\left(Mn^{2+}|MnO_4^-\right) + \frac{0,059\,V}{5} \cdot lg\left(\frac{\left[MnO_4^-\right]\cdot\left[H^+\right]^8}{\left[Mn^{2+}\right]}\right)$$

Für die Chlorhalbzelle folgt dann als Potenzial:

$$E\left(Cl_2|Cl^-\right) = 1,36\,V + \frac{0,059\,V}{2} \cdot lg\left(\frac{1}{0,1^2}\right) = 1,42\,V.$$

Hier wollen wir kurz innehalten. Wenn wir die beiden Halbzellen miteinander kombinieren, müssen wir die Redox-Gleichung so formulieren, dass gleich viele Elektronen vorhanden sind. Für die Chlor-Halbzelle würde das bedeuten:

$$\frac{5}{2}\ Cl_2\,(g) + 5\ e^- \rightleftharpoons 5\ Cl^-\,(aq) \qquad E\left(Cl_2|Cl^-\right) = E^0\left(Cl_2|Cl^-\right) + \frac{0,059\,V}{5} \cdot lg\left(\frac{[Cl_2]^{5/2}}{\left[Cl^-\right]^5}\right)$$

Dann passt sich natürlich auch die Nernst-Gleichung an. Setzen wir nun die gegebenen Werte ein, erhalten wir:

$$E\left(Cl_2|Cl^-\right) = 1,36\,V + \frac{0,059\,V}{5} \cdot lg\left(\frac{1^{5/2}}{0,1^5}\right) = 1,42\,V.$$

Wir sehen, es kommt exakt der gleiche Wert für $E(Cl_2|Cl^-)$ heraus. Wir hatten bereits erwähnt, dass das Elektrodenpotenzial nicht davon abhängt, ob wir eine Reaktionsgleichung mit 1, 2 oder 2,5 multiplizieren. Mathematisch begründet sich dies im Logarithmus. Es gilt nämlich:

$$\frac{0,059\,V}{5}lg\left(\frac{1^{5/2}}{0,1^5}\right) = \frac{0,059\,V}{5}lg\left(\frac{1^{1/2}}{0,1}\right)^5 = \frac{0,059\,V}{5}\cdot 5\cdot lg\left(\frac{1^{1/2}}{0,1}\right) = 0,059\,V\cdot lg\left(\frac{1^{1/2}}{0,1}\right).$$

Gleiches erhalten wir für:

$$\frac{0,059\,V}{2}lg\left(\frac{1}{0,1^2}\right) = \frac{0,059\,V}{2}lg\left(\frac{1^{1/2}}{0,1}\right)^2 = \frac{0,059\,V}{2}\cdot 2\cdot lg\left(\frac{1^{1/2}}{0,1}\right) = 0,059\,V\cdot lg\left(\frac{1^{1/2}}{0,1}\right).$$

Um nun das Potenzial der Manganhalbzelle zu berechnen, ist noch die Konzentration der H^+-Ionen nötig. Diese können wir über den Zusammenhang pH = $-$ lg [H^+] zu

$$\left[H^+\right] = 10^{-pH} = 10^{-5} = 0,00001\,(mol\,/\,L)$$

bestimmen. Es folgt dann:

$$E\left(\text{Mn}^{2+}|\text{MnO}_4^-\right) = 1{,}51\,\text{V} + \frac{0{,}059\,\text{V}}{5}\cdot\lg\left(\frac{0{,}1\cdot 0{,}00001^8}{0{,}1}\right) = 1{,}04\,\text{V}.$$

Wir können diese Aufgabe aber mathematisch auch etwas geschickter lösen. Dazu vergegenwärtigen wir uns, dass bei uns $[\text{MnO}_4^-] = [\text{Mn}^{2+}]$ ist. Unsere Nernst-Gleichung vereinfacht sich damit zu

$$E\left(\text{Mn}^{2+}|\text{MnO}_4^-\right) = E^0\left(\text{Mn}^{2+}|\text{MnO}_4^-\right) + \frac{0{,}059\,\text{V}}{5}\cdot\lg\left[\text{H}^+\right]^8.$$

Laut Logarithmusgesetzen können wir den Exponenten im Logarithmus als Faktor vor den Logarithmus ziehen:

$$E\left(\text{Mn}^{2+}|\text{MnO}_4^-\right) = E^0\left(\text{Mn}^{2+}|\text{MnO}_4^-\right) + \frac{0{,}059\,\text{V}}{5}\cdot 8\cdot\lg\left[\text{H}^+\right].$$

Nun können wir den Ausdruck $\lg[\text{H}^+]$ direkt durch den pH-Wert ersetzen, denn es ist $\lg[\text{H}^+] = -\,\text{pH}$. Also erhalten wir

$$E\left(\text{Mn}^{2+}|\text{MnO}_4^-\right) = E^0\left(\text{Mn}^{2+}|\text{MnO}_4^-\right) - \frac{8}{5}\cdot 0{,}059\,\text{V}\cdot p\text{H} = 1{,}51\,\text{V} - \frac{8}{5}\cdot 0{,}059\,\text{V}\cdot 5 = 1{,}04\,\text{V}.$$

Das Ergebnis ist letztlich dasselbe. Wie du mathematisch vorgehst, kannst du natürlich selbst entscheiden. Insbesondere, wenn die Anwendungen der Nernst-Gleichung komplexer werden, ist es hilfreich, mathematische Vereinfachungen auszunutzen. ◄

Tipp

Überprüfe dein Wissen
Auf den Flashcards zu ► Kap. 7 findest du Verständnisfragen zu diesem Abschnitt unter **Nernst-Gleichung**.

7.4 Elektrolyse

7.4.1 Erzwungene Redox-Reaktionen

Unsere Kenntnisse über die elektrochemische Spannungsreihe beziehen sich auf Redox-Reaktionen im Allgemeinen. Gut erkennen kannst du dies an der Knallgasreaktion zum Nachweis von Wasserstoffgas:

$$2\,\text{H}_2 + \text{O}_2 \rightarrow 2\,\text{H}_2\text{O}.$$

Aus elektrochemischer Sicht setzt sich diese Redox-Reaktion aus den folgenden beiden Teilreaktionen zusammen ◘ Tab. 7.7:

7

Da die Zellspannung für die angegebene Richtung positiv ist, läuft die Reaktion (unter Standard-Bedingungen) freiwillig ab. Energetisch wird hier chemische Energie in elektrische Energie umgewandelt. Aber geht das auch andersrum? Können wir mithilfe elektrischer Energie chemische Reaktionen erzwingen? Die Antwort lautet ja, und du kennst dafür sicherlich viele Beispiele aus dem Alltag: das Laden deines Handys, Laptop-Akkus oder eines Elektroautos.

Auch unsere Knallgasreaktion lässt sich sehr leicht umkehren, und vielleicht hast du im Chemieunterricht den Hoffmannschen Wasserzersetzungsapparat kennengelernt, bei dem Wasser durch elektrischen Strom in die Gase Wasserstoff und Sauerstoff gespalten wird. Du kannst einen vereinfachten Aufbau aber auch zuhause mithilfe eines Plastikbechers, zweier Reißzwecken, etwas Backpulver und einer 9-V-Batterie umsetzen: Stich vorsichtig mit den Reißzwecken von außen durch den Boden des Bechers, sodass die Spitzen durch den Boden nach innen zeigen. Die Köpfe der Reißzwecken müssen genau so weit auseinander sein, dass sie sich nicht berühren, aber in Kontakt mit den beiden Polen der 9-V-Batterie stehen können (siehe ◘ Abb. 7.13). Fülle nun in das Becherglas etwas Wasser ein und gib wenige Messerspitzen Backpulver hinzu. Warte, bis sich das Backpulver aufgelöst hat und die Lösung nicht mehr trüb ist. Das Backpulver dient lediglich dazu, die Leitfähigkeit des Wassers zu erhöhen. Unter keinen Umständen solltest du Kochsalz verwenden. Ansonsten kann giftiges Chlorgas entstehen. Halte nun die 9-V-Batterie mit den Polen an die Köpfe der Reißzwecken. Schon nach kurzer Zeit kannst du an den Spitzen der Reißzwecken eine Gasentwicklung beobachten, die beim Minuspol stärker

◘ **Tab. 7.7**   Teilreaktionen bei der Knallgasreaktion

Teilreaktion			
Reduktion		$O_2 + 4\,H^+ + 4\,e^- \rightarrow 2\,H_2O$	$E(H_2O|O_2) = +1{,}23\ V$
Oxidation	+	$2 \cdot H_2 \rightarrow 2 \cdot 2\,H^+ + 2 \cdot 2\,e^-$	$E(H^+|H_2) = 0{,}00\ V$
		$O_2 + 4\,H^+ + 4\,e^- + 2\,H_2 \rightarrow$ $2\,H_2O + 4\,H^+ + 4\,e^-$	
Redoxreaktion		**$2\,H_2 + O_2 \rightarrow 2\,H_2O$**	$\Delta E = E(H_2O|O_2) - E(H^+|H_2) = 1{,}23\ V$

◘ **Abb. 7.13**   Elektrolyse von Wasser im Freihandversuch

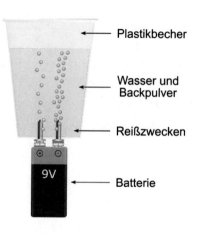

Plastikbecher

Wasser und Backpulver

Reißzwecken

Batterie

als beim Pluspol ist. Am Minuspol bildet sich durch Elektronenaufnahme (Reduktion) Wasserstoff und am Pluspol durch Elektronenabgabe (Oxidation) Sauerstoff. Da Wasserstoffgas brennbar und Sauerstoffgas brandfördernd ist, solltest du offene Flammen in der Nähe deines Experiments vermeiden.

Offenbar haben wir die Knallgasreaktion umgekehrt. Das bedeutet auch, dass dann Reduktion und Oxidation vertauscht sind. Berechnen wir die Zellspannung, erhalten wir

$$\Delta E = E\left(H^+|H_2\right) - E\left(H_2O|O_2\right) = -1,23\,\text{V}.$$

Da $\Delta E < 0$ ist, wissen wir, dass die Reaktion in diese Richtung nicht freiwillig abläuft. Der Wert $\Delta E = -1,23$ V sagt uns aber auch, dass wir mindestens eine Spannung von 1,23 V anlegen müssen, damit die Reaktion abläuft. Solche erzwungenen Redox-Reaktionen durch Zufuhr elektrischer Energie werden als Elektrolyse bezeichnet.

7.4.2 Prozesse bei der Elektrolyse

Wir wollen zunächst an einem anderen Beispiel die Prozesse der Elektrolyse beschreiben, bevor wir zur Elektrolyse von Wasser zurückkehren. Wir betrachten die Elektrolyse einer Zinkbromidlösung (ZnBr$_2$). Dazu werden zwei Graphitstäbe in eine Zinkbromidlösung getaucht und eine Gleichspannungsquelle angeschlossen. Im Laufe der Reaktion scheidet sich an dem einen Graphitstab Zink ab, am anderen Brom (◘ Abb. 7.14). Es laufen demnach die folgenden Reaktionen ab:

I. $Zn^{2+} + 2e^- \longrightarrow Zn$	$-0,762$ V	Reduktion	Kathode
II. $2Br^- \longrightarrow Br_2 + 2e^-$	$+1,10$ V	Oxidation	Anode

Zn^{2+}-Ionen werden zu Zn-Atomen reduziert. Die Zinkelektrode stellt hier daher die Kathode dar. Die Konzentration der Zn^{2+}-Ionen nimmt im Laufe der Reaktion entsprechend ab. An der Anode, wo die Oxidation stattfindet, bildet sich elementares Brom aus Bromid-Ionen. Die Konzentration der Bromid-Ionen in der Lösung nimmt auch ab. Die an der Anode bereitgestellten Elektronen fließen dann zur Kathode.

◘ Abb. 7.14　Elektrolyse einer Zinkbromidlösung

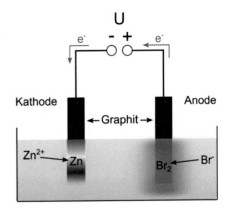

Aber wo liegen der Minus- und der Plus-Pol der Elektrolysezelle? Da an der Zink-elektrode Elektronen aufgenommen werden müssen, muss hier auch der Minus-Pol angeschlossen werden. Der Plus-Pol an der anderen Graphitelektrode entzieht dort Elektronen, wodurch hier die Oxidation der Bromid-Ionen erzwungen wird. Bei der Elektrolyse ist also nun die Kathode der Minus-Pol und die Anode der Plus-Pol – genau umkehrt wie bei einer galvanischen Zelle.

> **Tipp**
>
> **Potenziale, Pole und Elektroden**
> Die Frage nach Minus- und Plus-Pol, vor allem in Kombination mit Anode und Kathode, kann bei elektrochemischen Reaktionen schnell verwirrend werden. Versuche am besten, die Frage der Polung und die Frage, was Anode und Kathode ist, nicht zu vermischen.
> Anode und Kathode definierst du immer über die ablaufenden Redox-Prozesse: Oxidation = Anode, Reduktion = Kathode.
> Der Minus-Pol liegt dagegen immer an der Halbzelle mit dem geringeren Potenzial und der Plus-Pol an der Halbzelle mit größerem Potenzial. Das erscheint im ersten Blick zwar widersprüchlich. Das liegt aber daran, dass bei einer galvanischen Zelle die Zelle selbst die Spannungsquelle ist und bei einer Elektrolyse an die Elektrolysezelle von außen eine Spannungsquelle angeschlossen wird.
> Du kannst es dir auch so merken: Plus an Plus, Minus an Minus. Wenn du eine galvanische Zelle hast und dann über die Richtung des Elektronenflusses Minus- und Plus-Pol bestimmt hast, gilt für die Umkehrung der Reaktion in einer Elektrolysezelle, dass der Minus-Pol dort angeschlossen wird, wo bei der galvanischen Zelle auch der Minus-Pol war. Gleiches gilt für den Plus-Pol. Hier eine Übersicht bzgl. der Elektrodenprozesse und Polungen:
>
> | | Anode | Kathode |
> |---|---|---|
> | Teilreaktion | Oxidation | Reduktion |
> | Pole bei galvanischen Zellen | Minus (Elektronenüberschuss an Elektrode durch freiwillige Oxidation) | Plus |
> | Pole bei Elektrolyse | Plus (Elektronenmangel an Elektrode bewirkt erzwungene Oxidation) | Minus |
> | Richtung des Elektronenflusses | aus der Zelle heraus | in die Zelle hinein |
> | Angezogene Ionen | Anionen | Kationen |

Für die Zellspannung folgt für unsere Elektrolyse:

$$\Delta E = E_{\text{Kathode}} - E_{\text{Anode}} = \Delta E = E\left(\text{Zn}^{2+}|\text{Zn}\right) - E\left(\text{Br}_2|\text{Br}^-\right) = -0,76\,\text{V} - 1,10\,\text{V}$$
$$= -1,86\,\text{V}.$$

Daraus können wir schlussfolgern, dass wir mindestens eine Spannung von $U \geq 1{,}86$ V anlegen müssen, damit die Elektrolyse stattfindet. Diese Spannung bezeichnen wir auch als *Zersetzungsspannung*, weil bei vielen Elektrolysen Verbindungen „zersetzt" werden: hier die gelöste Ionenverbindung und bei der Elektrolyse von Wasser ein Molekül, also eine kovalente Verbindung.

Ersetzen wir die Spannungsquelle durch einen Verbraucher, würden wir einen umgekehrten Stromfluss feststellen können mit einer Spannung von $+1{,}86$ V. Praktisch haben wir dadurch die Elektrolyse unterbrochen und ein galvanisches Element gebildet.

Bei vielen Elektrolysen müssen höhere Spannungen als die Mindest-Zersetzungsspannung eingesetzt werden, insbesondere dann, wenn gasförmige Produkte entstehen. Die sich bildenden Gasblasen um die Elektrode herum wirken wie eine Art Isolationsschicht, die die Diffusion der H^+-Ionen zur Elektrode verlangsamt, also hemmt. Erst wenn die Spannung über die Mindestspannung hinaus erhöht wird, ist der Antrieb der H^+-Ionen stark genug, um durch die Schicht aus Gasblasen zur Elektrode zu gelangen. Dieser zusätzliche Spannungsbetrag wird als *Überspannung* bezeichnet. Die Überspannung selbst hängt von vielen weiteren Faktoren wie dem Elektrodenmaterial, dessen Oberflächenbeschaffenheit und der Stromdichte ab.

▶ **Beispiel**

Beschreibe die ablaufenden Prozesse an den Elektroden bei der Elektrolyse von Wasser

Die ablaufenden Prozesse lauten:

I. $2\,H^+ + 2\,e^- \longrightarrow H_2$	$0{,}00$ V	Reduktion	Kathode	Minus-Pol
II. $2\,H_2O \longrightarrow O_2 + 4\,H^+ + 4\,e^-$	$+1{,}23$ V	Oxidation	Anode	Plus-Pol

Dabei werden H^+-Ionen zu Wasserstoffgas reduziert. Die Wasserstoff-Elektrode stellt hier daher die Kathode dar. Da für die Reduktion Elektronen aufgenommen werden müssen, liegt hier der Minus-Pol der Spannungsquelle an. An der Anode, wo die Oxidation stattfindet, bildet sich Sauerstoffgas. Da hier Elektronen frei werden, wird hier der Plus-Pol der Spannungsquelle angeschlossen. Die Konzentration der H^+-Ionen bleibt im Laufe der Reaktion konstant. Zwar werden bei der kathodischen Reduktion H^+-Ionen verbraucht; gleichzeitig werden jedoch an der Anode H^+-Ionen gebildet und somit nachgeliefert. Die Gesamtreaktion lautet:

$2\,H_2O \rightarrow 2\,H_2 + O_2$.

7.4.3 Technische Anwendungen von Elektrolyseprozessen

Elektrolyseprozesse spielen in vielen technischen Anwendungen eine Rolle. Überall dort, wo sich die Elektrodenreaktionen umkehren lassen, können durch Anlegen einer Spannung Redox-Reaktionen erzwungen werden. Wir haben bereits gelernt, dass wir derartige Zellen als Sekundärelemente bezeichnen können. Ein typisches Beispiel ist der Lithiumionen-Akku, den wir mittlerweile nicht nur in elektronischen

Geräten wie Handys und Laptops wiederfinden. Auch als Antrieb für Elektroautos kommt diese Technologie zum Einsatz.

▪▪ Der Lithiumionen-Akku

Der Minus-Pol des Lithiumionen-Akkus besteht oft aus Graphit, in das Lithium-Ionen eingelagert sind. Als Kathode werden verschiedene Materialien wie Lithium-Cobalt-Oxid, Lithium-Eisenphosphat oder andere Lithiumverbindungen verwendet. Wir wollen hier exemplarisch von einem Cobalt(IV)-oxid (CoO_2) ausgehen. Während des Entladevorgangs läuft an der Anode die folgende Reaktion ab:

$$LiC \xrightarrow{\text{Entladen}} Li^+ + C + e^-.$$

Die frei werdenden Elektronen können zur Versorgung elektrischer Geräte genutzt werden. Die frei werdenden Lithium-Ionen hingegen fließen zur Kathode und werden dort in das Cobalt(IV)-oxid eingelagert:

$$Li^+ + CoO_2 + e^- \xrightarrow{\text{Entladen}} LiCoO_2.$$

In ▫ Abb. 7.15 ist die Funktionsweise dargestellt. Als Gesamtreaktion für den Entladevorgang ergibt sich:

$$LiC + CoO_2 \xrightarrow{\text{Entladen}} LiCoO_2 + C.$$

Um den Akku wieder aufzuladen, muss eine Spannungsquelle angelegt werden, und die Reaktionen laufen in die umgekehrte Richtung ab:

$$LiCoO_2 + C \xrightarrow{\text{Laden}} LiC + CoO_2.$$

Der große Vorteil von Lithiumionen-Akkus sind die recht hohen Spannungen im Vergleich zu anderen Akkumulatoren. Werte von 3,7 V sind typisch. Sie begründen sich im sehr niedrigen Standard-Potenzial von Lithium: $E(Li^+|Li) = -3,04$ V.

▫ **Abb. 7.15** Schematische Funktionsweise eines Lithiumionen-Akkus. Nach Benutzer Cepheiden, CC BY-SA 2.0 DE DEED

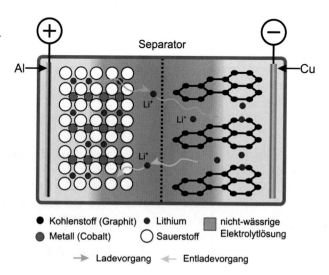

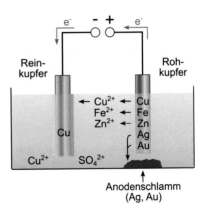

Schematische Darstellung der Kupferraffination

▪▪ Die Kupferraffination

Auch in großtechnischen Prozessen zur Gewinnung von Rohstoffen spielt die Elektrolyse eine bedeutende Rolle. Kupfer kommt in der Natur meist in reiner Form vor, ist jedoch für Anwendungen in der Elektronik oder als Baumaterial nicht rein genug. Verunreinigungen durch Metalle wie Eisen, Zink, Silber und Gold sind typisch. Aus diesem Grund wird dieses Rohkupfer durch Elektrolyse gereinigt. In ☐ Abb. 7.16 ist dieser Prozess vereinfacht dargestellt, den wir als Raffination (= Reinigung) bezeichnen.

Wir können die Rohkupferelektrode als Mischung von mehreren Metallelektroden verstehen: als eine Zink-, Eisen-, Kupfer-, Silber- und Goldelektrode. Ein Blick in die Spannungsreihe verrät uns, dass die Metalle Zink mit $E(Zn^{2+}|Zn) = -0,76\,V$ und Eisen mit $E(Fe^{2+}|Fe) = -0,44\,V$ unedler sind als Kupfer mit $E(Cu^{2+}|Cu) = +0,34\,V$. Bereits durch einen galvanischen, also einen freiwilligen Prozess, gehen Eisen- und Zink-Ionen in Lösung. Abgeschieden an der Kathode wird jedoch nur Kupfer, da Kupfer von diesen dreien das höchste Potenzial hat. Die angelegte Spannung bei der Kupferraffination ist theoretisch daher null. Praktisch wird eine Spannung von 0,2 V bis 0,3 V verwendet. Läge die Spannung bei 0 V, wäre auch die Stromstärke null, und es gäbe keinen Stromfluss. Wird die Spannung zu hoch gewählt, könnten auch edlere Metalle wie Silber mit $E(Ag^+|Ag) = +0,80\,V$ oder Gold mit $E(Au^+|Au) = +1,69\,V$ in Lösung gehen. Dann würden sich diese aber anstelle von Kupfer an der Kathode abscheiden, weil sie ja ein größeres Potenzial besitzen.

Durch diesen Aufbau reichert sich die Reinkupferkathode immer weiter mit Kupfer an, wohingegen die unedleren Metalle in Lösung gehen. Die edleren und damit auch wertvollen Metalle wie Silber und Gold reagieren gar nicht und fallen im Laufe des Prozesses zu Boden, da sich die Anode nach und nach auflöst. Dieser Anodenschlamm ist ein wertvolles Nebenprodukt der Kupferraffination.

▪▪ Brennstoffzellen

Als letztes Beispiel für die Anwendung von Elektrolysen wollen wir das Prinzip einer Brennstoffzelle diskutieren. Brennstoffzellen zeichnen sich dadurch aus, dass Oxidations- und Reduktionsmittel kontinuierlich der Zelle zugeführt werden. Als einfaches Beispiel wollen wir die Wasserstoff-Sauerstoff-Brennstoffzelle betrachten (siehe ☐ Abb. 7.17). Dieser Aufbau erlaubt es uns, technisch die bereits in ▶ Abschn. 7.4.1 diskutierte Knallgasreaktion für elektrochemische Anwendungen nutzbar zu machen.

◘ Abb. 7.17   Prinzip einer Brennstoffzelle

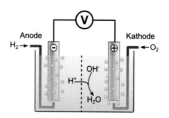

Im Prinzip können wir uns vorstellen, durch Elektrolyse Wasser in Wasserstoff und Sauerstoff zu zerlegen (vgl. ◘ Abb. 7.13) und die Gase aufzufangen. Leiten wir sie wiederum an entsprechende Elektroden ein, können wir damit eine Spannung von 1,23 V erzeugen. Dieser Prozess ist deutlicher effizienter, als wenn Wasserstoff als Brennstoff verwendet wird. Dann würde die chemische Energie zunächst in thermische Energie umgewandelt werden. Brennstoffzellen wandeln die gespeicherte Energie direkt in elektrische Energie um und können mit weiteren Brennstoffen wie Methanol und Methan betrieben werden.

Als Elektrolyt für unsere in ◘ Abb. 7.17 dargestellte Brennstoffzelle verwenden wir Kalilauge, sodass wir von einem stark alkalischen Milieu (pH = 14) ausgehen können. Die ablaufenden Reaktionen sind dann laut Spannungsreihe (◘ Tab. 7.3)

I. $2\,H_2 + 4\,OH^- \longrightarrow 4\,H_2O + 4\,e^-$	Anode	Oxidation	$E(H_2O|H_2) = -0,83\ V$
II. $O_2 + 2\,H_2O + 4\,e^- \longrightarrow 4\,OH^-$	Kathode	Reduktion	$E(O_2|OH^-) = +0,40\ V$

Als Zellspannung ergibt sich damit

$$\Delta E^0 = E^0_{\text{Kathode}} - E^0_{\text{Anode}} = E^0\left(O_2|OH^-\right) - E^0\left(H_2O|H_2\right) = 0,40\,V - (-0,83\,V) = \underline{\underline{1,23\,V.}}$$

Auffällig ist dabei, dass sich bei pH = 0 die gleiche Zellspannung ergibt. Zwar sind die Elektrodenpotenziale andere (siehe ► Abschn. 7.4.1), da jedoch die Gesamtreaktion auch hier

$$2\,H_2O \rightarrow 2\,H_2 + O_2$$

lautet und damit weder H^+-Ionen noch OH^--Ionen enthält, muss auch die Zellspannung vom pH-Wert unabhängig sein.

Tipp

Überprüfe dein Wissen
    Auf den Flashcards zu ► Kap. 7 findest du Verständnisfragen zu diesem Abschnitt unter **Elektrolyse**.

7.5 Top-Ten-Test zur Elektrochemie

Hier kannst du dein Wissen zur Elektrochemie mit den folgenden zehn Aufgaben überprüfen. Die Lösungen zu den Top-Ten-Tests findest du im Zusatzmaterial. Noch mehr Übungen gefällig? Im Zusatzmaterial findest du außerdem umfangreichere Übungsaufgaben zu diesem Kapitel mit ausführlichen Rechenwegen und Lösungen.

■   **1) Elektrochemischer Potenzial-Begriff**
Definiere den Begriff „elektrochemisches Potenzial". Gehe dabei auf die wirkenden Triebkräfte und die Bedeutung für praktische Anwendungen ein.

■   **2) Richtung von Redox-Reaktionen**
a) Entscheide, ob die folgenden Reaktionen unter Standard-Bedingungen in die angegebene Richtung freiwillig ablaufen.
   I. $3\,Na\,(s) + Cr^{3+}\,(aq) \rightarrow 3\,Na^+\,(aq) + Cr\,(s)$
   II. $2\,Cu^{2+}\,(aq) + Sn\,(s) \rightarrow Sn^{2+}\,(aq) + 2\,Cu^+\,(aq)$
   III. $2\,F^-\,(aq) + Br_2\,(l) \rightarrow F_2\,(g) + 2\,Br^-\,(aq)$
   IV. $2\,Ni\,(s) + 2\,H^+\,(aq) \rightarrow Ni^{2+}\,(aq) + H_2\,(g)$
b) In welche Richtung laufen die folgenden Reaktionen freiwillig ab: nach rechts oder nach links?
   I $Ni\,(s) + Sn^{2+}\,(aq) \rightleftharpoons Ni^{2+}\,(aq) + Sn\,(s)$
   II. $4\,H^+\,(aq) + 4\,Br^-\,(aq) + O_2\,(g) \rightleftharpoons 2\,Br_2\,(l) + 2\,H_2O$
   III. $2\,Ag\,(s) + Fe^{3+}\,(aq) \rightleftharpoons Ag^+\,(aq) + Fe^{2+}\,(aq)$
   IV. $2\,Cr^{3+}\,(aq) + 7\,H_2O + 3\,I_2\,(s) \rightleftharpoons Cr_2O_7^{2-}\,(aq) + 14\,H^+\,(aq) + 6\,I^-\,(aq)$

■   **3) Halbzellenreaktion gesucht**
Eine galvanische Zelle besteht aus einer Gold- und einer Silberhalbzelle unter Standard-Bedingungen, die mit einer Salzbrücke verbunden sind. Die Zellspannung beträgt $\Delta E^0 = 0{,}89\ V$. Welche Ladung haben die Gold-Ionen in Lösung? Gib das Zellsymbol an.

■   **4) Galvanische Zelle**
Gegeben ist eine galvanische Zelle mit der Gesamtreaktion $Zn\,(s) + 2\,H^+(aq) \longrightarrow Zn^{2+}(aq) + H_2(g)$.
a. Fertige eine beschriftete Skizze der Zelle mit den folgenden Begriffen/Symbolen an: Anode, Kathode, Minus-Pol, Plus-Pol, Platin-Elektrode, Zink-Elektrode, Zn, Zn^{2+}, H^+, H_2, Salzbrücke.
b. Beschreibe die Vorgänge an den Elektroden mithilfe von Reaktionsgleichungen und kennzeichne den Elektronenfluss.

c. Wie verändert sich der pH-Wert in der rechten Halbzelle im Laufe der Reaktion? Begründe kurz.
d. Welche Auswirkungen haben die folgenden Veränderungen auf die Zellspannung:
   I. Wir erhöhen den Druck von H_2.
   II. Wir fügen Zinknitrat im Anodenraum hinzu.
   III. Wir geben Natriumhydroxid im Kathodenraum hinzu.
   IV. Wir verdoppeln die Oberfläche der Zinkelektrode.

- **5) Alkali-Mangan-Batterie**

Eine Alkali-Mangan-Batterie hat im Wesentlichen den gleichen Aufbau wie eine Zink-Kohle-Batterie. Allerdings ist bei der Alkali-Mangan-Batterie die Anode im Inneren der Zelle. Erkläre, warum eine Alkali-Mangan-Batterie deutlich auslaufsicherer ist als eine Zink-Kohle-Batterie.

- **6) Nernst-Gleichung aufstellen**

Stelle für die folgenden Beispiele die korrekte Nernst-Gleichung bei 298 K auf:
I. $Fe^{3+}(aq) + e^- \longrightarrow Fe^{2+}(aq)$
II. $K^+(aq) + e^- \longrightarrow K(s)$
III. $F_2(g) + 2e^- \longrightarrow 2F^-(aq)$
IV. $Cr_2O_7^{2-}(aq) + 14H^+(aq) + 6e^- \longrightarrow 2Cr^{3+}(aq) + 7H_2O$

- **7) Konzentrationszelle**

Gegeben ist die Konzentrationszelle aus Zink- und Zink-Ionen. In der einen Halbzelle ist die Konzentration der Zink-Ionen c_1 = 1 mol/L, in der anderen $c_2 = 0{,}0001$ mol/L. Begründe ohne Berechnung, welche Halbzelle die Anode und welche de Kathode ist, und formuliere das Zellsymbol. Berechne anschließend die Zellspannung.

- **8) pH-abhängiges Redox-Potenzial**

Können Chlorid-Ionen (c = 1 mol/L) von Permanganat-Ionen in essigsaurer Lösung (pH = 3) und bei einem Konzentrationsverhältnis

$$\frac{c\left(MnO_4^-\right)}{c\left(Mn^{2+}\right)} = 1000$$

bei 298 K oxidiert werden? Begründe rechnerisch.

■ **9) Elektrolysezelle**

Eine Zink-Iodid-Lösung soll elektrolysiert werden. Skizziere und beschrifte einen dazu nötigen Aufbau mit den Begriffen/Symbolen: *Anode, Kathode, Minus-Pol, Plus-Pol, Graphit-Elektroden, Zn, Zn^{2+}, I^-, I_2*. Beschreibe die Elektrodenprozesse und gib an, welche Spannung mindestens angelegt werden muss.

■ **10) Chlor-Alkali-Elektrolyse**

Die Chlor-Alkali-Elektrolyse ist eine technische Elektrolyse zur Gewinnung der Elemente Chlor und Natrium aus Natriumchlorid. Begründe, warum eine derartige Elektrolyse in der Schmelze und nicht in wässriger Lösung durchgeführt wird. Nutze dazu die Spannungsreihe und notiere alle möglichen Anoden und Kathodenreaktionen in wässriger Lösung.

Literatur

Haynes, W.M. (Ed.). (2016). CRC Handbook of Chemistry and Physics (97th ed.). CRC Press. https://doi.org/10.1201/9781315380476

Organische Chemie

Lange Zeit galt die **organische Chemie** als die Sphäre der Verbindungen, die das Leben ausmachen. Darin nehmen Kohlenstoffverbindungen eine zentrale Rolle ein, und es schien den Forschenden so zu sein, dass der Aufbau organischer Verbindungen nur in lebenden Zellen möglich ist. Dass dies ein Irrtum ist, zeigte Friedrich Wöhler (1800–1882), indem er Harnstoff (CH_4N_2O) herstellte. Diese Verbindung wird den organischen Verbindungen zugerechnet – er stellte sie jedoch aus einem anorganischen Salz, dem Ammoniumcyanat (NH_4OCN), her. Heute ist klar, dass sehr viel *Kohlenstoff* als Carbonat in zahlreichen Mineralien gespeichert ist. Richtig ist, dass Kohlenstoff ein Element mit enormer Vielgestaltigkeit ist – angefangen mit den anorganischen elementaren Modifikation Graphit, Graphen und Diamant über die anorganische Salzbildung sowie Gase wie Kohlendioxid bis hin zum Gerüstbildner organischer Stoffe von Harnstoff über Einfachzucker hin zu Polymeren.

Der Unterschied zur anorganischen Chemie ist also vor allem eine historische Betrachtungsweise. Die Chemie ist keine grundlegend andere, es gelten die gleichen Gesetzmäßigkeiten, und vieles, was in den vorangehenden Kapiteln erläutert wurde, gilt auch hier. Gleichwohl ist die Position von Kohlenstoff in der vierten Hauptgruppe des Periodensystems die Grundlage dafür, dass das Element sowohl Elektronen aufnimmt, um die Valenz der äußeren Atomhülle der des Edelgases Neon anzugleichen, als auch Elektronen abgibt, womit sich die Valenz der von Helium nähert. Der Begriff der Valenzelektronen ist zentral für das Verständnis der Reaktivität von Kohlenstoff. Wie kaum ein anders Element bildet es kovalente Bindungen aus, darunter auch lange Ketten, in denen Kohlenstoff mit sich selbst verknüpft ist. Letztere können sehr stabil und reaktionsträge sein, was sowohl Holz als auch Kunststoffe belegen. Die vielen Gestalten reichen von einfach aufgebauten Kohlenwasserstoffen, den Alkanen, bis hin zu komplexen Gebilden, wie sie exemplarisch in ▶ Kap. 12 Makromoleküle und Naturstoffe vorgestellt werden.

Inhaltsverzeichnis

Organische Chemie: Kohlenwasserstoffe

Inhaltsverzeichnis

Ergänzende Information Die elektronische Version dieses Kapitels enthält Zusatzmaterial, auf das über folgenden Link zugegriffen werden kann [https://doi.org/10.1007/978-3-662-69351-3_8].

8

> **Tipp**
> Als Käufer:in dieses Buches kannst du kostenlos die Flashcard-App „SN Flashcards"
> mit Aufgaben zur Wissensüberprüfung und zum Lernen von Buchinhalten nutzen.
> Folge dazu bitte den Anweisungen für die Nutzung:
> 1. Geh auf ▶ https://flashcards.springernature.com/login.
> 2. Erstelle ein Benutzerkonto, indem du deine Mailadresse und ein Passwort eingibst.
> 3. Verwende den folgenden Link, um Zugang zu deinem SN-Flashcards-Set zu erhal-
>   ten: ▶ https://sn.pub/gulgbv
>
> Sollte der Link fehlen oder nicht funktionieren, sende bitte eine E-Mail mit dem Be-
> treff „SN Flashcards" und dem Buchtitel an customerservice@springernature.com.

Mit den einfachsten Kohlenwasserstoffen legen wir die Grundlagen. An ihnen erkunden wir das Rückgrat einer kovalent verbundenen Kette von Kohlenstoff-Atomen
als Grundgerüst organischer Verbindungen und den Einfluss von Mehrfachbindungen auf die Struktur. An der Kohlenstoffkette gebunden sind zunächst stets
Wasserstoff-Atome, doch auch verschiedene andere Atome können die Positionen
dieser H-Atome einnehmen. Hier wird dann von Heteroatomen gesprochen. Aufbauend darauf betrachten wir zunehmend komplexer werdende Verbindungen und
Strukturen.

> **Lernziele**
> Nach dem Bearbeiten dieses Kapitels kannst du …
> ▬ erläutern, womit sich die organische Chemie befasst,
> ▬ Die einfachsten Vertreter gesättigten (Alkane) und ungesättigten (Alkene) Kohlen-
>   wasserstoffen zuordnen,
> ▬ über homologe Strukturen Vorhersagen über die Eigenschaften einer Verbindung
>   treffen,
> ▬ verschiedene Darstellungsarten und ihre Aussagen unterscheiden,
> ▬ Moleküle anhand ihrer funktionellen Gruppen und Strukturmerkmale benennen.
>   Die international vereinbarten Regeln der Nomenklatur kannst du in Grundzügen
>   anwenden,
> ▬ anhand der Strukturen verschiedene Isomere beschreiben, den Typus der Isomerie
>   benennen und die entsprechenden Vorsilben am Namen der Verbindung ergänzen.

8.1 Kohlenwasserstoffe

Der einfachste Kohlenwasserstoff ist Methan – ein Gas. Einfach gesagt, besteht die
Stoffklasse der Kohlenwasserstoffe aus Kohlenstoff-Atomen, die mit Einfachbindungen aneinander gebunden sind. Alle übrigen Bindungsstellen sind mit
Wasserstoff-Atomen besetzt. Hierfür wurde der Begriff **gesättigt** eingeführt. Bilden
zwei Kohlenstoff-Atome untereinander eine Mehrfachbindung, wird von einem **ungesättigten** Kohlenwasserstoff gesprochen.

Bei Methan (CH_4) gibt es noch keine Kette mehrerer Kohlenstoff-Atome. Dies beginnt mit Ethan (C_2H_6). Bei der Kohlenstoffkette wird auch vom Kohlenstoffgerüst gesprochen. Die Kettenlänge beeinflusst stark die Eigenschaft der Moleküle und ihre Wechselwirkung zu benachbarten Molekülen, woraus sich die Stoffeigenschaften ergeben. Neben der Länge kommt es dabei auch noch auf die Verzweigung an. All dies werden wir in den folgenden Abschnitten näher betrachten.

■ **Je kleiner, desto flüchtiger**

Von Erdgas bis Campinggas sind einige einfache Kohlenwasserstoffe aus dem Alltag bekannt. Je länger die Kohlenstoffkette wird, desto eher handelt es sich um einen flüssigen oder auch festen Kohlenwasserstoff. Fachsprachlich wird von Alkanen gesprochen.

Die Veränderung der Stoffeigenschaft mit der Kettenlänge in der Molekülstruktur wird als Homologie bezeichnet. Gerade in der organischen Chemie lassen sich **homologe Reihen** erstellen, die Vorhersagen zu Schmelz- und Siedetemperatur sowie zur Dichte erlauben (◘ Tab. 8.1; ◘ Abb. 8.1). Das sind keine direkten Abhängigkeiten, die sich in Grafiken als lineare Steigung eintragen lassen, doch deutlich ansteigende Kurven abhängig von der Molekülgröße unverzweigter Alkane. Der Grund liegt in den schwachen Wechselwirkungen zwischen den Molekülen, die später näher betrachtet werden (▶ siehe auch Abschn. 3.2 Van-der-Waals-Wechselwirkungen).

Grob lässt sich einteilen, dass die ersten vier Kohlenwasserstoffe, also Methan bis Butan, gasförmig sind, gefolgt von flüssigen Kohlenwasserstoffen mit 5 bis 20 C-Atomen Kettenlänge. Wird die Hauptkette noch länger, bilden sich Feststoffe wie Paraffin.

Da die Van-der-Waals-Wechselwirkungen von der Kontaktfläche abhängen, sind sie zwischen unverzweigten Alkanen stärker als bei verzweigten. Bei den gestreckten

◘ **Tab. 8.1** Homologe Reihe

(Trivial-)Name	Anzahl der Kohlenstoff-Atome (n)	Molekülformel C_nH_{2n+2}
Methan	1	CH_4
Ethan	2	C_2H_6
Propan	3	C_3H_8
Butan	4	C_4H_{10}
Pentan	5	C_5H_{12}
Hexan	6	C_6H_{14}
Heptan	7	C_7H_{16}
Octan	8	C_8H_{18}
Nonan	9	C_9H_{20}
Decan	10	$C_{10}H_{22}$

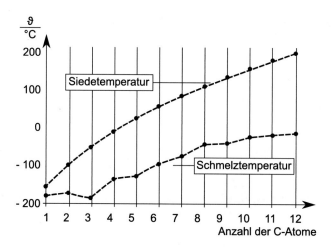

Abb. 8.1 Schmelz- und Siedetemperaturen unverzweigter Alkane

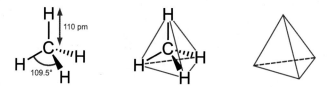

Abb. 8.2 Methan – das Paradebeispiel für Tetraeder

Alkanen steigt die Siedetemperatur mit jeder CH_2-Gruppe um 20 bis 30 °C. Der Anstieg der Schmelztemperaturen verläuft eher in Stufen, was mit der räumlichen Anordnung der kristallinen Moleküle zusammenhängt.

8.1.1 Bindungstypen

Bevor wir uns mit den chemischen Reaktionen von Kohlenwasserstoffen befassen, soll anhand von Methan der Aufbau der Moleküle umrissen werden. Dessen Moleküle sind *tetraedrisch* aufgebaut und der Bindungswinkel zwischen den C–H-Bindungen beträgt 109,5° (■ Abb. 8.2).

Nach dem *Molekülorbital-Modell* lässt sich der Tetraeder leicht nachvollziehen (► Kap. 2). Du erinnerst dich? An den kovalenten Bindungen sind die s-Elektronen des Wasserstoff-Atoms und insgesamt zwei s- sowie zwei p-Elektronen des Kohlenstoff-Atoms beteiligt. Die entstehenden Hybridorbitale entstehen durch die Überlappung der Atomorbitale.

Im Detail betrachten wir zunächst die **Hybridorbitale** des zentralen Kohlenstoff-Atoms: Sie sind energetisch gleich und zueinander äquivalent. Das Modell zielt darauf, dass jedes Elektron, das eine Bindung eingehen wird, zunächst ein Orbital allein besetzt (■ Abb. 8.3). Daher werden die beiden s-Elektronen, die das energetisch niedrigste Orbital besetzen, und die zwei p-Elektronen auf vier Orbitale verteilt – ein bislang unbesetztes p-Orbital wird hinzugezogen. Damit ergeben sich vier gleichartige Atomorbitale (1s + 3p = 4 sp³).

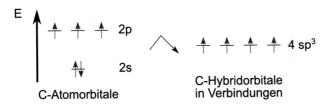

Abb. 8.3 Aus Atomorbitalen werden in Verbindungen Hybridorbitale

Im Wasserstoff-Atom gibt es nur ein einfach besetztes s-Orbital, sodass sich die kovalenten Bindungen in überlappenden Orbitalen ausbilden können. Dabei ergibt sich durch die Ausrichtungen der größeren Orbitallappen am Kohlenstoff-Atom die räumliche Verteilung der Bindungen. Die bindenden Molekülorbitale sind doppelt besetzt und stabil.

Gehen wir einen Schritt weiter und betrachten Ethan (C_2H_6). Hier bilden zwei sp^3-hybridisierte Kohlenstoff-Atome eine Bindung miteinander aus. Wieder überlappen atomare Hybridorbitale und bilden ein neues Molekülorbital aus. Die räumliche Ausrichtung lässt schon erahnen: Heftet sich ein weiteres Kohlenstoff-Atom an, muss sich das Molekülorbital im Winkel von 109,5° anordnen. Daher die vereinfachte Schreibweise von Zickzack-Ketten, zu der wir gleich noch kommen werden.

Vorher sollen im Modell der lokalisierten Hybridorbitale noch weitere Bindungen betrachtet werden. Denn Kohlenstoff bildet auch **Doppelbindungen** aus. Das kleinste Molekül mit einer C–C-Doppelbindung ist Ethen (C_2H_4). Für das Grundgerüst werden pro Kohlenstoff-Atom die zwei s-Elektronen sowie ein p-Elektron einbezogen: Es bilden sich sp^2-Hybridorbitale. Die Raumstruktur ist planar, und der Winkel zwischen den Bindungen beträgt 120°, entsprechend einem gleichseitigen Dreieck. Im Vergleich zu Methan verbleibt also noch ein p-Elektron; das offenkundig an der Doppelbindung beteiligt ist. Da sich das Molekülorbital der Doppelbindung oberhalb und unterhalb der Ebene ausrichtet, wird zunächst von p_z-Elektronen gesprochen.

Nun wird auch sprachlich unterschieden. Kovalente Bindungen mit einem s-Elektronenanteil heißen σ-Bindungen, solche nur aus p-Elektronen sind π-Bindungen.

Eine berechtigte Frage ist, ob es sinnvoll ist, die Bindungsarten zu unterscheiden? Das ist im Kapitel der chemischen Bindungen genauer nachzulesen (s. ▶ Kap. 2 und Abschn. 9.1) (Abschn. ▶ 2.2.3). Tatsächlich ist der Energiegehalt unterschiedlich, was sich auch auf die Reaktivität auswirkt. Doch noch geht es in erster Linie um die Form der Darstellung.

Bei einer **Dreifachbindung** ist das entstehende Molekül gestreckt, und für das Grundgerüst reichen ein s- und ein p-Elektron aus. Die sp-Hybridorbitale überlagern sich zu σ-Bindungen, während sich die zwei π-Bindungen in y- und z-Richtung anordnen.

■ **Moleküle mit Heteroatomen unterscheiden sich noch stärker**
Bislang ging es um reine Kohlenwasserstoffe, jedoch prägen zahlreiche andere Atome die Eigenschaften und Reaktionen organischer Moleküle. Zu diesen „anderen" zählen in herausragender Weise Sauerstoff- und Stickstoff-Atome sowie Halogene. Allgemein bezeichnet der Begriff *Heteroatom* jegliches Atom, das weder Kohlenstoff

noch Wasserstoff ist. Strukturell wirken sich insbesondere freie Elektronenpaare am Heteroatom auf die Bindungswinkel aus.

Das Grundgerüst organischer Stoffe haben wir als Kohlenstoffkette eingeführt. Sämtliche Verzweigungen oder auch Heteroatome verändern die Eigenschaften grundlegend und werden als **funktionelle Gruppen** bezeichnet. Nach dem Einbau einer Hydroxy-Gruppe (–OH) zählen die Moleküle zu den Alkoholen – die Eigenschaften ändern sich derart global, dass sie in Stoffgruppen unterschieden werden.

8.2   Wie Moleküle gezeichnet werden

Einfachbindungen entstehen, wenn zwei Atome je ein Valenzelektron zu einer Bindung beisteuern. Für eine Doppelbindung sind insgesamt vier Valenzelektronen nötig, für eine Dreifachbindung entsprechend sechs. Entsprechend viele Bindungsstriche werden eingezeichnet. Das besagt aber noch wenig darüber, wo sich die Elektronen räumlich aufhalten. Daher haben sich verschiedene Möglichkeiten entwickelt, Moleküle grafisch darzustellen. Mal liegt die Betonung auf den Atomkernen – zum Beispiel bei der Darstellung von Methan als Tetraeder –, mal auf den Aufenthaltswahrscheinlichkeiten der Elektronen wie bei der Elektronendichteverteilung. Das sehen wir uns etwas detaillierter an.

Wie organische Moleküle bildlich dargestellt werden, hängt sehr davon ab, um welchen Aspekt es gerade geht. Die Molekülformel ist zunächst einmal naheliegend. Selbst diese wird manchmal schon unterstützend in Gruppen geschrieben. Die einzelnen Stoffgruppen betrachten wir im Folgenden näher, hier sei jedoch schon auf die Verbindung mit der Formel C_2H_6O hingewiesen. Damit können verschiedene Stoffe mit sehr unterschiedlichen Eigenschaften gemeint sein. Von Ethan ausgehend leitet sich strukturell der Alkohol Ethanol ab: C_2H_5OH. Von Methan ausgehend kann auch der Dimethylether gemeint sein: $CH_3–O–CH_3$. So tauchen selbst in Reaktionsgleichungen symbolhaft die funktionellen Gruppen auf.

Die Übersetzung in eine Strukturformel ist oft ebenso wenig einheitlich. Werden alle Bindungen – also auch alle C–H-Bindungen – eingezeichnet? Diese Form entwickelte zu Beginn des 20. Jh. Gilbert Newton Lewis, die **Lewis-Formeln.** Doch bereits bei kleinen Molekülen wird es schnell unübersichtlich. Häufig werden die Strukturformeln vereinfacht und nur das Kohlenstoffgrundgerüst gezeichnet, weshalb auch von **Skelettformeln** gesprochen wird (◘ Abb. 8.4 unten links). Wie oben schon skizziert wurde, bilden die Einfachbindungen am Kohlenstoff-Atom einen Winkel, weshalb auch das Grundgerüst gewinkelt gezeichnet wird. Die Winkelposition steht immer für ein vierfach bindendes Kohlenstoff-Atom. Kohlenstoff–Wasserstoff-Bindungen werden weggelassen; Mehrfachbindungen mit ent-

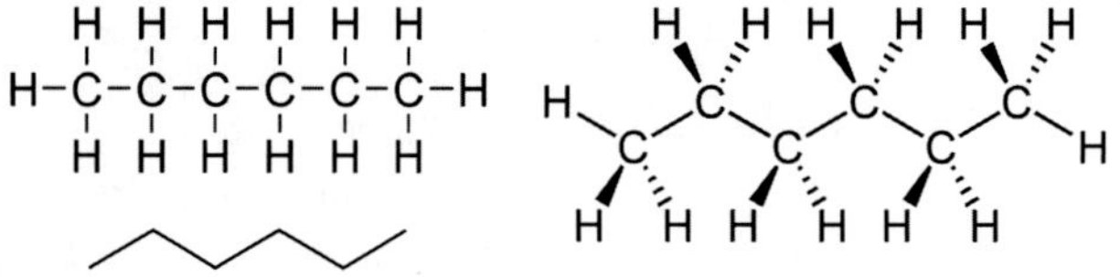

◘ **Abb. 8.4**   Strukturformeln am Beispiel Hexan: Lewis-Formel, Keil-Strich- und Skelettschreibweise (im Uhrzeigersinn)

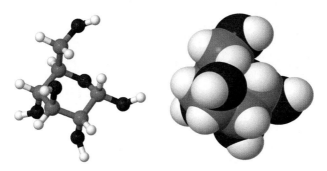

◘ **Abb. 8.5** Kugel-Stab-Modell und Kalotten-Modell von Glucose ($C_6H_{12}O_6$)

sprechender Anzahl von Bindungsstrichen dargestellt. Es gibt aber noch gemischte Darstellungen, in denen zumindest die Endgruppen als funktionelle Gruppe ($-CH_3$) ausgeschrieben werden. Damit können auch die reagierenden Gruppen besonders hervorgehoben werden.

Für das grundlegende Verständnis ist auch die **Keil-Strich-Formel** wichtig. Dabei liegt das Grundgerüst auf der Papierebene und die davon abgehenden Bindungen werden als Keil auf die Betrachtenden zukommend dargestellt oder als gestrichelte Bindung hinter die Papierebene gehend.

Dreidimensionale Symbole der Atome sind in **Kugel-Stab-Modellen** dargestellt (◘ Abb. 8.5). Sie erinnern an Molekülbaukästen mit Kugeln als Vertreter für das Elementsymbol und einem Stab für die Bindungen. Sie haben auch Farben, die neben der Größe die Zuordnung erleichtern sollen – und mitunter Fehlvorstellungen hervorrufen. Denn die Farbigkeit von Stoffen ergibt sich nicht aus einer Farbe der Atome, sondern durch elektronische Wechselwirkungen. Gleichwohl ist der gedankliche Weg zum **Kalotten-Modell** nicht mehr weit. Bei dieser Darstellung werden die Atomhüllen als Kugelwolken dargestellt: Bindungen werden als Überlappungen der Wolken dargestellt. Diese Darstellung gelingt erst leicht, seitdem es Zeichenprogramme auf Computern gibt, die automatisch die Bindungslänge und -winkel einbeziehen. Daran angelehnt gibt es auch die Veranschaulichung der Moleküloberfläche mit einem Farbschema, das die Verteilung der Elektronen angibt. In diesen Elektronendichtemodellen sind blaue Molekülbereiche elektronenarm und rote elektronenreich.

Die Reaktivität organischer Moleküle hängt sehr oft von räumlichen Wechselwirkungen ab. Wie sich ein Molekül und seine Bestandteile im Raum verteilen oder nahekommen, ist daher von besonderer Bedeutung. Entsprechend viele Darstellungsarten gibt es, und immer wieder werden bei komplexen Molekülen auch einzelne Teile besonders detailliert dargestellt werden und andere abstrahierter. Deswegen sind die Grundlagen der Ideen dahinter so hilfreich, von denen wir jetzt einige betrachten werden.

8.2.1 Die historische Näherung: Fischer-Projektion

Die Verbindungen der Atome untereinander zu entschlüsseln blieb lange Zeit ein mühseliges Geschäft, bei dem es auf theoretische Überlegungen ebenso ankam wie

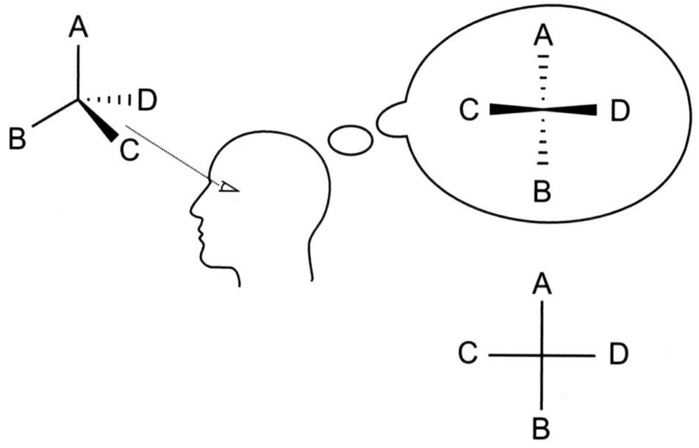

Abb. 8.6 Die Fischer-Projektion überträgt die räumliche Darstellung in ein zweidimensionales Rechts-links-System

auf Geschick und Kreativität im Labor. Im Jahr 1891 gelang es dem Chemiker Emil Fischer, die Strukturen der Glucose ($C_6H_{12}O_6$) und der mit ihr verwandten Zucker zu entschlüsseln – um ihre Unterschiede darzustellen, entwickelte er die sogenannte Fischer-Projektion (Abb. 8.6).

Der eigentliche Clou bei der Projektion war, das Rückgrat der Zucker-Moleküle als senkrechte Linie darzustellen und die daran geknüpften Atome oder Gruppen rechts und links zu platzieren. Dadurch ließen sich Informationen zum räumlichen Aufbau stark vereinfacht darstellen. Was in der Keil-Strich-Formel nach vorn ragen würde, ist rechts, was hinter dem Papier läge, links. Diese Systematik schafft Überblick. Die Regeln werden bei den Kohlenhydraten ausführlicher vorgestellt.

8.2.2 Mehrfachbindungen und Resonanz

In vielen Molekülen gibt es mehrere Doppelbindungen. Gerade klang die Farbigkeit an – für diese und weitere Stoffeigenschaften ist die Lage der Doppelbindungen zueinander entscheidend. Befinden sich zwischen zwei Doppelbindungen im Molekül zwei Einfachbindungen, so verhalten sie sich wie isolierte Doppelbindungen. Ist jedoch nur eine Einfachbindung dazwischen, kommt es zu einer Wechselwirkung, da nun mindestens vier sp^2-hybridisierte C-Atome aneinandergrenzen. Die Lage der Doppelbindung ist nicht mehr so eindeutig zu lokalisieren. Diese Abfolge wird **konjugiert** genannt und ist planar (Abb. 8.7). Die Bindungselektronen sind **delokalisiert** und bewegen sich im Rahmen der an den konjugierten Doppelbindungen beteiligten C-Atome.

Tatsächlich wechseln in vielen Molekülen die bindenden Elektronen zwischen den benachbarten, senkrecht stehenden p-Orbitalen, die sich nicht mehr streng in zwei benachbarte Molekülorbitale unterscheiden lassen. Mehrere Strukturformeln zusammen würden ein realistisches Bild abgeben. Zwischen diesen hypothetischen **Grenzstrukturen,** auch **Resonanzformeln** genannt, werden Pfeile mit einer Spitze an jeder Seite gezeichnet (↔): Die gezeigten Formeln sind möglich. Soll die Bewegung von bindenden Elektronenpaaren dargestellt werden, wird dies mit einem gebogenen Pfeil gezeigt.

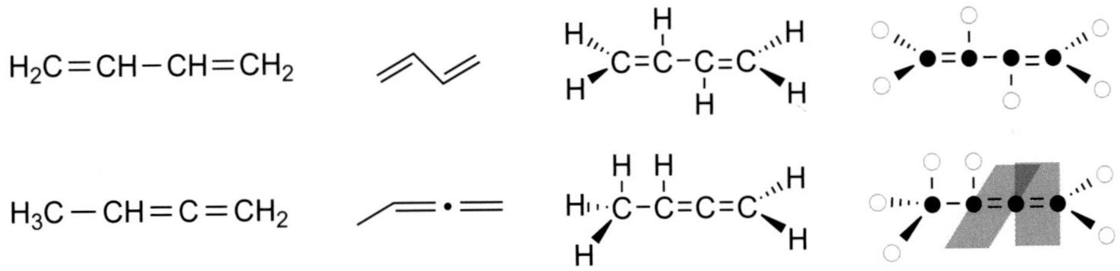

$$H_2C=CH-CH=CH_2$$

$$H_3C-CH=C=CH_2$$

Abb. 8.7 Konjugierte und benachbarte (kumulierte) Doppelbindungen am Beispiel Butadien (C_4H_6). Die Drehbarkeit ist in der unteren Reihe eingeschränkt, angedeutet durch die grauen Ebenen, in die die Hybridorbitale weisen

Doch zurück zur besonderen Bezeichnung von benachbarten Doppelbindungen. Wenn sie direkt aneinandergrenzen, ist das mittlere C-Atom sp-hybridisiert, und die Bindungen nicht mehr abgewinkelt, sondern bilden eine gestreckte Folge um 90° zueinander verdrehter π-Bindungen: sie sind **kumulierte** Doppelbindungen.

Pfeile und ihre Botschaften

Reaktionspfeile sind einfache Pfeile von links nach rechts – oder gegebenenfalls auch von oben nach unten –, jedenfalls der Richtung der Reaktionsgleichung folgend vom Ausgangsstoff zum Produkt (→). Ist eine Reaktion in beide Richtungen möglich, überlagern sich die Pfeile (⇄).

In chemischen Gleichgewichten überlagern sich halbe Pfeile gegensätzlicher Richtung, weil die Reaktion zeitgleich in beide Richtungen abläuft (⇌). Damit ist nicht gesagt, ob die Reaktionsgeschwindigkeit in beide Richtungen gleich groß ist!

Gestrichelte Pfeile deuten an, dass mehrere Teilreaktionen zusammengefasst werden (⇢).

Resonanzpfeile sind einfache Pfeile mit Pfeilspitzen in beide Richtungen, die eine strukturelle Wahrscheinlichkeit beider Formen nahelegen (↔). In Reaktionsgleichungen können diese auch in eckigen Klammern eingefügt werden und somit in mehreren Strukturvorschlägen im Formelumsatz lediglich genau ein Molekül darstellen.

Gebogene Pfeile deuten Verschiebungen von Elektronen an: mit normaler Pfeilspitze von Elektronenpaaren (⌢), im Falle einzelner Elektronen (Radikale) mit einer halbierten Pfeilspitze.

8.3 Nomenklatur – Systematik

Im Schulunterricht wurden schon verschiedene Stoffklassen besprochen, und auch der Begriff der Isomerie wurde bereits behandelt. Diese Themen greifen auch die folgenden Abschnitte nochmals auf, voranstellen möchten wir hier allerdings die Regeln der Benennung. Die Namensgebung, **Nomenklatur,** ist in der organischen Chemie deswegen so wichtig, weil Kohlenstoff so vielfältig ist und die strukturellen Eigenschaften eines Moleküls sich auf die Stoffeigenschaften auswirken. Wer einen Trivialnamen wie „Ameisensäure" verwendet, muss auswendig lernen, worum es sich handelt. Mit Hilfe der Nomenklaturregeln lassen sich Namen von Kohlenwasserstoffen und ihren Abkömmlingen schneller entschlüsseln oder bilden: Sie gehen aus von den Bezeichnungen der Alkane und den im Molekül vorhandenen funktionellen Gruppen. So beschreibt „Methansäure" sehr schlicht, dass es sich bei „Ameisensäure" um die von Methan abgeleitete Carbonsäure handelt, HCOOH.

Natürlich wurde Chemie betrieben, lange bevor die genaue Zusammensetzung und die Struktur von Stoffen überhaupt analysiert wurden. Noch heute werden neu entdeckte Stoffe oft erst später benannt und analysiert. Eine internationale Vereinigung mit dem Kurznamen IUPAC aktualisiert laufend die Benennungs-

regeln (IUPAC, International Union of Pure and Applied Chemistry). Sie gelten als verbindlich, aber es sind so viele, dass sie nicht immer in Gänze angewandt werden. Die Grundregeln sind recht beständig, und mit ihnen kommen wir schon recht weit in der Benennung.

8.3.1 Funktionelle Gruppen

Die Struktur eines Moleküls prägt den Namen, das ist das Ziel der Nomenklatur. Dabei ist es die charakteristische Anordnung und Reaktivität einzelner Atome, die ein wiederkehrendes Merkmal ist und Moleküle in **Stoffklassen** unterscheidbar macht. Diese prägenden Gruppierungen von Atomen werden als funktionelle Gruppe bezeichnet, und im Laufe der Zeit baut sich dein Wissen immer weiter aus, wie mehrere funktionelle Gruppen sich aufeinander auswirken und in welchen Kombinationen sie meist miteinander reagieren.

Häufig enthalten die Moleküle mehrere funktionelle Gruppen, daher sortiert ◘ Tab. 8.2 bereits, welche namensgebend für die Stoffklasse sind. Je weiter oben eine Gruppe steht, desto stärker definiert sie die Stoffklasse. Die Nennung hängt davon ab, ob mehrere funktionelle Gruppen vorhanden sind, daher gibt es die Regeln, die eine Priorisierung und Reihenfolge festlegen.

❯ Nomenklaturregeln

1. Die längste fortlaufende Kohlenstoffkette identifizieren: Das der Kettenlänge entsprechende Alkan gibt dem **Molekülstamm** den Namen.
2. Die Hauptkette durchnummerieren. Der Start ist so zu wählen, dass die kleinsten Ziffern bei dem Kohlenstoff-Atom liegen, das die funktionellen Gruppen höchster Priorität trägt. Verzweigungen werden nach der Länge und Zusammensetzung ihrer Seitenkette bewertet. Zugleich endet der Verbindungsname auf die funktionelle Gruppe höchster Priorität, dies ist das **Suffix** (◘ Tab. 8.2).
   Ausnahme: Halogen-Atome werden immer vorangestellt.
3. Kommen verschiedene funktionelle Gruppen vor, werden die übrigen dem Namen als **Präfix** vorangestellt. Die Positionsangaben, an welchem Kohlenstoff-Atom sie gebunden sind, wird dem jeweiligen Präfix angefügt. Die Position 1 wird in der Regel nicht explizit genannt, sonders gilt implizit, wenn nichts anderes angegeben wird.
4. Wenn gleiche funktionelle Gruppen mehrfach auftreten, wird ihre Anzahl durch griechische Zahlwörter wie „di", „tri" oder „tetra" angegeben. Im Namen werden die Ziffern der sie tragenden Kohlenstoff-Atome vorangestellt.
5. Sind mehrere unterschiedliche Alkyl-Gruppen vorhanden, werden sie in alphabetischer Reihenfolge dem Verbindungsnamen vorangestellt.
6. Sind gleich lange Kohlenstoffketten vorhanden, die sich in der Anzahl der von ihnen abzweigenden Seitenketten unterscheiden, wird jene mit der höheren Anzahl zur Hauptkette.
7. Der Verbindungsname beginnt in Großschreibung und wird, gekoppelt durch Bindestriche, in Kleinschreibung fortgeführt.

Tab. 8.2 Funktionelle Gruppen und ihr vorangestellter oder angehängter Name: Auswahl funktioneller Gruppen und ihre Namensgruppen in der Nomenklatur, geordnet nach Priorität

Funktionelle Gruppe	Stoffklasse	Präfix	Suffix
R–COOH	Carbonsäure	Carboxy-	-säure
R–COO$^-$	Carboxylat-Rest (Carbonsäure-Anion)		-carboxylat
R^1–COO–R^2	Ester	Carbonyloxy-	-oat, -ester
R–C(O)NR$_2$	Amid		-säureamid, -carboxamid
R–CN	Nitril	Cyan-	-nitril, -carbonitril
R–CHO	Aldehyd	Formyl-	-al, -aldehyd
R^1–CO–R^2	Keton	Oxo-	--on
R$_2$–C(OR^2)$_2$	Acetal	Di(alkoyloxy)-	-acetal
R$_3$–COH	Alkohol	Hydroxy-	-ol
R–CNR^2	Amin	Amino-	-amin
R^1–CHO–R^2	Ether	Alkoxy-	-ether
R$_3$-CX	Halogenkohlenwasser-stoff (X = Halogenatom)	Halogen- (Elementname)	-halogenid
R$_3$-C–S–R	Sulfid		-sulfid
R–C≡C–R	Alkin		-in
R$_2$–C=C–R$_2$	Alken		-en
R$_3$-C–C–R$_3$	Alkane		-an

8.4 Alkane und Alkene: Eigenschaften

Nach so viel geballter Wiederholung bieten die Kohlenwasserstoffe nun nochmal die Gelegenheit, das Gesagte anzuwenden. Das Grundgerüst einer Verbindung lässt meist gute Vorhersagen über das Verhalten des Stoffes zu. Daher ist es berechtigt, nochmal im Detail auf die Kohlenwasserstoffe zu schauen. Offenkettige Kohlenwasserstoffe werden **acyclisch** genannt, zu Ringen geschlossene sind **cyclische** Verbindungen. In chemischen Reaktionen werden funktionelle Gruppen hinzugefügt oder Teile der Kette lagern sich um und führen zu Verzweigungen – die dabei entstehenden, von der ursprünglichen Verbindung abgeleiteten Produkte heißen **Derivate**. Das ist noch nicht so geläufig beim Ethanol, das sich von Ethan ableiten lässt, aber bei Naturstoffen ist es vereinfachend. Ein Beispiel hierfür ist ein Derivat der Salicylsäure, die in Weidenrinde vorkommt (**Abb. 8.8). Die Acetylsalicylsäure, abgekürzt ASS, ist ein wirksames Schmerzmittel. Andere Derivate sind hin-

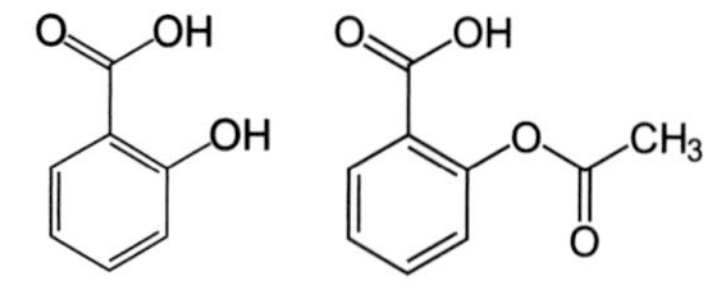

● **Abb. 8.8**   Salicylsäure und ihr Derivat Acetylsalicylsäure (rechts)

gegen unerträglich oder unwirksam. In der Wirkstoffforschung wird häufig eine gewisse Bandbreite an Derivaten hergestellt, um festzustellen, welche funktionelle Gruppe für die Wirksamkeit unerlässlich ist, und dann davon ausgehend eine gut verträgliche Verbindung herzustellen. Dieser kleine Gedankenausflug illustriert, warum der Begriff Derivat ein Sammelbegriff verschiedener Variationen einer Grundstruktur sein kann.

Wird ein Wasserstoff-Atom gegen eine funktionelle Gruppe ausgetauscht, wird es an dieser Stelle ersetzt, also substituiert. Entsprechend heißt eine chemische Reaktion, die zu solch einem Austausch führt, **Substitution**, und eine funktionelle Gruppe kann als **Substituent** bezeichnet werden. Letzteres sollte in Bezug zu der Reaktion stehen, denn nicht immer startet der Aufbau einer Struktur mit dem Alkan.

Über die Homologie der Alkane stiegen wir in diesem Kapitel ein. Die funktionelle Gruppe, die sich von einem Alkan ableitet, das als Rest an eine andere Verbindung angefügt wird, ist ein **Alkyl**-Rest (und endet statt auf -an auf -yl). So wird aus Methan ein Methyl-Rest ($-CH_3$). Als Methylen-Gruppe wird eine CH_2-Einheit innerhalb einer Kette bezeichnet. Gerade bei langen Ketten ohne weitere Substituenten lassen sich die Molekülformeln so vereinfachen. Octan (C_8H_{18}) lässt sich dann auch als $CH_3(CH_2)_6CH_3$ schreiben, wobei die Wiederholungseinheit in Klammern geschrieben wird und die Anzahl als Index angefügt wird. Mathematisch lassen sich Alkane auch vereinfacht als C_nH_{2n+2} verallgemeinern. Daher reicht es, wenn du die Anzahl der Kohlenstoff-Atome kennst, um die Molekülformel zu berechnen. Für die Molekülnamen gilt ab fünf C-Atomen die Vorsilbe der Anzahl als Namensstamm, also von Pentan aufwärts. Die ersten vier sind auswendig zu lernen (vgl. ● Tab. 8.1).

Wie die Kettenlänge die Eigenschaften der Alkane beeinflusst, wird später noch ausführlicher behandelt. Denn bei gleicher Molekülformel, mitunter auch Summenformel genannt, kann das Molekül unterschiedlich aufgebaut sein: **Isomere** sind unterschiedliche chemische Verbindungen gleicher atomarer Zusammensetzung. Im Falle der verzweigten Alkane geht es um die Verknüpfungsreihenfolge, der Fachausdruck ist **Konstitution**. Da es viele Arten der Isomerie gibt, ist es sinnvoll, diese im Namen anzugeben. Hier geht es also um **Strukturisomerie** oder auch **Konstitutionsisomerie**.

Bis hin zu Propan sind andere Reihenfolgen der Verknüpfung folgenlos, da das Ergebnis ununterscheidbar von dem Ausgangsstoff ist. Bei Butan jedoch gibt es eine Kettenform und eine verzweigte, die **Isobutan** genannt wird (● Abb. 8.9). Je länger die Kette wird, desto mehr mögliche Formen gibt es, Methyl-Reste, Ethyl- oder auch noch höhere Alkyl-Reste als Seitenkette einzufügen. Diese können natürlich wiederum auch verzweigt sein. Der dreidimensionale Aufbau wird dabei immer kompakter und die Kontaktfläche zu benachbarten Molekülen geringer. Daher verhalten sich verzweigte Alkane nicht mehr wie ein naher Nachbar, also homolog.

Konformation
Konformere (durch Drehung) wie angeordnet?

anti   *gauche*

Konstitution
Strukturisomere wie verknüpft?

Butan   Isobutan   Cyclobutan

◻ **Abb. 8.9**   Isomerie bei Butan: Konformation und Konstitution – die richtige Frage hilft!

Eine weitere Auswirkung hängt direkt mit der möglichen Dichte des Zusammenlagerns zusammen, was sich auf die physikalischen Stoffeigenschaften auswirkt. Grundsätzlich steigt mit der Kettenlänge auch der Beitrag anziehender Wechselwirkungen. Da diese aber von der Kontaktfläche abhängen, unterscheiden sich die Schmelz- und Siedetemperaturen gleich großer linearer im Vergleich zu verzweigten Alkanen.

In der organischen Chemie ist der verzweigte Butyl-Rest an vielen Reaktionen beteiligt, da er die Verknüpfungsstelle räumlich gut abschirmt. Daher wird auch von einer Schutzgruppe gesprochen – doch im Moment geht es um den Kurznamen *tert*-Butyl, der eine strukturelle Beschreibung impliziert. Diese Abkürzung steht für tertiär – das C-Atom ist mit drei Bindungen an weitere C-Atome gebunden. Wieder begegnet uns eine Zählweise, und da Kohlenstoff bis zu vier Bindungen bilden kann, gibt es **primäre, sekundäre, tertiäre und quartäre Kohlenstoff-Atome**. Diese Benennung gilt auch für Kohlenwasserstoffe, die funktionelle Gruppen tragen wie Alkohole und Amine.

Die Verzweigung und Zählweise im Namen werden als Abkürzung vorangestellt und kursiv geschrieben. Hier ist es auch mal trivial: Lineare Formen sind quasi normal und werden mit *n*-angegeben. Derartige Präfixe sind historisch entstanden. Generell sollte nach IUPAC benannt werden, doch in der Synthese sind einige Verbindungen schon sehr lang unter diesen Trivialnamen in Gebrauch.

Tipp

Zusätzliche Übung

Ein Beispiel für längerkettige Kohlenwasserstoffe sind Kraftstoffe für Automotoren. Ein Zusatz für Benzin ist ein Ether, der als Antiklopfmittel eingesetzt wird. Wenn du das Zusammenspiel von Benennung und Struktur üben möchtest, findest du eine Übung zu Kraftstoffen für den Automotor beim Zusatzmaterial.

Benennung eines verzweigten Alkans

— Längste Kette = Stamm: Hexan
— Substituenten für den Präfix: Methyl-Gruppen
— Substituenten für den Suffix: – ol (Alkohol)
— Substituent höchster Priorität: OH-Gruppe
— 2,3,4-Trimethyl-hexanol (da die OH-Gruppe am C1-Atom steht, entfällt die Nummer „Hexan-1-ol")

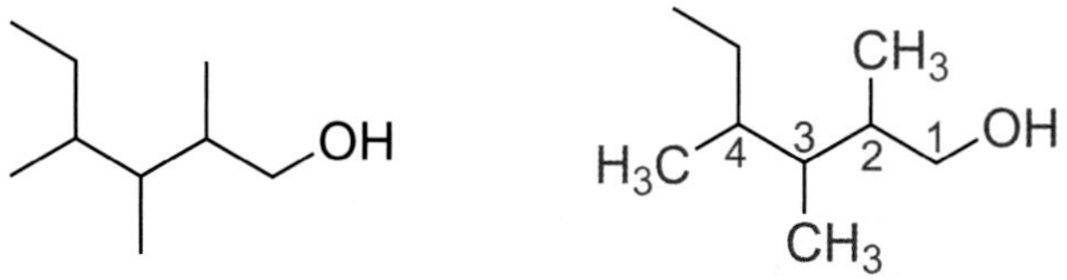

◄

8

8.5 Konformation – Wie sich das Grundgerüst wendet und windet

Weiter oben, bei den Nomenklatur-Regeln (Abschn. ► 8.3), wurde schon die Nummerierung der Haupt- und Seitenkettenvorgestellt. Daneben gibt es historische Benennungen. Das vorgestellt *n* für „normal" wurde bereits erwähnt. Es gibt hingegen auch Vorsilben, Präfixe genannt, die Aussagen zur räumlichen Anordnung machen. Formal werden diese Präfixe kursiv geschrieben.

Der Beginn der modernen organischen Chemie erinnert an einen Schnelldurchlauf in Vokabellernen. Das zählt zum Handwerkszeug und ist insofern sinnvoll, als der räumliche Aufbau der organischen Moleküle so stark beeinflusst, wie sie reagieren. Zusammen mit der enormen Vielfalt möglicher Kombination der Art und Reihenfolge der Atome im Molekül, der *Konstitution,* ist die Stereochemie ein wichtiger Schlüssel zum Verständnis der organischen Chemie.

Die genaue räumliche Struktur der Moleküle wird als **Konformation** bezeichnet, und die Moleküle, die sich allein durch die räumliche Anordnung des Moleküls unterscheiden, als Konformere. Dafür werden keine Bindungen neu geknüpft oder umgelagert, sondern Rotationen um Einfachbindungen verändern, welche Teile des Moleküls miteinander wechselwirken. Das einfachste Beispiel ist Butan, hier liegen die Konformere in statistischer Verteilung vor (● Abb. 8.10).

Ausgehend von der Hauptkette geht es um die mittlere C–C-Einfachbindung. Wenn der Blick entlang dieser Einfachbindung geführt wird, können die H-Atome an den beiden zentralen C-Atomen voreinander oder versetzt stehen. Das ist mit

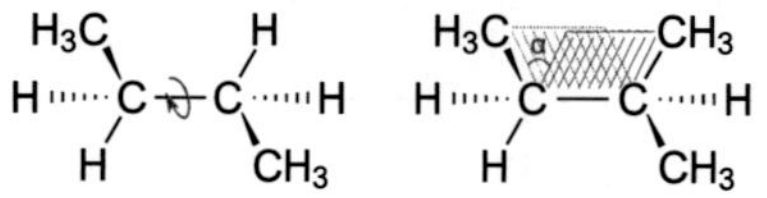

● **Abb. 8.10**   Konformere des Butans. Die aufgespannten Ebenen bilden einen Winkel zueinander, den Diederwinkel α

einem Molekülbaukasten schnell nachgebaut – oder mit Bastelmaterial. Stehen sie versetzt in den Lücken, wird dies gestaffelt genannt (engl. *staggered*). Wobei sich hier zwei Formen unterscheiden lassen: Wenn die beiden Methyl-Gruppen direkt benachbart stehen, ist es die *gauche*-Konformation, steht eine nach unten, die andere nach oben, ist es die *anti*-Konformation. Verdecken sie sich gegenseitig, stehen sie ekliptisch (engl. *eclipsed*). Der Chemiker Melvin S. Newman schuf eine Darstellungsweise, die nach ihm benannte Newman-Projektion, die dies deutlich zeigt.

■ Abb. 8.11 zeigt die Besetzung der verschiedenen Lücken – der energetische Unterschied der potenziellen chemischen Energie in Butan ist letztlich relativ gering. Dennoch ist das der Hintergrund dafür, ob eine Konformation stabil ist oder instabil. Liegen die Methyl-Gruppen ekliptisch, wird auch von einer *syn*-Konformation gesprochen. Entsprechend heißt die Konformation mit sich gegenüberstehenden Methyl-Gruppen *anti* (s. ▶ Abschn. 10.1.1, ■ Abb. 10.2). Bei Butan lässt sich der hintere Molekülteil auf die *gauche*-Lückenposition drehen, in der dann die abzweigenden Molekülgruppen nicht mehr im 180°-Winkel stehen.

Die Frage liegt nahe: weshalb ist eine Konformation günstig und eine andere nicht? In der ekliptischen Anordnung kommen sich die bindenden Orbitale der Methyl-Gruppen nahe (■ Abb. 8.12). Ihr Raumbedarf wird als **sterische Wechselwirkung** bezeichnet. Ein Energiediagramm kann verbildlichen, wie sich der Drehwinkel infolge dieser abstoßenden Wechselwirkungen auf die potenzielle Energie auswirkt. Ausgedrückt wird dieser Zusammenhang mit dem Torsionswinkel Θ (■ Abb. 8.12 rechts). Letzterer entspricht einem Diederwinkel zwischen zwei Flächen; und als solche werden die Ebenen visualisiert, die durch jene zwei Substituenten an zwei verbundenen C-Atomen entstehen, die nicht in der Ebene liegen, also ein Diederwinkel.

In dieser Betrachtung kann der Dreh- oder Torsionswinkel Θ wiederum auch als ein Grund für die Zickzack-Stellung einfacher Alkanketten gesehen werden. Bezogen auf die mittlere Einfachbindung stehen die funktionellen Gruppen – mithin Alkyl-Reste – am günstigsten jeweils nach unten und oben und kommen sich so

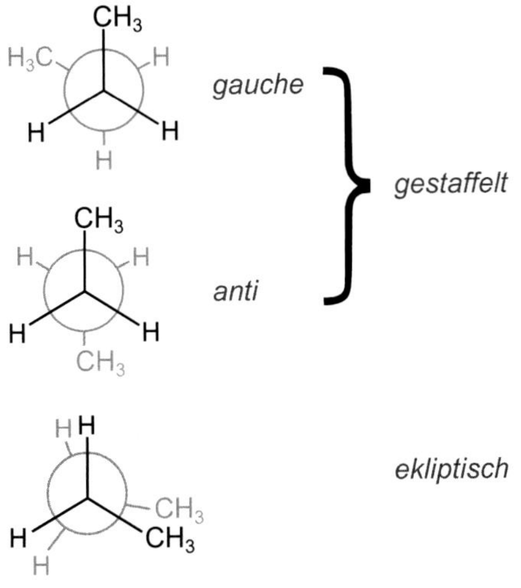

■ **Abb. 8.11** Die Konformation beschreibt, ob – entlang einer Bindung betrachtet – die Substituenten auf Lücke stehen (gestaffelt) oder sich verdecken (ekliptisch)

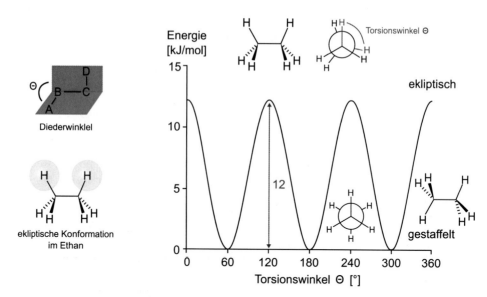

◘ Abb. 8.12   Die Energieunterschiede bei der Rotation um die Einfachbindung bei Butan

wenig ins Gehege. Dennoch besteht freie Drehbarkeit um die Einfachbindung, sodass auch die anderen Konformationen trotz kleiner Energiebarrieren eingenommen
werden.

8.5.1   Alkene und die *E/Z*-Isomerie an Doppelbindungen

Wer mit den Praktika der organischen Chemie beginnt, befasst sich ausgiebig damit,
wie bei Doppelbindungen die Anordnung der funktionellen Gruppen im Produkt
aussehen soll. Denn diese können sich nicht durch Rotation umlagern. Je nachdem,
wie die Gruppen stehen, wird von *zusammen* oder *entgegen* gesprochen – so, als läge
das Molekül mit der Doppelbindung auf der Ebene des Papiers, und beide funktionellen Gruppen schauen zusammen heraus (*Z*-Isomer) oder nur die eine, und die andere liegt unter dem Papier (*E*-Isomer) (◘ Abb. 8.13).

Gerade im Bereich der Fettsäuren, die aus langen Kohlenwasserstoffketten bestehen und einige Doppelbindungen enthalten können, ist noch recht verbreitet von *cis*-
und *trans*-Isomeren zu sprechen. Dabei entspricht *cis* dem *Z*-Isomer und *trans* liegt
auf der gegenüberliegenden Seite der Kohlenstoffkette, ist also das *E*-Isomer.

Die räumliche Anordnung ist stabilisiert, da für eine Rotation hypothetisch zumindest eine π-Bindung gelöst werden muss, damit Rotation um die Einfachbindung
möglich wird und dann erneut eine π-Bindung geknüpft werden kann. Dadurch
können die Isomere sich auch physikalisch unterscheiden. Da sich der räumliche
Aufbau der Moleküle unterscheidet, wird von *Stereoisomeren* gesprochen, und im
Falle der *E/Z*-Anordnung an einer Doppelbindung von der **Diastereomerie**. Die Anordnung wird fachsprachlich als **Konfiguration** bezeichnet. Die Konfiguration kann
definitionsgemäß nur durch Bindungsbrüche und Neubildungen von Bindungen
verändert werden.

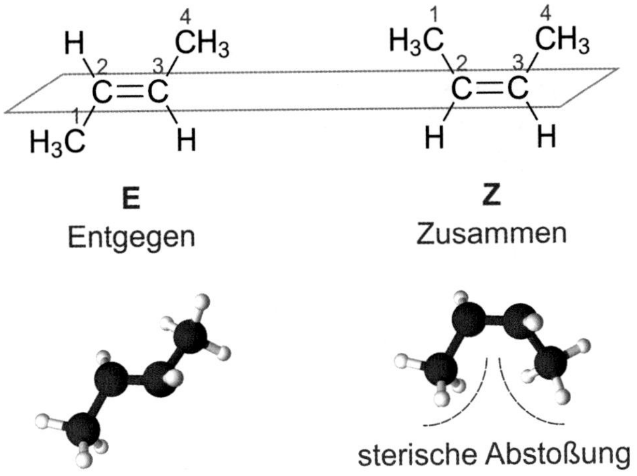

Abb. 8.13 *E/Z*-Isomere von Buten. Im Kugel-Stab-Modell wird die sterische Abstoßung deutlich

Energetisch ist in der Regel die *E*-Konfiguration günstiger, also thermodynamisch stabiler. Hergeleitet wurde dies am Butan als einfachstem Beispiel. Doch bereits 1-Brom-2-fluorpropen wirft eine neue Frage auf: Welche funktionelle Gruppe entscheidet, ob das Diastereomer *E*- oder *Z*-konfiguriert ist?

Tipp

Überprüfe dein Wissen

Doppelbindungen bei offenkettigen wie auch bei cyclischen Verbindungen beeinflussen wesentlich, wie eine Reaktion abläuft und ob sich mögliche Reaktanten nähern können. Butendisäure ist ein klassisches Beispiel für eine *cis-trans*-Isomerie: Das *(Z)*-Isomer (Trivialname: Maleinsäure) cyclokondensiert bei Erhitzung zum Anhydrid; das *(E)*-Isomer (Trivialname: Fumarsäure) ist dazu nicht in der Lage, da die dazu nötigen *trans*-ständigen COOH-Gruppen zu weit voneinander entfernt sind. Auch die Schmelzpunkte der beiden Verbindungen unterscheiden sich um etwa 150 °C.

Wenn du dein Wissen prüfen möchtest, findest du Übungen auf den Flashcards **Alkene** und *E/Z*-**Isomerie an Doppelbindungen**.

Tipp

Überprüfe dein Wissen

Die verschiedenen Arten von Isomeren erklären zu können zählt zum Handwerkszeug in der Chemie. Eine Übung dazu findest du der Flashcard **Isomerie**.

8.5.2 Hand in Hand: Enantiomere

In der Übersicht (◘ Abb. 8.14) sind links zwei Hände als Merkhilfe für die Enantiomerie eingezeichnet, da die enantiomeren Formen eines Moleküls auch *chiral* genannt werden. Der Begriff **Chiralität** leitet sich vom griechischen Wort für Hand ab *(cheiros)*. Moleküle, die so bezeichnet werden, lassen sich nicht mit der zweiten Form zur Deckung bringen – obwohl die funktionellen Gruppen in der gleichen Reihenfolge an das Grundgerüst binden. Sie sind also nicht symmetrisch und verhalten sich wie Spiegelbilder zueinander, genau wie eine linke und eine rechte Hand (◘ Abb. 8.15). Weitere Merkhilfen sind Schrauben, Gewinde oder Schneckenhäuser, wobei die linksdrehenden etwa bei Weinbergschnecken so selten sind, dass von „Schneckenkönigen" gesprochen wird. Viele Arten haben Vorzugsrichtungen der Windung.

Konfigurationsisomerie

Die Konfigurationsisomerie unterteilt sich in zwei Unterformen: **Enantiomerie** und **Diastereomerie**. Sie haben gemeinsam, dass die isomeren Formen zu den Stereoisomeren zählen, sich also im räumlichen Aufbau unterscheiden.

Die Einteilung in die beiden Unterformen erfolgt nach dem Ausschlussprinzip: Enantiomere sind wie Spiegelbilder aufgebaut und können nicht zur Deckung gebracht werden. Diastereomere hingegen sind alle übrigen, nicht spiegelbildlichen Stereoisomere.

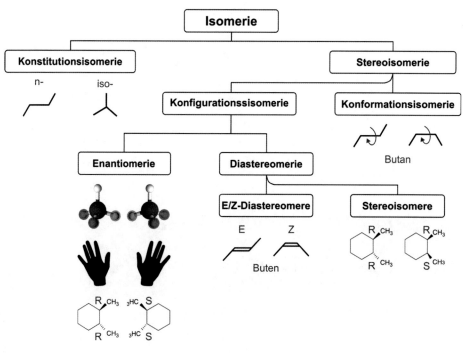

◘ **Abb. 8.14**   Übersicht der Isomerie

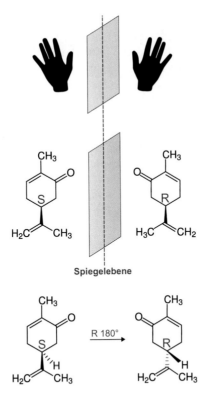

Spiegelebene

□ **Abb. 8.15** Enantiomere des Carvons – nur eine Spiegelung erzeugt das andere Enantiomer, hingegen nicht die Drehung um 180°

Die stofflichen Beispiele wie Schrauben und Schneckengehäuse veranschaulichen, dass die Chiralität einen großen Effekt auf die Stoffeigenschaften haben kann. Dabei sind die Verbindungen chemisch schwer auseinanderzuhalten, und bei Gemischen ist die Reinigung sehr schwierig. Das soll hier etwas vertieft werden.

■ **Stereozentrum**
Chirale Moleküle haben ein Zentrum, um das herum sich unterscheidbare funktionelle Gruppen oder Substituenten in unterschiedlicher Reihenfolge gruppieren. Dieses Chiralitäts- oder Stereozentrum wird auch mit einem Stern gekennzeichnet.

Wichtig ist, sich zu vergegenwärtigen, dass es sich um unterscheidbare Gruppen oder Atome handelt. Ansonsten ist eine Symmetrie wahrscheinlich – etwa durch eine Drehung. Dann lässt sich das Molekül in sich selbst abbilden und ist nicht chiral.

■ **Struktur-Eigenschafts-Beziehungen**
Enantiomere Moleküle haben die gleiche Masse, die gleichen funktionellen Gruppen – physikalisch und chemisch ähneln sie sich weitgehend, aber nicht ganz. Wie sonst sollte eine gewundene Struktur entstehen können?

Wie schon angedeutet, ist die Trennung schwierig, da die Schmelz- und Siedetemperaturen gleich sind. Ihre Polarität und damit Löslichkeit ist vergleichbar, sodass gängige Trennverfahren an ihre Grenzen kommen. Die Wechselwirkung mit

polarisiertem Licht ist ein wesentlicher Unterschied; vor allem aber die Reaktion mit Verbindungen, die ebenfalls chiral sind.

Das Prinzip ist weit verbreitet in der Natur. Auch Rezeptoren erkennen häufig nur genau eine Bauweise, etwa die Riechrezeptoren. So riechen Kümmel und Minze charakteristisch anders, obwohl beide Duftbuketts durch Carvon geprägt werden (◘ Abb. 8.15).

Die Wechselwirkung mit Licht wird als **optische Aktivität** bezeichnet, dabei wird die Schwingungsebene von polarisiertem Licht gedreht. Zunächst wird aus dem Spektrum des Lichts nur eine Schwingungsebene herausgefiltert. Wird in diesen Lichtstrahl eine Küvette mit nur einem Enantiomer gestellt, ändert sich der Richtungsvektor der Schwingungsebene (◘ Abb. 8.16). Das andere Enantiomer dreht das Licht um den gleichen Winkel – nur in die andere Richtung.

Da die Filter zunächst einen senkrechten Lichtstrahl erzeugen, wird eine Drehung nach rechts oder links auf dem Detektorbildschirm sichtbar. Der Drehwinkel α ist für einen reinen Stoff immer gleich und ein Plus- oder Minuszeichen die Kurzform für rechts- oder linksdrehend.

Für Stoffe mit Stereozentrum ist der Drehwinkel eine charakteristische Stoffgröße, allerdings abhängig vom Lösungsmittel und der Konzentration. Die exakte Angabe berücksichtigt weitere Faktoren wie die Lichtquelle, Temperatur und die Größe der Küvette.

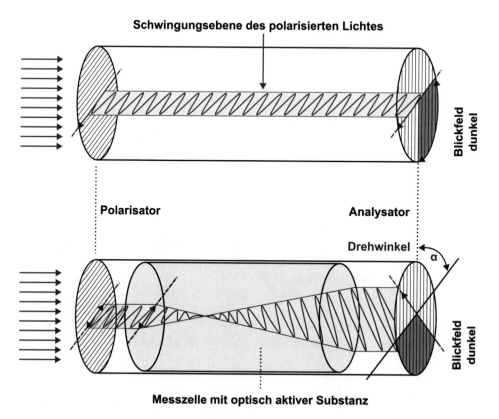

◘ **Abb. 8.16** Funktionsweise eines Polarimeters

■ **Der feine Unterschied und das Racemat**

Die Wechselwirkung mit anderen chiralen Verbindungen gilt für alle Aminosäuren und die aus ihnen aufgebauten Proteine. Deshalb ist es wichtig, die Wirkung immer dann gut zu untersuchen, wenn Enantiomere in Nahrungsmitteln oder Medikamenten enthalten sein werden. Das Beispiel des Carvons veranschaulicht das anhand des Geruchs einer natürlichen Verbindung. Enantiomere können auch als Mischung entstehen, die dann **Racemat** heißt. Besonders in der Synthese von Stoffen wird geprüft, welches Enantiomer (bevorzugt) entsteht. Der sogenannte *Enantiomerenüberschuss* gibt an, wie die molare Zusammensetzung der Mischung ist. Der Drehwinkel der Probe ergibt sich aus den Anteilen der vorhandenen Enantiomere und ist ein daher ein Maß der Zusammensetzung, auch *optische Reinheit* genannt.

■ **Benennung chiraler Verbindungen**

Der Unterschied der physiologischen Wirkung der Enantiomere kann sehr groß sein, daher gibt es auch hier Regeln, die eine eindeutige Benennung erlauben. Zurückgeführt wird die Angabe der optischen Aktivität auf die **absolute Konfiguration,** die sich aus der Anordnung der funktionellen Gruppen am Stereozentrum ergibt.

Für das Verständnis ist wichtig, dass sich die Ablenkung des Drehwinkels nicht aus der Anordnung der funktionellen Gruppen ablesen oder vorhersagen lässt, sondern einzig physikalisch zu messen ist. Einfluss haben dabei die Messbedingungen wie Temperatur, die verwendete Wellenlänge, das Lösungsmittel und auch die Konzentration der Lösung. Die Angabe der Drehrichtung (+) oder (−) bezieht sich darauf, in welche Richtung der Polarisationsfilter gedreht wird.

Tipp

Überprüfe dein Wissen
Übe die Racemisierung mit der Flashcard **Stereozentrum in D-Prolin.**

Die absolute Konfiguration lässt sich in wenigen Fällen durch spezielle Messmethoden ermitteln, oft jedoch nur durch aufwendige Analyse. Die *relative Konfiguration* ergibt sich aufgrund charakteristischer Reaktionsweisen funktioneller Gruppen. Daraus kann wiederum auf die absolute Konfiguration zurückgeschlossen werden.

Zu Beginn des Studiums hilft es, die Benennung nachvollziehen zu können (◘ Abb. 8.17). Die Ermittlung der Konfiguration selbst wird exemplarisch Teil der Laborübungen sein. Die *R/S*-Nomenklatur oder auch **CIP-Nomenklatur,** nach den Initialen der Chemiker Cahn, Ingold und Prelog, wird in drei Schritten umgesetzt.

❯ *R/S*-Nomenklatur

1. *Schritt: Die Priorität der funktionellen Gruppen bestimmen*

In absteigender Reihenfolge bekommen die funktionellen Gruppen am betrachteten C-Atom eine Priorität zwischen eins und vier.

— Die an das stereogene C-Atom direkt (in erster Sphäre) gebundenen Atome werden abhängig von ihrer Ordnungszahl gewichtet. Damit sind H-Atome immer an letzter Stelle, bei gebundenem Sauerstoff- und Chlor-Atom bekäme Chlor die höhere Priorität.

- Sind an das stereogene C-Atom gleichartige Atome gebunden, wird auf die nächstbenachbarte Position geschaut. Ergeben sich in dieser zweiten Sphäre Unterschiede, bestimmen sie die Priorität. Sind Kohlenwasserstoffketten gebunden, werden diese nach außen folgend überprüft, bis sich ein Unterschied ergibt.
- Doppel- und Dreifachbindungen werden so gezählt, dass sie wie zwei einfach gebundene Atome gewertet werden. So haben sie eine höhere Priorität als einfach gebundene Atome. Allerdings gibt es bei Heteroatomen, abhängig von ihrer Ordnungszahl, noch differenzierende Regeln.

2. *Schritt: Anordnung des Moleküls für die Betrachtung*

In Gedanken (oder im Molekül-Modell) wird das Molekül nun so ausgerichtet, dass die funktionelle Gruppe oder der Substituent mit der niedrigsten Priorität nach hinten (hinter die Bildebene) zeigt.

3. *Schritt: Ablesen der Richtung absteigender Priorität*

Die übrigen funktionellen Gruppen werden in Richtung niedriger werdender Priorität betrachtet. Sind sie im Uhrzeigersinn angeordnet, wird dem Namen das kursiv geschriebene Präfix *(R)* in Klammern vorangestellt; gegen den Uhrzeigersinn wird ein *(S)* vorangestellt. Die Abkürzung leitet sich vom Lateinischen *rectus* für eine Richtungsangabe rechts und *sinister* für links ab.

Tipp

Überprüfe dein Wissen
   Übe an einem Beispiel, die IUPAC-Regeln anzuwenden und ein Molekül inklusive aller räumlicher Informationen zu benennen. Du findest das Beispiel auf der Flashcard **Absolute Konfiguration**.

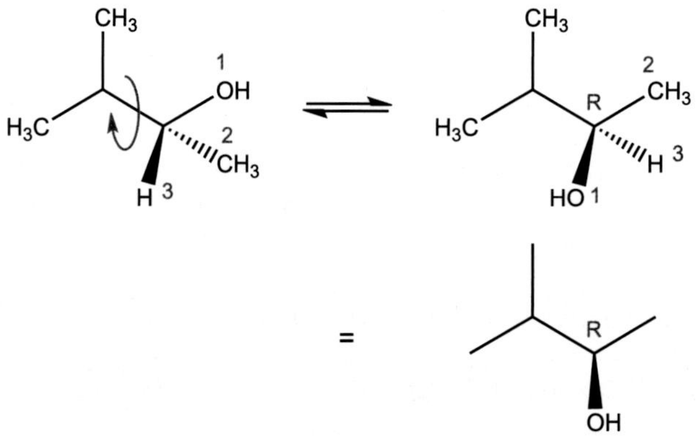

◘ Abb. 8.17   *R*/*S*-Nomenklatur: *(2R)*-3-Methyl-butan-2-ol

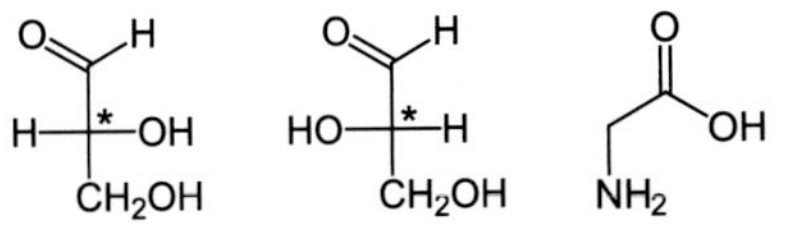

Abb. 8.18 Stereozentren im Zucker Glycerinaldehyd im Vergleich zur Aminosäure Glycin (rechts), bei der kein C-Atom vier verschiedene Substituenten trägt

■ **Zucker und Aminosäuren: Sonderfälle in der Nomenklatur**

Die beiden Stoffklassen Zucker und Aminosäuren werden durch charakteristische funktionelle Gruppen geprägt. Hier wird nachvollziehbar, warum es sinnvoll sein kann, von Substituenten zu sprechen. Denn die funktionelle Gruppe einer Carbonsäure, die Carboxy-Gruppe, setzt sich aus einer Carbonyl-Gruppe und einer Hydroxy-Gruppe zusammen. Das C-Atom der Carbonsäure bindet also verschiedene Substituenten (■ Abb. 8.18). Bei der Aminosäure trägt das der Carbonsäure benachbarte C-Atom noch eine Amino-Gruppe. Das wird in ▶ Abschn. 11.6.2 vertieft werden. An dieser Stelle soll deutlich werden, dass alle Aminosäuren außer Glycin ein Stereozentrum haben. Historisch bedingt, wird dieses Zentrum mit D und L benannt – und bezieht sich immer auf die Anordnung *bestimmter* Substituenten. Analog gilt das für Zucker, was ebenfalls später im Detail erläutert werden soll.

Wiederum sind D und L Anfangsbuchstaben: *Dexter* ist ebenfalls Lateinisch und kann mit der rechten Seite übersetzt werden, *laevus* ist die linke Seite. Betrachtet wird nicht die Richtung der Reihenfolge, sondern auf welcher Molekülseite eine bestimmte Gruppe liegt.

❯ Die D/L-Nomenklatur gilt nicht allgemein für Enantiomere, sondern für bestimmte Substituenten von Zuckern und Aminosäuren!

Tipp

Überprüfe dein Wissen

Das Erkennen von Stereozentren kannst du auf der Flashcard **Stereozentrum von D-Prolin** üben.

Fischer-Projektion

Für die Benennung nach D/L-Nomenklatur werden die Moleküle zunächst nach Anleitung angeordnet und dann die räumliche Lage bestimmter Substituenten bestimmt.

— Die längste Kohlenstoffkette im Molekül wird senkrecht gezeichnet. Das C-Atom mit höchster Oxidationszahl steht oben. In Zuckern ist dies die Aldehyd-Gruppe, in Aminosäuren die Carboxyl-Gruppe.

— Die C–C-Bindungen werden so gedreht, dass die aus der Papierebene herausragenden nun waagerecht gezeichnet werden. Dadurch liegen die senkrechten Substituenten hinter der Papierebene. Die Anordnung wird in eine Keil-Strich-Schreibweise übertragen.

— Gedanklich wird die Struktur nun flach gedrückt und rund um das Stereozentrum betrachtet: Liegen die Amino-Gruppe oder Hydroxy-Gruppen rechts, wird das Präfix D vorangestellt; anderenfalls liegen sie links und L wird vorangestellt.

Enthält ein Molekül mehrere Stereozentren, entscheidet das vom höchstoxidierten C-Atom am weitesten entfernt liegende Stereozentrum über D oder L.

8.6   Eine fast runde Sache: Cyclische Verbindungen

Rund um die Nomenklatur ging es intensiv um offenkettige Kohlenwasserstoffe: Alkane, Alkene und Alkine. Ab einer Kettenlänge von drei Kohlenstoff-Atomen können sich Ringe bilden. Stabil sind diese Verbindungen aufsteigend von Cyclobutan, bei nur drei Gliedern ist die *Ringspannung* sehr hoch. Das Präfix „Cyclo" weist auf cyclische Verbindungen hin.

Wie nun schon mehrfach dargestellt: Die Namen geben mitunter sehr genau Auskunft über die Eigenschaften der Moleküle. Daher ist hier die Frage: Sind Ringe flache Verbindungen? Cyclopropan ist tatsächlich recht *planar,* also flach. Von Cyclopentan ab knicken mit steigender Ringgröße Ecken ab. Bei Cyclohexan wird zwischen zwei Formen unterschieden: der Sessel- und der Wannenform. Bei der Ersten steht eine Ecke hoch und die gegenüberliegende weist nach unten. Bei der Wannenform zeigen beide abknickende Ecken nach oben.

In der Aufzählung wurde Cyclobutan übersprungen, das behandeln wir gleich, wenn es etwas mehr ins Detail geht. Zunächst hilft Cyclopropan, um den Begriff der Ringspannung näher zu erläutern. Der ideale Tetraederwinkel eines sp^3-hybridisierten C-Atoms beträgt 109,5°. Die Winkel in einem gleichseitigen Dreieck haben 60° – die Abweichung ist offenkundig und führt dazu, dass die Bindungen unter Spannung sind. Das lässt sich physikalisch durch die Verbrennungswärme nachweisen oder für spätere Kapitel im Hinterkopf behalten: Gespannte Verbindungen sind reaktionsfreudig und eher nicht so stabil.

Wenn nun ein weiteres C-Atom hinzukommt, ist nachvollziehbar, dass sich die Bindungen leicht abwinkeln. Sie werden nicht mehr ganz so nah „zusammen-

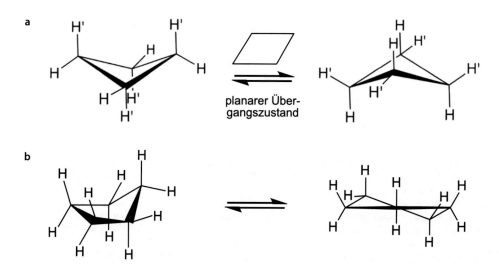

□ **Abb. 8.19**   Konformationen einfacher Cycloalkane. **a** Cyclobutan ist leicht abgewinkelt, was die ekliptischen Wechselwirkungen mindert und zur Staffelung führt. **b** Cyclopentan kommt als Briefumschlag oder Halbsessel vor

gespannt" wie bei Cyclopropan. Doch bei Cyclobutan bleibt Dynamik im Gerüst. Die Einfachbindungen können ihre Position ändern, sodass es stabile, abgewinkelte Strukturen gibt und einen planaren Übergangszustand (◘ Abb. 8.19).

Bei Cyclopentan wird die oben beschriebene Konformation mit einer abgewinkelten Position als Halbsessel oder auch Briefumschlag bezeichnet (der dann noch unverschlossen ist und eine spitze Lasche hat).

In Cyclohexan ist die Ringspannung recht gering, da die Struktur sich flexibler bewegen kann.

Der Energiegehalt der Konformationen ist so unterschiedlich, dass sich das in einem Diagramm darstellen lässt. Je energiereicher, desto weiter oben ist die Struktur eingezeichnet (für Cyclohexan siehe weiter unten, ◘ Abb. 8.21).

Die Konformation des Grundgerüsts wirkt sich auf die gebundenen Atome oder funktionellen Gruppen aus. Stehen die H-Atome in der Sesselform senkrecht zur Ebene des Rings, welche die vier planaren C-Atome aufspannen, werden sie *axial* genannt. Weisen sie in die gleiche Richtung wie die Ebene, sind sie *äquatorial* (◘ Abb. 8.20).

Tipp

Zusätzliche Übung

Wenn dir das Zeichnen der Verbindungen locker von der Hand geht, ist das sehr hilfreich für deine Notizen in der Vorlesung. Du findest eine kleine Zeichenanleitung für Cyclohexan beim Zusatzmaterial.

Der Wechsel zwischen den Formen wird als *Ringinversion* (Ring-Flip) bezeichnet. Sobald sterisch anspruchsvollere Gruppen am Ring gebunden sind, ist ihre Anordnung auch räumlich betrachtet ein guter Indikator für mögliche Reaktionsweisen.

Die Energie im Cyclohexanring hängt von der Struktur ab. Die Sesselkonformation ist spannungsfrei, da hier die Bindungswinkel zwischen drei benachbarten C-Atomen nahe an den idealen 109° liegen. Hilfreich ist, dieses Molekül einmal mit einem Stecksystem nachzubauen und so die beweglich um die Einfachbindungen nachzuvollziehen. Die in ◘ Abb. 8.20 dargestellte Ringinversion kann über Zwischenstufen (Halbsessel) auch zu einer Bootkonformation führen (◘ Abb. 8.21). In dieser kann nun die Position der „hochgeklappten" Ecken leicht wechseln. Der Energieunter-

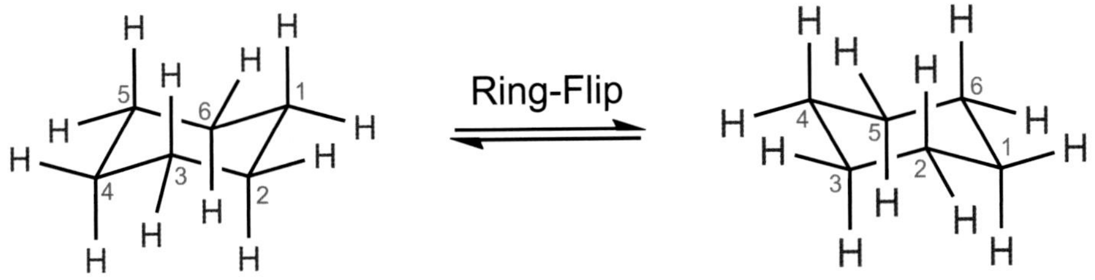

◘ **Abb. 8.20** Ringinversion Cyclohexan – der Ring „klappt um" (Ring-Flip). Blau – äquatoriale Wasserstoff-Atome, rot – axiale Wasserstoff-Atome

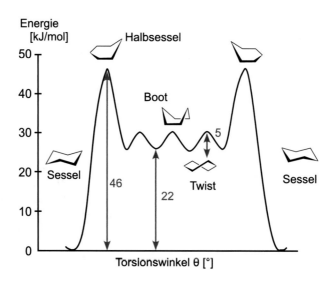

☐ Abb. 8.21   Spannung in Cyclohexan – der Ring „klappt um" (Ring-Flip)

cis-1,2-Dimethylcyclohexan   *trans*-1,2-Dimethylcyclohexan

☐ Abb. 8.22   Dimethylhexan: das Tor zu Diastereomeren

schied zwischen der Boot- und der Sesselkonformation beträgt 26 kJ/mol, da mehrere C–H-Bindungen ekliptisch zueinander stehen.

■   **Die Raumansprüche …**

Sobald funktionelle Gruppen an einer cyclischen Verbindung positioniert sind, beeinflussen sie, welche räumliche Anordnung energetisch günstig ist. Grundsätzlich bevorzugen Substituenten in Cyclohexan die äquatoriale Stellung. Bei zwei Substituenten gibt es verschiedene Positionen, sofern nicht beide am gleichen C-Atom sind. Neben *cis*- und *trans*-Stellung können die Substituenten an verschiedenen Positionen gebunden sein, etwa an C1 und C2 (1,2-Abstand) oder entsprechend C1 und C3 oder aber C1 und C4. Wenn nun jeweils noch *cis*- und *trans*-Positionen hinzukommen, ist wohl allen klar, wie wichtig einheitliche Benennungsregeln sind.

Bei der Benennung folgt die Nummerierung innerhalb des Rings dem Uhrzeigersinn. Seitenketten werden ausgehend vom verbundenen C-Atom neu nummeriert. Bei der Darstellung von *cis*- und *trans*-Stellungen, etwa in 1,2-Dimethylcyclohexan, helfen (gestrichelte) Keile, diese zu verdeutlichen (☐ Abb. 8.22).

Ausblick

Mit den Einführungen aus diesem Kapitel gelingt es dir, organische Verbindungen eindeutig zu benennen. Este Annahmen zu energetischen Aspekten weisen auf die folgenden Kapitel hin, in denen es unter anderem um die Reaktivität gehen wird.

- Die räumliche Anordnung unterscheidet organische Moleküle. Dabei lassen sich Konformere durch Rotationen ineinander überführen.
- Verschiedene Substituenten und die Rolle von Mehrfachbindungen sind nun bekannt.
- Für Alkane und Alkene lassen sich aufgrund der Homologie Vorhersagen zu Reaktionsverläufen vorhersagen.
- Anhand der Nomenklaturregeln werden Moleküle anhand ihrer funktionellen Gruppen und Strukturmerkmale benannt. Über Präfixe ist auch die räumliche Anordnung im Namen verankert.
- Konstitutionsisomere sorgen für eine Vielzahl verschiedener Verbindungen, die eine gleiche Summenformel, jedoch eine unterschiedliche Position von Substituenten am Grundgerüst aufweisen.
- Bei den Stereoisomeren helfen verschieden Darstellungsarten, die räumlichen Unterschiede zu verdeutlichen. Konfigurationsisomere lassen sich nicht durch Rotation zur Deckung bringen.

8.7 Top-Ten-Test zu den Kohlenwasserstoffen

Mit diesem Top-Ten-Test kannst du einschätzen, ob du die zehn wichtigsten Lernziele des Kapitels erreicht hast. Die Lösungen findest du beim Zusatzmaterial.

■ **1) Übung zum Begriff der organischen Chemie**

Ordne den Beschreibungen zu, ob sie passend für den Begriff der organischen Chemie sind.

a. Alle Stoffe der lebenden Materie.
b. Alle Stoffe, die Kohlenstoff enthalten.
c. Die organische Chemie ist ein umfangreiches Teilgebiet der Chemie.
d. Teilgebiet der Chemie, dass sich von Kohlenwasserstoffen und ihren Verbindungen ableitet.
e. Stoffe, die auf Kohlenstoffverbindungen basieren, mit Ausnahme einfacher Stoffe wie Kohlenstoffoxide oder -sulfide und den elementaren Kohlenstoffmodifikationen.
f. Stoffe, die sich von Kohlenwasserstoffen ableiten, aber keine Stickstoff-, Sauerstoff- oder Schwefel-Atome enthalten.

■ **2) Übung zu Alkanen**

a. Was ist unter dem Begriff „gesättigte Kohlenwasserstoffverbindung" zu verstehen?
b. Gib die sechs einfachsten Vertreter der Alkane an.
c. Gib den Bindungswinkel der tetraedischen C–H-Bindungen in Methan an.

- **3) Übung zu Alkenen**

a. Was ist unter dem Begriff „ungesättigte Kohlenwasserstoff-Verbindung" zu verstehen?

b. Welche Mehrfachbindungen können Kohlenwasserstoffe eingehen?

c. Gib die drei einfachsten Alkene an und geh dabei jeweils von einer Mehrfachbindung aus.

- **4) Übung zu Homologien**

a. Was ist eine Homologie?

b. Welche Homologien werden gezogen? Benenne drei Reihen.

c. Welche Vorhersagen über Eigenschaften einer Verbindung erlauben sie?

- **5) Übung zur Konnektivität**

Wenn Kohlenstoff-Atome miteinander verbunden sind, wird auch von Konnektivität gesprochen. Die Anzahl der C–C-Verbindungen kann für die einzelnen C-Atome den Namen oder der funktionellen Gruppe vorangestellt werden.

a. Benenne die in der Abbildung dargestellte Verbindung.

b. Gib an, welches der mit a–d markierten C-Atome primär, sekundär, tertiär und quartär ist. Ergänze, mit wie vielen C-Atomen diese jeweils verbunden sind.

- **6) Übung zu Darstellungsarten**

Ordne den folgenden Darstellungsweisen eine Beschreibung zu.

Hauptgruppen	Beschreibungen
Lewis-Formeln	
Skelettformeln	
Keil-Strich-Formeln	
Kugel-Stab-Modelle	
Fischer-Projektionen	

Textbausteine:

— Alle Bindungen am C-Atom werden eingezeichnet. Die Moleküle werden gestreckt dargestellt.

— Atome werden als Kugeln dargestellt, oft farblich codiert und manchmal mit unterschiedlich großen Kugeln für verschiedene Atomsorten.

— Das Rückgrat der Moleküle wird im Zick-Zack angeordnet. Zur Vereinfachung können C-H-Bindungen weggelassen werden.

- Das Rückgrat der Moleküle wird im Zick-Zack angeordnet und auf der Betrachtungsebene gedacht. Die Bindungen von räumlich nach vorn ausgerichteten Gruppen werden als Keil, nach hinten stehender gestrichelt dargestellt.
- Das Rückgrat der Moleküle wird als senkrechte Linie dargestellt und nur noch die funktionellen Gruppen werden mit den Elementsymbolen wiedergegeben. Die senkrechte Linie entspricht liegt unter der Darstellungsebene, die waagerechten Bindungen zu Substituenten darüber.

■ **7) Übung zu funktionellen Gruppen**

Funktionelle Gruppen bestimmen das Reaktionsverhalten eines Moleküls. Daher werden organische Moleküle anhand der funktionellen Gruppen auch in Stoffklassen einsortiert. Vervollständige die Tabelle.

Funktionelle Gruppe	Stoffklasse	Präfix	Suffix
R–COOH		Carboxy-	-säure
	Aldehyd		-al, -aldehyd
R$_3$–COH			
R–C≡C–R			
	Alken		
			-an

■ **8) Übung zur Nomenklatur**

Zur Benennung von organischen Verbindungen gibt es Regeln, die sogenannte Nomenklatur. Zusätzlich gibt es eine Vielzahl von Trivialnamen, die sich historisch entwickelt haben.

a. Sortiere die richtige Reihenfolge für eine Benennung nach Nomenklatur-Regeln.

1. Die Hauptkette durchnummerieren. Der Verbindungsname endet mit dem Suffix der funktionellen Gruppe höchster Priorität.
2. Wenn gleiche funktionelle Gruppen mehrfach auftreten, wird ihre Anzahl durch griechische Zahlwörter wie „di", „tri" oder „tetra" angegeben.
3. Weitere funktionelle Gruppen werden dem Namen als Präfix vorangestellt.
4. Die längste fortlaufende Kette gibt dem Molekülstamm den Namen.

b. Wende die Nomenklatur-Regeln an:
- Zeichne Dimethylsulfid
- Benenne folgendes Molekül:

- **9) Übung zur Isomerie**

Formuliere eine kurze Beschreibung folgender Begriffe: Konstitutionsisomere, Stereoisomere, Konfigurationsisomere und Konformationsisomere.

- **10) Übung zu cyclischen Kohlenwasserstoffen**

Zeichne die ersten vier cyclischen Alkane auf. Gib an, welche planar sind oder verschiedene Konformationen besitzen.

Wechselwirkungen und Reaktivität

Inhaltsverzeichnis

Ergänzende Information Die elektronische Version dieses Kapitels enthält Zusatzmaterial, auf das über folgenden Link zugegriffen werden kann [https://doi.org/10.1007/978-3-662-69351-3_9].

Tipp

Als Käufer:in dieses Buches kannst du kostenlos die Flashcard-App „SN Flashcards"
mit Aufgaben zur Wissensüberprüfung und zum Lernen von Buchinhalten nutzen.
  Folge dazu bitte den Anweisungen für die Nutzung:
1. Geh auf ▶ https://flashcards.springernature.com/login.
2. Erstelle ein Benutzerkonto, indem du deine Mailadresse und ein Passwort eingibst.
3. Verwende den folgenden Link, um Zugang zu deinem SN-Flashcards-Set zu erhalten: ▶ https://sn.pub/gulgbv

Sollte der Link fehlen oder nicht funktionieren, sende bitte eine E-Mail mit dem Betreff „SN Flashcards" und dem Buchtitel an customerservice@springernature.com.

Bindungen entstehen dort, wo die Wechselwirkungen zwischen Molekülen ausreichend stark sind. Dieses Kapitel schaut genauer hin, welche Arten von starken
Wechselwirkungen, wie die polaren Wechselwirkungen, eine Rolle spielen. Aber auch
die Summe der schwachen Wechselwirkungen macht einen Unterschied aus. Sie werden grob nach ihrer Reichweite unterschieden, die bekannteste ist die Van-der-Waals-
Wechselwirkung (▶ Abschn. 2.5). Die Polarität der Stoffe beeinflusst deren Löslichkeit, im Umkehrschluss steuert die Wahl des Lösungsmittels wesentlich, ob und wie
eine chemische Reaktion mit organischen Reaktanten stattfindet.
  Die Reaktivität und den Verlauf von Reaktionen veranschaulichen Energie-
Reaktions-Diagramme. In der Forschung werden vielfältige Energie-Reaktions-
Diagramme eingesetzt, die mit komplexen Berechnungen erstellt werden. Hier geht
es erstmal um das Konzept, für welche Fragestellung ein solches Diagramm hilfreich ist.

Lernziele

Nach dem Bearbeiten dieses Kapitels …
- schätzt du die Auswirkungen schwacher molekularer Wechselwirkungen zwischen
  organischen Molekülen auf Stoffebene besser ein,
- wendest du dein Wissen um polarisierte kovalente Bindungen an, um die Reaktivität funktioneller Gruppen anhand des Oxidationsgrades zu vergleichen,
- entnimmst du einem Reaktionsdiagramm wichtige Informationen zum Verlauf
  und dem Mechanismus einer Reaktion,
- analysierst du konjugierte Systeme auf die Frage hin, ob sie aromatisch sind.

9.1 Wechselwirkungen

Die Wechselwirkung von Atomen und Molekülen ist im Einzelnen so gering, dass sie
für uns nicht wahrnehmbar ist. Doch in ihrer Summe bestimmen die Wechselwirkungen die Stabilität von Stoffen in der jeweiligen Umgebung und ihre Eigenschaften.

9.1.1 Van-der-Waals-Wechselwirkungen

Die grundlegenden Wechselwirkungsarten kannst du in ▶ Abschn. 2.5 nachlesen. An dieser Stelle wiederholen wir lediglich die theoretischen Grundlagen so weit, dass du Reaktionsmechanismen und konjugierte Systeme leichter damit verknüpfen kannst.

Mit zunehmender Molekülgröße steigt die Zahl möglicher Positionen, an denen sich Elektronen temporär aufhalten können – die Polarisierbarkeit nimmt zu. Zugleich wird klar, dass sich die räumliche Nähe zweier Moleküle konkret auswirkt. Hier kann von der Oberfläche gesprochen werden, gemeint sind die räumliche Form und die möglichen Kontaktflächen. Verzweigte Alkane sind zum Beispiel kugeliger, sodass sich die Hauptketten nicht mehr gut aneinander lagern können.

Dipole

Kommen sich zwei ungeladene, aber polarisierbare Moleküle nahe, können anziehende und abstoßende elektrostatische Wechselwirkungen auftreten. Die **Polarisierbarkeit** bezieht sich auf die Ausbildung von permanenten oder temporären elektrischen **Dipolen.**

Polare Wechselwirkungen sind elektrostatisch stärker und übertreffen die schwachen Van-der-Waals-Wechselwirkungen. Sie entstehen durch die Verteilung der Elektronen im potenziellen Aufenthaltsraum: Das Orbitalmodell kennzeichnet jene Bereiche, in denen sich die Atome mit hoher Wahrscheinlichkeit aufhalten – nicht alle sind also gleichmäßig verteilt. So unterscheidet sich innerhalb eines Moleküls, ob die elektrisch negative Ladung der Elektronen sich sammelt und an anderen Stellen die positive Ladung der Atomkerne teilweise freigelegt wird. Da die Elektronen sich temporär schnell umverteilen, wird von *temporären elektrischen Dipolen* gesprochen.

Zwar existiert solch ein temporärer Dipol nur für Bruchteile von Sekunden, doch lang genug, um im benachbarten Molekül die Verteilung der Elektronen zu beeinflussen. So entsteht dort ein **induzierter Dipol.** Unter den Molekülen kommt es zur anziehenden Wechselwirkung.

Abbildung: Polarisierbarkeit: Es werden innerhalb eines Moleküls permanente (1) von temporären (2) Dipolen sowie von induzierten (3) Dipolen unterschieden, wobei letztere durch benachbarte Polarisierungen ausgelöst werden. In der organischen Chemie sind diese Wechselwirkungen eng mit dem Struktur-Eigenschafts-Konzept verbunden und daher zentral.

Dipol-Dipol-Wechselwirkungen führen in der Summe dazu, dass ein Gas kondensiert und eine Flüssigkeit bildet. Methan (CH_4) ist so klein, dass es nicht polarisiert und so bei Raumtemperatur weiterhin als Gas vorliegt. Die Situation ist bei Hexan (C_6H_{14}) jedoch schon anders. Die Kohlenstoffkette ist länger, und nicht immer überall gleichen sich die Einzeldipolmomente zu einem neutralen Gesamtdipolmoment aus. So ziehen sich benachbarte Moleküle an und kondensieren zu einer Flüssigkeit. In Paraffin sind die Kohlenstoffketten ungleich länger, so bildet sich je nach Zusammensetzung ein Öl oder ein wachsartiger Feststoff.

Bevor es um weitere Auswirkungen geht, soll die Polarität noch etwas betrachtet werden. Funktionelle Gruppen mit Heteroatomen erhöhen die Polarität. So ist Sauerstoff sogar als Sauerstoff-Anion sehr stabil und zieht die bindenden Elektronen stark in die eigene Richtung. Beträgt die Differenz der Elektronegativitäten zwischen Bindungspartnern mehr als 0,4, wird von polarisierten kovalenten Bindungen gesprochen. Bis zu einer Elektronegativitätsdifferenz von 1,7 bleiben kovalente Bindungen stabil und das Molekül bildet einen **permanenten Dipol,** die Elektronen gehen also leicht polare Wechselwirkungen ein (◘ Abb. 9.1). Mit steigender elektrostatischer Anziehung werden auch die polaren Wechselwirkungen stärker. Besonders stark sind die Wechselwirkungen bei **Wasserstoffbrücken,** bei denen sogar ein gewisser neu gebildeter kovalenter Bindungsanteil angenommen werden kann (▶ Abschn. 2.5).

Wasserstoffbrücken

Die besonderen Eigenschaften des Wassers hängen direkt mit den Wasserstoffbrücken zusammen. Da die Reaktionen der organischen Chemie häufig mit gelösten Stoffen durchgeführt werden, haben wässrige Lösungen und somit Wasserstoffbrücken eine wichtige Rolle für die Planung einer Synthese.

Wasserstoffbrücken können alle funktionellen Gruppen ausbilden, die ein freies Elektronenpaar an einem sehr elektronegativen Atom haben. Das freie Elektronenpaar zieht die positiv polarisierten Wasserstoff-Atome an, wodurch sich eine teilkovalente Bindung bildet. Diese wird durch drei Punkte symbolisiert. Besonders häufig ist dies in der organischen Chemie neben Sauerstoff-Atomen bei Stickstoff-Atomen der Fall.

In der Einleitung wurde die Distanz aufgegriffen. Je schwächer Wechselwirkungen sind, desto stärker beeinflussen sie den Zusammenhalt zwischen benachbarten Atomen oder Molekülen. Polare Wechselwirkungen sind stärker und wirken auch über weitere Distanzen hinweg.

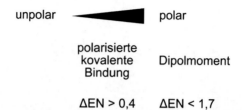

◘ **Abb. 9.1** Wechselwirkung und Dipolmoment. Je stärker sich eine kovalente Bindung polarisieren lässt, desto höher ist das Dipolmoment

> **Tipp**
>
> **London-Kräfte**
>   Allgemein werden die intermolekularen Kräfte als Van-der-Waals-Wechselwirkungen bezeichnet. Mitunter werden diese auch als London-Kräfte angegeben, da Fritz London erklärte, was Johannes van der Waals beschrieben hatte.

> **Tipp**
>
> **Überprüfe dein Wissen**
>   Eine Übersicht der wirkenden Kräfte und der kategorisierenden Hilfestellung der Stoffklassen kannst du dir mit der Flashcard **Zwischenmolekulare Wechselwirkungen** anlegen.

9.1.2 Polarität und Löslichkeit

Sehr anschaulich wirken sich die anziehenden Kräfte auf die Löslichkeit aus. Ein ganz allgemeiner Grundsatz bezieht sich auf die Polarität und lautet „Gleiches löst sich in Gleichem". Zwischen unpolaren Molekülen bilden sich Van-der-Waals-Wechselwirkungen, zwischen polaren sind es elektrostatische Anziehungskräfte. Unpolare Moleküle bilden zwar temporäre Dipole aus, aber nicht so stark, dass polare Molekül(-teile) angezogen werden. Bei großen Molekülen können sich verschiedene Sphären bilden.

Je nach Lösungsmittel wird von wasserliebenden *(hydrophilen)* oder fettliebenden *(lipophilen)* Eigenschaften gesprochen. Die entsprechenden abweisenden Kräfte enden auf das Suffix *–phob*. Dabei gibt es keine strenge Korrelation zwischen den Wechselwirkungen gegenüber wässrigen und unpolaren Lösungsmitteln. Ein Beispiel ist die Teflonbeschichtung in Bratpfannen: Sie ist fett- und wasserabweisend.

Wie in ▶ Abschn. 13.2 näher beschrieben wird, werden gerade Moleküle, die beide Eigenschaften verbinden, eingesetzt, um Emulsionen zu stabilisieren. Dass ist besonders dann hilfreich, wenn die Löslichkeit in organischen Lösungsmitteln beeinflusst werden soll.

> **Tipp**
>
> **Überprüfe dein Wissen**
>   Die Löslichkeit wird im Laboralltag sehr praktisch genutzt. Natürlich immer, um Stoffe für Reaktionen in Lösung zu bringen, aber auch zur Trennung von Gemischen und zum Reinigen von Stoffen. Du findest eine kurze Beschreibung letzterer Methode auf der Flashcard **Ausschütteln**.

9.2   Reaktivität

Wie bereits im vorigen Kapitel angesprochen (▶ Abschn. 8.1), ist Kohlenstoff durch seine Stellung im Periodensystem besonders. Er bildet mit sich selbst sehr stabile Verbindungen aus, kann aber auch Elektronen abgeben oder aufnehmen. Kohlenstoffgerüste sind so stabil, dass aus ihnen Grundstoffe für die Architektur aller Pflanzen, besonders eindrücklich bei Bambus und Mammutbäumen, oder synthetische Kunststoffe bestehen.

Die eher kurze Bindungslänge von 77 pm (Pikometer) ist der Grund für die geringe Polarität. Durch Mehrfachbindungen, die natürlich elektronenreicher sind, oder Bindungen zu Heteroatomen wird die Bindung reaktiver. Die **Stoffklassen** fassen zusammen, welche charakteristische Anordnung vorliegt. Die *funktionellen Gruppen* wurden bereits grob umrissen (▶ Abschn. 8.3), werden aber in ihrer Reaktivität noch näher vorgestellt. Sie sind dadurch charakteristisch, dass sie in bestimmter Art und Weise reagieren. Dadurch prägen sie die Stoffklasse, gleichwohl können verschiedene funktionelle Gruppen in nur einem Molekül vorkommen.

9.2.1   Polarisierte Bindungen

Das Konzept der Elektronegativität wurde schon eingehend betrachtet (▶ Kap. 2 und ▶ Abschn. 9.1). Sobald es sich nicht mehr um ein unsubstituiertes Alkan handelt, sondern verschiedene Atome am Grundgerüst gebunden sind, verändert sich die Elektronendichte auch bei σ-Bindungen. Das elektronegativere Atom zieht die Bindungselektronen stärker an und induziert so die Ungleichverteilung. Dieser Einfluss wird als **induktiver Effekt** bezeichnet (◘ Abb. 9.2).

Induktive Effekte

Selbst kovalente Bindungen enthalten nicht jederzeit gleich verteilte Bindungselektronen. Sind Atome verschiedener Elemente an der Bindung beteiligt, halten sich die Bindungselektronen häufiger in der Nähe des elektronegativeren Partners auf. Dieser Einfluss auf die σ-Elektronen wird als induktiver Effekt* bezeichnet.

C–R (R = ...)	+I-Effekt	–I-Effekt
Cl		X
Alkyl-Rest	X	
Metall-Kationen	X	

* Ausführlicher in Tab. 12.1

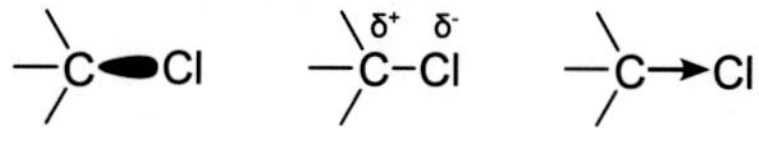

◘ **Abb. 9.2**   Induktiver Effekt. Das elektronegativere Atom zieht Bindungselektronen an und beeinflusst dadurch die Elektronenverteilung

Insbesondere die kovalente Bindung zu stark elektronegativen Atomen kann als partielle Oxidation des Kohlenstoff-Atoms betrachtet werden. Je mehr Heteroatome gebunden sind, desto stärker fällt diese Teiloxidation aus. Da sich die funktionellen Gruppen dabei untereinander im Reaktionsverhalten ähneln, wird mitunter auch vom *Oxidationsgrad* gesprochen.

Oxidationsgrad und Oxidationszahl

Über die Oxidationszahlen hast du in den vorderen Kapiteln schon gelesen, und sie kommen auch in der organischen Chemie ins Spiel (▶ Abschn. 12.2). Der *Oxidationsgrad* jedoch ist jedoch nicht synonym, meint also etwas anderes. Hier wird nicht das C-Atom im Molekülstamm betrachtet, sondern das in der funktionellen Gruppe. Die Bindung zu Wasserstoff-Atomen wird beim Oxidationsgrad außer Acht gelassen, im Methyl-Substituenten hat das C-Atom den Oxidationsgrad null. Für jede Bindung zu einem elektronegativeren Heteroatom erhöht sich der Oxidationsgrad um den Betrag eins. Funktionelle Gruppen lassen sich so bündeln und die Reaktionsmechanismen schneller überprüfen, ob die chemische Reaktion von einer Oxidation oder Reduktion begleitet wird.

Möglich ist dies, weil die Reaktivität einer polarisierten Einfachbindung an einem sp^3-hybridisierten C-Atom vergleichbar ist, ob es sich nun um ein Chlor-Atom oder einer Hydroxy-Gruppe handelt. Mit weiteren Gruppen wie einer Carbonyl-Gruppe steigt die Reaktivität erheblich, bis hin dazu, dass auch Ionen stabil sein können.

Bereits als funktionelle Gruppe besprochen wurden C–C-Mehrfachbindungen, wenngleich sie keine Auswirkung auf den Oxidationsgrad haben. Ist ein Heteroatom gebunden, kann es wie bei Halogenalkanen ein einzelnes Atom sein oder eine Kombination mehrerer Atome wie bei einem Amin, Alkohol oder Ether. Sie alle zählen zum Oxidationsgrad 1, da eine kovalente C-Bindung einbezogen ist. (Auch wenn hier nicht ein C-Atom einer funktionellen Gruppe einbezogen ist, sondern eben die kovalente zu einem C-Atom, das als funktionelle Gruppe direkt ein Heteroatom bindet.)

In Carbonylverbindungen sind C=O-Doppelbindungen vorhanden, damit steigt der Oxidationsgrad auf 2. Entsprechend gilt das auch für Imine oder auch zwei Einfachbindungen wie bei Acetalen oder Mehrfachalkoholen. Beispiele für den Oxidationsgrad 3 sind Carbonsäuren und ihre Derivate oder auch Nitrile, die eine C–N-Dreifachbindung enthalten. Der Oxidationsgrad 4 wird bei Kohlendioxid (CO_2) erreicht und speziellen Estern.

Um den Oxidationsgrad zu wechseln, findet entweder eine Oxidation oder eine Reduktion statt (s. folgende Abbildung). Die Reaktivität der funktionellen Gruppe wird mit steigendem Oxidationsgrad durch das elektronegativere Heteroatom beeinflusst. Im nächsten Abschnitt wird es um klassische Reaktionstypen gehen, sie beziehen sich auf die Oxidationsneigung oder Reduktionswirkung der funktionellen Gruppen.

So kondensieren bei einer Veresterung und Etherbildung zwei Moleküle, indem aus den reagierenden funktionellen Gruppen ohne Einfluss auf den Oxidationsgrad Wasser abgespalten wird. Hingegen kommt es bei Substitutionen zu einem Austausch direkt am C-Atom der funktionellen Gruppe.

Anhand des Oxidationsgrad lassen sich Stoffklassen zusammenfassen, deren Redox-Verhalten sich ähnelt. Die Reaktivität der funktionellen Gruppen steigt mit höheren Graden an.

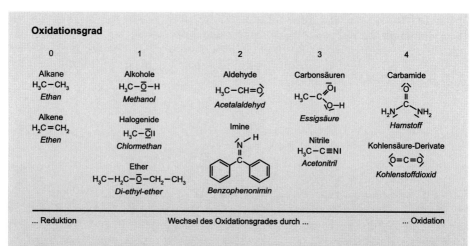

Abbildung: Die Anzahl der Bindungen von einem C-Atom zu Heteroatomen wird als Oxidationsgrad bezeichnet. Diese Größe weist auf ein ähnliches Verhalten von funktionellen Gruppen hin.

9

9.3 Reaktionsenergiediagramm und Übergangszustände

Chemische Reaktionen laufen nicht immer spontan ab. Das Konzept endergonischer und exogonischer Reaktionen vertiefen wir in ▶ Kap. 6. Doch selbst dann, wenn eine Reaktion eigentlich exergonisch (ΔG < O) ist und daher ablaufen sollte, kann es eine Barriere geben. Das soll hier etwas vertieft werden.

Diese Barriere wird allgemein als *Aktivierungsenergie* (E_a) bezeichnet. Im Reaktions-Energie-Diagramm sieht das aus wie ein Energieberg, der überwunden werden muss. Quantenphysikalisch ist das nicht ganz richtig, denn es geht vielmehr um eine statistische Energieverteilung, und die Wahrscheinlichkeit, dass Teilchen mit höherer Energie zur Reaktion kommen, ist größer. Zeitlich gesehen ist eine chemische Reaktion eine Kaskade von Bindungsbrüchen und der Bildung neuer Bindungen oder auch dem Entstehen stabiler Teilchen ohne neue Bindung. Im **Übergangszustand** ist die potenzielle Energie der Reaktanten sehr hoch, was aber keinen Automatismus in Richtung eines Energieminimums bedeutet. Stattdessen können sich weitere Teilreaktionen anschließen, sodass metastabile *Zwischenstufen* zum Reaktionsverlauf gehören können (◘ Abb. 9.3). Allgemein nimmt eine chemische Reaktion den Weg der geringsten Aktivierungsenergien. Immer mehr quantenphysikalische Effekte werden entdeckt und nachvollzogen – die Reaktionsabfolge etwa in der Fotosynthese ist nur möglich, weil sich Elektronen nichtklassisch verhalten.

Reaktionsmechanismus

Der Reaktionsmechanismus beschreibt den Ablauf einer Reaktion in Zwischenschritten. Er wird beeinflusst durch elektronische und räumliche, also sterische, Faktoren. Diese Faktoren wirken sich auf die Geschwindigkeit und Neuanordnung der Atome oder funktionellen Gruppen bei der Reaktion aus.

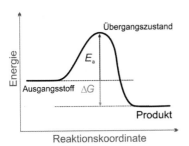 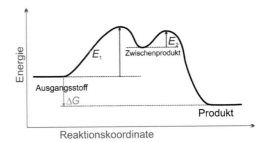

Abb. 9.3 Reaktionsdiagramm: einfacher Reaktionsverlauf und mit Zwischenstufen

Für eine Einführung genügt es, Sicherheit in den klassischen **Reaktionsmechanismen** zu erlangen. Ein Reaktionsmechanismus beschreibt auf molekularer Ebene den Ablauf einer chemischen Reaktion von Edukten zu Produkten inklusive der strukturellen Änderungen. Der Reaktionsweg ist zeitlich geordnet, und Energieänderungen werden angegeben. Neben Stoffklassen gibt es auch charakteristische chemische Reaktionen, die als feststehender Begriff benannt werden, etwa Additions- und Substitutionsreaktionen, Eliminierungen sowie Umlagerungen, wie sie in ▶ Kap. 11 vorgestellt werden.

■ **Wie sich Kinetik und Thermodynamik auf der Koordinate begegnen**

Im Reaktions-Energie-Diagramm wird die Energie gegen die Reaktionskoordinate aufgetragen. Der Reaktionsmechanismus lässt sich dann anhand der Energiekurve den einzelnen Zuständen zuordnen. Stabile Ausgangsstoffe (Edukte) und Produkte liegen jeweils in einer Energiemulde. Bei einer exothermen Reaktion liegt die potenzielle Energie der Ausgangsstoffe über der der Produkte, da Energie umgewandelt und als Wärme, Arbeit oder Strahlung abgegeben wird.

Die Reaktion selbst ist ein kinetisches und mechanistisches Geschehen. Der Betrag der umgewandelten Energie beeinflusst die Thermodynamik. Statt einer zweidimensionalen Darstellung ist auch eine dreidimensionale möglich, dann wird von Energie-Potenzial-Flächen oder auch Energie-Hyperflächen gesprochen. Wir bleiben jedoch beim zweidimensionalen Diagramm, mitunter auch Energie- oder Reaktionsprofil genannt.

Die Höhe der Energiedifferenz zwischen der Energie der Ausgangsmoleküle und derer im Übergangszustand bestimmt die *Reaktionsgeschwindigkeit*. An diesem Sattelpunkt haben die Moleküle die höchste Energie innerhalb des Reaktionsablaufs. Das Maximum wird schnell durchlaufen, da hier die Struktur der Teilchen instabil ist.

Geht es von hier aus direkt zum Produkt weiter, ist es eine konzertierte Reaktion. Häufig durchlaufen Reaktionen mehrere Abschnitte, und Zwischenstufen treten auf. Im Reaktions-Energie-Diagramm sind sie als Minimum zwischen zwei Übergangszuständen erkennbar (■ Abb. 9.3, rechts). Die Teilchen sind nicht langfristig stabil, doch mitunter langlebig genug, um isoliert und untersucht zu werden. In der organischen Chemie verrät das Teilchen im Übergangszustand viel über den Reaktionsweg und damit den Mechanismus. Die Teilchen werden auch als Intermediate bezeichnet und sind häufig Ionen, also Carbokationen oder Carboanionen, oder auch Radikale. Ein indirekter Nachweis sind *Nebenprodukte,* die durch andere als die hauptsächlich

ablaufende Reaktion entstehen. Die Intermediate gehen dann energetisch nicht ganz so bevorzugte Reaktionen ein und deuten damit darauf hin, dass es einen Moment mit mehreren Optionen gab.

Gliedert sich die Gesamtreaktion in mehrere *Teilreaktionen, Elementarreaktionen* genannt, hängt ihre Geschwindigkeit von dem Eintreten der unwahrscheinlichsten Reaktion ab, also der Teilreaktion mit der höchsten Aktivierungsenergie.

Tipp

Zusätzliche Übung
Ein Beispiel für eine Reaktion von großer industrieller Bedeutung ist die Bildung von Synthesegas. Du kannst die Interpretation eines Reaktionsdiagramms üben und findest das Beispiel Synthesegas beim Zusatzmaterial.

9.4 Aromatischer Zustand

In ▶ Kap. 8 wurden konjugierte Doppelbindungen beschrieben (▶ Abschn. 8.2.2). In einem cyclischen System können konjugierte Doppelbindungen zu einem weiteren, stabilisierenden Effekt führen, dem aromatischen Zustand. Das klassische Beispiel hierfür ist der Benzolring (Benzen, C_6H_6), welcher eigentlich formal auch als Cyclohexatrien beschrieben werden könnte … wäre da nicht eine zusätzliche *Stabilisierungsenergie* und würde zudem die genaue Verortung der Doppelbindung nicht unmöglich scheinen. Das betrachten wir nun noch etwas detaillierter, da viele Verbindungen aromatische Reste beinhalten.

Die Stabilisierungsenergie erinnert an die Delokalisierungsenergie. Die sp^2-hybridisierten C-Atome spannen einen ebenen Sechsring auf, sodass sich die Orbitale gut überlappen können (◘ Abb. 9.4). Diese sind aufgrund der drei Doppelbindungen voll mit Elektronen besetzt und können sich aufgrund der cyclischen Struktur nicht mehr genau lokalisieren. Bildlich wird diese Delokalisation mitunter wie ein Rettungsring ober- und unterhalb des Sechsrings dargestellt.

Da aber nicht alle Cyclen mit konjugierten Doppelbindungen vergleichbar stabil sind, kommt noch die **Hückel-Regel** für den aromatischen Zustand hinzu, der demnach dann vorliegt, wenn $(4n + 2)$ π-Elektronen delokalisieren (▶ Abschn. 11.5.1). Beim Benzol ist $n = 1$, sechs π-Elektronen bewegen sich in den Orbitalen. Die zeichnerische Darstellung nimmt dies als Kreis auf, der drei Doppelbindungen im aromatischen Zustand symbolisiert.

Teilen sich zwei benachbarte Ringsysteme eine Bindung, sind also kondensiert, kann sich der aromatische Zustand auch über beide Systeme zusammen erstrecken, wofür Naphthalin ein Beispiel ist.

Das gilt nicht nur für Kohlenstoffringe. In Pyridin (C_5H_5N) trägt ein Stickstoff-Atom eine freie Elektronenpaarbindung bei, sodass es aromatisch stabilisiert ist. Die Hückel-Regel lässt sich auch durch geladene Verbindungen erfüllen, bei denen unbesetzte Orbitale wie beim Cyclopropenyl-Kation ($n = 0$) oder die voll besetzten Orbitale der negativen Ladung an der Delokalisation beteiligt sind (◘ Abb. 9.5).

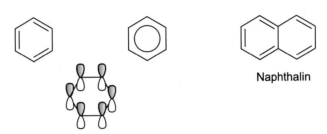

Naphthalin

☐ **Abb. 9.4** Der aromatische Zustand. Beispiele bildlicher Darstellungen von Benzol mit Doppelbindung, delokalisierten Elektronen oder anhand der π-Orbitale. Naphthalin ist ein Beispiel für ein aromatisches System kondensierter Ringe

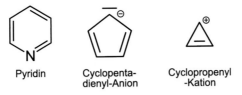

Pyridin   Cyclopenta-   Cyclopropenyl
           dienyl-Anion   -Kation

☐ **Abb. 9.5** Pyridin, Cyclopentadienyl-Anion und Cyclopropenyl-Kation

9.5 Bindungstrennung

In kovalenten Bindungen sind die Elektronen gleich verteilt. Weiter oben wurden schon polarisierte Bindungen vorgestellt. Von diesen hin zum Bindungsbruch ist es nur noch ein kleiner Schritt. Dabei können sich Bindungen ionisch auftrennen oder radikalisch. Bei Letzteren übernimmt jedes Teilstück des bisherigen Moleküls eines der Bindungselektronen, was also einzelne Atome oder auch funktionelle Gruppen oder eben Molekül-Reste sein können. Molekül-Reste sind größere Molekülteile, deren Grundstruktur potenziell weiterhin mehrere funktionelle Gruppen enthält. Diese gleichwertige Verteilung der Elektronen wird als *homolytische Spaltung* bezeichnet und führt im Ergebnis zu zwei **Radikalen.**

Bei der *heterolytischen Spaltung* geht das vormals bindende Elektronenpaar auf ein Teilstück oder Atom der bisherigen Verbindung über, sodass **Ionen** entstehen. Wenn formal das Kohlenstoff-Atom geladen ist, wird von einem Carbokation bei positiv und von einem Carboanion bei negativ geladenen Spezies gesprochen.

In beiden Fällen gilt, dass ein Radikalpaar oder auch einen Ionenpaar miteinander reagieren kann, und das neu gebildete Molekül ist wieder elektrisch neutral. Laufen diese Reaktionen in Lösungen ab, stabilisiert das Lösungsmittel mitunter die Ionen oder Radikale. Dabei sind polare Lösungsmittel stabilisierender als unpolare – zugleich wird klar, dass die Wahl des Lösungsmittels die Reaktion erheblich beeinflussen kann.

> **Tipp**
>
> **Überprüfe dein Wissen**
>
> Im Alltag verwenden wir viele Arten von Kunststoffen, die in verschiedensten Verfahren hergestellt werden. Eines davon ist die radikalische Polymerisation, die auf der homolytischen Bindungsspaltung basiert und näher im Kapitel „Makromoleküle und Naturstoffe" vorgestellt wird (▶ Kap. 12).
>
> Notiere dir wesentliche Aspekte; Anregungen findest du auf den Flashcards **Radikale (1 & 2)**.

9

- **Bevor es zur Reaktion kommt – Wahlpartnerschaften**

Im folgenden Kapitel soll es um typische Reaktionen in der organischen Chemie gehen. Dabei sind einige Begriffe geläufig, auf die hier vorbereitend nochmal geschaut werden soll. In Verbindungen können sich für kurze Zeit (temporär) Ladungsverschiebungen ergeben, oder sie sind sogar geladen. Nun sind zwar an chemischen Reaktionen zwei oder mehr Reaktionspartner gleichwertig beteiligt, sprachlich wird dennoch das kleinere Molekül oder Ion als Angreifer bezeichnet. Und so kommt es, dass elektrophile Reagenzien Molekül(teile) mit hoher Elektronendichte angreifen. Das Wort „Elektrophil" steht für eine elektronenarmes Teilchen, das Elektronen aufnehmen kann und dann stabil ist. Das Teilchen kann ein Molekülteil oder ein gelöstes Kation sein. Der Gegensatz ist ein Nucleophil – ein Teilchen, das Elektronen abgeben kann.

- **Freie Elektronenpaare im Lewis Säure-Base-Konzept**

Freie Elektronenpaare zeugen von einer gewissen Reaktionsbereitschaft. Der amerikanische Physikochemiker Gilbert Newton Lewis leitete daraus ein nach ihm benanntes Lewis-Säure-und-Basenkonzept ab.

❯ **Säuren und Basen – verschiedene Konzepte**

Grundsätzlich lassen sich *Säure-Base-Reaktionen* als Übertragung von Protonen beschreiben. Das *Lewis-Säure-und-Basenkonzept* jedoch weicht hiervon ab und betrachtet die Reaktivität von Molekülen anhand (nicht) vorhandener freier Elektronenpaare. Wichtig ist, hier beim Konzept den Namen Lewis voranzustellen, damit es nicht verwechselt wird.

Die Begriffsüberschneidung ist historisch erklärbar, aber umso wichtiger ist die Differenzierung. In Reaktionsmechanismen wird gelegentlich von Lewis-Säuren oder Lewis-Basen gesprochen. Dann geht es darum, dass im Falle einer Lewis-Säure ein Elektronenpaar aufgenommen werden kann. Sie sind Elektronenpaarakzeptoren und damit elektrophil.

Dahingegen geben Lewis-Basen Elektronenpaare ab und sind damit Donatoren. Sie kommen als Liganden in Komplexen vor (▶ Abschn. 3.4).

Bei einem Addukt von Lewis-Säure und Lewis-Base kann eine kovalente Bindung gebildet werden – oder es bleibt wie bei den Komplexen bei einer teilweise geteilten Bindung, einer Anlagerung oder Koordination.

Fachsprache: Addukte versus Säure-Base-Reaktionen

Bei Reaktionen mit Lewis-Säuren oder -Basen wird nicht von Säure-Base-Reaktionen gesprochen, denn das Lewis-Konzept wird sprachlich lediglich auf Reaktionspartner angewandt, um die Reaktivität eines Elektrophils oder Nucleophils zu beschreiben. Sie bilden Addukte. Wenn es um Säure-Base-Reaktionen geht, wird in der Regel ein anderes Säure-Base-Konzept zugrunde gelegt.

Der Säure-Base-Begriff wird hier verallgemeinert, um eine Reaktivität zu systematisieren. Ausgehend von Elektrophilie und Nucleophilie wird als Wirkprinzip die Verschiebung von Elektronenpaaren zugrunde gelegt. Allerdings werden dann auch Verbindungen zu Säuren oder Basen, die es zuvor nicht waren – und nicht als sauer oder alkalisch zu klassifizieren sind oder den pH-Wert beeinflussen. Beispiele für Lewis-Säuren sind Bortrifluorid (BF_3) und Aluminiumchlorid ($AlCl_3$) (❏ Abb. 9.6). Letzteres ist eine starke Lewis-Säure und technisch ein wichtiger Katalysator.

Lewis-Basen sind Verbindungen mit freien Elektronenpaaren, wie Ammoniak (NH_3) oder auch die Doppelbindungen in Alkenen. Atome wie Stickstoff, Sauerstoff und Schwefel haben in vielen Verbindungen weiterhin freie Elektronenpaare, mit denen sie weitere Bindungen eingehen können, und zählen daher zu den Lewis-Basen. Die Bezeichnung von nucleophilen Reagenzien ist hier aber verbreiteter. Mitunter werden Reaktionsgleichungen durch gebogene Pfeile ergänzt, um den Weg der Elektronen zu veranschaulichen (❏ Abb. 9.7).

Lewis-Säuren

❏ **Abb. 9.6** Bortrifluorid und Alumiumchlorid nehmen als Lewis-Säuren Elektronenpaare auf

$$
\begin{array}{ccccccc}
& F & & F & CH_3 & & \\
& | & & | & | & & \\
F - B & + & IN - CH_3 & \longrightarrow & F - B - N - CH_3 & \\
& | & & | & | & & \\
& F & & F & CH_3 & & \\
\end{array}
$$

Säure	Base
Bortrifluorid	Trimethylamin

◻ **Abb. 9.7**   Bildung eines Addukts aus Bortrifluorid mit Trimethylamin

Ausblick

Dieses Kapitel verknüpft Konzepte, die so grundlegend sind, dass sie in diesem Buch mehrfach vorkommen. Wo immer wir chemische Reaktionen näher beschreiben, betrachten wir Faktoren wie die Reaktionsgeschwindigkeit und die Richtung, in der eine Reaktion abläuft.

— Der Reaktionsmechanismus ist eine wichtige Grundidee, um Schlüsselfaktoren eines Reaktionsablaufs zu analysieren. Nicht immer aufs Neue werden Aspekte zur Beschreibung ausgewählt, sondern Zwischenschritte betrachtet und darin die lenkenden elektronischen und sterischen Faktoren.

— Die Wechselwirkungen der miteinander reagierenden Moleküle (oder Atome) zählen zu den elektronischen Faktoren. Die Wechselwirkungen werden in schwache und starke unterteilt. Das elektrochemische Potenzial wirkt sich darauf aus, auf welche Entfernung diese Kräfte noch Wirkung entfalten.

— Zu den schwachen Wechselwirkungen zählen induzierte Dipole und damit Van-der-Waals-Wechselwirkungen.

— Zu den starken Wechselwirkungen zählen permanente Dipole oder elektrische Ladungen.

— Die Polarisierbarkeit der kovalenten Bindungen wirkt sich auf die Reaktivität aus. Beim Aufstellen von Reaktionsgleichungen helfen fiktive Oxidationszahlen, die sich an der Elektronegativität der an der Bindung beteiligten Atome orientieren.

— Während eine Reaktionsgleichung stöchiometrisch ausgewogen ist, kann ein Reaktionsdiagramm einzelne Zwischenschritte eines Reaktionsmechanismus verdeutlichen. Diese Teilreaktionen oder Übergangszustände werden in ein Energie-Zeit-Diagramm eingetragen.

— Eine Art Gegenpol der Polarisierung ist die besondere Stabilisierung von Doppelbindungen durch Konjugation bis hin zum aromatischen Zustand. Zwar sind Doppelbindungen grundsätzlich polarisierbar, durch Konjugation senkt sich ihre Reaktivität jedoch beträchtlich.

9.6   Top-Ten-Test zu Wechselwirkungen und Reaktivität

Mit diesem Top-Ten-Test kannst du einschätzen, ob du die zehn wichtigsten Lernziele des Kapitels erreicht hast. Die Lösungen findest du beim Zusatzmaterial.

■   **1) Übung zu Stoffeigenschaften durch Wechselwirkungen**

Die Eigenschaften eines Stoffes werden durch die Wechselwirkungen zwischen den Teilchen beeinflusst, die diesen aufbauen.

a. Wein ist ein Gemisch aus Wasser, Ethanol und Aromastoffen. Welche Wechselwirkungen liegen zwischen den beiden Hauptkomponenten vor?

b. Für eine Bratensauce wird das Bratfett mit Brühe und Alkohol abgelöscht. Beschreibe, wie sich Stoffe miteinander mischen.

■   **2) Übung zur Stärke von Wechselwirkungen**

Die Wechselwirkungen der miteinander reagierenden Moleküle (oder Atome) können stark oder schwach sein, was sowohl von der atomaren Zusammensetzung, der Struktur und räumlichen Anordnung abhängt. Nenne je zwei Arten von schwachen und starken Wechselwirkungen und beschreibe sie kurz.

■   **3) Übung zu Polarität und Löslichkeit**

Die Stoffe Propan und Propanol unterscheiden sich deutlich. Erläutere den Zusammenhang zwischen den Stoffeigenschaften und dem Aufbau der Verbindung auf molekularer Ebene.

■   **4) Übung zur Reaktivität**

Kreuze zutreffenden Aussage an und notiere dir eine kurze Begründung (du kannst sie mit den Antworten auf der Flashcard abgleichen):

a. Besonders reaktive Moleküle bilden schnell stabile Ionen.

b. Ein Hilfsmittel, um die Reaktivität einzuschätzen, ist die Oxidationszahl.

c. Ein Hilfsmittel, um die Reaktivität einzuschätzen, ist der Oxidationsgrad.

d. Der induktive Effekt beschreibt, wie polarisiert eine kovalente Bindung ist und damit auch, wie reaktiv.

e. Mehrere Stereozentren sprechen für eine besonders reaktives Molekül.

■   **5) Übung zum Reaktionsmechanismus**

Skizziere das vollständige Reaktionsdiagramm mit dem Verlauf der Verbrennung von Methan und notiere die Reaktionsgleichung.

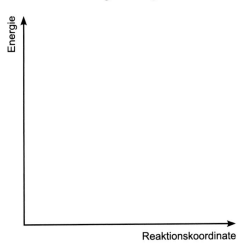

■ **6) Übung zur Reaktionsdiagrammen und Übergangszuständen**

Notiere eine Definition der Begriffe Übergangszustand und Zwischenstufe.

■ **7) Übung zu Substituenteneffekten**

Die kovalenten Bindungen im Kohlenstoffgerüst in Alkanen weisen eine recht gleichmäßige Elektronenverteilung auf – es sei denn, sie sind verzweigt, bilden Mehrfachbindungen oder H-Atome sind durch funktionelle Gruppen substituiert. Nenne und beschreibe die zwei in diesem Kapitel vorgestellten Elektronenverschiebungseffekte.

■ **8) Übung zu induktiven Effekten**

Der induktive Effekt wirkt entlang der σ-Bindung. Wo erwartest du welchen induktiven Effekt bei den dargestellten Molekülen? Begründe deine Annahme.

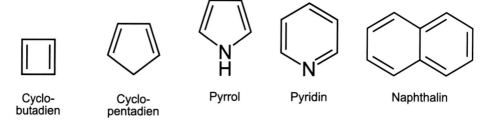

■ **9) Übung zum aromatischen Charakter**

Der aromatische Zustand ist durch die besondere Stabilität der Moleküle gekennzeichnet. Auf welchem Effekt beruht diese?

Notiere dir die Hückel-Regel und überprüfe sie an folgenden Molekülen:

| Cyclo-butadien | Cyclo-pentadien | Pyrrol | Pyridin | Naphthalin |

■ **10) Übung zur Trennung von Bindungen**

Ein wichtiges Grundkonzept der Chemie ist, die Übertragung von Elektronen oder Teilchen als „Geben und Nehmen" zu beschreiben: Das Donor-Akzeptor-Konzept. Angewandt wird es bei Redoxreaktionen und der Übertragung von Elektronen, ebenso bei Säure-Base-Reaktionen als Übertragung von Protonen. Nun ging es im Abschnitt (▶ Abschn. 9.5) um eine andere Art, auf Säuren und Basen sowie das zu Übertragende zu blicken. Was wird in den Blick genommen? Benenne das Konzept und gib an, welche Aussagen es erlaubt.

Big Four: Reaktionsmechanismen

Inhaltsverzeichnis

Ergänzende Information Die elektronische Version dieses Kapitels enthält Zusatzmaterial, auf das über folgenden Link zugegriffen werden kann [https://doi.org/10.1007/978-3-662-69351-3_10].

> **Tipp**
> Als Käufer:in dieses Buches kannst du kostenlos die Flashcard-App „SN Flashcards"
> mit Aufgaben zur Wissensüberprüfung und zum Lernen von Buchinhalten nutzen.
>   Folge dazu bitte den Anweisungen für die Nutzung:
>   1. Geh auf ▶ https://flashcards.springernature.com/login.
>   2. Erstelle ein Benutzerkonto, indem du deine Mailadresse und ein Passwort eingibst.
>   3. Verwende den folgenden Link, um Zugang zu deinem SN-Flashcards-Set zu erhal-
>   ten: ▶ https://sn.pub/gulgbv
>
> Sollte der Link fehlen oder nicht funktionieren, sende bitte eine E-Mail mit dem Be-
> treff „SN Flashcards" und dem Buchtitel an customerservice@springernature.com.

In der organischen Chemie gibt es eine Vielzahl charakteristischer Reaktionen. Viele
wurden nach Personen benannt, die die Reaktion als erste mechanistisch beschrieben.
Doch es gibt auch ein Set von vier wichtigen Reaktionstypen, die sich in vielen der
fortgeschrittenen Reaktionsschritte wiedererkennen lassen: Additionsreaktionen,
Eliminierungsreaktionen, Substitutionen und Umlagerungen. Auch in der Mathematik gibt es vier Grundrechenarten – und später folgen viele weitere Rechenarten.
So ähnlich ist es in der Chemie. Aber ein gutes Verständnis der vier Reaktionsarten
ist die Grundlage für die Entwicklung aufwändigerer Reaktionsabläufe.

10

> **Lernziele**
> Nach dem Bearbeiten dieses Kapitels ...
> ━ beschreibst du Additionsreaktionen an Mehrfachbindungen,
> ━ skizzierst du, wie bei beim Eliminieren Mehrfachbindungen entstehen,
> ━ unterscheidest du verschiedene Substitutionsreaktionen,
> ━ erkennst du Umlagerungen innerhalb eines Moleküls.

10.1 Additionsreaktion

Die Mehrfachbindungen in Kohlenwasserstoffen sind elektronenreich. Funktionelle
Gruppen, die Elektronenbedarf haben, reagieren leicht damit und bilden neue Bindungen aus. Daher ist wichtig, die Bindungsbildung genauer zu betrachten. Die
weiterbestehende kovalente Bindung ist die ursprüngliche σ-Bindung, während sich
die π-Bindung leichter polarisieren lässt. So können sich weitere funktionelle Gruppen anlagern und kovalente Bindungen ausbilden.

Angreifen werden also Gruppen oder Atome mit Elektronenmangel – Elektrophile oder auch Radikale, denen ein weiteres Atom zur Bindungsbildung fehlt. Daher
wird der grundlegende Mechanismus in Subtypen aufgeteilt.

10.1.1 Elektrophile Addition

An eine C–C-Doppelbindung können elektrophile Reagenzien anlagern und eine der Doppelbindungen zu einer Einfachbindung umwandeln.

Um die Reaktion mechanistisch kennenzulernen, eignet sich die Reaktion von Bromwasserstoff mit Ethen. Bromwasserstoff löst sich gut in polaren Lösungsmitteln, wobei die Ionen hydratisiert werden. Die hydratisierten Protonen reagieren elektrophil mit der Doppelbindung. Dabei entsteht ein Carbenium-Ion. Dieser Schritt verläuft langsamer als die anschließende Reaktion des Kations mit dem gelösten Bromid-Ion. Das Carbenium-Ion ist sowohl instabil als auch sehr elektrophil, sodass sich das Additionsprodukt schnell bildet. Die Reaktion lässt sich mechanistisch in zwei Schritte untergliedern, wobei der erste, langsamere die Reaktionsgeschwindigkeit bestimmt. Schneller, als dieser Schritt abläuft, kann die Reaktion nicht werden (◻ Abb. 10.1).

Damit stellen sich wichtige Faktoren heraus, von denen die Geschwindigkeit der elektrophilen Addition abhängt.

— Reaktivität der Doppelbindung: Je leichter sich die π-Bindung polarisieren lässt, desto nucleophiler und reaktiver ist sie.

— Bildung des Zwischenprodukts: Stabile Carbokationen bilden sich schneller. Unterstützend ist nicht nur, ob die Ladung im Molekül stabilisiert wird, sondern auch das Lösungsmittel kann unterstützen.

— Reaktivität des Elektrophils: Die Elektrophilie des angreifenden Teilchens wird von dem Energielevel des Orbitals bestimmt, das durch die Bindungsbildung mit Elektronen befüllt wird. Je niedriger also das LUMO liegt, desto schneller läuft der Angriff ab (▶ Kap. 2 und ▶ Abschn. 9.2). Da auch die Säurestärke mit der Elektrophilie in Verbindung steht, kann diese ebenfalls zur Vorhersage einer schnellen Reaktion verwendet werden

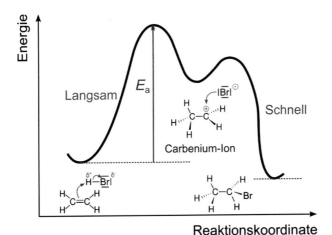

◻ **Abb. 10.1** Elektrophile Addition. Das Energiediagramm zeigt, wie im ersten, langsamen Schritt ein Proton an Ethen addiert wird, wodurch ein Carbenium-Ion entsteht. Die Addition des Bromid-Ions erfolgt danach schnell

Die Rolle des Lösungsmittels wurde schon angesprochen (▶ Abschn. 9.1.2). Da die Polarisation die Reaktion unterstützt, eignen sich polare Lösungsmittel. Eine zu schnelle Reaktion ist jedoch schwer kontrollierbar, sodass in Fällen, in denen eine Reaktionskontrolle benötigt wird, gezielt ein weniger polares Lösungsmittel verwendet wird. Schwächere Elektrophile können auch durch Lewis-Säuren aktiviert werden. In der organischen Chemie kommt es bei Reaktionen sehr auf die gewählten Reaktionsbedingungen an – und Lösungsmittel spielen dabei eine wichtige Rolle.

■ **Stereochemie: Addition von Chlorwasserstoff**

Die in dieser Reaktion vorkommenden Zwischenstufen steuern den weiteren Verlauf der Reaktion. Wenn sie energetisch stabil sind, ist die Aktivierungsenergie geringer. Daher kommt es also sehr auf das Carbenium-Ion an. Genau dies besagt die **Markownikow-Regel** für ungleich substituierte Alkene: Halogenwasserstoffe lagern sich immer so an die Doppelbindung, dass das H-Atom an das H-reichere Kohlenwasserstoff-Atom gebunden wird.

Strukturell kann unterschieden werden, ob die beiden neuen Atome auf der gleichen Ebene der Doppelbindung (also beide von ober- oder von unterhalb) addieren oder ob je eines von der Oberseite und eines von der Unterseite addiert (◘ Abb. 10.2). Solang eine Verbindung mit einfacher Doppelbindung und damit freier Rotation entsteht, ist es nicht erheblich, bei Cyclohexen ergibt sich daraus sehr wohl ein Unterschied. Zunächst entsteht wieder das stabilere, also höher substituierte Kation. Die Präfixe *syn* ergänzen bei einer Addition auf derselben Seite und *anti* bei Additionen auf gegenüberliegenden Seiten den Verbindungsnamen (▶ Abschn. 8.5.1).

■ **Nachweis von Doppelbindungen: Addition von Brom**

Da eine Doppelbindung auch strukturell ein wichtiges Merkmal ist, können Additionsreaktionen auch als Nachweisreaktion eingesetzt werden. Ein klassisches Nachweisreagenz ist in Tetrachlorkohlenstoff (CCl_4) gelöstes Brom. Entfärbt sich die Lösung, lag eine Doppelbindung vor. Bei der Reaktion mit Ethen entsteht 1,2-Dibromethan (*gelesen:* 1,2-Di-brom-ethan).

$$C_2H_4 + Br_2 \rightarrow C_2Br_2H_4$$

Die Addition ist genau wie im vorigen Beispiel ein mehrstufiger Prozess (◘ Abb. 10.3). Im Unterschied zu diesem tragen nun zwei Brom-Atome mit freien Elektronenpaaren in der Außenhülle zum Molekül bei. Innerhalb der Elektronenhülle des Brom-Moleküls kommt es zu temporären Verschiebungen der Elektronendichte, sodass sich das positiv polarisierte Brom-Atom an die π-Bindung des Ethens anlagert. Angenommen wird, dass sich ein cyclisches Bromonium-Ion bildet.

Dabei wird Bromid freigesetzt und kann direkt an das Addukt angreifen. Da aber unendlich viele Reaktionen parallel stattfinden, könnte es auch ein benachbartes Addukt angreifen. Mechanistisch wird immer davon gesprochen, dass genau zwei Moleküle miteinander reagieren und ober- der unterhalb der Ebene der planaren Doppelbindung angreifen. Ähnlich wie beim Formelumsatz der Reaktionsgleichung ist wichtig, dass dir klar ist: Der Reaktionsmechanismus zeichnet den Ablauf auf, als reagierten je ein Molekül Brom und Ethen miteinander. Tatsächlich können nach dem Bindungsbruch im Brom-Molekül die frei werdenden Bromid-Ionen auch mit

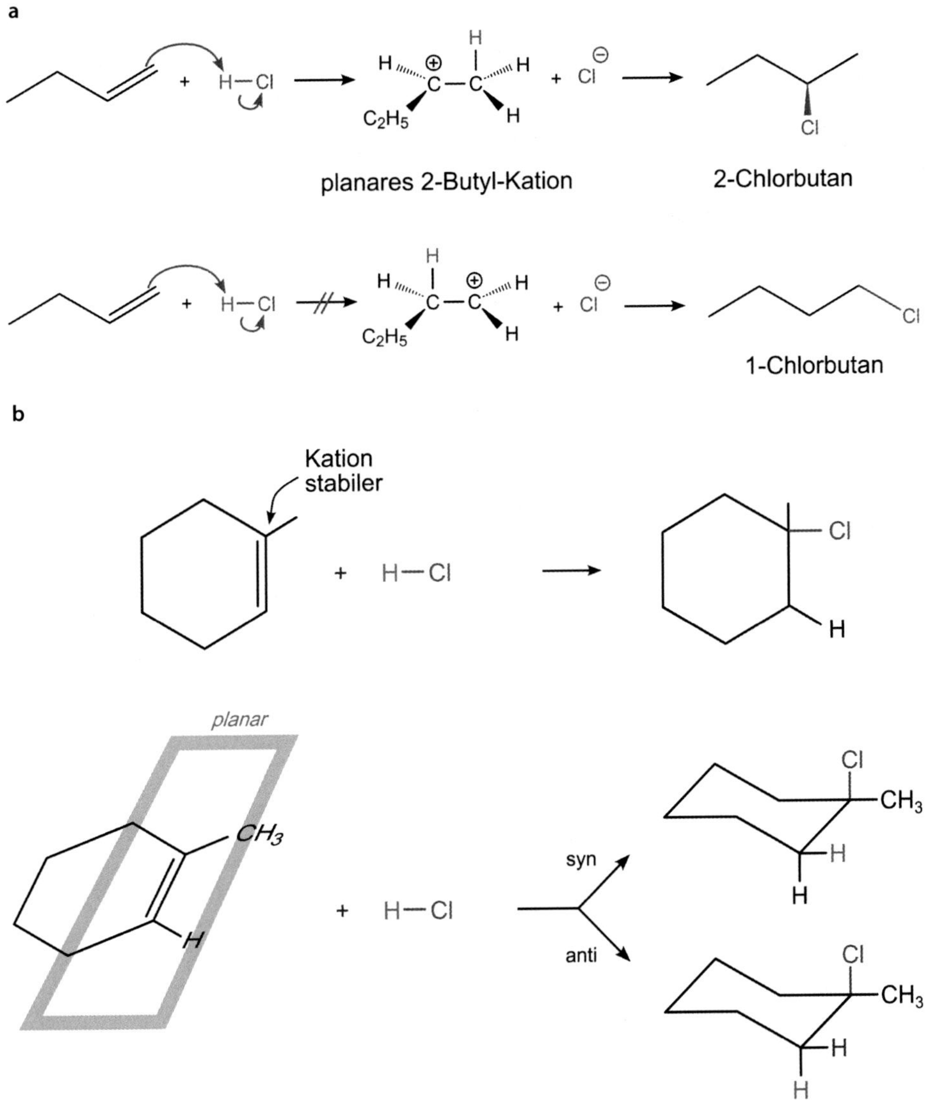

a

planares 2-Butyl-Kation   2-Chlorbutan

1-Chlorbutan

b

Kation stabiler

planar

syn

anti

◻ Abb. 10.2 a Regiospezifische Addition von Chlorwasserstoff an Buten nach Markownikow. Das stabilere tertiäre Kation führt zum Hauptprodukt 2-Chlorbutan; das primäre Kation ist energetisch ungünstiger und führt daher zu wenig bis keinem Nebenprodukt. **b** *Syn-* und *anti*-Addition an 1-Methylcyclohexen

einem benachbarten Molekül reagieren. Die bildliche Darstellung kann noch stärker prägen, das Geschehen im Einzelnen zu simplifizieren, und damit erschweren, Wechselwirkungen etwa mit dem Lösungsmittel im Sinn zu haben. Dabei werden im Laufe des Studiums immer mehr Reaktanten und Rahmenbedingungen wie Temperatur und Reaktionszeit einfach auf den Reaktionspfeil geschrieben und nur die interessanten Details im Mechanismus dargestellt.

Der Mechanismus soll zeigen, wie die Reaktion weiterläuft und vor allem, wie die sterische Steuerung ist. Schließlich ist es für das Addukt ein Unterschied, ob direkt

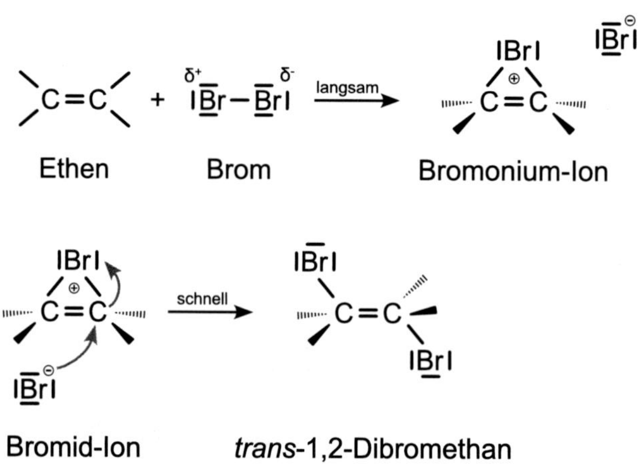

Abb. 10.3 Addition von Brom an Ethen. Die Zwischenstufe ist ein cyclisches Bromonium-Ion

auf der gleichen Ebene des Moleküls das zweite Brom-Atom (*cis*) anlagert oder auf der anderen Seite (*trans*). Dabei sind die realen „Wege" des zweiten sich anlagernden Atoms unerheblich – also ob das Bromid-Ion tatsächlich aus dem Brom-Molekül stammt, das die Addition begann, oder aus einem benachbarten.

Wer sich das Molekül mit dem Bromonium-Ion räumlich vorstellt, versteht wohl leicht, dass sich das Anion von der Rückseite annähert, was zum *trans*-Produkt führt. Bei 1,2-Dibromethan ist dies durch die freie Drehbarkeit der Einfachbindung noch nicht relevant, jedoch bei größeren Molekülen.

Wichtige Begriffe rund um die Addition

Markownikow-Addition: Die Addition von Halogenwasserstoffen an Alkene, deren C-Atome unterschiedlich substituiert sind, erfolgt regioselektiv. Dabei lagern sich das Proton immer so an die Doppelbindung, dass es an das H-reichere C-Atom gebunden wird. Das höher substituierte C-Atom entsteht – und ist stabiler.

Regioselektivität: Es wird der Übergangszustand durchlaufen, der das stabilste Kation bildet.

Eine ganz klassische Reaktion zum Aufbau von cyclischen Verbindungen ist die Diels-Alder-Reaktion. Sie wird dir noch im Studium ausführlich begegnen. Auch Hydrierungen von Doppelbindungen können als Addition beschrieben werden, bei denen ein Wasserstoff-Molekül das Alken zum Alkan oxidiert. Da jedoch das Wasserstoffgas aus unpolaren H_2-Molekülen besteht, ist die Reaktionsgeschwindigkeit sehr gering. Daher werden Hydrierungen in der Regel katalysiert, um die Aufspaltung der H–H-Bindung zu erleichtern. An Metalloberflächen adsorbiert das Gas so stark, dass diese Bindung bricht und eine Homolyse stattfindet. Die H-Atome sind nun reaktiv und addieren sich radikalisch an die vorhandenen Alkene.

Überprüfe dein Wissen

Die Hydrierung von Doppelbindungen findet in der Praxis oft statt, etwa in der Fetthärtung.

Eine weitere technisch wichtige Additionsreaktion ist die Hydrierung von Ethen. Mechanistisch unterscheidet sie sich deutlich, da sie in der Regel katalysiert wird und nicht primär eine polare Reaktion darstellt. Mehr dazu erfährst du auf der Flashcard **Hydrierung**.

10.1.2 Nucleophile Addition

Trägt die Doppelbindung elektronenziehende Gruppen, kann es auch zu nucleophilen Additionen kommen. Aldehyde (R–CHO) oder auch Nitrile (R–C≡N) erniedrigen die Elektronendichte rund um das benachbarte Kohlenstoff-Atom. Dadurch kann ein Nucleophil (NU⁻) angreifen und ein Carbanion entsteht. Die negative Ladung delokalisiert wiederum leicht mit dem Elektronensystem der funktionellen Gruppen, was die Zwischenstufe stabilisiert. Eine wichtige Namensreaktion hierzu ist die Michael-Addition, bei der C–C-Einfachbindungen gebildet werden. Das ist wichtig, wenn bereits zwei Molekülteile aufgebaut wurden und nun in einer Synthese zusammengefügt werden sollen.

Ist auch eine Addition an die Doppelbindung der Carbonyl-Gruppe (C=O) möglich? Hier gibt es sogar mehrere Optionen: Das C-Atom wird nucleophil angegriffen – oder aber das O-Atom elektrophil. Ein einfaches Beispiel ist die **Hydratisierung,** also die Addition von Wasser (◘ Abb. 10.4). Im Falle des sehr polaren Formaldehyds führt das zu einem sehr ausgewogenen Gleichgewicht mit dem Diol, weshalb dann, wenn mit reinem Formaldehyd als Lösungsmittel oder Reagenz gearbeitet wird, die Apparatur absolut wasserfrei sein sollte. Allgemein lassen sich Alkene mit dieser Reaktion leicht in Alkohole überführen.

Bei der Addition von Alkoholen entstehen sogenannte Halbacetale (◘ Abb. 10.4), die natürlich keine Diole mehr sind, sondern das Carbonyl-C-Atom trägt eine Hydroxy- und eine Ether-Gruppe (R–O–R). Diese Reaktion bedarf ein wenig der Unterstützung durch einen Katalysator, wobei es oft ausreicht, basisch oder sauer zu arbeiten. Solche Verbindungen werden etwa dann eingesetzt, wenn in einem Molekül andere funktionelle Gruppen zur Reaktion gebracht werden sollen, die Carbonyl-

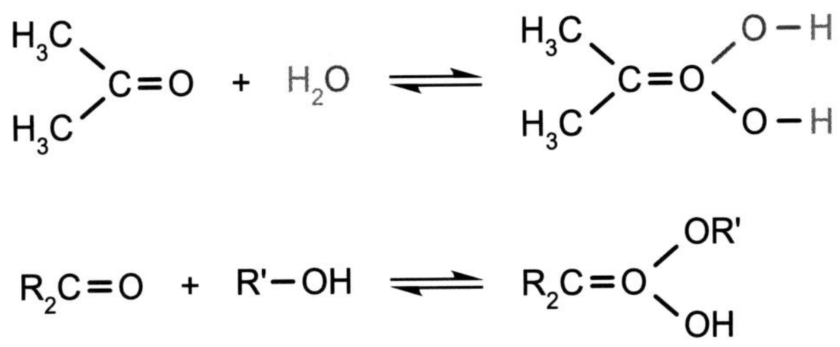

◘ **Abb. 10.4** Hydratisierung von Formaldehyd und allgemeines Gleichgewicht zur Bildung eines Halbacetals

Gruppe jedoch reaktiver wäre und so maskiert und geschützt wird. Wie bei der Hydratisierung lässt sich das Gleichgewicht leicht wieder durch den pH-Wert auf die Ausgangsseite verschieben.

10.2 Eliminieren

Vereinfachend gesagt, sind Eliminierungen die Umkehr von Additionen. Gängige Beispiele sind die Abspaltung von Wasser und anderen Verbindungen von benachbarten Kohlenstoff-Atomen. Grundsätzlich werden bei Eliminierungsreaktionen zwei Atome oder funktionelle Gruppen aus einem Molekül abgespalten, ohne durch andere an dieser Stelle ersetzt zu werden. Da dabei eine Mehrfachbindung entsteht, findet das meist an benachbarten Kohlenstoff-Atomen statt. Daher wird auch von einer 1,2- oder β-Eliminierung gesprochen. Möglich ist eine Eliminierungsreaktion auch, wenn an einem Hetero-Atom ein Atom oder eine funktionelle Gruppe abgespalten wird.

Benannt wurden die Mechanismen in Zeiten, als der Name anschaulich sein sollte, aber nicht unbedingt sensibel war. So findet sich in der Literatur der Begriff Fluchtgruppe neben dem etwas neutraleren der Abgangsgruppe. Viele Halogenalkane geben Halogenwasserstoff ab, wenn der Lösung eine Base zugegeben wird, und bilden so Alkene. Im Detail werden gleich einige Beispiele betrachtet. Die Art der Abgangsgruppe ist weit gesteckt. Grundlegender sollen zwei Mechanismen der Eliminierungsreaktion betrachtet werden: E1-Mechanismus und E2-Mechanismus. Sie unterscheiden sich in dem jeweils *geschwindigkeitsbestimmenden Schritt,* also *kinetisch.* Es geht um den Zeitpunkt, an dem sich die Kohlenstoff-Wasserstoff-Bindung oder eine Kohlenstoff-Bindung zu einer anderen Abgangsgruppe löst.

10.2.1 E1-Eliminierung: Wo zwei konkurrieren, entweicht das Dritte

Der E1-Mechanismus ist eine monomolekulare Reaktion. Der Reaktion verläuft jedoch über eine Zwischenstufe, sodass zu prüfen ist, welcher Reaktionsschritt langsamer verläuft. Im Energiediagramm des Reaktionsverlaufs ist zu sehen, dass die erste Bindungslösung unter Bildung der Zwischenstufe, dem *Carbokation*, die höhere Aktivierungsenergie benötigt und damit geschwindigkeitsbestimmend ist (◻ Abb. 10.5). Der schnellere Schritt ist das Abspalten eines Protons, etwa indem das Lösungsmittels dieses aufnimmt und stabilisiert.

Je stabiler das Carbokation im Übergangszustand ist, desto wahrscheinlicher ist eine E1-Eliminierung. Neben dem induktiven Effekt (▶ Abschn. 9.3) tragen auch sterische Raumansprüche und eine mögliche Resonanz durch konjugierte Doppelbindungen zur thermodynamischen Stabilität von Alkenen bei. Kann ein Molekül durch die Abspaltung sterische Spannungen abbauen, beschleunigt dies die Eliminierung. Andernfalls kann es auch leicht zu Substitutionsreaktionen kommen. Die Bil-

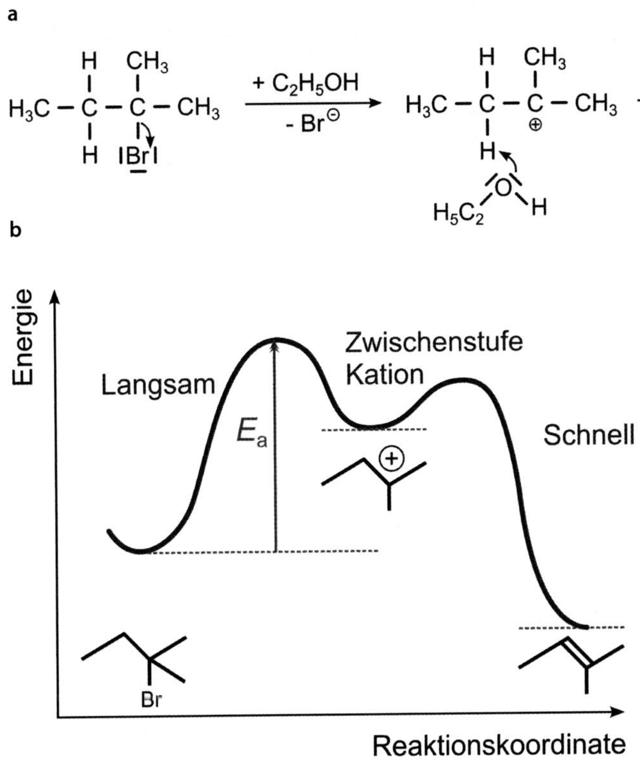

a

b

□ **Abb. 10.5** **a** Mechanismus und **b** Energiediagramm der E1-Eliminierung am Beispiel von 2-Brom-2-methylbutan

dung des Carbokations ist der geschwindigkeitsbestimmende Schritt, weshalb auch von einer *kinetischen Reaktionskontrolle* gesprochen wird. Im Übergangszustand verteilt sich die potenzielle Doppelbindung partiell auf die positive Ladung und begründet damit die empirisch aufgestellte **Saytzeff-Regel,** die zusammenfasst, dass bei Eliminierungen das Hauptprodukt das höher substituierte Alken bildet und die Nebenprodukte andere Isomere bilden. Nun haben wir im ersten Anlauf den Hinweis auf die Reaktionsbedingungen weggelassen. Die Saytzeff-Regel bezieht sich auf Reaktionen mit sterisch nicht zu anspruchsvollen Basen – da klingen wieder Effekte des Lösungsmittels an! Es kann durchaus den Verlauf der Reaktion beeinflussen, indem ein anderes Carbokation durch Wechselwirkungen stabilisiert wird. Aber für das Kennenlernen der E1-Reaktion können wir uns auf Fälle beschränken, wo die Regel angewandt werden kann.

Saytzeff-Regel

Bei Eliminierungen in acyclischen Alkanen bildet sich das höher substituierte Alken(höhere Zahl von Alkyl-Gruppen an C–C-Doppelbindung), da es das thermodynamisch stabilere Produkt ist.

> **Tipp**
>
> **Zusätzliche Übung**
> Die Vorhersage des Hauptprodukts einer Eliminierung begründet sich durch empirische Regeln. Mache dich gut damit vertraut. Eine Übung zur Flashcard **Regioselektivität bei Eliminierungen** findest du beim Zusatzmaterial.

10.2.2 E2-Mechanismus: Intramolekulare Eliminierung

Der E2-Mechanismus tritt auf, wenn eine Eliminierung durch eine Änderung der Reaktionsbedingungen ausgelöst wird. Das kann das Zufügen einer Base oder das Ansäuern sein. Unter den gegebenen Bedingungen sind andere Bindungen energetisch günstig, und ein zuvor stabiles Molekül bekommt eine Reaktionsneigung. So aktiviert, spaltet es dann Atome oder funktionelle Gruppen ab, die durch das Lösungsmittel stabilisiert sind. Da die Reaktionsbedingungen wesentlich durch diesen zweiten Reaktanten beeinflusst werden, wird von einem bimolekularen E2-Mechanismus gesprochen.

Lösungsmittel
Lange Zeit galten Lösungsmittel schlicht als die Reaktionsumgebung, die je nach Wunsch ein Reagenz gut in Lösung halten. Ihr Einfluss auf Reaktionsabläufe und das Mitwirken werden zunehmend untersucht. Besonders Wasser und seine Bildung von Wasserstoffbrücken und Hydrathüllen wird intensiv untersucht und ist keineswegs so genau bekannt, wie es den Anschein haben könnte. Wenn also Reaktionsmechanismen das Agieren des Lösungsmittels nicht als externe Reaktionspartner beschreiben, könnte sich dies in naher Zukunft ändern.

Die Abspaltung von Halogenwasserstoff aus Halogenalkanen ist ein gängiges Beispiel für den E2-Mechanismus (◘ Abb. 10.6). Diese Reaktion läuft *konzertiert* ab, wobei das Fachwort zusammenfasst, dass ein einziger Zwischenschritt gegangen wird und die Reaktion ansonsten ohne weitere äußere Einflussnahme abläuft. Sie hängt also von genau einem Übergangszustand ab.

Wie zu erwarten, spielt auch bei dieser Reaktion die räumliche Anordnung eine Rolle. Da eine planare Doppelbindung entsteht, geht es hier darum, ob das Ausgangsmolekül den Übergangszustand leicht erreicht. Dies ist bei einer gestaffelten Konformation der Fall. Dann entsteht die neue Doppelbindung innerhalb einer Ebene, und die Abgangsgruppen verlassen dieselbe „an der Peripherie" nach oben und unten, was als *anti*-periplanare Anordnung bezeichnet wird (◘ Abb. 10.7).

Bei diesem Reaktionsmechanismus kommt es also wesentlich darauf an, wie leicht die Abgangsgruppen sich aus dem Molekül lösen: sind sie als Ion schon stabil oder werden sie durch das Lösungsmittel gut stabilisiert.

Faktoren, die Eliminierungen beeinflussen
- Bindungsstärke zwischen C-Atom und Abgangsgruppe
- Stärke der Base/Säure/Solvatation
- Stabilität der Abgangsgruppe

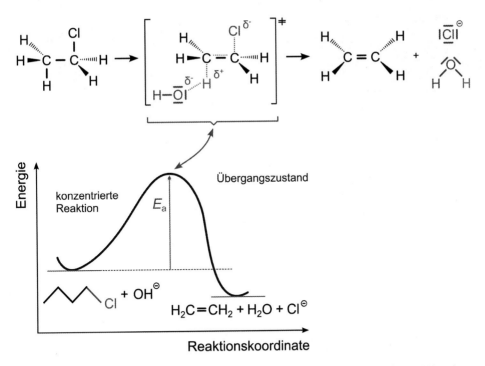

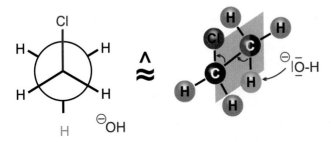

▪ Carbokation versus Übergangszustand: Stereoselektivität

Beim Vergleich der Mechanismen ist augenscheinlich, dass die Stereoselektivität
beim E2-Mechanismus vom Übergangszustand abhängt. Beim E1-Mechanismus
wird hingegen dasjenige Proton abgespalten, dass im Carbokation die höchste innere
Energie besitzt. Die Steuerung ist bei E2-Reaktionen daher besser möglich, da sich
durch die Lösungseigenschaften und die Polarität des Lösungsmittels definierte Bedingungen herstellen lassen, wohingegen beim E1-Mechanismus stochastische Faktoren einen größeren Einfluss haben.

Bereits aus dem 19. Jh. stammen die empirischen Regeln zur Vorhersage des
Haupt- und Nebenproduktes. Wann im Einzelnen welche Vorhersage anzuwenden
ist, wirst du im Laufe deines Studiums genauer durchdringen. Hier sind sie als erste
Annäherung und Faustregel mit aufgenommen.

Hofmann-Regel ─────────────────────────────

Bei schlechten Abgangsgruppen und/oder sterisch gehinderten Basen wird in Eliminierungen das weniger hoch substituierte Alken gebildet (kleinere Zahl von Alkyl-Gruppen an C–C-Doppelbindung).

10.3 Substituieren

Reaktionen, bei denen ein Atom oder eine funktionelle Gruppe an einem Kohlenstoff-
Atom durch ein anderes Atom oder eine funktionelle Gruppe ausgetauscht wird,
nennt man Substitutionen. Wiederum gibt es elektrophile und nucleophile Reaktionstypen sowie darüber hinaus auch radikalische Substitutionen.

10.3.1 Nucleophile Substitution

Dass ein gesättigtes Kohlenstoff-Atom angegriffen wird, kommt vor allem dann vor,
wenn eine Abgangsgruppe vorhanden ist, die die Reaktivität der Verbindung erhöht.
Die Reaktion verläuft in einem basischen Milieu, und der Reaktionsverlauf lässt
zwei verschiedene Mechanismen erkennen. Im einen Fall hängt die Reaktionsgeschwindigkeit (r) von der Konzentration beider Reaktanten ab, im anderen nur von
der des Ausgangsstoffs. Damit lässt sich die Geschwindigkeitsgleichung aufstellen.

$$r \sim [A][B]$$

$$r \sim [A]$$

oder

$$r \sim [R-X]\left[Nuc^-\right]$$

$$r \sim [R-X]$$

In der Praxis gibt es natürlich vieles dazwischen, doch fürs Verständnis sind zunächst
zwei Mechanismen grundlegend. Zu Beginn betrachten wir die Hydrolyse von
Methylbromid.

In einem Übergangszustand bildet sich eine partielle Bindung zwischen dem Hydroxid-Ion und dem reagierenden Kohlenstoff-Atom, während sich zugleich die Bindung zum Brom-Atom schwächt. Dieses ist der langsamste Schritt; erst, wenn er abgeschlossen ist, reagiert das Molekül weiter. Wie schnell dann das Bromid-Ion das
Molekül verlässt und sich die C–O-Bindung bildet, wirkt sich nicht mehr stark auf
die Gesamtgeschwindigkeit aus.

Die Reaktion läuft grundsätzlich deshalb ab, weil das sich bildende Molekül stabiler ist. Die Bindungsenergien sind niedriger, sodass bei der Reaktion innere Energie
von der angreifenden Gruppe auf die Abgangsgruppe übertragen wird. Dieses Detail
wird wichtig, wenn höhere Alkane als Methan an der Reaktion beteiligt: Die Rich-

tung, aus der sich das Nucleophil annähert, hat etwas mit der inneren Energie zu tun. Dadurch entsteht sterische Kontrolle.

Diese mechanistische Sichtweise ist eine wichtige Vorübung für organische Reaktionen, die im Schulunterricht mitunter sehr stark vereinfacht wird – im Studium hingegen bedeutend ist. Auch an dieser Stelle kann das Thema nur grob skizziert werden, da es nur um die Grundlagen geht. Im Studium lohnt es sich, hier gut mit- und weiterzudenken!

10.3.2 Wenn zwei sich streiten, entsteht ein drittes: S_N2-Mechanismus

Ein Nucleophil, oft ein Anion, nähert sich dem Kohlenstoff-Atom, an dem die Reaktion stattfindet. Im Übergangszustand bildet dieses mit dem angreifenden Nucleophil und der Abgangsgruppe partielle Bindungen aus. Dadurch ist es nicht mehr sp^3-hybridisiert, sondern nimmt temporär eine sp^2-Hybridisierung ein, ist also planar. Die angreifende Gruppe und die Abgangsgruppe konkurrieren um das nicht mehr in die Hybridisierung einbezogene p-Orbital. Diese bimolekulare Beteiligung bei der Substitution wird als S_N2-Mechanismus bezeichnet: Es gibt zwei Nucleophile, von denen eines am reagierenden Kohlenstoff-Atom ersetzt werden wird (◘ Abb. 10.8).

Wie im Schema zu sehen ist, ändert sich die räumliche Ausrichtung der am reagierenden C-Atom gebundenen funktionellen Gruppen. In solch mechanistischen Betrachtungen werden sie auch alle als Substituenten bezeichnet. Dieses Umklappen ähnelt dem eines Regenschirmes, der im Sturm Wind einfängt, und wird als *Inversion der Konfiguration* bezeichnet. Ein weiterer Name dafür ist die *Waldensche Umkehrung*. Namensreaktionen sind in der organischen Chemie schlichtweg wie Vokabeln. Im Gegensatz zu diesen sind sie jedoch nicht nur ein Synonym für andere Bezeichnungen, sondern tragen gleich die Information der Reaktionsbedingungen mit sich.

10.3.3 Stabile Carbokationen reagieren allein: S_N1-Mechanismus

Wenn statt des Übergangszustands ein stabiles Kation energetisch günstiger ist, hängt die Reaktionsgeschwindigkeit von der Bildung des Kations ab, und ist daher in der Geschwindigkeitsgleichung monomolekular. Die Bindung zur Abgangsgruppe

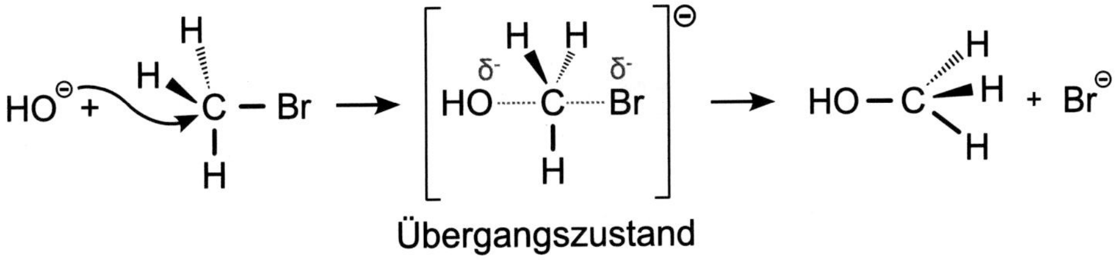

Übergangszustand

◘ **Abb. 10.8** S_N2-Mechanismus am Beispiel von Brommethan, das zu Methanol reagiert

⬛ **Abb. 10.9** S_N1-Mechanismus am Beispiel eines Alkylbromids

ist bereits vorher polarisiert. Bei Zugabe einer basischen Lösung wird dies verstärkt, es kommt zum Lösen der Bindung und ein freies Carbokation bildet sich. Lösungsmittel stabilisieren die Ionen und können einen wesentlichen Einfluss auf den Verlauf der Reaktion nehmen – stabilisierende Lösungsmittel in Richtung S_N1-Mechanismus, andere zum bimolekularen Mechanismus mit Übergangszustand (⬛ Abb. 10.9).

Wenn sich polare Lösungsmittel um Ionen lagern, wird Solvatationsenergie frei. Diese trägt zur Überwindung der Aktivierungsenergie beim Bindungsbruch bei. Im zweiten Schritt erfolgt dann die neue Bindungsbildung.

❯ **Die beiden Mechanismen nucleophiler Substitutionen**

Der reaktionsbestimmende Schritt kann bimolekular (S_N2) oder unimolekular (S_N1) verlaufen. Beim bimolekularen Verlauf bildet sich ein Übergangszustand. Hingegen verläuft der unimolekulare Mechanismus in zwei Schritten: Bildung des Carbokations und neue Bindungsbildung.

Das Nucleophil lagert sich dann schnell an – und da das Carbokation planar ist, kann nicht per se vorhergesagt werden, von welcher Seite der Angriff erfolgt (⬛ Abb. 10.9). Die Steuerung des Reaktionsprodukts ist daher nicht so eindeutig wie bei der S_N2-Reaktion.

Molekularität und Reaktionsordnung

Gibt es einen Zusammenhang zwischen der Molekularität der Reaktion (uni- oder bimolekular) und der Reaktionsordnung? Dazu müssen die Geschwindigkeitsgesetze aufgestellt werden und dann die Terme der einzelnen Konzentrationen betrachtet werden. Der Betrag der Exponenten gibt die Reaktionsordnung an, die sich experimentell bestimmen lässt. Diese lässt sich auch in Bezug auf einen Reaktanten angeben.

Beim Betrachten geht es nun vor allem um den geschwindigkeitsbestimmenden Schritt und die daran beteiligten Reaktanten. Dieser lässt sich experimentell nicht direkt bestimmen, sondern nur aus dem Ablauf einer (Teil-)Reaktion schließen, also der mechanistischen Betrachtung. Die Molekularität ist nur für Reaktionen in einem Schritt auf die Gesamtreaktion zu beziehen, bei mehreren Teilschritten ergibt sie sich aus der Analyse der jeweils einzelnen Teilreaktionen.

Tipp

Überprüfe dein Wissen

Die Mechanismen der beiden nucleophilen Substitutionen unterscheiden sich in einigen wichtigen Punkten wie dem Reaktionsverlauf, dem geschwindigkeitsbestimmenden Schritt, der Zwischenstufe und etwa der geeigneten Reaktanten. Wende dein Wissen an und übe mit der Flashcard **Substitution**.

■ **Substitution bei Alkanen: Radikales Vorgehen**

Wie nach der Einleitung bekannt ist, sind Alkane reaktionsträge. Dennoch gibt es eine unglaubliche Vielfalt von Stoffen, die auf der Grundstruktur der Alkane basieren. Bevor sie reagieren, muss eine Energiebarriere überwunden werden. Die während der Reaktion etwa in Wärme oder Druck gewandelte Energie kann dann deutlich höher ausfallen. Die so einfach anmutende Reaktion von Methan zu Chlormethan, also die Chlorierung, verläuft als **radikalische Substitution.**

$$CH_4 + Cl_2 \rightarrow CH_3Cl + HCl$$

Den Reaktionsmechanismus bestimmen drei Phasen: Die Startreaktion, die folgenden Kettenreaktionen und schließlich Abbruchreaktionen.

10.3.4 Zwischen Angriff und Flucht: Die Substituenten

Das Nucleophil, das neu ins Molekül eintritt, konkurriert mit jenem, welches das Molekül verlässt. Welche Faktoren lassen Vorhersagen zu, ob es zu einer Reaktion kommt? Da Chemiker oft mit Vergleichen und Homologien arbeiten, wäre eine mögliche Annahme, dass die Lewis-Basizität ein solcher Faktor ist. Die Frage wäre dann, wie leicht ein Nucleophil ein freies Elektronenpaar zur Bindungsbildung einsetzt.

Faustregel: Ein gutes Nucleophil zeichnet sich durch eine hohe Lewis-Basizität aus
Für eine Faustregel ist die Annahme in Ordnung. Für die differenzierte Betrachtung der nucleophilen Substitution solltest du im Studium beachten, dass der Verlauf dieses Reaktionsmechanismus von der Kinetik bestimmt wird, also dem geschwindigkeitsbestimmenden Schritt. Im Gegensatz dazu gründet die Basizität auf thermodynamischen Gleichgewichten. Meist kannst du diesen physikalisch-chemischen Unterschied der beiden Konzepte außer Acht lassen, aber er erklärt, weshalb von einer Faustregel gesprochen wird – und nicht von einer Begründung: Mit Ausnahmen ist zu rechnen!

Die *Nucleophilie* hängt außerdem auch von der Größe der angreifenden Gruppe ab. Hier wiederum gilt sogar die Periodizität: Innerhalb einer Gruppe des PSE steigt mit jeder Periode die Nucleophilie der Atome mit deren Größe sowie abnehmender Elektronegativität.

$$Cl^- < Br^- < I^-$$

Ein Grund dafür ist, dass sich die Atomhülle leichter polarisieren lässt. Auch die Solvatation lässt nach: Das stark elektronegative Fluorid-Ion kann mit H-Atomen Wasserstoffbrücken bilden, wohingegen das Iodid-Ion bei gleicher Ladung viel größer ist und schwächer durch Lösungsmittel-Moleküle abgeschirmt ist. Als Nucleophil ist das Iodid-Ion stärker als das Fluorid-Ion. Ein weniger polares Lösungsmittel, in dem weniger Wasserstoffbrücken möglich sind, aktiviert die Reaktion mit Fluorid-Ionen – auf die Nucleophilie der Iodid-Ionen hat es einen geringen Einfluss.

❯❯ **Beschleuniger**
Die Geschwindigkeit einer S_N2-Substitution wird durch eine stärkere Nucleophilie der angreifenden Gruppe erhöht.

Die Geschwindigkeit sowohl der S_N1-Substitution als auch der S_N2-Substitution wird durch eine leicht austretende Abgangsgruppe erhöht.

■ **Abb. 10.10** *p*-Tosylat. *p*-Toluolsulfonsäureester mit der blau markierten Tosylat-Gruppe, gebunden an einen organischen Rest R

Nach der vertieften Betrachtung der eintretenden Gruppe geht es nun um Aspekte, die den Austritt einer Gruppe und damit den wichtigen Schritt des Auflösens einer Bindung gehen. Welche Faktoren spielen hierfür eine Rolle? In Bezug auf die die Bindung zwischen dem reagierenden C-Atom und der Abgangsgruppe stellen sich folgende Fragen:

– Wie stark ist die Bindung?
– Wie leicht lässt sich die Bindung polarisieren?
– Wie stabil ist das austretende Nucleophil, in der Regel das austretende Anion?
– Wie gut stabilisiert das Lösungsmittel die Austrittsgruppe?

Der Einfluss der Lösungsenergie ist wiederum unterschiedlich stark. Die ersten beiden Punkte hängen wesentlich davon ab, wie das Molekül ansonsten aufgebaut ist, und haben somit auch einen großen Einfluss. Das Iodid-Ion ist sowohl eine gute eintretende als auch austretende Gruppe. Basische Abgangsgruppen wie Hydroxy-Gruppen ($-OH$), Ammonium ($-NH_2$) sind schwerer zu verdrängen als Anionen starker Säuren wie die Halogenide oder Tosylate ($-SO_3$-C_6H_4-CH_3). Das Anion der *p*-Toluolsulfonsäure ist eine gängige Abgangsgruppe in Syntheserouten (■ Abb. 10.10). Die Hydroxy-Gruppe kann in ein *p*-Tosylat überführt und dann durch eine Substitution im Molekül ersetzt werden.

> **Tipp**
>
> **Überprüfe dein Wissen**
>   Da die Tosylat-Gruppe häufig als Abgangsgruppe in Substitutionen eingesetzt wird, kannst du dich mit ihr noch etwas näher beschäftigen, und zwar mit den Flashcards **Tosylate (1 & 2)**.

■ **Konkurrenz und Nebenreaktionen**

Die Carbokation-Zwischenprodukte der S_N1- und E1-Reaktion sind identisch. Mechanistisch sind sie vergleichbar: Zuerst wird eine C–H-Bindung gelöst und dann ein Carbokation gebildet. Dann allerdings trennen sich die Wege zwischen Anlagerung eines Nucleophils oder Austritt einer weiteren Abgangsgruppe unter Bildung einer Doppelbindung. Insofern ist es nicht verwunderlich, dass beide Mechanismen selten zu 100 % Ausbeute ergeben, sondern oft der konkurrierende Mechanismus zu Nebenprodukten führt. Umso wichtiger ist die kluge Wahl der Reaktionsbedingungen, um den Ablauf der chemischen Umsetzung in die gewünschte Richtung zu lenken.

Die E2-Reaktion und die S_N2-Reaktion verlaufen in jeweils einem Reaktionsschritt, an dem zwei Moleküle beteiligt sind – kann es dabei eine Konkurrenz wie im monomolekularen Mechanismus eines freien Carbokations geben? Wir haben bereits eine Reihe von Faktoren kennengelernt, die hier eine Rolle spielen: sterische Einflüsse, Lösungsmitteleinflüsse und die Polarisierbarkeit der Abgangsgruppe. An dieser Stelle soll deutlich werden, wie wichtig die Wahl der richtigen Parameter ist. Für ein vertieftes Verständnis ist das Studium der Chemie zu empfehlen!

10.4 Umlagerungen

Bindungsbrüche und Neubildungen innerhalb eines Moleküls sind ebenfalls chemische Reaktionen. Ihre Zwischenprodukte können wiederum Kationen, Anionen oder Radikale darstellen – oder den Charakter derselben annehmen, wenn sie zu kurzlebig sind – und so namensgebend sein. Zugleich macht dies die Triebfeder deutlich: Im Molekül herrscht energetisch ein ungünstiger Zustand. Ein Elektronenüberschuss oder Elektronenmangel an einem Teil des Moleküls könnte an anderer Stelle besser stabilisiert werden oder (Teil-)Ladungen kommen sich zu nahe und führen zu Spannungen im Molekül. Zum Grundset der chemischen Reaktionen gehören charakteristische Umlagerungen.

Entsteht in einem Zwischenschritt ein Carbokation, kann es leicht zu Umlagerungen kommen. Zur Stabilität von Carbokationen ist in diesem Abschnitt schon einiges zusammengetragen worden.

Tipp

Überprüfe dein Wissen

Bei Umlagerungen und anderen Reaktionen ist oft die Bildung der Carbokationen der geschwindigkeitsbestimmende Schritt. Einen hilfreichen Überblick verschaffst du dir anhand der Übung auf der Flashcard **Carbokationen**.

Das Gerüst einer Kohlenstoffverbindung kann erhalten bleiben, dann wandern beispielsweise Heteroatome. Es gibt auch solche, in denen Seitenketten wandern, was dann zu einer Veränderung des Kohlenstoffgerüsts führt.

Tipp

Was Umlagerungen mit dem Wandern zu tun haben

Bei einer Umlagerung wird das Grundgerüst einer Verbindung umgebaut. Dieser Umbau geschieht als Reaktion. Fachsprachlich ist auch von dem Wandern der entsprechenden Seitenketten oder Atome die Rede. Dies fängt den reaktiven Anteil der wandernden Gruppe an der Reaktion ein, statt sie sprachlich im Passiv umzulagern.

10.4.1 Ladungsstabilisierung durch Umlagerung ohne Gerüstumbau

Ein einfaches Beispiel soll den Reigen eröffnen: die **1,2-Hydridverschiebung,** auch **Hydridshift** genannt (◘ Abb. 10.11a). Dabei wandert das H-Atom mitsamt der Bindung und daher wird vom Hydrid gesprochen. Zugleich verlagert sich die positive Ladung vom finalen Kohlenstoff-Atom im Molekül an die 2. Position, mit dem Vorteil, dass das. Das sekundäre Carbokation stabiler als das primäre ist.

Wenn die positive Ladung in einer Seitenkette auftritt, ist es wahrscheinlich, dass sie im Ring delokalisiert wird. Delokalisierte Ladungen sind noch stabiler als etwa tertiäre Carbokationen.

Ist die Ladung delokalisiert, bildet sich ein System überlappender π-Bindungen aus. Dieses wiederum fördert weitere Umlagerungen. Da sich bei dieser Delokalisation die Doppelbindung an verschiedenen Stellen lokalisieren kann, wird von einer **Allyl-Umlagerung** gesprochen. Das namensgebende Strukturelement, die Allyl-Gruppe, ist eine 2-Propenyl-Gruppe (◘ Abb. 10.11b).

10.4.2 Umlagerungen mit Gerüstumbau

Die größere Stabilität eines tertiären Carbokations gegenüber einem primären treibt den Bindungsbruch einer C–C-Bindung und die anschließende Neubildung voran. Unter S_N1-Reaktionsbedingungen kommt es durchaus zu Umlagerungen. Derartige Umlagerungen mit intermediären Carbokationen werden als *Wagner-Meerwein-Umlagerung* gezeichnet. Sie kommen auch beim Cracken vor, bei dem aus langen Kohlenstoffketten verzweigte Kohlenwasserstoffe hervorgehen (◘ Abb. 10.12).

Bei Umlagerungen, an denen Bindungen zu Heteroatomen beteiligt sind, kommt natürlich noch deren Elektronegativität ins Spiel. Dies wird im folgenden Abschnitt

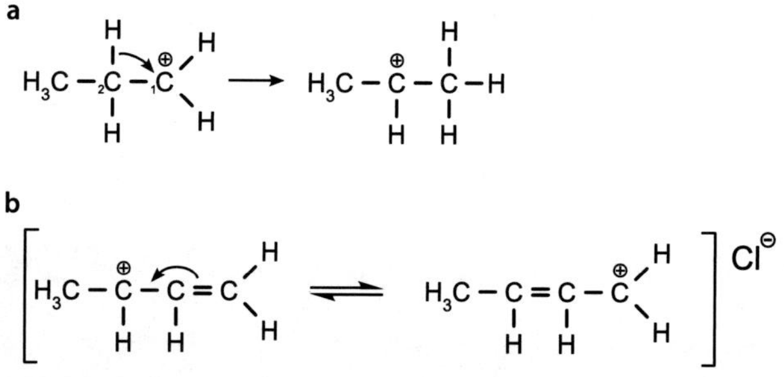

◘ **Abb. 10.11** Hydridumlagerung und Allyl-Umlagerung. **a** Die Umlagerung an benachbarten C-Atomen: der 1,2- Hydridshift; **b** Allyl-Umlagerung bei 1-Chlor-2-buten

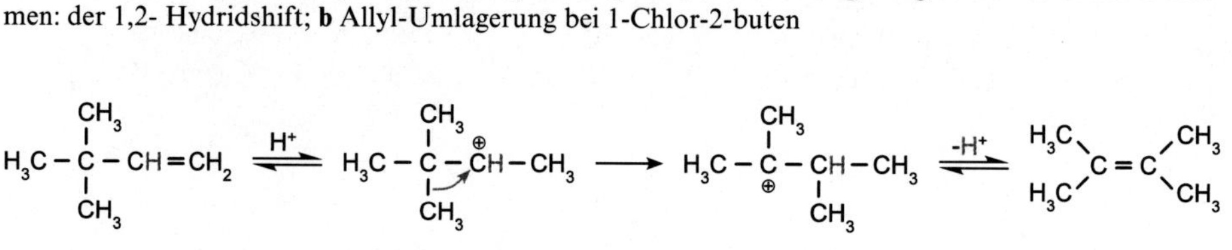

◘ **Abb. 10.12** Umlagerung mit Gerüstumbau: Wagner-Meerwein-Umlagerung

vertieft werden (▶ Abschn. 10.4.3). Die Stereochemie der reagierenden C-Atome beeinflusst wesentlich, nach welchem Mechanismus die Umsetzung abläuft. So geht es im Grunde darum, wie die Konfiguration …

— rund um das C-Atom ist, von dem die Umlagerung ausgeht, und
— rund um das C-Atom ist, das die wandernde Gruppe aufnimmt.

Dabei laufen Umlagerungen innerhalb eines Moleküls, also intramolekular, ab. Sonst wäre es eine Substitution – diese Mechanismen lassen sich unterscheiden.

10.4.3 Vorhersagen der Orientierung

Bei unsymmetrisch gebauten Molekülen ist eine gute Vorhersage der ablaufenden Reaktion wünschenswert. Soll ein Halogenwasserstoff an ein Alken addiert werden, steigt die Reaktivität mit der Säurestärke (HF < HCl < HBr < HI). Wer also das Proton am leichtesten freisetzt, reagiert am schnellsten. Die Anlagerung des Halogenids erfolgt schnell und bestimmt daher nicht wesentlich die Reaktionsgeschwindigkeit.

Der Einfluss des Lösungsmittels ist schnell deutlich: Sofern das Proton nicht in einem wässrigen Medium hydratisiert wird (H_3O^+) und so, vermittelt über das Lösungsmittel, angreift, erfolgt die direkte Übertragung auf das Alken. Im Falle von Propen entscheidet die Position der positiven Ladung, ob das Produkt ein primäres oder sekundäres Halogenid sein wird. Das sekundäre Carbokation ist stabiler, daher entsteht 2-Halogenpropan. Dieser Mechanismus wird als **Markownikow-Addition** bezeichnet: Im schnellen zweiten Schritt lagert sich der negativ geladene Teil des Additionsreagenz an das höher substituierte Kohlenstoff-Atom an (◘ Abb. 10.13). Die zugrunde liegenden Effekte (*induktive Effekte*) werden im nächsten Kapitel (▶ Abschn. 11.5) näher betrachtet. Dort sehen wir nochmals, wie wichtig es ist, sich über weitere stabilisierende Schritte Gedanken zu machen, statt vorschnell nach einer Regel den Ausgang der Reaktion vorherzusagen.

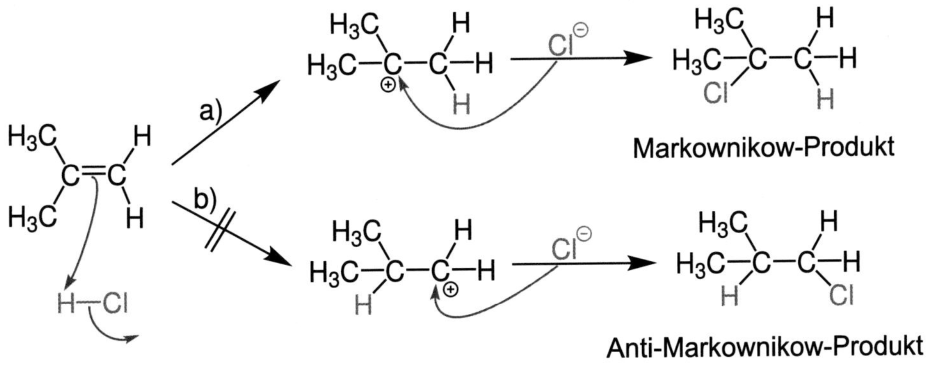

◘ **Abb. 10.13** Die Markownikow-Addition umfasst eine erste elektrophile Addition eines Protons mit anschließender Umlagerung der Zwischenstufe zum stabileren Carbokation und abschließende Addition des Nucleophils. Nach Benutzer Lisa1223S, CC BY-SA 4.0 DEED

Denn es kommt durchaus vor, dass sich der negativ geladene Teil des Additions-reagenz an das niedriger substituierte Kohlenstoff-Atom anlagert. Dann handelt es sich um eine ***anti*-Markownikow-Addition.** Dabei kann der Reaktionsmechanismus grundlegend anders sein und radikalische Schritte enthalten. Im Vorher-Nachher-Vergleich fällt zunächst nur auf, dass nicht das eigentlich erwartete Produkt entsteht.

Geladener Zwischenschritt
Sowohl die Addition wie auch die Substitution kann über ein geladenes Carbokation als Zwischenprodukt ablaufen (◘ Abb. 10.14). Elektronenreiche Substituenten stabilisieren diese Zwischenstufe. Dabei können funktionelle Gruppen die Elektronen eher anziehen oder „schieben" – also leicht zur Verfügung stellen oder quasi delokalisieren (▶ Abschn. 3.4).
Ein weiterer Einfluss rührt von der Raumerfüllung her. Wenn sterisch anspruchsvolle Gruppen an die reagierenden C-Atome angrenzen, können sie das Carbokation so gut abschirmen, dass sich die Reaktionsgeschwindigkeit wieder verlangsamt.
Weitere Faktoren sind die Zugabe von Säuren oder Basen sowie die Temperatur.

Ausblick
Der Titel dieses Kapitel klingt, als gäbe es vier wichtige Reaktionen und dann sei die organische Chemie schon gut vorhersagbar. Dem ist nicht ganz so. Es gibt unzählige weitere wichtige Grundreaktionen. Dennoch ist das Grundverständnis von Addieren, Eliminieren, Substituieren und Umlagern hilfreich, um andere Reaktionen zu analysieren. Oft setzten sich Teilschritte auf diesen vier Grundreaktionen zusammen.

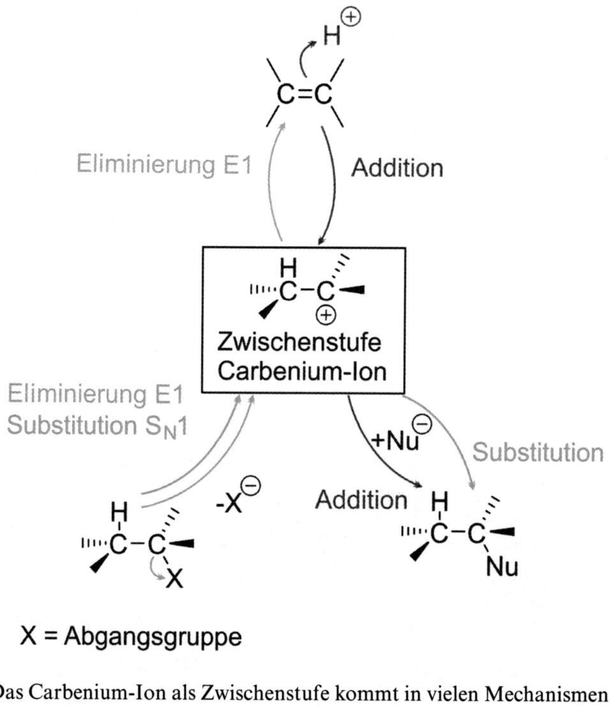

10

◘ **Abb. 10.14**   Das Carbenium-Ion als Zwischenstufe kommt in vielen Mechanismen vor. Weitere Einflüsse lenken den Mechanismus in Richtung Addition, Eliminierung (E1) oder Substitution (S_N1)

10.5 Top-Ten-Test zu den Big Four: Reaktionsmechanismen

Mit diesem Top-Ten-Test kannst du einschätzen, ob du die zehn wichtigsten Lernziele des Kapitels erreicht hast. Die Lösungen findest du beim Zusatzmaterial.

■ **1) Übung zur Additionsreaktion**

Die Additionsreaktion ist für industrielle Synthesen wichtig. Eine Doppelbindung lässt sich vielfältig funktionalisieren. Formuliere die Reaktionsgleichung für die Addition an Ethen bei den folgenden Stoffen: Brom, Chlorwasserstoff, Ethanol, Wasser. Benenne jeweils das Produkt.

■ **2) Übung zum Additionsmechanismus**

Zeichne detailliert den Mechanismus der elektrophilen Addition von Chlorwasserstoff an 2-Buten mithilfe von Keilstrichformeln auf.

■ **3) Übung zur Markownikow-Regel**

Sobald die Reaktanten nicht mehr symmetrisch sind, führt die Addition zu mehreren Isomeren. In der Praxis zeigt sich, dass es meist ein Hauptprodukt gibt, woraus sich auf eine lenkende Wirkung schließen lässt. Nach der Markownikow-Regel führt das stabilere Kation zum Hauptprodukt.

a. Wie wird diese räumliche Steuerung genannt?

b. Zeichne mögliche Produkte der Addition von Chlorwasserstoff an Isobuten (2-Methyl-1-propen) auf und gib an, welches nach der Markownikow-Regel das Hauptprodukt ist.

■ **4) Übung zur Eliminierung (E1)**

Beim Erhitzen von 2-Methylpropan-2-ol in saurer Lösung entweicht ein Gas. Wenn dieses durch Bromwasser geleitet wird, entfärbt sich dieses.

a. Stelle die Reaktionsgleichung auf und benenne das Gas.

b. Begründe, weshalb es sich um eine E1-Reaktion und nicht um eine E2-Reaktion handelt.

c. Wofür wird in Bromwasser eingeleitet

■ **5) Übung zur bimolekularen Eliminierung (E2)**

Die E2-Eliminierung wird häufig genutzt. Die Dehydrohalogenierung primärer Alkylhalogenide mit einer Base ist ein gängiges Beispiel. Gib die Produkte der folgenden E2-Eliminierungen an.

a. 1-Brompropan

b. 1-Iodhexan

c. 2-Bromethylbenzol

■ **6) Übung zur S_N1-Reaktion**

Stelle den Reaktionsmechanismus der Bildung von 2-Dimetyhlethanol aus dem Bromid auf. Begründe, weshalb es sich um eine S_N1-Rektion handeln muss.

- **7) Übung zur S$_N$2-Reaktion**
a. Nenne Rahmenbedingungen, die für den S$_N$2-Mechanismus wesentlich sind.
b. Stelle den Reaktionsmechanismus der S$_N$2-Reaktion von 1-Brom-3-methylbutan mit Natriumazid (NaN$_3$) in Ethanol auf.

- **8) Übung zu Lösungsmitteleffekten**
In der organischen Chemie werden viele Reaktionen in Lösungen durchgeführt. Die Wahl des Lösungsmittels beeinflusst nicht nur, wie gut sich die Reaktanten lösen. Sie kann auch zu Elektronenverschiebungen führen, die eine Reaktion an einer bestimmten Stelle des Moleküls bevorzugen oder auch etwa durch Hydrathüllen Teile des Moleküls abschirmen. Unterschieden wird in protische Lösungsmittel, die aus funktionellen Gruppen Protonen abspalten können, und aprotischen, solche, die dies nicht können.
a. Nenne zwei protische Lösungsmittel.
b. Nenne zwei aprotische Lösungsmittel.
c. Stelle eine Hypothese auf, welchen Einfluss Lösungsmittel auf die Reaktivität von Nucleophilen haben, wie sich die Stabilisierung auswirkt.

- **9) Übung zu Molekularität und Reaktionsordnung**
Zwei zentrale Begriffe solltest du gut unterscheiden können. Hier folgen Definitionen. Notiere dir, worin sich die beiden Begriffe unterscheiden und in welchem Fall sie immer identisch sind.

10

Reaktionsordnung: Die Reaktionsgeschwindigkeit wird experimentell bestimmt. Der langsamste Reaktionsschritt bestimmt die Reaktionsgeschwindigkeit, für die dann die Geschwindigkeitsgleichung aufgestellt wird. Darin erhält jedes beteiligte Teilchen einen eigenen Term, und die Summe der Exponenten ergibt die Reaktionsordnung.

Die Reaktion kann bezogen auf einen Reaktanten dabei erster Ordnung sein, insgesamt sind aber zwei Moleküle am geschwindigkeitsbestimmenden Schritt beteiligt und die Reaktion ist 2. Ordnung.

Molekularität: Die Anzahl der verschiedenen Teilchen, die am geschwindigkeitsbestimmenden Schritt beteiligt sind, ergibt die Molekularität.

- **10) Übung zu Umlagerungen**
Wenn sich Carbenium-Ionen bilden, sind die thermodynamisch stabileren bevorzugt. Doch auch Reaktionen mit weniger stabilen Carbenium-Ionen finden statt, wobei dabei häufig ein Produktgemisch entsteht, weil es bei einem Teil der Moleküle zu Umlagerungen kommt.

Schreibe die Reaktionsprodukte der E1-Eliminierung von 3,3-Dimethyl-2-pentanol auf, wenn es zu einer Alkylverschiebung gekommen ist.

Stoffklassen

Inhaltsverzeichnis

Ergänzende Information Die elektronische Version dieses Kapitels enthält Zusatzmaterial, auf das über folgenden Link zugegriffen werden kann [https://doi.org/10.1007/978-3-662-69351-3_11].

> **Tipp**
> Als Käufer:in dieses Buches kannst du kostenlos die Flashcard-App „SN Flashcards"
> mit Aufgaben zur Wissensüberprüfung und zum Lernen von Buchinhalten nutzen.
> Folge dazu bitte den Anweisungen für die Nutzung:
> 1. Geh auf ► https://flashcards.springernature.com/login.
> 2. Erstelle ein Benutzerkonto, indem du deine Mailadresse und ein Passwort eingibst.
> 3. Verwende den folgenden Link, um Zugang zu deinem SN-Flashcards-Set zu erhalten: ► https://sn.pub/gulgbv
>
> Sollte der Link fehlen oder nicht funktionieren, sende bitte eine E-Mail mit dem Betreff „SN Flashcards" und dem Buchtitel an customerservice@springernature.com.

Mit diesem Kapitel pirschen wir uns an die Unterschiede zwischen Ethern, Estern und anderen Stoffklassen heran, deren Namen sich oft nur minimal unterscheiden. Die Idee, dass wir in der Chemie durch Vor- und Nachsilben aus einem Grundstoff die Namen verschiedener Derivate bilden können, ist eigentlich sehr vereinfachend. Diese Ableitungen enthalten dann funktionelle Gruppen, die eine Zugehörigkeit zu einer Stoffklasse begründen.

> **Tipp**
>
> **Schreibweise mit oder ohne Bindestrich**
>   In diesem Buch schreiben wir Ionen und Atome mit einem Bindestrich. Das wird sehr unterschiedlich gehandhabt. Es ist eine Lesehilfe, denn schon allein ein Carbonat-Ion ist nicht leicht laut zu lesen, wenn das Prinzip von Ionen nicht eingeübt ist.

Das Wissen darum, welche funktionelle Gruppe eine Molekülstruktur einer Stoffklasse zuordnet, ist eine Grundkenntnis und geregelt durch die Nomenklatur. Bei neuen oder kompliziert gebauten Molekülen ist dies auch durch Struktur-Eigenschafts-Untersuchungen einzugrenzen. Es kommt auch vor, dass je nach Reaktionsbedingungen eine Eigenschaft stärker beiträgt und daher ein Stoff verschiedenen Stoffklassen zugerechnet werden kann. Dennoch ist das Konzept der Stoffklassen hilfreich, um eine gemeinsame Sprache zu sprechen und sich über Reaktivitäten zu unterhalten. Daher wird es in diesem Kapitel nochmal sehr strukturorientiert um funktionelle Gruppen und Stoffklassen gehen. Im nächsten Kapitel geht es dann um Naturstoffe, die eine Vielzahl verschiedener funktioneller Gruppen in einer Grundstruktur vereinen – oder gleich viele Moleküle zu einem großen Verband verschmelzen, der keine starre Grundstruktur mehr erkennen lässt und wie das Lignin dennoch ein Gerüststoff ist, der Holz zu einem stabilen Material macht. Machen wir uns auf in die Vielfalt.

Lernziele

Nach dem Bearbeiten dieses Kapitels …
- ordnest du Stoffe anhand ihrer funktionellen Gruppen einer Stoffklasse zu,
- sortierst du Sauerstoff-haltige Verbindungen in die Stoffklassen:
  - Alkohol, Ether
  - Aldehyde, Ketone
  - Säuren
  - Ester
- überprüfst du π-Systeme anhand der Hückel-Regel, ob ein aromatischer Zustand vorliegt. Die besondere Stabilität aromatischer Kohlenwasserstoffe kannst du begründen,
- sortierst du Stickstoff-haltige funktionelle Gruppen in die Stoffklassen Amine und Aminosäuren.

11.1 Sauerstoff-haltige Stoffklassen

11.1.1 Alkohole

Im letzten Kapitel (▶ Abschn. 10.3) zeigten die Substitutionsreaktionen, wie sich funktionelle Gruppen in Alkanen und anderen organischen Verbindungen austauschen lassen. Alkanole lassen sich so leicht aus Halogenalkanen herstellen. Prägend für das Verständnis von Alkanolen ist der alltägliche Bezug zu Ethanol oder auch dem Lösungsmittel Methanol. Umgangssprachlich ist mit „Alkohol" meist Ethanol gemeint. Dieser Begriff bezeichnete dann eine ganze Stoffklasse. Alkohole, die sich von Alkanen ableiten lassen, werden als Alkanole bezeichnet. Die charakteristische funktionelle Gruppe der Alkohole ist die Hydroxy-Gruppe R–OH, und an den Verbindungsnamen wird die Silbe -ol angehängt.

> **Tipp**
>
> **Überprüfe dein Wissen**
> Die alkoholische Gärung ist ein natürlicher Prozess. Beantworte Fragen dazu auf der Flashcard **Alkoholische Gärung**.

In der Regel sind Alkohole reaktiv, da sich zum einen die C–O-Bindung polarisieren lässt. Aber auch das Proton kann abgespalten werden (C–O‥H). Daher sollte ein Alkohol auch nicht mit einem Hydroxid gleichgesetzt werden. In Hydroxiden liegt eine ionische Bindung zugrunde; den Alkoholen jedoch kovalente Bindungen, die leicht polarisierbar sind. Niedermolekulare Alkanole sind ein sehr polares organisches Lösungsmittel, das anders als Wasser natürlich keine Hydrathülle bildet, gleichwohl aber Wasserstoffbrücken ausbilden kann. Je größer der organische Rest wird, desto stärker wirkt sich die unpolare Seite aus.

Alkanole als Lösungsmittel und Mischbarkeit mit Wasser

Vergleichbar mit der Homologie der Alkane und Alkene kann auch für die entsprechenden Alkanole ein ähnliches Verhalten beobachtet werden. Die kurzkettigen Alkanole sind durch die Alkohol-Gruppe polarisiert und mischen sich gut mit Wasser, wobei sie insbesondere Wasserstoffbrücken bilden und sich nicht mehr leicht voneinander trennen lassen. Auch polare Stoffe lösen gut in Methanol, Ethanol oder Propanol.

Je länger die Kette wird, desto stärker wird der unpolare Teil, und die Mischbarkeit mit Wasser sinkt. Bereits Butanol kann nicht mehr gut mit Wasser wechselwirken. Höhere Alkanole mischen sich nicht mehr mit Wasser, und es bilden sich zwei Phasen aus.

■ Primär bis tertiär und der Mehrwert

Für Nichteingeweihte klingt es womöglich nach Erdzeitaltern – die Angabe, ob ein Alkohol *primär, sekundär* oder *tertiär* ist. Dieses vorangestellte Wort verrät, ob dasjenige C-Atom, welches die Hydroxy-Gruppe trägt, mit einem, zwei oder drei anderen C-Atomen verbunden ist (◘ Abb. 11.1a).

Sind im Molekül jedoch mehr OH-Gruppen als genau eine gebunden, wird von *mehrwertigen Alkoholen* gesprochen (◘ Abb. 11.1b und c). Vereinfacht lassen sich einzeln an C-Atome gebundene OH-Gruppen zählen, um die mehrwertigen Alkohole zu benennen.

In der Nomenklatur wird der Substitutionsgrad meist nur bei tertiären Verbindungen vorangestellt (*tert.* kursiv). Mehrwertige Alkohole bekommen die Anzahl der gebunden Alkohol-Gruppen direkt vor der Endung -ol als griechisches Zahlwort ergänzt. Einfache Beispiele sind das zweiwertige Ethan-1,2-diol (trivial: Ethylengly-

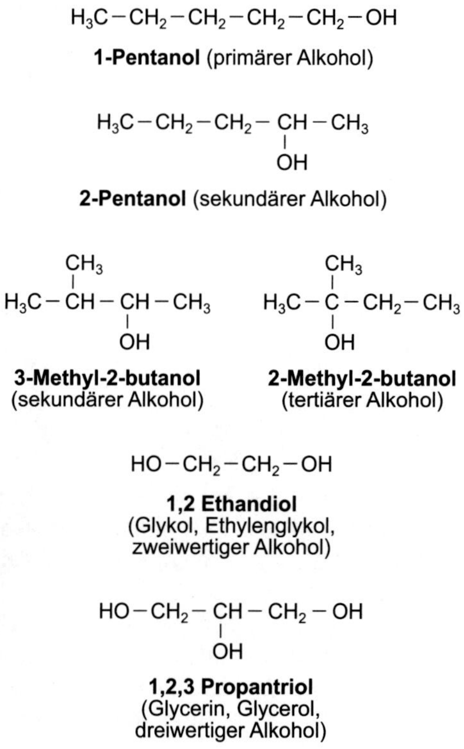

11

◘ **Abb. 11.1** Einfache und Mehrfachalkohole. **a** Ausgehend vom Grundgerüst des Pentans, **b** 1,2-Ethandiol als zweiwertiger, primärer Alkohol und **c** Glycerinals als Beispiel für einen biologisch wichtigen, tertiären Alkohol

$$H_3C - CH_2 - CH_2 - CH_2 - CH_2 - OH$$

1-Pentanol (primärer Alkohol)

$$H_3C - CH_2 - CH_2 - \underset{\underset{OH}{|}}{CH} - CH_3$$

2-Pentanol (sekundärer Alkohol)

$$H_3C - \underset{\underset{OH}{|}}{\overset{\overset{CH_3}{|}}{CH}} - CH - CH_3$$

3-Methyl-2-butanol
(sekundärer Alkohol)

$$H_3C - \underset{\underset{OH}{|}}{\overset{\overset{CH_3}{|}}{C}} - CH_2 - CH_3$$

2-Methyl-2-butanol
(tertiärer Alkohol)

$$HO - CH_2 - CH_2 - OH$$

1,2 Ethandiol
(Glykol, Ethylenglykol,
zweiwertiger Alkohol)

$$HO - CH_2 - \underset{\underset{OH}{|}}{CH} - CH_2 - OH$$

1,2,3 Propantriol
(Glycerin, Glycerol,
dreiwertiger Alkohol)

col) und Propan-1,2,3-triol (Glycerin). Dem Glycerin kommt eine wichtige Rolle im Stoffwechsel zu, wo es beispielsweise die Grundlage für Fette ist (▶ Abschn. 12.2), außerdem hat es biologisch eine wichtige Funktion als Frostschutzmittel (◧ Abb. 11.1b).

Tipp

Überprüfe dein Wissen
Die Stoffeigenschaften von Mehrfachalkoholen hängen mit der Struktur ihrer Moleküle zusammen. Übungen hierzu findest du auf den Flashcards **Mehrfachalkohole (1–3)**.

11.1.2 Ether

Wo zwei Alkohole aufeinandertreffen, können die OH-Gruppen miteinander reagieren. Dabei verbinden sich die beiden Kohlenstoffverbindungen über eine Sauerstoffbrücke und spalten Wasser ab: ein Ether entsteht. Die Wasserabspaltung wird als *Kondensation* bezeichnet – die nicht mit dem physikalischen Wechsel eines Aggregatzustands zu verwechseln ist. Dies geschieht beim einfachsten Ether, dem Dimethylether (◧ Abb. 11.2), noch spontan. Bei Standardbedingungen liegt dieser als hochentzündliches Gas vor. Als Lösungsmittel viel im Einsatz ist Diethylether, der flüssig vorliegt. Physiologisch war er historisch betrachtet als Narkosemittel in Gebrauch. Allerdings war die Dosierung nicht einfach, was den medizinischen Einsatz erschwerte.

Die Benennung des Ethers verwendet die Namen der beteiligten Kohlenstoffverbindungen als funktionelle Gruppen, und hängt -ether an. Wird Ethanol mit Schwefelsäure erwärmt, ist eine mögliche Reaktion die Bildung von Diethylether – hier unterstützt das Zahlwort die Angabe, welche Verbindungen an der Kondensation beteiligt waren (◧ Abb. 11.2).

Die Reaktivität der Ether-Gruppe rührt von dem elektronegativen Sauerstoff-Atom her, das noch freie Elektronenpaare trägt. Es kann mit Protonen wechselwirken; doch die Etherbrücke selbst besitzt kein Proton, um zu anderen Ethern eine Wasserstoffbrücke aufzubauen. So sind Ether nicht gut wasserlöslich, aber noch etwas polar. Gleichwohl wird etwas Wasser in Ether gelöst oder andersherum löst sich etwas Ether in Wasser.

◧ **Abb. 11.2 a** Bildung von Dimethylether direkt aus Methanol, **b** Diethylether, ein häufig verwendetes Lösungsmittel

a $H_3C-OH \ + \ HO-CH_3 \longrightarrow H_3C \diagup^{O}\diagdown CH_3 \ + \ H_2O$

b $H_3C \diagdown \diagup O \diagdown CH_3$

11.2 Oxidation führt zur Carbonyl-Gruppe

Im vorigen Kapitel ging es um die klassischen Reaktionstypen wie Addition und Eliminierung (▶ Abschn. 10.1 und 10.2). Dabei haben wir noch nicht weiter auf die Oxidationsstufe des Kohlenstoff-Atoms geachtet. Diese Reaktionen können natürlich auch an C–O-Bindungen stattfinden und damit in die *Redoxchemie* überführen. Denn der Übergang von Alkoholen zu **Carbonyl-Gruppen** ($R^1R^2C{=}O$) führt zur Oxidation des C-Atoms.

Nun beginnen wir gern mit der einfachsten Verbindung, das wäre also Methanol (CH_3OH). Dessen Reaktivität führt bei einer Verbrennung zur vollständigen Oxidation des Kohlenstoff-Atoms, wodurch Kohlendioxid (CO_2) entsteht. Die dabei frei werdende Wärme verweist auf den exothermen Reaktionsverlauf. Formal hätten wir uns zunächst das Oxidationsprodukt Formaldehyd (Methanal, CH_2O) gewünscht, um dann homolog besser ableiten zu können. Dieses entsteht jedoch so nicht, aber zumindest in der technischen Synthese durch Katalyse. Dabei muss aufgrund der hohen frei werdenden Reaktionswärme zugleich stark gekühlt werden. Daher soll die Carbonyl-Gruppe zunächst anhand der Reaktion von Ethanol (C_2H_5OH) zu Ethanal (CH_3CHO) näher betrachtet werden.

Diese Reaktion kann enzymatisch geschehen, etwa beim Abbau von Alkohol im menschlichen Körper. Ethanal ist ein Giftstoff, der in kleiner Rate schnell weiter abgebaut wird. Ist die Ethanolkonzentration hoch, sammelt sich Ethanal als Zwischenprodukt des Abbaus an und führt temporär zu Symptomen wie Kopfschmerzen und Übelkeit.

Im Labor kann Ethanal gewonnen werden, indem Ethanol über erhitztes Kupfer(II)-oxid geleitet wird.

Oxidationszahlen zum Auffrischen
Den Atomen einer Bindung werden formal die Bindungselektronen zugerechnet oder abgezogen, woraus sich eine hypothetische Ladung ergibt.
1. Die Bindungselektronen werden dem elektronegativeren Atom zugeordnet.
2. Bei zwei Bindungspartnern gleicher Elektronegativität werden die Elektronen der Bindungen aufgeteilt.
3. Die formale Ladung ergibt sich, wenn die Anzahl der Valenzelektronen (Elektronen der äußersten Atomhülle) plus die Anzahl der zugerechneten Elektronen aus den Bindungen addiert wird. Die Valenzelektronen ergeben formal die Ladung null, da die positive Ladung des Atomkerns den Ausgleich schafft.
4. Soll die formale Ladung angegeben werden, geschieht dies mit römischen Zahlen oberhalb des Atomsymbols. Negative Formalladungen werden mit einem Minuszeichen gekennzeichnet.

Das Redoxprinzip beschreibt, dass zeitgleich eine Reduktions- und eine Oxidationsreaktion stattfinden, die zusammen ein Elektronenübertragungssystem bilden. Übertragen auf organische Moleküle ist eine *Oxidation* eine chemische Reaktion, bei der sich die Oxidationszahl am reagierenden Atom erhöht. Entsprechend wird die Oxidationszahl geringer bei einer *Reduktion*.

11.2.1 Am Ende oder mittendrin – Aldehyde oder Ketone

Bei Naturstoffen wie Zuckern (▶ Abschn. 12.3) wird nochmal deutlicher, wie wichtig die Frage ist, wo die Carbonyl-Gruppe innerhalb des Moleküls platziert ist. Steht sie am Ende (R–CHO), ist es ein **Aldehyd;** steht sie innerhalb einer Kohlenstoffkette (R–CO–R), ist es ein **Keton** (◘ Abb. 11.3a). Auch die Namensgebung spiegelt dies wider, da Aldehyde auf -al und Ketone auf -on enden.

Gedanklich lässt sich die Oxidation eines Alkohols zum Aldehyd so beschreiben, dass Wasserstoff abgespalten wird: Das Molekül ist ein dehydrierter Alkohol (◘ Abb. 11.3b).

Um festzustellen, an welcher Position die Carbonyl-Gruppe steht, lassen sich *Nachweisreaktionen* verwenden. So lassen sich Aldehyde mit dem Schiff-Reagenz, der Fehling- und der Tollens-Probe nachweisen (Fehling- und Tollens-Probe ▶ Abschn. 11.3.1, ◘ Abb. 11.4). Ketone hingegen reagieren mit der Seliwanow-Probe, bei der ein roter Farbumschlag ihre Gegenwart anzeigt.

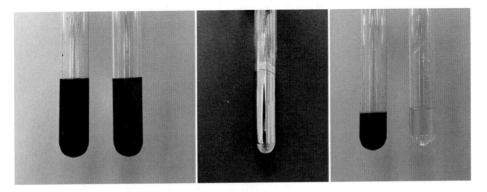

◘ **Abb. 11.3 a** Die Carbonyl-Gruppe steht bei Aldehyden am Ende, bei Ketonen innerhalb einer Kohlenstoffkette, **b** hypothetische Bildung von Ethanal

◘ **Abb. 11.4** Aldehyde lassen sich mit der Fehling-Probe (links) und Tollens-Probe (Mitte) nachweisen, Ketone reagieren hingegen nur in der Seliwanow-Probe (rechts)

> **Tipp**
>
> **Zusätzliche Übung**
>   Die Oxidation eines Alkohols führt zu einer Carbonyl-Gruppe. Je nachdem, ob der Ausgangspunkt ein primärer oder sekundärer Alkohol war, entsteht ein Aldehyd oder Keton. Wie du sie unterscheiden kannst, zeigt dir die Übung zur Carbonyl-Gruppe beim Zusatzmaterial.

■ **Lösungsmittel und „allgegenwärtige" funktionelle Gruppen**

Die polare Doppelbindung ermöglicht Wasserstoffbrücken. Jedoch können die funktionellen Gruppen diese nicht untereinander ausbilden, weshalb kurzkettige Aldehyde und Ketone gute Lösungsmittel für polare Stoffe sind.

Die Carbonyl-Gruppe ist zugleich recht reaktiv, was Methanal (Formaldehyd) unterstreicht. Methanal gehört zu den Grundchemikalien der chemischen Industrie. Es ist reaktionsfreudig und kann Ketten verlängern – sei es in der Synthese oder in der Kunststoffherstellung. Auch Ethanal ist ein wichtiger Ausgangsstoff, etwa für Essigsäure oder Butadien. Unter den Ketonen ist Propanon (Trivialname Aceton) sehr bekannt, da es für die Plexiglasherstellung benötigt wird.

11.3   Wenn Aldehyde „sauer" werden: Carbonsäuren

Als nächster Schritt beim Erkunden der funktionellen Gruppen liegen die **Carbonsäuren** nahe. Wird die *Carb*onyl-Gruppe eines Aldehyds weiter oxidiert, ersetzt eine Hydr*oxy*-Gruppe das Wasserstoff-Atom, und eine Carboxy-Gruppe (R–COOH) entsteht. Der Name von Carbonsäuren endet schlicht auf -säure. Wenn es um die gelöste Säure geht, liegt sie als Carbonsäure-Anion oder Carboxylat vor, dann ist -oat die Namensendung der Salze oder gelösten Anionen bei einer Benennung nach Nomenklaturregeln. Ein Beispiel ist Benzoat ($C_6H_5COO^-$), wobei es freilich auch in diesem Sektor Trivialnamen wie bei Acetat-Ionen (CH_3COO^-) gibt.

Aus dem Alltag sind einige Carbonsäuren bekannt, und insofern wundert es wenig, dass es viele Trivialnamen gibt. In vielen Küchen gibt es Essig – eine Mischung aus Essigsäure (Ethansäure, CH_3COOH), Wasser und Gewürzen. In der homologen Reihe der Alkansäuren sind die kurzkettigen Vertreterinnen weit im Alltagsgeschehen eingebunden, wenngleich manche vor allem in biologischen Prozessen: Ameisensäure (Methansäure, HCOOH), die bereits erwähnte Essigsäure, Propionsäure (Propansäure, C_2H_5COOH), Buttersäure (Butansäure, C_3H_7COOH).

Die *Ameisensäure* ist bekannt als Verteidigungssekret von Ameisen, die es aktiv verspritzen, bis hin zu Brennnesseln, die sie in kleinen Vorratsbläschen an der Blattoberfläche einlagern. Abgeleitet vom Gattungsnamen der Ameisen (*Formicidae*), werden die Salze der Ameisensäure auch als *Formiate* bezeichnet. Ebenso einen eigenen Trivialnamen gibt es für die Salze der *Essigsäure,* sie heißen *Acetate.* Beide Alkansäuren und ihre Salze kommen in zahlreichen Synthesen und Stoffwechselprozessen vor, da nicht selten Kettenverlängerungen und Molekülaufbau sehr kontrolliert und kleinschrittig vonstattengehen. Im Haushalt entkalken beide erfolgreich Wasserkocher oder Waschbecken. Die *Propionsäure* klingt vielleicht weniger ver-

traut: weder wird sie zum Würzen oder Reinigen eingesetzt, noch ist ihr Geruch so bekannt wie jener von Buttersäure. Die Propionsäure hat ihren Namen durch einen Vergleich erhalten – sie ist die kleinste Carbonsäure und damit in der homologen Reihe die erste, die ähnlich wie Fettsäuren reagiert (griech. *protos:* Erstes; *pion:* Fett). Dieser Vergleich wird schlüssiger, wenn die Fette unter die Lupe genommen werden (▶ Abschn. 12.2), hier reicht zunächst, dass Propionsäure auf einer wässrigen Lösung einen öligen Fettfilm bildet. Der Anteil des unpolaren Restes macht sich so bemerkbar. Eine andere Stoffeigenschaft, nämlich der Geruch nach ranziger Butter, verhalf der Butansäure zu ihrem Trivialnamen: Buttersäure.

Die *Eigenschaften der Carboxy-Gruppe* beziehen sich auf ihre Polarität, gepaart mit dem unpolaren Alkyl-Rest. Das H-Atom der Hydroxy-Gruppe ermöglicht die starke Wechselwirkung mit anderen Carbonsäure-Molekülen. Sie sind also gute, polare organische Lösungsmittel.

Die kurzkettigen Carbonsäuren lösen sich noch gut in Wasser; ab der Pentansäure werden sie dann aber immer lipophiler.

■ „Sauer" sein

Reaktionen von Carbonsäuren finden vor allem aufgrund der Säurefunktion statt, seltener direkt am C-Atom der funktionellen Gruppen. Ganz im Sinne von Brönstedt ist die Abgabe des Protons charakteristisch für die Säure und damit einhergehend die Bildung eines Säure-Anions. Carbonsäuren können wie anorganische Säuren mit Metall-Kationen Salze bilden.

Kohlensäure – eine Säure?

Innerhalb der Chemie wird die Frage immer wieder neu aufgeworfen, ob Kohlensäure eine echte Säure ist. Im Vergleich zu Chlorwasserstoffgas, das in Wasser geleitet schnell Salzsäure bildet, löst sich Kohlendioxid schlechter. Wer auch immer eine Flasche Wasser öffnet, die „Kohlensäure" versetzt wurde, erlebt das Bestreben des Kohlendioxids, der wässrigen Lösung zu entkommen. Gleichwohl lässt sich Kohlensäure im Labor untersuchen. Ratsam ist, hier genau in der Vorlesung auf den Stand der Diskussion zu diesem Thema zu achten.

Wie geneigt eine Säure ist, das Proton abzuspalten, wird durch die *Säurestärke* ausgedrückt. Der pK_S-Wert wurde bereits für anorganische Säuren vorgestellt (▶ Abschn. 3.3). Je polarer die O–H-Bindung in der Hydroxy-Gruppe und je stabiler das entstehende Ion ist, desto geringer der pK_S-Wert. Da es sich bei diesem um den negativen Logarithmus handelt, zeigt ein niedriger Wert desselben eine hohe Säurestärke an.

■ Der Blick ins Detail

Bei Säuren und ihrer Stärke geht es um das Gleichgewicht der Säure mit ihrem Anion. Bei organischen Säuren kommt hinzu, dass oftmals die Struktur wesentlich die Eigenschaften eines Moleküls beeinflusst. Während die C–O-Bindungen im Säuremolekül unterschiedlich lang sind, da es sich um eine Hydroxy-Gruppe und um eine Carbonyl-Gruppe handelt, sind es im Carboxylat-Ion zwei gleichartige Längen. Statt einer Einfachbindung im Falle der Hydroxy-Gruppe oder der Doppelbindung bei der Carbonyl-Gruppe gibt es Grenzstrukturen. Die Doppelbindung, also die p-Elektronen, delokalisieren, sodass die Mesomerie in der Strukturformel durch resonanzstabilisierte Bindungsverteilungen dargestellt werden kann (❑ Abb. 11.5). Da die Elektronen sich über die Sauerstoff-Atome verteilen, ist ein Säure-Anion sehr

$$R-C{\overset{\overline{\text{O}}|}{\underset{|\text{O}-\text{H}}{}}} \qquad R-C{\overset{\overline{\text{O}}|}{\underset{\overline{\text{O}}|^{\ominus}}{}}} \longleftrightarrow R-C{\overset{\diagup\text{O}\diagdown^{\ominus}}{\underset{\overline{\text{O}}|}{}}} \triangleq R-C{\overset{\overline{\text{O}}|}{\underset{\overline{\text{O}}|^{\ominus}}{}}}$$

◻ Abb. 11.5 Die Bindungen in der Carbonsäure lassen sich unterscheiden (links), bei Carboxylat-Ionen verteilen sich die Elektronen durch Mesomerie über die funktionelle Gruppe (rechts)

stabil. Die Stärke der Säure steigt durch elektronenziehende Substituenten in der Seitenkette, welche die Elektronendichte verringern und so die Reaktivität erhöhen. Dieser induktive Effekt wirkt am stärksten, wenn sich der elektronenziehende Substituent nahe an der Carboxylat-Gruppe befindet.

11.3.1   Mit Oxidationen der Säure auf der Spur

Die Bildung einer Säure aus Aldehyden lässt sich mit verschiedenen Reaktionen nachverfolgen. Die Oxidation eines Ketons würde jedoch zum Bindungsbruch einer C–C-Bindung führen, wofür sich die hier zunächst beschriebenen Nachweise nicht als Reagenzien eignen.

Die Fehling-Probe wurde bereits erwähnt (▶ Abschn. 11.2, ◻ Abb. 11.4), mit der sich Aldehyde nachweisen lassen. Das Herzstück der **Fehling-Probe** ist das Kupfer(II)-Ion, das reduziert wird. Für den Nachweis werden die Reagenzien erst kurz vor dem Nachweis zusammengefügt. Diese getrennten Bausteine werden als *Fehlingsche Lösung I und II* bezeichnet. Die erste Lösung enthält in schwefelsaurer Lösung das Kupfer(II)-Ion. Die zweite Lösung ist stark alkalisch und enthält Natrium-Kalium-Tartrat-Tetrahydrat. Das Tartrat ($[\text{COO–(CHOH)}_2\text{–COO}]^{2-}$ = $[\text{C}_4\text{H}_4\text{O}_6]^{2-}$) ist ein Salz der Weinsäure, das zwei Carboxylat-Gruppen enthält und so nach dem Vermengen der Lösungen das Kupfer(II)-Ion wie mit zwei Greifern in die Zange nimmt (▶ Abschn. 3.4). Da es keine feste, kovalente Bindung ist, sondern lediglich eine starke Wechselwirkung, wird die Verbindung als Komplex bezeichnet. Je zwei Zangen halten ein Kupfer(II)-Ion, sodass es vierfach koordiniert ist. Dies verhindert anderweitige Reaktionen zwischen dem vorhandenen Wasser und Kation. Das fertige Nachweisreagenz ist eine klare dunkelblaue Lösung.

Herstellen der aktiven Fehlingschen Lösung:

$$2\left[\text{C}_4\text{H}_4\text{O}_6\right]^{2-}(\text{aq}) + \text{Cu}^{2+}(\text{aq}) + 2\ \text{OH}^-(\text{aq}) \rightarrow$$
$$\left[\text{Cu}\left(\text{C}_4\text{H}_3\text{O}_6\right)_2\right]^{4-}(\text{aq}) + 2\ \text{H}_2\text{O}(\text{l}) \tag{11.1}$$

Wenn die zu prüfende Substanz zugefügt wurde, beschleunigt Erwärmen die Reaktion. Falls ein Aldehyd zugegen ist, ändert sich im Laufe der Redoxreaktion die Farbe des Gemisches über gelbgrün zum ausfallenden rotbraunen Feststoff. Die Farben gehen auf die Kupfer-Ionen zurück, die zunächst aus der Abschirmung des Komplexes gelöst und reduziert werden und dann als Kupfer(I)-oxid (Cu_2O) ausfallen.

Redoxreaktion von Ethanal mit dem zentralen Kupfer-Ion:

$$2\ Cu^{2+}\ (aq) + CH_3CHO\ (aq) + 5\ OH^-\ (aq) \rightarrow$$
$$Cu_2O\ (s) + CH_3COO^-\ (aq) + 5\ H_2O(l) \tag{11.2}$$

Das Aldehyd wird in dieser Nachweisreaktion also zum Carboxylat-Ion oxidiert und das Kupfer(II)-Ion zum Kupfer(I)-Ion reduziert.

Die **Tollens-Probe** hingegen weist ebenfalls Aldehyde nach und hat den älteren Zweitnamen *„Silberspiegel-Probe"*. Dieser weist schon auf den wesentlichen Schritt des Nachweises hin: Silber-Ionen werden zu elementarem Silber reduziert.

Ein alkalische Silbernitratlösung wird mit einer Probe der Substanz vermischt und leicht erwärmt. Kommt es zu Reduktion des Silbers, setzt es sich als dünner Film auf dem Glas ab. Am Beispiel von Ethanal lässt sich folgende Reaktionsgleichung aufstellen:

$$CH_3CHO\ (aq) + 2\ \left[Ag(NH_3)_2\right]^{2+}(aq) + 2\ OH^-\ (aq) \rightarrow$$
$$CH_3COOH\ (aq) + 2\ Ag \downarrow (s) + 4\ NH_3\ (aq) + H_2O\ (l) \tag{11.3}$$

Auch diese Nachweisreaktion basiert also auf einer Redoxreaktion. Die Bildung des Niederschlags kennzeichnet der Pfeil nach unten.

11.4 Ester bilden und wieder spalten

Die **Veresterung** spielt eine große Rolle bei den Fetten. Aus einem Dreifachalkohol und Säuren wird ein Dreifachester – diese Grundstruktur gilt für natürliche Fette. Wir beginnen zunächst mit einfachen Beispielen wie der Bildung von Essigsäureethylester. Die Veresterung ist formal gesehen zunächst eine *Kondensation*. Das Gleichgewicht zwischen Ausgangsstoffen einerseits und Ester plus Wasser andererseits lässt sich auch leicht zurückverlagern: Durch Wasserüberschuss wird der Ester gespalten. Da historisch dieser Schritt bei der Seifengewinnung eine Rolle spielte, wird die *Esterspaltung* auch *Verseifung* genannt (◘ Abb. 11.6).

Die Namensgebung führt den beteiligten Alkohol als Alkyl-Rest im Namen weiter und kombiniert ihn mit dem Namen des Säurerestes: Korrekt ginge es hier um Ethylethanoat. Geläufig sind jedoch noch die älteren Benennungen, die neben dem Alkyl-Rest der Säure einfach ein -ester anhängen, also Essigsäureethylester. Da Essigsäure so verbreitet ist, gibt es auch noch die Benennung Ethylacetat.

Welche Eigenschaften ändern sich bei der Veresterung? Die Ester-Gruppe R^1–COO–R^2 kann keine Wasserstoffbrücken mehr initiieren, da ihr das H-Atom dafür fehlt. Natürlich handelt es sich um polare C–O-Bindungen, und die freien Elektronenpaare am O-Atom können zu Protonen Wasserstoffbrücken bilden. Der Einfluss der Alkyl-Reste entscheidet, wie polar oder unpolar der Ester ist und damit über die Löslichkeit in Wasser.

a

Essigsäure   Ethanol   Essigsäureethylester   Wasser

b

Bildung des Carbenium-Ions

◘ Abb. 11.6 **a** Gesamtgleichung der Veresterung im Gleichgewicht mit der Esterspaltung (Verseifung); **b** Mechanismus der Veresterung

Ester mit kurzen Alkyl-Resten haben verglichen mit den entsprechenden Carbonsäuren eine niedrigere Siedetemperatur, da sie untereinander keine Wasserstoffbrücken ausbilden. Sie verdampfen also leichter, was einige Duftstoffe unter den Estern belegen. So ist der charakteristische Geruch von Ananas und Bananen auf Ester zurückzuführen. Wie schon erwähnt, sind Ester mit langkettigen Alkyl-Resten in der Stoffklasse der Fette zu finden (◘ Abschn. 12.2).

■ **Aus Zwei wird nicht so einfach Eins**

Wird nun wirklich einfach Wasser abgespalten? Die Veresterung von Essigsäure mit Ethanol wird durch die Katalyse einer starken Säure ausgelöst. Der Protonenüberschuss führt zu einem durch Mesomerie stabilisierten Carbenium-Ion (◘ Abb. 11.6 unterer Teil).

Der nun folgende Reaktionsschritt ist schneller, wobei bereits die neue C–O-Bindung gebildet wird. Die positive Ladung geht auf das Sauerstoff-Atom über (Oxonium-Ion). Die neue Bindung entsteht durch eine Addition, da sich das sp²-hybridisierte in ein sp³-hybridisiertes C-Atom umwandelt.

In einer Umlagerung wandert das Proton vom Oxonium-O-Atom zu einer der Hydroxy-Gruppen, was die Abspaltung eines Wasser-Moleküls vorbereitet. Die Eliminierung schließt damit ab, dass das eingangs aufgenommene Proton abgespalten wird.

11.4.1 Esterspaltung

Im ▶ Kap. 6 haben wir uns mit Gleichgewichten beschäftigt. Die Esterbildung und -spaltung ist eine Reaktion, die sich dazu anschaulich heranziehen lässt. Durch Säure katalysiert, spaltet Wasser die Esterbindung zu Carbonsäure und Alkohol. Der Mechanismus läuft in umgekehrter Reihenfolge wie oben beschrieben ab. Dies ist nützlich für Synthesen, in denen eine Carboxy-Gruppe geschützt werden soll. Sie wird als Ester maskiert und reagiert dann nicht mehr so leicht, lässt sich im Anschluss aber ohne Weiteres wieder freisetzen.

Gleichgewicht aus Veresterung und saurer Esterspaltung (Esterhydrolyse):

Säure + Alkohol $\rightleftharpoons$ Ester + Wasser

$$R^1 - COOH + R^2 - OH \rightleftharpoons R^1 - COO - R^2 + H_2O$$

Ein anderer Weg der Esterspaltung ist ein alkalisch katalysierter Reaktionsweg, der insgesamt irreversibel ist. Dabei addiert sich zunächst eine Hydroxy-Gruppe an das C-Atom der Carbonyl-Gruppe in der Ester-Funktion (◧ Abb. 11.6). Es bildet sich eine Zwischenstufe, aus der ein Alkoholat abgeschieden wird, während das Säure-Anion ein Proton aufnimmt. Die stabileren Produkte verlagern das Gleichgewicht in die Richtung des Bruchs der Acyl–Sauerstoff-Bindung.

Für diese Reaktion ist die Lösung basisch, und das Gemisch wird erwärmt. Die entstehende Carbonsäure kann ihr Proton abgeben, sodass das Säure-Anion in der Lösung vorliegt. Da bei der Seifengewinnung aus Fetten die freien Fettsäuren benötigt werden, wurde diese Reaktion schon lange in der Produktion eingesetzt – daher ihr Name *Verseifung.*

Alkalische Esterspaltung, Verseifung:

$$R^1 - COO - R^2 + OH^- \rightleftharpoons R^1 - COO^- + R^2 - OH$$

11.5 Aromaten – besonders stabile Alkene

Die bisher vorgestellten Stoffklassen wurden stets durch eine bestimmte funktionelle Gruppe charakterisiert. Bei den **Aromaten** ist dies hingegen anders: Delokalisierte Elektronensysteme machen sie so besonders. Zu den Besonderheiten zählt ihre außerordentliche Stabilität, gleichwohl sind sie reaktionsfreudig.

Sehr viele Aromaten leiten sich von der Grundstruktur des **Benzols** ab. Es fällt bei der Koksgewinnung an, kommt auch in Erdöl und Teer vor – also dort, wo organische Stoffe unter Druck lagerten und zerfielen. Lange gab seine Struktur ein Rätsel auf, denn aus der Molekülformel C_6H_6 gelang keine eindeutige Zuordnung. Benzol, auch als Benzen bekannt, ist ein Cyclo-hexyl-tri-en. Anhand dieser Verbindung soll das Konzept der Aromaten erläutert werden. Da Benzol für uns giftig ist, sei gleich darauf verwiesen, aromatische Verbindungen sprachlich nicht mit Aromen im Küchengebrauch zu verwechseln.

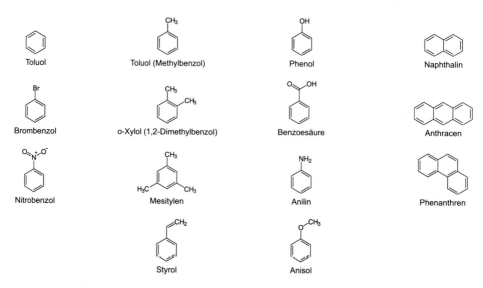

■ Abb. 11.7 Übersicht der Trivialnamen einer Auswahl wichtiger Aromaten, die sich von Benzol (Benzen) ableiten

Die Namensgebung der aromatischen Verbindungen greift wesentlich auf Trivialnamen zurück. In der Fachliteratur wird Benzol auch als Benzen bezeichnet – das vermeidet zugleich die Verwechselungsgefahr mit einem Alkohol. Der einfache Alkohol daraus heißt übrigens *Phenol* (C_6H_5OH), wovon sich der Name für einen Benzolring ableitet, der als Rest bezeichnet wird: die **Phenyl-Gruppe** ($R–C_6H_5$).

Eine kleine Auswahl von Aromaten ist in ■ Abb. 11.7 zusammengestellt. Auch Heteroatome können sich mit freien Elektronenpaaren am aromatischen Zustand beteiligen. Dieser wird durch ein paar Kriterien umrissen.

11.5.1 Aromatischer Zustand

Die Delokalisation der Doppelbindungen wurde bereits kurz betrachtet (► Abschn. 2.5 und 9.4). Sie ist der Grund für die besondere Stabilität der Aromaten. Die Bindungslängen lassen keine Einfachbindungen (154 pm) und Doppelbindungen (134 pm) unterscheiden, sondern sind gleichmäßig 139 pm lang. Mehrere mesomere Formen werden zu einer Grenzformel zusammengefasst. Die Schreibweise, die Bindungen nicht mehr wie in den mesomeren Grenzformeln zuzuordnen, sondern als Kreissymbol dazustellen, wurde bereits eingeführt (■ Abb. 11.8). In Reaktionsmechanismen können die mesomeren Grenzformeln eine Hilfe sein, um den Weg der Elektronenverschiebung nachzuvollziehen.

Da alle C-Atome sp²-hybridisiert sind, ist Benzol ein ebener Ring. Die einzelnen Orbitale verschwimmen zu einem π-Elektronen-System, in dem alle π-Elektronen der C-Atome des Rings delokalisieren. Das sind bei Benzol sechs π-Elektronen, größere Ringsysteme kommen auf zehn, 14 oder mehr π-Elektronen. Dieses fasst die sogenannte **Hückel-Regel** zusammen (■ Abb. 11.9). Mit der einfachen Formel ($4n + 2$) π-Elektronen wird geprüft, ob ein aromatischer Zustand vorliegt.

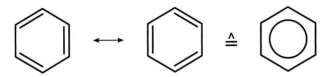

◘ Abb. 11.8 Benzol: In den mesomeren Grenzformeln sind die Elektronenpaare eingezeichnet, die aber tatsächlich delokalisiert sind. Daher wurde das Kreissymbol für den aromatischen Zustand eingeführt

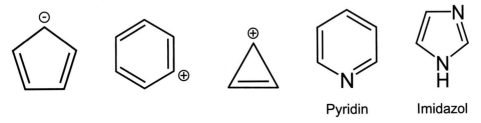

Pyridin   Imidazol

◘ Abb. 11.9 Die Hückel-Regel (($4n + 2$) π-Elektronen) erlaubt eine einfache Vorhersage, ob ein delokalisiertes Elektronensystem einen aromatischen Zustand darstellt

Diese Regel ist eine mathematische Formel, mit der festgestellt werden kann, ob ein aromatischer Zustand eingenommen werden kann. Der Faktor n orientiert sich am Elektronensystem und ist durch die vorhandene Situation bestimmt ($n = 0,1,2,3, …$). Viele $4n$-π-Systeme sind sehr reaktiv, aber nicht aromatisch stabilisiert: Sie werden als Antiaromaten klassifiziert. So ist als Beispiel Cyclobutadien (C_4H_4, $n = 1$) nicht planar, sodass die π-Orbitale weniger gut überlappen. In Aromaten trägt das zusätzliche Elektronenpaar („plus 2" π-Elektronen entspricht einem Elektronenpaar) erheblich zur Stabilität bei. Die tiefere Erkundung dieses Kriteriums und energetische Betrachtungen werden im Studium erfolgen und führen hier zu weit. Wichtig ist, dass es sich um das delokalisierte Elektronensystem handelt und somit auch Ionen oder Heteroatome zur Aromatizität beitragen können. Die strukturelle Anordnung in einem Ringsystem erleichtert enorm die Ausbildung des aromatischen Zustands, wobei Ringsysteme, die sich wie Naphthalin ($C_{10}H_8$, $n = 3$) eine Bindung teilen, also kondensiert sind, ebenfalls ein delokalisiertes π-System haben können.

■ **Stabil durch Ortswechsel**

In ▶ Abschn. 11.3 haben wir bereits die Mesomerie kennengelernt, hier nun zeigt sich, welche Auswirkungen sie hat. Die Hydrierungsenthalpie von Benzol (also die frei werdende Enthalpie für die Addition von Wasserstoff an die Doppelbindungen) kann theoretisch berechnet und mit der experimentell bestimmten verglichen werden. Rechnerisch wäre eine Hydrierungsenthalpie bei drei Doppelbindungen 360 kJ/mol (◘ Abb. 11.10). Gemessen werden jedoch –206 kJ/mol. Also wird viel weniger Energie, als theoretisch zu erwarten sein könnte, frei: Die Differenz beträgt 151 kJ/mol. Benzol ist damit viel stabiler als ein hypothetisches Cyclohexa-1,3,5-trien. Die Energiedifferenz wird als *Mesomerie-Energie* bezeichnet.

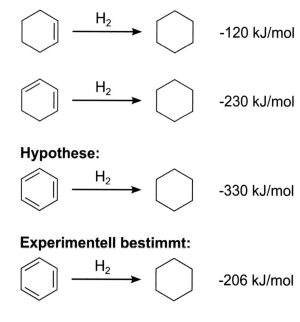

□ **Abb. 11.10** Die Hydrierungs-enthalpie von Cyclohexen und Benzol unterscheidet sich deutlich. Die zusätzliche Stabilisierung wird deutlich und als Mesomerie-Effekt bezeichnet

11

Die zu einem Ringsystem vereinten Orbitale erlauben den Elektronen einen raschen Ortswechsel. Obwohl du denken könntest, dass bei einer solchen Anhäufung von Doppelbindungen elektrophile Angriffe sehr leicht erfolgen, ist dennoch eine Aktivierung nötig.

11.5.2 Elektrophile Reaktionen am Benzolring

Brom reagiert mit Benzol nur dann, wenn katalytische Mengen von Eisentribromid (FeBr₃) im Reaktionsgemisch vorhanden sind. Nach den bisher vorgestellten Additionen von Brom an Doppelbindungen (siehe ▶ Kap. 10) handelt es sich bei der Reaktion mit Benzol jedoch um einen anderen Mechanismus: Die Aromatizität bleibt erhalten, also wird die Doppelbindung nicht aufgelöst, sondern ein H-Atom wird ersetzt. Es handelt sich um eine **elektrophile aromatische Substitution.**

Das stabile π-Elektronensystem lässt sich nur durch starke Elektrophile stören. Die Aktivierung der Bindung im Brom-Molekül durch den Katalysator, eine Lewis-Säure, führt zur Polarisierung und damit stark elektrophilen Brom-Atomen.

$$\text{Br}_2 + \text{FeBr}_3 \rightarrow \text{Br}^+ \blacktriangleleft \left[\text{FeBr}_4\right]^-$$

Diese elektrophilen Brom-Atome lagern sich an das π-Elektronensystem an (□ Abb. 11.11). Erst im zweiten Reaktionsschritt ordnet sich das Elektrophil einem Kohlenstoff-Atom zu, und eine kovalente Bindung wird angebahnt. Dieser sogenannte σ-Komplex nimmt noch mesomere Grenzformeln ein, wodurch die positive Ladung delokalisiert. Doch erst mit der Abgabe eines Protons besetzt das an der C–H-Bindung beteiligte Elektron ein p-Orbital, also delokalisiert. So wird wieder ein aromatischer und damit stabiler Zustand eingenommen.

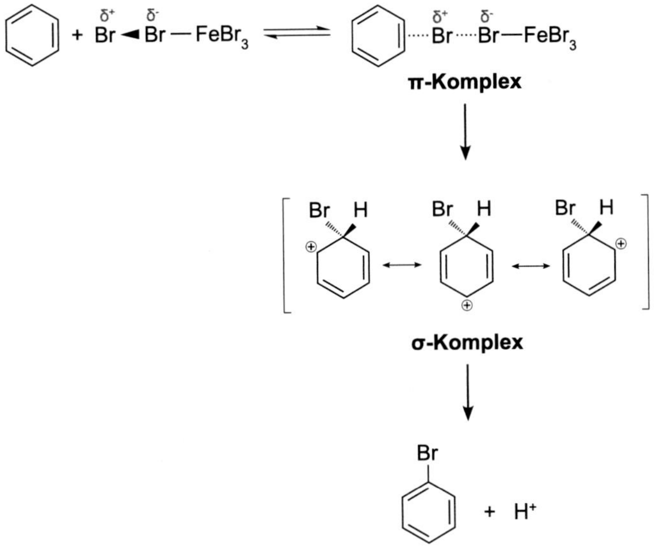

○ **Abb. 11.11** Die elektrophile Substitution am Aromaten läuft in zwei charakteristischen Schritten ab

$$Br^+ \left[FeBr_4 \right]^- + C_6H_6 \rightarrow \left[FeBr_4 \right]^- + C_6H_5Br + H^+$$

Einige Substitutionen führen zu wichtigen Ausgangsstoffen für die chemische Synthese. Hierzu zählen die Nitrierung, Sulfonierung und Halogenierung. Die Einführung von Alkyl-Gruppen wird Friedel-Crafts-Reaktion genannt und durch Aluminiumhalogenide katalysiert.

Nicht selten gibt es mehr als eine funktionelle Gruppe am Benzolring, woraus sich die Frage ergibt, ob es eine sterische oder andere Steuerung gibt, an welchem Ring-C-Atom sich der σ-Komplex ausbildet. Diese dirigierende Wirkung ist allerdings weniger sterisch, als tatsächlich elektronisch, worum es nun gehen soll.

11.5.3 Dirigenten der Zweitsubstitution am Benzolring

Wenn ein Benzolring zwei Substituenten trägt, können diese aufeinander bezogen die Positionen *ortho, meta* und *para* besetzen. Doch wie beeinflussen bereits vorhandene funktionelle Gruppen die Position neu hinzukommender Gruppen? Substituenten *erster Ordnung* sind Halogen-Atome und Alkyl-Gruppen und dirigieren in *ortho*- und *para*-Stellung. Dabei entstehen also Benzole mit 1,2- oder 1,4-Substitution.

> **Positionen zur Zweitsubstitution**
> Die Positionen relativ zu einer schon vorhandenen funktionellen Gruppe am Sechsring werden als *ortho, meta* und *para* bezeichnet.

Folglich gibt es auch Substituenten *zweiter Ordnung*, dazu zählen Nitro- und Carboxy-Gruppen. Diese Substituenten dirigieren dann meist zum *meta*-ständigen C-Atom.

Außerdem wird von der Aktivierung oder Deaktivierung der Reaktion gesprochen – immer im Vergleich zu der Reaktion an unsubstituiertem Benzol. Sind Substituenten zweiter Ordnung vorhanden, läuft die Reaktion langsamer ab, sie haben deaktivierenden Einfluss.

Was beeinflusst nun die Aktivierung oder Deaktivierung und vor allem die Position des reagierenden C-Atoms? Eine Kombination aus verschiedenen Effekten wirkt sich aus, wobei die Frage ist, welcher überwiegend Einfluss nimmt: der induktive oder der mesomere Effekt (◘ Tab. 11.1).

Der **induktive Effekt (*I*-Effekt)** beschreibt, ob Substituenten einen elektronenziehenden oder elektronenschiebenden Effekt ausüben. Er geht also auf die Elektronegativität der an der Gruppe beteiligten Atome zurück. Bei Halogenen ist dies einfach zu erkennen, sie sind relativ elektronegativ, ziehen die Elektronen des π-Elektronensystem an und senken so die Elektronendichte am C-Atom des Rings: –I-Effekt (oder negativer Induktionseffekt). Einen positiven Induktionseffekt – +I-Effekt – erzeugen Substituenten, die die Elektronendichte erhöhen, wie Amine. Auch Alkyl-Gruppen üben diesen Effekt aus, da ein sp^2-hybrisiertes Kohlenstoff-Atom elektronegativer als ein sp^3-hybridisiertes ist.

Bereits weiter oben wurde der mesomere Effekt beschrieben, der auch als ***M*-Effekt** abgekürzt wird. Dieser dirigiert stärker die Position einer zweiten eintretenden funktionellen Gruppe als der I-Effekt. Können also freie Elektronenpaare oder π-Elektronen

◘ **Tab. 11.1** Substitutionseffekte bei der elektrophilen aromatischen Substitution

C–R (R = …)	**Effekt**	**Wirkung**	**Orientierende Wirkung**	
-OH	–I, +M	stark aktivierend	*ortho, para*	1. Ordnung
$-O^-$	+I, +M	aktivierend	*ortho, para*	
-OR	–I, +M	aktivierend	*ortho, para*	
$-NH_2$, -NHR, $-NR_2$	–I, +M	aktivierend	*ortho, para*	
Alkyl- oder Phenyl-Rest	+I	schwach aktivierend	*ortho, para*	
-F, -Cl, -Br, -I	–I, +M	schwach desaktivierend	*ortho, para*	
$-NO_2$	–I, –M	desaktivierend	*meta*	2. Ordnung
$-NH_3^+$, $-NR_3^+$	–I	desaktivierend	*meta*	
$-SO_3H$	–I, –M	desaktivierend	*meta*	
-CO-X (X = H, -OH, -OR, $-NH_2$)	–I, –M	desaktivierend	*meta*	
-CN	–I, –M	desaktivierend	*meta*	

☐ Abb. 11.12
Energiediagramm der
Zweitsubstitution eines
elektronenreichen, aktivierten
Aromaten. Durch den (+M)-
Effekt stabilisieren die
mesomeren Grenzformeln die
Bindungsbildung in *ortho*- oder
para-Stellung stärker als
benachbart zum
elektronenschiebenden
Erstsubstituenten

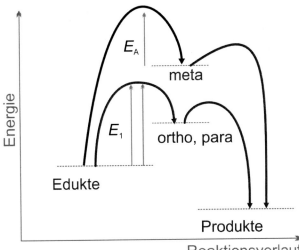

des vorhandenen Substituenten mit den π-Elektronen des Ringsystems wechselwirken, beeinflusst dies, welche weitere Position für einen σ-Komplex günstig ist.

Je nachdem, ob sich die Elektronen stärker aus dem Ring heraus verteilen – (–M)-Effekt – oder die Elektronendichte im Ringsystem – (+M)-Effekt – erhöhen, wirkt sich der Effekt desaktivierend oder aktivierend aus.

Wenn sich der Zweitsubstituent anlagert, kommt es wieder zu einem Übergangszustand, einem σ-Komplex. Die Betrachtung möglicher Grenzformeln gibt Hinweise die Energie der Übergangszustände. Kann sich der Erstsubstituent an der Ladungsumverteilung beteiligen, weist die zusätzliche Grenzformel darauf hin, dass es sich um einen besonders stabilisierten Übergangszustand handelt und wo somit die Bildung der kovalenten Bindung unter Abgabe eines Protons zum Ladungsausgleich wahrscheinlich ist (☐ Abb. 11.12).

Tipp

Zusätzliche Übung

Die *Regioselektivität* der Zweitsubstitution steuern die bereits vorhandenen Substituenten. Diesen *M*-Effekt kannst du mit einer Knobelaufgabe zur Zweitsubstitution üben – du findest sie beim Zusatzmaterial.

Reaktivität gegenüber Nucleophilen

Wie schon ☐ Tab. 11.1 zeigt, steuern vorhandene funktionelle Gruppen nicht nur den Ort der Zweitsubstitution, sondern auch die Reaktivität des Benzolrings gegenüber Elektrophilen. Eine besondere Bedeutung bekommen Substituenten für den nucleophilen Angriff, da sie in einem unsubstituierten, elektronenreichen Benzolring nicht die negative Teilladung delokalisieren können: Alle Orbitale sind besetzt! Daher bedarf es Substituenten, die einen elektronenziehenden Effekt ausüben, wodurch Kohlenstoff-Atome im Ring positive partielle Ladungen tragen können. Der Reaktionsmechanismus untergliedert sich in eine Addition, der direkt eine Eliminierung folgt (☐ Abb. 11.13).

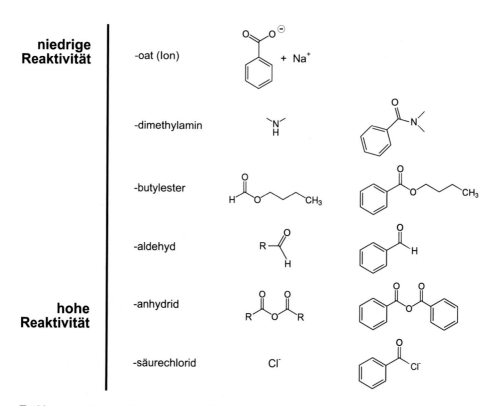

☐ **Abb. 11.13**   Erstsubstituenten steuern die Reaktivität eines Benzolrings gegenüber Nucleophilen

11.6   Amine und Aminosäuren

Nach Aminosäuren wird sogar im Weltall gesucht: Sie spielen eine zentrale Rolle bei der Entwicklung von Lebensformen. Sie haben von Natur aus die Tendenz, sich miteinander zu langen Ketten zu verknüpfen und so Peptide und Proteine zu bilden (Abschn. 13.4). Bisher wurde die Amino-Gruppe ($R–NH_2$) als funktionelle Gruppe eingeführt, aber noch nicht die Stoffklasse der Amine näher vorgestellt.

11.6.1   Amine

Wenn Halogenalkane mit Ammoniak reagieren, entstehen **Amine.** Dabei entsteht eine Mischung von unterschiedlich stark substituierten, mehrwertigen Aminen. Zwei Vertreter sind Methylamin (CH_3NH_2) und Anilin (Phenylamin, $C_6H_5NH_2$), Ersteres das kleinste mögliches Alkylamin, letzteres ein aromatisches Amin, das ein wichtiger Ausgangsstoff für Synthesen ist (▶ Abb. 11.14).

Im Gegensatz zu den Alkoholen (▶ Abschn. 11.1.1) wird bei aliphatischen *primären, sekundären und tertiären Aminen* nicht nach Anzahl der funktionellen Gruppen am C-Atom unterschieden, sondern das N-Atom selbst betrachtet.

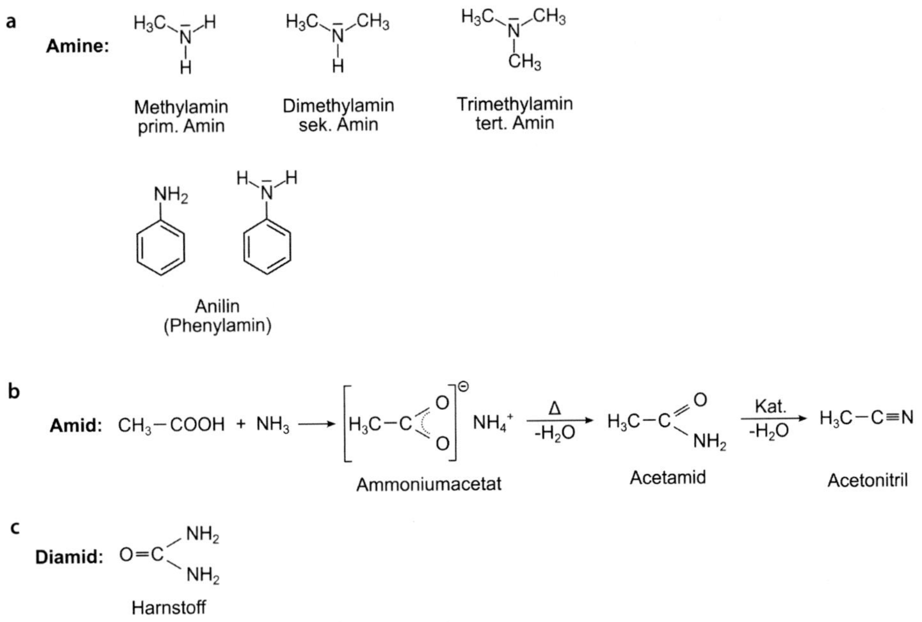

a **Amine:**

H_3C—N—H (mit H) **Methylamin** prim. Amin

H_3C—N—CH_3 (mit H) **Dimethylamin** sek. Amin

H_3C—N—CH_3 (mit CH_3) **Trimethylamin** tert. Amin

NH_2 (Phenylring) / H—N—H (Phenylring)
Anilin (Phenylamin)

b **Amid:** CH_3—COOH + $NH_3 \longrightarrow$ $\left[H_3C-C\begin{smallmatrix}O\\O\end{smallmatrix}\right]^{\ominus} NH_4^+$ **Ammoniumacetat** $\xrightarrow[-H_2O]{\Delta}$ $H_3C-C\begin{smallmatrix}O\\NH_2\end{smallmatrix}$ **Acetamid** $\xrightarrow[-H_2O]{Kat.}$ $H_3C-C\equiv N$ **Acetonitril**

c **Diamid:** $O=C\begin{smallmatrix}NH_2\\NH_2\end{smallmatrix}$ **Harnstoff**

Abb. 11.14 **a** Mehrfach-Amine am Beispiel von Methylamin und das einfachste aromatische Amin, Anilin. **b** Die Synthese von Acetamid aus Ammoniak und Essigsäure bis hin zu Acetonitril. **c** Harnstoff ist ein Diamid

Basische Eigenschaften der Amine

In wässriger Lösung haben Amine basische Eigenschaften – und das, ohne dabei in Ionen zu zerfallen. Genau wie bei Ammoniak (NH_3) lassen sich Amine leicht protonieren, es handelt sich um schwache Basen.

Allerdings erhöhen die Alkyl-Reste bei aliphatischen Alkanen durch Elektronenverschiebung hin zum N-Atom im Vergleich zu Ammoniak die Basizität. Im Gegenzug spielt auch die zunehmende sterische Hinderung eine Rolle bei der Solvatisierung, die das gebildete Ammonium-Ion stabilisiert. Das freie Elektronenpaar macht Amine zu guten Nucleophilen.

> **Tipp**
>
> **Zusätzliche Übung**
> Im Vergleich zu aliphatischen sind aromatische Amine noch schwächere Basen. Übe die Anwendung der entsprechenden Konzepte anhand von Anilin. Die Übung findest du beim Zusatzmaterial.

Die Löslichkeit von Aminen ist gering, da sie nicht so stabile Wasserstoffbrücken bilden wie etwa Alkohole. Entsprechend sieden sie im Vergleich zu den homologen Alkanolen bei geringeren Temperaturen, aber doch bei höheren Temperaturen die zugrundeliegenden Alkane.

■ **Sonderfall Amide**

Wenn eine Amino-Gruppe vorhanden ist, kommt es wiederum auf die Position im Molekül an, ob sich der Substituent mit anderen zu einer weiteren funktionellen Gruppe zusammensetzt. Bevor wir dies bei Aminosäuren vertiefen, zeigen dies bereits Amide: Eine Carbonsäure, bei der eine Hydroxy-Gruppe durch ein Amin ersetzt wird, ist ein *Carbonsäureamid* oder kurz Amid (oder auch Acylamin).

Ein Beispiel zeigt ◘ Abb. 11.14b mit der Bildung von Acetamid (CH_3CONH_2) aus Essigsäure und Ammoniak. Durch weiteres Entziehen von Wasser kann diese Verbindung bis zum Nitril ($R–C≡N$) weiterreagieren.

Ein Spezialfall ist die Bildung von Harnstoff ($CO(NH_2)_2$) aus Ameisensäure ($HCCOH$): Er ist sogar ein Diamid, da aus der ursprünglichen Carboxy-Gruppe eine Carbonyl-Gruppe entsteht, deren C-Atom zwei Amin-Gruppen trägt.

11.6.2 Aminosäuren

Die Bildung von Aminosäuren ist komplexer. Sie lassen sich gedanklich in mehrere funktionelle Gruppen aufteilen, nämlich in die Carboxy-Gruppe und die Amino-Gruppe (◘ Abb. 11.15). Im Sinne der Nomenklatur kommt der Carboxy-Gruppe die höchste Priorität zu, und ihr benachbartes Kohlenstoff-Atom wird als α-C-Atom bezeichnet. Bei den in der Natur vorkommenden Aminosäuren trägt dieses die Amino-Gruppe.

Bei der Namensgebung werden bei Aminosäuren in der Regel Trivialnamen verwendet, da ihr Aufbau komplexer ist. Insbesondere zwanzig α-Aminosäuren spielen in der Biologie eine große Rolle und werden dort häufig mit den ersten drei Buchstaben ihres Namens abgekürzt – oder ein Schema mit nur einem Buchstaben wird angewandt (◘ Tab. 11.2).

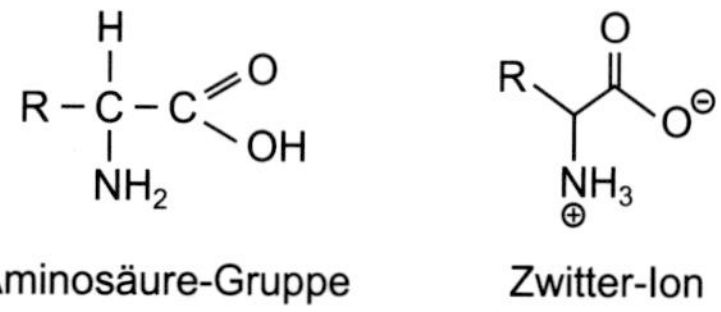

◘ **Abb. 11.15** Glycin ist die am einfachsten aufgebaute Aminosäure. Bei ihr ist der Rest (R) ein H-Atom

◘ **Tab. 11.2** Dreibuchstaben- und Einbuchstabencode der proteinbildenden Aminosäuren

Grundstruktur α-Aminosäure in alphabetischer Reihenfolge		
Alanin: Ala oder A	Glycin: Gly oder G	Prolin: Pro oder P
Arginin: Arg oder R	Histidin: His oder H	Serin: Ser oder S
Asparagin: Asn oder N	Isoleucin: Ile oder I	Threonin: Thr oder T
Aspartat: Asp oder D	Leucin: Leu oder L	Tryptophan: Trp oder W
Cystein: Cys oder C	Lysin: Lys oder K	Tyrosin: Tyr oder Y
Glutamat: Glu oder E	Methionin: Met oder M	Valin: Val oder V
Glutamin: Gln oder Q	Phenylalanin: Phe oder F	

- ## Eigenschaften der Aminosäuren

Am einfachsten ist Glycin (CH_2NH_2COOH) aufgebaut. Während die Carboxyl-Gruppe ihr Proton leicht abgibt, zieht die Amino-Gruppe Protonen an. Sie bilden in Lösungen oder als festes Salz leicht *Zwitter-Ionen* (◘ Abb. 11.15). Kommen weitere Seitenketten und funktionelle Gruppen hinzu, steigert oder senkt dies zum einen die Polarität und beeinflusst zum anderen, wie sie in wässriger Lösung auf eine Änderung des pH-Werts reagieren. In einer sauren Lösung liegen Aminosäuren als Kation vor, wobei die Amino-Gruppe Protonen aufnimmt. In basischen Lösungen gibt hingegen die Amino-Gruppe das zusätzliche Proton ab, und die negative Ladung der Carboxy-Gruppe verschiebt das Gleichgewicht zum Anion. Am *isoelektrischen Punkt* (kurz IEP) gleichen sich die basischen und sauren funktionellen Gruppen aus und das Molekül ist nach außen neutral. Tatsächlich tragen dann die beiden funktionellen Gruppen der Aminosäure nicht zur Leitfähigkeit bei.

Die Angabe, ob es sich um eine basische oder eine saure Aminosäure handelt, orientiert sich an der Lage des isoelektrischen Punkt. Dieser liegt bei Asparaginsäure und Glutaminsäure im stark sauren Bereich; hingegen bei Arginin, Lysin und Histidin im deutlich basischen Bereich.

Die meisten Vertreterinnen sind neutrale und unpolare Aminosäuren mit kurzer Seitenkette, wie Alanin, das lediglich eine Methyl-Gruppe mehr als Glycin trägt (◘ Tab. 11.2). Weitere Carboxy-Gruppen erhöhen den sauren Character wie bei Asparaginsäure. Hingegen tragen basische Aminosäuren zusätzliche Amino-Gruppen wie Lysin (2,6-Diaminohexansäure).

Weitere Hydroxy-Gruppen wie bei Serin (2-Amino-3-hydroxy-propansäure) steigern die Polarität, wirken sich aber nicht auf das Säure-Base-Verhalten aus. Andere Seitenketten enthalten Schwefel wie Cystein, bei dem Thiol-Gruppen (R–SH) untereinander **Disulfidbrücken** bilden können (R–S–S–R). Diese sind relativ stabil und koppeln Aminosäuren untereinander.

Tipp

Überprüfe dein Wissen
Wenn du die Zuordnung der physikalisch-chemischen Eigenschaften nochmal üben möchtest, findest du eine Aufgabe zur Übersicht auf der Flashcard **Aminosäuren**.

Insgesamt kristallisieren Aminosäuren gut und lassen sich physikochemisch untersuchen. Der Einfluss der Seitenketten auf die Säure-Base-Eigenschaften wird im nächsten Kapitel eine große Rolle spielen (▶ Abschn. 12.4). Die in der Natur gefundenen Proteine werden aus einem festen Satz, einem Kanon, von zwanzig verschiedenen Aminosäuren aufgebaut. Diese *kanonischen Aminosäuren* werden als *proteinogen* bezeichnet. Doch lassen sich auch *nichtkanonische Aminosäuren* herstellen. Wenn ihr Bauplan in bakterielles Erbgut eingeschleust wird, werden die Proteine nicht mehr gleich aufgebaut und erkannt – ein wichtiges Werkzeug in der Wirkstoffforschung.

- ## Typische Reaktionen

Wenn Aminosäuren aufeinandertreffen, reagieren sie leicht miteinander und verketten sich. Kleinere Ketten werden Peptide genannt, größere Proteine. Die so charak-

teristische Verknüpfung wird *Peptidbindung* benannt und im folgenden Kapitel besprochen werden (▶ Abschn. 12.4).

Tipp

Überprüfe dein Wissen
Für die Katalyse werden Aminosäuren zunehmend wichtig. Was dahinter steckt, kannst du auf der Flashcard **Chiralität bei Aminosäuren** erkunden.

Ausblick
Am Anfang betonten wir, wie grundlegend funktionelle Gruppen die Stoffeigenschaften beeinflussen. Funktionelle Gruppen prägen bei der systematischen Benennung nach Nomenklaturregeln den Stoffnamen. Sie verraten etwas über den Oxidationsgrad, und ihre Positionierung beeinflusst, wie reaktiv ein Molekül an der Stelle ist. Die Polarität eines Lösungsmittels adressiert einzelne Bereiche des Moleküls und wie reaktiv die funktionellen Gruppen in dieser Umgebung sind. Dieses Wissen lässt sich gut weiternutzen, wenn es um Reaktionsmechanismen und die Planung einer Reaktion geht.

Im nächsten Kapitel geht es um einen ersten Eindruck, wie große Moleküle durch eine Mehrzahl funktioneller Gruppen in ihren Eigenschaften und damit ihrer Reaktivität geprägt werden.

11

11.7 Top-Ten-Test zu den Kohlenwasserstoffen

Mit diesem Top-Ten-Test kannst du einschätzen, ob du die zehn wichtigsten Lernziele des Kapitels erreicht hast. Die Lösungen findest du beim Zusatzmaterial.

- **1) Übung zu Alkoholen**
a. Was ist der Unterschied zwischen primären, sekundären und tertiären Alkoholen im Vergleich zu mehrwertigen Alkoholen?
b. Gib die Molekülformeln von Glycerin und Butan-1-ol an und gib an, um welche Art von Alkohol es sich handelt.

- **2) Übung zu Ethern**
Die Kondensation lernst du in diesem Kapitel als weitere wichtige chemische Reaktion bei der Umsetzung organischer Moleküle kennen.
a. Schreibe die Reaktionsgleichung für die Reaktion von Ethanol mit konzentrierter Schwefelsäure auf.
b. Erläutere, welchen Beitrag die Stoffe jeweils an der Reaktion haben.

- **3) Übung zu Aldehyden und Ketonen**
Wenn Alkohole oxidiert werden, entstehen Carbonyl-Gruppen. Welche Arten von Alkoholen sind dies im Fall von Aldehyden und von Ketonen?

■ **4) Übung zu Carbonsäuren**

Carbonsäuren können ein Proton abgeben, das daher auch acides (saures) Wasserstoff-Atom genannt wird.

a. Auf welchem Effekt beruht die saure Eigenschaft? Ergänze die Polarisierung in der Strukturformel von Ethansäure.

b. Notiere die formale Strukturformel des Anions und die mesomere Formel.

c. Gib die Namen und Trivialnamen der ersten drei Alkansäuren an sowie ihrer Anionen.

■ **5) Übung zu Estern**

Methanol wird im menschlichen Körper durch Oxidationsreaktionen abgebaut. Stelle die Reaktionsschemas auf und notiere am C-Atom die Oxidationszahl.

Methanol → Formaldehyd → Ameisensäure

■ **6) Übung zur Bildung und Spaltung von Estern**

a. Essigsäure und Ethanol reagieren reversibel miteinander. Ergänze das folgende Reaktionsschema um die Produktseite und die Reaktionsmechanismen.

b. Ethanol und Wasser sind ähnlich basisch und vergleichbar gute Abgangsgruppen. Wie lässt sich das Gleichgewicht auf die rechte Seite verschieben?

■ **7) Übung zur Benennung von Aromaten**

a. Benenne folgende Verbindungen:

b. Zeichne
  ― Brombenzol (Brombenzen)
  ― Anilin
  ― *o*-1,2-Dibrombenzol (*o*-1,2-Dibrombenzen)
  ― *m*-1,2-Dibrombenzol (*m*-1,2-Dibrombenzen)
  ― *p*-1,2-Dibrombenzol (*p*-1,2-Dibrombenzen)

- **8) Übung zur Mehrfachsubstitution am Benzolring**

Der aromatische Zustand macht Benzen (Benzol) sehr stabil. Sobald es substituiert ist, wird die Einführung einer zweiten funktionellen Gruppe von der Reaktionsgeschwindigkeit von der Erstsubstitution abweichen.

Ergänze das Reaktionsschema und die Tabelle mit den Effekten der Substituenten. Worauf beruhen die Effekte und wie wirken sie sich aus?

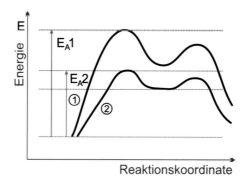

Erster Substituent	Effekt	Aktivierungsenergie der Zweitsubstitution
-OH, -NH$_2$		
-CH$_3$		
-Cl		
-COOH, -CHO, -NO$_2$		

- **9) Übung zu Aminen**

Die Basizität von Aminen beruht darauf, dass das Stickstoff-Atom wie bei Ammoniak protoniert wird. Schreibe den Reaktionsmechanismus für ein primäres Amin (R-NH$_2$) mit Methanol auf.

- **10) Übung zu Aminosäuren**

Zeichne Isoleucin und Prolin stereochemisch richtig auf. Wie würde der systematische Name von Prolin lauten?

11

Makromoleküle und Naturstoffe

Inhaltsverzeichnis

Ergänzende Information Die elektronische Version dieses Kapitels enthält Zusatzmaterial, auf das über folgenden Link zugegriffen werden kann [https://doi.org/10.1007/978-3-662-69351-3_12].

Tipp

Als Käufer:in dieses Buches kannst du kostenlos die Flashcard-App „SN Flashcards" mit Aufgaben zur Wissensüberprüfung und zum Lernen von Buchinhalten nutzen. Folge dazu bitte den Anweisungen für die Nutzung:

1. Geh auf ► https://flashcards.springernature.com/login.
2. Erstelle ein Benutzerkonto, indem du deine Mailadresse und ein Passwort eingibst.
3. Verwende den folgenden Link, um Zugang zu deinem SN-Flashcards-Set zu erhalten: ► https://sn.pub/gulgbv

Sollte der Link fehlen oder nicht funktionieren, sende bitte eine E-Mail mit dem Betreff „SN Flashcards" und dem Buchtitel an customerservice@springernature.com.

Bisher wurde die organische Chemie vor allem auf Molekülebene betrachtet, und dabei boten sich kleinere Beispiele zum Kennenlernen an. In diesem Kapitel weitet sich unser Blick auf die Makromoleküle einerseits und einen traditionellen Zweig der organischen Chemie andererseits: die Naturstoffe. Wer tiefer in die Naturstoffchemie einsteigt, erkundet einerseits, wie kleinste Moleküle wie Stickstoffmonoxid (NO) als Botenstoffe große Wirkung erzielen, und andererseits, wie Moleküle lange Ketten und stark verzweigte Netzwerke bilden und so die Stützgerüste in Knochen, Bäumen und auch elastischen Materialien wie Spinnenseide und Kautschuk ermöglichen.

Als Makromolekül gelten sehr große Moleküle mit hohem Molekulargewicht. Weder über die Zusammensetzung noch die Struktur sagt der Begriff zunächst etwas aus. Es können also wiederkehrende Baueinheiten oder auch aus unterschiedlichen Bruchstücken aufgebaute Moleküle sein.

In der Wirkstoffforschung gibt es viele Ideen, wie neue Verbindungen gefunden und/oder entwickelt werden können, die die gewünschten Eigenschaften haben, etwa als Medikament oder auch als Herbizid. Zudem gilt es auch aufzuklären, welcher Teil eines Moleküls wie auf seine Umgebung einwirkt, wechselwirkt und mit vorhandenen Substanzen reagiert. Computerberechnungen und Simulationen können hier unterstützen, doch über Jahrhunderte wurden Vorbilder direkt in der Natur gesucht. Auch heute noch lässt sich Chemie auf diese Art inspirieren – so stand die Abwehr von Eindringlingen in Bakterien Modell für die mit dem Nobelpreis 2020 ausgezeichnete CRISPR/Cas-Technologie.

In diesem Kapitel können wir viele Bezüge zu alltäglichen Phänomenen herstellen und den nächsten Schritt in die Welt der Chemie machen. Die Grundlagen, wie sie zum Anfang des Chemiestudiums gelegt werden, ermöglichen es, mit geschultem Blick auf komplexere Systeme zuzugehen. Probieren wir es aus!

Lernziele

Nach dem Bearbeiten dieses Kapitels ...

— wendest du Stoffklassen als ordnendes Prinzip an,

— unterscheidest du bei der Herstellung von Kunststoffen, ob die Ausgangsstoffe durch Polymerisieren, Kondensieren oder Verestern miteinander verknüpft werden,

— kennst du die Funktionen von Fetten und kannst ihre physikalisch-chemischen Eigenschaften beschreiben,

— wendest du die Nomenklatur auf Kohlenhydrate an und beschreibst zudem wichtige Unterschiede der Stoffklasse in Abhängigkeit ihres strukturellen Aufbaus,

— kannst du in groben Zügen wichtige Eigenschaften der Proteine wiedergeben, indem du Aspekte wie ihren Aufbau aus Aminosäuren und die hohe Bedeutung der räumlichen Anordnung interpretieren kannst,

— wirst du künftig bei großen Molekülen nach Terpenen Ausschau halten. Die strukturelle Einheit des Isoprens und die damit verbundenen Eigenschaften kannst du in Worte fassen,

— kennst du mit den Alkaloiden auch eine Stoffklasse, die deutlich macht, dass nicht alles klar definiert ist. Diese Stoffklasse beschreibst du künftig anhand ihrer Wirkung.

— blickst du geschulter auf Moleküle und fragst dich, welche Reaktionen an der Entstehung beteiligt gewesen sein können. Dein Vokabular umfasst auch klassische Bereiche der organischen Chemie wie Naturstoffe, Synthesen und Retrosynthesen.

12.1 Kunststoffe: Polymerisieren, Kondensieren, Addieren

Der Begriff Polymere gilt grundsätzlich für alle Moleküle, die sich aus wiederkehrenden Bausteinen, den Monomeren, zusammensetzen. Dabei kann es sich um ein oder mehrere Monomere handeln – unterschieden wird dann zwischen einer Polymerisation und einer Copolymerisation.

In Technik und Alltag sind Kunststoffe als Polymer geläufig und sind typische Beispiele, um die verschiedenen Verknüpfungsreaktionen einzuführen. Die radikalische Polymerisation ist ein Sonderfall der Additions-Reaktion. Der zweite klassische Reaktionsweg ist die Polykondensation, und auch dazu wurde die Grundreaktion schon vorgestellt (▶ Abschn. 10.1).

12.1.1 Radikalische Polymerisation

Die Grundbausteine dieser Form der Polymerisation sind Alkene. Bekannte Kunststoffe wie Polyethen (PE), Polypropen (PP) und Polyvinylchlorid (PVC) leiten sich von den Bausteinen Ethen, Propen und Vinylchlorid ab.

Initiales Radikal: In·

Startreaktion:

Kettenfortpflanzung:

Kettenabbruch:

oder: H-Abstraktion (Disproportionierung)

oder: (Radikal-rekombination)

☐ **Abb. 12.1** Reaktionsmechanismus der Bildung von Polyethen. Die Reaktionskette wird durch initiale Radikale (In·) ausgelöst. Wenn die Reaktion gestartet ist, reagieren die vorhandenen Radikale mit noch vorhandenen Monomeren weiter, und die Bausteine fügen sich zu Ketten zusammen. Die Kettenlänge zu regulieren gehört zum Handwerk der Polymerchemie: Letztlich führen verschiedene Reaktionen zum Abbruch der Reaktionskette

12

Die Reaktion wird durch *initiale Radikale,* auch *Startradikale* genannt, eingeleitet. Sie addieren sich an die π-Bindung und lassen so ein Alkyl-Radikal entstehen. Die Alkyl-Radikale addieren sich wiederum an noch vorhandene Doppelbindungen anderer Monomere, sodass sich einerseits eine neue kovalente C–C-Bindung bildet und andererseits das ungebundene, radikalische Elektron wieder am Ende der Kette steht. Da sich diese Reaktionsart, wie im Reaktionsmechanismus (☐ Abb. 12.1) zu sehen ist, kettenartig fortsetzt, wird dieser Teil des Geschehens als *Kettenreaktion* bezeichnet. Wenn nur noch wenige Doppelbindungen vorliegen, treffen die möglichen Reaktionspartner nicht mehr so schnell aufeinander, und die Polymerisation verebbt. Vorhandene Radikale reagieren miteinander, sodass aus zwei ungebundenen Elektronen eine kovalente Bindung entsteht. Diese Rekombination führt zum *Kettenabbruch.* Weitere Kettenabbruchreaktionen sind das Abspalten eines Radikals oder die Wasserstoff-Abstraktion, auch als Disproportion bezeichnet. Bei letzterer spaltet sich in einem Alkyl-Radikal eine kovalente C–H-Bindung auf: Einerseits tritt ein Proton-Radikal aus dem Molekül aus und wird von einem benachbarten Alkylradikal addiert. Dies führt zu einer neuen kovalenten C–H-Bindung. Im zuerst betrachteten Molekül rekombinieren die beiden verbliebenen radikalischen Elektronen zu einer π-Bindung, sodass auch hier ein neutrales Molekül entsteht.

Solange noch viele Monomere vorliegen, fallen die Kettenabbruchreaktionen nicht so sehr ins Gewicht, jedoch mit Versiegen des Überschusses. Eine andere Möglichkeit, die Polymerisation zu beenden, ist das Abkühlen. Für die industrielle

Produktion steuern Katalysatoren oder auch Trägermaterialien die Länge der entstehenden Polymere, damit am Ende nicht eine wilde Mischung von unterschiedlich langen Polymeren, sondern ein Produkt mit definierten Stoffeigenschaften vorliegt.

Tipp

Namen von Polymeren und Systematik

Bei der radikalischen Polymerisation von Ethen entstehen langkettige Alkane. Dennoch ist es gebräuchlich, von Polyethen oder auch Polyethylen zu sprechen. **Die Namensgebung geht also vom Monomer aus.** Bei der Polymerisation von Styrol entsteht Polystyrol oder bei der von Vinylchlorid entsteht Polyvinylchlorid.

Die Namen wie Polyethylen oder Polypropylen haben sich aus alten Trivialnamen gebildet; die IUPAC empfiehlt hingegen die systematischen Namen.

Tipp

Zusätzliche Übung

Viele Kunststoffe, die wir alltäglich im Gebrauch haben, werden aus ungesättigten Monomeren hergestellt. Erstelle eine kleine Übersicht anhand der Übung zur Kettenpolymerisation, die du beim Zusatzmaterial findest.

Tipp

Zusätzliche Übung

In der Forschung wird nach neuen Quellen für Polymere gesucht. Eine Idee ist, Cellulose als Ausgangsstoff zu wählen und aufzuspalten. Ein Gedankenbeispiel des Reaktionswegs findest du in der Übung zu Polymeren aus der Forschung beim Zusatzmaterial.

12.1.2 Polymere durch Kondensationen

Die Polykondensation finden wir häufig bei Estern, wenn eine Dicarbonsäure mit einem Diol (zweiwertigem Alkohol) reagiert und bei der Bindungsbildung Hydroxy-Gruppen und Protonen abspaltet, was vereinfacht als Wasser in die Reaktionsgleichung eingeht. Die Polymerisierung findet dadurch statt, dass die Monomere bifunktionell sind, also auf beiden Seiten des Moleküls die reagierenden funktionellen Gruppen tragen. Beim Beispiel des Polyesters Polyethylenterephthalat (PET) handelt es sich um Ethan-1,2-diol (Glycol) und Terephthalsäure (◘ Abb. 12.2). In der Darstellung des Reaktionsschemas wird nur eine strukturelle Einheit in eckige Klammern gesetzt, und der Index n deutet die Vervielfachung dieser Grundeinheit an.

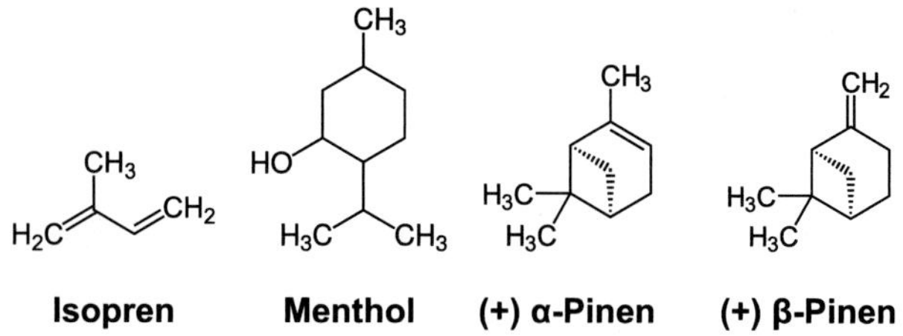

◘ Abb. 12.2 Polykondensation.
Aus Ethan-1,2-diol und
Terephthalsäure (Benzol-1,4-di-
carbonsäure) entsteht PET. Nach
Benutzer Jü, CC BY-SA 4.0
DEED

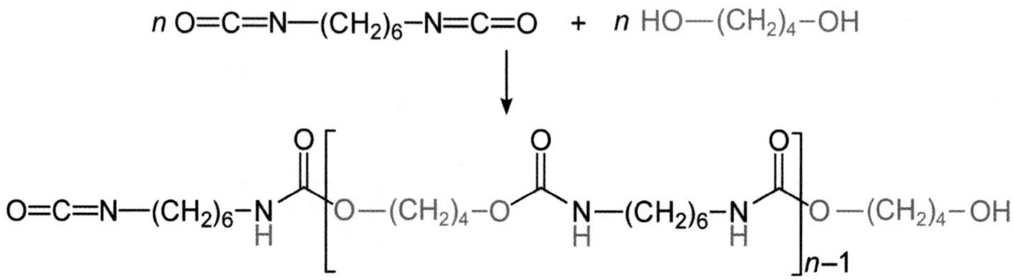

Isopren   Menthol   (+) α-Pinen   (+) β-Pinen

$$n\ O{=}C{=}N{-}(CH_2)_6{-}N{=}C{=}O\ +\ n\ HO{-}(CH_2)_4{-}OH$$

◘ Abb. 12.3 Polyaddition von Hexan-1,6-diisocyanat und Butan-1,4-diol zu Polyurethan

Wesentliches Kennzeichen ist also die Abspaltung kleiner Moleküle. Die Kondensation verläuft nicht als Kettenreaktion, sodass auch durch die Wahl der Reaktionsbedingungen oder den Einsatz von Katalysatoren, über die die Kettenlängen gesteuert werden und die Materialeigenschaften beeinflusst werden können. Weitere Beispiele sind Polyamide, die Carbonsäureamid-Gruppen enthalten, oder Polycarbonate.

12.1.3 Polymere durch Additionen

Eine weitere der vier Grundreaktionen war die Addition (▶ Abschn. 10.1), und wir treffen auch sie bei der Bildung von Polymeren wieder an. Im Gegensatz zur Polykondensation werden bei der Polyaddition keine kleineren Moleküle abgespalten. Genau wie dort handelt es sich meist nicht um Kettenreaktionen, sondern die Reaktionsbedingungen steuern den Verlauf der Reaktion. Ein Beispiel sind Polyurethane (PUR, ◘ Abb. 12.3). Ausgehend von Monomeren mit mehreren funktionellen Gruppen wie Dialkoholen oder Diisocyanaten bilden sich zunächst Dimere und weitere kurzkettige Addukte. Diese verbinden sich schließlich zu langkettigen Polymeren.

Die Polyurethane enthalten die charakteristische *Urethanbindung* (◘ Abb. 12.4), die bei der Reaktion zwischen Isocyanat und Alkohol-Gruppe entsteht, wobei zugleich noch ein Proton von der Hydroxy-Gruppe an das Stickstoff-Atom umlagert (▶ Abschn. 10.4).

Enthalten die Moleküle weitere funktionelle Gruppen, können stärker vernetzte Werkstoffe entstehen, die härter sind. Die weichen Schäume federn Stöße ab und dämmen den Wärmetransport, härtere Werkstoffe sind wichtige Verpackungs-, Schutz und Transportmaterialien. Die Vielfalt des Einsatzes von Kunststoffen kannst du schnell anhand einer Skiausrüstung nachvollziehen – vom Helm über die Membranen der Kleidung, die Sohlen der Schuhe, die Stöcke. Inspiriert wurden viele Entwicklungen von der Natur, weshalb es nun mit einem anderen Stoß- und Wärmedämmmaterial weitergehen soll.

12.2 Fette

Im Stoffwechsel von Pflanzen und Tieren spielen die Makromoleküle der folgenden drei Abschnitte eine große Rolle: Fette, Kohlenhydrate und Proteine. Sie werden mitunter auch als Bausteine des Lebens bezeichnet, und interstellare Expeditionen halten nach Bruchstücken dieser Molekülarten Ausschau, da sie als Indikator für lebende Organismen gelten. Doch der Reihe nach: Zunächst die Fette. Sie sind Energiespeicher, in der Ernährung liefern sie entsprechend Energie. Im Alltag werden noch immer viele Stoffe verwendet, die aus den abgelagerten Energiereserven der Vegetation auf der Erde stammen: Erdöl. Auch dieses wird genutzt, um die gespeicherte Energie in andere Formen umzuwandeln: Wärme, Bewegung, Licht.

Fette haben als gemeinsames strukturelles Merkmal den Dreifachalkohol Glycerin, der Fettsäure-Reste trägt (□ Abb. 12.5). Die Länge der gebundenen Fettsäuren kann variieren, weshalb selbst Fette aus einer gemeinsamen Herkunftsquelle keine definierte Schmelz- oder Siedetemperatur haben. Butter wird weich, lange bevor sie zerfließt!

Wir werden also gleich die *Fettsäuren* noch näher betrachten: lange Kohlenwasserstoffketten, die am Ende eine Carboxy-Gruppe (R–COO–R; R steht für Rest) tragen. Wer die vorigen Kapitel durchgearbeitet hat, ahnt vielleicht schon, dass das erwähnte Glycerin mit den Fettsäuren einen Ester bildet (▶ Abschn. 11.4). Die langen, unpolaren Kohlenstoffketten der Fettsäuren sind der Grund dafür, dass Fette *hydrophob* sind, also wasserabweisend. Wasser-Moleküle sind polar und lagern sich daher kaum an; wenn Wasser und Öl gemischt werden, trennen sie sich beim Stehenlassen wieder und bilden Phasen. Dies wird beim Trennverfahren der Extraktion genutzt, um Stoffe aus einer homogenen Mischung herauszulösen, die sich in polaren oder unpolaren Lösungsmitteln besser lösen.

Bleiben wir noch kurz bei der *Mischbarkeit*, denn auch Emulsionen basieren auf dieser Eigenschaft. Fett in Wasser bildet kleine Tropfen: Die Molekülköpfe mit dem Dreifachalkohol können mit den Wasser-Molekülen Wasserstoffbrücken ausbilden. Die Fettsäure-Reste hingegen lagern sich eng aneinander und weisen das Wasser ab. Zunächst bilden sie eine lockere Membran, die sich zu kleinen Tropfen oder Kugeln schließt: Dann wird von einer Micelle gesprochen. In Zellen sind diese Mechanismen

Abb. 12.5 Das Strukturmerkmal der Fette ist die Ver-
esterung von drei Fettsäuren mit dem Dreifachalkohol Glycerin.
Die Länge der Fettsäure-Reste (R^1–R^3) ist variabel und auch die
Kombination von Fettsäuren, die jeweils gebunden sind

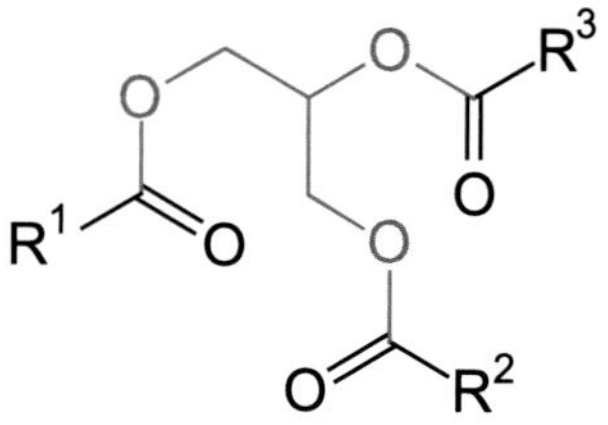

zur Bildung von Membranen weit verbreitet. Auch im häuslichen Alltag begegnen
wir ihnen: Jedes Shampoo und jede Seife basiert auf diesem Effekt, wobei hier die
Membranen von *Tensiden* gebildet oder stabilisiert werden. Die Tenside sind grenz-
flächenaktiv – am Kopfende tragen sie polare Gruppen, weshalb sich in Wasser lösen,
und daran einen hydrophoben organischen Molekülteil, der in die organische Phase
hineinragt. Dadurch bilden sich stabile Grenzflächen beider Phasen aus. Die organische Phase kann auch fest sein, wie bei Schmutzpartikeln.

Fettsäuren: gesättigt und ungesättigt
Fettsäuren variieren in der Länge der Kohlenwasserstoffkette und in der Anzahl der vorhandenen Doppel-
bindungen. Im Fett-Molekül binden sie an das Glycerin-Ende als „Kopf" und bilden daran das „Schwanz-
ende".
   Bei gesättigten Fettsäuren bilden Alkyl-Reste die Schwänze; bei ungesättigten Fettsäuren sind es
Alken-Reste. Da vorhandene Doppelbindungen die Stoffeigenschaften wesentlich beeinflussen, schlagen
sie sich auf molekularer Ebene in einer besonderen Benennung nieder. Historisch wurde die letzte in der
Kette vorhandene Doppelbindung hervorgehoben. Dabei wurde das Ende auf Griechisch bezeichnet
(*Omega*) und die Position angegeben. Eine Omega-3-Fettsäure hat also in der Kette die letzte Doppel-
bindung an drittletzter Position.

■ **Flüssig oder fest**
Ob Fette flüssig oder fest sind, hängt von verschiedenen Faktoren ab. Einer davon ist
die Länge der gebundenen Fettsäuren. Je länger die gebundenen Fettsäuren sind,
desto stärker werden die Van-der-Waals-Wechselwirkungen zwischen ihnen, und das
Fett wird wahrscheinlicher in fester Form vorliegen. Da sie sich für diese Wechselwirkung im günstigsten Fall nah aneinander anlagern, begünstigt eine gestreckte Form
diesen Prozess. Unverzweigte, langkettige Alkyl-Reste bilden daher feste Fette. Sind
jedoch Doppelbindungen vorhanden, verlieren die Gerüste an dieser Stelle die freie
Drehbarkeit der σ-Bindung. Etwas salopp formuliert, versteifen sich Teile der Alke-
nyl-Reste, und die Ketten „knicken" ab. In der Folge lagern sie weniger eng aneinander, die Van-der-Waals-Wechselwirkung ist geringer und das Fett bleibt noch bei höheren Temperaturen flüssig, eben ein Öl.
   Wenn Pflanzen Fette produzieren, sind häufig *cis*-Doppelbindungen vorhanden,
nur wenige Pflanzenfette sind fest. Für die Produktion von fester Margarine werden
die Doppelbindungen in der industriellen Produktion mit Wasserstoff hydriert. Dies
wird als *Härtung* bezeichnet, da die Fette anschließend fest werden. Als Nebenprodukt entstehen auch sogenannte *trans*-Fettsäuren, die sich im Übrigen auch beim
Frittieren oder sehr heißen Anbraten bilden können. Die Doppelbindungen sind im
Vergleich zu *cis*-Doppelbindungen umgelagert und die Alkyl-Reste stehen wie im
verlängerten Zickzack-Muster der gesättigten Allylkette. Dadurch werden die
Fettsäure-Reste von Enzymen schlechter erkannt und gespalten. Sie werden vom

Blut in die Leber transportiert, wodurch sich der Spiegel an Lipoproteinen im Blut und die Leberfettwerte erhöhen können. Margarinen werden schon seit Langem mit verbesserten Verfahren gehärtet, aber aufgrund der vielfältigen Quellen sind Grenzwerte erlassen worden.

Tipp

Überprüfe dein Wissen

Die *Grenzflächenspannung* ist ein Forschungsgebiet, dass sich mit den Wechselwirkungen zwischen festen, flüssigen und gasförmigen Komponenten an Phasengrenzen befasst. Die Oberflächenspannung zwischen Wasseroberfläche und Luftraum ist ein Beispiel, die Kontaktlinie zwischen Feststoff und Wasser eine weitere.

Die *Reinigungswirkung* ist ein Anwendungsbeispiel, das Verbinden von Mischungen zu stabileren *Emulsionen* ein weiteres. Dabei geht es nicht nur um eine Mayonnaise, auch die Membranen in sämtlichen Körperzellen und Organellen basieren auf Grenzflächeneffekten.

Eine Übung zu Grundbegriffen in diesem Bereich findest du auf der Flashcard **Tenside und Emulgatoren**.

■ **Energieträger, Wärmeisolator und Stoßdämpfer**

In biologischen Kontexten sind Fette sehr faszinierend. Einerseits werden sie als Speicherstoff für chemisch gebundene Energie gebildet. Fettreserven lassen sich wieder in kleinere Moleküle aufspalte, dabei wird die chemisch gespeicherte Energie wieder in Wärme oder Bewegung umgewandelt. Zugleich transportieren die Moleküle selbst nur schlecht Wärme: Sie sind, einmal eingelagert, nicht mehr so mobil wie die viel kleineren Wasser-Moleküle, sondern verharren eher in ihrer Anordnung. Damit sind wir bei einer dritten wichtigen biologischen Funktion: Die inneren Organe von Menschen und Tieren werden zum Teil von Fettschichten umgeben, um Stöße abzudämpfen. Mit jedem Schritt wirken beschleunigende und bremsende Kräfte auch auf die inneren Organe.

Chemisch sind eher die freien Fettsäuren von Interesse. Öle selbst können auch als Lösungsmittel oder aufgrund ihrer höheren Zersetzungstemperaturen im Ölbad verwendet werden, wobei Wasser im ersten Fall zu polar ist und im zweiten ein Wasserbad schon verdampfen würde.

Tipp

Zusätzliche Übung

Ein Bereich der Forschung in der Chemie befasst sich mit der *Selbstorganisation,* wozu auch Membranen zählen. Die Zusatzdatei Nanokapseln beschreibt so einen Prozess, bei dem sich aus Emulsionen wie von selbst geordnete Strukturen bilden. Wende dein Wissen über Polyadditionsreaktionen in der Übung beim Zusatzmaterial an.

12.3 Kohlenhydrate

Für die menschliche Ernährung sind Kohlenhydrate ein Grundstoff und auch in der Natur sind sie zentral. Sie sind Bau- und Speicherstoffe. Pflanzen bauen in der Photosynthese Glucose ($C_6H_{12}O_6$) auf und setzen sie entweder als Energiespeicher im Stoffwechsel ein, zusammengefügt zu Stärke als Energiedepot in Samen oder zusammengefügt zu Zellstoff (Cellulose) als Gerüststoff. Tiere und auch Menschen nutzen Glucose als schnellen Energielieferanten. Um als Energiespeicher eingelagert zu werden, modifizieren Enzyme die Zucker. Doch zunächst geht es um die einfachen Zucker, Monosaccharide. In festem, also kristallinem, Zucker kommt meist die geschlossene Ringform als *Pyranose* vor. Auch in wässriger Umgebung kommt Glucose meist zu einem Ring geschlossen vor, jedoch ebenso ein geringer Teil im Gleichgewicht als offene Form der Pyranose. Häufig wird Häufig wird gerade diese Form in Übersichten dargestellt, da sie einfacher zu zeichnen – und auch zu lesen – ist.

Namensvielfalt rund um den Zucker

Zum Begriff *Zucker* gibt es viele Synonyme, die zum Teil historisch bedingt sind, zum Teil gibt es fachkulturelle Vorlieben. *Kohlenhydrat* bezieht sich auf die ursprüngliche Annahme, dass Wasser an einer Kohlenstoffkette addiert einen Zucker ergeben könnte. Die Grundformel könnte der Grund dieser Vermutung sein: $C_n(H_2O)_m$. Das sieht aus, als sei Wasser an Kohlenstoff gebunden.

Richtig ist, dass eine Kohlenstoffkette das Rückgrat des Zucker-Moleküls bildet. Allerdings ist daran nicht Wasser angelagert, sondern zum einen Hydroxy-Gruppen (–OH) im Wechsel mit Wasserstoff-Atomen und zum anderen eine Carbonyl-Gruppe (R_2–CO). Bei der Glucose steht diese am Kopfende als Aldehyd, daher auch der Begriff *Aldose*. Die Endung -ose kennzeichnet Zucker. *Ketosen* wie Fructose tragen die Carbonyl-Gruppe weiter unten in der Kette. In Wasser gelöst bilden sich aus den Ketten Ringe.

Die lateinische Bezeichnung *saccharum* für „süß" bezieht sich auf die Stoffeigenschaft einiger Zucker, so lässt sich ein direkter Bezug zu einzelnen Bausteinen herstellen. Daher gibt es Zählweisen für Zucker und Saccharide, wohingegen Kohlenhydrate eher als Oberbegriff der Stoffklasse verwendet wird.

Vorsilben

Bei Zuckern wird von Einfach-, Zweifach- bis hin zu Mehrfachzuckern gesprochen. Bei Sacchariden werden die Vorsilben aus griechischen Zählwörtern abgeleitet: Mono-, Di-, Tetra- bis hin zu Poly- für viele.

Einen Sonderfall bilden die *Oligosaccharide*. Das lässt sich grob mit „einige" übersetzen und bezieht sich in etwa auf zwei bis zehn Einzelbausteine, die verknüpft sind.

12.3.1 Strukturmerkmale

In der Chemie gründen sich Stoffklassen oft auf eine bestimmte funktionelle Gruppe. Wie bei der Erläuterung des Begriffs Kohlenhydrat bereits zu sehen ist, klappt das bei Kohlenhydraten nur bedingt (s. Kasten „Namensvielfalt rund um den Zucker"). Schon gleich zu Anfang stellt sich die Frage, ob ihre Struktur am kleinsten Zucker, der Triose, erläutert werden soll oder an den häufigsten Formen: Pentosen oder Hexosen (◘ Abb. 12.6). In der Natur sehr häufig vorkommende Monomere, also Einfachzucker, sind Pentosen wie Ribose ($C_5H_{10}O_5$) sowie Hexosen wie Glucose ($C_6H_{12}O_6$) und Fructose ($C_6H_{12}O_6$).

Pflanzen produzieren in der Photosynthese Glucose aus Kohlendioxid und Wasser. In der Zuckerrübe wird dann enzymatisch die Transportform Saccharose, ein Zweifachzucker (Disaccharid) aus Fructose und Glucose, aufgebaut – das ist unser bekannter Haushaltszucker. Formal handelt es sich um mehrwertige Alkohole, die partiell oxidiert sind. Wichtig ist die Verknüpfung der beiden Bausteine, die sogar einen eigenen Namen bekam: *glykosidische Bindung*.

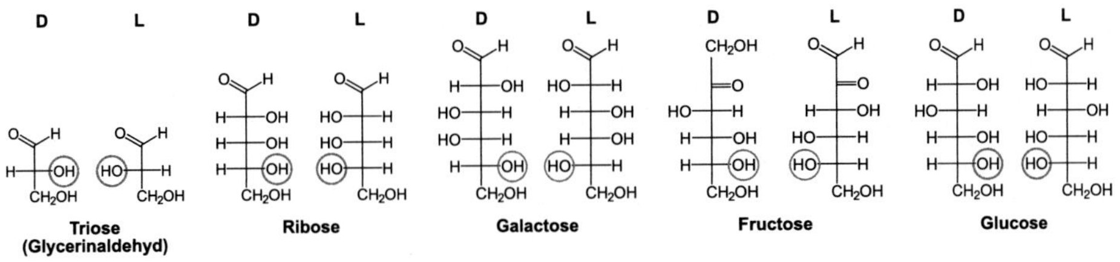

D L   D L   D L   D L   D L

Triose
(Glycerinaldehyd)   Ribose   Galactose   Fructose   Glucose

Abb. 12.6 Die kleinsten Zucker, Triosen, enthalten drei C-Atome. Die Vielfalt steigt bei Zuckern mit fünf C-Atomen an, wozu die Ribose zählt. Mit dem sechsten C-Atom können sich außer Fünfringen auch die stabilen Sechsringe bilden. Besonders häufig im Stoffwechsel kommen die Beispiele Galactose, Fructose und Glucose vor

Bevor diese Bindung näher beschrieben wird, wollen wir zusammenfassen, was bei Kohlenhydraten strukturell besonderes Augenmerk verdient: Ist eine Aldehyd- oder eine Keto-Gruppe vorhanden? Wie viele OH-Gruppen gibt es und auf welcher Seite stehen sie? Handelt es sich um einen Einfach- oder Mehrfachzucker? Bei Mehrfachzuckern wird noch die Stellung der Bausteine zur glykosidischen Bindung erfasst. All diese Aspekte beeinflussen wesentlich die Stoffeigenschaften und werden in der Namensgebung berücksichtigt.

Die Süße des Zuckers

Die Struktur des Zuckers prägt auch das Geschmacksempfinden: Die hohe Zahl an Hydroxy-Gruppen (OH) stärkt die Wechselwirkung mit den Rezeptoren für süßen Geschmack. Abschirmend wirken Verzweigungen, denn dadurch werden die Hydroxyl-Gruppen schwerer zugänglicher – oder sind an Bindungen beteiligt. Monosaccharide und leicht zu spaltende Oligo- oder Polysaccharide schmecken uns süß, hochverzweigte Polysaccharide nehmen wir geschmacklich nicht wahr.

⟩ Zählweise bei Einfachzuckern

Neben der Zählung der Monomere gibt es noch die Zählung innerhalb des Moleküls selbst. Eine Triose enthält drei C-Atome, eine Pentose fünf und eine Hexose sechs. Damit ist also nicht die Anzahl von Monomeren gemeint!

> **Tipp**
>
> **Zusätzliche Übung**
> Der strukturelle Unterschied lässt sich mit einer chemischen Reaktion nachweisen. Erkunde die Nachweisreaktion von Aldehyd oder Keton und ihren Mechanismus mit der Übung beim Zusatzmaterial.

12.3.2 Glykosidische Bindung

Um die Vielfalt der Kohlenhydrate in strukturell und chemisch ähnliche Gruppen zu fassen, wurden Disaccharide auch als Diglykoside bezeichnet. Formal verknüpfen sich zwei Kohlenhydrat-Bausteine durch eine Kondensation, bei der eine Sauerstoffbrücke zwischen den Einfachzuckern entsteht und Wasser abgespalten wird. Diese Reaktion lässt sich in einer Hydrolyse auch wieder umkehren. So können Enzyme wie Amylase in unserem Speichel diese glykosidische Bindung von Saccharose leicht

spalten. Ein weiteres Beispiel für ein Disaccharid ist die Lactose, auch Milchzucker genannt: Kühe speichern Glucose verknüpft mit Galactose.

Darstellung in der Haworth-Formel

In ▶ Kap. 8 haben wir verschiedene Darstellungsweisen von Molekülen betrachtet. Ein Schwerpunkt lag darauf, die richtige Konformation (▶ Abschn. 8.5) erkennbar darzustellen. Bei der Verknüpfung der Bausteine in Polysacchariden wollte der Chemiker Walter Norman Haworth die *Konfiguration* der asymmetrischen C-Atome hervorheben. Daher werden die cyclischen Bausteine eben dargestellt und die verknüpfende glykosidische Bindung tritt in den Vordergrund (◘ Abb. 12.7).

Am Beispiel der Saccharose sehen wir ein weiteres Detail, wenn wir das Molekül in der *Haworth-Projektion* betrachten: Für die Stellung der glykosidischen Gruppe gibt es zwei Möglichkeiten (◘ Abb. 12.7). Zeigt die markierte Hydroxy-Gruppe in der Haworth-Formel nach unten, steht sie α-glykosidisch, zeigt sie nach oben, dann β-glykosidisch. Bei der Kondensation zur glykosidischen Bindung entstehen dadurch flache oder eben gefaltete Oligosaccharide, welche dann wiederum als verschiedene Anomere bezeichnet werden – noch ein Begriff, der sich auf die Stereochemie bezieht! Wenn du ihm im Studium begegnest, notiere dir eine Definition. Hier reicht es, wenn du weißt, dass die Stellung der beiden Monomer-Bausteine rund um das verbrückende O-Atom, die glykosidische Bindung, gemeint ist.

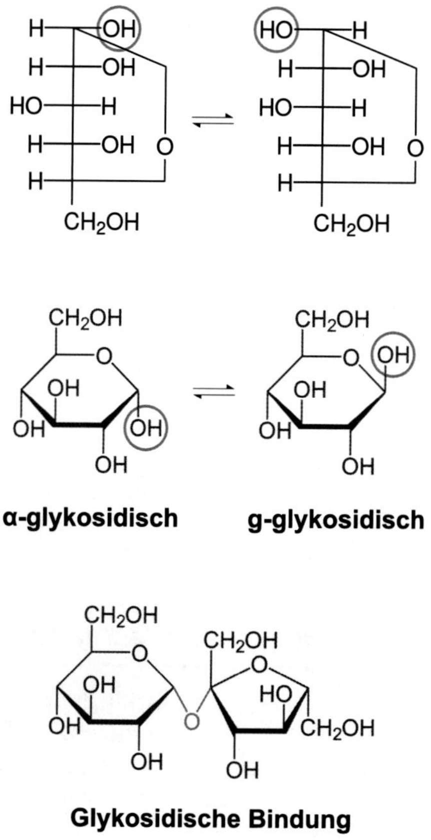

◘ **Abb. 12.7** Das Disaccharid Saccharose (unten) entsteht aus Glucose und Fructose. Die Stellung der glykosidischen Gruppe entscheidet darüber, welches Anomer gebildet wird

α-glykosidisch   g-glykosidisch

Glykosidische Bindung

Als altbekannte Naturstoffe, bei denen es sehr auf die räumliche Ausrichtung ankommt, kommen noch weitere beschreibende Elemente hinzu. Dies sind die *Stereodeskriptoren* D und L (◨ Abb. 12.6). In der Abbildung wird die offenkettige Form der α-Zucker in der Fischer-Projektion dargestellt. Bereits hervorgehoben ist jeweils eine Hydroxy-Gruppe. Diese ist an das C-Atom gebunden, das zum einen chiral und zum anderen am weitesten entfernt ist von der Aldehyd-Gruppe mit höchster Priorität nach den Nomenklaturregeln. Steht die markierte OH-Gruppe rechts, wird das lateinische *dexter* (D) angegeben; steht sie links, wird *laevus* (L) angegeben. Verkürzt werden diese Ortsangaben zum Anfangsbuchstaben, der als Deskriptor im Idealfall als Kapitälchen dem Namen vorangestellt wird.

Die optische Aktivität im Detail war bei den Enantiomeren bereits im Fokus (► Abschn. 8.5.2). In Schulbüchern wird sie ausgiebig anhand der Zucker nachvollzogen. Dies soll hier nicht umfassend wiedergegeben werden. Als natürliche Polymere gehören sie mit in dieses Kapitel.

■ **Polysaccharide**

Polysaccharide enthalten mindestens elf Monozucker, die glykosidisch miteinander verbunden sind. Ein Beispiel ist *Stärke,* die vor allem aus Amylose besteht und als *Speicherstoff* etwa in Kartoffelknollen, Weizen- und Maiskörnern vorkommt.

Weitaus größere Mengen werden in Pflanzen an *Cellulose* hergestellt, die ein *Gerüststoff* ist. Sie ist ein Beispiel für eine β-1,4-glykosidische Bindung. Übrigens lässt sich dies auch in der Sessel-Darstellung gut ablesen (◨ Abb. 12.8). Wenn du es nachvollziehen willst, kannst du die nicht eingezeichneten H-Atome jeweils axial und äquatorial ergänzen.

◨ **Abb. 12.8** Amylose mit α-1,4-glykosidischer Bindung in Haworth-Darstellung und Cellulose mit β-1,4-glykosidischer Bindung in Sessel-Konformation

---

Formal

Wenn in einem Mechanismus *formal* eine Reaktionsfolge angegeben wird, bedeutet das meist, dass eine hypothetische, also nur gedachte, Reaktion genau zu diesem Ergebnis führt. In der Realität sind dann häufig mehr Reaktionsschritte, Enzyme oder gänzlich andere Reaktionswege vonnöten.

Bereits fortgeschrittene Chemie ist der synthetische Aufbau von Zuckern. Ähnlich wie bei den Proteinen (▶ Abschn. 12.4.1), um die es gleich gehen wird, werden einzelne Monomere an eine wachsende Kette oder auch an verzweigte Ketten angekoppelt. Am Ende werden die Produkte vom Anker, etwa einem Harz, gelöst. Als biokompatibles Gerüst sind Kohlenhydrate ein spannendes Forschungsfeld, doch die Steuerung der Synthese in wenigen Schritten (und mittlerweile auch automatisiert) wird erst mit vertieften Grundkenntnissen spannend. So sind Kohlenhydrate historisch ein wichtiger Haltepunkt bezüglich der Strukturaufklärung. Cellulose macht einen großen Teil der Biomasse auf unserem Planeten aus. Im Chemiestudium geht das Thema weit über diese kleine Einführung hinaus.

12.4 Proteine

Vieles, was es zu Proteinen zu sagen gibt, könnte schon aus dem Biologieunterricht bekannt sein. Proteine fungieren einerseits als universeller Baustoff und andererseits als wichtige funktionelle Einheit. Beispiele für Baustoffproteine sind Keratin in den Haaren oder Collagen in der Haut; Actin ist beteiligt am inneren Gerüst der Zellen.

Funktionellen Eigenschaften von Proteinen sind wichtig bei Rhodopsin, welches das Sehen ermöglicht, oder bei Hämoglobin, welches den Sauerstoff im Blut transportiert. Ein weiterer wichtiger Transporter ist Insulin: Es bindet die im Blut gelöste Glucose und sorgt dafür, dass sie durch die Membran in die Zellen gelangt. Viele Proteine agieren als Enzyme im Stoffwechsel.

12.4.1 Proteine bestehen aus Aminosäuren

Proteine sind eigentlich Polymere, deren Monomere in unserem Köper aus einem Set von 21 natürlichen *Aminosäuren* besteht. In der Natur gibt es weitere Aminosäuren, die wohl nicht am Aufbau von Proteinen beteiligt sind. Die Suche nach Aminosäuren im Weltall gilt als Suche nach den Spuren von Leben – ohne sie kann es sich unseres Wissens nach nicht entwickeln.

Alle Aminosäuren ($COOH-HCNH_2-R$) haben einen gemeinsamen Grundaufbau der funktionellen Gruppen: Das zentrale Kohlenstoff-Atom trägt eine Carbonsäure ($-COOH$), eine Amino-Gruppe ($-NH_2$) und einen Rest ($-R$) (▶ Abschn. 11.6.2, ▶ Abb. 11.15). Dieser Rest ist spezifisch für jede Aminosäure und bestimmt ihre Eigenschaften näher. Dabei kann er die Aminosäure wasserabweisend oder -anziehend machen; er kann begünstigen, dass sie Protonen aufnimmt (man spricht dann von basisch) oder dass sie Protonen abgibt (man spricht von sauer). Der Rest kann elektrisch geladen sein oder auch vernetzende Eigenschaften haben.

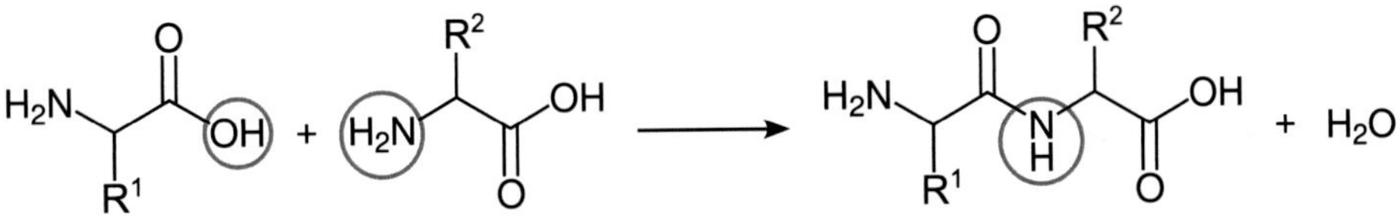

Abb. 12.9 Aminosäure und Peptidbindung. Letztere entspricht formal einer Kondensation. Verändert nach Benutzer Renate90, CC BY-SA 3.0 DEED

Verknüpft werden die einzelnen Monomere über sogenannte *Peptidbindungen* (■ Abb. 12.9). Ähnlich wie bei den Kohlenhydraten (▶ Abschn. 12.3.2) gibt es je nach Länge der Aminosäureketten verschiedene Bezeichnungen. Kleinere Proteine werden **Peptide** genannt, wobei es auch die Bezeichnung *Oligopeptid* gibt, die für Peptide mit zehn oder weniger Aminosäure-Bausteinen verwendet werden kann.

Die Peptidbindung besteht im Unterschied zur glykosidischen Gruppe aus einer Stickstoffbrücke. Aus Strukturanalysen geht hervor, dass die C–N-Bindung im Amid kürzer als eine normale Einfachbindung ist, weshalb von einer partiellen Delokalisation der freien Elektronenpaare ausgegangen werden kann. Welche Bedingung muss dafür erfüllt sein? Die Peptid-Gruppe muss planar sein, damit sich die Orbitale überlappen können. Das bedeutet auch, dass die räumliche Anordnung von Aminosäure-Bausteinen starrer ist. Eine Besonderheit der Peptide ist, dass sich ihre Enden unterscheiden: eines trägt die Amid-Funktion, und auf der anderen Seite ist der Carboxylat-Rest. In ■ Abb. 12.9 kannst du im Geiste nachvollziehen, welches Atom bei einer hypothetischen Kondensation die nächste Bindung ausbildet, dann kannst du den Aminosäure-Rest korrekt benennen: N-terminal oder C-terminal.

Je länger die Ketten werden, desto schwerer werden sie auch. Bei den Proteinen verlängern sich die Ketten im Gegensatz zu Kohlenhydraten nicht beliebig, da sie von Genen codiert werden. Sie haben daher eine vorgegebene Zusammensetzung, ihr Gewicht wird in *Dalton* angegeben. Diese Gepflogenheit ist so geläufig, dass die Angabe als atomare Masseneinheit (u) selten zu finden ist. Vielleicht hängt es aber auch damit zusammen, dass die metrischen Abkürzungen von Kilodalton (kDa) oder Megadalton (MDa) besser lesbar sind als die entsprechende Angabe in u.

Der Begriff *Eiweiß* beschreibt die Stoffklasse der (größeren) Proteine. Wer dies liest, denkt vermutlich an das Eiklar, das hier Modell stand. Es zeigt auch eine wichtige Eigenschaft der Proteine. Sie sind innerhalb ihrer biologischen Systeme meist in wässrigem Milieu gelöst. Steigt die Temperatur, erstarren oder stocken sie, was als *denaturieren* bezeichnet wird und können so ihre Funktion nicht mehr ausüben. Für uns ist dies bei vielen Proteinen schon leicht oberhalb der normalen Körpertemperatur der Fall, weshalb Fieber gefährlich werden kann. In der Natur sind jedoch auch Proteine mit extremen Temperaturtoleranzen gefunden worden.

12.4.2 Räumliche Eigenschaften und biologische Aktivität

Die biophysikalischen Eigenschaften können hier nur sehr kurz angerissen werden. Zum Grundlagenwissen zählen die Wechselwirkungen der Aminosäureketten unter-

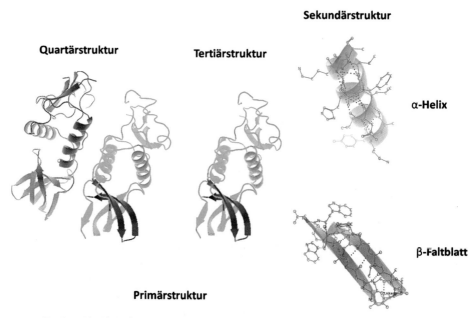

Quartärstruktur   Tertiärstruktur   Sekundärstruktur

α-Helix

β-Faltblatt

Primärstruktur

Tyr-Lys- Ala-Ala-Val-Asp-Leu-Ser-His-Phe-Leu-Lys-Glu-Lys

Asp-Trp-Trp-Glu-Ala-Arg-Ser-Leu-Thr-Thr-Gly-Glu-Thr-Gly-Tyr-Pro-Ser

◘ Abb. 12.10 Die verschiedenen Strukturebenen und Faltungen am Beispiel des angegebenen Proteins. Benutzer Holger87, CC BY-SA 3.0 DEED

einander und im Wechselspiel mit umgebendem Wasser und anderen Stoffen. Viele Enzyme bestehen aus Proteinen, die ein oder mehrere *aktive Zentren* ausbilden.

So verlockend es wäre, den Blick vom Großen zum Kleinen zu richten und sich somit dem Protein von außen zu nähern: Es ist sinnvoll, andersherum vorzugehen, um der Systematik zu folgen. Die charakteristische Aneinanderreihung von Aminosäuren zu einem Protein ist dessen sogenannte Primärstruktur (◘ Abb. 12.10). Wie oben kurz erwähnt wurde, können die Aminosäurebausteine auch noch Seitenketten tragen, was für die Wechselwirkung mit benachbarten Aminosäureketten wichtig ist. Sie bilden untereinander Wasserstoff- oder Disulfidbrücken aus. Dies fasst die Sekundärstruktur zusammen und beschreibt das Ergebnis, das aus Ketten besteht, die sich etwa zu einer Wendel (α-Helix) oder einer leicht gewellten Struktur (β-Faltblatt) formen. Beide Strukturmerkmale können sich auch aus Abschnitten innerhalb eines Proteins bilden. Dazwischen befinden sich dann Schleifen oder ungeordnete Abschnitte.

Nun verlassen wir in der Beschreibung die Ebene der Aminosäurebausteine und greifen nur noch einzelne heraus, die ein Strukturelement einer Kette durch Wasserstoff- oder Disulfidbrücken stabilisieren. Diese Ebene ist die Tertiärstruktur. Sie gibt die Raumstruktur wieder.

Je größer das Protein ist, desto mehr solcher Strukturelemente liegen vor. Sie falten sich wiederum zusammen, sodass fast Knäuel vorliegen. Darin bilden sich zum Beispiel Trichter. Taschen oder Poren zusammengelagerter Ketten. In der bildlichen Darstellung wird bereits die Tertiärstruktur oft als Bänder-Modell dargestellt. Dabei werden anstelle der Abfolge der Aminosäurebausteine nur noch Bänder gezeigt, die sich wenden, falten, lose kringeln oder Schleifen bilden. Einzelne Regionen oder

auch Aminosäuren werden hervorgehoben, da sie für die aktuelle Betrachtung der chemischen Eigenschaften besonders wichtig sind.

In der Quartärstruktur können auch Coenzyme oder eingelagerte Metall-Atome dargestellt werden. Im Hämoglobin lagern sich zwei Ketten zusammen. Es liegen dann verschiedene Untereinheiten oder auch aktive Zentren vor. Auch dies wird mit der Quartärstruktur beschrieben: Sie blickt quasi von außen auf die Proteinoberfläche und pickt die wichtigsten strukturellen Eigenschaften der Ketten heraus.

12.4.3 Chiralität bei Aminosäuren

Bei Aminosäuren spielt die *Chiralität* (► Abschn. 8.5.2) eine wichtige Rolle – sowohl in aktiven Zentren als auch bei Faserproteinen. Fasern bauen sich aus einzelnen Strängen auf, die sich mit anderen zusammenlagern, verdrillen und so immer stabilere Segmente bilden. Von Spinnenseide, Collagen in der Haut bis hin zur Matrix für biomineralische Copolymerisate (Muschelschalen und Schneckengehäuse) wirkt sich aus, in welche Richtung sich ausbildende Spiralen wenden.

Chiralität bei Aminosäuren
Zwei spiegelbildliche Moleküle haben die gleiche chemische Zusammensetzung, jedoch zeigen mindestens zwei Gruppen räumlich in andere Richtungen. Von Alanin aufwärts unterscheiden sich alle vier gebundenen Partner der Aminosäuren. Damit ist das zentrale Kohlenstoff-Atom *asymmetrisch* geworden: Das Spiegelbild der Verbindung entspricht nicht mehr der Ausgangsverbindung. Analog zu rechter und linker Hand (griech. *cheir* = Hand) wird dieses Merkmal als Chiralität bezeichnet.

L-Alanin   D-Alanin

Abbildung: Spiegelbild (Enantiomere) von Alanin

Eine Ausnahme ist Glycin ($CH_2COOHNH_2$). In dieser kleinsten, am einfachsten aufgebauten Aminosäure bindet das zentrale Kohlenstoff-Atom neben der Säure-Gruppe (–COOH) und Amino-Gruppe (–NH_2) zwei gleiche Substituenten, nämlich zwei Wasserstoff-Atome.

12.5 Biopolymere – nicht ohne Desoxyribonucleinsäuren

Besonders stabile Moleküle bilden die Erbsubstanz, namentlich Desoxyribonucleinsäure, wobei die Abkürzung **DNA** sich auf die englische Übersetzung (*acid* für Säure) bezieht. Diese Moleküle bestehen aus Doppelsträngen von Nucleinsäuren, die durch Basenpaare zusammengehalten werden. Ähnlich wie bei Proteinen bildet sich eine räumliche Struktur, die hier einer Doppelhelix entspricht – also vereinfacht eine Strickleiter, die wie eine Schraube gewunden ist. Im Detail führt der Aufbau weit über eine knappe Einführung hinaus. Über Biopolymere zu sprechen und die DNA auszulassen, geht aber noch weniger.

Die biologische Vermehrung folgt aus der Synthese von Proteinen, die in der DNA codiert sind. Sie wird in RNA übersetzt – und davon gibt es verschiedene Formen, je nach Aufgabe und Aufenthaltsort. Sofern ein Zellkern vorhanden ist, befindet sich die DNA darin zentriert.

12.5.1   Aufbau der Monomere: Nucleotide

Während Proteine aus Aminosäuren aufgebaut werden und Kohlenhydrate aus Oligosacchariden, treffen wir bei der DNA auf eine neue Klasse von Monomeren: die **Nucleotide.** Bei der Namensgebung in diesem Bereich der biologischen Chemie kommt es auf jeden Buchstaben an. Denn die Nucleotide werden wiederum aus *Nucleosiden* zusammengesetzt – und diese basieren auf Sacchariden.

Bei dem Zucker handelt es sich um *2-Desoxyribose.* Sie ist anders als in Polysacchariden nicht über eine glykosidische Verbindung verknüpft, sondern über eine Phosphat-Gruppe (◨ Abb. 12.11). Auch die Positionen der verkettenden Bindung unterscheidet sich von den Kohlenhydraten, denn anders als bei Kohlenhydraten sind die an der Polymerisation beteiligten C-Atome nicht beide im Ring gebunden, das C5-Ende bildet eine Seitenkette.

Am C1-Atom ist eine basische Aminosäure gebunden, auch kurz Base genannt. Im Falle der DNA können dies vier verschiedene Aminosäuren sein: Cytosin, Thymin, Adenin oder Guanin.

Welcher Bestandteil des Gerüsts bezeichnet nun das Nucleosid? Das ist das 2-Desoxyribose-Momomer mit der am C1-Atom gebundenen Base. Sobald das C5-

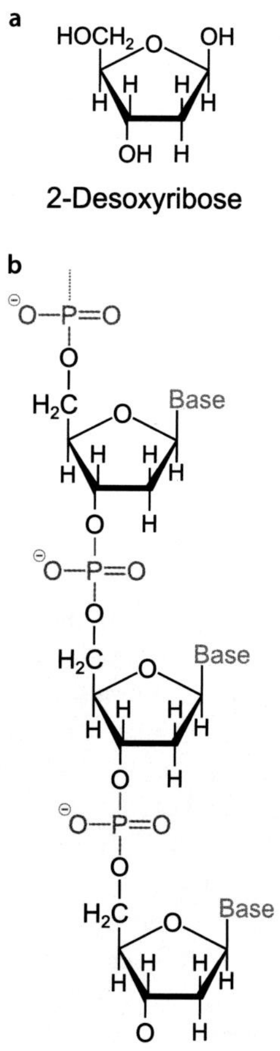

◨ **Abb. 12.11**   Die Bestandteile der Nucleotide: **a** 2-Desoxyribose und **b** ein Ausschnitt einer DNA-Kette

Atom, also das in der Seitenkette, einen Phosphat-Rest trägt, ist das Monomer bereit zur Verknüpfung: Nun wird vom Nucleotid gesprochen.

12.5.2 Doppelhelix

Zu der besonderen Stabilität des Polymers tragen unzählige Wasserstoffbrücken bei, die sich zwischen je zwei gebundenen Basen ausbilden. Die Aminosäure-Reste enthalten Stickstoff- und Sauerstoff-Atome, die mit benachbarten Aminosäure-Resten wechselwirken. Dabei ergeben sich zwei stabile Paare, nämlich Adenin – Thymin und Guanin – Cytosin. Neben der eigentlichen Polymerverknüpfung lagern sich so zwei zueinander komplementäre Stränge aneinander und bilden eine Doppelhelix (◘ Abb. 12.12). Die Reihenfolge der Basen bildet den genetischen Code, der so mit

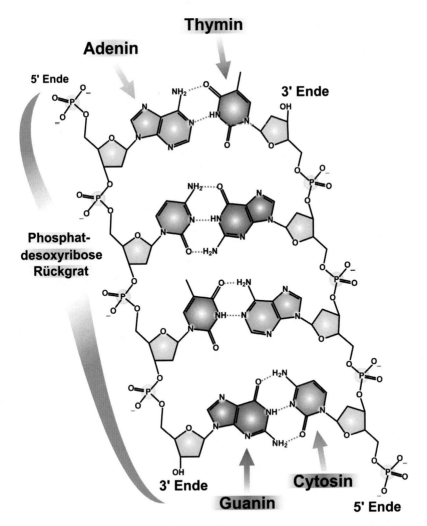

◘ **Abb. 12.12** Die Doppelhelix der DNA. Verändert nach Benutzer Madprime, CC BY-SA 2.5 DEED

ihren Einbuchstaben-Kürzeln wiedergegeben werden kann. Dabei reicht es, nur einen Strang anzugeben, da der andere streng komplementär ist.

Im Zuge der Replikation muss der Doppelstrang aufgetrennt werden, um eine Kopie anfertigen zu können. Hierfür sind Enzyme nötig. Das menschliche Genom, also die Gesamtzahl der DNA, umfasst rund 2,9 Mrd. Basenpaare.

12.6 Flüchtige Stoffe: Von Isoprenen bis zu Terpenen

Die organische Chemie kann von den Mechanismen aus betrachtet werden, doch es gibt auch den Blickwinkel, von ähnlichen Stoffen ausgehend gemeinsame Strukturmerkmale aufzuspüren. Wie relevant dies sein kann, zeigt sich am Beispiel der Isoprene wie auch im anschließenden Abschnitt zu den Alkaloiden (▶ Abschn. 12.7).

Der Grundbaustein Isopren (2-Methyl-1,3-butadien, C_5H_8) sieht einfach aus (◘ Abb. 12.13a). Pflanzen produzieren eine Vielzahl verknüpfter Isoprene: Von zwei oder mehr verknüpften Einheiten an sprechen wir von **Terpenen**. Dabei bauen Pflanzen und Tiere in ihrem Stoffwechsel nicht etwa einzelne Isopren-Moleküle zu Terpenen zusammen, die so ja nicht verfügbar sind, sondern vielmehr aus verschiedenen kleineren Molekülen über ihre Stoffwechselwege mit Enzymen aufgebaut werden. Wobei dann die die strukturellen Isopren-Einheiten Ändern in entstehen, die erkannt und gezählt werden können. Daraus ergibt sich eine große Vielfalt, insgesamt sind bisher mehr als 8000 Terpene bekannt.

Tipp

„Mehrfach-Terpene"

Terpene können aus verschieden vielen Isopren-Einheiten aufgebaut sein. Daraus ergibt sich wiederum eine Sprachregelung mit Präfixen.

Setzt sich ein Terpen aus vier Isopren-Einheiten zusammen, wird es auch als *Diterpen* bezeichnet.

Bei den *Tetraterpenen* besteht das Grundgerüst aus 40 C-Atomen in acht Isopren-Einheiten.

Terpenoide

Die Stoffklasse der Terpenoide leiten sich ebenfalls von Isopren ab. Sie enthalten weitere funktionelle Gruppen mit Heteroatomen – im Gegensatz zu den Terpenen, die reine Kohlenwasserstoffe sind.

Stofflich sind die Terpene den Lipiden zuzuordnen. Pflanzen stellen Terpene für verschiedene Einsatzbereiche her. Einer davon ist die Kommunikation: Viele ätherische Öle sind eine Mischung von kurzkettigen und damit leicht flüchtigen Terpenen, die Insekten anlocken sollen. Terpentinöl enthält zu etwa 70 % α-Pinen, und das restliche Drittel steuert vor allem β-Pinen bei. Andere Terpene bilden Harze und schützen so wie ein Wundpflaster Bäume bei kleineren Verletzungen.

Zu den cyclischen Terpenen zählen *Menthol* aus dem Pfefferminzöl und *Pinene* (◘ Abb. 12.13b). Bei den Pinenen bildet eine Isopren-Einheit eine Brücke über einen Sechsring aus Kohlenstoff-Atomen, sodass ein mehrzyklisches System entsteht. Die

Abb. 12.13 **a** Grundbaustein Isopren, **b** in Terpenen findet sich dieses Strukturelement wieder, wie hier am Beispiel von Menthol und α- sowie β-Pinen zu sehen ist

Isopren   Menthol   (+) α-Pinen   (+) β-Pinen

Position der neu gebildeten Doppelbindung variiert, sodass insgesamt sechs verschiedene Isomere bekannt sind.

■ **Abwehr und Wolkenbildung**

Eine wichtige Rolle spielen flüchtige Terpene im Pflanzenreich. Sehr verbreitet stellen Pflanzen Limonen her: Frisst ein Insekt etwa an einer Baldrianpflanze, warnt sie in der Nähe wachsende Pflanzen mit dem flüchtigen Stoff, und diese können die Synthese von Abwehrstoffen erhöhen. Allgemein werden *flüchtige organische Stoffe* auch als *VOC (Volatile Organic Compound)* zusammengefasst.

Wichtig sind diese auch bei der Wolkenbildung. Reaktive Sauerstoffspezies und Ozon reagieren mit ihnen, und die Dämpfe kondensieren zu feinen Tröpfchen, wobei sie ein Aerosol bilden. Damit ist ein erster Schritt hin zur Wolkenbildung getan, weshalb Wälder nicht nur wegen der Verdunstung wichtig für den Wassertransport sind. Leider sind die ätherischen Öle auch der Grund, weshalb trockene Wälder so gut brennen. Insbesondere Nadelbäume können wie Brandbeschleuniger wirken: Bei anhaltender Trockenheit verdunstet das Wasser aus den Nadeln, und stattdessen sammeln sich beispielsweise Pinene im Inneren an, welche sehr leicht brennbar sind. Werden einzelne Nadeln gezündet, brechen schnell weitere Nadeln auf, der ganze Baum steht binnen weniger Sekunden in Flammen.

12.7 Giftige Stoffe: Alkaloide

In der Chemie werden Stoffe nach funktionellen Gruppen in Stoffklassen eingeteilt. Daneben gibt es auch strukturelle Kriterien, nach denen zugeordnet wird. Allerdings folgt die Stoffklasse der Alkaloide keinem strengen Schema. Über 10.000 Substanzen sind darin versammelt, und sie sind häufig biologisch aktiv. Umstritten bleibt die Definition als Stoffklasse, da nur folgendes allgemein zutrifft: Sie enthalten ein Stickstoff-Atom in einem Ring aus Kohlenstoff-Atomen und reagieren *alkalisch*.

Alkalisch versus basisch

Im Text werden Alkaloide als alkalisch bezeichnet – sind sie also eine Base? Zum Konzept der Base hast du schon jenes von Brönsted als Stoff, der Protonen von Wasser-Molekülen anlagert (▶ Abschn. 3.3), und von Lewis als Elektronenpaar-Donator (▶ Abschn. 9.5) kennengelernt. Was genau ist nun alkalisch? Alkalische Lösungen haben pH-Werte, die höher als 7 sind. Die alkalischen Lösungen werden auch als Lauge bezeichnet, was nicht von ungefähr an die Waschlauge erinnert – zum Verseifen von Glycerol mit Fettsäuren wird mit Natronlauge eine stark alkalische Base zugegeben. Bei der Hydrolyse entsteht Natronlage. Traditionell wird daher noch von Natronlauge und Kalilauge gesprochen, den wässrigen Lösungen dieser basischen Alkalimetalloxide. Je stärker alkalisch sie sind, desto stärker verätzen sie die Haut.

Die wässrigen Lösungen anderer Basen werden als basische Lösung bezeichnet!

Wenn dich die namentliche Ähnlichkeit zwischen Alkali, Alkaloiden und alkalischen Lösungen interessiert, können deine Gedanken weit in der Menschheitsgeschichte zurückkreisen. Da die Alkalimetalle in der Natur in Salzen leicht verfügbar sind, bilden sie oft auch in ionischen Molekülen das Gegenkation. Die Asche aus Pflanzen war ein wichtiger Ausgangsstoff für die Seifen- und Glasherstellung, damit wurde auch gedüngt. Als Backtriebmittel ist dir vielleicht Pottasche geläufig? Dies ist der Trivialname von Kaliumcarbonat (K_2CO_3). Hierfür wurden Pflanzen verbrannt und ihre Asche mit Wasser vermischt, also das Kaliumsalz ausgelaugt. Die Lauge wurde dann in einem Topf (Pott) erhitzt, sodass die angereicherte Asche als Rohstoff bereitstand. In der ägyptischen Hochkultur war dieser Rohstoff wichtig – und das Wort Alkalien geht auf die arabische Übersetzung von Pottasche zurück.

Mit diesem Hintergrund entwirrt sich ein wenig, warum manche basische Lösungen auch alkalisch genannt werden. Letztere sind ein kleiner, gleichwohl technisch bedeutsamer Ausschnitt aus der Vielfalt.

Ziemlich verständlich, dass einige fragen, ob eine so schwammige Beschreibung eine Stoffklasse definieren kann. Hier treffen wir auf etwas nicht Untypisches: Wirkung und Herkunft ergeben eine erste Zuordnung. Alkaloide werden vor allem von Pflanzen produziert und wirken berauschend bis giftig, mithin produzieren Pflanzen sie zur Abwehr anderer Organismen. Im Falle von antibiotischen Penicillinen gegen Bakterien, im Falle von Giften wie Aconitin im Eisenhut oder Solanin in Nachtschattengewächsen wie Tabak gegen Fraßfeinde von Raupen bis Säugetiere.

Die starke Wirksamkeit der Alkaloide ist faszinierend. Es gibt verschiedene Untergruppen, was hier zu weit führen würde. Wir belassen es dabei, dass sie unterteilt werden nach strukturellen Merkmalen, genauso wie nach Herkunft, Wirkung und anderen Kriterien. Ein paar Beispiele sollen illustrieren, welches Potenzial im chemischen Blick auf die Welt liegt. Alkaloide lösen sich meist gut in Fett und können mitunter auch durch unverletzte Haut aufgenommen werden – ein wichtiger Aspekt beim Einsatz als Jagdgift.

Einfangs erwähnten wir Solanum-Alkaloide in Nachtschattengewächsen. Sie verderben Pflanzenfressern den Appetit auf Kartoffel-, Tomaten- oder Tabakpflanzen. Gut zu wissen: Im Gemüse wurde die Alkaloid-Konzentration durch Züchtungen von Kultursorten stark vermindert. Die Kartoffel enthält verschiedene Alkaloide: Als sie in Europa eingeführt wurde, überlieferte sich nicht an alle die Information, dass die essbaren Knollen unterirdisch als Speicherorgan mit dem hohem Stärkeanteil wachsen. Stattdessen verzehrten einige die grünen Früchte, die oberirdisch aus den Blüten entstehen. Diese enthalten die Samen und werden durch einen hohen Anteil an *Solanin* geschützt, das schwach giftig ist. In der Knolle werden nur die Stellen grün, die zu viel Licht bekommen. Beim Kochen zerfällt Solanin nicht, stattdessen kann eine entsprechende Mahlzeit – oder aber die Beeren – schwer im Magen liegen; obwohl es in der Verdauung schwer aufgenommen wird. Neben Übelkeit oder Erbrechen endete das früher schon manchmal tödlich.

Bei vielen Tomatensorten sind die grünen Früchte nicht zum Verzehr geeignet: Sie enthalten *Tomatin*. Bei Lichteinfall wird es abgebaut, was am Farbumschlag zu erkennen ist. Strukturell eint Solanin und Tomatin ein kondensiertes Ringsystem: Sie sind Steroidalkaloide (◩ Abb. 12.14).

Regelrecht gefürchtet und ihrer Herkunft nach bekannt waren über Jahrhunderte die Mutterkornalkaloide, deren strukturelle Gemeinsamkeit *Lysergsäure* ist. Im wachsenden Getreidekorn können sich Pilzsporen ansiedeln und ein schwarzes, vergrößertes *Mutterkorn* entstehen lassen. Besonders der für Brot wichtige Roggen wird häufig von Mutterkornpilzen befallen – heute wird der Gehalt stark überwacht. Mutterkornalkaloide wie *Ergotamin* werden längst medizinisch eingesetzt, doch die

Lysergsäure

Tubocurarin

α-Tomatin

☐ **Abb. 12.14** Die Strukturformeln der Alkaloide haben das N-Atom im Gerüst als Gemeinsamkeit: Tomatin, Lysergsäure (stellvertretend für vier Isomere, Vorstufe vieler Mutterkornalkaloide) und Curare

gute Aufnahme führt bei hoher Dosis zur Vergiftung. Das „Antoniusfeuer", heute Ergotismus, kann akut letal sein. Chronische Verläufe führten einst zu schlecht durchbluteten Armen und Beinen, die durch Amputation behandelt wurden.

Die Geschichte der systematischen Erforschung der Alkaloide begann mit Morphin, das im Jahr 1804 von Friedrich Wilhelm Sertürner (1783–1841) aus Schlafmohn extrahiert wurde. Dies zählt zu den nach seiner Herkunft einsortierten Alkaloiden.

> **Tipp**
>
> **Zusätzliche Übung**
> Die Mutterkornalkaloide wirken deshalb so stark, weil sie im Körper mit eigenen neuronalen Botenstoffen „verwechselt" werden. Vergleiche die Struktur zweier Beispiele anhand der Übung zu Alkaloiden im Mutterkorn, die du beim Zusatzmaterialaterial findest.

Ein weiteres nach Herkunft einsortiertes Alkaloid ist *Curare,* das traditionell als Jagdgift von der indigenen Bevölkerung Südamerikas eingesetzt wird. Die Gewinnung aus Pflanzensaft und Aufbereitung bis zum Bestreichen von Pfeilspitzen mit

Paste oder Sirup beschrieb bereits Alexander von Humboldt (1769–1859). Curare ist eher ein Cocktail aus Alkaloiden und kein Einzelmolekül. Die Aufnahme im Magen-Darm-Trakt ist gering, sodass das Fleisch eines vergifteten Tieres essbar bleibt. Der Pfeil muss die Haut durchdringen und die Blutbahn erreichen, damit das Gift wirken kann. Noch stärker wirken die Alkaloide der Pfeilgiftfrösche: Sie sondern *Batrachotoxin* über die Haut ab. Dieses Krampfgift wirkt schon bei Berührung.

12.8 Exkurs: Naturstoffe und Synthesen

Den Abschnitt über organische Chemie begannen wir mit funktionellen Gruppen, strukturellen Aspekten und den elementaren Grundreaktionen. Der Sprung, einige Beispiele aus der Natur schlaglichtartig vorzustellen, war recht gewagt – gedanklich liegen ein paar Semester chemischen Verständnisses dazwischen. Die Idee dahinter ist, dass die organische Chemie einerseits eine lange Tradition hat, wenn es darum geht, Wirkstoffe aus der Natur zu erkunden. Sie war wichtig, als es darum ging, Naturstoffe nachzubauen und so zu verändern, dass sie ihre Wirkung nach Wunsch entfalten. Mittlerweile werden neue Wirkstoffe entworfen und aufgrund des großen methodischen Wissensschatzes aufgebaut. Der Bereich der Materialwissenschaften ist über die Polymere hinaus längst ein wichtiges Feld der organischen Chemie. Die Speicherfähigkeit der DNA führte zur Idee, organische Chemie zum Aufbau von Rechnern zu nutzen. Ein Ausblick darauf, wo überall die organische Chemie in Zukunft von Bedeutung sein wird, ist reizvoll. Wer das Fach studiert, wird ihn schon bald vertiefen können! Grundlegend ist ein Verständnis der Fachsprache, in der Begriffe wie *Synthese* und *Retrosynthese* noch zu den einfacheren Begriffen zählen. Gemeint sind damit der Aufbau und das hypothetische Zerschneiden einer Struktur in Bruchstücke, aus denen die Endstruktur hervorgegangen sein könnte. So arbeiteten Chemiker schon lange, bevor Algorithmen derartiges leisten konnten. Die Vorhersage, wie sich einzelne reaktive Gruppen zueinander verhalten und wie die Reaktivität mit Schutzgruppen in der Reihenfolge so gelenkt wird, dass eine gewünschte Reaktion stattfindet, erfordert ein breites Wissen, Intuition und nicht selten viel Geduld beim Ausprobieren. Wer Chemie studiert, erlebt – und muss es erleben! –, wie eine Reaktion vorgedacht und durchgeführt wird. Wie Analyse und Aufreinigung Hand in Hand gehen. Erst, wenn klar ist, den richtigen Schritt gegangen zu sein, schließt sich die nächste Reaktion an. Das zu erleben ist Teil des Studiums und fände in der Schule nicht genug Zeit. Die meisten Synthesen gliedern sich in viele kleinere Reaktionen und Zwischenprodukte, bevor am Ende ein Reinstoff erhalten wird.

Der Blick auf ein Molekül wird mit der Zeit immer schneller erfassen, welche funktionellen Gruppen und strukturellen Besonderheiten vorliegen. Daraus ergibt sich nach vorn gedacht, wie sich das Molekül verhalten könnte und in der Gesamtzahl der daraus aufgebaute Stoff. Rückwärts geblickt kommen Hypothesen auf, wie das Molekül aufgebaut wurde.

Zum enormen Wissen trägt eine Vielzahl von typischen Reaktionsmustern bei, die Forschende über die Jahrhunderte aufdeckten. Sie wurden für ihre Expertise geehrt, indem die Mechanismen ihren Namen tragen. Beispiele solcher Namens-

reaktionen sind Friedel-Crafts-Alkylierungen, Diels-Alder-Reaktionen und unzählige mehr. Die späte Zulassung von Frauen in die Universitätslaufbahn führt hier zu einem Überhang an Forschern, derer gedacht wird. Davon abgesehen war die Analyse natürlicher Wirkstoffe und ihr Nachbau für lange Zeit die anspruchsvollste Teildisziplin der organischen Chemie, lieferte dies doch Blaupausen für Medikamente. Die Zahl der Chemikerinnen und Chemiker im Bereich Naturstoffforschung ging zuletzt zurück, doch ihre große Leistung, neue *Leitstrukturen* zu finden, wird nach wie vor sehr geschätzt. Leitstrukturen charakterisieren den Aufbau der Moleküle einer Stoffgruppe, die auf gewünschte Art und Weise wirken. Davon ausgehend wird im Wirkstoffdesign die Wirkung gestärkt oder gebremst, die Aufnahme in den Körper reguliert (wasser- oder fettlöslich, je nach Einnahme oder Zufuhr durch eine Spritze). Gerade in der *Antibiotikaforschung* ist es ein Dilemma, dass die Zahl neuer Wirkstoffe geringer ist als vor einigen Jahrzehnten. Bakterien bilden fortlaufend neue Resistenzen aus, sodass die Idee der Reserve-Antibiotika entstand: Medikamente, die nur bei multiresistenten Bakterienstämmen verschrieben werden und deren Einsatz streng überwacht wird. Die Zahl dieser Reserven ist jedoch gering, und so sterben wieder Menschen an bakteriellen Infektionen.

Die Grenzen zwischen organischer Chemie und pharmazeutischer Forschung sind sehr durchlässig, ebenso wie zur Biologie, Medizin und Lebensmittelwissenschaft. Materialien wie Kunststoffe, Lacke, Farben und Klebstoffe spielen für die moderne Fertigung eine große Rolle. Noch ist nicht abschätzbar, wie sich der Markt alternativer Kraftstoffe weiterentwickeln wird. Das Feld der organischen Chemie ist die Basis vieler Innovationen.

Ausblick

In der Reihenfolge der Kapitel stehen wir nun am Abschluss der organischen Chemie. Von ersten strukturellen Betrachtungen sind wir nun bei Stoffklassen angekommen. Dieser kleine Brückenschlag kann kein Lehrbuch der organischen Chemie ersetzen. Hast du Lust bekommen, einzelne Bereiche zu erkunden? Dann schau dir gern noch das folgende Kapitel an, dass dir Tipps für das Arbeiten im Labor gibt. Chemie ist zwar einerseits sehr abstrakt: Wir stellen uns kleinste Moleküle vor und sprechen über Strukturen, die aus wenigen Atomen aufgebaut sind. Andererseits prägen die Moleküle die Stoffeigenschaften, und genau dies erfährst du im Labor, untersuchst diesen Zusammenhang, analysierst ihn und ziehst ihn zum Planen heran. Daher schau in das nächste Kapitel, ob du gut für die praktische Seite der Laborarbeit vorbereitet bist. Beim Experimentieren wird sich nicht jede theoretische Annahme bestätigen – und dann fängt Chemie an, kreativ zu werden. Neue Hypothesen werden aufgestellt und überprüft.

12.9   Top-Ten-Test zu den Kohlenwasserstoffen

Mit diesem Top-Ten-Test kannst du einschätzen, ob du die zehn wichtigsten Lernziele des Kapitels erreicht hast. Die Lösungen findest du beim Zusatzmaterial.

■ **1) Übung zu Stoffklassen**
Der Begriff der Stoffklasse hilft, Stoffe, die ähnlich reagieren zu sortieren.
a. Gib drei Stoffklassen an und welche funktionellen Gruppen sie charakterisieren.
b. Nenne zwei Stoffklassen, die eher als Familie von Stoffen mit gleichen strukturellen Merkmalen oder ähnlichen Stoffeigenschaften zu verstehen sind.

■ **2) Übung zu Kunststoffen**
Bei der Synthese von Kunststoffen gibt es verschiedene Herstellungswege, wobei drei Reaktionsarten besonders häufig vorkommen. Beschreibe kurz die Polymerisation, Polyaddition und Polykondensation.

■ **3) Übung zu Fetten**
Stelle aus Glycerin (Propan-1,2,3-triol) und Stearinsäure (Octadecansäure) die Veresterung zu Fett schematisch und als Reaktionsgleichung dar.

■ **4) Übung zur Fettverseifung**
Die Spaltung von Fetten kann entweder als reine Hydrolyse erfolgen, bei der die freien Fettsäuren entstehen, oder mit Natronlauge, wobei die Natriumsalze der Fettsäuren entstehen, die dann ausfallen.
Die entstehende Kernseife entfaltet mit Wasser vermischt eine Reinigungswirkung auf der Haut. Zeichne ein Fettsäure-Anion und ergänze die Polarität. Stelle eine Hypothese auf, wie die Polarität mit der Waschwirkung zusammenhängt.

■ **5) Übung zu Kohlenhydraten**
a. Die Monosaccharide Glucose und Fructose sind wichtige Monomere für den Aufbau von Polysacchariden. Zeichne ihre offenkettige Form, gib Molekülformeln und Trivialnamen an.
b. Die Darstellungsweise für offenkettige Monosaccharide hat einen eigenen Namen. Wie heißt sie?

■ **6) Übung zu Disacchariden**
a. Die glykosidische Bindung ist wichtig für die Stoffeigenschaften von Disacchariden und höheren Zuckern. Zeichne räumlich die Strukturformeln von Maltose (Glucose-Glucose, $C_{12}H_{22}O_{11}$, α-1-4 glykosidische Bindung) und Cellobiose (Glucose-Glucose, $C_{12}H_{22}O_{11}$, β-1-4 glykosidische Bindung).
b. Die Darstellungsweise für Mehrfachsaccharide hat einen eigenen Namen. Wie heißt sie?
c. Nenne mindestens zwei Polysaccharide und ihr Vorkommen in der Natur.

- **7) Übung zu Peptiden**

Schreibe das Reaktionsschema der Kondensation von Alanin und Serin auf. Markiere die Peptidbindung, das N-terminale und das C-terminale Ende des Dipeptids.

- **8) Übung zu Terpenen**

Nicht alle Terpene sind leicht flüchtige Stoffe. Die höhermolekularen Terpene können ausgedehnte delokalisierte π-Elektronensysteme aufweisen und fallen so durch ihre Farbigkeit auf. Ein Beispiel sind die Carotine. Sie untergliedern sich in reine Kohlenwasserstoffe wie die *Carotine* ($C_{40}H_x$), deren Grundstruktur ein Tetraterpen ist, und in Sauerstoff-haltige Derivate, welche als Xantophylle bezeichnet werden. Zusammengefasst wird hier von *Carotinoiden* gesprochen.

Der pflanzliche Farbstoff β-Carotin ist ein Tetraterpen und die Vorstufe von Vitamin A. In der Verdauung spaltet ein Enzym das Carotin in der Mitte, und zwei Moleküle des fettlöslichen Vitamin A stehen damit bereit. In den Sehzellen der Netzhaut bindet Vitamin A an das Protein Rhodopsin, das am Sehvorgang beteiligt ist. Auch an vielen anderen Stellen des Stoffwechsels hat Vitamin A eine wesentliche Rolle.
a. Gib den Unterschied von Terpenen und Terpenoiden an.
b. Beschreibe, was ein Tetraterpen ist.

- **9) Übung zu Alkaloiden**

Neben einer Vielzahl von Reaktionsmechanismen gehören auch Neugier und Faszination zur Chemie. Gerade wenn Wirkstoffe gesucht werden, ist die Natur nach wie vor eine gute Inspirationsquelle. Die Stoffklasse der Alkaloide ist biologisch sehr wirksam und wird auch im Bereich der Toxikologie erforscht. Daher gilt gerade bei Alkaloiden, dass die Dosis den Unterschied zwischen Heilmittel und Gift ausmacht. Dennoch gibt es wenig Gemeinsamkeiten. Welche Aussagen treffen zu?
a. Die Struktur enthält in der Regel ein Schwefel-Atom.
b. Die Verbindungen sind ionisch.
c. Die wässrige Lösung reagiert sauer.
d. Die Struktur enthält in der Regel ein Stickstoff-Atom.
e. Die wässrige Lösung reagiert alkalisch.

- **10) Übung zur Naturstoff-Chemie**

Zum Wesen der organischen Chemie zählt, dass durch die Vielfalt möglicher Reaktionen des Kohlenstoff-Atoms Stoffe aufgebaut werden können, die es so auch in der Natur gibt, oder auch solche, die so nur durch Synthesen zugänglich sind. Wie wird die Synthese von Stoffen innerhalb von Lebewesen genannt und wie der Prozess, vom Produkt her eine möglich Reaktionskette dorthin zu rekonstruieren?

Arbeiten im Labor

» „Erfahrung ist der beste Lehrmeister, aber das Schulgeld ist hoch." Thomas Carlyle, schottischer Philosoph und Historiker (1795–1881)

Die Arbeit im Labor gehört zur Chemie wie das Salz in die Suppe oder der Kaffee zur Nachtschicht – ohne geht es nicht. Auch in den angrenzenden Fächern wie der Physik, Biologie oder Medizin ist die experimentelle Arbeit ein integraler Bestandteil des Studiums und späteren Berufslebens. Aus diesem Grund sind die meisten chemischen Studiengänge so konzipiert, dass die praktische Laborarbeit vom ersten Semester an die theoretischen Vorlesungen und Seminare begleitet. Typischerweise widmen sich diese Praktika den jeweiligen Schwerpunkten, also der anorganischen und analytischen Chemie, der organischen Chemie sowie der physikalischen Chemie, und zu jedem Fachbereich gibt es Einstiegs- und Vertiefungspraktika. Darüber hinaus gibt es je nach Universität und Studiengang häufig weitere Praktika, wie etwa in der Biochemie oder den Materialwissenschaften.

Laborpraktika sind für dich die Gelegenheit, theoretische Inhalte und Zusammenhänge einerseits experimentell zu untersuchen und zu überprüfen. Andererseits vertiefst du gleichzeitig deine praktischen Kompetenzen, etwa bei der Planung, Vorbereitung und Durchführung eines Experiments, lernst zahlreiche Laborgeräte und -techniken kennen sowie den Umgang mit Messinstrumenten zur Analytik sowie die Protokollierung, Bewertung und Fehlerbetrachtung deiner Resultate. Mit der chemischen Forschung hat dies am Anfang noch nicht viel zu tun, denn du wirst eine Sammlung aus vielen Versuchsanleitungen („Skripte") erhalten, die du während der Praktikumstage durchführen und protokollieren musst. Die Assistent:innen werden dich dabei unterstützen, aber auch im Rahmen von kurzen Gesprächen („Kolloquien") prüfen und schließlich deine Protokolle bewerten („testieren"). Hierbei stehen zunächst die Grundlagen im Vordergrund, damit eine sichere Basis für die eigenständige Arbeit im Labor gelegt wird. Im fortschreitenden Studienverlauf verlagert sich dann der Schwerpunkt vom simplen „Nachkochen"

eines Skriptes hin zur Mitwirkung in Forschungsprojekten, die du im Rahmen deiner Bachelor- und Masterarbeit und zuletzt einer möglichen Promotion in den Arbeitsgruppen der chemischen Institute absolvierst.

Im Vergleich zum Chemieunterricht wird von dir erwartet, dass du viel eigenständiger arbeitest, dich gut vorbereitest und sicher sowie sorgfältig experimentierst. Damit du dich auf den sprichwörtlichen Sprung in das kalte Wasser gut vorzubereiten kannst, werden in diesem Abschnitt zunächst die Grundlagen des sicheren Arbeitens im Labor wiederholt (▶ Kap. 13). Anschließend betrachten wir die Planung und Vorbereitung von Experimenten (▶ Kap. 14) sowie den Umgang mit grundlegenden Laborgeräten (▶ Kap. 15). Zuletzt lernst du noch grundlegende und fortgeschrittene Labortechniken kennen (▶ Kap. 16), die typischerweise in den Einstiegspraktika vorausgesetzt oder vermittelt werden.

Inhaltsverzeichnis

Sicheres Arbeiten im Labor

Inhaltsverzeichnis

© Der/die Autor(en), exklusiv lizenziert an Springer-Verlag GmbH, DE,
ein Teil von Springer Nature 2024
S. Feil et al., *Brückenkurs Chemie*, https://doi.org/10.1007/978-3-662-69351-3_13

13

> **Tipp**
> Als Käufer:in dieses Buches kannst du kostenlos die Flashcard-App „SN Flashcards"
> mit Aufgaben zur Wissensüberprüfung und zum Lernen von Buchinhalten nutzen.
>   Folge dazu bitte den Anweisungen für die Nutzung:
> 1. Geh auf ► https://flashcards.springernature.com/login.
> 2. Erstelle ein Benutzerkonto, indem du deine Mailadresse und ein Passwort eingibst.
> 3. Verwende den folgenden Link, um Zugang zu deinem SN-Flashcards-Set zu erhal-
>   ten: ► https://sn.pub/gulgbv
>
> Sollte der Link fehlen oder nicht funktionieren, sende bitte eine E-Mail mit dem Be-
> treff „SN Flashcards" und dem Buchtitel an customerservice@springernature.com.

Die tägliche Arbeit mit konzentrierten Säuren und Laugen, toxischen und entzünd-
lichen Chemikalien, –200 °C kalten Flüssiggasen sowie einer ganzen Sammlung an
Schwermetallen verdeutlicht recht eindrucksvoll, wie wichtig das sichere Arbeiten im
Labor für deine Mitstudierenden und dich selbst ist. Mit guter Vorbereitung und be-
sonnenem Handeln im Laborsaal gibt es aber keinen Grund, Angst zu haben. Durch
die Einhaltung von einfachen Grundregeln vermeidest du Unfälle oder minderst zumindest bei den allermeisten Gefahrenquellen das Unfallpotenzial. Am Beispiel von
Zeitungsberichten zu Unfällen (beruhend auf wahren Begebenheiten) erfährst du,
welche Rolle auch Leichtsinn und Übermut spielen, und warum es wichtig ist, dass
du dir stets einen gewissen Respekt im Umgang mit Gefahrstoffen erhältst. Zuletzt
stellen wir dir das GHS-System vor, welches dir bei der Beurteilung von Gefahren
hilft, die von Gefahrstoffen ausgehen.

> **Lernziele**
> Nach der Bearbeitung dieses Kapitels wirst du Folgendes können:
> — die Grundregeln der Arbeit im Chemielabor mit Schutzausrüstung beherrschen,
> — typische Unfallursachen benennen und ebenso Verhaltensweisen, um diese zu ver-
>   meiden,
> — die Arbeit mit Gefahrstoffen auf Basis der zentralen gesetzlichen Grundlage
>   (REACH) sowie den GHS-Piktogrammen und H/P-Sätzen im Labor sicher beherr-
>   schen.

13.1 Grundregeln

Die grundlegenden Regeln im (Chemie-)Labor kennst du wahrscheinlich schon aus
dem Chemieunterricht. Falls die vorgeschriebene jährliche Belehrung zeitbedingt
doch ein wenig knapp ausgefallen ist, findest du nachfolgend einen kompakten Überblick über die wichtigsten Regeln. Wozu es sie gibt, wird in den allermeisten Fällen
schnell deutlich.

Grundsätzlich solltest du in Laborräumen besondere Aufmerksamkeit walten lassen. Das gilt auch dann, wenn du selbst gerade nicht experimentierst, denn auch bei einem Experiment des Nachbarn kann etwas schief gehen. Aus diesem Grund wird im Labor neben passender Kleidung (lange Hose, feste Schuhe) grundsätzlich eine **Schutzausrüstung** getragen. Diese besteht einerseits aus einer **Schutzbrille**, welche deine Augen vor umherspritzenden Gefahrstoffen schützt, und andererseits aus einem **Labormantel**. Dieser schützt deine Haut und Kleidung vor Chemikalien und ist schwer entflammbar - durch diese Eigenschaften des Materials unterscheidet er sich von einem Arztkittel, der zudem wesentlich dünner ist und somit für das Labor ungeeignet. Wichtig ist noch zuletzt: Im Labor wird der Labormantel getragen, außerhalb des Labors nicht, da etwaige Chemikalienrückstände auf dem Stoff nicht in Aufenthaltsräume oder gar in die Mensa gehören.

Ein weiterer Teil deiner Ausrüstung sind **Schutzhandschuhe**, die du beim Umgang mit besonderen Gefahrstoffen trägst. Es gibt eine ganze Reihe solcher Handschuhe aus vielen verschiedenen Materialien und mit unterschiedlichen Schichtdicken, sodass deren Schutzwirkung von einem reinen Spritzschutz bis zu einem minutenlangen Schutz vor Säuren oder Lösungsmitteln reicht. Im ersten Laborpraktikum sind zumeist Nitrilhandschuhe vorhanden, erkennbar an der blauen Farbe. Diese Nitrilhandschuhe bieten nur eine kurze Schutzwirkung, bei einigen organischen Lösungsmitteln sogar nur für wenige Sekunden. Daher solltest du sie nach einer Kontamination schnell abziehen. Weiterhin gibt es häufig sogenannte Säurehandschuhe, die wesentlich dicker sind und – der Name verrät es – beim Arbeiten mit konzentrierten Säuren und Laugen getragen werden. Aus praktischen Gründen solltest du deine Handschuhe je nach Einsatz wählen: Für ungefährliche Experimente braucht es keine dicken Handschuhe, und umgekehrt solltest du deine Hände vor gefährlichen Chemikalien mit passenden Handschuhen schützen.

Deine persönliche Schutzausrüstung erhältst du je nach Uni entweder zu Beginn deines ersten Laborpraktikums oder musst sie dir selbst kaufen – dies erfährst du meist im Voraus von der Praktikumsleitung.

Neben der Schutzausrüstung gilt natürlich, dass im Labor **nicht gegessen und getrunken** wird. Zahllose Unfälle sind dokumentiert, in denen Chemikalien fälschlicherweise in (teilweise unbeschrifteten) Lebensmittelflaschen gelagert und dann aus Versehen getrunken wurden. Abgesehen davon möchtest du wahrscheinlich auch nicht, dass deine Lebensmittel durch undefinierte Chemikalienrückstände auf den Laborbänken kontaminiert werden – oder?

Darüber hinaus gelten noch einige weitere Regeln:

- **Lange Haare** müssen zurückgebunden werden, damit sie sich nicht am Gasbrenner entzünden.
- Äußerst unbeliebt ist die Vorschrift, dass die Experimente während der langen Labortage nicht **im Sitzen** durchgeführt werden dürfen. Dies hat aber wichtige Gründe: Kippt etwas um, kannst du dich durch einen schnellen Sprung nach hinten in Sicherheit bringen. Aus sitzender Position geht das nicht so gut.
- **Rucksäcke** und andere Gegenstände werden wegen Stolper- und Kontaminationsgefahr nicht im Labor abgelegt, sondern im Spind gelassen. Benötigte Gegenstände wie Skripte, Papier und Stifte kannst du aber natürlich mitnehmen.

Wichtige Notfallvorkehrungen wie insbesondere die Notdusche, eine Augendusche, der große rote Notabschaltknopf, Löschsand/-decke sowie Feuerlöscher und Fluchtwege werden dir von euren Assistent:innen bei der Sicherheitsbelehrung zu Beginn des Praktikums gezeigt.

13.2 Typische Unfallursachen und ihre Vermeidung

Es gibt sicherlich zahllose Gründe, warum beim Experimentieren Unfälle geschehen. Neben kleineren Missgeschicken ohne Folgen kommt es aber auch immer wieder zu tragischen Unfällen mit hohen Schäden für die Beteiligten. Unschöne und unfreiwillige Berühmtheit erlangen einige Unfälle durch die zugehörigen Berichte in Zeitungen, von denen Blume (2015) eine Auswahl zusammengetragen hat (◘ Abb. 13.1).

Für den Spezialfall des Chemieunterrichts (der dem Laborpraktikum gar nicht so unähnlich ist), wurden Unfälle systematisch untersucht (Sommer et al. 2018). Nach dieser Untersuchung sind die fünf häufigsten Unfallursachen:
1. die Nichtbeachtung von Fachwissen, z. B. durch mangelhafte Vorbereitung und Recherche,
2. leichtsinniges Verhalten,
3. Unwissenheit bei der Bedienung von Sicherheitsgeräten,
4. Nervosität des Experimentierenden,
5. Unordnung im Labor.

Diese Untersuchung unterstreicht mit Blick auf die Zeitungsartikel einerseits, dass Unfälle bei Anfänger:innen genauso vorkommen wie bei langjährigen Profis. Es ist wichtig, dass du dir stets zu vergegenwärtigst, dass Experimente, die hundertfach funktioniert haben, auch beim einhundertundersten Mal genauso gefährlich sind.

13

❯ **Merksatz**
Sicherheit ist keine hohe Kunst, sondern vielmehr gute Vorbereitung und das konsequente Einhalten von Grundregeln.

Gift in der Flasche
Ein Goldschmied greift während eines Telefonats zur Sprudelflasche und nimmt einen kräftigen Schluck. Daran stirbt er unter Qualen. Denn in der Flasche befindet sich - vermutlich von ihm selbst abgefüllt - eine konzentrierte Zyankali-Lösung. Diese benötigen Goldschmiede zum Härten des Metalls (Gütersloh).

Böllerbau
Ein Mann (21) baut mit Bruder und Freund mit Schwarzpulver aus Sylvesterknallern einen Böller. Der explodiert vorzeitig. Ergebnis: Der Mann verliert eine Hand, die beiden anderen Männer werden verletzt. Hinzu kommt bei allen ein gewaltiges Knalltrauma des Gehörs. (Satrup/Kiel).

Brom
63 Menschen werden in einer Erfurter Schule durch Halogendämpfe verletzt, einige davon (unter anderem der Hausmeister und die Chemielehrerin) schwer. Ursache: Beim Umstellen eines vollen (!) Chemikalienschranks zerbricht eine Flasche mit 250 mL flüssigem Brom. (Erfurt)

Ammoniak spritzt wie Champagner
Eine Chemiestudentin geht ohne Schutzbrille ins Labor, um nur mal schnell nach einem Ansatz, der in konzentrierter Ammoniaklösung abläuft, zu sehen. Da es im Raum recht warm ist, hat sich in einem Gefäß ein hoher Ammoniakdruck aufgebaut. Die Apparatur fliegt in dem Moment auseinander, als sich die Studentin in Augenhöhe dazu befindet. Folge: Hornhautverletzungen und einige Monate im Krankenhaus. (Tübingen)

Nitroglycerin
Ein 17 Jahre alter angehender Chemielaborant stellt nur mal so nebenbei Nitroglycerin her. Das sei zufällig geschehen, behauptet er. Schließlich wollte er angeblich nur ein paar Lösemittel für private Versuchsreihen herstellen. Die Substanzen bekam er ganz legal in einer Apotheke. Irgendwie wird ihm dann doch mulmig. Hilfe suchend wendet er sich sogar an seinen Chemielehrer, der ihm auch nicht helfen kann. Die 200 mL müssen von der Feuerwehr unter Spezialschutz entsorgt werden. (Bielefeld)

Allein experimentiert
Eine Lehrerin führt nachmittags allein in der Schule chemische Experimente durch. Es kommt zu einer Explosion, bei der sie an beiden Augen verletzt wird. Es dauert lange, bis sie gefunden wird. (Berlin)

Flüssiger Stickstoff
Studenten führen an einem Sonntag in ihrem Institut Versuche durch. Ein Student geht los, um eine Kanne mit flüssigem Stickstoff zu holen. Nach einiger Zeit merken die Kollegen, dass der junge Mann nicht wiederkommt und gehen nachsehen. Sie finden ihn eingefroren in flüssigem Stickstoff, der den Boden bedeckt. Offenbar hat der Mann das Bewusstsein verloren, als er im schlecht gelüfteten Raum zu wenig Sauerstoff bekam. Die Anlage ist dann ausgelaufen. (Göttingen)

Lebensmittel
Einer jungen Mitarbeiterin wird von Kollegen Lösemittel in ihre Fantaflasche gefüllt. Erfolg dieses "kollegialen Scherzes": Die Frau liegt für ein halbes Jahr im Krankenhaus und verliert ihren halben Darm. (Hameln)

Umfüllen von Methanol
Ein Assistent will Methanol aus einem großen Vorratskanister in eine Literflasche umfüllen. Weil die Sommersonne darauf scheint, ist es im ungelüfteten Chemikalienlager sehr warm. Da der Mann nicht zurückkommt, machen sich seine besorgten Kollegen auf die Suche nach ihm. Sie finden ihn am Boden liegend. Durch das verdampfende Methanol hat er sich Vergiftungen zugezogen. Er ist sogar eine Zeitlang nahezu erblindet. (Tübingen)

◘ **Abb. 13.1**   Zusammenstellung diverser Zeitungsberichte zu Unfällen in Labor und Alltag

Für das erste Laborpraktikum ist erfahrungsgemäß besonders eine gründliche Vorbereitung des Versuchstages wichtig. Durch eine Betrachtung des Versuchs wird dir anhand der GHS-Piktogramme (siehe ▶ Abschn. 13.3) schnell klar, welche Gefahrstoffe eingesetzt werden oder welche im Verlauf der Reaktion entstehen. Wenn du dir bei einzelnen Schritten unsicher bist, kannst du die offenen Punkte im Vorfeld nachschlagen oder bei der Laboraufsicht erfragen, anstatt mitten im Versuchsverlauf (hektisch) reagieren zu müssen. Eine gute Vorbereitung ist in Summe das beste Mittel gegen Nervosität beim Experimentieren.

Zu dieser Vorbereitung gehört auch, dass du die Versuchsanleitung vorab in Gänze liest und erst dann mit dem ersten Schritt beginnst. Eine Analogie zum Kochen soll dies verdeutlichen. Schritt 1: Brate die Zwiebeln an. Schritt 2: Gib das kleingehackte Gemüse und Fleisch hinzu. Hast du die Zutaten für Schritt 2 nicht vorab vorbereitet, kommst du nun in zeitliche Schwierigkeiten. Dasselbe gilt auch bei einem Experiment, nur lässt sich eine chemische Reaktion im Zweifel nicht so einfach unterbrechen wie das Anbraten in der Pfanne. Bereite also alle Einwaagen vor und setz auch schon die benötigten Lösungen vor Beginn des Experimentes an, dann hast du für die Durchführung die notwendige Ruhe. Zu der notwendigen Vorbereitung gehören natürlich auch Sicherheitsutensilien und -lösungen. Ein Beispiel dafür ist eine Thiosulfat-Lösung, mit der Halogene, und zwar besonders Brom, schnell reduziert werden können, falls sie unbeabsichtigt auf die Haut gelangen. Denke darüber hinaus auch an Gefäße zur Entsorgung, die du – falls benötigt – in Reichweite bereitstellen sollst.

13.3 GHS und Piktogramme

Im Labor und auch im Alltag hantieren viele Menschen mit zahllosen Gefahrstoffen. Diese beginnen im Haushalt bei Lebensmitteln (Essigessenz) und reichen über Reinigungsmittel (Rohrreiniger), Waschmittel (Waschpulver, Bleichmittel) und Grillanzünder (Spiritus) bis hin zu konzentrierten Chemikalien im Labor. Der Umgang und auch die Zulassung mit Gefahrstoffen wurde 2006 in der REACH-Verordnung harmonisiert und europaweit festgeschrieben (siehe Infokasten: Hintergrund: REACH).

Hintergrund: REACH-Verordnung
Die REACH-Verordnung (*R*egistration, *E*valuation, *A*uthorisation and *R*estriction of *Ch*emicals) ist eine Chemikalienverordnung mit Gültigkeit in der gesamten EU. Mit dem Inkrafttreten in 2007 wurden das (nationale) Chemikalienrecht harmonisiert und damit vereinfacht. Die Verordnung verpflichtet unter anderem die Hersteller oder Importeure von Chemikalien dazu, grundlegende Informationen zum Gefährdungspotenzial für Mensch und Umwelt bereitzustellen. Die Verordnung wird durch neue Erkenntnisse und Chemikalien fortlaufend aktualisiert und erweitert.

Damit Lai:innen und Expert:innen die Gefahr dieser Stoffe auf den ersten Blick zumindest grob einschätzen können, müssen sie auf den Verpackungen und den Sicherheitsdatenblättern mit Hinweisen versehen werden. Hierzu werden weiße Symbole mit rotem Rahmen, sogenannte Piktogramme, verwendet, die Informationen über die Art sowie die Intensität der Gefahr preisgeben und die du sicherlich aus dem Alltag oder dem Chemieunterricht kennst.

Die Grundlage für diese Piktogramme ist das GHS – das **global harmonisierte System** zur Einstufung und Kennzeichnung von Chemikalien. Wie der Name schon sagt, wird es seit 2009 weltweit einheitlich verwendet, um die Gefahren für Mensch und Umwelt bei Herstellung, Transport und Verwendung zu kennzeichnen. Das GHS umfasst neun Gefahrenklassen und ebenso viele Piktogramme, die in der nachfolgenden ◘ Tab. 13.1 aufgelistet werden:

Natürlich können einem Gefahrstoff auch gleich mehrere Piktogramme gleichzeitig zugewiesen werden. Nehmen wir als Beispiel Salzsäure, die als Standardchemikalie in fast jedem Labor vorhanden ist. In der konzentrierten Variante werden ihr die Piktogramme GHS05 und GHS07 zugewiesen. Somit geht klar hervor, dass es sich um eine ätzende bzw. korrodierende Substanz handelt, von der Gefahr ausgeht.

13

◘ **Tab. 13.1**   GHS-Gefahrenklassen mit zugehörigen Piktogrammen und Erläuterungen

Piktogramm	Kodierung	Gefahrenklasse
	GHS01	Instabile, explosive Stoffe, selbstzersetzliche Stoffe und Gemische
	GHS02	Entzündbare, selbsterhitzungsfähige Stoffe
	GHS03	Entzündend oder oxidierend wirkende Stoffe
	GHS04	Komprimierte, verflüssigte oder verdichtete Gase
	GHS05	Korrosive, ätzende Stoffe
	GHS06	Akut toxisch wirkende Stoffe
	GHS07	
	GHS08	Diverse (auch langfristige) Gesundheitsgefahren
	GHS09	Umwelt- und/oder gewässergefährdend

Neben dem Piktogramm werden Gefahrstoffe noch zusätzlich mit schriftlichen Hinweisen gekennzeichnet, die eine genauere Auskunft für die Verwendung und Lagerung erteilen. Bleiben wir bei Salzsäure als Beispiel: Dort lauten diese Gefährdungshinweise:

» „Kann gegenüber Metallen korrosiv sein. Verursacht schwere Verätzungen der Haut und schwere Augenschäden. Kann die Atemwege reizen. Schutzhandschuhe/Schutzkleidung/Augenschutz/Gesichtsschutz tragen. Bei Berührung mit der Haut (oder dem Haar): Alle kontaminierten Kleidungsstücke sofort auszuziehen; Haut mit Wasser abwaschen oder duschen. Bei Kontakt mit den Augen: Einige Minuten lang behutsam mit Wasser ausspülen; eventuell vorhandene Kontaktlinsen nach Möglichkeit entfernen. Weiter ausspülen; sofort Arzt anrufen."

Da es mühselig wäre, für jede Chemikalie eine individuelle Beurteilung zu verfassen und diese nachzuschlagen und zu lesen, haben Chemiker:innen ein cleveres System entwickelt, um die Hinweise zu systematisieren. Zu diesem Zweck wurden als erste Maßnahme alle Hinweise gesammelt. Um Ordnung in die Sammlung zu bekommen, wurden die Hinweise in Gefahrenhinweise und Sicherheitshinweise bzw. Vorsichtsmaßnahmen unterteilt. Erstere werden als **H-Sätze** bezeichnet (H steht für *hazard*, Gefahr), letztere als **PSätze** (für *precaution*, Vorsichtsmaßnahme). Für unser Beispiel können wir also schreiben:

» „**H-Sätze:** Kann gegenüber Metallen korrosiv sein. Verursacht schwere Verätzungen der Haut und schwere Augenschäden. Kann die Atemwege reizen.

» **PSätze:** Schutzhandschuhe/Schutzkleidung/Augenschutz/Gesichtsschutz tragen. Bei Berührung mit der Haut (oder dem Haar): Alle kontaminierten Kleidungsstücke sofort auszuziehen; Haut mit Wasser abwaschen oder duschen. Bei Kontakt mit den Augen: Einige Minuten lang behutsam mit Wasser ausspülen; eventuell vorhandene Kontaktlinsen nach Möglichkeit entfernen. Weiter ausspülen; sofort Arzt anrufen."

Die H-Sätze beschreiben also, was der Gefahrstoff verursachen kann, die P-Sätze erläutern hingegen, wie die Gefahren vermieden werden können und was im Notfall zu tun ist.

Schaut man sich nun einen Behälter mit Salzsäure oder – falls du keinen zur Hand hast – den zugehörigen Wikipedia-Eintrag an, findest du dort in dem entsprechenden Abschnitt nicht den Text, sondern nur Nummern. Diese sehen wie folgt aus:

» „H: 290-314-335

» P: 280−303+361+353-305+351+338+310"

Was hat das nun zu bedeuten? Die gute Nachricht ist: dasselbe wie im obigen Textabschnitt. Es handelt sich lediglich um eine Verkürzung der Textpassagen, damit diese komprimiert dargestellt werden können. Jeder H- und P-Satz in der Sammlung wurde hierzu mit einer eindeutigen Nummer versehen. H290 steht etwa für „Kann gegenüber Metallen korrosiv sein". Somit musst du nur die Nummern lesen und kann in der Bibliothek die entsprechenden Sätze nachschlagen.

Die mit einem Bindestrich getrennten Nummern stehen dabei für sich. Einzelne Sätze können aber auch kombiniert werden, hier ist das bei „P: 303+361+353" der Fall und wird durch die Plus-Zeichen markiert. P303 steht für „Bei Berührung mit der Haut (oder dem Haar):", P361 steht für „Alle kontaminierten Kleidungsstücke sofort ausziehen." Gemeinsam ergeben sie den oben aufgeführten Satz.

Ein letzter Hinweis: Die Nummerierung der Sätze beginnt nicht einfach bei 1 und wird dann fortlaufend nummeriert. Stattdessen werden sie geordnet aufgeführt, indem beispielsweise alle Sätze zu Gesundheitsgefahren in eine H300er-Reihe einsortiert werden.

- H200-Reihe: Physikalische Gefahren
- H300-Reihe: Gesundheitsgefahren
- H400-Reihe: Umweltgefahren
- P100-Reihe: Allgemeines
- P200-Reihe: Prävention
- P300-Reihe: Reaktion
- P400-Reihe: Aufbewahrung
- P500-Reihe: Entsorgung

Auch dies soll dir helfen, in kürzerer Zeit die wesentlichen Informationen schnell redundant, kann gestrichen werden zu erfassen.

Literatur

Blume R (2015) Meldung zu Chemie-Unfällen. https://www.chemieunterricht.de/dc2/gefahr/gefahren1.htm

Sommer K, Wambach-Laicher J, Pfeifer P (eds) (2018) Konkrete Fachdidaktik Chemie: Grundlagen für das Lernen und Lehren im Chemieunterricht, Vollständige Neubearbeitung, 1. Auflage. Unterricht Chemie. Aulis, Seelz

13

Planen und Vorbereiten

Inhaltsverzeichnis

© Der/die Autor(en), exklusiv lizenziert an Springer-Verlag GmbH, DE,
ein Teil von Springer Nature 2024
S. Feil et al., *Brückenkurs Chemie*, https://doi.org/10.1007/978-3-662-69351-3_14

Die Planung eines Experiments beginnt bei der gedanklichen Durchdringung. Bevor es im Praktikum an die Laborbank geht, solltest du den Versuch schon mindestens einmal im Kopf durchgeführt und eine Hypothese darüber aufgestellt haben, was du als Ergebnis beobachten wirst.

Für die praktischen Vorbereitung musst du meist nur relativ wenige Maßnahmen treffen. Diese lassen sich unter dem Grundsatz zusammenfassen, dass eine gute Vorbereitung stets die Durchführung entlastet. In diesem Kapitel wird beschrieben, wie Chemikalien und Lösungen korrekt abgewogen, transportiert, umgefüllt und angesetzt werden. Wenn du diese einfachen Techniken beherrschst, vermeidest du nicht nur unnötige Aufräumarbeiten und Chemikalienverschwendung, sondern verbesserst auch die Ergebnisse deiner Experimente.

Da jedes Experiment eine Vorbereitung erfordert, wird deine Vorgehensweise schnell in die Routine übergehen. Wenn du die folgenden Hinweise beachtest, gewöhnst du sie dir von Anfang an gleich richtig an.

Lernziele
Nach der Bearbeitung dieses Kapitels wirst du Folgendes können:
— Experimente sicher planen und durchführen,
— Experimente fachgerecht und sicher vorbereiten. Dies umfasst die gesamte Kette vom Transport der Chemikalien aus dem Lager bis zum Abwiegen bzw. Umfüllen in das Reaktionsgefäß.
— chemische Lösungen in der gewünschten Konzentration ansetzen, ggf. unter Zuhilfenahme eines Mischungskreuzes,
— Reaktionsgefäße fachgerecht und effizient reinigen.

14.1 Planung und Vorbereitung eines Experiments

In deinem Laborpraktikum wirst du eine Reihe von chemischen Experimenten durchführen, die dir helfen, deine praktischen Fähigkeiten zu entwickeln und chemische Konzepte besser zu verstehen. Im Idealfall werden dir die theoretischen Aspekte aus den Vorlesungen und Seminaren durch das Praktikum auch zeitnah im Experiment verdeutlicht. Regelmäßig sind Vorlesung und Praktikum aber nicht gleich, sondern nach unterschiedlichen Merkmalen strukturiert.

In den meisten Fällen erhältst du zu Beginn des Laborpraktikums ein Skript, welches eine Sammlung aller Versuche darstellt, die du in dieser Veranstaltung durchführen musst. Obwohl jedes Experiment unterschiedlich ist, gibt es einige grundlegende Schritte, die du bei der Vorbereitung und Durchführung jeweils beachten solltest.

▪ Planungs- und Vorbereitungsphase
Eine gründliche Planung und Vorbereitung ist wichtig, da die meisten Experimente nicht oder nur unter hohem Aufwand unterbrochen werden können bzw. die Qualität des Produktes darunter leidet. Eine unzureichende Vorbereitung führt daher häufig zu Hektik, welche eine der größten Unfallursachen beim Experimentieren ist (siehe ▶ Abschn. 13.2). Die nachfolgenden Schritte helfen dir, beim Experimentieren und ggf. auch bei unvorhergesehenen Ereignissen die Ruhe zu bewahren.

- **Lies dir die Versuchsvorschrift durch**: Bevor Du anfängst, lies das gesamte Experiment im Skript durch, um sicherzustellen, dass du die Ziele und den Ablauf des Experiments verstehst. Mache dich mit den Chemikalien und der Ausrüstung, die du verwenden wirst, vertraut.
- **Überprüfe die Sicherheitsvorkehrungen**: Jedes Experiment birgt spezifische Gefahren, daher ist es wichtig, die Sicherheitsinformationen für alle Chemikalien zu lesen, die du verwenden wirst (siehe ▶ Abschn. 13.3). Trage immer geeignete Schutzausrüstung und mach dir auch bewusst, wie chemische Abfälle korrekt zu entsorgen sind. Gerade der letzte Punkt wird häufig vergessen. Behalte nur die Materialien auf deiner Arbeitsfläche, die du wirklich benötigst.
- **Beschaffe die Materialien**: Besorge alle Geräte, die du benötigen wirst. Stelle sicher, dass deine Ausrüstung sauber, trocken und funktionsfähig ist. Falls erforderlich, baue die Apparatur auf und achte auf Stabilität.
- **Beschaffe die Chemikalien**: Besorge alle Chemikalien und fülle bzw. wiege die benötigten Mengen ab (siehe ▶ Abschn. 14.3). Nimm nur so viel mit an deinen Arbeitsplatz, wie du auch benötigst. Große Vorratsgefäße solltest du niemals mit an deinen Platz nehmen – nicht zuletzt, weil deine Kommilitonen sie ebenfalls benötigen werden.

■ Durchführungsphase
- **Führe das Experiment durch**: Folge den Anweisungen in deinem Skript genau und arbeite systematisch. Nimm dir genügend Zeit und versuche nicht, Schritte zu überspringen oder abzukürzen. Kontrolliere lieber einmal zu viel als einmal zu wenig.
- **Dokumentiere deine Arbeit**: Führe während des Experiments genaue Aufzeichnungen. Notiere deine Beobachtungen sowie alle Änderungen, die du ggf. abweichend zum Skript bei der Durchführung vorgenommen hast.

■ Auswertung und Nachbereitung
- **Analysiere die Daten**: Nach Abschluss des Experiments analysiere deine Daten und ziehe daraus deine Schlussfolgerungen. Überlege, ob die Ergebnisse den Erwartungen entsprechen und auch, was eventuelle Abweichungen verursacht haben könnte. In manchen Protokollen wird eine detaillierte Fehleranalyse erwartet – hierfür werden deine Notizen später sehr nützlich sein.
- **Aufräumen**: Reinige deine Ausrüstung und entsorge alle Abfälle entsprechend den Sicherheitsanweisungen. Stelle sicher, dass du deinen Arbeitsplatz sauber und ordentlich hinterlässt.

In jedem Schritt ist es wichtig, dass du sorgfältig und bedacht vorgehst. Auch wenn du ein vorgegebenes Experiment durchführst, ist es wichtig, den Prozess zu verstehen und aktiv daran teilzunehmen.

14.2 Umfüllen und Transport von Gefahrstoffen

Chemikalien (und insbesondere Gefahrstoffe) müssen in einem speziellen **Lagerraum** (◘ Abb. 14.1) aufbewahrt werden. Die Ausstattung dieses Raumes variiert je nach Gefährdungspotenzial der Chemikalien: Ungefährliche Feststoffe werden zum Bei-

Abb. 14.1   Fachgemäße Lagerung und sicherer Transport von Chemikalien

spiel anders gelagert als flüchtige organische Flüssigkeiten, da letztere nur in entsprechend belüfteten Schränken aufbewahrt werden dürfen. Hochtoxische Stoffe lagern in abgeschlossenen Containern, um den Zugang zu beschränken, und einige leicht entzündliche sowie explosive Stoffe müssen gar in speziellen Kühlschränken mit explosionsgeschütztem Innenraum verwahrt werden. Dies schützt die (durchaus teuren) Stoffe vor unbefugtem Zugriff, erhält ihre Qualität und vermeidet, dass sie unbeabsichtigt in die Umwelt gelangen. Damit auch beim **Transport** der Chemikalien (■ Abb. 14.1) aus dem Lagerraum zur Laborbank nichts schief geht, gibt es weitere Regeln. Unfälle passieren natürlich überall, aber ein paar einfache Methoden begrenzen den Schaden weitgehend.

— Kunststoffgebinde sind grundsätzlich relativ bruchfest, dennoch werden sie stets mit beiden Händen getragen. Die Ausnahme sind sehr kleine Gebinde, die nur wenige Gramm umfassen. Trage nie mehr als ein großes oder zwei sehr kleine Gebinde gleichzeitig. Prüfe grundsätzlich, ob der Deckel richtig sitzt und trage niemals Chemikalien in der Tasche deines Labormantels.

— Glasflaschen bergen eine weitaus größere Gefahr. Trage sie im Labor stets mit einer Hand am Behälterboden und der anderen Hand am Flaschenhals. Außerhalb des Labors muss noch vorsichtiger vorgegangen werden: Hier tragen Menschen keine Schutzausrüstung, und die Belüftung sowie die Sicherheitsstandards sind weit niedriger als im Labor. Gebinde werden daher stets in einem Eimer oder Tragekorb transportiert. Wenn der Eimer dennoch zu Boden fällt und die Glasflasche zerbricht, kontaminiert der Inhalt nur den Eimer und nicht weite Teile des Fußbodens. Manche (leicht flüchtige) Gefahrstoffe können so im Notfall einfacher aus der Gefahrenzone entfernt werden.

— Flüchtige Gefahrstoffe und insbesondere auch Flüssiggase werden niemals gemeinsam mit Personen in abgeschlossenen Räumen wie Autos oder insbesondere im Fahrstuhl transportiert – es herrscht bei einem Entweichen hohe Vergiftungs- und Erstickungsgefahr.

14

Sind die Chemikaliengebinde oder -flaschen am Ort ihrer Bestimmung angekommen, werden sie aus den Vorratsgefäßen in die Reaktionsgefäße transferiert. Auch bei diesem **Umfüllen** gibt es einige Punkt zu beachten, damit möglichst keine Gefahrstoffe austreten und verschwendet werden.

- Wenn du toxische, leicht flüchtige oder ätzende Flüssigkeiten umfüllst, arbeite im Abzug. Eventuell kann es sinnvoll sein, eine Wanne unterzustellen, um den Austritt von Chemikalien einzugrenzen oder ein Missgeschick leicht beseitigen zu können.
- Wenn Chemikalien in enghalsige Gefäße gefüllt werden, sind grundsätzlich Trichter zu benutzen. Für Feststoffe nimmt man Pulvertrichter aus Kunststoff, für Flüssigkeiten werden beständigere Glastrichter eingesetzt.
- Beim Einfüllen von Flüssigkeit mit einem Trichter in ein enges Gefäß muss die verdrängte Luft ungehindert entweichen können – sonst besteht Gefahr, dass die Flüssigkeit austritt. Hierzu hebe den Trichter entweder etwas an oder verwende Glashäkchen.
- Beim Ausgießen aus Vorratsflaschen drehe die Seite mit dem Etikett stets nach oben, damit es nicht zerstört wird, wenn doch mal geringe Mengen daneben gehen.

Zu guter Letzt gilt neben der Sicherheit auch, dass die Qualität und Reinheit der Chemikalien in den Vorratsgebinden erhalten bleiben soll. Aus diesem Grund werden Feststoffe nur mit einem sauberen Spatellöffel dem Gebinde entnommen, und analog gilt dies auch für saubere Pipetten bei Flüssigkeiten. Wenn du dies konsequent anwendest, vermeidest du unnötige Kontamination der Gebinde, was besonders bei empfindlichen Nachweisreaktionen und der qualitativen Analyse einer unbekannten Probe (im Praktikum besser bekannt als „Ionenlotto") sehr ärgerlich ist.

Aus dem gleichen Grund werden die Vorratsgefäße auch nur so kurz wie eben nötig geöffnet, da einige Chemikalien (insbesondere Feststoffe) Luftfeuchtigkeit aufnehmen und in Form von Kristallwasser binden. Hierdurch steigt die molare Masse, was bei der Einwaage für entsprechende Fehler sorgt; und auch die Stoffeigenschaften können sich ändern.

▶ **Beispiel**

Hygroskopie von Kupfersulfat

Ein gängiges Beispiel für die Qualitätsverluste durch Lagerung und Luftfeuchtigkeit ist Kupfersulfat. Wasserfreies Kupfersulfat ($CuSO_4$) ist ein farbloses Pulver, welches unter starker Wärmefreisetzung Wasser-Moleküle in seine Kristallstruktur einlagern kann. Wird eine Probe Kupfersulfat in feuchter Atmosphäre stehen gelassen, bildet sich mit mehreren Zwischenschritten Kupfersulfat-Hexahydrat ($CuSO_4 \cdot 6\,H_2O$), welches eine intensiv blaue Farbe aufweist. Zudem kann beobachtet werden, dass sich im Gebinde aus dem ursprünglichen feinen Kupfersulfat-Pulver zunehmend größere Kristalle bilden, die schwerer entnommen werden können und meist gemörsert werden müssen (◨ Abb. 14.2). ◀

❏ **Abb. 14.2**   Kupfersulfat-Hexahydrat (blaues Pulver, links) und wasserfreies Kupfersulfat (weißes Pulver, rechts)

14.3 Wiegen

Chemisches Experimentieren wird häufig mit dem Kochen verglichen, nur mit gefährlicheren Zutaten, anspruchsvolleren Techniken und besseren Werkzeugen. Die Analogie ist an vielen Stellen zutreffend, und alle drei Punkte gelten auch für das Ab- und Einwiegen von Chemikalien. Für einen Kuchen können 500 g Mehl schnell mit der Küchenwaage abgewogen werden. 25 g mehr oder weniger machen kaum einen Unterschied, und wenn beim Einfüllen oder Überführen was danebengeht, ist es kein Problem. All das ist im Labor anders. Die Genauigkeit, Geduld und insbesondere die Technik und Ausstattung spielen eine größere Rolle.

Betrachten wir zunächst Ausstattung. In einem Ausbildungslabor findest du zwei Arten von Waagen. Zum einen eine Laborwaage; sie umfasst einen größeren Wägebereich, der häufig bis zu fünf Kilogramm reicht. Die maximale Auflösung beträgt dafür aber nur 0,1 oder 0,01 g. Zum anderen findest du (ab und zu auch in einem separaten, ruhigen Raum) eine Analysewaage. Der Wägebereich ist klein (teilweise bis maximal 200 g), dafür löst sie auf bis zu 0,0001 g sehr genau auf. Die **Analysewaage** ist das Mittel der Wahl, um Chemikalien abzuwiegen, da sie weitaus genauer ist. In der Forschung wird sie nahezu ausschließlich eingesetzt, da die dort eingesetzten Stoffmassen häufig im Milli- oder Mikrogrammbereich liegen, um Kosten zu sparen. Kleinste Abweichungen verursachen hier also schon große Abweichungen bei den Resultaten. Die **Laborwaage** ist für den Ausbildungsbetrieb vorgesehen. Sie kostet nur einen Bruchteil der Analysewaage, und bei Experimenten mit qualitativen Ergebnissen sind Unterschiede im tiefen Nachkommastellenbereich unerheblich. Zudem ist auch der Umgang einfacher und das Abwiegen geht schneller.

Die eigentliche Kunst ist es aber, kleinste Mengen genau und ohne Verluste und Fehler einzuwiegen und in das Reaktionsgefäß zu überführen. Führe hierzu die folgenden Schritte durch:

1. **Vorbereitung 1:** Nimm alles mit an den Wägeplatz, was du benötigst (und nur das). Dies sind meist ein passender und sauberer Spatel, Versuchsanleitung im Skript oder Laborjournal sowie die Stoffprobe und das Gefäß zum Einwiegen des Stoffes. Wenn die Stoffprobe als Feststoff vorliegt, der im Vorratsgefäß (durch Luftfeuchtigkeit) schon verklumpt auskristallisiert ist, müssen die Klumpen bzw. Kristalle vor dem Wiegen im Mörser wieder zerkleinert werden. Wenn du Flüssigkeiten einwiegst, benötigst du statt des Spatels eine entsprechende Pipette oder Spritze mit Kanüle.

2. **Vorbereitung 2:** Kontrolliere, ob die Waage exakt im Lot steht. Zur einfachen Kontrolle besitzen die meisten Laborwaagen eine eingebaute Wasserwaage. Justiere die Füße, falls nötig, bis die Waage exakt senkrecht steht. *Hinweis*: Einige Waagen verfügen auch über integrierte Kalibrierungsprogramme. Diese sollten nach jedem Bewegen der Waage ausgeführt werden.

3. **Tarieren:** Tariere die Waage zur Kontrolle. Sie sollte konstant auf „Null" stehen. Stelle nun wie bei einer Küchenwaage das Gefäß zum Einwiegen auf die Waage. Dies kann ein Messkolben oder -zylinder sein, in dem anschließend die gewünschte Lösung angesetzt wird. Notfalls kann auch ein Uhrglas oder idealerweise ein Wägeschiffchen zum Transfer der Probe in ein anderes Reaktionsgefäß verwendet werden. Notiere in diesem Fall vorab den Wert des leeren Gefäßes. Tariere dann die Waage erneut, bis sie wieder konstant „Null" anzeigt.

4. **Einwiegen:** Gib nun mit dem Spatel (oder Pipette oder Spritze) die gewünschte Menge des Stoffes in das geeignete Gefäß. Dabei unterschreite zunächst die gewünschte Menge und nähere dich dann von unten an. Nun kannst du dich darüber freuen, dass du den Feststoff gründlich gemörsert hast und ihn fein dosieren kannst. Schließe bei Analysewaagen bei der Messung die Glasschieber, da bei dieser sehr empfindlichen Waage selbst Luftströme die Messung schon verfälschen können. Ist die Einwaage konstant bei dem Zielwert, notiere den Wert. Verwendest du ein Transfergefäß (bspw. Uhrglas oder Wägeschiffchen, siehe oben), transferiere die Probe in das gewünschte Reaktionsgefäß und wiege das leere Transfergefäß erneut. Der angezeigte Wert muss mit dem Wert aus Punkt 3 (Tarieren) übereinstimmen.

Typische Messfehler:

- **Bewegung des Wiegetisches**: Ähnlich wie ein Billardtisch muss ein Wiegetisch schwer, gerade und stabil sein. Die Tischplatte besteht daher in der Regel aus sehr massiven Materialien. Dennoch kann der Tisch unbeabsichtigt in leichte Schwingung bzw. ein Ungleichgewicht gebracht werden, wenn du ihn mit den Beinen bewegst. Setz dich entspannt auf den Stuhl und halte Abstand (hierbei darfst du mal sitzen!).

- **Elektrostatische Aufladungen** (bspw. durch deine Kleidung) können sich auf die Stoffprobe übertragen und dazu führen, dass einzelne Kristalle oder Partikel von dem Spatel „fliegen" und an der Waage haften. Ist eine Heizung im Raum, berühre zur Entladung einfach kurz vorher den Heizkörper.

- **Verschüttetes Wägegut**, welches auf den Wägeteller fällt. Dieses wird mitgewogen, auch wenn es nicht im gewünschten Gefäß landet.

— **Kristallwasser** im Vorratsgefäß. Dies ist zwar kein Messfehler im eigentlichen Sinne, aber an dieser Stelle soll nochmal daran erinnert werden, dass hygroskopische Chemikalien (viele Salze, aber auch Flüssigkeiten wie beispielsweise konzentrierte Schwefelsäure) mit der Zeit Luftfeuchtigkeit aufnehmen. Ist die Ausgangssubstanz verunreinigt, kann selbst die beste Einwaage nicht verhindern, dass in der anzusetzenden Lösung nicht die gewünschte Konzentration vorliegt.

Wenn dich die Thematik interessiert, findest du auf der Homepage der FU Berlin noch vertiefende Hinweise.[1]

14.4 Befüllen und Ablesen

„Warum gibt es eigentlich so viele verschiedene Glasgeräte zum Befüllen und Messen?" Diese Frage hat der eine oder die andere vielleicht laut im Chemieunterricht gestellt oder sich selbst leise gefragt. Die Frage ist durchaus berechtigt – reicht zum Messen des Volumens nicht ein Messzylinder und zum Überführen von Flüssigkeiten nicht eine Glaspipette?

Um die Antwort vorwegzunehmen – in vielen Fällen mag das zutreffen, die Antwort ist aber trotzdem „Nein". Die typischen Glasgeräte im Labor sind so geformt, dass sie verschiedene Funktionen bestmöglich erfüllen können. Nehmen wir einen *Messkolben* als Beispiel. Der bauchige Kolben bietet viel Platz zum Schwenken, was dir das Mischen oder das Lösen eines Feststoffs erleichtert. Gleichzeitig erhöht der schlanke Hals die Genauigkeit beim Auffüllen des Kolbens bis zum Eichstrich. Die Verschlussmöglichkeit mit Glasschliff dichtet auch für eine längere Lagerung sicher ab. Aus all diesen Gründen eignen sich Messkolben – wie der Name schon sagt – für das Ansetzen von *Maßlösungen*. Bechergläser sind hierfür denkbar schlecht geeignet und zudem ungenau. Dafür sind sie wesentlich günstiger, können durch ihre große Öffnung leichter befüllt und dank des Auslaufs auch ohne Missgeschicke ausgegossen werden. Glas- und Messgeräte unterscheiden sich also in ihrer Handhabung.

Daneben spielen auch die Einsatzmöglichkeiten der Glasgeräte eine wichtige Rolle. Nehmen wir die Überführung von leicht flüchtigem Aceton und konzentrierter Schwefelsäure als weitere Beispiele. Wenn du Aceton an einem warmen Sommertag mit einer *Glaspipette* aufnimmst, kann es schnell passieren, dass durch die Wärme deiner Hände oder des Raumes Aceton verdampft. Dies neutralisiert den Unterdruck in der Pipette und führt kurze Zeit später dazu, dass das Lösungsmittel durch den Überdruck aus der Öffnung der Glaspipette „hinausschießt" wie aus einer Wasserpistole, was für deine Kommilitonen und dich äußerst unangenehm werden kann. Aus diesem Grund wird für viele Lösungsmittel stattdessen eine *Spritze* verwendet. Die Öffnung der zugehörigen Kanüle hat einen weitaus kleineren Durchmesser als die Glaspipette. Auf der anderen Seite können Spritzen aus Kunststoff und Kanülen aus Edelstahl nicht für alle Flüssigkeiten verwendet werden. Konzentrierte Schwefelsäure kann das Metall in durchaus kurzer Zeit korrodieren, was beispielsweise einen Nachweis von Eisen-Ionen verfälscht. Andere Lösungsmittel können den

---

1 Freie Universität Berlin – Einwiegen. ▶ https://www.bcp.fu-berlin.de/chemie/chemie/studium/oc-praktikum/ressourcen/laborpraxis/laborpraxis_webinfos/analytik/uvvis/einwiegen.html.

Kunststoff angreifen. Diese Chemikalien können wiederum meist problemlos von der chemisch sehr resistenten Glaspipette aufgenommen werden. Glas- und Messgeräte unterscheiden sich also auch in ihren Einsatzmöglichkeiten.

Glas im Labor – vielseitig und nachhaltig

Neben ihrer chemischen Resistenz haben Glasgeräte noch den Vorteil, dass sie sich sehr gut reinigen und bei einem Bruch einschmelzen lassen. Zur Zeit der Alchemie gab es auch weitaus weniger Geräte zur einmaligen Verwendung, hier war die Wiederverwendbarkeit von Glas ein echter Vorteil.

Ebenfalls nicht zu unterschätzen: An vielen Universitätsstandorten mit chemischer Fakultät arbeiten festangestellte Glasbläser:innen. Anders als bei Kunststoffgeräten können sie teure Glasgeräte bei einem Bruch häufig wieder instand setzen und auf Wunsch auch maßgeschneiderte Geräte für bestimmte Forschungsvorhaben anfertigen.

Zuletzt kannst du auch bei scheinbar gleich aussehenden Glasgeräten noch Unterschiede finden. Bechergläser gibt es in Größen von zehn Millilitern und kleiner bis hin zu zehn Litern und größer. Pipetten reichen von einfachen, nicht skalierten Pasteurpipetten bis hin zu Vollpipetten in unterschiedlichen Größen und Skalierungen. Auch gleich große Geräte unterscheiden sich in der Qualität und Genauigkeit. Ein gutes Beispiel sind Maßpipetten. Achte beim nächsten Laborbesuch auf die abgedruckten Fehlerangaben, diese betragen bei der abgebildeten Maßpipette etwa ±0,03 Milliliter. Glas- und Messgeräte unterscheiden sich also auch in ihrer Genauigkeit.

14.4.1 Justierung

Ein praktisches Beispiel zur unterschiedlichen Handhabung von Glasgeräten steht in Zusammenhang mit der Justierung. Angenommen, du möchtest 5 mL einer Lösung in ein Reagenzglas transferieren und führst dies auf zwei unterschiedliche Arten durch:
a. Du setzt die Lösung in einem 5-mL-Messkolben an und schüttest diese in das Reagenzglas.
b. Du nimmst mit einer Vollpipette 5 mL der Lösung aus dem Vorratsgefäß auf und gibst sie in das Reagenzglas.

Wir nehmen an, dass du unglaublich geschickt bist, nichts verschüttest und mit Adleraugen die Legende bzw. den Meniskus fehlerfrei ablesen kannst. Dennoch stellst du fest: In Reagenzglas b sind 5 mL der Lösung enthalten, in Reagenzglas a ist es etwas weniger. Woher kommt dieser Unterschied?

Den Unterschied macht der sogenannte „letzten Tropfen", oder, allgemeiner gesprochen: die Justierung des Glasgerätes. Diese folgt dem Einsatzzweck: Eine Pipette soll eine definierte Menge **abgeben**, daher ist der „letzte Tropfen" in der Eichung schon ausgeklammert. Wenn der Meniskus vorher bei 5 mL liegt und nachher bei 0 mL, wurden genau 5 mL abgegeben, auch wenn noch Flüssigkeit in der Pipettenspitze verbleibt. Solche Geräte werden mit „EX" markiert – der „letzte Tropfen" ist EXkludiert und wird mit der abgemessenen Menge aus der Pipette abgegeben.

☐ Abb. 14.3 Unterschiedliche
Glasgeräte, markiert mit „IN"
und „EX"

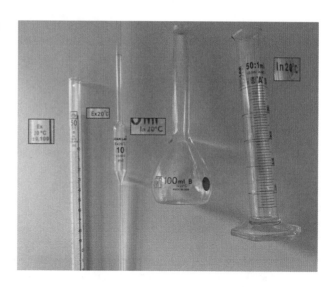

Ein Messkolben hat den Zweck, eine definierte Menge **aufzunehmen**. Am Eichstrich ist exakt die aufgedruckte Menge enthalten; damit ist ein genaues Ansetzen
von Konzentrationen einer Lösung möglich. Diese Geräte werden mit „IN" be-
druckt – der letzte Tropfen wird INkludiert, also im Messkolben behalten.

Justierung

IN: Das aufgenommene Volumen entspricht genau der auf dem Messgerät aufgedruckten Volumenangabe.

EX: Das abgegebene Flüssigkeitsvolumen entspricht genau der auf dem Messgerät aufgedruckten Volumenangabe.

☐ Abb. 14.3 zeigt unterschiedliche Glasgeräte, die entsprechend justiert sind.

14

14.4.2 Korrektes Ablesen

Korrektes Ablesen ist keine große Kunst, aber zu Beginn der „Laborkarriere" häufig
fehlerbehaftet. Beachte hierzu die folgenden vier Punkte, und du bist auf der sicheren
Seite.
1. Das Füllgefäß muss natürlich gerade stehen bzw. hängen. Gerade komplexere
   Apparaturen in der organischen Chemie führen manchmal in Versuchung, alles
   ein wenig „zurechtzuruckeln", damit es dicht verschlossen ist. Investiere lieber die
   Extraminute, damit alles auch gerade steht.
2. Verwende passende und passend skalierte Glasgeräte. Je kleiner der Durchmesser,
   desto geringer ist auch der Fehler. Verwende für ein Volumen von 8 mL eine Pipette mit 10 mL, anstatt 25 mL oder 100 mL.
3. Das Ablesen geschieht immer auf Augenhöhe.

○ **Abb. 14.4** Meniskus (links) und Schellbachstreifen (rechts)

4. Je nach Farbigkeit der Lösung wird unterschiedlich abgelesen (○ Abb. 14.4).
   a. **Bei gefärbten oder trüben Lösungen** erfolgt das Ablesen des Messwertes am **Meniskus**. Der Meniskus ist der Scheitelpunkt der Wölbung der Flüssigkeit. Dieser ist in einigen Gefäßen (wie Pipette oder Bürette) nach unten gewölbt. Deshalb wird auch am untersten Punkt – dem Meniskus – abgelesen.
   b. **Bei farblosen bzw. klaren Lösungen:** Ablesen des Messwertes erfolgt am **Schellbachstreifen** an den „Pfeilspitzen".

Ein gängiges Beispiel, wo es auch besonders auf Genauigkeit ankommt, ist das Ablesen des Füllstandes einer Bürette bei einer Titration (siehe ▶ Abschn. 16.3).

14.4.3 Handhabung der Pipette

Pipetten (○ Abb. 14.5) gehören zu den häufig verwendeten Glasgeräten im Labor. Sie reichen von nicht justierten Pasteurpipetten über justierte Messpipetten bis hin zu sehr genauen Vollpipetten für vordefinierte Volumina. Mit ihnen können die gewünschten Mengen an Flüssigkeiten gut transferiert werden. Heute ist es zwar unvorstellbar, aber in früheren Zeiten wurde der nötige Unterdruck zum Ansaugen der Flüssigkeit mit dem Mund erzeugt. Insbesondere bei giftigen Lösungen hat dies bei der experimentierenden Person sicherlich für einen gewissen Nervenkitzel gesorgt. Heute geschieht dies komfortabel durch ein kleines Pipettenhütchen oder einen größeren Peleusball.

Um ein exaktes Transferieren der Flüssigkeiten zu gewährleisten, befolge bitte die folgenden drei Schritte. Die Spülung ist im Laborpraktikum optional, da die Experimente typischerweise robust gegenüber kleinen Fehlerquellen sind. Für sehr genaue Analysen und Messungen in der Forschung sollte sie aber durchgeführt werden.

1. **Spülen (optional):** Die außen trockene Pipette wird mit der Spitze in die Flüssigkeit eingetaucht und etwa zu einem Drittel mit Flüssigkeit gefüllt (angesaugt). Mit der anderen Hand fasst man an das untere Rohr der Pipette. Man hält die Pipette schräg und bringt vorsichtig Flüssigkeit in das obere Rohr und lässt sie zurück in die Erweiterung fließen, spült die Erweiterung, lässt die Spülflüssigkeit aus der Pipette in ein Glasgefäß ausfließen und entsorgt sie im Anschluss. Der gesamte Vorgang wird noch einmal wiederholt.

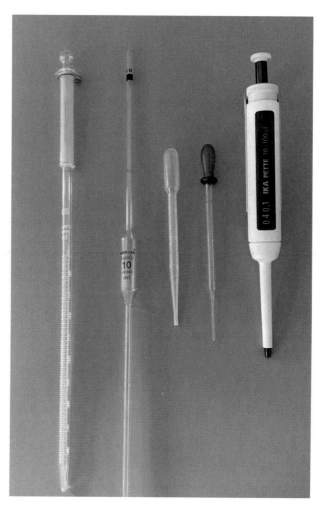

◻ **Abb. 14.5** Pipetten gibt es in verschiedenen Ausführungen und für unterschiedliche Aufgaben. Zu sehen sind Messpipette, Vollpipette, Kunststoffpipette, Pasteur-Pipette und eine Mikroliterpipette

14

2. **Füllen der Pipette**: Die Pipette wird mit der Spitze in die (idealerweise auf 20 °C temperierte) Flüssigkeit eingetaucht und bis über den Eichstrich mit der Flüssigkeit gefüllt. Das untere Rohr der Pipette wird vorsichtig mit einem Stück Filterpapier abgewischt. Eventuell überschüssige Flüssigkeit lässt man langsam ablaufen und bringt den Meniskus auf den Eichstrich.

3. **Entleeren der Pipette**: Halte die Pipette beim Entleeren senkrecht, wobei die Spitze der Pipette an die Wandung des Auffanggefäßes anliegen soll. Nach 15–20 s streife die Pipette an der Gefäßwand ab und nimm sie heraus.

Eine typische Fehlerquelle beim Pipettieren betrifft den Flüssigkeitsrest, der in der Mess- oder Vollpipette auch nach dem vollständigen Entleeren verbleibt. Das ist kein Fehler, sondern so gewollt (siehe ► Abschn. 14.4.1)! Die Pipette ist ab Werk so geeicht, dass dieser verbleibende Rest einkalkuliert ist („EX"). Verzichte also bitte da-

rauf, ihn mit aller Gewalt herauszudrücken. Vermeide es zudem unbedingt, die Pipette zu kippen, d. h. horizontal hinzulegen oder sie gar „auf den Kopf" zu stellen, da sonst die enthaltene Flüssigkeit in den Peleusball läuft. Dort werden einerseits – je nach Lösungsmittel – alle möglichen Stoffe aufgenommen und andererseits verbleiben hier auch Reste der Flüssigkeit. Es geschieht meist beiläufig, wenn man in Gedanken ist, oder wenn es im Experiment schnell gehen muss, aber kein Gefäß bereitsteht, wo die Pipette nach Zugabe der Lösung deponiert werden kann. Bereite dieses also immer vor.

Im späteren Verlauf deines Studiums – etwa im Rahmen der Bachelorarbeit – wirst du mit großer Wahrscheinlichkeit zudem die Mikroliterpipette kennenlernen und einsetzen. Diese kann Volumina teilweise bis auf den Bruchteil eines Mikroliters genau dosieren, was in der Forschung sehr praktisch ist, wo zumeist in sehr kleinen Versuchsansätzen gearbeitet wird.

14.5 Lösungen richtig ansetzen

Bei einer Lösung handelt es sich um ein homogenes Gemisch, bei dem eine oder mehrere Komponenten in einem flüssigen Medium gelöst sind. Dabei spielt es keine Rolle, ob ein Feststoff gelöst wird (wie etwa Kochsalz), eine Flüssigkeit (wie etwa Ethanol) oder ein Gas (wie etwa Sauerstoff). Das Ansetzen von Lösungen zählt zu den häufigsten Arbeiten, die du zur Vorbereitung eines Experiments durchführen wirst.

Zur Beschreibung des Verhältnisses von Lösungsmittel zu gelöstem Stoff wird der Begriff Konzentration verwendet (▶ Abschn. 3.1.5). Je nach Einsatzzweck wird dabei unterschieden zwischen der Stoffmengenkonzentration, der Massenkonzentration und der Volumenkonzentration. Diese werden nachfolgend beschrieben.

- **Stoffmengenkonzentration**

Die Stoffmengenkonzentration c beschreibt das Verhältnis der Stoffmenge n des gelösten Stoffes X zum Volumen des Lösungsmittels V_L. Die Einheit der Stoffmengenkonzentration ist entsprechend Mol pro Liter, **mol/L**. In allgemeiner Schreibweise ergibt sich:

$$c_X = \frac{n}{V_L} \qquad [c_X] = \frac{mol}{L} \tag{14.1}$$

Die Stoffmengenkonzentration ist im Labor die gängigste Einheit, im Laborjargon sprichst du bei einer Lösung mit der Konzentration von einem Mol pro Liter sicher bald von einer 1-molaren Lösung. Für die Planung von Reaktionen ist die Stoffmengenkonzentration insbesondere praktisch, falls mehrere Komponenten in einem stöchiometrischen Verhältnis reagieren sollen.

Eine hochgestellte Null steht dabei für einen Standardzustand, bei dem die Aktivität 1 ist, also alle gelösten Ionen stark verdünnt vorliegen.

▶ Beispiel

Ansetzen einer Natriumchlorid-Lösung (c = 1 mol/L)
    Gehe wie folgt vor, um 100 Milliliter einer 1-molaren Natriumchlorid-Lösung anzusetzen.
1. Stelle die Gleichung $c = n/V$ nach der Stoffmenge um, also $n = c \cdot V$
2. Setze die bekannten Werte ein, also $n = 1$ mol/L $\cdot$ 0,1 L = 0,1 mol
3. Berechne die Masse m aus der Stoffmenge, also $m = n \cdot M$
4. Setze die bekannten Werte ein, also $m = 0,1$ mol $\cdot$ 58,44 g/mol = 5,844 g
5. Wiege 5,844 g Natriumchlorid in einem geeigneten Gefäß ab (einem Messkolben) und gib etwas Wasser hinzu und rühre, bis sich das Natriumchlorid vollständig gelöst hat. Fülle anschließend bis auf 100 mL Wasser auf.
    Oder direkt in einem Schritt: $m = V \cdot c \cdot M$, also $m = 0,1$ L $\cdot$ 1 mol/L $\cdot$ 58,44 g/mol = 5,844 g
◀

- **Massenkonzentration**

Die Massenkonzentration β beschreibt das Verhältnis der Masse m des gelösten Stoffes X zum Volumen des Lösungsmittels V_L. Die Einheit der Massenkonzentration ist entsprechend Gramm pro Liter, **g/L**. In allgemeiner Schreibweise:

$$\beta_X = \frac{m}{V_L} \qquad [\beta_X] = \frac{g}{L} \tag{14.2}$$

Die Massenkonzentration kennst du auch außerhalb des Labors aus vielen Alltagsbeispielen. Auf einer Wasserflasche werden die gelösten Mineralstoffe und Ionen etwa stets in Gramm pro Liter angegeben. Auch im Labor ist es eine praktische Einheit, da entsprechende (Standard-)Lösungen ohne Rechenaufwand direkt an der Waage angesetzt werden können.

▶ Beispiel

Ansetzen einer Natriumchloridlösung (β = 3 g/L)
    Gehe wie folgt vor, um einen Liter einer Natriumchlorid-Lösung mit einer Massenkonzentration von 3 g/L anzusetzen.
1. Wiege 3 g des Feststoffs Natriumchlorid in einem 1-Liter-Messkolben ab.
2. Gib etwas Wasser hinzu und schwenke, bis sich das Natriumchlorid vollständig gelöst hat.
3. Fülle anschließend mit Wasser bis zur 1-L-Markierung auf.
4. Optional: Überführe die Lösung in eine beschriftete Vorratsflasche. ◀

14

- **Volumenkonzentration**

Die Volumenkonzentration σ beschreibt das Verhältnis des betrachteten Volumens V_X des Stoffes X zum Volumen des gesamten Lösung V_L nach dem Mischvorgang. Die Volumenkonzentration ist dimensionslos und wird in Prozent angegeben. In der allgemeinen Schreibweise ergibt sich:

$$\sigma = \frac{V_X}{V_L} \tag{14.3}$$

Die Volumenkonzentration ist hauptsächlich durch die Angabe auf Flaschen mit alkoholischen Getränken bekannt – der Alkoholanteil wird hier in „Vol.-%" angegeben. Auch der Alkoholgehalt im Blut wird als Volumenkonzentration beschrieben, hier aber nicht in Prozent, sondern in Promille.

▶ **Beispiel**

Ansetzen einer Essigsäure-Lösung (σ = 5 %)

Gehe wie folgt vor, um 100 Milliliter einer verdünnte Essigsäure-Lösung mit 5 Vol.-% Säureanteil anzusetzen.

1. Miss 95 mL Wasser im Messzylinder ab und überführe es in das Becherglas.
2. Miss 5 mL wasserfreie Essigsäure („Eisessig") mit einer Messpipette oder im Messzylinder ab.
3. Überführe die Säure in das Becherglas mit dem Wasser. Achtung: „Erst das Wasser, dann die Säure … ".
4. Optional: Überführe die Lösung in eine beschriftete Vorratsflasche. ◀

Das Beispiel gilt für einen idealisierten Fall. Für eine exakte Berechnung muss noch die Volumenkontraktion bedacht werden. Bei nicht idealen Mischungen führen attraktive oder repulsive Wechselwirkungen der an der Mischung beteiligten Verbindungen zur Volumenkontraktion (Verringerung) oder -dilatation (Vergrößerung). Wenn 50 Milliliter Wasser und 50 Milliliter Ethanol gemischt werden, ergibt sich durch die Anziehungen (besonders durch Wasserstoffbrücken) ein Gesamtvolumen V_L von nur 96,5 Milliliter.

■ **Gesättigte Lösungen**

Allgemein gilt, dass die Konzentration der gelösten Stoffe innerhalb bestimmter Grenzen stetig verändert werden kann. Während manche Stoffe unbegrenzt ineinander löslich sind (wie Gase ineinander oder Wasser und Ethanol), existiert für die meisten Stoffe eine obere, temperaturabhängige Grenze der Löslichkeit. Wenn die Lösung nichts mehr von dem zu lösenden Stoff aufnimmt, liegt eine **gesättigte** Lösung vor (siehe ◘ Abb. 14.6).

◘ **Abb. 14.6** Gesättigte Natriumchlorid-Lösung

Gesättigte Lösungen werden für verschiedene Zwecke eingesetzt. Aus ▶ Kap. 2 (Löslichkeitsprodukt) weißt du, dass sie bei Raumtemperatur eine konstante Konzentration der entsprechenden Ionen aufweisen – das kann in der quantitativen Analytik hilfreich sein. Häufig sollen diese Lösungen aber garantieren, dass die benötigten Ionen im Überschuss vorliegen. Für Experimente mit Brom sollte etwa stets eine gesättigte Natriumthiosulfat-Lösung bereitstehen, falls trotz aller Vorsichtsmaßnahmen Brom auf den Handschuh oder gar auf die Haut gelangt. Natriumthiosulfat reduziert gefährliches Brom zum ungefährlichen Bromid, und je höher die Konzentration, desto schneller wirkt es. Aus demselben Grund werden auch einige schädliche Gase zur Entsorgung in einer Gaswaschflasche in gesättigte Lösungen eingeleitet. Ein weiterer Vorteil: Der Bodensatz ist ein großes Reservoir, aus dem „verbrauchte" Ionen in der Lösung schnell nachgebildet werden können.

Für das Ansetzen von gesättigten Lösungen brauchst du weitaus weniger Genauigkeit als für die oben genannten Beispiele. In der Regel wird Wasser als Lösungsmittel in ein Becherglas vorgelegt. Anschließend gibst du den Feststoff portionsweise unter Rühren hinzu. Dieser Schritt wird so lange wiederholt, bis sich kein Feststoff mehr löst und ein Bodensatz im Becherglas verbleibt.

14.6 Mischungskreuz

Im vorherigen Abschnitt hast du das Ansetzen einer Lösung aus Feststoff(en) und Lösungsmittel gelernt. Nun findest du in deinem Skript folgende Durchführungsbeschreibung: *„In einen Rundkolben werden 100 mL Salzsäure (ω = 10 %) vorgelegt (…)"*. 10 %ige Salzsäure ist nicht vorrätig, du findest im Abzug der Sammlung nur den Vorratsbehälter mit konzentrierter Salzsäure (ω = 32 %) – wie setzt du sie nun an?

Natürlich lässt sich das über die Formeln aus ▶ Abschn. 14.5 relativ einfach berechnen. Eine tolle und wesentlich unkompliziertere Alternative hierzu ist das *Mischungskreuz*, welches auch als Andreaskreuz bekannt ist (◘ Abb. 14.7). Mit diesem Werkzeug kannst du die Anteile leicht und ohne Taschenrechner bestimmen. Die mathematische Herleitung basiert darauf, dass beim Mischen die Massen der gelösten Stoffe erhalten bleiben und nutzt im Grunde den Dreisatz. Falls es dich interessiert, findest du hier[2] eine Herleitung. Solange das Gesamtvolumen beim Mischen konstant bleibt (Stichwort: Volumenkontraktion, ▶ Abschn. 1.1.1.), kannst du es anwenden.

◘ **Abb. 14.7** Allgemeines Mischungskreuz

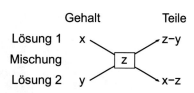

2 Ringel CM: Das Mischungskreuz. ▶ https://www.math.uni-bielefeld.de/~sek/biomath/stichw/misch.htm

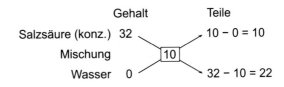

◻ Abb. 14.8 Beispiel 1: Verdünnen einer konzentrierten Salzsäure-Lösung

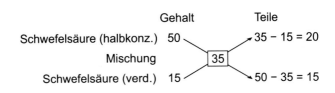

◻ Abb. 14.9 Beispiel 2: Mischungskreuz zum Mischen zweier Lösungen mit unterschiedlichen Konzentrationen

Bleiben wir bei dem oben genannten Beispiel mit der Salzsäure. Definieren wir die konzentrierte Säure mit dem Massengehalt von 32 % als Lösung 1. Unsere „Lösung" 2 zum Verdünnen ist in dem Fall reines Wasser, welches natürlich einen Massengehalt an Salzsäure von 0 hat. Der Zielwert der Mischung ist 10 %. Setzen wir dies in das Mischungskreuz ein, erhalten wir die Lösung: 10 Teile von Lösung 1 und 22 Teile von Lösung 2 ergeben die Salzsäure mit dem gewünschten Massenanteil von 10 % (◻ Abb. 14.8).

Mit dem Mischungskreuz bist du darüber hinaus auch in der Lage, die Anteile aus zwei unterschiedlich konzentrierten Lösungen zu berechnen. Nachfolgend findest du ein Beispiel, wo halbkonzentrierte Schwefelsäure (ω = 50 %) mit verdünnter Schwefelsäure (ω = 15 %) verdünnt werden soll (◻ Abb. 14.9). Das Prinzip bleibt das Gleiche.

14.7 Reinigung

Nach dem Experimentieren ist eine gründliche Reinigung aller verwendeten Geräte selbstverständlich. Bei Laborgeräten wie Spateln ist das relativ einfach, hier werden kleine Reste mit Wasser und Papiertuch entfernt. Bei Glasgeräten – insbesondere, wenn Hitze im Spiel ist – kann der Prozess bei eingebrannten Rückständen schon schwieriger werden.

Wenn sich der Rückstand problemlos durch manuelle Reinigung mit einer Bürste oder einem Pfeifenreiniger entfernen lässt, brauchst du nicht weiterzulesen und bist schnell fertig. Bei schwer zugänglichen Stellen oder schwer bis nicht löslichen Rückständen hilft dir ◻ Tab. 14.1 bei der Planung des weiteren Vorgehens. Die meisten Rückstände in den anorganischen Grundpraktika lassen sich in die Kategorien Carbonate, Salze und Metalloxide einteilen. In der organischen Chemie sind es Proteine, Fette und Öle, Kohlenhydrate sowie Harze.

Nach der mechanischen Reinigung und bei Bedarf der chemischen Reinigung werden die Glasgeräte zuletzt mit Wasser ausgespült, um die Reinigungsmittel zu entfernen, und anschließend getrocknet. Im Laborpraktikum geschieht dies mit Leitungswasser und am Trockengestell. In der Forschung oder für sehr genaue Messungen werden die Glasgeräte zudem nach der Reinigung mit Wasser noch drei Mal mit demineralisiertem Wasser ausgespült, um selbst kleinste Rückstände und Mineralien aus dem Leitungswasser zu entfernen.

◘ **Tab. 14.1** Vorgehen zur Entfernung von diversen Rückständen. Basierend auf Omnilab 2018

Rückstand	Vorgehen
Carbonate	Carbonate sind durch die Zugabe von Säuren oder sauren Reinigungsmitteln sehr gut löslich. Die Freisetzung von Kohlenstoffdioxid ist anhand der Gasentwicklung gut sichtbar.
Salze	Viele Salze sind bereits gut in Wasser löslich. Darüber hinaus wird auch häufig Aceton in technischer Qualität im Laboralltag eingesetzt, da es ein noch größeres Dipolmoment besitzt als Wasser.
Metalloxide	Metalloxide entstehen häufig beim Erhitzen von Lösungen, wenn die enthaltenen Metall-Ionen mit Luftsauerstoff reagieren, und sind meist schwer löslich. Es bietet sich in der Regel an, nach einer sauren Vorreinigung ein alkalisches Reinigungsmittel mit Komplexbildnern zu verwenden, welche die Metall-Ionen komplexieren und so die Rückstände lösen.
Peptide und Proteine	Alkalische Reinigungsmittel mit Aktivchlor führen zu einer Spaltung der Proteine und erleichtern somit die Reinigung.
Fette und Öle	Pflanzliche Öle und Fette lassen sich durch alkalische Reinigungsmittel verseifen. Bei nicht verseifbaren Ölen wie etwa Mineralölen oder Silikonölen werden alkalische tensidhaltige Reinigungsmittel eingesetzt, die emulgierend wirken.
Kohlenhydrate	Stark alkalische Reinigungsmittel lassen Kohlenhydrate aufquellen und führen zu deren Aufspaltung.
Harze/Paraffine	Stark alkalische Reinigungsmittel mit einem pH-Wert > 12 werden für Harze eingesetzt, ggf. mit zusätzlichen Tensiden. Paraffine werden hauptsächlich durch Reinigungsmittel mit Tensiden gelöst und entfernt.

A propos Reinigung mit Wasser: Wenn du tiefe Gläser oder Trinkflaschen häufiger mit der Hand abwäschst, ist es dir vielleicht schon aufgefallen: Der Schaum lässt sich durch mehrere Spülungen mit kleinen Mengen besser entfernen als mit einer großen Menge Wasser. Diese Beobachtung aus dem Alltag lässt sich problemlos auf die Entfernung von Rückständen mit Lösungsmitteln im Labor übertragen. Drei kleine Reinigungsgänge mit Lösungsmitteln wirken wesentlich besser als die ganzen Menge auf einmal.

Literatur

Omnilab (2018) Richtig reinigen – Laborglasaufbereitung. https://www.omnilab.de/richtig-reinigen-laborglasaufbereitung/

Umgang mit Laborgeräten

Inhaltsverzeichnis

© Der/die Autor(en), exklusiv lizenziert an Springer-Verlag GmbH, DE,
ein Teil von Springer Nature 2024
S. Feil et al., *Brückenkurs Chemie*, https://doi.org/10.1007/978-3-662-69351-3_15

Der Umgang mit Laborgeräten ist ebenso wichtig wie der Umgang mit Chemikalien. In deinem Praktikum wirst du auf diverse Geräte treffen, welche von Erhitzen und Kühlen über die Analytik bis hin zur Reinigung die unterschiedlichsten Funktionen erfüllen. Eine Auswahl der wichtigsten „Helfer" im ersten Praktikum findest du nachfolgend beschrieben.

Lernziele

Nach der Bearbeitung dieses Kapitels wirst du Folgendes können:
- einen Gasbrenner anschließen und bedienen,
- die Fotometrie als analytische Methode einsetzen und den Aufbau eines Fotometers verstehen,
- den pH-Wert einer Lösung mit pH-Papier und einem pH-Meter erfassen,
- die Leitfähigkeit einer Lösung mit einem Konduktometer ermitteln.

15.1 Gasbrenner

Der Gasbrenner wird im Ausbildungslabor für diverse Zwecke eingesetzt. Vom Erhitzen von Lösungen über Ionennachweise durch Flammenfärbung bis zum Oxidieren von Metalloberflächen oder dem direkten Entzünden von Reaktionsgemischen wird er eingesetzt und ist somit sehr vielfältig verwendbar. Andere Heizgeräte, wie etwa eine Heizhaube („Heizpilz"), ein Wasser- oder Ölbad oder die Heizplatte haben nur einen engen Einsatzbereich, sind dafür aber weitaus präziser und regulierbarer.

15.1.1 Aufbau und Funktionsweise

Auch wenn im Laborjargon fast immer von dem Bunsenbrenner gesprochen wird, gibt es unterschiedliche Arten von Gasbrennern. Am häufigsten wird in Schulen und Laboren tatsächlich der Teclubrenner eingesetzt. Vom Grundprinzip her unterscheiden sich beide Brenner aber kaum, beide verfügen über eine regulierbare Gas- und Luftzufuhr, um den Verbrennungsprozess steuern zu können. Entsprechend sind die Arbeitsschritte auch im Wesentlichen dieselben. Ein Kartuschenbrenner, wie man ihn vom Camping her kennt, verfügt hingegen nicht immer über eine regulierbare Luftzufuhr und ist somit nur über die Gaszufuhr regulierbar – dafür mobil einsatzbar. Konzentrieren wir uns im weiteren Verlauf auf die gängigen Bunsen- und Teclubrenner sowie deren Aufbau und Benutzung; wir sprechen dabei allgemein vom Gasbrenner.

Aus der Gasleitung strömt Erdgas (oder Propangas) über den Schlauch in den Gasbrenner hinein. Über die Gasdüse wird das Gas in das Brennrohr geführt, wobei die Menge über die Gasregulierung gesteuert werden kann. Das Gas strömt durch das Brennrohr an den Auslass, wo es zu Beginn entzündet wird (◻ Abb. 15.1).

Ist die Luftzufuhr geschlossen, findet über dem Gasauslass eine unvollständige Verbrennung des reinen Gases statt, da aus der Umgebungsluft nicht genügend Sauerstoff bereitgestellt werden kann. Dies führt zu einer weniger heißen Flamme. Das gelbe Leuchten ist ein gutes Indiz hierfür und stammt von Kohlenstoffpartikeln,

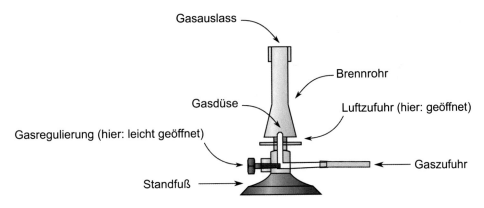

Abb. 15.1   Aufbau eines Teclubrenners

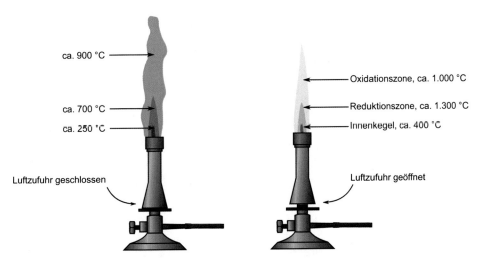

Abb. 15.2   Leuchtende und rauschende Flamme eines Teclubrenners

die sich mangels Reaktionspartner (Sauerstoff) in der Verbrennungshitze immer weiter aufheizen und intensiv glühen. Wenn du eine Keramikschale in die leuchtende Flamme hältst, bildet sich dort ein schwarzer Rußniederschlag. Bei einem Holzfeuer ist es dasselbe Prinzip: Auch hier ist nicht genügend Sauerstoff vorhanden für eine vollständige Verbrennung, und der Ruß schlägt sich im beispielsweise im Kamin oder Holzofen nieder. Den Schornsteinfeger freut's (nicht) – gerade die unzureichende Verbrennung führt zu einer höheren Feinstaubbelastung, wenn auch die Rechnung fürs Fegen der Schornsteine höher ausfällt!

Öffnest du die Luftzufuhr, entsteht durch den Gasstrom und das Verbrennen oben am Gasauslass ein Unterdruck („Kamineffekt"). Dieser zieht Luft in das Brennrohr, dabei vermischt sie sich mit dem Gas. Durch den in der Luft enthaltenen Sauerstoff verbrennt das Gas nun vollständig, was durch die leicht bläuliche Färbung der Flamme am Verbrennungskegel erkennbar ist. Die Flamme ist wesentlich heißer und hinterlässt nahezu keinen Ruß (■ Abb. 15.2).

15.1.2 Nutzung im Labor

- **Vorbereiten**

Stelle den Brenner auf eine ebene Arbeitsfläche. Kontrolliere, ob der Verbindungs-schlauch des Brenners mit dem Gashahn an der Laborbank fest verbunden ist. Kontrolliere, ob die Luftzufuhr geschlossen ist, und wenn nein, schließe sie.

- **Entzünden**

Öffne die Gaszufuhr an der Laborbank und danach ein bisschen die Gasregulierung am Brenner. Du solltest nun ein leichtes Zischen vernehmen, wie bei einem Gasherd. Entzünde zügig ein Streichholz oder ein Feuerzeug und halte es an den Gasauslass oben am Brenner. Dort zündet es das Gasgemisch. Zu sehen ist – idealerweise – eine kleine, leuchtende Flamme. Brennt sie nicht, erhöhe vorsichtig die Gaszufuhr und versuche erneut, zu entzünden. Nähere dich aber bitte langsam und mit geringer Zu-fuhrsteigerung an – wenn diese zu groß ist, kann sich das Gas als Stichflamme ent-zünden.

> **Tipp**
>
> **Sparflamme**
>
> Manche Brenner verfügen oben über einen kleinen, separaten Gasauslass, der zum einfachen Entzünden der Brenner dient. Hierüber tritt eine sehr geringe Gas-menge aus, der zum Entzünden einer sog. *Sparflamme* ausreicht; diese ist etwa so groß wie die Flamme eines Feuerzeuges. Dieser komfortable Mechanismus ver-hindert Unfälle wie etwa durch die oben genannte Stichflamme.

Wenn die kleine Flamme oder Sparflamme brennt, kannst du die Gaszufuhr an der Gasregulierung je nach Bedarf erhöhen. Nun siehst du eine gelb leuchtende Flamme. Anschließend kannst du nach Bedarf die Luftzufuhr unten am Brenner erhöhen, indem du den Lufteinlass öffnest (Bunsenbrenner) oder das Brennrohr etwas hochschraubst (Teclubrenner). Nun siehst du die bläulich leuchtende Flamme und hörst auch das namensgebende Rauschen. Durch die Gaszufuhr am Brenner kannst du die Intensität regulieren.

15

> **Tipp**
>
> Achte vor dem Öffnen der Luftzufuhr darauf, dass die Gaszufuhr nicht zu niedrig eingestellt ist. Wenn zu wenig Gas und zu viel Luft in das Brennrohr strömen, erlischt die Flamme, und du musst von vorne beginnen.

■ Erlöschen

Das Erlöschen des Brenners erfolgt in umgekehrter Reihenfolge. Schließe zuerst die Luftzufuhr am Gasbrenner, sodass du wieder die gelb leuchtende Flamme siehst. Dies vermeidet, dass die Flamme in das Innere des Brenners schlägt und unmittelbar an der Düse weiter brennt („Durchschlagen"). Schließe danach die Gasregulierung am Brenner und zuletzt die Gaszufuhr an der Laborbank.

15.2 Fotometer

Die Fotometrie ist ein sehr gängiges analytisches Verfahren, um die Konzentration eines Stoffes in einer Lösung zu bestimmen. In diesem Verfahren wird Licht durch eine Küvette mit einer kleinen Probenmenge der Lösung gestrahlt und trifft zuletzt auf einen Fotosensor (■ Abb. 15.3).

Viele Verbindungen absorbieren dabei einen Teil des eingestrahlten Lichts, sodass am Fotosensor eine geringere Lichtintensität gemessen wird, als eingestrahlt wurde. Das Verhältnis der ursprünglich eingestrahlten Lichtintensität (I_0) zur gemessenen Lichtintensität (I) bezeichnet man als Absorbanz:

$$A = \log_{10}\left(\frac{I_0}{I}\right) \tag{15.1}$$

Je höher die Konzentration der untersuchten Verbindung in der Messlösung ist, desto höher ist auch die Absorbanz. Dieses Prinzip wird in der Fotometrie ausgenutzt. Zunächst wird hierzu die Absorbanz von mehreren Lösungen mit bekannter Konzentration gemessen. Die Messwerte werden grafisch ausgewertet, wobei die Konzentration gegen die Absorbanz aufgetragen wird, und häufig kann eine Gerade durch die Messpunkte gelegt werden, die **Kalibriergerade** (■ Abb. 15.4). Mit der Kalibriergeraden kann die Konzentration einer Lösung mit unbekannter Konzentration durch ihre Absorbanz grafisch ermittelt oder berechnet werden.

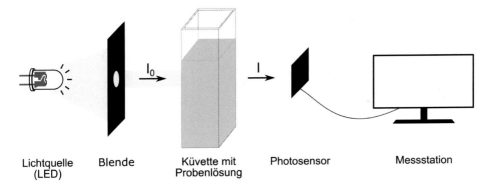

Lichtquelle (LED) **Blende** **Küvette mit Probenlösung** **Photosensor** **Messstation**

■ **Abb. 15.3** Grundschema einer fotometrischen Messung

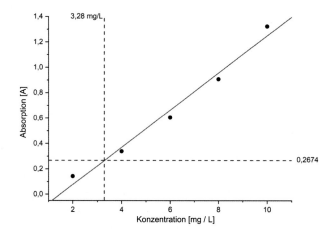

◻ Abb. 15.4 Kalibriergerade von Patentblau mit Messung einer Analyselösung. Die gemessene Absorption der Analyselösung beträgt 0,2674, daraus lässt sich eine Konzentration der Lösung von 3,28 mg/L ermitteln

---

▶ **Beispiel**

Patentblau im Badesalz

  Hierzu ein einfaches Gedankenexperiment: Du möchtest in einem Badezusatz die eingesetzte Menge des Farbstoffes Patentblau messen. Hierzu löst du eine abgewogene Tablette in Wasser und erhält somit die Analyselösung. Um die Kalibriergerade aufzunehmen, setzt du sechs Lösungen mit bekannter Konzentration an Patentblau an, hier: 0 mg/mL, 2 mg/mL, 4 mg/mL, 6 mg/mL, 8 mg/mL und 10 mg/L, und misst die Extinktion. Du trägst die Messwerte in ein Diagramm ein und legst durch die Messwerte eine Gerade. Anschließend misst du die Analyseprobe mit unbekannter Konzentration, trägst den Wert auf der Gerade ein und kannst somit die Konzentration von Patentblau in der Analyselösung bestimmen (Wejner und Wilke 2022). ◀

Neben der Absorption – also dem Licht, das direkt von der Substanz in der Lösung aufgenommen wird – gibt es bei photometrischen Messungen noch weitere Effekte, die das Licht schwächen, bevor es den Detektor erreicht. Diese zusätzlichen Verluste nennt man Streuung und Reflexion: Wenn etwa kleine Partikel in der Lösung sind oder das Licht an den Grenzflächen der Küvette abprallt, wird es teils in verschiedene Richtungen gestreut oder reflektiert. Das bedeutet, nicht alles Licht, das fehlt, wurde tatsächlich absorbiert.

  Diese Unterscheidung ist wichtig, weil sie direkt beeinflusst, was wir über die Probe sagen können. Bei klaren Lösungen entspricht die Extinktion weitgehend der Absorption, und wir können die Konzentration der Substanz präzise bestimmen. In trüben oder partikelreichen Lösungen jedoch täuscht eine hohe Extinktion ohne Korrektur eine höhere Konzentration vor, als tatsächlich vorhanden ist.

  Eine verfeinerte Methode der Fotometrie ist die Spektralfotometrie. Entsprechende Messgeräte erlauben neben der oben beschriebenen Konzentrationsbestimmung eine Charakterisierung der untersuchten Verbindung, indem sie ein Absorptionsspektrum über einen breiten Wellenlängenbereich aufnehmen. Ein Bauteil – ein sogenannter Monochromator – ermöglicht es, aus dem gesamten

15

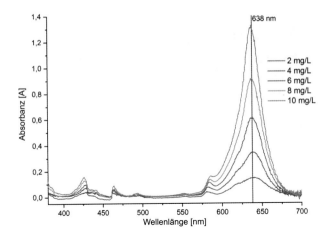

◘ **Abb. 15.5** Absorptionsspektrum von Patentblau in unterschiedlichen Konzentrationen

Lichtspektrum der eingesetzten Lichtquelle jeweils eine einzige Wellenlänge auszuwählen. Das Spektralfotometer geht nun Wellenlänge für Wellenlänge das gesamte verfügbare Spektrum der Lichtquelle durch und misst für jede Wellenlänge eine Absorption. Da dieser Bereich im Labor häufig den UV-Bereich sowie das sichtbare Licht (engl. *visible*) umfasst, werden die Geräte und Spektren im Laborjargon häufig als „UV-Vis" abgekürzt. Insgesamt dauert es nur wenige Sekunden, bis als Resultat ein Absorptionsspektrum der Probe erhalten wird.

Da viele Verbindungen in diesen Wellenbereichen ein charakteristisches Absorptionsprofil besitzen, sind UV-Vis-Spektren sehr nützlich, um die Präsenz von Stoffen in Lösungen nachzuweisen oder ihre Konzentration im Verlauf einer Reaktion nachzuverfolgen. Ein Beispiel – erneut zu Patentblau – ist in ◘ Abb. 15.5 abgebildet.

15.3 pH-Papier und pH-Meter

Die Bestimmung des pH-Wertes gehört zu den klassischen Arbeiten im Einstiegspraktikum der anorganischen Chemie und wird häufig durchgeführt. Es gibt hierfür mehrere Varianten für unterschiedliche Zwecke.

Die einfachste Variante ist die Untersuchung einer Lösung mit pH-Papier. pH-Papier wird bei der Herstellung mit einem Indikator imprägniert (▸ Abschn. 3.3.3), der sich charakteristisch färbt, wenn er in Kontakt mit einer Säure oder Lauge kommt. Zur Untersuchung wird ein kleiner Streifen pH-Papier (ggf. mit Hilfe einer Pinzette) in die Lösung getaucht und anschließend die Farbänderung beobachtet. Wenn die Lösung nicht kontaminiert werden darf, kann auch mit einer Pipette ein Tropfen der Lösung auf das pH-Papier getropft werden, dies ist aber im Praktikum nur selten nötig. Häufig ist auf der Umverpackung des pH-Papiers eine pH-Farbskala abgedruckt. Durch einen Vergleich des pH-Papiers mit der Skala kann somit der pH-Wert grob geschätzt werden (◘ Abb. 15.6).

■ **Abb. 15.6**   Links: pH-Papierrolle mit aufgedruckter Farbskala (Bild: AGeremia, CC BY-SA 4.0 DEED), rechts: pH-Wert-Messung einer annähernd neutralen Lösung mit pH-Papier

Etwas genauer sind pH-Indikatorstäbchen. Diese Plastikstäbchen sind praktisch im Umgang und besitzen mehrere Testbereiche, die mit unterschiedlichen Indikatoren benetzt sind, was eine genauere Bestimmung in pH-Abschnitten von etwa 0,5 ermöglicht. Ansonsten ist das Prinzip identisch.

Ein *pH-Meter* misst den pH-Wert nicht über Säure-Base-Indikatoren, sondern auf elektrochemischem Wege. Hierzu wird das elektrische Potenzial einer Glaselektrode, welches von der Protonenkonzentration abhängt, gegen dasjenige einer Bezugselektrode (Silber-Silberchlorid-Halbzelle) gestellt. Aus der Potenzialdifferenz beider Zellen und der daraus resultierenden Spannung kann nun der pH-Wert berechnet werden. Die Geräte sind unkompliziert in der Bedienung und müssen lediglich in die Lösung getaucht werden.

■ **Kalibrierung**

Für die Genauigkeit der Messwerte ist aber eine regelmäßige Kalibrierung erforderlich. Dies geschieht mit Pufferlösungen, welche meist gebrauchsfertig mit pH-Werten zwischen 4 und 10 bereitstehen.

Im folgenden Beispiel wird der Vorgang Schritt für Schritt beschrieben. Zunächst werden zwei Pufferlösungen mit einem pH-Wert (bei 20 °C) von pH_{sauer} = 4 und $pH_{basisch}$ = 9 verwendet.

1. Gib die Pufferlösungen bei Raumtemperatur in jeweils ein Becherglas.
2. Halte die pH-Elektrode in die saure pH-Pufferlösung und warte kurz, bis sich der angezeigte Wert stabilisiert hat. Trage dann den Wert „4" in die Kalibriersoftware ein.
3. Nimm die Elektrode heraus und spüle sie mit destilliertem Wasser gründlich ab.
4. Halte die pH-Elektrode in die alkalischen pH-Pufferlösung und warte kurz, bis sich der angezeigte Wert stabilisiert hat. Trage dann „9" in die Kalibriersoftware ein und bestätige den Wert.
5. Nimm die Elektrode heraus und spüle sie mit destilliertem Wasser gründlich ab.
6. Bestätige die Kalibrierung in der Software. Die Elektrode ist jetzt einsatzbereit.

15

15.4 Konduktometer

Die Leitfähigkeit einer Lösung kann einiges über die darin gelösten Stoffe aussagen. Je nach Messergebnis können beispielsweise Aussagen über die Teilchendichte sowie die Beweglichkeit und die Wertigkeit der Ionen getroffen werden. Zur Messung der elektrolytischen Leitfähigkeit wird im Labor eine Konduktometrie durchgeführt, dabei handelt es sich um eine physikalisch-chemische Analysemethode.

Der Aufbau eines Konduktometers ist im Prinzip simpel. Kern des Geräts ist die Messzelle, welche in die zu messende Lösung getaucht wird. Sie besteht aus zwei möglichst inerten Elektroden, die in einem definierten Abstand zueinander stehen. In der Lösung wird eine Spannung angelegt und aus dem gemessenen Widerstand der Lösung („zwischen den Elektroden") wird der Kehrwert, also die elektrolytische Leitfähigkeit, berechnet. ◨ Abb. 15.7 zeigt eine reale Messzelle.

Die Faustregel besagt: Je höher die Ionenkonzentration in der Lösung, desto höher ist in der Regel auch ihre Leitfähigkeit. Destilliertes Wasser hingegen, welches nur die Ionen aus der Autoprotolyse enthält (siehe ▶ Abschn. 3.3), zeigte nahezu gar keine Leitfähigkeit. Die zweite Faustregel bezieht sich auf die Ladungsdichte: Sowohl mehrfache Ladungen eines Ions als auch ein geringer Ionenradius tragen zur Leitfähigkeit bei. Die Hintergründe findest du in ▶ Kap. 7 ausführlicher beschrieben.

■ **Kalibrierung**

Lass uns nun in das Labor wechseln und das Konduktometer kalibrieren. Dieser Vorgang muss in regelmäßigen Abständen oder auch vor Messungen mit sehr hohen Ansprüchen an die Genauigkeit durchgeführt werden. Erfreulicherweise handelt es sich wie bei der pH-Elektrode ebenfalls um eine Zwei- oder maximal Dreipunkt-Kalibrierung, von dort ist das Verfahren nahezu analog übertragbar. Allerdings werden andere Lösungen verwendet als bei der pH-Kalibrierung. In unserem Beispiel weisen die Kalibrierungslösungen eine Leitfähigkeit von 1,413 mS/cm beziehungsweise 12,88 mS/cm auf.

◨ **Abb. 15.7** Konduktometrische Messung mit elektronischem Messwerterfassungssystem

1. Gib die Pufferlösungen bei Raumtemperatur in jeweils ein Becherglas.
2. Halte die Leitfähigkeitselektrode in die Lösung mit der geringeren Leitfähigkeit und warte kurz, bis sich der angezeigte Wert stabilisiert hat. Trage dann den Wert „1,413" in die Kalibriersoftware ein.
3. Nimm die Elektrode heraus und spüle sie mit destilliertem Wasser gründlich ab.
4. Halte die Leitfähigkeitselektrode in die Lösung mit der höheren Leitfähigkeit und warte kurz, bis sich der angezeigte Wert stabilisiert hat. Trage dann „12,88" in die Kalibriersoftware ein und bestätige den Wert.
5. Nimm die Elektrode heraus und spüle sie mit destilliertem Wasser gründlich ab.
6. Bestätige die Kalibrierung in der Software. Die Elektrode ist jetzt einsatzbereit.

Tipp

Temperaturabhängigkeit

Beachte bitte, dass die Leitfähigkeit stark von der Lösungstemperatur abhängen kann. Aus diesem Grund werden bei Kalibrierungslösungen die Werte für unterschiedlichen Temperaturen angegeben. Die unterschiedlichen Werte der oben verwendete Lösung mit dem Wert von 12,88 mS/cm sowie die relative Abweichung zum Wert bei 25°C sind in der Tabelle abgebildet.

T in °C	5	10	15	20	23	24	25	26	30
σ in mS/cm	8,22	9,33	10,48	11,67	12,39	12,64	12,88	13,13	14,12
Abweichung	36 %	28 %	19 %	9 %	4 %	2 %	0 %	2 %	10 %

Die Konzentrationsbestimmung sowie die Durchführung einer pH- sowie Leitfähigkeitstitration werden in ▶ Abschn. 3.3.4 beschrieben.

Literatur

Wejner M, Wilke T (2022) LabPi: A Digital Measuring Station for STEM Education 4.0. J Chem Educ 99:819–827. https://doi.org/10.1021/acs.jchemed.1c01139

Labortechniken

Inhaltsverzeichnis

S. Feil et al., *Brückenkurs Chemie*, https://doi.org/10.1007/978-3-662-69351-3_16

Einer der spannendsten Aspekte deiner chemischen Praktika ist die Vielfältigkeit. Du wirst über die Semester verteilt vermutlich hunderte Versuche im Labor mit ebenso vielen Stoffen durchführen, und die Beobachtungen und Ergebnisse sind stets unterschiedlich und in den allermeisten Fällen auch sehr spannend. Trotz dieser Vielfalt lässt sich die Durchführung der meisten Experimente zumeist auf einige wenige Labortechniken zurückführen, die du insbesondere in den Einstiegspraktika auch erlernst oder mit denen du dein Schulwissen festigen kannst.

In diesem Kapitel findest du eine Übersicht der wichtigsten Techniken für den Laboralltag. Vorgestellt werden:

- **Grundliegende Techniken**: Hierzu zählen das Erhitzen und Kühlen von Lösungen und Feststoffen sowie die Glasbearbeitung.
- **Klassische Labortechniken zur Stofftrennung**: Für die Grundlagen der präparativen Chemie werden die Extraktion, Destillation, Filtration, Zentrifugation sowie die Lösungsmittelabtrennung im Rotationsverdampfer vorgestellt.
- **Analytische Techniken**: Von der Titration über Schmelzpunktbestimmung, Dünnschichtkalorimetrie bis hin zur Kalorimetrie werden einfache Techniken beschrieben.

Ab und an überlappen sich die Einsatzfelder Stofftrennung und Analytik – aber das ist ja ein positiver Nebeneffekt.

Lernziele

Nach der Bearbeitung dieses Kapitels wirst du Folgendes können:

- die Temperatur einer Lösung bzw. einer Reaktionsumgebung mit diversen Techniken zwischen − 196 °C und 1300 °C (mit unterschiedlicher Präzision) einstellen,
- Grundlegende Techniken der Glasbearbeitung für die Anfertigung eines maßgeschneiderten Aufbaus oder von Kapillarröhrchen anwenden,
- die wichtigsten Labortechniken zur Analytik (Schmelzpunktbestimmung, Titration, Kalorimetrie, …) und Stofftrennung (Extraktion, Destillation, Filtration, Zentrifugation, …) verstehen. Beherrschen schließt die Praxis mit ein.

16.1 Erhitzen und Kühlen

16.1.1 Erhitzen

16

Die Temperatur hat einen großen Einfluss auf den Ablauf einer Reaktion. Bei biologischen oder biochemischen Systemen wie dem menschlichen Körper wird dies schnell deutlich, denken wir nur allein an Fieber. Ein anderes Beispiel aus der Lebensmittelchemie ist das Bierbrauen. Wird eine Maische aus denselben Inhaltsstoffen (Gerstenmalz, Hopfen, Wasser) bei unterschiedlichen Temperaturen vergoren, schmeckt das Bier ebenso unterschiedlich. Verantwortlich hierfür sind die Hefe sowie Enzyme aus dem Gerstenmalz, beide kann man als Biokatalysatoren verstehen. Im optimalen Temperaturbereich verläuft ihre Reaktion mit hoher Geschwindigkeit und geringer Fehlerquote. Abseits der „Wohlfühlzone" verringert sich der Stoffumsatz, und es entstehen diverse Nebenprodukte, was sich nachteilig auf den

Geschmack auswirkt. Aus diesem Grund wird beim Brauen und Gären stets auf eine gute Temperaturführung geachtet.

Auch im Labor spielt die Temperatur eine große Rolle, und viele Reaktionen wirst du aus unterschiedlichen Gründen entweder erwärmen oder kühlen. Ersteres geschieht meistens, um feste Edukte zu lösen (was bei Raumtemperatur sehr lange dauern kann), zu schmelzen oder um eine Reaktion zu beschleunigen. Du kennst vielleicht noch die RGT-Regel; diese Faustregel besagt, dass sich die Reaktionsgeschwindigkeit verdoppelt, wenn die Temperatur eines Systems um 10 °C erhöht wird ▶ Abschn. 5.4.2. Je nach Edukt, Reaktion, Ansatzgröße und Gefährdungsbeurteilung gibt es unterschiedliche Möglichkeiten, wie du einem System Wärme zuführen kannst.

■ Gasbrenner

Einen Gasbrenner kannst du verwenden, wenn du sehr hohe Temperaturen benötigst und es nicht auf die Genauigkeit ankommt. Ähnlich wie beim Kochen kannst du einem System mit einem Gasbrenner die größte Wärmemenge zuführen und beispielsweise ein Becherglas mit Wasser schnell zum Sieden bringen. Die Flamme des Gasbrenners ist gut geeignet, um nahezu jedes Laborgefäß vom Reagenzglas bis zum Schmelztiegel auf breiter Fläche zu erwärmen – anders als eine Heizplatte, die eine ebene Kontaktfläche benötigt. Zudem kannst du manche Substanzen wie Magnesium oder andere Metalle auch direkt an der Flamme entzünden.

Der Gasbrenner hat auch Nachteile. Die Temperaturspanne der Flamme beginnt bei wenigen 100 °C und reicht bis zu 1300 °C. Damit wird es dir vermutlich nur mit großem Aufwand gelingen, eine gewünschte Temperatur präzise einzustellen. Dies gilt insbesondere für niedrige Temperaturen bis 100 °C mit der leuchtenden Flamme, die noch dazu stark flackert und Rußablagerungen hinterlässt. Bitte verwende auch niemals einen Gasbrenner oder generell eine offene Flamme in der Nähe von leicht entflammbaren Substanzen, wie etwa Gasen oder leicht flüchtigen Lösungsmitteln.

Zum Erhitzen einer Lösung im Becherglas oder Erlenmeyerkolben stellst du einen Dreifuß auf die feuersichere Laborbank (bei Bedarf im Abzug) und platzierst darauf ein Drahtnetz mit einer Beschichtung aus Keramikfasern in der Mitte. Auf der Fläche in der Mitte platzierst du das Becherglas oder den Erlenmeyerkolben (◘ Abb. 16.1). Entzünde den Brenner – wie das geht, wird in ▶ Abschn. 15.1 erläutert – und schiebe ihn erst anschließend unter den Dreifuß. Wie beim Kochen ist Rühren häufig von Vorteil, nimm hierzu einen Glasstab. Wichtig ist, dass du dich nicht von deinem laufenden Experiment entfernst. Für andere Glasgeräte ohne ebene Kontaktfläche gilt der gleiche Ablauf, nur dass sie nicht auf einem Dreifuß platziert, sondern mit Hilfe eines Stativs eingespannt werden.

Drei wichtige Punkte solltest du für das Erhitzen von Substanzen im Reagenzglas unbedingt berücksichtigen. Erstens: Verwende eine Reagenzglasklammer. Zweitens: Prinzipiell gilt bei Flüssigkeiten, dass sie aufgrund der kleinen Mengen im Reagenzglas (es sind nur wenige Milliliter) sehr schnell sieden können. Im ungünstigen Fall trifft eine hohe Wärmemenge auf wenig Flüssigkeit, und durch den entstehenden Siedeverzug „schießt" die Flüssigkeit aus dem Reagenzglas. Reguliere aus diesem Grund die Gasmenge auf ein geeignetes Maß und verwende ein bis zwei Siedesteinchen, falls angebracht. Drittens: Durch Schütteln des Reagenzglases vermeidest du den Siedeverzug und senkst das Risiko, dass Reagenzgläser durch zu schnelle Ausdehnung in der heißesten Temperaturzone des Brenners bersten (was etwa dem Autor selbst im Grundpraktikum widerfahren ist). Hierbei ist die Technik das A und O:

■ **Abb. 16.1**   Sicheres Erwärmen einer Lösung in Glasgeräten

Schüttle das Reagenzglas „nicht aus dem Arm, sondern aus dem Handgelenk". Besser formuliert: Vorsichtiges Schütteln durch die Drehung des Handgelenks ist ausreichend, weniger anstrengend und ermöglicht dir eine viel bessere Kontrolle. Dieses
Video zeigt das Prinzip auf: ▶ https://www.youtube.com/watch?v=CwozPn_M3x4
   Übe ruhig vor dem Versuch zwei bis drei Mal die Bewegung. Dein Arm sollte sich
dabei nicht bewegen.

■ **Heißluftpistole**

Eine Alternative zum Gasbrenner ohne offene Flamme ist die Heißluftpistole
(■ Abb. 16.2), im Laboralltag meist mit dem englischen Begriff *heatgun* bezeichnet.
Die Temperaturspanne einer Heatgun umfasst je nach Modell einen Bereich zwischen 50 °C bis zu 1000 °C bei Spitzenmodellen. Du kannst sie dir wie einen Hoch-
leistungsfön vorstellen, den du allerdings präziser regeln kannst. Im Laborpraktikum
wirst du sie vermutlich seltener einsetzen. Im Alltag ist sie aber sehr praktisch, um
Feuchtigkeitsreste aus Glasgeräten zu entfernen.

■ **Wasser- und Ölbad**

Das Wasser- oder Ölbad ist ein einfacher Weg, mit dem du Lösungen mit guter
Temperaturkontrolle erwärmen kannst. Vielleicht hast du schon mal Schokolade im
Wasserbad geschmolzen oder eine Sauce Hollandaise gekocht? Dann ist dir das Prin-

◘ **Abb. 16.2** Eine Heißluftpistole eignet sich, wenn schnell
ohne offene Flamme erwärmt
werden soll

◘ **Abb. 16.3** Das Wasserbad
erwärmt konstant auf die gewünschte Temperatur (hier
30 °C)

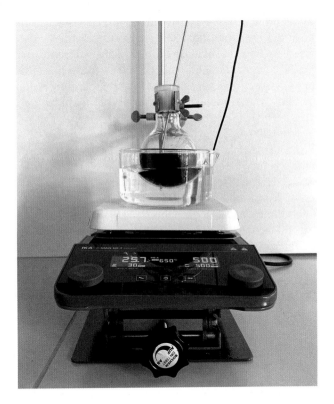

zip vermutlich bekannt. Auch im Labor wird ein Topf mit Wasser gefüllt und auf
eine Heizplatte gestellt (◘ Abb. 16.3). Die Heizplatte erwärmt das Wasser, und in das
Wasser tauchst du nun ein geeignetes Glasgerät, in dem deine Reaktion (bei definierter Temperatur) stattfinden soll. Das zugrunde liegende Prinzip ist somit kein Hexen-
werk und auf der Laborbank schnell aufgebaut. Im Vergleich zum Erwärmen mit
dem Gasbrenner zeigen sich sofort mehrere Unterschiede.
- Du kannst die ungefähre Temperatur des Reaktionssystems indirekt ermitteln
  und einstellen, indem du die Temperatur des Wasser-/Ölbades misst und die Heizleistung entsprechend regulierst.

- Das Erwärmen dauert im Wasser-/Ölbad länger, verläuft dafür aber schonender. Der große Vorteil bei Wasser ist, dass es eine große spezifische Wärmekapazität (▶ Abschn. 4.2.4) aufweist, und somit als ein guter „Mittler" zwischen der heißen Herdplatte und des dem Reaktionssystem auf Zimmertemperatur fungiert. Dies ermöglicht es, die Temperatur sehr präzise zu einzustellen, was etwa bei biochemischen Systemen von großer Bedeutung ist.
- Die maximale Temperatur ist begrenzt durch den Siedepunkt des Wassers (100 °C) bzw. den Rauchpunkt des Öls (bspw. 209 °C bei Sonnenblumenöl) – oder den Flammpunkt des Öls (316 °C bei Sonnenblumenöl), wenn du es auf die Spitze treiben möchtest. Meist wird im Labor aber Silikonöl verwendet, welches nicht entflammbar ist.

Bei modernen Heizplatten, die in der Forschung und Industrie standardmäßig verwendet werden, sind Thermometer und Heizplatte miteinander verbunden. Es ist nur noch die Eingabe einer Zieltemperatur erforderlich, danach reguliert die Heizplatte ihre Leistung automatisch so, dass die gewünschte Temperatur im Bad erreicht wird. Das Thermometer gibt dabei stets die erforderliche Rückmeldung an das Steuerungsmodul. Auch die Einstellung von Temperaturprofilen und -verläufen ist dadurch möglich, was komplexere Synthese vereinfacht bzw. automatisiert.

■ Heizpilz

Ein Heizmantel – der im Laborjargon zumeist Heizpilz genannt wird – ist eine Alternative zum Wasser-/Ölbad und kommt ohne Flüssigkeiten aus. Einfach ausgedrückt ist der Heizmantel eine Heizplatte für Rundkolben (◘ Abb. 16.4). Der Heizmantel ist praktisch im Laboralltag, da er weniger Vorbereitung erfordert als ein Wasser-/Ölbad und das Erhitzen schneller abläuft, da kein „Mittler" zwischengeschaltet ist. Einen Heizmantel kannst du ähnlich präzise einstellen wie eine Heizplatte. Die meisten Heizmäntel, die im Laborpraktikum eingesetzt werden, sind stufenlos regulierbar und können nicht auf eine bestimme Temperatur eingestellt werden. Somit erfordert es ein wenig Geschick und Übung, wenn du einen gewissen Temperaturbereich erreichen und halten möchtest. Hochwertigere Heizmäntel können ebenso wie eine Heizplatte mit einem Temperaturfühler gekoppelt werden und ebenso auto-

◘ **Abb. 16.4**   Der Heizmantel sieht wie die der umgekehrte Hut eines Ständerpilzes aus – daher der Alltagsname Heizpilz

16

matisch eine vorab eingestellte Temperatur erreichen und halten. Mit solchen Ausführungen wirst du vermutlich in Kontakt kommen, wenn du im Forschungsbereich mitarbeitest.

> ### Die richtige Wahl der Heizquelle
>
> Wäge die Wahl deiner Heizquelle nach den Anforderungen des Experiments ab. Für präzise Temperaturkontrolle im Bereich bis 100 °C ist ein Wasserbad erforderlich, über 100 °C kommt ein Ölbad zum Einsatz. Ein gekoppelter Temperaturfühler ermöglicht die automatisierte Temperaturkontrolle. Ist lediglich das Einhalten eines Temperaturbereiches oder das Erreichen des Siedepunktes notwendig (bspw. bei Destillationen), ist eine Heizplatte oder ein Heizmantel das Laborgerät der Wahl. Jenseits dieser Temperaturbereiche kommen Heißluftpistole und Gasbrenner in Betracht, insbesondere der Gasbrenner liefert große Wärmemengen, erreicht sehr hohe Temperaturen und kann Objekte (wie beispielsweise ein Eisen-Schwefel-Gemisch) auch direkt entzünden und so eine Reaktion starten.

16.1.2 Kühlen

Die Temperaturkontrolle bei einer chemischen Reaktion umfasst neben dem Erhitzen auch die Kühlung. Einige Reaktionen verlaufen bei unterschiedlichen Temperaturen völlig unterschiedlich ab. Um erneut das Beispiel der alkoholischen Gärung aufzugreifen: Für gewisse Bierstile wie etwa das bekannte „Pilsner" benötigt die eingesetzte Hefe niedrige Temperaturen im Bereich von 8 °C. Bei höheren Temperaturen finden zahlreiche Nebenreaktionen statt, die wiederum störende Geschmacksstoffe bilden. Aus diesem Grund gab es vor dem Einsatz der industriellen Kühlung solche „untergärigen" Bierstile nur saisonal im Winter oder wenn der Braumeister über einen ganzjährig sehr kühlen Gewölbekeller verfügte.

Im Labor ist es ebenfalls von Bedeutung, ein Reaktionssystem zu kühlen, um die gewünschten Reaktionsmechanismen zu forcieren oder um Reaktionswärme abzuführen. Um niedrige Temperaturbereiche einzustellen, gibt es im Laborpraktikum verschiedene einfache Möglichkeiten.

▪ Eisbad

Das **Eisbad** ist die wohl einfachste Lösung; es funktioniert analog zum Wasserbad, jedoch mit Eiswürfeln statt der Heizplatte.

▪ Kältemischungen mit Salzen

Durch die Zugabe eines **Salzes** kann die Temperatur des Wasserbads noch signifikant weiter gesenkt werden. Hierfür werden Salze eingesetzt, die sich in einem endothermen Prozess in Wasser lösen. Dies ist der Fall, wenn die aufgewendete Energiemenge zum Herauslösen der Ionen aus dem Ionengitter (= Gitterenergie) größer ist als die Energiemenge, die bei der Hydratisierung der Ionen mit Wasser-Molekülen (= Hydratisierungsenergie) freigesetzt wird ▶ Abschn. 4.4.7. Somit wird insgesamt Energie benötigt, um das Salz zu lösen und diese Energie wird dem Wasser entzogen – wodurch die Temperatur sinkt. Mit einem Glas Wasser, einem Thermometer und Kochsalz oder Brausetabletten kannst du diesen Effekt zu Hause schnell ausprobieren (▶ siehe Kap. 4 Gitterenthalpie, endo-/exotherme Reaktionen, Freie Enthalpie).

Eine andere **Kältemischung** kennst du sicher aus dem Alltag. Wenn die Straßen im Winter vereist sind, werden sie nach der Räumung gestreut. Das verwendete Salz senkt den Gefrierpunkt des Gemischs, sodass das Eis schmilzt. Die Temperatur sinkt hier gleich durch zwei Vorgänge. Einerseits wird Energie aufgewendet, um das Salz zu lösen (siehe oben), andererseits wird das Gemisch durch das Schmelzen des Eises selbst noch weiter gekühlt (siehe ▶ Kap. 1 und 3, Aggregatzustände). Im Laborpraktikum steht dir in den meisten Fällen ein Kältesalz zur Verfügung, welches du direkt verwenden kannst. Das Eisbad sowie die Eis-Kältesalz-Mischung sind die häufigsten Formen der Kühlung, die du im Laborpraktikum einsetzen wirst.

▪ Kältemischungen mit Trockeneis

Sehr tiefe Temperaturen werden in der Lehre seltener benötigt, dennoch kommt dies durchaus vor. Ein häufiges Beispiel im Grundpraktikum ist die Chlorgassynthese, wobei das synthetisierte Gas anschließend in einer Kältefalle kondensiert – die hellgrüne Farbe des flüssigen Chlors belohnt dich für die Mühe und verdeutlicht dir den Ursprung des Namens (*chlōrós*, „hellgrün"). Hierzu kannst du ein **Gemisch aus Trockeneis und einem Lösungsmittel** wie Ethanol oder Diethylether verwenden, um unter den Siedepunkt von Chlor ($-34{,}6\,°C$) zu gelangen.

▪ Flüssiggase

Mit Blick auf das Gefährdungspotenzial von Chlor ist es allerdings ratsam, eine Kältefalle mit tieferen Temperaturen aufzustellen, um genügend Sicherheitsabstand zum Siedepunkt herzustellen und eine schnelle Kondensation des einströmenden Gases zu gewährleisten. Hierzu eignet sich **flüssige Luft** oder **flüssiger Stickstoff** – je nach Verfügbarkeit. Wenn der Gasbrenner beim Erhitzen die „Holzhammer"-Methode darstellt, so trifft dies beim Kühlen auf den Einsatz von flüssigem Stickstoff zu. Der Einsatz ist zudem mit einem wesentlich höheren Gefährdungspotenzial verbunden als Kältesalzmischungen und erfordert entsprechende Vorsichtsmaßnahmen bei Transport und Umgang. Zwar sind deine Hände aufgrund des **Leidenfrost-Effekts** für sehr kurze Zeit geschützt, aber verlassen sollte man sich darauf nicht.

Hintergrund: Der Leidenfrost-Effekt

Ein unvorsichtiger Studierender trägt keine Schutzausrüstung und übergießt seine Hände bei der Laborarbeit aus Versehen mit flüssigem Stickstoff. Bei Temperaturen um $-200\,°C$ rechnet er mit schwersten Erfrierungen, stattdessen bleiben seine Hände völlig unversehrt. Woran liegt das?

Die Ursache für den wundersamen Schutz ist der **Leidenfrost-Effekt**. Die Temperaturdifferenz zwischen dem flüssigen Stickstoff und der Hand des Studierenden ist so groß, dass der auftreffende Stickstoff sofort verdampft und eine Gasschicht zwischen flüssigem Stickstoff und der Hand ausbildet. Diese Gasschicht ist ein sehr schlechter Wärmeleiter, weshalb die Hand für einen kurzen Moment vor Erfrierungen geschützt ist. Nach kurzer Zeit – sobald die Temperaturdifferenz zu klein wird – bricht diese Schicht jedoch zusammen. Der Effekt kenn ebenfalls beobachtet werden, wenn Wassertropfen in eine sehr heiße Pfanne gegeben werden, sie scheinen auf der Oberfläche zu tanzen oder zu gleiten. Auch diese Tropfen „schweben" auf einer weitgehend isolierenden Schicht aus Wasserdampf.

🔲 Tab. 16.1 bietet einen Überblick über die Zusammensetzung und minimal erreichbare Temperatur verschiedener Kältemischungen.

Analog zum oben genannten Thermostat, ein mit einem Thermometer verbundenes Heizgerät, existiert für die präzise und konstante Einstellung einer niedri-

16

◘ Tab. 16.1 Zusammensetzung und minimale Temperatur verschiedener Kältemischungen (Vollmer 2023)

Zusammensetzung der Kältemischung	Minimale Temperatur
100 g Wasser + 100 g Eis	0 °C
100 g Wasser + 75 g NaNO$_3$	−5 °C
100 g Wasser + 140 g KI	−12 °C
100 g Wasser + 133 g NH$_4$SCN	−18 °C
100 g Eis + 33 g NaCl	−21 °C
100 g Eis + 143 g CaCl$_2$ • 6 H$_2$O	−50 °C
Ethanol + Trockeneis	−72 °C
Diethylether + Trockeneis	−77 °C
Aceton + flüssiger Stickstoff	−94 °C
Flüssiger Stickstoff	−196 °C

gen Temperatur auch ein Kryostat. Einem solchen Gerät wirst du aller Wahrscheinlichkeit nach ebenfalls erst im Zusammenhang mit komplexen Experimenten in der Forschung begegnen.

> **Die richtige Wahl des Kühlsystems**
> Wäge die Wahl deines Kühlsystems ebenfalls nach den Anforderungen des Experiments ab. Entscheidend ist neben der notwendigen Temperatur (bspw. zum Gefrieren eines Stoffes) auch die Kühlleistung, wie etwa beim Kondensieren von Gasen. Je tiefer die Temperatur, desto höher ist auch der Aufwand und das Gefährdungspotenzial. Für die präzise Einstellung einer niedrigen Temperatur wird ein Kryostat verwendet.

16.2 Glasbearbeitung

Für standardisierte Experimente oder gar in der industriellen Großanwendung wirst du die Glasbearbeitung in der Regel nicht benötigen. Warum solltest du dennoch lernen, wie es funktioniert? Zum einen, weil es dir für die Anfertigungen von speziellen Versuchsaufbauten im Rahmen deiner eigenen Forschungsprojekte große Flexibilität und neue Möglichkeiten gibt. Zum anderen, weil es schnell geht und Spaß macht!

Für die Glasbearbeitung im Labor nimmst du meistens Kalknatronglas oder Borosilicatglas (auch bekannt als Duranglas). Aufgrund ihres relativ niedrigen Erweichungspunktes von 695 °C bzw. 820 °C kannst du diese mit einem üblichen Gasbrenner im Labor für die Weiterarbeit stark genug erhitzen. Zum Vergleich: Quarzglas hat einen Erweichungspunkt von über 1500 °C, dazu braucht es schon schwere Geschütze.

Nachfolgend kannst du drei Techniken als Einstieg erlernen, die in kurzer Zeit durchgeführt werden können und – mit etwas Übung – gelingsicher funktionieren.

Diese kannst du anschließend eigenständig nach deinen Wünschen anwenden und erweitern. Bitte beachte aber immer die klassische Frage, die Generationen von Laborassistent:innen im Praktikum schon gestellt haben: „Wie sieht heißes Glas aus?". Die Antwort: „Genau wie kaltes Glas". Verbrenn dich bitte nicht und trag gegebenenfalls feuerfeste Handschuhe!

16.2.1 Trennung von Glasrohren

Mit der ersten Übung kannst du ein Glasrohr in einer von dir gewünschten Länge erhalten. Hierfür benötigst du einen Glasschneider. Dieser sieht ähnlich aus wie ein Messer. Die Klinge besteht bei Glasschneidern für dünneres Glas aus Metall; soll dickeres Glas geschnitten werden, besteht sie aus Diamant und ist weitaus härter.

Nimm nun ein Glasrohr aus Kalknatron- oder Borosilicatglas und schneide es mit Glasschneider zu einem Viertel des Umfanges an der gewünschten Stelle ein. Umwickle die Stelle mit dem Handtuch und fasse das Rohr so an, dass der Schnitt zwischen beiden Händen liegt und gegen deine Brust gekehrt ist. Mit leichtem Druck wird das Glasrohr nun an der Sollbruchstelle auseinandergebrochen. Nun hast du schon mal die richtige Länge, aber noch keinen sauberen Bruch.

Die Bruchstellen der Glasrohre sind sehr scharfkantig und werden deshalb vor der weiteren Benutzung rundgeschmolzen. Dies kannst du mit einem Gasbrenner in der rauschenden Brennerflamme erledigen. Halte dazu die Bruchkante deines Glasrohrs unter ständigem Drehen in die Flamme. Bei den meisten Glasrohren ist bereits nach kurzer Zeit die Trennstelle hinreichend abgerundet. Bei dickeren Glasrohren dauert dieser Prozess länger und muss mit größerer Umsicht durchgeführt werden (langsameres Erwärmen und Abkühlen), um Risse im Glas zu vermeiden. Pass bei sehr dünnen Glasröhrchen (Pipetten, Kapillarröhrchen) auf, dass du das Rohr nicht „zu" schmilzt – sich also das Ende nicht nach innen wölbt und schließt.

16.2.2 Biegen eines Glasrohrs

Erhitze das Rohr an einer ca. 5 cm breiten Stelle über dem Bunsenbrenner in der rauschenden Flamme und drehe es dabei sowohl ständig als auch gleichmäßig. Der erste Schlüssel zum Erfolg dieser Technik ist eine gleichmäßige Erwärmung des zu biegenden Bereichs. Sobald sich das Glas deutlich erweicht, höre sofort auf, zu drehen. Nimm das Rohr aus der Flamme und biege es zügig und mit geringem Druck in die gewünschte Richtung. Bei Bedarf oder bei sehr kurzen Rohren kannst du auch Metallstäbe in das Rohr stecken und es darüber biegen. Anschließend erhitzt du es noch einmal, aber nicht mehr ganz genau an der Biegestelle, sondern kurz dahinter. Das Rohr wird bei Erweichen durch die Einwirkung der Schwerkraft weiter gebogen. Diesen Vorgang wiederholst du, bis die gewünschte Biegung oder der gewünschte Winkel erreicht ist (◘ Abb. 16.5).

Mit etwas Übung kannst du ein Glasrohr auch in einem Schritt direkt rechtwinklig biegen. Ohne Erfahrung entsteht aber häufig an der Biegestelle ein Knick, der den Durchfluss des Rohrs reduziert oder ganz einschränkt. Erfahrungsgemäß musst du das Rohr beim Biegen gleichzeitig ein wenig stauchen – auf diese Weise vermeidest

16

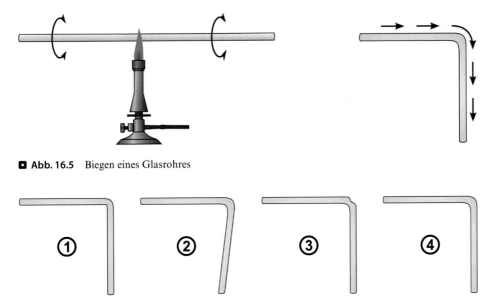

● **Abb. 16.5** Biegen eines Glasrohres

① ② ③ ④

● **Abb. 16.6** Verschiedene Fehlerquellen beim Biegen von Glasrohren. **1** Falsch: zu schmaler Bereich erhitzt, **2** in diesem Fall nicht gewünscht: Winkel keine 90°, **3** falsch: Rohr wurde gezogen und/oder ungleich erhitzt oder zu schnell und zu steil abgeknickt, **4** richtig: gleicher Durchmesser an allen Stellen des gewinkelten Glasrohrs

du das Verschließen des Rohres. Alternativ ist es ein einfacher Trick, das Rohr vor dem Erhitzen mit Sand füllen.

● Abb. 16.6 zeigt typische Fehler beim Biegen des heißen Glasrohres mit ihren Ergebnissen und auch das gewünschte Resultat.

16.2.3 Ziehen einer Pipette und eines Kapillarröhrchens

Pipetten und Kapillarröhrchen sind inzwischen so günstig, dass sie meist nicht mehr selbst gezogen werden. Die nachfolgende Technik gibt dir dennoch ein gutes Gefühl für die Arbeit mit Glas im Labor.

Halte ein mindestens 30 cm langes Glasrohr an beiden Seiten fest und erhitze es in der Mitte in der rauschenden Flamme gleichmäßig und unter ständigem Drehen. Hierbei sammelt sich unter Verdickung der Wandstärke Glas an der heißen Stelle an. Wenn das Glas weich wird, nimm das Rohr aus der Flamme und zieh es bis zum gewünschten Grad der Verjüngung zügig und gleichmäßig aus. Ziehst du langsam, erhältst du eine Pipette, wenn du sehr schnell ziehst, ein langes Kapillarröhrchen (● Abb. 16.7).

Um eine Pipette fertigzustellen, trenne nach dem Erkalten die Verbindung in der Mitte mit dem Glasschneider durch. Aus Sicherheitsgründen solltest du anschließend die Enden rundschmelzen (siehe oben). Achte hier besonders darauf, dass die Enden nicht zusammenschmelzen. Zudem sind die Spitzen sehr dünnwandig und brechen leicht.

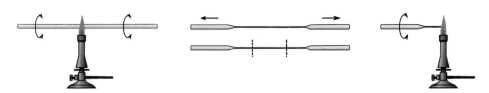

◘ **Abb. 16.7** Ziehen von Pipetten und Kapillarröhrchen in drei Schritten: Erhitzen des Glasrohres unter gleichmäßigem Drehen in der Flamme (links), schnelles Auseinanderziehen des heißen Rohres und Abtrennen an der gewünschten Stelle (mittig), Rundschmelzen des scharfen Endes (rechts)

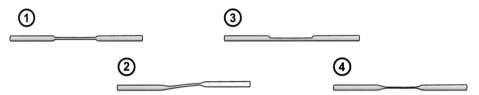

◘ **Abb. 16.8** Verschiedene Fehlerquellen beim Pipettenziehen. **1** Falsch: zu enger Bereich erhitzt, **2** falsch: nicht gerade auseinander gezogen, **3** falsch: ungleichmäßig erhitzt, **4** richtig: gleichmäßig und gerade auseinander gezogen

Um Kapillarröhrchen zu erhalten, trenne die lange und sehr dünne Verbindung in die gewünschte Länge. Hierzu kannst du natürlich einen Glasschneider verwenden, aber die Röhrchen sind bei richtiger Anwendung so dünn, dass fast jedes Werkzeug ausreicht. Das Rundschmelzen von Kapillarröhrchen, ohne sie direkt zu versiegeln, ist eine hohe Kunst – und meist ist es nicht notwendig.

◘ Abb. 16.8 zeigt typische Fehler beim Pipettenziehen mit ihren Ergebnissen und auch das gewünschte Resultat [2].

16.3   Titration

Die Titration ist eine Standardtechnik im Labor, die im Chemieunterricht der Oberstufe häufig zur Konzentrationsbestimmung einer Säure oder Lauge angewandt wird. Falls du in der Oberstufe wenig im Chemieunterricht experimentieren konntest oder dir nicht mehr sicher bist – kein Problem, nachfolgend findest du eine kurze (Wieder-)Einführung.

16.3.1   Grundlagen

In den meisten Fällen wird bei einer Titration die *unbekannte* Konzentration (c_1) einer Probelösung ermittelt. Das Volumen der Probelösung (V_1) hingegen kannst du mit einem Messzylinder einfach bestimmen, es ist somit bekannt. Zur Bestimmung der unbekannten Konzentration c_1 wird nun eine Maßlösung mit bekannter Konzentration c_2 mit Hilfe einer Bürette langsam zugetropft, bis ein bestimmter Endpunkt erkennbar ist. Typischerweise sind dies Farbumschläge von Indikatoren, was in ▶ Abschn. 3.3.3 beschrieben wird.

An diesem Punkt wird abgelesen, welches Volumen an Maßlösung (V_2) zugegeben wurde, bis der Endpunkt erreicht wurde.

Am Endpunkt gilt:

$$c_1 \cdot V_1 = c_2 \cdot V_2 \tag{16.1}$$

… und somit nach Teilung durch V_1:

$$c_1 = \frac{c_2 \cdot V_2}{V_1} \tag{16.2}$$

… sodass die unbekannte Konzentration c_1 bestimmt werden kann.

Durch ein Beispiel wird die allgemeine Beschreibung schnell greifbarer. Das nachfolgende Experiment wirst du mit hoher Wahrscheinlichkeit im Einstiegspraktikum so oder so ähnlich durchführen.

▶ **Beispiel**

Bestimmung der Konzentration einer unbekannten Säure

Du erhältst ein Becherglas mit verdünnter Salzsäure verbunden mit dem Auftrag, deren Konzentration (c_1) zu bestimmen. Hierzu misst du 0,1 L ab (V_1) und gibst sie in einen Erlenmeyerkolben.

Als Maßlösung verwendest du Natronlauge mit einer bekannten Konzentration von 1 mol/L (c_2). Mithilfe einer Bürette – einem Glasgerät, welches speziell dazu geeignet ist, genaue Flüssigkeitsvolumina abzugeben – tropfst du nun langsam Natronlauge in die salzsaure Lösung und misst kontinuierlich den pH-Wert. Durch die Neutralisationsreaktion von Salzsäure und Natronlauge steigt nach und nach der pH-Wert. Sobald der pH-Wert der Lösung 7,0 erreicht, ist die Salzsäure vollständig neutralisiert und somit der Endpunkt erreicht. Dies wird häufig auch mit einem passenden pH-Indikator angezeigt. An diesem Punkt liest du ab, wie viel Maßlösung du verwendet hast und notierst dir für unser Beispiel einen Wert von 0,05 L (V_2). Es gilt:

$$c_1 \cdot V_1 = c_2 \cdot V_2$$

Durch Einsetzen der bekannten und ermittelten Werte ergibt sich:

$$c_1 \cdot 0,1 \ \text{L} = 1 \ \text{mol/L} \cdot 0,05 \ \text{L}$$

Stellst du nun wie in Gl. 16.2 um, ergibt sich:

$$c_1 = \frac{1 \ \text{mol/L} \cdot 0,05 \ \text{L}}{0,1 \ \text{L}}$$

Somit wird die unbekannte Konzentration c_1 der Salzsäure berechnet als:

$$c_1 = 0,5 \ \text{mol/L} \qquad ◀$$

16.3.2 Durchführung im Labor: pH-Titration

In der vorgestellten Säure-Base-Titration erfolgte die Konzentrationsbestimmung über den pH-Wert der Lösung. Hierauf ist eine Titration aber keinesfalls limitiert! Es gibt etwa noch die Leitfähigkeitstitration (siehe Abschn. ▶ 16.3.3), Fällungstitrationen (▶ Abschn. 2.1), Redox-Titrationen (▶ Kap. 7), und auch komplexometrische Bestimmungen (▶ Abschn. 3.4) wirst du im anorganisch-chemischen Praktikum sehr wahrscheinlich durchführen. Die Titration ist also ein vielseitiges Instrument!

Wechseln wir von den Grundlagen in die Anwendung. Nachfolgend kannst du den korrekten Ablauf einer Titration erlernen oder wiederholen. Wie bei allen analytischen Verfahren sind genaues und gewissenhaftes Arbeiten dabei von großer Bedeutung.

■ Spülen

Spüle vorab die Bürette (siehe ◘ Abb. 16.9) zwei Mal mit etwas Maßlösung aus, um etwaige Reste an den Glaswänden wegzuwaschen. Drehe hierbei den Büretten-trichter, damit die Flüssigkeit mit der gesamten inneren Wandung der Bürette in Berührung kommt. Der Büretten hahn ist dabei geöffnet, damit die Maßlösung direkt auslaufen kann. Schließe danach den Büretten hahn.

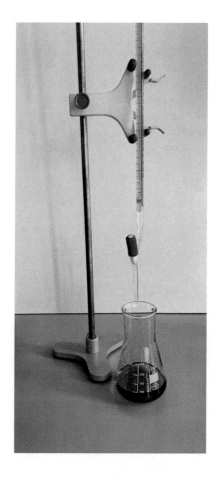

◘ Abb. 16.9   Eingespannte Bürette, unterhalb ist ein Erlenmeyerkolben mit der Probelösung, welcher mit einem Indikator versetzt wurde

16

■ **Auffüllen**

Fülle die Bürette mit einem passenden Trichter bis über den Nullpunkt mit der (idealerweise auf 20 °C temperierten) Maßlösung auf. Arbeite hierbei nicht über Kopfhöhe (Unfallgefahr!), sondern fixiere die Bürette in einer passenden Höhe, sodass du sicher einfüllen kannst. Auch der Meniskus wird stets auf Augenhöhe abgelesen, um Ablesefehler zu vermeiden (▶ Abschn. 14.4.2). Durch vorsichtiges Öffnen des Hahns kannst du nun so viel Flüssigkeit entfernen, bis der Meniskus genau auf den Nullpunkt eingestellt ist.

■ **Vorbereitung**

Überzeuge dich vor dem Titrieren, ob der Nullpunkt richtig eingestellt ist und dass keine Luftblasen in der Bürette zu sehen sind. Letztere sind typische Fehlerquellen. Falls du einen pH-Sensor verwendest, überprüfe, ob er kalibriert ist (▶ Abschn. 15.3). Transferiere nun das gewünschte und genau abgemessene Volumen der Probelösung in einen Erlenmeyerkolben. Arbeitest du mit einem Magnetrührer? Dann gib anschließend einen Rührfisch in den Kolben. Positioniere den Kolben auf dem Magnetrührer und unter der Bürette. Schalte danach den Magnetrührer ein und wähle eine mittlere Rührgeschwindigkeit. Alternativ kann der Erlenmeyerkolben beim Titrieren auch manuell geschwenkt werden; bewege dabei nur das Handgelenk, deine andere Hand befindet sich am Hahn der Bürette.

■ **Durchführung**

Beim Titrieren wird die Maßlösung tropfenweise zu der Probelösung im Erlenmeyerkolben gegeben. Sei in der Nähe des Endpunktes besonders vorsichtig und titriere besonders langsam. Du erreichst den Endpunkt, wenn ein vorab bestimmtes Kriterium deutlich erfüllt ist – meist siehst du den Farbumschlag eines Indikators. Lies nun den Verbrauch an Maßlösungen an der Bürette auf Augenhöhe ab (▶ Abschn. 14.4.2). Hiermit kannst du die Konzentration der Probelösung wie oben beschrieben berechnen.

■ **Tipps**

— Sei vorsichtig bei der ersten Zugabe der Maßlösung! Insbesondere beim ersten Öffnen des Hahns läuft oft weit mehr Maßlösung aus als gewollt. Ein schwergängiger Hahn an der Bürette kann vorab mit etwas Schlifffett leichter gängig gemacht werden.
— Bist du dir unsicher, wann ein Farbumschlag ausreichend deutlich ist, kannst du zum Farbvergleich eine (unter definierten Bedingungen hergestellte) Vergleichslösung zurate ziehen.

■ **Typische Fehlerquellen**

— Die Titrationsgeschwindigkeit ist zu groß, die Probe wird hierbei häufig übertitriert.
— Der Endpunkt wird auf Grund zu reichlicher oder zu geringer Indikatorzugabe nicht erkannt.
— Der Nachlauf der Bürette wird vernachlässigt.
— Es werden keine genauen oder temperierten Maßlösungen verwendet.
— Die Vorlage wurde nicht genau ausgewogen.

16.3.3 Durchführung im Labor: Leitfähigkeitstitration

Die pH-Titration ist eine elegante, einfache und genaue Methode, jedoch ist sie auf Reaktionen beschränkt, deren Verlauf und Ergebnisse sich über die Protonenkonzentration ausdrücken. Die Leitfähigkeitstitration behält das Grundprinzip der Titration bei, allerdings untersucht der Sensor die elektrische Leitfähigkeit einer Lösung. Hierdurch kann die Konzentration eines gelösten Feststoffes untersucht werden, sofern dieser Ionen bildet. Diese Bedingung ist sehr häufig gegeben, aber nicht immer – Glucose zum Beispiel löst sich sehr gut in Wasser, aber die Lösung zeigt nahezu keine Leitfähigkeit.

Stellen wir uns mit der kalibrierten Elektrode (▶ Abschn. 15.4) nun das Ziel, die unbekannte Konzentration eines gelösten Stoffes – sagen wir Natriumchlorid – konduktometrisch zu bestimmen. Hierzu misst du die Leitfähigkeit der Lösung. Das Konduktometer zeigt dir zum Beispiel den Wert 1,265 mS/cm an. Für sich genommen hilft dir dieser Wert noch nicht wirklich. Was dir fehlt, um den Wert einzuordnen, ist eine Kalibriergrade, wie sie auch in der Fotometrie erstellt wird (▶ Abschn. 15.2). Diese Technik ermöglicht es dir, den ermittelten Wert für die unbekannte Konzentration grafisch auf einer Gerade mehrerer bekannter Messungen zu verorten – und so die Konzentration zu bestimmen. In unserem Beispiel wäre es eine Konzentration von 0,01 mol/L. Natürlich ist zu beachten, dass diese Technik exponentiell komplizierter wird, sobald in der Probelösung mehrere Stoffe gelöst sind.

Häufiger als diese Art der Messung wirst du im Labor vermutlich eine konduktometrische Titration durchführen (wie du eine Titration durchführst, wird in ▶ Abschn. 16.3.2 beschrieben). Wählen wir als Beispiel zum einfachen Verständnis eine salzsaure Lösung, die wir über eine Titration mit Natronlauge bestimmen möchten. Vor dem Beginn der Titration beträgt die Leitfähigkeit in unserem Beispiel 42,6 mS/cm. Gibst du nun langsam Natronlauge hinzu, sinkt die Leitfähigkeit der Lösung linear ab. Dies ist durch die Neutralisationsreaktion begründet. Anders formuliert: Protonen der Salzsäure und die zugegebenen Hydroxid-Ionen aus der Natronlauge reagieren zu Wasser, welches nicht geladen ist und somit nicht zur Leitfähigkeit beiträgt. An einem gewissen Punkt jedoch steigt die Leitfähigkeit wieder. Dies ist der sogenannte *Äquivalenzpunkt*, an dem die Salzsäure neutralisiert wurde. Nach dem Überschreiten dieses Punktes trägt die zugegebene Natronlauge zur Leitfähigkeit bei. Wenn du das Volumen der Maßlösung gegen die gemessene Leitfähigkeit aufträgst, siehst du, wie die Gerade wieder zu steigen beginnt (siehe ◘ Abb. 16.10).

Die Vorteile dieses Verfahrens:
- Es ist sehr schnell durchgeführt, du benötigst keine Kalibrierungsgeraden.
- Du bist nicht auf einen Indikator angewiesen (sehr wichtig bei farbigen Lösungen!).
- Die Methode ist sehr genau, auch bei geringen Konzentrationen.

Darüber hinaus ist das Prinzip vielseitig verwendbar und lässt sich analog auf eine Fällungstitration übertragen, deren Äquivalenzpunkt ebenfalls konduktometrisch bestimmt werden kann.

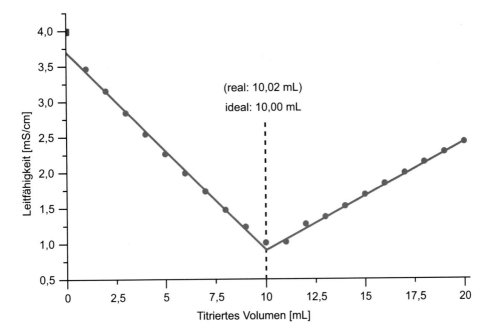

● **Abb. 16.10** Geradenverlauf einer konduktometrischen Titration

16.4 **Extraktion**

Die Extraktion ist kurz gesagt ein Überbegriff für Trennverfahren mit dem Ziel, eine oder mehrere Komponenten aus einem Stoffgemisch gezielt herauszulösen. Im Alltag führen wir also eine Extraktion durch, wenn wir eine Hühnerbrühe kochen und aus dem Huhn und dem Gemüse das Fett, Eiweiß und zahlreiche Geschmacksstoffe herauslösen. Noch einfacher ist der Vorgang beim Tee, wo wir den Extraktionsprozess durch hohe Temperaturen beschleunigen, und beim Espresso noch zusätzlich durch hohen Druck. Fast alle Lebensmittelaromen sind Extrakte.

Im Labor gibt es neben dem Kochen in Wasser zahllose weitere Möglichkeiten, um eine Extraktion durchführen. Durch eine geschickte Wahl von Bedingungen, wie etwa die Polarität des Lösungsmittels, „Waschgänge", Temperatur, (Unter-)Druck und Dauer, kannst du deine Ausbeute maximieren und bist hierbei nur durch deine Kreativität begrenzt. Sehr kreative Menschen in der Lebensmittelchemie sind beispielsweise auf die Idee gekommen, flüssiges Kohlenstoffdioxid als Extraktionsmittel zu verwenden. Auf diese Weise kann etwa Coffein schonend aus Kaffee extrahiert und der Geschmack weitgehend erhalten werden (wenn auch nicht die Wirkung).

In diesem Abschnitt werden zwei Beispiele vorgestellt, die typisch für den Laboralltag sind: einerseits die Extraktion aus einem Feststoff, die häufig mit einer Soxhlet-Apparatur durchgeführt wird, und andererseits die Extraktion einer gelösten Komponente durch ein Lösungsmittel (flüssig-flüssig-Extraktion).

16.4.1   Extraktion aus einem Feststoff

Greifen wir für die Extraktion aus einem Feststoff erneut auf das Beispiel des Tees zurück. Das Ziel ist es in diesem Fall, vor allem Aromastoffe, Coffein und auch Antioxidantien im Teewasser zu lösen. Abstrakter formuliert, sollen aus einem Mehrkomponentensystem – den Teeblättern – einige Stoffe gezielt extrahiert werden. Dieses Vorgehen wird auch in zahllosen Vorgängen der Industrie und Pharmazie angewandt, wenn etwa Farbstoffe, Duftstoffe, Aromen oder medizinische Wirkstoffe aus Pflanzen gewonnen werden. Anders als beim Teekochen ist der Vorgang aber meist komplexer als das Überbrühen mit kochendem Wasser, da viele Stoffe sich etwa in Wasser schlecht lösen oder sich auf diese Weise zu viele unerwünschte Stoffe ebenfalls lösen. Viele Extraktionsprozesse beziehen daher weitere Variablen ein (Temperatur, Druck), sind mehrstufig aufgebaut und/oder werden durch andere Verfahren zur Stofftrennung ergänzt, wie etwa durch eine Destillation ▶ (Abschn. 16.5). Allein die Technik in einem scheinbar simplen Kaffee-Vollautomaten ist eine Wissenschaft für sich, und von „Brühdruck" über „Kontaktzeit" bis „Perkolation" wird diese ausführlich in einschlägige Foren im Internet diskutiert.

Im Laborpraktikum wirst du höchstwahrscheinlich eine simple Feststoffextraktion durchführen und darüber hinaus die Extraktion nach Soxhlet in der gleichnamigen Apparatur. Beide Varianten werden nachfolgend vorgestellt.

- **Simple Feststoffextraktion**

Gib für die Extraktion deinen gewünschten Feststoff in ein Glasgefäß deiner Wahl, je nach Heizquelle oder Lösungsmittel etwa in ein Becherglas oder in einen Rundkolben. Gib ein Lösungsmittel hinzu, welches deine gewünschte Komponente in Lösung bringen kann. Hast du den Stoff extrahiert, kannst du das Lösungsmittel durch Filtration oder einfaches Dekantieren vom Feststoff trennen.

Wenn sich deine gewünschte Komponente nicht sofort löst, kannst du den Vorgang durch mehrere Variablen beschleunigen. Das vorherige Mörsern des Feststoffes sowie das Schütteln oder Rühren der Suspension erhöhen allesamt die Kontaktfläche von Lösungsmittel und Feststoff und begünstigen die Extraktion. Eine höhere Temperatur kann die Löslichkeit ebenso erhöhen wie höherer Druck – Letzteres spielt aber im Laborpraktikum keine Rolle.

Beachte bei deiner Planung aber bitte folgenden Aspekt: Häufig werden – insbesondere aus Naturstoffen – nicht nur eine, sondern viele Komponenten extrahiert. Gehst du direkt mit einer „Brechstange" aus siedendem Lösungsmittel und langer Extraktionsdauer heran, verunreinigst du deinen Extrakt und musst nachher mehr Zeit in die Aufreinigung stecken. „Überbrühter" Kaffee ist häufig ungenießbar, da dabei zu viele Bitterstoffe aus der Bohne extrahiert wurden. Wähle daher grundsätzlich so viele Maßnahmen wie nötig, aber so wenige wie möglich, um eine zufriedenstellende Ausbaute deiner Zielkomponente zu extrahieren. Hierbei musst du manchmal auch die Qualität (Reinheit) des Extrakts gegen die Quantität der Ausbaute abwägen.

Und hier noch ein weiterer Tipp zur Erhöhung deiner Ausbeute: Wenn dir für eine gegebene Extraktion 120 Milliliter Lösungsmittel zur Verfügung stehen, ist es sinnvoller, drei kleine Extraktionen mit je 40 Milliliter durchzuführen, als eine große Extraktion mit der gesamten Menge. Warum ist das so? Die treibende Kraft hinter

der Extraktion ist der Konzentrationsunterschied der gewünschten Komponente im Lösungsmittel und in deinem Ausgangsstoff. Dieser ist zu Beginn sehr hoch, mit der Zeit stellt sich jedoch ein Gleichgewicht ein – die Extraktion kommt an diesem Punkt zum Erliegen. Wenn du jedoch das Lösungsmittel austauschst, wird erneut ein großer Konzentrationsunterschied hergestellt, was den Prozess beschleunigt und die Ausbeute erhöht.

■ **Extraktion nach Soxhlet**

Die Extraktion mit einer Soxhlet-Apparatur ist ein Standardverfahren der Chemie und knüpft an den letzten Gedanken zum Konzentrationsunterschied an (siehe vorheriger Abschnitt). Es ist wünschenswert, das Lösungsmittel so häufig wie möglich auszutauschen – dies ist aber mit Arbeit und hohem Materialverbrauch verbunden. Wie so häufig in der Menschheitsgeschichte führen solche Dilemmata oder auch schwere und monotone Aufgaben zu Innovationen, die diesen unbefriedigenden Zustand überwinden. Ob dies auch bei Franz von Soxhlet (*1848, †1926) die treibende Kraft war, ist nicht überliefert – jedenfalls bestimmte er als wissenschaftlicher Assistent sehr häufig den Fettgehalt von Milchpulver und entwickelte über diese Aufgabe eine Apparatur, die ihm (und sehr vielen anderen Chemiker:innen) viel Arbeit ersparen sollte. Die nach ihm benannte Soxhlet-Apparatur führt dem Feststoff ständig frisch destilliertes Lösungsmittel zu und tauscht es selbstständig aus.

Wie funktioniert diese Apparatur? Betrachte hierzu ◘ Abb. 16.11 und lass uns die bekannten Komponenten anschauen. Unten befindet sich das Lösungsmittel in einem Rundkolben, dieser steckt ist in einem Heizmantel ▶ (Abschn. 16.1.1). Hier siedet das Lösungsmittel, der Dampf steigt durch das Dampfrohr nach oben. Dort trifft es auf einen Rückflusskühler, in dem das Lösungsmittel kondensiert und nun mittig in die zentrale Kammer der Soxhlet-Apparatur tropft. Hier befindet sich eine sogenannte Extraktionshülse (meist aus Cellulose), in der sich der Feststoff befindet und die für das Lösungsmittel durchlässig ist. Für eine Weile tropft nun kontinuierlich Lösungsmittel in die Apparatur und extrahiert die gewünschte Komponente aus dem Feststoff. Hierbei steigt der Flüssigkeitspegel sowohl in der zentralen Kammer als auch gleichzeitig im damit verbundenen Steigrohr. Sobald der Pegel im Steigrohr den maximalen Stand überschreitet, fließt schlagartig das gesamte Lösungsmittel aus dem Steigrohr und der zentralen Kammer zurück in den Rundkolben. Hier machte sich Soxhlet das Saugheber-Prinzip aus der Hydrostatik zunutze. Vereinfacht gesagt erzeugen die ersten Tropfen des abfließenden Lösungsmittels einen Unterdruck, welcher nach und nach den Rest des Lösungsmittels aus der zentralen Kammer mit sich zieht. Nach diesem Prinzip funktionieren etwa der Pythagoreische Becher, der Hamburger Hebel oder auch der Diebstahl von Benzin aus einem Autotank durch Ansaugen mit einem Schlauch. Nachdem alles Lösungsmittel abgeflossen ist, beginnt der Kreislauf von neuem.

Betrachten wir diesen Vorgang nun aus chemischer Perspektive, ermöglicht die Apparatur eine ständige Zufuhr an frisch destilliertem Lösungsmittel zum Feststoff. Die extrahierte(n) Komponente(n) werden durch das Steigrohr in den Rundkolben geleitet und reichern sich dort an. Solange der Heizmantel läuft, arbeitet die Apparatur eigenständig, was langwierige Extraktionen stark vereinfacht.

Es gibt aber auch zwei offensichtliche Nachteile: Die extrahierte Komponente wird über einen langen Zeitraum im Rundkolben bis zum Siedepunkt des Lösungs-

■ **Abb. 16.11**   Aufbau einer Soxhletzur Extraktion.
1 Rührstab, 2 Rundkolben mit Lösungsmittel,
3 Destillationskanal, 4 Extraktionshülse, 5 Probe,
6 Obersiphon, 7 Siphon-Auslass, 8 Erweiterungs-
adapter, 9 Rückflusskühler, 10 Kühlwasserausgang,
11 Kühlwassereingang

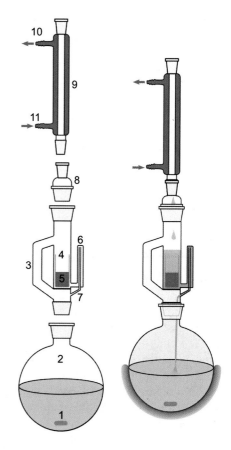

mittels erhitzt; ist sie temperaturempfindlich, ist das Verfahren ungeeignet. Gleiches
gilt, wenn die extrahierte Komponente leicht flüchtig ist und ihr Siedepunkt unter
dem des Lösungsmittels liegt. In diesem Fall siedet die Komponente gemeinsam mit
dem Lösungsmittel und sammelt sich ebenso in der zentralen Kammer an, somit hast
du im Vergleich zur klassischen Extraktion nichts gewonnen. Zudem verlierst du im
schlimmsten Fall trotz Rückflusskühler einen Teil deiner Ausbeute.

16.4.2   Extraktion aus einer Lösung

Nehmen wir uns für die Extraktion aus einer Lösung mit Milch ein Beispiel aus dem
Alltag. Milch ist ein Stoffgemisch aus Eiweiß, Kohlenhydraten, Fett und weiteren
Stoffen, welche sich allesamt im wässrigen Medium befinden. Der Einfachheit halber
lassen wir mal einige Stoffe weg und beschränken uns auf das Fett, welches durch die
Homogenisierung (siehe Packungsaufdruck) als Mikroemulsion in sehr feinen Tröpfchen im Wasser dispergiert ist. Du möchtest nun – aus welchen Gründen auch
immer – versuchen, das Fett aus der Milch zu extrahieren. Eine effiziente und einfache Lösung hierfür ist die Extraktion mit einem geeigneten Lösungsmittel.

Das Prinzip ist im Grunde sehr simpel: Wenn du die Milch in Kontakt mit einem
unpolaren Lösungsmittel bringst, wird sich das (ebenfalls unpolare) Fett darin besser

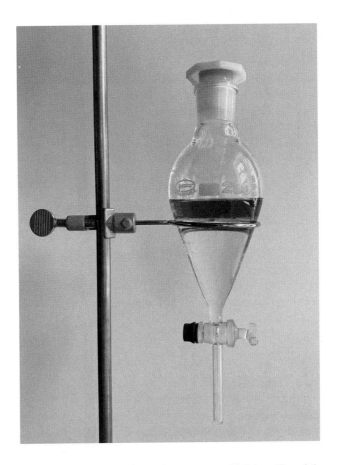

◘ Abb. 16.12 Extraktion mit einem Scheidetrichter

lösen als im polaren Wasser. Es lässt sich also auf den Merksatz „Gleiches löst sich in Gleichem" zurückführen, der dir ja schon aus ▶ Abschn. 2.5.4 bekannt ist.

Für die Extraktion von Fett aus Milch wählen wir Benzin als unpolares Lösungsmittel. Wird Benzin zur Milch gegeben, bildet es aufgrund der Polarität und der geringeren Dichte zunächst eine zweite Phase über der Milch. Das Fett trifft nun an der Phasengrenze auf Benzin und tritt aufgrund der besseren Löslichkeit in diese Phase über. Dieser Prozess dauert allerdings eine gefühlte Ewigkeit, weswegen er im Labor beschleunigt wird. Weil dieser Prozess so häufig vorkommt, gibt es hierzu sogar ein eigenes Glasgerät, den sogenannten Scheidetrichter (oder Schütteltrichter) (◘ Abb. 16.12).

Nachfolgend wird die Extraktion darin Schritt für Schritt beschrieben.

1. Der Scheidetrichter wird in einen Stativring gestellt und der Auslasshahn unten geschlossen.
2. Beide Lösungen werden mit Hilfe eines Trichters in den Scheidetrichter eingefüllt. Achte darauf, dass du nicht über Kopfhöhe arbeitest, da dies mit Gefahren verbunden ist.
3. Verschließe den Scheidetrichter mit einem passenden Stopfen, fixiere den Stopfen mit einer Hand.
4. Drehe den Scheidetrichter über Kopf und schüttele ihn mehrere Male kräftig.

5. Beim Schütteln entsteht ein Überdruck im Scheidetrichter. Entlüfte ihn daher durch kurzes Öffnen des Auslasshahns, während dieser weiterhin nach oben gerichtet ist, sodass keine Flüssigkeit ausläuft. Schließe den Auslasshahn wieder.
6. Wiederhole die Schritte 4 und 5 mindestens drei Mal.
7. Lege den Scheidetrichter wieder in den Stativring und warte, bis sich die Phasen erneut getrennt haben.
8. Entferne den Stopfen und lass die untere Phase mit Hilfe des Auslasshahnes in ein Becherglas ab. Achte darauf, dass du die Fließgeschwindigkeit reduzierst, sobald du dich der Phasengrenze näherst.

Du hast nun das Fett aus der Milch mit Hilfe von Benzin extrahiert; die wässrige Phase im Becherglas wird in diesem Fall verworfen, die organische Phase enthält nun das Milchfett und wird in ein zweites Becherglas abgelassen. Um das reine Milchfett zu erhalten, könntest du nun Benzin verdampfen lassen.

Das Beispiel mit Milch ist willkürlich – aber du kannst es einfach auf zahllose andere Anwendungen im Labor übertragen.[1] Ein klassisches Experiment im Grundpraktikum ist die Extraktion von Iod aus wässriger Lösung mit Cyclohexan. Dieser Versuch hat den Vorteil, dass du den Übergang von Iod aus dem Wasser in Cyclohexan anhand der Farbigkeit einfach verfolgen kannst. Das Prinzip ist aber dasselbe wie bei der Milch.

16.5 Destillation

Die Destillation ist ein Trennverfahren, welches sich die unterschiedlichen Siedepunkte von verschiedenen Lösungen zunutze macht. Sie ist heutzutage größtenteils mit der Anfertigung von hochprozentigem Alkohol verbunden, das Prinzip ist aber bereits seit über fünf Jahrtausenden bekannt. Eingesetzt wurde und wird es etwa zur Entsalzung von Meerwasser, zum Cracken von rohem Erdöl oder zur (Wasserdampf-)Extraktion von ätherischen Ölen aus Pflanzen zur Anfertigung von Parfum.

Das Prinzip der Destillation beruht darauf, dass ein Stoffgemisch aus Komponente A und B ziemlich gut getrennt werden kann, wenn die Siedepunkte der Bestandteile nur weit genug auseinanderliegen. Wird das Gemisch erhitzt, siedet zunächst der Stoff mit dem niedrigeren Siedepunkt. Wenn der Dampf nun an einer kalten Oberfläche kondensiert und dieses Kondensat aufgefangen wird, konnten beide Stoffe erfolgreich getrennt werden.

Im Labormaßstab wird hierfür eine Destillationsapparatur wie beispielsweise in ◘ Abb. 16.13 aufgebaut. Sie besteht aus einem Rundkolben mit Heizquelle, einer (optionalen) Vigreux-Kolonne, einer Liebig-Brücke (Destillierbrücke) mit Thermometer sowie einem weiteren Rundkolben, um das Destillat aufzufangen. Das Gemisch wird hierbei in den Rundkolben gefüllt, die Heizquelle wird angeschaltet. Mit steigender Temperatur tritt beispielsweise Komponente A mit dem niedrigeren Siedepunkt verstärkt in die Gasphase über. An der (wassergekühlten) Liebig-Brücke kondensiert der Dampf, das entstandene Destillat läuft das Glasrohr herunter und wird

---

1 Seilnacht T: Extrahieren. ▶ https://www.seilnacht.com/versuche/extrah.html.

☐ **Abb. 16.13** Aufbau einer
Destillationsapparatur mir Vigreux-Kolonne

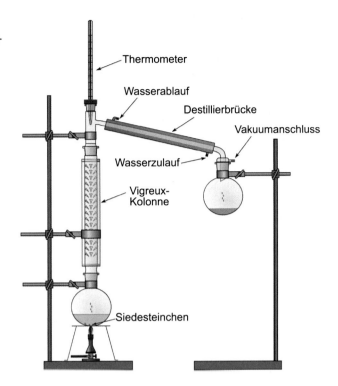

im zweiten Rundkolben aufgefangen. Dabei kann mit dem Thermometer die Temperatur des Dampfs bestimmt werden, was die Identifikation der Komponente zulässt.

Dies ist ein idealisiertes Prinzip, und der Teufel steckt natürlich im Detail. Nehmen wir die Gewinnung von hochprozentigem Alkohol als Beispiel, um die Fein-
heiten zu illustrieren. Diese erfolgt in der Regel durch die Vergärung einer zucker-
haltigen Lösung, wodurch eine etwa 12%ige ethanolische Lösung entsteht. Durch die
Enzyme (Hefe) entstehen neben Ethanol (Siedepunkt: 78 °C) jedoch einige Nebenprodukte in geringen Konzentrationen, wie etwa Methanol (Siedepunkt: 65 °C) oder
Propanol (97 °C) und weitere „Fuselöle", die entscheidend zum schlechten Geschmack einer Spirituose und zum „Kater" am nächsten Morgen beitragen. Der
Brennmeister wird beim Destillieren das Ziel verfolgen, Methanol und Propanol abzutrennen. Hierzu erhitzt er die Lösung mit geringer Heizleistung und behält die
Temperatur der Gasphase im Auge. Methanol besitzt den niedrigsten Siedepunkt
und verdampft daher zuerst. Wenn der Dampf die Liebig-Brücke erreicht hat, zeigt
das Thermometer entsprechend 65 °C an. Der Brennmeister sammelt diesen sogenannten Vorlauf und verwirft ihn samt und sonders. Wenn der methanolische Anteil der Lösung verdampft ist, siedet als nächstes Ethanol, was nach kurzer Verzöge-
rung am Thermometer sichtbar wird. Erst wenn konstant 78 °C erreicht und gehalten werden, beginnt der Brennmeister, das sogenannte „Herzstück" bzw. den
Mittellauf zu sammeln. Sobald die Temperatur der Gasphase dann weiter steigt, ver-
schließt er seinen Rundkolben und verwirft den Rest – jetzt würden im Nachlauf nur
noch Propanol und letztendlich Wasser folgen. Im Labor würde ein Chemiker übrigens genauso vorgehen, jedoch würde er nicht von Vor-, Mittel- und Nachlauf spre-

chen, sondern fachsprachlich korrekt von verschiedenen Fraktionen beziehungsweise von einer fraktionierten Destillation.

Nun kommen wir zu dem Teil, wo vereinfachte Theorie und Realität aufeinandertreffen. Wenn du den Mittellauf analytisch untersuchst, stellst du fest, dass er zum großen Teil aus Ethanol besteht, aber auch Methanol, Propanol und Wasser enthält. Dies liegt daran, dass alle eingesetzten Stoffe zu gut ineinander löslich sind und daher beim Verdampfen einer Komponente auch Anteile der anderen Komponente(n) im Dampf enthalten sind. Es handelt sich hierbei um ein sogenanntes azeotropes Gemisch (siehe Kasten: Azeotropes Gemisch). Durch eine oder mehrere erneute Destillationen kann die Reinheit zwar weiter erhöht werden – und dies wird auf entsprechenden Spirituosen auch oft beworben –, jedoch nur bis zu einem Limit, welches bei Ethanol etwa 96 % beträgt. Dieses Beispiel soll illustrieren, dass die Methode auch ihre Grenzen hat. Je näher die Siedepunkte von unterschiedlichen Komponenten beieinander liegen und je besser sie sich ineinander lösen, desto schlechter wird die Trennung über eine Destillation funktionieren.

Hintergrund: Azeotropes Gemisch

Ein azeotropes Gemisch ist eine spezielle Art von Flüssigkeitsgemisch, das sich durch eine konstante Siedetemperatur auszeichnet. Diese Eigenschaft resultiert aus der Tatsache, dass die Bestandteile des Gemisches eine so starke Wechselwirkung miteinander haben, dass sie beim Sieden als Ganzes verdampfen anstatt als separate Komponenten. Daher ändert sich die Zusammensetzung des Dampfes und der Flüssigkeit beim Sieden nicht. Diese Eigenschaft macht azeotrope Gemische von besonderem Interesse in Destillationsprozessen, da sie die Trennung ihrer Bestandteile erschweren.

In der Destillation erzeugt beispielsweise Ethanol mit Wasser zum Ende ein azeotropes Gemisch. Diese Lösung hat einen Ethanolanteil von etwa 95,6 Vol.-% (Volumenprozent) und siedet bei einer konstanten Temperatur von 78,1 °C, die niedriger ist als die Siedetemperaturen von reinem Wasser und reinem Ethanol. Dies ist ein Beispiel für ein positives Azeotrop, bei dem das Gemisch bei einer niedrigeren Temperatur siedet als seine Komponenten. Daher wird bei der einfachen Destillation, unabhängig von der Anzahl der Destillationsvorgänge, nie ein höherer Alkoholgehalt erreicht. Aus diesem Grund ist es ohne zusätzliche Verfahren, wie z. B. die Verwendung von Trocknungsmitteln oder Druckänderungen, unmöglich, durch Destillation 100%ig reinen Alkohol zu erzeugen.

Auch ein zu starkes Erhitzen der Lösung kann sich negativ auf die Trennleistung auswirken. Wenn die Lösung 65 °C erreicht und Methanol siedet, hält die Verdunstungskälte die Lösung in etwa auf dieser Temperatur. Durch aggressives Erhitzen wird dieser Effekt jedoch überkompensiert, und es verdunsten auch weitere Komponenten – dies wird am Thermometer sichtbar. Behalte daher deine Heizquelle im Blick und erhitze die Lösung mit Maß, ansonsten muss die Lösung im ungünstigsten Fall zurückgeschüttet und erneut destilliert werden.

Und wozu dient die eingesetzte Vigreux-Kolonne? Sie erhöht die Reinheit der Fraktionen und verzeiht dir – in Maßen – ein zu starkes Erhitzen. Wenn du sie genau betrachtest, findest du im Glasrohr zahlreiche Einbuchtungen, welche die Kontaktfläche zwischen Gasphase und Glas stark erhöhen. Die Bestandteile der Gasphase mit einem höheren Siedepunkt werden an diesen Kontaktflächen wieder kondensieren und erst bei höheren Temperaturen wieder gasförmig. Hingegen steigen die Bestandteile mit einem niedrigeren Siedepunkt sofort weiter auf. Dadurch nimmt ihr Gehalt in den kondensierten und an den Einbuchtungen wieder herabrinnenden Kondensaten ab, zugleich wird die aufsteigende Gasphase immer reiner. Die Kolonne fungiert also als „Glockenboden" und trennt die Komponenten der Gasphase stärker auf.

16.6 Filtration

Die Filtration wird angewandt, um einen suspendierten Feststoff von einer Flüssigkeit zu trennen. Zwei typische Beispiele aus dem Labor sind die Trennung eines Niederschlages vom Lösungsmittel in der Analytik sowie die Trennung eines Trocknungsmittels (wie etwa Magnesiumsulfat) von einem organischen Lösungsmittel. Nach erfolgter Trennung wird die abgetrennte flüssige Phase Filtrat genannt, der Feststoff wird als Rückstand bezeichnet. Je nach Anforderung der Filtration gibt es mehrere Verfahren mit steigender Intensität.

16.6.1 Filtration mit einem Faltenfilter

Die einfachste Variante ist der Einsatz eines Faltenfilters. Das Prinzip ähnelt dem Einsatz eines gewöhnlichen Kaffeefilters sehr, jedoch fällt dir beim Vergleich damit sicher auf, dass der Laborfilter mehrfach geknickt wurde. Dies erhöht die Oberfläche des Filters und beschleunigt die Filtration. Bei Kaffeepulver ist das nicht notwendig, da es meist relativ grob gemahlen ist. Im Labor sind einige Niederschläge jedoch sehr feinkörnig und bilden ein dichtes Sediment, welches den Filter verschließen kann. In diesem Fall hilft nur sehr, sehr viel Geduld – oder eben eine vergrößerte Oberfläche des Filterpapiers.

Faltenfilter sind zumeist vorgefaltet im Labor vorhanden, sie müssen nur noch in einen Trichter mit passender Größe gelegt werden. Nicht gefaltetes Filterpapier liegt als kreisrunder Ausschnitt vor und kann mit wenig Aufwand selbst gefaltet werden. Die Filtration selbst ist einfach, der Aufbau ist in ◘ Abb. 16.14 ersichtlich.

◘ **Abb. 16.14** Faltenfilter haben durch die Faltung viel Kontaktfläche zum Gemisch, das filtriert werden soll

> **Tipp**
>
> - Auch wenn es verlockend ist: Gib nicht zu viel Lösungsmittel hinein, sonst läuft die Suspension über, Feststoff gelangt in das Filtrat und du darfst von vorne beginnen.
> - Wenn der suspendierte Feststoff zur Sedimentbildung neigt, kannst du zu Beginn der Filtration einen guten Teil des Lösungsmittels abdekantieren. Da diese Fraktion kaum Feststoff enthält, wird sie sehr schnell durch den Filter laufen und du sparst dir Zeit. Wenn du den Rückstand (zur Analyse) erhalten möchtest, achte darauf, dass du mit dem verbleibenden Teil des Lösungsmittels das Sediment durch vorsichtiges Schwenken in Bewegung bringst, bevor du den verbleibenden Teil der Suspension in den Filter gibst.
> - Die Ungeduld kann dazu verleiten, mit einem Spatel einen „zugesetzten" Filter wieder „freizukratzen". Dies endet nur zu häufig damit, dass das nasse Filterpapier teilweise oder ganz einreißt – und die ganze Trennung erneut durchgeführt werden darf. Sollte sich dein Filterpapier zusetzen, starte lieber parallel eine zweite Filtration für den Rest deiner Suspension oder verwende einen Schnelllauftrichter. Letzterer bildet im Ablaufrohr eine Wassersäule, die beim Abfließen einen Unterdruck erzeugt und somit die Filtration etwas beschleunigt. Ein solcher Unterdruck ist übrigens auch bei der Extraktion nach Soxhlet von Bedeutung (▶ Abschn. 16.4.1).

16.6.2 Vakuumfiltration

Das oben genannte Verfahren eignet sich für Reaktionen, bei denen wenig und/oder grobkörniger Feststoff filtriert werden soll. Bei einem fein suspendiertem Feststoff oder einer großen Menge hingegen wird sich der Faltenfilter schnell zusetzen, und die Technik kommt an ihre Grenzen. Um die Filtration erfolgreich und zeiteffizient durchzuführen, muss also die Intensität erhöht werden. Das Prinzip bleibt das Gleiche, es wird aber ein Unterdruck angesetzt, um der Angelegenheit mehr „Nachdruck" zu verleihen.

Diese Vakuumfiltration erfordert einen Austausch der Utensilien, damit ein geschlossenes System erzeugt werden kann. Anstelle des Labortrichters wird ein Büchnertrichter verwendet. Dabei handelt es sich um ein zylindrisches Gerät aus Porzellan oder Kunststoff mit einer flachen oberen Fläche, die mit kleinen Löchern durchsetzt ist (◧ Abb. 16.15). Im Labor legst du einen Rundfilter, also ein kreisförmiges Stück Filterpapier, auf die Oberfläche des Trichters und gießt das zu filtrierende Gemisch darauf.

Der Trichter ist über einen Gummiadapter mit einem Saugkolben oder einer Vakuumpumpe verbunden, welche den Unterdruck erzeugt. Der Unterdruck bewirkt, dass die Flüssigkeit schnell durch das Filterpapier und die kleinen Löcher in den Trichter gesogen wird. Die Feststoffe hingegen bleiben auf dem Filterpapier zurück. Die Vakuumfiltration ist effizienter und schneller als die Schwerkraftfiltration, insbesondere wenn es um das Filtrieren von großen Mengen oder von Lösungen mit feinen Feststoffpartikeln geht.

16

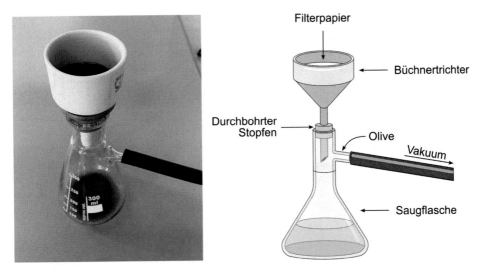

Abb. 16.15 Aufbau einer Vakuumfiltration mit Saugflasche und Büchnertrichter

Abb. 16.15 zeigt den angepassten Aufbau. Zentrales Element ist die Saugflasche, die einem Erlenmeyerkolben ähnelt, jedoch eine „Olive" zum Anschluss einer Pumpe besitzt und weitaus dickere Glaswände hat, um dem Unterdruck standzuhalten. Mit dem Begriff „Olive" wird der aufgeschmolzene Anschluss für die Schläuche bezeichnet.

Übrigens: Anstelle eines Unterdrucks kann genauso gut ein Überdruck über dem Filter angesetzt werden. Dies spielt jedoch im Laborpraktikum kaum eine Rolle.

16.7 Zentrifugation

Eine Zentrifuge ist ein Laborgerät, mit dem Schwebeteilchen aus einer Flüssigkeit abgetrennt werden, indem das Gemisch mit hoher Geschwindigkeit geschleudert wird. Die Zentrifugation beruht auf dem Prinzip, dass schwerere Teilchen beim Schleudern durch die Fliehkraft auf den Boden eines Behälters gedrückt werden, während leichtere Teilchen oben bleiben. Auf diese Weise werden in medizinischen Laboren etwa Blutproben behandelt, um das Blutplasma, die roten und weißen Blutkörperchen sowie andere Bestandteile zu isolieren. In der Lebensmittelindustrie wird die Methode verwendet, um die festen Bestandteile der Milch, insbesondere Eiweiß und Fett, für die Herstellung von Sahne und Käse von der verbleibenden Molke zu trennen. Bei sehr hohen Geschwindigkeiten können selbst Isotope voneinander getrennt werden, was bei der Anreicherung von Uran ausgenutzt wird, um die schwereren $^{238}UF_6$-Moleküle von den leichteren $^{235}UF_6$-Molekülen zu trennen.

In einem Chemielabor werden Zentrifugen zur Trennung und Reinigung von Komponenten in einem Gemisch verwendet. Hierbei kann einerseits eine Flüssigkeit-Feststoff-Mischung getrennt werden, mit dem Ziel, störende Partikel aus der Lösung

zu entfernen oder aber das Lösungsmittel abzutrennen. Andererseits können auch Flüssigkeit-Flüssigkeit-Mischungen getrennt werden, solange das molekulare Gewicht der Flüssigkeiten weit genug auseinander liegt oder die Geschwindigkeit der Zentrifuge hoch genug ist.

Es gibt verschiedene Arten von Zentrifugen für den Einsatz im Labor, darunter Tischzentrifugen, Standzentrifugen und Ultrazentrifugen. Tischzentrifugen sind kleiner und preiswerter und eignen sich daher ideal für Routineverfahren im Labor, daher wirst du diesen Geräten vermutlich begegnen. Standzentrifugen sind zumeist für industrielle Zwecke im Einsatz, und Ultrazentrifugen dienen für fortgeschrittene Anwendungen, wie etwa zur Bestimmung der Molekularmasse – und eben auch für das oben genannte Anreichern von Uran.

Die Tischzentrifuge besteht aus einem Motor, der eine rotierende Welle antreibt, und einem Behälter (Probenhalter), in den die Zentrifugenröhrchen mit den Lösungen oder Suspensionen eingefüllt werden. Die Bedienung verläuft wie folgt:
1. Wähle ein passendes Zentrifugenröhrchen, das für das Volumen deiner Lösung und die gewünschte Geschwindigkeit geeignet ist.
2. Fülle die Lösung in das Röhrchen, bis es etwa zur Hälfte gefüllt ist, und verschließe den Behälter sorgfältig.
3. Achte darauf, den Probenhalter symmetrisch zu befüllen, um eine Unwucht zu vermeiden (siehe Hinweis unten).
4. Stelle die geeignete Geschwindigkeit und die Dauer ein, die für deine Anwendung erforderlich sind. Schließe den Deckel und starte die Zentrifugation.
5. Die Zentrifuge beschleunigt nun bis zur eingestellten Geschwindigkeit. Beobachte, ob du eine Unwucht bemerkst, und brich die Zentrifugation in dem Fall sofort ab und korrigiere die Gewichtsverteilung.
6. Beende die Zentrifugation nach Ablauf der gewählten Zeit, falls die Gerätesteuerung dies nicht automatisch tut.

Tipp

Hinweis: Richtiges Beladen des Probenhalters
Selbst bei einer Tischzentrifugation werden starke Kräfte freigesetzt und sehr hohe Drehzahlen erreicht. Bei diesen Drehzahlen entsteht schnell eine Unwucht, die im schlimmsten Fall etwa das Gerät zerstören und weiteren Schaden anrichten kann. Belade den Probenhalter daher symmetrisch, um eine Unwucht zu vermeiden. Das heißt konkret: Der Massenschwerpunkt muss immer in der Mitte liegen. Falls du etwa eine Probe untersuchen möchtest, lege diese auf Position 1 und lege eine vergleichbare schwere Probe zusätzlich auf die gegenüberliegende Position (hier 5 bzw. 7), um ein Gegengewicht zu erzeugen (◻ Abb. 16.16).

16

☐ **Abb. 16.16**   Zwei Tischzentrifugen mit je zwei Proben

16.8 Lösungsmittelabtrennung im Rotationsverdampfer

Ein Rotationsverdampfer ist ein Laborgerät, das zur Trennung eines Lösungsmittelgemischs durch Verdampfen verwendet wird. Die Trennung der Lösungsmittel erfolgt durch Erhitzen des Gemischs in einem rotierenden Kolben und Auffangen des verdampften Lösungsmittels in einem Kühler. Dir fallen sicher schon die starken Parallelen zur Destillation (▶ Abschn. 16.5) auf. Der Rotationsverdampfer ist im Vergleich hierzu die schnellere und „gröbere" Methode. Er arbeitet bei Unterdruck, sodass die Lösungsmittel bei einer niedrigeren Temperatur als ihrem normalen Siedepunkt verdampfen können – deshalb schneller. Hierdurch ist eine feine Auftrennung verschiedener Lösungsmittel jedoch schwerer zu erreichen – deshalb gröber. Da Temperatur und Unterdruck jedoch kombiniert werden können, ist sie auch leistungsfähiger.

Der Rotationsverdampfer besteht aus einem Heizbad, einem Rotationskolben, einem Rückflusskühler und einem Sammelkolben. Das Heizbad dient zum Erhitzen des Gemischs (▶ Abschn. 16.1.1), in der Regel durch ein Wasserbad oder ein Ölbad. Der Rotationskolben enthält das Gemisch und ist mit einem Motor verbunden, der den Kolben mit konstanter Geschwindigkeit dreht. Der Rückflusskühler dient dazu, das verdampfte Lösungsmittel abzukühlen und in eine flüssige Form zurück zu kondensieren, während der Auffangkolben dazu dient, das kondensierte Lösungsmittel aufzufangen.

Der Rotationsverdampfer hat dank des Unterdrucks den Vorteil, dass temperaturempfindliche Substanzen weniger erhitzt und damit schonender behandelt werden können. Zudem kann er große Mengen an Lösungsmitteln verarbeiten, was ihn zu einem effizienten Werkzeug für die Trennung von Lösungsmittelgemischen macht. Außerdem trägt die Rotation des Kolbens dazu bei, die Wärme gleichmäßig über die Oberfläche des Gemischs zu verteilen, wodurch sichergestellt wird, dass alle

Lösungsmittel den gleichen Temperatur- und Druckbedingungen ausgesetzt sind, was zu einer effizienteren Trennung führt.

Für eine wirksame Trennung der Lösungsmittel in einem Gemisch ist es wichtig, dass du die Parameter des Rotationsverdampfers sorgfältig einstellst, insbesondere die Temperatur des Heizbads, die Rotationsgeschwindigkeit des Kolbens und den Druck im Kolben. Die Temperatur des Heizbads sollte so eingestellt werden, dass sie hoch genug ist, um die Lösungsmittel effektiv zu verdampfen, aber nicht so hoch, dass hitzeempfindliche Bestandteile des Gemischs beschädigt werden. Zudem besteht die Gefahr, dass bei zu hoher Heizrate mehrere Lösungsmittel mit ähnlichem Siedepunkt zeitgleich verdampfen und die Trennung fehlschlägt – etwa bei Methanol (Siedetemperatur 65 °C) und Ethanol (Siedetemperatur 78 °C). Die Rotationsgeschwindigkeit des Kolbens sollte so eingestellt werden, dass das Gemisch gleichmäßig der Hitze ausgesetzt ist und sich keine heißen Stellen bilden, die die Bestandteile des Gemischs schädigen könnten. Der Druck im Kolben sollte so niedrig gehalten werden, dass die Lösungsmittel effizient verdampfen können, aber hoch genug sein, um ein Sieden des Gemischs zu verhindern. Dies kann erreicht werden, indem die Verdampfungsrate kontrolliert und der Druck im Kolben nach Bedarf angepasst wird.

Die ◘ Tab. 16.2 bietet eine Übersicht zum Dampfdruck gängiger Lösungsmittel im Unterdruck. Nutze sie als Orientierung, wenn du den Rotationsverdampfer im Praktikum einstellst.

◘ **Tab. 16.2** Dampfdrucktabelle mit gängigen Lösungsmitteln. Angeführt ist der notwendige Druck, damit das Lösungsmittel bei 40 °C siedet (Büchi o. J.)

Lösungsmittel	Druck für Siedetemperatur bei 40 °C in mbar	Lösungsmittel	Druck für Siedetemperatur bei 40 °C in mbar
Aceton	556	Heptan	120
Benzol	236	Hexan	335
n-Butanol	25	Isopropanol	137
tert-Butanol	130	Methanol	337
Chloroform	474	1-Propanol	67
Cyclohexan	235	Tetrahydrofuran	374
1,2-Dichlorethan	210	Toluol	77
Ethanol	175	Wasser	72
Ethylacetat	240	Xylol	25

16

16.9 Schmelzpunktbestimmung

Nach zahlreichen Trennverfahren kommen wir nun noch einmal zu einer Labortechnik, die Stoffeigenschaften analysiert. So ist die Schmelzpunktbestimmung ein einfaches und wertvolles Verfahren zur Identifikation eines unbekannten Stoffes. Die Methode nutzt die Tatsache, dass sehr viele Substanzen einen bestimmten Schmelzpunkt haben, bei dem sie von der festen in die flüssige Form übergehen. Jenseits der Forschung wird sie häufig in der Qualitätskontrolle und der industriellen Produktion verwendet.

Um eine Schmelzpunktbestimmung durchzuführen, benötigst du ein Schmelzpunktapparat, in dem die Probe in einer Kapillare aufgehängt wird. Diese Kapillare ist an einer Stange befestigt, die sich in einem Wärmebad befindet, etwa einem Ofen oder unter einem Wärmestrahler. Die Temperatur des Wärmebads wird langsam erhöht, während man die Kapillare beobachtet. Wenn die Probe beginnt zu schmelzen, wird die Kapillare etwas beschlagen, wodurch man erkennen kann, dass die Substanz den Übergang von der festen in die flüssige Form vollzogen hat. Die Temperatur, bei der die Substanz schmilzt, wird als Schmelzpunkt bezeichnet.

Es ist wichtig, dass man die Schmelzpunktbestimmung möglichst präzise und reproduzierbar durchführt, um eine verlässliche Messung zu erhalten. Dies bedeutet, dass man eine ausreichend große Probe verwenden und die Kapillare gleichmäßig erhitzen muss. Zudem sollte die Bestimmung idealerweise drei Mal durchgeführt werden.

Wie du eine Kapillare selbst herstellen kannst, wird in ▶ Abschn. 16.2.3 beschrieben.

Nachfolgend werden die Schritte zur Durchführung einer Schmelzpunktbestimmung beschrieben:
1. Die Probe sollte rein und trocken sein. Wenn es sich um eine feste Substanz handelt, zerkleinere große Stücke, um eine gleichmäßigere Erhitzung und eine präzisere Messung zu ermöglichen.
2. Stelle den Ofen auf die gewünschte Temperatur ein und lass ihn vorheizen. Ein Intervall von 2 °C bis 5 °C pro Minute ist in der Regel ausreichend, um eine gleichmäßige Erhitzung zu gewährleisten.
3. Leg eine kleine Menge der Probe in ein Kapillarröhrchen. Es ist wichtig, dass die Probe möglichst gleichmäßig im Behälter verteilt ist.
4. Platziere die Kapillare im Ofen und miss kontinuierlich die Temperatur mit dem Thermometer. Überwache das Schmelzen der Probe und notiere die Temperatur, bei der sie von fest zu flüssig übergeht.

Limitationen dieser Technik bestehen im Laborpraktikum bei Stoffen, deren Schmelzpunkte unterhalb der Raumtemperatur liegen – hierfür benötigt es andere Geräte. Einige Stoffe – wie Kohlenstoffdioxid – sublimieren auch unter atmosphärischem Druck oder zersetzen sich, bevor sie schmelzen. Grundsätzlich kann die Methode nur sinnvoll auf Reinstoffe mit einem Schmelz*punkt* angewandt werden. Stoffgemische, wie etwa Schokolade, bestehen aus unterschiedlichen Komponenten und besitzen daher einen Schmelz*bereich*.

Darüber hinaus ist eine endgültige Identifikation, die nur anhand eines Schmelzpunktes erfolgt, kritisch zu betrachten. Aus diesem Grund wird die Methode häufig in zusammen mit anderen Analysemethoden wie der Infrarotspektroskopie, NMR-Spektroskopie oder Röntgenstrukturanalyse eingesetzt, um die Identität einer Substanz eindeutig zu bestimmen. Da die Methode so einfach durchführbar ist, wird sie aber häufig als Erstes angewandt, um sich den ungleich höheren Aufwand einer Messung am Großgerät gegebenenfalls zu ersparen.

16.10 Dünnschichtchromatographie

Die Dünnschichtchromatographie (häufig abgekürzt als DC) ist eine chromatografische Trennmethode, die in der Chemie häufig zum Nachweis eines Stoffes verwendet wird. Es ist eine schnelle und effektive Methode, die du aus diesem Grund vermutlich in deinen Laborpraktika einsetzen wirst, insbesondere in der organischen Chemie.

Fangen wir mit dem wichtigsten Material an, der DC-Platte. Bei der Herstellung wird eine dünne Schicht eines stationären Phasenmaterials auf einen Träger aus Kunststoff oder Aluminium aufgetragen. Die stationäre Phase ist in der Regel ein Kieselgel (SiO_2) oder eine Aluminiumoxidschicht; in den allermeisten Fällen ist das Material polar. Im Labor musst du diese Platten nicht selbst herstellen, sie liegen fertig aus.

Über diese polare Oberfläche der DC-Platte soll nun deine Probe zur Identifikation „wandern". Hierzu markierst du am unteren Ende der DC-Platte mit einem Bleistift eine Linie und trägst auf diese Linie einen Tropfen des zu trennende Stoffgemischs auf. Anschießend tauchst du die DC-Platte mit der Markierung nach unten gerichtet in ein Lösungsmittelbad. Durch Kapillarkräfte steigt nun das Lösungsmittel in der DC-Platte von unten nach oben auf, bis zum oberen Ende der Platte. Daher nennt man das Lösungsmittel in diesem Zusammenhang auch „Laufmittel" oder spricht von der „mobilen Phase".

Auf dem Weg trifft es auf die Probe und vermischt sich mit ihr. Getrieben durch die Kapillarkräfte, „schleppt" das Lösungsmittel die Komponenten des Stoffgemischs mit nach oben durch die stationäre Phase. Und hier findet die Trennung statt: Da die Komponenten unterschiedliche Löslichkeiten und unterschiedliche Polaritäten haben, werden sie von der stationären und mobilen Phase auch unterschiedlich stark angezogen und haben dadurch unterschiedliche Wanderungsgeschwindigkeiten durch die DC-Platte. So können sie voneinander getrennt werden.

16

▶ **Beispiel**

Stofftrennung durch Dünnschichtchromatografie

Ein Stoffgemisch bestehe als Beispiel aus zwei Komponenten: Komponente A ist polar und im Laufmittel Essigsäureethylester schlechter löslich. Komponente B ist unpolar und im Laufmittel besser löslich. Sobald das Laufmittel die Proben an der Startlinie löst und mitschleppt, sind die Komponenten einem „Tauziehen" zwischen den Anziehungskräften von Kieselgel – der stationären Phase – und Essigsäureethylester – der mobilen Phase – ausgesetzt.

Bei der polaren Komponente A überwiegen die Anziehungskräfte des ebenfalls polaren Kieselgels gegenüber dem Lösungsmittel. Stell es dir wie eine Art Widerstand vor, an dem Komponente A stärker „hängen bleibt", während das Lösungsmittel nach oben steigt. Bei Komponente B ist es umgekehrt, es überwiegen die Anziehungskräfte des Lösungsmittels gegenüber dem Kieselgel.

Sobald die mobile Phase den oberen Rand der DC-Platte erreicht hat, kommt die „Wanderung" weitgehend zum Erliegen, und die Komponenten A und B verbleiben weitgehend an ihrer aktuellen Position. In unserem Beispiel stellen wir fest, dass Komponente A eine deutlich kürzere Strecke zurückgelegt hat als Komponente B. ◀

Die DC-Platte wird dann aus dem Lösungsmittelbad entfernt und getrocknet, um danach die Positionen der separierten Verbindungen als getrennte Spots sichtbar zu machen. Diese können durch verschiedene Techniken wie UV-Licht oder spezielle Färbereagenzien sichtbar gemacht werden. Die DC kann zur Trennung einer Vielzahl von Stoffen verwendet werden, darunter organische Moleküle, Aminosäuren, Zucker, Lipide und mehr. Es ist auch eine effektive Methode zur Bestimmung der Reinheit von Chemikalien.

Neben der Stofftrennung eignet sich die Methode auch zur einfachen Identifizierung von Komponenten. Hierzu kannst du aus dem Chromatogramm (so wird die DC-Platte mit den getrennten Proben genannt) auf einfache Weise den sogenannten R_f-Wert ermitteln (◻ Abb. 16.17).

R_f ist eine Abkürzung für *Ratio of Fronts* und setzt die Laufstrecke der Substanz mit der Laufstrecke des Lösungsmittels in ein Verhältnis.

$$R_f = \frac{\text{Laufstrecke der Substanz von der Startlinie aus}}{\text{Laufstrecke des Lösungsmittels von der Startlinie aus}} \qquad (16.3)$$

◻ **Abb. 16.17** Beispiel für eine Dünnschicht-Chromatogramm

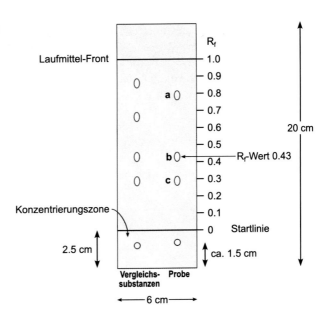

Hat Komponente A beispielsweise 3 cm zurückgelegt und das Lösungsmittel 15 cm, beträgt der R_f-Wert für diese Komponente 3 cm/15 cm = 0,2. Es handelt sich hierbei eine dimensionslose Einheit. Dieser R_f-Wert ist spezifisch und kann somit zur (groben) Identifizierung des Stoffes beitragen, wenn Literaturwerte vorliegen. Bitte beachte aber dabei, dass der R_f-Wert nur für das eingesetzte Lösungsmittel gilt! Wenn du ein anderes Lösungsmittel benutzt, verändert dies natürlich die Anziehungskräfte und somit auch die Laufstrecke und letztendlich den R_f-Wert.

Die Wahl des Lösungsmittels solltest du nicht nur aus diesem Grund mit Bedacht treffen. Für eine gelingende DC muss das Lösungsmittel zum einen alle Komponenten lösen und sie zum anderen auch gut genug auftrennen. Wenn etwa eine Komponente an der Startlinie bleibt, hat dies kaum Aussagekraft. Aus diesem Grund werden in der Praxis häufig Lösungsmittelgemische verwendet, um die gewünschte Polarität und somit die gewünschte Auftrennung zu erhalten.

> **▶ Beispiel**

Trennung von Methylenblau und Eosin Y

Ein einfaches Beispiel für die Bedeutung der Wahl des Lösungsmittelgemischs in der DC ist die Trennung von zwei Farbstoffen: Methylenblau und Eosin Y. Wenn ein Lösungsmittelgemisch aus Ethanol und Wasser verwendet wird, lösen sich beide Farbstoffe ausreichend und können getrennt werden. Wenn jedoch als Lösungsmittel reines Wasser verwendet wird, löst sich Eosin nicht gut genug und bleibt in der stationären Phase haften. ◀

Wenn du das Prinzip einer DC vor dem Praktikum erproben möchtest, kannst du das mit einfachsten Materialien zu Hause durchführen. Nimm dir einen Kaffeefilter (weiß ist besser, braun geht auch) und schneide einen Streifen in Form einer DC-Platte heraus. Markiere die Startlinie mit einem Bleistift und male mit einem wasserlöslichen schwarzen Filzstift einen stecknadelkopfgroßen Punkt auf der Linie. Tauche nun den Kaffeefilter in ein Wasserbad und achte darauf, dass der Punkt oberhalb der Wasseroberfläche verbleibt, sonst funktioniert die Trennung nicht. Während das Lösungsmittel nach oben wandert, siehst du nach einiger Zeit eine Auftrennung der vermeintlich reinen schwarzen Farbe in unterschiedliche farbige Komponenten. Hintergrund des Experimentes ist es, dass anstelle von schwarzen Pigmenten häufig Pigmentgemische eingesetzt werden, die als Mischfarbe dann schwarz ergeben. Diese Pigmente sind unterschiedlich polar und haben also unterschiedliche R_f-Werte. (siehe auch im Video: ▶ https://www.youtube.com/watch?v=9UAfWGc1ttw)

Hinweis: Mit anderen Farben funktioniert es vielleicht auch, aber schwarz ist erfahrungsgemäß am besten. Ideal wäre es, wenn du mehrere Stifte von unterschiedlichen Marken hast, dann kannst du mehrere Punkte nebeneinander malen und die Resultate vergleichen.

Insgesamt ist die Dünnschichtchromatografie eine wertvolle Methode in der Chemie, die bei der Trennung, Identifizierung und Quantifizierung von Stoffgemischen eingesetzt wird. Sie ist einfach zu bedienen, kosteneffektiv und kann in vielen Bereichen der Chemie eingesetzt werden.

16

16.11　Kalorimetrie

Die Kalorimetrie wird im Labor verwendet, um die Energie genau zu bestimmen, die bei chemischen Reaktionen aufgenommen oder abgegeben wird. Im Alltag wirst du der Methode vermutlich noch nicht direkt begegnet sein, aber die Kalorienangaben auf Nahrungsmittelverpackungen werden dadurch bestimmt. Hierfür wird das Nahrungsmittel in einer Sauerstoffatmosphäre verbrannt und die frei werdende Energie gemessen – daher stammt auch der Begriff „Brennwert".

Für eine möglichst exakte Bestimmung der umgesetzten Energiemenge werden Kalorimeter verwendet. Es gibt verschiedene Arten von Kalorimetern, aber das grundlegende Konzept ist dabei immer ähnlich: In einer verschlossenen Kammer wird die Reaktion durchgeführt. Die Kammer wird dabei in einem größeren Gefäß mit einer bekannten Menge an Wasser platziert. Die freigesetzte Reaktionswärme (▶ Abschn. 4.2) erwärmt das Wasser, und aus der gemessenen Temperaturänderung des Wassers kann die Energieänderung berechnet werden. Damit so wenig Wärme wie möglich entweicht und somit den Messwert verfälscht, sollte das Gefäß so gut isoliert sein wie möglich. Aus diesem Grund sind Kalorimeter meist sehr gut isoliert, etwa durch Styropormäntel oder durch Doppelwände mit Vakuum. Letzteres kennst du vielleicht von Fensterscheiben, Thermoskannen oder stylischen Latte-Macchiato-Gläsern.

Die oben erwähnte Bestimmung der Reaktionswärme geschieht nur indirekt über Änderung Wassertemperatur. Dieses indirekte Verfahren ist sicher nicht perfekt, aber sehr einfach durchführbar, da die Berechnung sehr einfach ist. Grundlage der Berechnung ist die spezifische Wärmekapazität (Symbol: c) – sie bezeichnet die Energiemenge, die notwendig ist, um die Temperatur von einem Gramm eines Stoffes um ein Kelvin zu erhöhen. Bei Wasser beträgt die spezifische Wärmekapazität etwa 4,18 J pro Gramm (J/g). Das heißt: Wenn eine chemische Reaktion in Wasser durchgeführt wird, kann die Energieänderung berechnet werden, wenn die Menge an Wasser und die Temperaturänderung bekannt sind. Verwende hierzu folgende Formel:

$$Q = m \cdot c \cdot \Delta T \tag{16.4}$$

… wobei Q die freigesetzte Wärmemenge (in J), m die Masse des Wassers, c die spezifische Wärmekapazität von Wasser (in J/(g · K)) und ΔT die Temperaturänderung des Wassers (in K) ist.

▶ **Beispiel**

Kalorimetrische Bestimmung der Reaktionswärme

In einem idealen Kalorimeter wird 1 g Rapsöl verbrannt. Im Wasserbad des Kalorimeters befinden sich 250 g Wasser. Das Öl wird entzündet, und im Laufe der Verbrennung erhitzt sich das Wasser von 20 °C auf 56 °C.

Wir verwenden die oben genannte Formel (Gl. 16.4)

$$Q = m \cdot c \cdot \Delta T$$

… und setzen wir die Werte ein. Somit ergibt sich:

$$Q = 250 \text{ g} \cdot 4{,}18 \; \frac{\text{J}}{\text{g} \cdot \text{K}} \cdot 36 \text{ K}$$

$$Q = 37.620 \text{ J}$$

Dieser Wert deckt sich recht gut mit dem Literaturwert von 39,500 J/g. ◄

Durch Umstellen dieser Formel kannst du alternativ auch die spezifische Wärmekapazität eines Stoffes ermitteln oder die benötigte Menge an Brennstoff berechnen, die du für die Erwärmung einer bestimmten Wassermenge benötigst.

Eine typische Fehlerquelle, die bei einer kalorimetrischen Messung auftritt, ist die mangelhafte Isolation – insbesondere im Laborpraktikum, wo sie häufig nur aus einem Styroporbecher besteht. Darüber hinaus ist zu beachten, dass sich durch die frei werdende Wärme auch das Kalorimeter selbst erhitzt, also das Gefäß, das Thermometer und weitere Bestandteile. Diese Energie steht dem Wasser nicht zur Verfügung, deshalb verringert sie den Anstieg der Temperatur. Zudem kann auch die Reaktion selbst unvollständig ablaufen, in unserem Beispiel die Verbrennung. Typischerweise führt die Summe der Fehler dazu, dass dein Wert im Labor um bis zu 25 % vom Literaturwert abweichen kann.

Hintergrund: Joule, Kalorien und ihre Umrechnung

Die Wärmemenge zur Erwärmung von einem Gramm Wasser um ein Kelvin ist die Definition einer Kalorie (Symbol: cal), der Brennwert von Lebensmitteln wird üblicherweise noch in Kilokalorien (kcal) angegeben. Der Umrechnungsfaktor von kcal in die zeitgemäße SI-Einheit kJ ist 4,18.

Literatur

Büchi AG (o.J.) Dampfdrucktabelle für Lösungsmittel, Essen.

Vollmer A (2023) Kältemischungen: RD-11-00029. In: Böckler F., Dill B., Eisenbrand G., Faupel F., Fugmann B., Gamse T., Matissek R., Pohnert G., Rühling A., Schmidt S., Sprenger G. (ed) RÖMPP Online. Georg Thieme Verlag, Stuttgart

16

Lernen lernen

Diesen Teil des Buches kannst du jederzeit durchgehen – hier geht es weniger um fachliche Inhalte, sondern um das Studieren selbst. Vielleicht steht die persönliche Entwicklung Studierender sogar im Leitbild deiner Universität? Die Kapitel zum Zeitmanagement und zu wissenschaftlichem Schreiben weisen auf Lernstrategien und mögliche Anlaufstellen hin, damit du gut ins Studium starten kannst. Denn je besser dir das gelingt, desto schneller kannst du mit deinem Wissen und deinen Kompetenzen dazu beitragen, die Chemie weiter zu beforschen oder anderen zu vermitteln.

Inhaltsverzeichnis

Zeitmanagement

Inhaltsverzeichnis

Mitunter werden neue Studierende schon kurz nach der Begrüßung durch Fachschaften oder Lehrende mit der Information konfrontiert, dass naturwissenschaftliche und technische Studiengänge am häufigsten abgebrochen werden. Das kann dir ein Hinweis sein, nicht nur das notwendige Fachwissen gut im Blick zu behalten, sondern auch dein Ziel, weshalb du Chemie ausgewählt hast. Überlege dir, was du erreichen willst, und mögliche Schritte dahin. Dieses Kapitel soll dir Anregungen geben. Doch bevor es damit losgeht, hier noch einmal die Fakten:

Vom Abitur-Absolventenjahrgang 2016/17 brachen 52 % bis 54 % ihr Bachelor-Chemiestudium (B.Sc.) ab, das ergab eine Studie des Deutschen Zentrums für Hochschul- und Wissenschaftsforschung. Der Hauptgrund des Abbruchs sind dabei die zu hohen Leistungsanforderungen (33 %): Der Umfang und das Niveau des Studienstoffs seien zu hoch, es gebe zu viele und zu schwere Prüfungen und man sei mit dem Leistungsdruck nicht zurechtgekommen. Zudem haben manche gar nicht erst einen Einstieg in das Studium geschafft (DZHW 2017 und 2022).

Deutlich wird: Eine angemessene Vorbereitung auf das Studium sowie ein kontinuierliches und effizientes Lernverhalten sind unerlässlich für den Studienerfolg. Wenn du dich mit diesem Lehrbuch bereits vor deinem Studium auseinandersetzt und es im weiteren Verlauf zu Rate ziehst, wenn neue Themenbereiche einen Anschluss brauchen, wie die physikalische oder organische Chemie, hast du bereits sehr viel zur Vorbereitung getan. Am Anfang der Kapitel nennen wir Lernziele – hast du die erreicht? Auf den Flashcards findest du noch weitere Aufgaben und Videos; all das hilft dir beim Übergang von der Schule ins Studium.

Wie aber lernst du denn nun am besten, wenn du bereits studierst? Was sind effiziente Lernstrategien, und wie organisiert man den Studienalltag? Dazu werden in diesem Kapitel praktische Hinweise gegeben.

■ Informations- und Zeitmanagement
Erfolgreich zu studieren bedeutet zu wissen,
- wann welche Prüfungen stattfinden,
- welche Lehrveranstaltungen darauf vorbereiten,
- was genau abgeprüft wird,
- wie viel Zeit man zur Vorbereitung braucht,
- welche Lernstrategie zum persönlichen Erfolg führt und
- wo Hilfe und Ansprechpersonen zu finden sind.

Ein Besuch der Lehrveranstaltungen ist dabei unerlässlich – das klingt zunächst banal? Gerade im Anfangsstudium erfordert das angesichts zahlreicher Freizeitangebote (Studentenpartys, Sportveranstaltungen) und der verringerten Kontrolle des Lernverhaltens im Vergleich zur Schule ein nicht zu verachtendes Maß an Selbstdisziplin. Viele müssen zum ersten Mal ihr Leben inklusive Wohnbereich selbst organisieren: von der Suche nach einem Zimmer, dem Kennenlernen einer anderen Stadt bis hin zum Aufbau des Freundeskreises.

Ein individueller Stundenplan hilft dabei, keine Veranstaltungen zu verpassen. An den Universitäten helfen dabei die Campus-Management-Systeme, wobei ein individuell gestaltetet Zettel mit dem Wochenplan an einer Wand aufgehängt eine gute Merkstütze ist.

Ebenso unerlässlich sind Mitschriften in Vorlesungen; ob per Hand auf einem Block oder per Pad-Stift bzw. Tastatur auf einem digitalen Gerät. Mitschreiben ist

immer auch ein Mitdenken sowie aktives Verarbeiten und erleichtert die konkrete Vorbereitung auf die Klausur. Schreibt man direkt in das Dokument mit den (Powerpoint-)Folien zur Vorlesung, erleichtert dies die Zuordnung.

Fragen zu stellen ist dann auch viel leichter, weil du diese gleich notieren kannst. Entweder gibt es die Möglichkeit dazu in der Veranstaltung, begleitenden Seminaren oder Sprechstunden. Den Lehrenden bieten Fragen meist die gute Gelegenheit, einzelne Aspekte nochmal anders mit dem Gesagten zu verknüpfen oder aktuelle Aspekte anzufügen. Trau dich also!

Wie viel Zeit du nun genau zur Vorbereitung brauchst, hängt natürlich von deinem Vorwissen und deinem Ehrgeiz ab. Garantiert sind es mehr als zwei Tage! Es lohnt sich, schon im Semester zu lernen, dann reicht die Zeit vor den Klausuren besser zur Auffrischung. Oft ballen sich viele Klausuren, da es an den Universitäten festgelegte Prüfungszeiträume gibt. Achte auf die Modulbeschreibung – vielleicht kannst du im Semester schon Übungsklausuren schreiben oder andere Studienleistungen erbringen.

Schließlich ist die Nutzung eines Kalenders als Zeitmanagement ebenfalls entscheidend für den Erfolg. Am besten nutzt du einen Kalender für sämtliche (auch privaten) Termine, sonst kommst du leicht durcheinander.

■ **Wiederholung und Elaboration**

Vor der Klausur „noch mal in den Mitschriften blättern" ist wenig effizient. Sich selbst oder andere gezielt und umfassend abzufragen, ist zwar zeitaufwendig, aber erfolgreicher. Außerdem gilt es als Königsstrategie, Lerninhalte in eigenen Worten wiederzugeben (bspw. die Definition des Begriffs „Dipol") sowie sich selbst Beispiele für Regeln zu überlegen („Welche dreiprotonige Säure könnte in der Klausur drankommen?").

Wenn man zusätzlich in der Vorlesung aufgepasst hat, auf welche Bereiche die Dozent:innen besonders Wert legen, reduziert sich der zu bewältigende Stoffumfang. Hier braucht man allerdings keine großen Beschränkungen zu erwarten; insbesondere die Klausuren in den ersten Semestern verlangen eine umfassende Vorbereitung.

Zum Studieren gehört auch das Lesen von Lehr- und Fachbüchern. Gerade die Grundlagen solltest du zusätzlich zur Vorlesung anhand von Lehrbüchern nachbereiten. Damit wiederholst du fortlaufend den Stoff – denn ein Lehrbuch liest du nicht kurz vor der Klausur!

Selbst, wenn du in Klausuren Formelsammlungen etc. verwenden darfst, ist es von enormem zeitlichem Vorteil, wichtige Formeln auswendig zu können und vor allem den Umgang mit ihnen zu beherrschen.

Hier folgen noch ein paar Beispiele für Lernstrategien. Wenn du weitere hast, wende sie weiter an! Ansonsten probiere auch mal etwas aus, um dein Repertoire zu erweitern.

— **Strukturierung**: Viele Studierende profitieren davon, Übersichten zu erstellen, in denen der zu lernende Stoff selbst geordnet wird (zum Beispiel verschiedene Bindungsarten oder Reaktionstypen gegeneinander abgegrenzt werden).

— **Erstellung eines Lernplans**: Darin kannst du die Themen notieren, die du lernen willst. Auch die Treffen der Lerngruppe können hier Platz finden und vor allem auch Pausen. Die sind wichtig, damit sich das Gelernte setzen kann. Gerade in intensiven Lernphasen sollten aber nicht mehr als drei Tage zwischen Lerneinheiten liegen, sonst beginnst du von vorn.

- **Kooperation**: Vielen Studierenden hilft es sehr, sich zum Lernen zu zweit oder in einer Lerngruppe zu treffen. So hast du ein Team für Rückfragen, wiederholte Erklärungen sowie Vertiefung, zum gegenseitigen Abfragen und zur Studienorganisation. Verwechsle die Lerngruppe nicht mit reinen Privatgesprächen! Sie gehören auch dazu, sollten aber nicht die ganze gemeinsame Lernzeit andauern.
- **Übungsaufgaben**: Aufgabenformate, die in Übungen aufgetaucht sind (z. B. das Formulieren einer Lewis-Formel oder die Berechnung einer Konzentration), müssen so lange an Beispielen geübt werden, bis du sie beherrschst. Eine „Das-wird-schon"-Einstellung ist in der Regel zum Scheitern verurteilt – entweder du kannst es oder du kannst es nicht!
- **Selbstkontrolle**: Erstelle Karteikarten oder Übersichten und frage dich damit ab. Es gibt auch Apps, mit denen deine Lerngruppe zusammen Lernkarten oder Quizze erstellen kann.

■ **Selbstdisziplin und Entspannung**

Die Vielfalt der notwendigen Grundlagen verdichtet das Chemie-Studium stark. Du lernst an der Universität auch Studierende anderer Fächer kennen, die vielleicht anders studieren. Doch tatsächlich studierst du erfolgreicher, wenn du streng mit dir selbst bist, auch wenn das hart klingt. Eine Klausur deshalb nicht zu bestehen, weil du nicht angemessen vorbereitet warst, frustriert – und kostet dich schnell viel Zeit, weil der Nachschreibtermin Wochen später liegen kann.

Mindestens genauso wichtig ist es, dir selbst auch Erholungspausen einzuräumen. Niemand kann eine Woche lang jeden Tag den ganzen Tag lernen. Spazieren gehen, mit Freunden und Freundinnen etwas Lustiges unternehmen (ohne dabei nur über die Uni zu reden), einen Roman lesen, die Verwandtschaft besuchen – all dies gehört zum Studium. Selbst in der dicht gepackten Vor-Klausuren-Phase kann es dir helfen, dich selbst zu motivieren, indem du dir etwas Positives in Aussicht stellt (z. B. „Jetzt noch zwei Stunden konzentriert lernen, und dann geh ich ins Kino oder koche ich mit meiner WG.") Wenn du einen Lernplan hast, plane Lücken ein, um Sport zu machen oder dich mit anderen zu treffen!

■ **Ansprechpersonen und Netzwerke finden**

An der Universität lernst du vielleicht zunächst die Studienberatung kennen. In der Einführungswoche begrüßen die Fachschaften die neuen Semester – du lernst Studierende aus höheren Semestern kennen, die schon Einblick ins Studium haben. Nutze diese Kontakte, um dich schneller zu orientieren! Wenn du bei Führungen über den Campus schon Mitstudierende getroffen hast, trefft euch wieder, um zusammen zu lernen. Wenn ihr eine Chat-Gruppe öffnet, macht das am besten gleich im Lernmanagement-System deiner Universität. Im Laufe des Studiums findet dort das meiste statt. Vielleicht könnt ihr auch direkt für eure Lerngruppe eine Veranstaltung anlegen, um Dateien auszutauschen.

- **Schlüsselkompetenzkurse**: Zusätzlich zu den Fachinhalten erwarten viele Universitäten Leistungspunkte (Credit Points) aus anderen Kompetenzbereichen. Eine Möglichkeit dafür bieten Kurse der Schlüsselkompetenzen. Dort lernst du andere Studierende kennen, übst das wissenschaftliche Schreiben von Hausarbeiten oder Fachvertiefungen bis hin zu Abschlussarbeiten.

17

- **Hochschulsport**: Beim Hochschulsport kannst du neben dem körperlichen Ausgleich für das lange Sitzen wieder Studierende treffen und über dein eigenes Semester hinaus Einblicke in das Campusleben erhalten.
- **Psychologischer Dienst**: Im Zuge der Corona-Pandemie nahmen die Beratungsanfragen beim Psychologischen Dienst seit dem Jahr 2020 enorm zu. Wenn du den Anschluss verlierst, Zweifel bekommst, Krisen in deinem Leben eintreten – lass dich dort beraten. Zusammen entwickelt ihr Ansätze, um dir ein gutes Studium zu ermöglichen.
- **Büro für Chancengleichheit**: Der Nachteilsausgleich ist wichtig, wenn du Einschränkungen hast, die ein gleichwertiges Studium erschweren. Nicht alle Einschränkungen sind körperlich sichtbar, nimm einfach Kontakt auf! Auch wenn du neben dem Studium bereits deine eigene Familie betreuen musst, findest du hier Rat, welche Unterstützungsangebote zugänglich sind.
- **Tutorien**: Wenn Tutorien oder Übungsseminare angeboten werden, ist das eine gute Anlaufstelle, um das eigene Wissen einordnen und auch vertiefen zu können. Ähnlich wie in Praktika kommst du mit Studierenden höherer Semester in Kontakt und kannst dich orientieren, welche Bereiche dich motivieren.
- **Sprechstunden der Lehrenden**: Viele Lehrende freuen sich über fachliche Fragen. Sie geben ihnen die Chance, einzuschätzen, welche Studierenden ein echtes Interesse am Fach haben, und das freut sie. Daher nutze die Möglichkeit der Sprechstunden.
- **Hiwi-Jobs**: Halte Ausschau nach Ausschreibungen für studentische Mitarbeitende und bewirb dich. Dadurch vernetzt du dich stärker mit der Universität und kannst die Perspektive ein Stück weit wechseln. Im besten Fall lernst du etwas darüber, welche Aufgaben neben Lehre und Forschung noch den universitären Alltag prägen, oder darüber, was nötig ist, um die eigene Forschung zu dokumentieren und zu veröffentlichen. Als Tutor oder Tutorin kannst du selbst später erste Lehrerfahrung sammeln.
- **Fachschaft**: Werde aktiv in studentischen Gremien und gestalte das Studium für dich und andere mit.

Sicherlich gibt es noch viel mehr Möglichkeiten, um gut ins Chemiestudium zu starten – bis dahin, es mitzugestalten. Ziel dieser kleinen Aufzählung ist nicht, dass du vor lauter Aktivitäten nicht mehr zur Vorlesung kommst, sondern dass dir bewusst wird, wie wichtig es ist, dich zu vernetzen und bei Bedarf auch Hilfe zu suchen.

Literatur

Heublein, U., Ebert, J., Hutzsch, C., Isleib, S., König, R., Richter, J. & Woisch, A. (2017). *Zwischen Studienerwartungen und Studienwirklichkeit. Ursachen des Studienabbruchs, beruflicher Verbleib der Studienabbrecherinnen und Studienabbrecher und Entwicklung der Studienabbruchquote.* Hannover: DZHW

Heublein, U., Hutzsch, C. & Schmelzer, R. (2022). *Die Entwicklung der Studienabbruchquoten in Deutschland.* Hannover: DZHW. https://doi.org/10.34878/2022.05.dzhw_brief

Wissenschaftliches Schreiben und Einsatz von KI

Inhaltsverzeichnis

© Der/die Autor(en), exklusiv lizenziert an Springer-Verlag GmbH, DE,
ein Teil von Springer Nature 2024
S. Feil et al., *Brückenkurs Chemie*, https://doi.org/10.1007/978-3-662-69351-3_18

Bei der Vorbereitung fürs Abitur hast du dir vielleicht schon mit Lernplänen geholfen und ein KI-gestütztes Tool verwendet, das dir beim Lernen half. Dieses Buch ist noch ohne KI geschrieben worden: Ist das altmodisch? Wie kannst du eine Antwort auf die Frage geben – welche Kriterien legst du an? Und damit kommen wir auf einen wichtigen Punkt beim wissenschaftlichen Arbeiten: Worauf hat sich die Fach-Community geeinigt?

Dieser Brückenkurs will dir helfen, den fachlichen Anschluss zwischen Schule und Studium gut zu bewältigen. Was jedoch genauso zum Studium gehört, sind die Protokolle und später auch eine Bachelor- und Master-Arbeit. Es gibt viele Ratgeber zum Schreiben wissenschaftlicher Texte, sodass dies nur ein Gedankenausflug ist, der dich einladen soll, entsprechende Kurse bei den Schlüsselkompetenzen zu besuchen.

Was letztlich an dem Institut gilt, an dem du Texte verfassen sollst, erfragst du am besten im Seminar oder Tutorium. Ein Blick in die Modulbeschreibung oder, falls vorhanden, den Syllabus gibt dir erste Hinweise.

18.1   Was ist wissenschaftliches Schreiben?

Wissenschaft basiert darauf, dass sich führende Forscher:innen im Diskurs auf eine aktuell gültige Lehrmeinung einigen. Sie erwarten voneinander, dass Argumente gut begründet und Experimente sowohl nachvollziehbar als auch reproduzierbar sind. Deswegen findest du in den wissenschaftlichen Publikationen einen ausführlichen Methodenteil und oft noch Zusatzmaterialien, die digital verfügbar sind.

Als erste Übungen in diese Richtung wirst du Protokolle verfassen, die eine Beschreibung des Ziels deines Versuchs, Materialen, Vorgehen und Methoden, Ergebnisse und eine Diskussion enthalten. Später werden die Laboraufgaben umfangreicher, und du stellst auch den Stand der Forschung zu dem Thema zusammen. Spätestens bei deiner Bachelorarbeit unterschreibst du einen Passus, der sinngemäß versichert, dass der Arbeit deine eigenen Gedanken zugrunde liegen und du alle Quellen und Hilfsmittel nennst, die du benutzt hast. Damit übernimmst du die Verantwortung für die abgegebenen Texte und machst transparent, an welchen Stellen du dich auf Erkenntnisse anderer stützt und auch, womit du Daten erhoben und ausgewertet hast. Hierzu zählen auch die Analysemethoden, mit denen du Strukturen untersucht hast, oder physikalische Messungen zu Stoffeigenschaften. Wer das Ergebnis liest, kann anhand deiner Angaben nachvollziehen, ob alles plausibel ist.

So funktioniert die Wissenschaft: Wer etwas untersucht, berichtet dies und stellt es anderen zur Verfügung, damit neue Werkstoffe nutzbar und Wirkstoffe einsetzbar werden. Wir wollen verstehen, wie Stoffe miteinander wechselwirken, um beispielsweise Klimageschehen interpretieren zu können und neue Synthesewege zu etablieren. Und Wissenschaft funktioniert am besten, wenn Impulse international ausgetauscht werden. Schon im Studium kannst auch du Auslandssemester machen.

Damit das alles gut ineinandergreift, haben sich große Wissenschaftsverbände über „gute wissenschaftliche Praxis" ausgetauscht. Und zwar nicht nur in der Chemie, sondern fachübergreifend. Das heißt nicht, dass immer alles überall gleich ist. Ein Beispiel sind Zitierregeln – es gehört zu guter wissenschaftlicher Praxis, die Quellen anzugeben. Wie das im Einzelnen aussehen soll, ist eine Wissenschaft für sich und abhängig davon, was an einem Institut gilt oder welcher Leitfaden bei einer Zeit-

18

schrift angewandt wird. Das wiederum macht es auch schwer, kurz und knackig die wichtigsten Punkte zu nennen. Allgemein gesagt gibt es Regeln für folgende Bereiche:

- Dokumentation der eigenen Vorarbeit
- Quellen recherchieren und bewerten
- Textsorten bewusst wählen (Präsentation versus Publikation)
- Zitieren von Literaturstellen
- Gliederung von Publikationen in Abstract, Einleitung, Methode, Auswertung, Diskussion, Fazit und Quellenangaben sowie bei Bedarf der Anhang. Daneben gibt es formale Vorgaben etwa zum Deckblatt und strukturelle wie das Inhalts-, Abkürzungs- und Abbildungsverzeichnis.

Nicht zuletzt dadurch, dass immer mehr Computerprogramme durch maschinelles Lernen oder künstliche Intelligenz unterstützt werden, solltest du im Laufe deines Studiums einen Blick auf die Leitlinien für Studien- und Prüfungsleistungen haben. Grundsätzlich ist es sinnvoll, wenn du selbst die wichtigsten Aspekte übst, damit du später schnell eigene Arbeiten einordnen kannst. Wo fehlt noch eine Quelle? Wo kann eine Passage prägnanter formuliert sein? Was muss noch erläutert werden? Welche Daten fallen auf und lassen Fehler vermuten? Denn die Regeln sind zugleich Kriterien, nach denen eine Einordnung und Bewertung erfolgt. Da das Feedback für dich wichtig ist, um besser zu werden, solltest du fairerweise auch selbst denken und an Abgaben arbeiten.

18.2 Einsatz KI-gestützter Tools

Ob eine längere Hausarbeit oder auch einfache Wissenslücken – die Suche im Internet und ein textgenerierendes Tool scheinen zu helfen. Die Kriterien guter wissenschaftlicher Praxis lassen sich zum Teil auch damit erfüllen, der wesentliche Anteil in Studium und Forschung ist neben dem guten Laborhandwerk jedoch Lernen und Denkarbeit. Lernen bedeutet, dass du dich aktiv mit dem Gegenstand auseinandersetzt, dass kann dir kein Programm abnehmen. Im Gegenteil: Setzt du zu früh ein Tool ein, um eine Gliederung zu erhalten, lässt du zu, bereits in eine Richtung gelenkt zu werden.

> KI-gestützte Tools sind hervorragend in Mustererkennung, sie können einen IST-Stand also gut wiedergeben. Deinen Schwerpunkt setzen kannst hingegen jedoch nur du selbst.

Auf dieser Basis kannst du aufbauen. Ein KI-gestütztes Tool kann dir also helfen, Lernkarten zu erstellen, mit denen du für eine Klausur lernst. Mit einem Quiz kannst du deinen Lernstand selbst einschätzen. Dabei musst du nur beachten, ob du die Texte von anderen – aus Büchern oder Skripten – in eine App kopieren darfst, um dort automatisch Quizaufgaben zu erzeugen. Denn das Urheberrecht gilt auch für diese Anwendung.

Für das Ausarbeiten von Texten kannst du an vielen Stellen Tools einsetzen, die dich unterstützen. Sie können dir bei der Literatursuche oder auch beim Lesen ande-

rer Sprachen helfen. Falls du selbst in einer anderen Sprache schreibst, kannst du Passagen übersetzen lassen und die Grammatik prüfen.

Wenn du Daten auswertest, verwendest du in der Regel spezielle Software, die regelbasierte KI enthält. Damit ist klar, dass es in jedem Fachbereich auch Apps gibt, die von KI unterstützt werden und erlaubt sind.

Für Hochschulen ist es eine große Herausforderung, festzustellen, welche Tools sicher angewandt werden können. Sicher bedeutet auch, dass Apps keinen Zugriff auf Daten haben, wenn das nicht gewünscht ist. Wenn du im Praktikum Versuche machen darfst, die Teil einer Doktorarbeit sind, möchtest du die Ergebnisse ja nicht versehentlich vorab veröffentlichen. Weder sollten Forschungsdaten zum Training von KI-gestützten Tools genutzt werden noch auf anderen als den Uni-Servern gespeichert werden.

Wo KI-gesteuerte Prozesse stattfinden, ist gar nicht leicht erkennbar, laufen doch Rechtschreibkorrekturen schon seit Langem in Schreibprogrammen mit und bieten Präsentationsprogramme an, Bilder im Internet zu suchen. Welcher Browser nutzt welches KI-Tool? Daher achte für dich darauf, gut zu dokumentieren, was du mit welcher App bearbeitet und gestaltet hast.

Tipp

Überlege dir gut, ob der Einsatz der Ressource sinnvoll ist. Denn auch einfache Suchabfragen verbrauchen Energie (Server müssen bereitstehen und verbrauchen Strom, noch mehr Strom benötigt die Kühlung der Server).

Prompts, die ungenau sind, verbrauchen viele Ressourcen und Zeit. Du musst dann über den Dialog nachschärfen, was mit besserer Vorüberlegung schon als Vorinformation eingegeben werden kann. Und bevor du das tust, bestätige kurz für dich, dass du die Info wirklich suchen lassen musst und nicht selbst an der Hand hast.

Gehe immer sicher, dass das, was dir eine App als Ergebnis anbietet, auch das ist, was du haben wolltest. Du musst also prüfen und beurteilen, ob es faktisch richtig ist. Auch, ob es inhaltlich das ist, was du sagen willst. Denn: Du bist verantwortlich für den Text oder die Ausarbeitung.

Was sind KI-gestützte Tools

Die Frage, wie KI-gestützte Tools zu erkennen sind, ist berechtigt, aber nicht leicht zu beantworten. Denn die im Jahre 2024 bestehenden sogenannten großen Sprachmodelle (engl. *large language models*, LLM), von denen ChatGPT der Firma OpenAI das bekannteste war, wurden in viele weitere Apps oder Programme integriert. Ganz gleich, ob Suchmaschine, Text- oder Datenverarbeitungsprogramm – es ist schwierig zu erkennen, wo keine künstliche Intelligenz drinsteckt! Diese LLM können menschliche Kommunikationsweisen imitieren, sodass Spracheingaben mündlich oder schriftlich möglich sind. Die Technik hinter den Modellen analysiert die Eingabe, und als Ergebnis wird ein Text, Sprache, Diagramme, Bilder oder auch anderes in Auftrag Gegebenes generiert. Dieser Output entsteht aufgrund der wahrscheinlichsten zutreffenden Abfolge von Daten, die aus der Analyse der Eingabe, dem Prompt, hervorgehen.

Abzugrenzen sind die Ergebnisse einerseits von Wissensdatenbanken, also beispielsweise der Buchbestand einer Bibliothek, der auf Einträgen besteht, bei denen immer ein fester Datensatz aufgenommen wird. Suchst du nach dem Titel, bekommst du alle miteinander fest verknüpften Informationen.

Eine weitere Abgrenzung ist die zu maschinellem Lernen. Dabei können große Rechenleistungen genutzt werden, um aus vorgegebenen Datensammlungen etwas herauszusuchen und dabei Muster anzu-

18

wenden. Sie können auch eingesetzt werden, um Berechnungen auszuführen, etwa um ein Genom zu analysieren. Maschinelles Lernen lässt zu, dass ein Programm aufgrund von erlernten Mustern oder Regeln neue Ergebnisse kreiert. Dabei kann eine Richtigkeit erwartet werden, selbst wenn sie nicht mehr nachvollziehbar ist.

Die künstliche Intelligenz ist keine Intelligenz, wie sie von Menschen erwartet wird. Dahinter steckt kein Verständnis einer Aufgabe, keine Theorie oder Moral, sondern schlicht – aufbauend auf dem Trainingsmaterial – eine abgeleitete beste Passung. Wenn du so weit verstehst, dass eine KI immer nur in die Vergangenheit schauen kann, weil sie damit trainiert wurde, und keine eigenen kreativen Ideen entwickelt, ist das ein wesentlicher Schritt. Natürlich kann sie dir eine Utopie formulieren – aber im eigentlichen Sinne entwickelt sie keine Gedanken. Fragst du sie in einem anderen Chatverlauf oder einem anderen Tool, erhältst du eine andere Antwort. Deswegen verantwortest immer du selbst, welche Ergebnisse eines KI-gestützten Tools du verwendest. Im Grunde ist es wie die Fehlerdiskussion einer mathematischen Funktion, nur weißt du bei der KI nicht genau, wo die Fehler liegen – das macht die Suche so zeitaufwendig und schwierig. Selbst wenn ein Text gut klingt, muss er nicht stimmen. Aber er könnte zufällig doch genau treffend sein und dir vielleicht tolle Aspekte aufzeigen, auf die du nicht gekommen bist. Denn das ist eins der Ziele, weshalb KI-Modelle genutzt werden: neue Verknüpfungen zu entdecken oder mehr Quellen zu durchforschen.

■ **Arbeiten mit KI-gestützten Tools**

KI-Tools können dir vielfach helfen, aber was sie grundsätzlich zwar können, doch weniger gut als du: Lange Texte auf wissenschaftlichem Niveau in einem Zuge erstellen. Wenn du KI-unterstützte Tools einsetzt, plane immer auch Zeit für die Überarbeitung ein.

Beim Schreiben von Texten kannst du verschiedene Arbeitsschritte davon inspirieren lassen:

- Themenfindung und Themeneingrenzung (Ideengenerierung)
- Strukturieren & Gliedern
- Vermeiden von Schreibblockaden
- Sprachliche Überarbeitung (Feinschliff, Grammatik, Rechtschreibung)
- (Abschluss-)Präsentation erstellen

Die Namen möglicher Tools wirst du schnell im Internet finden, du solltest vorab überlegen, wonach du suchst. Wie viel von dir (Identität des Rechners, also URL-Adresse, deinen Namen, Telefonnummer, …) gibst du den Unternehmen an die Hand? Kannst du Geld für eine Lizenz ausgeben? Kannst du einschätzen, wie verlässlich die Ergebnisse sind? Welche Aufgaben sollen gelöst werden – ein Tool, das vieles kann, muss nicht alles gleich gut können.

Wie gut kennst du dich mit dem Urheberrecht aus? Du solltest nicht ungefragt Texte von anderen als Prompt eingeben.

Prompt– ein großer Name für ein Eingabefeld

Ein Prompt ist all das, was du als Aufgabe formulierst und dazu noch eventuell als Material ergänzt. Es lohnt sich, ein wenig mit dem Formulieren von Prompts zu experimentieren. So kannst du dir persönliche Lernassistenten bauen oder auch einfach schneller zum Ziel kommen. Zumindest wenn du fachlich schon gut informiert bist, können die Nachfragen und langsamen Dialoge mit Chatbots auch nerven.

Urheberrecht

Bezüglich des Urheberrechts ist noch vieles in der Diskussion. Zum einen herrscht Intransparenz darüber, mit welchen Daten und Quellen große Sprach- und Bildmodelle trainiert wurden. Gerade bei Bildern gibt es Vorwürfe, dass ein KI-gestütztes Tool nicht auf den Werken anderer aufbauend neue, urheberrechtlich einwandfreie Bilder erzeugen kann. Auch bei Texten ist nicht auszuschließen, dass Texte von anderen ohne Zitation und Erlaubnis als neu generiertes Ergebnis ausgegeben werden.

Beim Generieren von Texten, die aus einem umfangreichen Prompt entstehen, ist die Gefahr unbeabsichtigter Plagiate eher gering. Denn dann taucht vieles von deiner eigenen Eingabe wieder im Text auf und du kannst auf deiner geistigen Eigenleistung beim Erstellen des Prompts aufbauend selbst die Urheberschaft beanspruchen.

Achte darauf, wenn du Texte anderer bearbeiten lässt, dass du mit der Eingabe als Prompt eine Kopie erstellst. Vor allem bei noch unveröffentlichten Forschungsdaten – etwa im Praktikum – solltest du gut überlegen, ob du das unbeabsichtigt veröffentlichen darfst, indem eine App die Daten und Texte speichert.

■ Textarbeit mit KI-gestützten Tools

Beim Arbeiten mit KI-unterstützenden Tools kannst du fertige Texte weiterbearbeiten lassen, wozu Rechtschreib- und Grammatiküberprüfungen zählen. Vielleicht brauchst du auch eine kleine Zusammenfassung, die übersetzt werden soll. In diesem Bereich ist wichtig, die Tools nach den Kriterien des Datenschutzes und der Urheberrechtswahrung auszuwählen – die Ergebnisse kannst du leicht durch den Vergleich von vorher und nachher vergleichen sowie bewerten und annehmen oder ablehnen.

Wenn du Texte generieren lässt (etwa Vorschläge für die Einleitung, den Einstieg ins Methodenkapitel etc.), kommen andere Herausforderungen auf dich zu. Dann prüfst du den Output einerseits auf fachliche Fehlvorstellungen und andererseits auf Versäumnisse auf struktureller Ebene. Im ersten Fall geht es darum, korrekte Inhalte zu erstellen, im zweiten, auch die Regeln der Fachcommunity anzuwenden.

Lege Kriterien für deine Beurteilung fest, die du auch als Grundlage für Fragen im Tutorium nutzen kannst. Hilfreich kann auch der Vergleich einer zweiten Antwort desselben Tools oder auch einer anderen Quelle sein.

In Umfragen bei Studierenden wurde geantwortet, dass sie KI-gestützte Tools nutzen, um Wissenslücken nachzurecherchieren. Wahrscheinlich erhältst du so Hinweise auf wichtige Konzepte und Stichworte. Nutze die Option, die angegebenen Quellen anzusehen – passen sie zum Kontext? Sind sie verlässlich? Ergibt die Erklärung Sinn im Kontext der Lehrveranstaltung, was du anhand der Folien, des Skripts oder von Lehrbüchern prüfen kannst?

■ Lernbegleitung durch KI-gestützte Tools

In ▶ Kap. 17 werden dir verschiedene Methoden zur Lernbegleitung vorgestellt. Vieles davon lässt sich mit KI-gestützten Tools umsetzen und sogar erweitern. Sofern du die Erlaubnis hast, kannst du Texte und Skripte für Prompts nutzen und folgende Aufgaben stellen:
- Übersetzen
- Zusammenfassen lassen
- Quizze dazu erstellen lassen
- Reflexionsfragen von der KI stellen lassen
- Protokollvorlage erstellen lassen
- Lernkarten erstellen
- Recherche zum Einstieg in ein Thema

■ KI-gestützte Tools in Prüfungsleistungen

Wenn du eine Prüfung ablegst, ist dies oft eine Eigenleistung und noch selten eine Gruppenabgabe. Das meint, dass du die Abgabe selbst erstellt hast und keine unzulässigen Hilfsmittel verwendet oder Dritte hast schreiben lassen. Dies wird als

18

Eigenständigkeit bezeichnet und etwa bei der Bachelorarbeit auch von dir so unterschrieben.

Daher informiere dich gut, welche Tools für die Aufgabe zulässig, also erlaubt, sind. Dies schließt nicht automatisch aus, für Teile der Aufgabe auch KI-unterstützte Tools zu verwenden. Dafür gelten dann eventuell Regeln, wie dies anzugeben oder zu kennzeichnen ist.

Im Sinne der Chancengleichheit sollten Hilfsmittel für alle gleich verfügbar sein. Hier können die Rechenzentren und Fachbereiche Lizenzen für Studierende bereitstellen. Dabei können sich die Angebote im dynamischen Feld der Softwareentwicklung auch schnell ändern, eventuell gibt es auch die Chance, Wünsche anzumelden, die vom Rechenzentrum geprüft werden. Die Einführung von Software kann allerdings einige Zeit in Anspruch nehmen, da die IT-Sicherheit und der Datenschutz geprüft und Nutzungsbedingungen aufgesetzt werden müssen.

Ausblick

Konkret soll nochmal die Frage aufgegriffen werden, ob es altmodisch ist, einen langen Text selbst zu verfassen. Wenn du Erfahrungen mit dem Verfassen von Prompts sammelst, merkst du, was alles in eine gute Aufgabenstellung einfließt. Wenn du geübt im Schreiben bist, ist es dann nur noch ein kleiner Schritt zu einem Textentwurf. Und beim Schreiben können wir nochmal überdenken, wie schlüssig ein Gedankengang ist. Deswegen ist es gut, erstmal kompetent schreiben zu können. Für die Gliederung einer Stichwortsammlung oder den Feinschliff von Abschnitten können KI-gestützte Tools hilfreich sein.

Noch liefern Apps mit KI-Unterstützung jedoch auch Stilblüten – einen solchen Text zu überarbeiten ist zeitaufwendig. Da wir im Team die Texte der anderen auch gelesen und ihnen Feedback gegeben haben, war uns dieser Faktencheck und gemeinsame Prozess wichtig. Wir haben Gedankensprünge aufgedeckt und versucht, die Fachsprache durchgängig gleich zu verwenden. Ohne ein Schreibteam wäre ein KI-gestütztes Tool sicherlich eine Option für Feedback.

Noch sind viele Fragen offen, etwa weil Wissenschaft auf Reproduzierbarkeit von Ergebnissen setzt – eigene Argumente kann man immer wieder aus dem Wissen ableiten. KI-generierte Texte sind jedes Mal anders, und lassen sich nicht reproduzieren. Den Stand des Wissens hinterfragen und neue Fakten entdecken können wir nur, wenn wir die Grundlagen des Faches verstanden haben – lernen bleibt daher immer eine aktive Herausforderung, die durchaus auch mal anstrengend sein darf. Dann ist ein gutes Ergebnis am Ende auch eine Freude. Du findest aber genügend Aufgaben, die ein KI-gestütztes Tool übernehmen kann und bei denen der Einsatz sinnvoll ist.

Serviceteil

Stichwortverzeichnis – 597

Stichwortverzeichnis

Printed in the United States
by Baker & Taylor Publisher Services